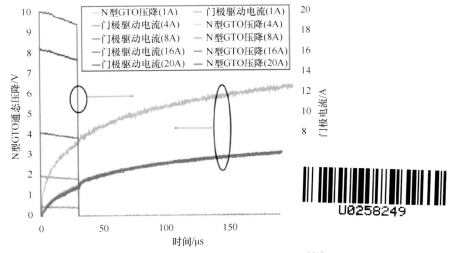

图 2-23　不同驱动电流下（1~20A），GTO 阳极电压降[21]

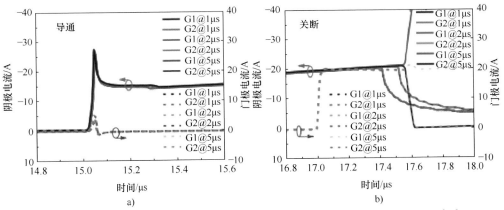

图 2-33　两只 SiC GTO 在不同载流子寿命下的（a）导通和（b）关断波形[28]

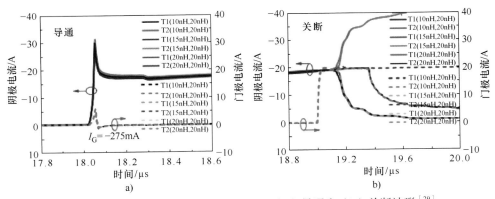

图 2-36　不同门极寄生参数的 SiC GTO（a）导通和（b）关断波形[29]

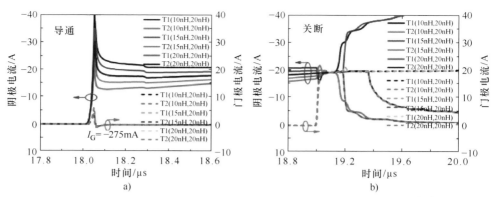

图 2-37　不同阳极寄生参数的 SiC GTO（a）导通和（b）关断波形[29]

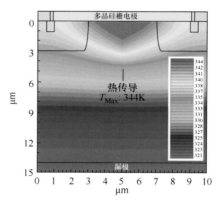

图 3-62　脉冲过电流下 SiC MOSFET 元胞结构内热量分布情况[52]

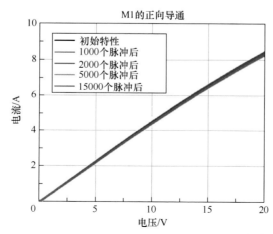

图 3-64　不同脉冲个数下导通 I–U 特性对比[54]

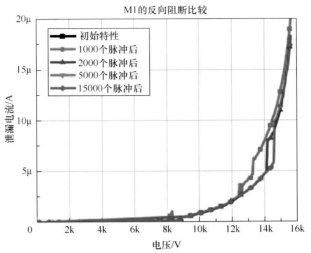

图 3-65   不同脉冲个数下反向阻断特性对比[54]

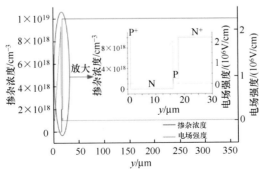

图 4-87   1200V SiC RSD 的掺杂分布和正向阻断下的电场分布[116]

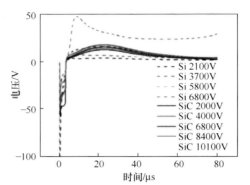

图 4-97　不同阻断电压下 Si RSD 与 SiC RSD 的导通电压波形[119]

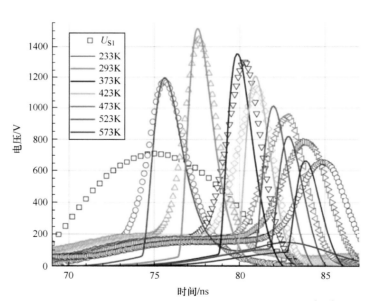

图 4-162　不同温度下 SiC DSRD 仿真输出电压波形[140]

电力电子新技术系列图书

脉冲功率器件及其应用

第 2 版

梁琳　余岳辉　编著

机械工业出版社

脉冲功率技术在军事和工业的众多领域都有着广泛应用。脉冲功率开关是脉冲功率系统的核心器件之一，由于半导体器件具有体积小、寿命长、可靠性高等优点，脉冲功率开关出现了半导体化的趋势。本书首先对脉冲功率开关的发展历程进行了总体概述，然后分别论述了电流控制型器件（具体包括 GTO 晶闸管、GCT 和 IGCT、非对称晶闸管）和电压控制型器件（具体包括功率 MOSFET、IGBT、SITH）的结构、工作原理、特性参数、封装技术、可靠性及其在脉冲功率系统中的应用，特别讨论了几种新型专门用于脉冲功率领域的半导体开关（包括反向开关晶体管、半导体断路开关、漂移阶跃恢复二极管、光电导开关和快速离化晶体管）的机理模型和实际运用等问题，论述了部分新型碳化硅基器件，最后阐述了脉冲功率应用技术。

　　本书可供电力电子技术、微电子技术以及脉冲功率技术等领域的研究生和工程技术人员参考。

图书在版编目（CIP）数据

脉冲功率器件及其应用/梁琳，余岳辉编著. —2 版 . —北京：机械工业出版社，2024.3

（电力电子新技术系列图书）

ISBN 978-7-111-75505-0

Ⅰ.①脉…　Ⅱ.①梁…②余…　Ⅲ.①大功率 – 脉冲电路 – 电子器件　Ⅳ.①TN6

中国国家版本馆 CIP 数据核字（2024）第 067425 号

机械工业出版社（北京市百万庄大街 22 号　邮政编码 100037）
策划编辑：罗　莉　　　　　　　责任编辑：罗　莉　朱　林
责任校对：韩佳欣　李　杉　　　封面设计：马精明
责任印制：单爱军
北京虎彩文化传播有限公司印刷
2024 年 6 月第 2 版第 1 次印刷
169mm×239mm · 31.5 印张 · 2 插页 · 648 千字
标准书号：ISBN 978 - 7 - 111 - 75505-0
定价：149.00 元

电话服务　　　　　　　　　　　网络服务
客服电话：010-88361066　　　　机　工　官　网：www.cmpbook.com
　　　　　010-88379833　　　　机　工　官　博：weibo.com/cmp1952
　　　　　010-68326294　　　　金　书　网：www.golden-book.com
封底无防伪标均为盗版　　　　　机工教育服务网：www.cmpedu.com

第4届
电力电子新技术系列图书
编辑委员会

电力电子新技术系列图书

序言

1974 年美国学者 W. Newell 提出了电力电子技术学科的定义，电力电子技术是由电气工程、电子科学与技术和控制理论三个学科交叉而形成的。电力电子技术是依靠电力半导体器件实现电能的高效率利用，以及对电机运动进行控制的一门学科。电力电子技术是现代社会的支撑科学技术，几乎应用于科技、生产、生活各个领域：电气化、汽车、飞机、自来水供水系统、电子技术、无线电与电视、农业机械化、计算机、电话、空调与制冷、高速公路、航天、互联网、成像技术、家电、保健科技、石化、激光与光纤、核能利用、新材料制造等。电力电子技术在推动科学技术和经济的发展中发挥着越来越重要的作用。进入 21 世纪，电力电子技术在节能减排方面发挥着重要的作用，它在新能源和智能电网、直流输电、电动汽车、高速铁路中发挥核心的作用。电力电子技术的应用从用电，已扩展至发电、输电、配电等领域。电力电子技术诞生近半个世纪以来，也给人们的生活带来了巨大的影响。

目前，电力电子技术仍以迅猛的速度发展着，电力半导体器件性能不断提高，并出现了碳化硅、氮化镓等宽禁带电力半导体器件，新的技术和应用不断涌现，其应用范围也在不断扩展。不论在全世界还是在我国，电力电子技术都已造就了一个很大的产业群。与之相应，从事电力电子技术领域的工程技术和科研人员的数量与日俱增。因此，组织出版有关电力电子新技术及其应用的系列图书，以供广大从事电力电子技术的工程师和高等学校教师和研究生在工程实践中使用和参考，促进电力电子技术及应用知识的普及。

在 20 世纪 80 年代，中国电工技术学会电力电子专业委员会曾和机械工业出版社合作，出版过一套"电力电子技术丛书"，那套丛书对推动电力电子技术的发展起过积极的作用。最近，电力电子专业委员会经过认真考虑，认为有必要以"电力电子新技术系列图书"的名义出版一系列著作。为此，成立了专门的编辑委员会，负责确定书目、组稿和审稿，向机械工业出版社推荐，仍由机械工业出版社出版。

本系列图书有如下特色：

本系列图书属专题论著性质，选题新颖，力求反映电力电子技术的新成就和新经验，以适应我国经济迅速发展的需要。

理论联系实际，以应用技术为主。

本系列图书组稿和评审过程严格，作者都是在电力电子技术第一线工作的专家，且有丰富的写作经验。内容力求深入浅出，条理清晰，语言通俗，文笔流畅，便于阅读学习。

本系列图书编辑委员会中，既有一大批国内资深的电力电子专家，也有不少已崭露头角的青年学者，其组成人员在国内具有较强的代表性。

希望广大读者对本系列图书的编辑、出版和发行给予支持和帮助，并欢迎对其中的问题和错误给予批评指正。

电力电子新技术系列图书

编辑委员会

第2版前言

PREFACE

　　《脉冲功率器件及其应用》第1版的出版已过去10余年的时间，几年前已是售罄的状态。机械工业出版社的编辑老师来商议再版的事，我们结合前期在网上收到的反馈、在相关单位走访收到的科研人员的咨询等情况，认为虽然这个主题相对小众，但对于有需求的读者来说还是很有价值，遂欣然同意增补新鲜内容，出第2版。

　　脉冲功率技术将很大的能量储存在储能元件中，然后通过快速开关将此能量在很短的时间释放到负载上，以得到极高的功率。脉冲功率开关在这里扮演的就是将能量从储能元件换流到负载上的角色，往往承受极高的瞬时电压电流应力。功率半导体器件依托微电子加工工艺技术的进步，性能大幅提升，加上其不存在电极烧蚀等气体开关原生缺陷的优势，又可高重频运行，脉冲功率开关的固态化、半导体化趋势非常明确。此外，随着宽禁带半导体的崛起，半导体脉冲功率器件研究领域又打开了更前瞻的方向，具备了更多可能性。脉冲功率技术依然保持着其军民两用的显著特征，在目前复杂的国际形势下，加速脉冲功率核心器件的国产化进程，对国防安全和国民经济都有重要意义。希望本书内容对脉冲功率器件及其应用相关方向的科学研究人员、工程技术人员、学生和教师能有所助益。

　　第2版基本保留了第1版的大部分内容，结构框架仍然包含了概论、电流控制型脉冲功率器件、电压控制型脉冲功率器件、新型半导体脉冲功率器件以及脉冲功率应用技术5章。重点增补了相关宽禁带器件的前沿成果，包括 SiC GTO、SiC 晶闸管、SiC MOSFET、SiC IGBT、SiC RSD、SiC DSRD、SiC PCSS 以及 GaN PCSS 等。增补了相关封装关键技术以及可靠性研究。增补了皮秒级新型开关快速离化晶体管（FID）的内容，使得新型开关从微秒级到纳秒级再到皮秒级，有了更完整的时间尺度。增补了脉冲功率各种新型应用的报道。

　　本来期望在第1版出版10周年的时候出第2版，无奈日常工作异常繁忙，交稿时间一再拖延，在此表达歉意。第2版的出版工作得到了本课题组2019级和2020级研究生的大力协助，在此深表谢意！衷心感谢机械工业出版社对本书出版的大力支持！也很荣幸本书作为"电力电子新技术系列图书"中的一册。受限于编者水平和认知边界，疏漏之处在所难免，我们衷心期待收到广大读者的反馈，请大家不吝赐教。

作者

第1版前言

PREFACE

    脉冲功率技术产生于 20 世纪 30 年代, 60 年代之后得到迅速发展。脉冲功率开关是脉冲功率系统的核心器件之一, 其参数和特性对脉冲的上升时间、幅值、关断时间等都会产生最直接的影响。近 20 年来, 开关技术的发展极大地改变了脉冲功率及其应用的概念。气体放电的性质本身决定了气体开关存在原理上的缺陷, 通过用固体开关取代传统的火花隙等气体开关, 脉冲功率技术在寿命、重复频率、紧凑性和灵活性等方面获得了全新的参数范围。电力半导体器件在功率能力和工作速度两方面都取得了显著进步, 以其体积小、寿命长、可靠性高等优点, 逐渐成为了脉冲功率开关的发展方向。由各自的物理结构和工作机理决定, 每种半导体开关都有其功率能力、工作频率、断路或导通特性。

    半导体脉冲功率器件实质上是在脉冲功率领域里应用的电力半导体器件, 它们具有一致的物理基础, 只是需要更多地考虑到大注入、强电场等极端条件下的特殊表现, 以及高电压、大电流、高电流变化率的特殊应用背景, 所以半导体脉冲功率器件是涉及微电子学与固体电子学、电力电子技术、脉冲功率技术、高电压技术等多门学科交叉的器件。目前国内外对半导体脉冲功率器件的研究方兴未艾, 在"电力电子新技术系列图书"中包含这一主题, 可以开拓电力电子基础器件研究人员的视野、启发创造性思维, 也呼应了国家在"十一五"期间提出的"器件是电力电子技术的基础和发展重点"的思路, 在行业内再次彰显了基础器件研究的重要性和生命力。

    作者在为本书集结素材时, 一方面参考了大量有关电力半导体器件、脉冲功率技术等方面的传统教材, 另一方面广泛搜集了国际上该领域的许多新文献资料, 尤其是在脉冲功率研究领域处于领先地位的俄罗斯、日本、美国等国将半导体器件应用于脉冲功率的最新成果, 同时还结合了我们课题组在进行国家项目的研究中积累的实际经验, 力图将半导体脉冲功率器件这一有着悠久研究历史基础的新兴课题准确地展示给读者。本书的具体内容包括: 概论、电流控制型脉冲功率器件(GTO 晶闸管、GCT 和 IGCT、非对称晶闸管)、电压控制型脉冲功率器件(功率 MOS-FET、IGBT、SITH)、新型半导体脉冲功率器件(RSD、SOS、DSRD、PCSS)以及脉冲功率应用技术。

    本书第 1、2、5 章由余岳辉编写, 第 3、4 章由梁琳编写。在成书过程中, 得到华中科技大学电子科学与技术系电力电子技术研究所 07 和 08 级研究生的大力协助，限于篇幅，不能将他们的名字一一列举，仅此表示深深的谢意。在编写过程中，我们参考了大量国内外文献资料，其中主要的已详细列于每章之后，但难免会有未顾及到的，在此一并表示衷心感谢。由于教学科研工作繁忙，时间仓促，加上作者水平限制，错漏之处在所难免，敬请广大读者不吝赐教。

作者

2009 年 8 月于华中科技大学

目　录

CONTENTS

第 1 章

概　　论

1.1　脉冲功率技术的产生背景及应用

　　将电磁能量经过时空压缩而得到的大的功率称为脉冲功率。在涉及进行巨大功率试验的许多近代物理领域及一系列技术领域中，常常需要在微秒、纳秒及亚纳秒的时间范围内对巨大的电功率（由兆瓦到太瓦）进行换流。这种需要常常出现在如可控热核合成、大功率激光及加速器、高频等离子体电子学、大功率无线电发送、导航、雷达系统等工作的某些方面。

　　脉冲功率技术最初是基于材料响应实验、闪光 X 射线照相及模拟核武器效应的需要而出现的。1962 年英国的 J. C. 马丁成功地将已有的 Marx 发生器与传输线技术结合起来，产生了持续时间短达纳秒级的大功率脉冲，从而开辟了这一崭新的领域。1976 年在美国召开的第一届脉冲功率国际会议上，脉冲功率这一说法得到确认。当时，单次脉冲的大功率脉冲发生器研究十分盛行。以美国和苏联为中心，在军事方面进行了很多应用，花费了巨额费用之后，随着冷战的结束，积蓄型脉冲功率技术在产业应用中的利用机会得到提高。随之，高技术领域如受控热核聚变研究和大功率粒子束、大功率激光、定向束能武器、电磁轨道炮等的研制都对大功率脉冲技术的发展提出了新的要求，使大功率脉冲技术成为 20 世纪 80 年代极为活跃的研究领域之一。

　　近年来，相对于脉冲功率装置的大功率化的研究，脉冲功率技术在产业应用上要求具有更高的可靠性。长时期高重复频率工作的脉冲功率发生装置的开发也在进行中。而且，为了在产业应用中具有高效率，用波形控制负载的能量传输效率等也成了重要因素。脉冲功率产业应用中广泛使用的利用脉冲功率放电等离子现象的解释变得很重要。如此一来，要想扩展新的脉冲功率应用领域，与之相关的进一步的技术开发和物理现象的解释就是不可或缺的。

　　大脉冲功率系统的主要参量有：脉冲能量（千焦～吉焦）、脉冲功率（吉瓦～

1

太瓦）、脉冲电流（千安～兆安）、脉冲宽度（微秒～纳秒）和脉冲电压。大脉冲功率系统的工作原理是，先将从小功率能源中获得的能量存储起来，然后将这些能量经大功率脉冲发生器转变成大脉冲功率，并传给负载。由一定的能量所转换成的脉冲持续时间越短，在负载上得到的功率越大。所提供的能源可以是电能、磁能、化学能或其他形式的能。

现在，脉冲功率已经是一项应用十分广泛的技术。它可在很短的时间内产生极高的温度、耀眼的闪光和巨大的声响，它可将粒子加速到很高的速度，可产生极大的力量，也可远距离探测目标，并且还能创造很多不可能连续维持的极限条件。在军事方面，脉冲功率技术是许多新概念武器和新装备的技术支持，如电磁发射与电磁炮、大功率微波、强流电子束与粒子束、卫星推进、受控激光核聚变、同位素分离等。在工业领域，脉冲功率技术用于驱动激光器完成切割与焊接等工作、进行高强度紫外辐射的精密半导体光刻，注入金属离子、处理废气废水、高压电容充电、静电除尘、生成臭氧、保鲜食品以及加工纳米尺寸粉体等。在医用领域，脉冲功率技术可以驱动加速器以产生 X 射线治疗癌症患者，用作心脏起搏器和去纤颤器，用 NO 吸入疗法治疗呼吸系统疾病以及粉碎结石等。事实上，脉冲功率技术已渗透到我们日常生活的方方面面。

1.2　脉冲功率系统简介

1.2.1　脉冲功率技术

脉冲功率技术是将相对较长的时间内存储起来的能量在很短的时间内迅速释放出来的一门科学技术。众所周知，能量（E）等于功率（P）乘以功率作用时间（t），即：$E = Pt$。由此可知：当能量一定时，缩短时间（脉冲压缩）就可以增大功率，这就是脉冲功率技术的基本原理。换言之，实现短时间脉冲化和得到大的功率密切相关。图 1-1 描述了功率 P 与时间 t 的关系：图 1-1a 在 1s 时间内的输入功率为 1kW，假设没有能量损失，图 1-1b 在 1μs 内将这些能量释放，则输出功率达到 1GW。

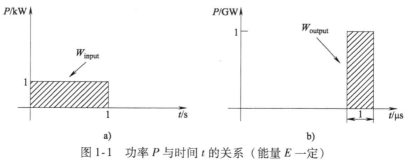

图 1-1　功率 P 与时间 t 的关系（能量 E 一定）

a）输入波形　b）输出波形

图 1-2 所示的是利用 LC 振荡回路的 4 段 LC 反转型高电压发生器。给如图1-2所示各电容充电，之后闭合开关（S_1，S_2），LC 回路开始谐振，以转换时间 $\tau = \pi (LC)^2$ 加入主开关，可以得到电压值为充电电压4倍的高电压。这种方式可以简便地用于产生高电压的场合。但是随着电压极性的反转，大的应力会使电路很不安全，所以不太实用。

实用的方式多为给电容并联充电、串联放电的 Marx 发生器。图 1-3 所示为 6 段 Marx 发生器的基本电路。首先，各电容通过充电电阻充电，充电之后，闭合开关，电容中存储的电荷经过开关放出（首先选定的 CR 时间常数较大），可以得到电压值

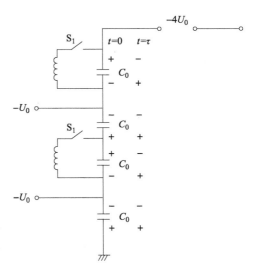

图 1-2 4 段 LC 反转型高电压发生器

为充电电压6倍的高电压。这种方式多用于用单机产生大的脉冲功率的场合。

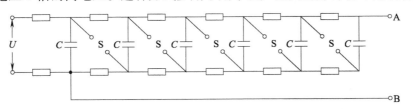

图 1-3 6 段 Marx 发生器的基本电路

对于较小单脉冲功率、高重复频率工作的民用脉冲功率发生器，多用图 1-4 所示的电荷移动型高电压发生电路。按照 $C_1 \rightarrow L_1 \rightarrow L_2$ 回路充电后，闭合开关，电流按照 $C_1 \rightarrow C_2 \rightarrow L_1$ 回路流过。C_1 中存储的电荷由谐振转移到 C_2 中，并提供给负载。

用图 1-4 所示方式得到的高电压不太适合直接接在负载上，经常是在进行脉冲波形整合后再接到负载上。对于波形整合，通常使用电感比较大的同轴线路，把这种线路称为脉冲成形线路（Pulse Forming Line，PFL）。图 1-5 所示是使用同轴传输线路的脉冲功率发生电路。

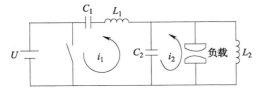

图 1-4 电荷移动型高电压发生电路

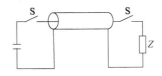

图 1-5 使用同轴传输线路的脉冲功率发生电路

另外，由同轴线路构成的 PFL 的单位长度中的静电容量（C）和电感（L）由式（1-1）和式（1-2）给出：

$$C = \frac{2\pi\varepsilon}{\ln(R_0/R_i)} \tag{1-1}$$

$$L = \left(\frac{\mu_0}{2\pi}\right)\ln(R_0/R_i) \tag{1-2}$$

由以上两式可知，同轴线路的阻抗

$$Z = \sqrt{\frac{L}{C}} = \frac{1}{2\pi}\sqrt{\frac{\mu_0}{\varepsilon}}\ln(R_0/R_i) \approx \frac{\sigma_0}{\sqrt{\varepsilon_r}}\ln(R_0/R_i) \tag{1-3}$$

脉宽是由电磁波在同轴线路中往返时间决定的，应满足式（1-4）的要求

$$\tau = \frac{2\varepsilon_r^{1/2}}{C} \tag{1-4}$$

由此知道，若使用纯水（相对介电常数 ε_r 为 80）作为电感体，要得到脉宽 50ns 的脉冲，需用长度为 84cm 的同轴线路。

1.2.2 脉冲功率系统的组成与分类

脉冲功率系统的组成一般包括高压电源单元、能量存储单元、脉冲压缩单元、主开关和负载几部分（见图 1-6）。高压电源是脉冲功率系统的能源，一般以电能为主，也可以是化学能或其他形式的能源；能量存储单元在一定时间内将能量存储起来；脉冲压缩单元将图 1-1a 那样的长脉冲输入压缩成图 1-1b 所示的窄脉冲输出，根据输出脉冲的要求，可以有数级脉冲压缩单元；负载前面的最后一个单元是主开关，其作用是将压缩后的脉冲传递给负载。

图 1-6 脉冲功率系统的构成

根据不同的储能类型，脉冲功率系统基本上可以分为电容储能型和电感储能型。

1. 电容储能型脉冲功率系统

图 1-7 给出了典型的电容储能型脉冲功率电路的结构和输出电压波形。在高压电源 U_0 将储能电容 C 充到一定电压后闭合开关 S，理想情况下，负载 R_L 上脉冲的上升时间为零，但是回路的寄生电感增加了上升时间；脉冲的下降时间由电容 C 与负载 R_L 组成的 RC 谐振时间常数决定，在大功率脉冲装置中，这一下降时间往往是数十至数百微秒，甚至是毫秒级。

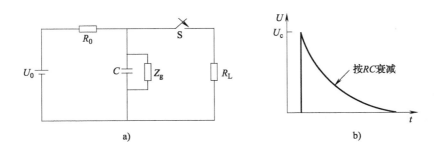

图 1-7　典型电容储能型脉冲功率电路与输出电压波形

a) 电容储能电路　b) 输出电压波形

2. 电感储能型脉冲功率系统

在脉冲功率技术中，绝大多数纳秒脉冲发生器是基于电感储能型的。图 1-8 是典型的电感储能型脉冲功率电路的结构和负载电压曲线。首先，直流大电流 I_L 流经储能电感 L，当断路开关 S 断开时，通过 L 的电流很快下降，负载电压由式 (1-5) 给出：

$$U_L = -L \frac{\mathrm{d}i}{\mathrm{d}t} \tag{1-5}$$

电感 L 两端将会产生上升率很高的电压脉冲 U_L，如果储能电感 L 的内阻 R_S 很小，这时负载 R_L 两端也会产生同样上升率的电压脉冲 U_{ZL}，脉冲的下降时间为 L/R_L。

对于电感储能型脉冲功率系统，理论上可以通过采用高阻负载来获得大功率、窄时延的脉冲输出，但是断路开关 S 对输出脉冲的影响非常大。纳秒级的断路开关和储能密度大、内阻低的储能电感的研制是电感储能型脉冲功率技术的关键技术问题。

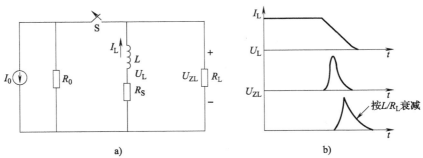

图 1-8　典型的电感储能型脉冲功率电路与输出电压波形

a) 电感储能电路　b) 输出电压波形

1.3 常用的传统脉冲功率开关

脉冲功率技术中传统开关元件有火花隙（Spark gap）、引燃管（Ignitron）、闸流管（Thyratron）、真空管和爆炸式开关等。火花隙应用在许多脉冲功率领域，它的速度快，能够进行高压大电流的开通和关断。但由于它们的寿命较短，且恢复特性的限制使得气体火花隙开关在不吹气时最高重复频率仅为数十赫兹，因此其应用受限于较低的重复频率场合，另外冷却也是一个难题。引燃管具有耐压高、功率大、电流上升速度快等特点，其最大的优点是峰值电流大（可达1000kA），电荷转移量大（可达500C），但是引燃管的寿命和火花隙一样短。闸流管的速度很快，能够在所需电压下进行工作，20~40个闸流管并联可以达到需要的电流量级，运行时间长达一年，但是它的同步控制比较困难，同时价格昂贵，易击穿。另外还有触发真空开关（Triggered Vacuum Switch，TVS）、伪火花开关（Pseudo Spark Switch，PSS）和断路开关等。上述器件大多使用在单次或频率很低的电容储能放电应用中，以下重点介绍几种使用在重复频率场合的传统脉冲功率开关，大多用于电感储能应用中。

1.3.1 触发真空开关

触发真空开关（TVS）工作气压在10^{-4}Pa以下，一般认为触发真空开关的工作过程包括触发、导通、熄灭、恢复4个过程。

触发：为高度绝缘的真空主电极间隙击穿提供介质——带电粒子。

导通：触发阶段产生的初始带电粒子扩散进入主间隙，在主电场的作用下，电子向阳极加速运动，撞击阳极表面，放出吸附气体、金属蒸气或直接放出电子；同时受阴极吸引，大量的正离子在阴极附近集中，形成正离子鞘层，大大增强了阴极附近的场强，在阴极表面形成强烈的阴极发射斑点，两者导致主间隙导通。

熄灭：导通后，随着主电流的下降，金属等离子体的再生速率下降，主电流降到零，输入功率降到零，持续一小段时间，当等离子体的再生速率小于其总的复合速率时，电弧熄灭，开关进入截止状态。

恢复：在电弧熄灭过程中，如果电极间隙中的介电强度在外加电压到来之前达到足够大，且加电压后不足以引起击穿时，则认为开关绝缘已经恢复到原始状态。

密封工艺、电极材料和触发技术是触发真空开关的关键技术。

触发真空开关具有以下优点：承受电压高、工作电压范围宽、主间隙介电强度恢复迅速、不受外界环境的影响、动作时延及分散性小和可导通较大的电流。因为触发真空开关的导电过程是由电极材料蒸发出来的金属蒸气电离形成的等离子体完成的，而电极表面的放气及烧蚀使得触发真空开关内部真空的维持十分困难，特别是在导通大电流时，电极材料的烧蚀极为严重。

1.3.2　伪火花开关

20 世纪 50 年代末期，德国科学家 J. Christiansen 在研究平板电子雪崩探测器时，发现在巴申曲线低谷附近常常发生异常放电现象，并导致计数器工作失效。20 年之后，J. Christiansen 与 C. Schultheiss 重新研究这一现象，通过采用空心阴极结构，他们将这种放电从电极边缘转移到了电极中心，进一步研究表明，这是一种新的放电现象，它具有辉光放电的外形，又有火花放电时的大电流、窄时延和小抖动的特性，但是其放电机理和放电过程既不同于辉光放电，也不同于火花放电，因此命名为伪火花放电。

伪火花开关是一种低气压（1~80Pa）的气体放电开关，其工作过程大致分 4 个阶段：汤生（Townsend）放电阶段、空心阴极阶段、超发射阶段（或大电流阶段）和电弧—介质恢复阶段。

在汤生放电阶段，由于电子的平均自由行程较长，故放电沿着极间最长路径发生。电极的结构形成的电场分布使得电子在阴极内经过的路程变长，增加了孔内的电离，同时电离产生的电子在轴向电场作用下很快被引出，在奔向阳极过程中电离产生大量的正离子，正离子向阴极孔运动。由于电子的扩散速率大于离子的扩散速率，结果在阴极孔内形成正离子积累，产生强烈的正空间电荷区，形成所谓虚阳极。在阴极之间形成强电场区域，使电离增加，同时正离子轰击阴极内表面，产生二次电子发射，使电流急剧上升，形成所谓超发射阶段，其后电流继续升高，由放电产生的热效应而转入金属蒸气电弧阶段。

伪火花开关与触发真空开关、闸流管及引燃管等相比，在开关的通流能力、电流上升速率、寿命、触发和抖动方面都有了较大改善，这是伪火花开关的最大优点之一。但现有的伪火花开关耐受电压还比较低，需要研究提高伪火花开关耐受电压的方法。

1.3.3　断路开关

电感储能中对断路开关的性能要求为导电性良好，能流过大电流，阻断电流时阻抗变化大，电流阻断后具有大的阻抗，不会因电流阻断时产生的高电压而遭到破坏和能够快速返回到工作前的状态。

完全满足以上条件的开关虽然不存在，但是充分发挥电感储能质量轻、压缩型存储方式最大优点的断路开关却是可能的。电流阻断时，开关两端产生的电压 U_L 为

$$U_L = RI = -L_0 \frac{\mathrm{d}I}{\mathrm{d}t} \tag{1-6}$$

式中，R 为开关的阻抗；L_0 为从开关侧看到的电源的等效电感。

下面介绍几种常见的断路开关。

1. 熔丝

虽然熔丝在重复工作上存在问题，但是为了能够轻易快速阻断大的电流，在基础实验中仍然经常使用它。从电流经过熔丝开始到电流被阻断的这段导通时间取决于熔丝的材质、形状和周围媒介。当熔丝中流过大电流时，由于焦耳热会使熔丝熔化变为液体和气体，而断路开关在汽化时阻抗变化很大，这个机理在脉冲功率的产生中得以利用。

汽化后的蒸气和冲击波一起膨胀，由于随着密度的减少容易产生绝缘破坏，为了抑制膨胀，用水作为周围媒介，水中可以熔断熔丝。图 1-9 是断开负载时的典型输出波形。当流过熔丝的电流随着熔丝阻抗变化而不断减小时，就产生了电感电压。图 1-10 所示的是输出电压和熔丝长度的关系，由图可以看出，存在一个最合适的熔丝长度。在熔丝比较短的情况下，汽化后铜蒸气通道的绝缘破坏电压限制了输出电压。

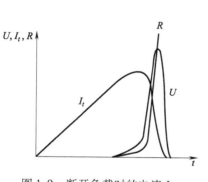

图 1-9 断开负载时的电流 I_t、
电压 U 和熔丝阻抗 R 曲线

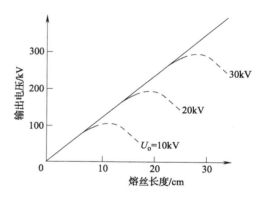

图 1-10 使用熔丝时输出
电压与熔丝长度的关系

虽然安全电压只能完成基本的触发动作，但是如果可以连续提供熔丝就能实现反复工作。

2. 等离子体断路开关

等离子体断路开关（Plasma Opening Switch，POS）是 20 世纪 70 年代中后期开始发展起来的，是一种利用在高真空阴阳极间注入密度在 $10^{12} \sim 10^{14} \mathrm{cm}^{-3}$ 范围内的等离子体实现电流传导，并在 $10 \sim 100\mathrm{ns}$ 时间内迅速实现断开的快速断路开关。

等离子体断路开关的工作过程可被划分为图 1-11 所示的 4 个顺序衔接的阶段，即电流传导、等离子体融蚀、增强融蚀和电子流磁绝缘阶段。只要开关所传导的电流密度低于在相应情况下可预估的阈值，等离子体就相当于一个良导体，此即电流传导阶段（见图 1-11a）。电流传导是通过一个处于阴极表面称为"鞘层"的电荷非中性区实现的，并以双极空间电荷限制方式进行，其中阴极是电子发射极，而等离子体则是离子发射极。当开关电流增加到足够大，以至于从等离子体发射出来的离子流达不到双极空间电荷条件所要求的密度时，鞘层就要变厚，以提供更多的离子满足该条件，这就是等离子体融蚀阶段（见图 1-11b），此时，开关（鞘层）阻抗开始增大。当开关电流增加到使电子在其产生的角向磁场中的平均回旋半径小到可与鞘层厚度相比时，鞘层中电子的寿命显著延长，从而导致空间电荷条件向着需要更多离子的方向转化，这就是增强融蚀阶段（见图 1-11c），在此阶段中，鞘层的厚度增加最快，因此开关的阻抗也增加得最快。在增强融蚀阶段，由于开关阻抗增大，因此流过开关的电流迅速减小，由于储能电感的存在，开关两端就会感生一个脉冲高电压驱动负载，此时在整个开关区域均存在很强的角向磁场。当负载电流增大到电子在此角向磁场中的平均回旋半径远小于鞘层厚度时，开关就进入了电子流磁绝缘阶段（见图 1-11d），此时开关断开到最大程度，最大份额的电流通过负载。

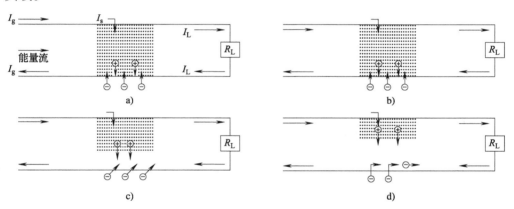

图 1-11　等离子体断路开关的 4 个工作阶段

a）电流传导　b）等离子体融蚀　c）增强融蚀　d）电子流磁绝缘

等离子体断路开关的断路时间可短至几纳秒，但等离子体断路开关技术复杂是其主要缺点。

具有导电性的等离子区可以阻断电流，最初的等离子具有导电性，通过等离子区的电流可以将一次电源的电容能量转变为电感能量。适当选取等离子的参数，电感能量达到最大时，等离子的电阻率逐渐增加，并向负载提供能量。等离子区电阻率的增加机理因装置的结构不同而不同。图 1-12 所示是 POS 工作时的电源电流和负载电流。电流能在大约 40ns 的短时间里上

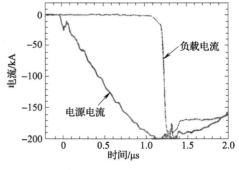

图 1-12　POS 工作时的典型电流波形

升到200kA，此时的电流上升速率最大为 $3 \times 10^{12} \mathrm{A/s}$。

1.4 半导体器件在脉冲功率技术中的应用

电力半导体器件具有控制电流导通和关断的能力。最理想的情况就是希望这种器件在导通时能像金属一样，关断时能像绝缘体一样。最接近这种要求的器件是以闸流管为代表的气体放电管。代表功率器件的晶闸管也被期望具有和闸流管相同的功能，因此它的名字也和闸流管相似。经过近50年的发展，终于出现了能够取代闸流管的器件。

放电管内的气体通常是绝缘体，当发生放电时，立即变为导通状态。汤生放电是气体原子电离产生的电子在电场加速下，与气体原子碰撞发生新的电离，如此持续反复的一种状态。气体放电管就是靠电离产生的电子和气体原子电离形成的等离子层来导电的。半导体中，虽然没有像放电那样激烈的现象，但是也存在保持原态但能够自由移动的电子。而且，增大外加电压可以增加电子数目，外加反向电压可以使电子消失。当能够自由移动的电子消失时，就可以得到电阻率在几百 $\mathrm{M\Omega \cdot cm}$ 以上的优良绝缘体。

如上所述，半导体的第一个特点是可以人为地改变使之成为导体或者绝缘体。第二个特点是半导体中存在具有与电子的运动状态相同作用的自由电子和空穴。而且，正是因为半导体中同时存在正负电荷，它就能够像气体放电管那样形成等离子态，从而在半导体内能够形成高浓度的载流子。

对于半导体器件，首先要具备电流的通断能力。换言之，就是要有电压保持能力。一般在没有电流的情况下，它表现为静态耐压，对于功率器件来说在电流通过时具有的电压保持能力是极为重要的。这就是我们常说的"安全工作区"。可以说，功率器件实用化的历史就是这个"安全工作区"扩大的历史。

1. 绝缘栅双极型晶体管

图1-13是绝缘栅双极型晶体管（Insulated-gate Bipolar Transistor，IGBT）结构示意图，图中阴影线所示的区域中的电子和空穴电流密度分布在导通时的模拟如图1-14所示。空穴主要从稍稍偏离沟道开口部的地方流过，除此以外的P区域（称为P阱）中流过的空穴和电子电流不是太多。而且，P

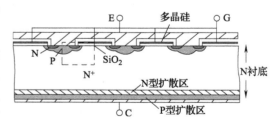

图1-13 IGBT的结构示意图

阱中央部分外侧的空穴电流密度和电子电流密度都很低。IGBT通常被说成是由MOSFET提供基极电流的PNP晶体管，而图1-14所示的大部分电流并没有流过相当于晶体管集电极的P阱。

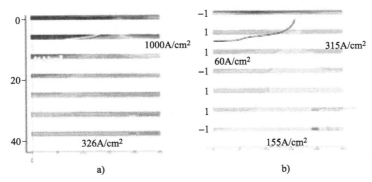

图 1-14　IGBT 导通时电子电流与空穴电流密度在发射极侧的分布

$[U_{CE} = 5V, (25\mu m \times 110\mu m) NPT\text{-}IGBT]$

a）电子电流密度　b）空穴电流密度

当然，还是将 IGBT 看成是沿着主要的电流沟道按照 PIN 型二极管的工作原理运行的器件来考虑更加合适。空穴和电子从各自器件的两侧流入，在 N⁻ 区空穴和自由电子的电流密度几乎相等，这个工作特性和 PIN 型二极管是相同的。但是，IGBT 的发射极中，空穴不流入 N⁺ 沟道区，而主要通过 P 阱区，这一点是不同的。也就是说，IGBT 的发射极对于电子来说是在 N⁺N⁻ 结区，而对于空穴来说是在与电子沟道相邻的 P⁺N⁻ 结区。因为 N⁻ 区的空穴浓度比 P 阱内部要小，由于从 N⁻ 区到 P⁺ 区有空穴流过，就必须存在有能够平衡这种浓度梯度的电场。因此，与 PIN 型二极管相比，IGBT 正向电压降低。残余电压的不断减小使得 IGBT 不断进步。

2. 负阻二极管

俄罗斯研制出了可以在数纳秒时间开关数十 kA 电流专用于脉冲工况的半导体器件。其基础还是一 PIN 型二极管，单只器件的耐压为 1～3kV，多只串联后可以在 100kV 以上使用。都是两端器件，专门用于脉冲功率，可以说是一种速度快、功率大的功率器件。

负阻二极管也就是反向开关晶体管（Reversely Switched Dynistor，RSD）或者快速离子化晶体管（Fast Ionization Dynistor，FID）。如图 1-15 所示，PIN 型二极管的 I 层是由浓度比较高的 N 层和 P 层组成。四层结构类似晶闸管，又因为是两端器件，所以被叫作负阻二极管。因为额定电压是 1～3kV，作为功率器件是比较低的。直径 76mm 的 3kV 的负阻二极管能够以 60kA/μs 的电流上升速率导通峰值为 250kA（脉宽为 50μs）的正弦波电流，可以将数

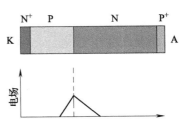

图 1-15　晶闸管的结构及其初始电场的分布

十个这种器件串联使用。事先要按正方向加入外加电压的百分之几十的电压，如图

所示，这个电压在反偏结中部的 PN 结合处两侧得到保持。而且沿着正向迅速上升的大大超过电压降的浪涌电压的加入会使器件开通。这个浪涌电压的加载会使中央部分的电场分布峰值变高。在电场最强的部分会立即产生雪崩效应。这样，新产生的电子空穴对就形成等离子态，电场分布就形成险峻的破口火山状。外部火山状部分的电场强度比刚开始产生电子空穴对的最大电场强度还要大，这样一来，在外部就会产生新的雪崩。于是火山状电场会立即向外部移动，留下高浓度的等离子区。又由于器件两侧的 N⁺P 或 NP⁺ 结是正向偏置的，随着内部等离子区的扩大，开始产生大电流。

因此，与其说负阻二极管是按照晶闸管的方式导通，不如说是按照 PIN 型二极管的方式工作。电子和空穴的漂移速度在强电场中达到 10^5 m/s 而饱和，但是由于负阻二极管的等离子区形成速度是由电子空穴对的产生和电场的变化速度（光速）来决定的，因此它的导通速度比上述要快几个数量级。而且，在大电流密度下工作的 PIN 型二极管是由漂移电流来工作的，不会引起电流的集中，因而可以将其面积做大。另外，因为保持电压越高，器件越容易被导通，就不会出现导通过程中电压分布不均匀的问题。额定电压只有 3kV，可能是由于深 PN 结制造方法的限制。

3. 半导体断路开关

半导体断路开关（Semiconductor Opening Switch，SOS）的特点是能很好地在纳秒级阻断千安级的大电流，并且重复频率可以达到千赫兹。具有 P⁺-P-N-N⁺ 结构的 SOS 加正向偏压时，引起从 P 区流向 N 区的空穴和从 N 区流向 P 区的电子结合而产生电流，这是正向电流。此时，如果在流入的少数载流子再结合结束前加反向偏压的话，因为少数载流子流回原来的区域，产生暂时的电流，这个是反向电流。一般设计的 SOS 都不能流过反向电流。反向电流在很短时间内被阻断，此时开关两端产生电感电压。因为 SOS 的自恢复时间在 1μs 以下，脉冲的重复频率仅取决于放出的热量。现在，脉冲重复频率在连续工作时为 1000 脉冲/s 以下，在脉冲串联时为 5000 脉冲/s 以下，表 1-1 所示的是 SOS 特性。

表 1-1 SOS 的特性

最大反向峰值电压	100kV
脉宽	10～60ns
正向泵浦电流	100～300A
反向泵浦电流	100～300A
正向泵浦时间	300～500ns
反向泵浦时间	40～100ns
电流截断时间	5～15ns
能量损耗	0.2～0.5J/脉冲
恢复时间	≤1μs
器件尺寸	63mm×44mm×116mm
质量	350g

图 1-16 所示是 SOS 的驱动电路，图 1-17 是驱动装置的输出波形。得到 40ns 的半幅值峰值电压波形。电压波形完全取决于负载 R，在数十欧到 1kΩ 的范围内，阻抗越大，电压峰值越大，波形越成尖峰状。

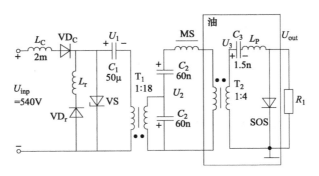

图 1-16 SOS 驱动电路

近 20 年来，开关技术的发展极大地改变了脉冲功率及其应用的概念。通过用固体开关取代传统的火花隙等气体开关，脉冲功率技术在寿命、重复频率、紧凑性和灵活性等方面都获得了全新的参数范围。电力半导体器件在功率能力和工作速度两方面都取得了显著进步，以其体积小、寿命长、可靠性高等优点，逐渐成为了脉冲功率开关的发展方向。由各自的物理结构和工作原理决定，每种半导体开关都有其功率能力、工作频率、断路或导通特性。

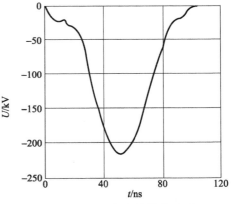

图 1-17 驱动装置的输出波形

参 考 文 献

［1］曾正中. 实用脉冲功率技术引论［M］. 西安：陕西科学技术出版社，2003.

［2］大電力パルス発生技術調査専門委員会. 大電力パルス発生技術とそれに向けたパワ－デバイスの動向［R］. 電気学会技術報告，1999，第 710 号：1-4.

［3］大電力パルス発生技術調査専門委員会. パワ－テバイス応用大電力パルス電源の適用技術［R］. 電気学会技術報告，2004，第 960 号：3-10.

［4］IKUNORI T. High-Speed Large-Current Power Semiconductors for Pulse Power Generation［J］. Journal of Plasma and Fusion Research，2005，81（5）：367-374.

［5］FAZIO M V，KIRBIE H C. Ultracompact pulsed power［J］. Proceedings of the IEEE，Pulsed Power：Technology and Applications，2004，92（7）：1197-1203.

［6］刘锡三. 高功率脉冲技术［M］. 北京：国防工业出版社，2005.

第2章

电流控制型脉冲功率器件

2.1　门极关断（GTO）晶闸管

2.1.1　GTO 的发展

门极关断晶闸管（Gate Turn-Off Thyristor，GTO Thyristor）[⊖]，与普通晶闸管一样，也是四层三端结构，相比于普通晶闸管而言，它可以由门极控制其关断，因而被归类于全控型器件。而且以电压阻断能力高、通流能力大，在大功率应用中曾一度占据主导地位。同时，为了满足不同场合的需要，还开发出了多种不同结构的GTO。尽管如此，GTO 在这一领域的主导地位正受到新一代功率器件 IGBT 和 IGCT 的挑战。但是，在现今的脉冲功率领域的应用中，GTO 仍然有着十分重要的作用，而且对提高其性能的改进和应用领域扩展的研究从未停止过，新技术的应用也给其注入了新的活力。

2.1.2　GTO 的结构

大容量 GTO，通常是由一个硅片上集成很多个单元 GTO 并联而成的，单元 GTO 的结构如图 2-1 所示。

由图 2-1 可以看到，它和晶闸管结构基本相同，GTO 小单元的阴极区域被门极区域包围，GTO 的门极区域相对于晶闸管来说要大得多，而且其阴极区域的

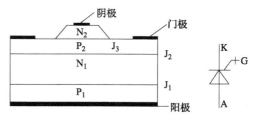

图 2-1　GTO 的结构图和图形符号

宽度比较小，这一结构决定了 GTO 的关断能力，以下将简要分析这一结构的原理。

⊖　为方便起见，人们习惯直接用 GTO 代表 GTO 晶闸管。

普通晶闸管的阴极区域比较大，当其导通后，如果采用从门极加反向电压的方法，那么一部分阴极电流将会通过门极流出，如图 2-2 所示，P 基区就会产生横向电流，导致在远门极区域的电位升高。这样，当在某一点处其电位和阴极电位相当而不足以使得 J_3 结反偏时，门极对此处的电流不再具有抽取能力，某 P 点处右侧的电位足以维持 J_3 结导通，电流直接通过 J_3 结流向门极，此时阴极仍然有电流通过，晶闸管处于导通状态。

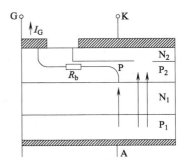

图 2-2　横向电流效应

而对于 GTO，其各个阴极区域均比较小，门极将阴极基本全面包围，在远门极区域的电位不足以维持阴极 J_3 结的导通，当把 P 基区的非平衡载流子抽取足够后，强制使 J_3 结全面反偏，阻断了阴极电流，这样使得关断成为了可能，对于其关断的详细机理，将在下面详述。

2.1.3　GTO 的工作原理

图 2-3 所示为 GTO 的双晶体管模型，与普通的晶闸管的等效模型基本一样。

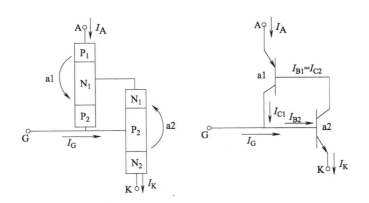

图 2-3　GTO 的双晶体管模型

1. GTO 的导通特性

GTO 的导通特性与普通晶闸管相同，给门极加上一个正向电压，就可以使其进入导通状态，如图 2-4 所示，加上门极电流后，产生一系列的正反馈，使得 GTO 上的电流达到其维持电流，GTO 导通。此外，GTO 也可能因为其他的原因而导通，

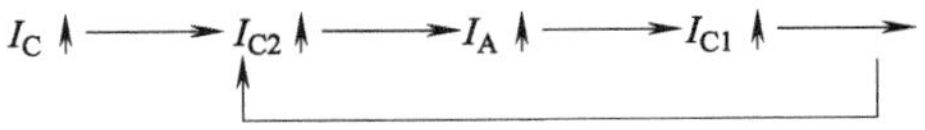

图 2-4　开通正反馈过程

而其关断特性则和晶闸管有很大的不同。下面将重点介绍其关断特性。

2. GTO 的关断原理

我们知道，对于 PNPN 结构的晶闸管，其维持导通的条件是电流放大系数 $\alpha_1 + \alpha_2 > 1$，这样才能使器件处于正反馈状态。当 $\alpha_1 + \alpha_2 < 1$，则晶闸管将会处于一个负反馈状态，流过器件的电流将会逐渐变小，最后关断。而对于 GTO，其关断相比较于晶闸管要简单得多，可以方便地从门极加上一个负电压来使阴极电流减小，进一步导致阳极电流变小，使得 $\alpha_1 + \alpha_2 < 1$，引起关断负反馈，最后阳极电流减小为 0，GTO 关断。

在其双晶体管模型中，阳极电流可以表示为

$$I_A = \alpha_1 I_A + \alpha_2 I_K = \alpha_1 I_A + \alpha_2 (I_A - I_G)$$

则

$$I_A = \frac{\alpha_2 I_G}{1 - (\alpha_1 + \alpha_2)}$$

由此，定义关断增益 G_{off} 为阳极电流和门极电流的比值，有

$$G_{off} = \frac{\alpha_2}{(\alpha_1 + \alpha_2) - 1}$$

G_{off} 表征 GTO 的关断能力的强弱。为了增强 GTO 的控制性，能够有效关断，希望 G_{off} 大一些，则 $\alpha_1 + \alpha_2$ 必须尽可能接近 1，而且 α_2 要大一些。对于同样的 G_{off}，门极电流越大，其关断越有效。通常大功率的 G_{off} 做到 5 左右比较合适。

如图 2-5 所示，在 GTO 稳定导通后，在门极加上负的电压后，开始了抽取 P 基区过剩载流子，此阶段即为存储阶段 t_s，GTO 的所有等效晶体管均未退出饱和状态，J_1、J_2、J_3 3 个 PN 结都处于正向偏置状态，阳极电流仍然保持原先的稳定电流，管压降也基本保持导通时的水平。

当阳极电流下降到其通态电流的 0.9 倍时，存储时间结束，开始了下降时间阶段，此时，其两个等效的晶体管将退出饱和状态而进入放大状态，GTO 的管压降从通态压降逐渐上升。由于阳极电流下降迅速，其 di/dt 太大，通过回路电感在 GTO 上产生一个电压突升的现象，此时，GTO 上高电压可能使其恢复导通而引起关断失败，同时也会造成 GTO 的关断损耗增大。而实际上，通常在电

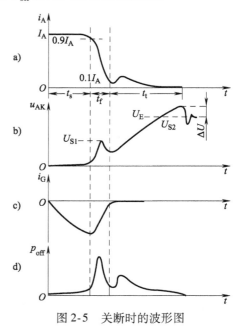

图 2-5 关断时的波形图

路中会添加一个吸收电路（也称为缓冲电路）来限制器件上的电压变化率。当阳极电流下降为零时，器件关断。变为其通态电流的 0.1 倍时，下降时间结束。剩下

的即为尾部时间，在此阶段，如上所述，GTO 的关断首先是要从 P 基区抽取空穴，降低 P 基区的电位，使得 J_3 结开始反偏，关断区从近门极区域向远门极区域扩展，直到面积可以用载流子的扩散长度 L_n 的数量级来表示，这就是 GTO 关断的第一阶段，即存储阶段，也被称为二维关断阶段。

对于 PNPN 型器件的关断，Wolley 早期提出的一个理论描述了当横向电流主要由扩散电流构成时的关断模型。

如图 2-6 所示，GTO 在关断的过程中，沿 x 轴方向被分为 3 个区域：通态区、关断区和通态区与关断区域之间的载流子扩散区。

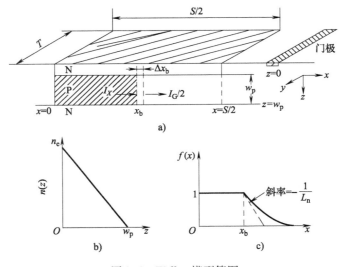

图 2-6 Wolley 模型简图

对于 P 区域的过剩载流子浓度分布为二维分布，沿 x-z 平面过剩载流子浓度可以写为

$$n(x,z) = n(z)f(x)$$

由于 z 方向电流主要为扩散电流，可以写为

$$J_z(x,z) = eD_n \frac{\partial n(x,z)}{\partial z} = eD_n f(x) \frac{\partial n(z)}{\partial z}$$

导通区域 z 方向电流恒定，其浓度梯度恒定，可写为

$$\frac{\partial n(z)}{\partial z} = -\frac{n_e}{\omega_p}$$

式中，n_e 为 J_1 结面处的电子浓度。

解该方程可以得到

$$n(z) = n_e \left(1 - \frac{z}{\omega_p}\right)$$

在 x 方向

$$f(x) = 1 \qquad 0 < x < x_b$$

$$f(x) = \exp\left\{ -\left(\frac{x - x_b}{L_n} \right) \right\} \qquad x_b < x < \infty$$

这样，阴极电流可以写为

$$\frac{I_K}{2} = I_Z = \int_0^\infty J_z(x,z) T dx$$

$$= -\int_0^{x_b} \frac{Te n_e D_n}{\omega_p} dx - \int_{x_b}^\infty \frac{Te n_e D_n \exp\left\{ -\left(\dfrac{x - x_b}{L_n} \right) \right\}}{\omega_p} dx$$

$$= -\frac{Te n_e D_n (x_b + L_n)}{\omega_p} \tag{2-1}$$

对式（2-1）进行移项变换可以得到

$$|n_e| = \frac{\omega_p I_K}{2Te D_n (x_b + L_n)} \tag{2-2}$$

在 x_b 处沿 x 轴方向的扩散电流为

$$I_x(x_b) = \int_0^{\omega_p} T J_x(x_b, z) dx \tag{2-3}$$

又在 x_b 处，横向电流和位置的关系可以表示为

$$J_x(x_b, z) = e D_n \frac{\partial n(x,z)}{\partial x} \bigg|_{x = x_b}$$

$$= e D_n n(z) f'(x_b) \tag{2-4}$$

$$= -\frac{e D_n n(z)}{L_n}$$

将式（2-4）代入式（2-3）可以得到

$$I_x(x_b) = -\frac{Te n_e D_n \omega_p}{2L_n} \tag{2-5}$$

在 x_b 处，Δx_b 宽度内少数载流子数目可以表示为

$$\Delta Q = -\Delta x_b \int_0^{\omega_p} Te n(x,z) dz$$

在 x_b 处，可近似取 $f(x_b) = 1$，可得

$$\Delta Q = -\frac{1}{2} Te |n_e| \omega_p \Delta x_b \tag{2-6}$$

而单位时间内过剩载流子的电荷的变化可以写为

$$\frac{\Delta Q}{\Delta t} = \frac{I_G}{2} + I_x \tag{2-7}$$

将式（2-5）和式（2-6）的表达式代入式（2-7）可以得到

$$-\frac{Te\,|\,n_{\mathrm e}\,|\,\omega_{\mathrm p}\Delta x_{\mathrm b}}{2\Delta t} = \frac{I_{\mathrm G}}{2} - \frac{Te n_{\mathrm e} D_{\mathrm n}\omega_{\mathrm p}}{2L_{\mathrm n}}$$

整理后得到

$$\frac{\Delta x_{\mathrm b}}{\Delta t} = -\frac{I_{\mathrm G}}{2}\left(\frac{Te\,|\,n_{\mathrm e}\,|\,\omega_{\mathrm p}}{2}\right)^{-1} + \frac{D_{\mathrm n}}{L_{\mathrm n}}$$

将其代入式（2-2），对 $\Delta x_{\mathrm b}$ 取极限可以得到

$$\frac{\mathrm dx_{\mathrm b}}{\mathrm dt} = -\frac{I_{\mathrm G}}{I_{\mathrm K}}\left(\frac{2D_{\mathrm n}}{\omega_{\mathrm p}^{2}}\right)(x_{\mathrm b}+L_{\mathrm n}) + \frac{D_{\mathrm n}}{L_{\mathrm n}}$$

定义

$$t_{\mathrm{tp}} = \frac{\omega_{\mathrm p}^{2}}{2D_{\mathrm n}}$$

$$G_{\mathrm{off}} = \frac{I_{\mathrm A}}{I_{\mathrm G}}$$

得

$$\frac{\mathrm dx_{\mathrm b}}{\mathrm dt} = -t_{\mathrm{tp}}^{-1}(G_{\mathrm{off}}-1)^{-1}(x_{\mathrm b}+L_{\mathrm n}) + \frac{D_{\mathrm n}}{L_{\mathrm n}}$$

定义存储时间为阴极区域被压缩到小于其扩散长度范围的时间，则

$$-\int_{0}^{t_{\mathrm s}}\mathrm dt = (G_{\mathrm{off}}-1)t_{\mathrm{tp}}\int_{\frac{s}{2}}^{L_{\mathrm n}}\frac{\mathrm dx_{\mathrm b}}{x_{\mathrm b}+L_{\mathrm n}-\dfrac{t_{\mathrm{tp}}(G_{\mathrm{off}}-1)D_{\mathrm n}}{L_{\mathrm n}}}$$

即为

$$t_{\mathrm s} = (G_{\mathrm{off}}-1)\frac{\omega_{\mathrm p}^{2}}{2D_{\mathrm n}}\ln\left(\frac{SL_{\mathrm n}/\omega_{\mathrm p}^{2}+2L_{\mathrm n}^{2}/\omega_{\mathrm p}^{2}-G_{\mathrm{off}}+1}{4L_{\mathrm n}^{2}/\omega_{\mathrm p}^{2}-G_{\mathrm{off}}+1}\right)$$

式中，S 为阴极条宽；$\omega_{\mathrm p}$ 为 P 基区的厚度。

由上可以知道，当对数函数的分母接近于 0 时，存储时间会趋向于无穷大，限制了关断增益的值，由此可得

$$G_{\mathrm{off}}(\max) = 4L_{\mathrm n}^{2}/\omega_{\mathrm p}^{2}+1$$

式中，$L_{\mathrm n}$ 为 P_2 区的少子扩散长度。对于大容量 GTO，设计时一般取 $\omega_{\mathrm p} = L_{\mathrm n}$。

当导通区域被压缩到很小时，此时的关断仅与阳极电流、门极电流和 $\alpha_1 + \alpha_2$ 有关，称这一阶段为一维关断模型。一维关断原理和普通晶闸管的关断原理基本相似，可以根据双晶体管模型中的电流和 $\alpha_1 + \alpha_2$ 的变化进行分析。此过程中，$\alpha_1 + \alpha_2$ 由大变小，当小于 1 后，回路由正反馈状态进入负反馈状态，最后 GTO 关断。

由于 P_2 区域的横向电流的作用，GTO 的最大可关断阳极电流受到限制。如图 2-2 所示，$I_{\mathrm G}/2$ 的电流流过 P_2 区域时，将会产生一个横向压降为

$$\Delta U = \frac{I_{\mathrm G}}{2}\times\frac{R_{\mathrm b}}{2} = I_{\mathrm G}R_{\mathrm b}/4$$

在关断中可以看到，外加的反向电压越高越有利于关断，但是由于 J_3 结两边的掺杂浓度比较高，这样 J_3 结的雪崩击穿电压就比较低，在正常的掺杂水平下，一般在 20V 左右。在 J_3 结的关断中，必须保证结面两边的电压低于 J_3 结的雪崩电压。这样，就限制了门极和阴极上所加的反向电压，一般为十几伏左右。

$$\Delta U < U_{GR}$$

这样可以得到门极的最大抽取电流为

$$I_G(\max) < 4U_{GR}/R_b$$

由 $G_{off} = I_A/I_G$，可以得到

$$I_A(\max) < 4U_{GR}G_{off}/R_b$$

上式表明，为了获得高的阳极可关断电流，基区横向电阻 R_b 要小，因此 P_2 区的掺杂浓度比普通晶闸管中的要高。但过高的掺杂浓度也会导致发射结击穿电压降低；通态电压增大，门极触发电流增大。所以必须选取最佳的 P_2 区掺杂浓度，据资料，P_2 区的掺杂浓度在 $0.5 \times 10^{18} \sim 1.5 \times 10^{18}$ cm^{-3} 之间可以获得令人满意的折中。为了提高该最大电流，还可以在一定范围内减小阴极条的条宽，这样就缩短了横向距离，也达到减小横向电阻的目的。

为了减小 R_b，GTO 一般采用多阴极结构，实际的 GTO 中多采用多叉指结构。研究表明，最大的门极关断电流与 GTO 的单元数的二次方根成正比。同时，最大的门极关断电流随阴极指宽的减小而增加，现今 GTO 的指宽通常在 $250 \sim 300 \mu m$。双叉指层图形由浅和深的扩散 N$^\pm$ 阴极层交错形成，以使关断期间阴极指中心电流分布最佳。利用该图形，其最大阳极电流可以提高 20%，且有很高的 du/dt 耐量。

2.1.4　GTO 的特性优化

由于 GTO 是由很多个小的 GTO 单元构成的，每个小 GTO 单元的门极、阳极和阴极都是并联在一起的。对每一个单元，由于硅片材料和在工艺过程中不可避免的因素，使得 GTO 的各个小单元有微观上的差异，导致了其在相关的电参数上有所不同，这样就对其导通和关断产生了影响。

在导通的过程中，个别 GTO 单元由于延迟时间比较短，首先导通，这是由于在这些 GTO 单元中载流子的寿命比较长，较长的载流子寿命可以缩短其导通延迟时间。此时，阳极电流将主要从这些单元中流过，有可能造成局部电流密度过大而失效，这样就影响了 GTO 在导通过程中的 di/dt 耐量。实际上，在关断过程中也会发生类似的情况。某些 GTO 单元的载流子寿命比较长，它就会承受比较大的通态电流，同时门极存储时间会随着载流子的寿命增大而增大，所以在关断末期，器件中电流会重新分布，在这些门极存储时间长的 GTO 单元的远门极区域聚集，这些区域的电流密度过大，同样可以使器件失效。

针对这种情况，可以从器件本身和外电路采取相应的措施来改进。对于器件本身，采用结构均匀、缺陷少的硅片材料，要求工艺过程尽可能稳定，使得器件在结

构上尽可能地相同，各个单元的载流子寿命和掺杂浓度尽可能一致，而且还要优化阴极区域和门极区域的版图设计。实际上，由于器件结构不可能完全相同，差异始终存在，对于大面积大电流的器件，结构单元的一致性就更难确保。对于不同通流能力的 GTO，通常还会采用不同的门极和阴极版图结构，如图 2-7 所示。

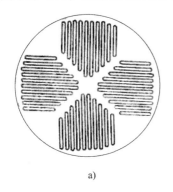
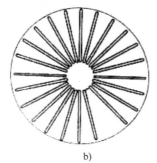

a) b) c)

图 2-7 GTO 门极-阴极图形

这些改进同样有利于 GTO 的导通、关断特性的提高。同时，对电路也要做出相应的改进，如采用强触发、提高门极的电流脉冲幅值和上升沿的陡度，这样，可以缩短 GTO 单元阳极电流的延迟时间，不同 GTO 单元之间的延迟时间就会基本趋于一致，还可以提高初期的电流变化率的耐量，同时可以加强 GTO 阴极单元的导电面积的扩展速度，有利于导通中的电流不均匀分布状况的改进。

如果门极电流的幅值或者上升速率太低，就不能使所有的单元都导通，这也会使得特性变差。通常，为了保证 GTO 的关断能力，GTO 的 α_1 比较小。因此，在阳极电流很小时，可能只有部分 GTO 单元被完全导通。此时，如果撤去门极电流，会导致一些单元关断（通常是擎住电流比较大的单元）。这样，在接下来的电流增长过程中，导通的单元会过载，局部发热严重，门极关断能力遭到损害。为了避免这一个效应，GTO 在处于通态的时间内，要用一个较小的外加门极电流去维持所有单元的导通状态。这个电流称为后沿电流。

为了达到好的关断特性，通常也会对 α_1 做一些相关的调整。对于 α_1，通常采用阳极短路点来降低，这些短路结构可以有效地降低 J_1 结的注入效率。但是，这一结构将会使 GTO 的 J_1 结失去阻断能力。此外，阳极短路点的出现还使制造过程变得复杂，因为需要将短路点与阴极条对准。但是实际上，现今的 GTO 基本上都采取了阳极短路点结构。同时，加大 N 基区的厚度、降低载流子的寿命，也将有助于将 α_1 保持在较低的水平上。但是这样会对 GTO 的其他特性造成影响，如会使 GTO 的通态压降提高，使用中要注意均衡。而对于 GTO 的 α_1、α_2 的设计，通常保证其和在 1.05 附近（α_2 一般在 0.25 左右，由这个计算得到的关断增益为 5），这样可以使其处于临界饱和状态，保证关断特性。

还有一些结构比较特殊的 GTO，也可以相对提高 GTO 特性，图 2-8 所示即为一种采用双门极结构的 GTO。当需要关断时，给 G_2 加上相对于"阴"极为正的信号，这样，一方面可以减小阳极的发射效率，同时可以抽取 N^- 区域的过剩载流子，在关断中，GTO 内部存储的过剩载流子会大大减小。作为拖尾电流的主要来源的 J_1 结面附近的过剩载流子浓度将大大减小，这样，拖尾电流的幅度和持续的时间都大大减小。通过调节门极 G_1 和 G_2 的触发时间，可以将其关断损耗降到普通 GTO 的 5% 左右，通过这一措施，也可以提高 GTO 的工作频率。但是这种结构需要两个门极驱动电路，加大了电路的复杂性。

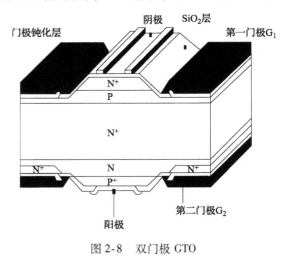

图 2-8 双门极 GTO

2.1.5 GTO 的驱动电路和吸收电路

GTO 的结构及特性与普通晶闸管的区别，决定了对其驱动电路的更高要求。通常，门极的脉冲触发信号要考虑其 4 个特性，即脉冲前沿陡度、脉冲宽度、脉冲幅度和后沿陡度。

在导通阶段，由于 GTO 是由多个小的 GTO 单元组成，导通初期的扩展速度比普通晶闸管的要快，这就要求其在导通初期具有更快的电流上升速率，提供比晶闸管高得多的强触发脉冲。通常，在大容量场合，di_G/dt 要达到每微秒数十 A/μs，而且门极电流要在短期内上升到几十安。如果达不到要求，是不能够使所有的单元导通的。由于阴-门极的叉指化的程度很高，GTO 的 di/dt 耐量就很大，一些 GTO 甚至可以达到每微秒千安的量级，这样为满足如此高的电流上升速率，对门极驱动的要求就更加严格，门极电流通常要达 100A，$di_G/dt > 100A/μs$。

而在通态期间，由于其处于临界饱和状态，$\alpha_1 + \alpha_2$ 在 1.05 附近，这样当通态电流减小时，可能会导致部分 GTO 单元关断，为了避免这些现象的发生，通常在导通以后会在门-阴极提供连续的后沿电流，以改善通态特性，这样也可以达到减小通态损耗的目的。

GTO 关断电路是 GTO 驱动的核心问题。负向的门极脉冲必须达到足够大的陡度、幅度和宽度。其关断脉冲越陡、幅度越大，门极电流的变化率也就越大，就越有利于关断初期产生足够大的门极反向电流，以减小关断时间。当门极电流变化率较小时，关断时间变长，部分单元的不平衡性会变得明显，电流集中效应可能导致关断失败。

而实际上，对于 GTO 的导通和关断脉冲的要求都比较近似。导通是为了保证在器件中快速建立一个稳定的导通电流，各个单元的电流基本上保证同步，不产生局域化现象，而关断则是要将 GTO 中各个单元的导通电流快速阻断，而且也有各个单元同步化的要求，否则，将出现导通或者关断时间过长，引起电流在载流子寿命比较长的 GTO 单元中聚集，电流过大，将出现局部过热现象，严重时会使器件出现热击穿。对于导通或关断脉冲的宽度，一般要持续到完全导通或者关断以后。而脉冲的后沿陡度都需要比较平缓，否则，大的变化率会导致器件的导通或者关断失败。

　　对于处于阻断状态的 GTO，为了防止其可能会因为一些意外的原因而导通，通常在其门极和阴极间加入一个反偏电压，保证 J_3 结处于反向状态，这样可以更好地维持 GTO 的关断状态。

　　GTO 的门极驱动的设计要满足以上条件。通常，门极驱动按其与 GTO 的连接方式可以分为直接驱动和间接驱动方式两种。直接驱动方式是指驱动电路直接和门极-阴极相连，而间接驱动方式则一般通过脉冲变压器将驱动电路与 GTO 门极相连接。对于直接驱动电路，由于在驱动电路中引入了主回路的电压，这样就可能使驱动电路处于一个高的电位，通常对这种触发电路，一般采用光电耦合器或其他隔离器件将控制信号传送给驱动电路的输入端，再由驱动电路给 GTO 以触发信号。而间接驱动电路避免了这个问题，通过脉冲变压器将主回路和驱动回路隔离了，但是这样的同时也会引入一些额外的电感，不利于高陡度信号的产生。

　　如图 2-9a 所示，GTO 在关断中，由于 di/dt 太大导致高的 du/dt，高的 du/dt 会导致 J_2 结面附近出现较大的位移电流，该电流的效果和加的正向电流的效果相近，可能引起 GTO 的导通。为了保证 GTO 的可靠关断，必须将阳极电压的上升速率限制在一个安全值以内，所以必须在电路中加入吸收电路以抑制电压的上升速率。图 2-9b 是一个比较典型的吸收电路。

　　在导通过程中，吸收电容通过电阻 R_S 向 GTO 放电，这样有助于 GTO 上阳极电流的上升，当主回路的电感比较大时，其作用就更加明显了。

　　而在关断过程中，通态电流大，关断时电流的变化率大，导致 GTO 阳极电位上升迅速，这一高的电压上升率是需要限制的。加上吸收电路后，当 GTO 开始关断时，其上电压上升，开始向吸收电路电容进行充电。初期这一电流比较小，当 GTO 上电压达到一定值以后，吸收电路开始明显起作用，这样就会减缓其上的电压上升速率，出现了一个尖峰电压。之后，电压上升速率被吸收电路限制在一个比较小的范围内。

2.1.6　GTO 的功耗

　　GTO 在工作过程中的损耗包括通态损耗、断态损耗和开关损耗。GTO 在通态和断态时损耗较小，在导通和关断的动态过程中损耗较大，其开关损耗随着工作频

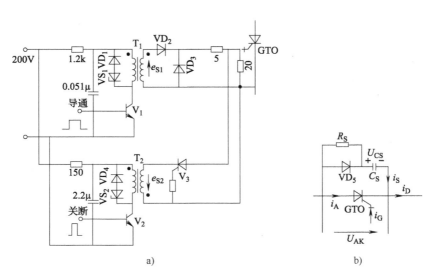

图 2-9 GTO 开关驱动电路和吸收电路

a) GTO 开关驱动电路 b) GTO 吸收电路

率的增加而显著上升。

GTO 的导通和晶闸管基本相同,但是由于其导通电流的扩展速度远远大于晶闸管,导通时间短,相比于晶闸管的导通损耗小得多。提高 GTO 的导通速度的相关措施都可以减小其关断损耗,如提高 GTO 中载流子寿命以减小开通过程中的过剩载流子的复合、减薄 GTO 的基区厚度,以及对驱动电路的改进等。

GTO 在关断的过程中会产生很大的功耗,从其关断电压和电流波形可以看出,瞬时功率的极大值出现在其关断时电压的尖峰处和关断末期的拖尾电流处。在电压尖峰处,此时阳极电流还比较大,GTO 上的电压已很高,此时的瞬态功率很大。要减小这一尖峰电压,通常二极管和电容要有很好的电压吸收能力,一般电容的选取可以适当地大一些,而对于吸收电路的结构也需要优化。实际上,吸收电路中也有一个附加电感,这一电感不利于吸收电路的分流作用,尖峰电压的值是由吸收电路的二极管和附加电感决定的。一般一个有效的 GTO 吸收电路需要特殊的二极管和比较小的吸收回路电感,这样才能将尖峰电压降到最小。而且对于尖峰电压后的电压上升曲线,也可以保证有恰当波形,这样也有利于功耗的降低。

对于拖尾电流,这点由于在 GTO 原理上是不可避免的。在关断末期,阳极电位已经很高,J_2 结面附近已形成了高电场的空间电荷区,一部分过剩载流子通过 J_2 结的高电场被抽取到 P_2 区,这样就形成了关断的拖尾电流,由于此时高的阻断电压,造成了功率损耗比较大。拖尾电流主要来自阳极,为了降低这一损耗,通常可以采取阳极短路点结构以及降低阳极区域的载流子寿命的办法来解决。

2.1.7　SiC GTO

硅基脉冲晶闸管凭借高电压阻断能力、大电流导通能力，在大电流脉冲领域得到应用。Si GTO 则拥有更高的开关速率以及不用在阴阳极施加反向电压就可以使其关断的优势。

相比于 Si 材料，SiC 有着更宽的禁带以及更低的本征载流子浓度，使得 SiC 有着高于 Si 10 倍的击穿电场强度以及随着温度升高的情况下，反向漏电流也很小；意味着相比于 Si 器件 SiC 器件拥有在更高频率领域运用的前景。比如：由于 SiC 器件比 Si 器件的损耗更低，SiC GTO 和 SiC PiN 组成的整流器能够比 Si GTO 和 Si PiN 组成的整流器在室温下效率高 1%，在 200℃ 下高 6% 以上。

图 2-10a、b 分别为 1.6kV/160A 的硅基晶闸管和 6kV/50A 的 SiC GTO 不同温度下的泄漏电流，可见当结温高于 100℃ 的时候，硅基晶闸管已经无法正常工作；而 SiC GTO 甚至在 300℃ 的条件下，也能保证很小的泄漏电流。因此，SiC GTO 可以在体积小的强制冷却系统中运行，从而可以被应用到更宽脉宽的脉冲功率领域中。

SiC GTO 的阻断电压与漂移区的厚度、掺杂浓度有关，随着芯片制造水平的不断提升，从芯片面积 16mm^2、漂移区厚度 60μm、耐压 5kV 的 SiC GTO 到面积 1cm^2、漂移区厚度 90μm、耐压 12kV 的 SiC GTO 仅花了 5 年时间；并且载流子寿命也从 0.5μs 提升到 2μs，促进了漂移区的完整导通。2013 年，Cree 公司成功制造出耐压 20kV 的 SiC GTO。随着如今电压应用等级越来越高、通流能力需求越来越大的趋势，SiC GTO 的耐压等级也在不断增高。与此同时，也出现了许多不同种类的 SiC GTO。

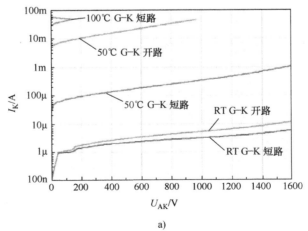

a）

图 2-10　不同温度下泄漏电流的比较[19]

a）硅基晶闸管

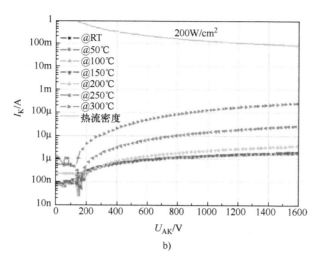

b)

图 2-10 不同温度下泄漏电流的比较[19]（续）

b) SiC GTO

2.1.7.1 浮空场环 SiC GTO

通过采用厚度为 80μm、掺杂浓度为 $10^{14} cm^{-3}$ 的 P 型漂移区，以及保护环制造出了耐压为 7.5kV 的 SiC GTO，如图 2-11a 所示。图 2-11b 为 2550V 电压偏置下场环的电场分布情况，可见浮空场环有助于抑制电场，并通过控制峰值电场来逐渐降低沿着场环的电压，而各个场环之间的可变间距有助于最小化击穿电压对漂移层厚度和掺杂变化的依赖性。

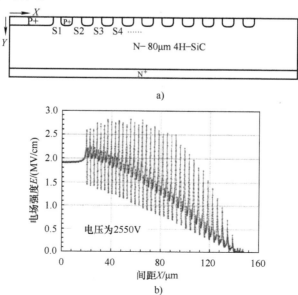

图 2-11 a）SiC GTO 浮空场环终端结构和 b）浮空场环下的电场分布情况[20]

SiC GTO 的场环通过含有氮的 N 型离子注入以及一个 N 型门极网格构成，N 型门极网格围绕着事先用耦合等离子体对其刻蚀的阳极台面。阳极和门极欧姆接触所需的离子注入是在超高纯度氩气环境中通过高温退火而激活，并分别在 P 型阳极和 N 型门极用镍退火形成了 $2 \times 10^{-4} \Omega \cdot cm^{-2}$ 和 $2 \times 10^{-6} \Omega \cdot cm^{-2}$ 的欧姆接触。GTO 的最终钝化层是用 CVD 电介质形成的，该钝化层可显著减少器件泄漏电流。

为了测验 SiC GTO 的正向导通电流能力，将有效面积为 $4 mm^2$ 的 GTO 裸芯片进行封装。经测试发现 GTO 可以在 175℃ 的条件下导通 80A 的电流，并且展示出非常低的差分导通电阻——$3.5 m\Omega$。在室温的条件下，GTO 的 I-U 特性没有明显的线性区段，意味着需要对漂移区进行更有效的电导调制，如图 2-12 所示。在由 Princeton Power Systems 公司研发的 10kHz 并网型交流链式（见图 2-13）谐振拓扑中，SiC GTO 能够实现 DC-DC 的电能转化，并和 Si IGBT 扮演着软开关的角色：开关只在电流为零的时候关断，使得整个结构的损耗和电磁干扰大大降低。SiC GTO 能够稳定地耐受 3kV 的母线电压以及通过峰值 23A 的电流。

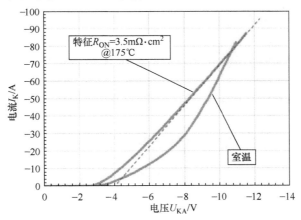

图 2-12 $4mm^2$ 封装 GTO 的 I-U 特性[20]

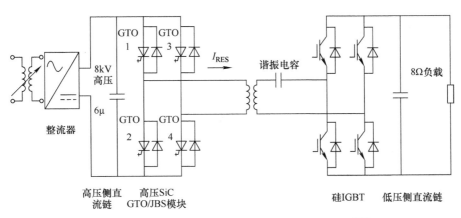

图 2-13 基于 SiC GTO 和 JBS 的交流链式逆变器[20]

2.1.7.2　多区域 JTE 终端 SiC GTO

9kV SiC GTO 由 Cree 公司制造，芯片的总面积为 1cm^2，有效台面面积为
0.73cm^2。多区域结终端边缘以及厚度为 90μm 的漂移区使得器件的耐压能够达到
9kV 以上。该器件生长在 N$^+$ SiC 衬底上，比生长在 P 型衬底上有着更好的导通特
性，图 2-14 为 9kV SiC GTO 的截面图。Cree 公司采用独特的封装方式使得该器件
能够在更高电压以及更大电流下工作：采用金锡管芯连接件将管芯的背面（阴极）
连接到镀黄铜基板上。同时，10mil（1mil = 25.4 $\times$ 10^{-6}m）的铝线键合使器件的栅
极和阳极易于集成到电路中。在基板上的塑料框架可为有机硅环氧树脂提供一个外
壳，以避免在器件边缘产生拱形或电压蠕变。

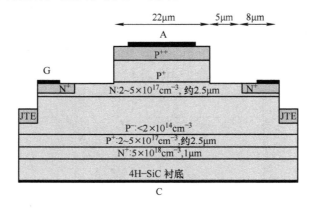

图 2-14　9kV SiC GTO 芯片截面图[26]

在器件的关断状态下，如果没有良好的 dU/dt 抗干扰能力，很可能导致器件的
误触发，从而引起基于器件的设备、系统的故障。因此，为检测 9kV SiC GTO 对
dU/dt 的抑制能力，采用电容对 RC 负载电路放电，旨在为并联于负载 C 两端的待
检测器件产生电压脉冲。如图 2-15 所示：该器件能够耐受高于 9kV/μs 电压上升
速率；在电压上升速率为 18kV/μs 时，显示出了漏电流增加的迹象。

器件的恢复时间 T_q 对于突发模式的场景应用或对于脉冲电源系统中储能元件
的快速充电至关重要。而 9kV SiC GTO 在脉宽为 1ms、幅值为 1.7kA 的电流脉冲
下，不需要门极辅助关断，并且恢复时间小于 25μs。

在 9kV SiC GTO 的封装技术上，Silicon Power 采用与 Cree 公司不同的全新封
装：他们设计了一种 ThinPak 盖，用于连接两个设备的阳极和门极焊盘，如
图 2-16a，ThinPak 是一种陶瓷芯片，在其顶部和底部均具有金属化层，并在其厚
度上具有金属化通孔，更易于焊接的连接。最后再用塑料外壳进行封装，并在中心
填充硅酮基凝胶，在顶部涂上硬环氧涂层，形成了图 2-16b 所示的由两只 GTO 芯
片封装而成的 SGTO。

将 5 只 SGTO 放在由电容、电感组成的脉冲发生电路中进行测试，其中 4 只都

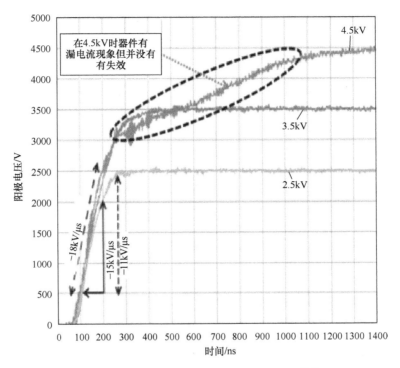

图 2-15　9kV SiC GTO 瞬态电压抑制能力[26]

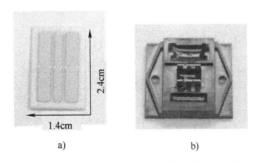

图 2-16　a）ThinPak 盖和 b）由两只并联的 GTO 封装而成的
SGTO（3.5cm×3.6cm×0.8cm）[27]

能成功地通过 9kA 电流。此外，第 5 只 SGTO 能够在电流峰值 8kA 和 9kA 的情况下进行 100 次，并且没有明显的正向导通压降上升的情况发生。将第 4 只和第 5 只 SGTO 并联于电路中，成功流过了 50 次峰值达到 18kA 的电流，并且电流分配分别为峰值电流的 50.3% 和 49.7%，如图 2-17 所示。同时，将脉冲宽度从 75μs 减小到 65μs，单只 SGTO 的峰值能够增大到 9.7kA，当脉冲宽度减小到 45μs 时，电流峰值能够达到 11.7kA。因此，基于 Silicon Power 公司设计的封装方式，有望实现利用 4 只 SiC GTO 芯片的并联封装，达到峰值电流 40kA 以及电流上升速率大于 5kA/μs 的目标。

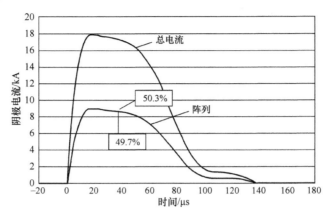

图 2-17 两只 SGTO 的电流分配情况[27]

2.1.7.3 负斜角终端 SiC GTO

为了满足高 di/dt 以及高导通增益能力的需求，研制了 12kV SiC GTO。使用反应离子蚀刻对阳极区进行蚀刻，然后对终端和台面进行蚀刻以完成芯片隔离。同时用一种新型负斜角终端，代替传统的多区域 JTE 来进一步缓解电场在台面边缘处的拥挤，终端宽度为 600μm，如图 2-18 所示。

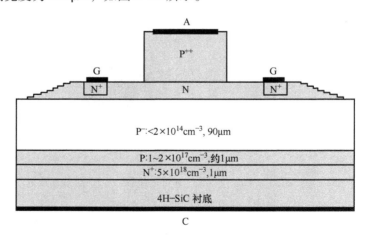

图 2-18 12kV GTO 截面图[19]

负斜角终端的关键优势在于能够消除传统 JTE 终端的平台边缘电场拥挤情况。在其他条件一致下，最大电场可以从 1.6MV/cm（传统 JTE 终端）削减到 1.4MV/cm。因此，拥有负斜角终端的 GTO 可以实现阻断电压为 12kV 的情况，比传统的 15 区 JTE 终端耐压水平提升了 3.5~4kV。

在大功率输配电系统中，间接性的光触发方式能够使得系统受益匪浅。因此，为了满足大功率系统的需求，出现了光触发 GTO 器件。经过测试与对比，发现以 SiC 作为制作材料要比 Si 和 GaAs 有更多优势。但是由于 SiC 材料的低光吸收系数（$120\mathrm{cm}^{-1}$），需要用小型光触发 GTO 导通主开关 GTO，结构如图 2-19 所示。

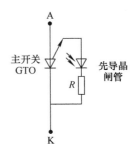

图 2-19 光触发 GTO 电路原理图[19]

图 2-20 展示了在不同负载下，光触发 GTO 的导通电流波形。可见 SiC 材料制作而成的光触发 GTO 可以实现 70ns 的极短导通时间，并且耐压达到 12kV，电流导通能力达到了 100A。

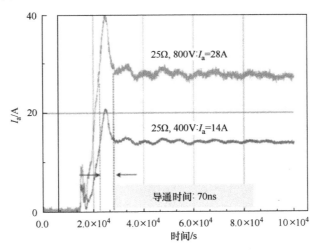

图 2-20 不同负载下光触发 GTO 的导通电流波形[19]

2.1.7.4 电场阻断缓冲层 SiC GTO

高压 15kV SiC N 型 GTO 由美国 Wolfspeed 公司研制，用于探索其在军事脉冲功率领域中应用的能力。由于 SiC 材料本身的宽禁带、高临界电场、高热导率、高杨氏模量以及高饱和速率等优势，使得 SiC GTO 能够在高结温的条件下流过千安级的电流。

15kV SiC N 型 GTO 在 $1\mathrm{cm}^2$ 的裸芯片，拥有 $0.465\mathrm{cm}^2$ 的有效面积，较小的单元使得器件能够快速导通。图 2-21 为 15kV SiC N 型 GTO 的简化截面示意图，器件的非对称结构使得其只能阻断正向电压。电场截止缓冲层（FSB）生长在 SiC 衬底上，并且，FSB 的存在可为高电压的维持提供足够的漂移区厚度，同时减小导通电阻，从而降低了导通状态下 GTO 的正向压降和功率损耗。芯片边缘终端采用注入 P 型掺杂形成多区域结终端扩展结构，边缘终端的引入用于进一步增强器件的正向高压维持可靠性和高压开关转换。

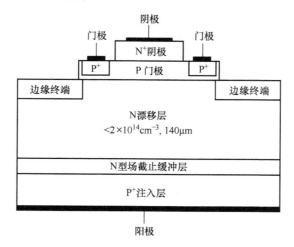

图 2-21　15kV SiC N 型 GTO 简化截面示意图[21]

图 2-22 电路用于测试 SiC N 型 GTO 高脉冲性能：此脉冲测试回路由 525μF 电容器组、180μH 电感、0.2Ω 负载电阻以及待测试 SiC N 型 GTO 等关键元件组成。在门极施加电流 1～20A、脉宽 30μs 的脉冲信号以测试对应门极驱动电流下的峰值电流能力。

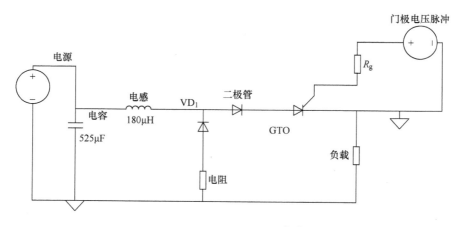

图 2-22　GTO 测试电路[21]

门极施加 1A 的驱动信号时，SiC N 型 GTO 能够产生脉宽为 1ms、峰值为 110A 的脉冲电流波形。保持脉冲电流峰值 110A 以及脉宽为 30μs 的条件下，改变门极驱动电流（1～20A），得到不同驱动电流下的 GTO 正向压降，如图 2-23 所示。门极电流幅值越大，增加了 N 型 GTO 的导通能力和电导调制；由于 N 型 GTO 的高导通增益，当门极电流幅值在 4～20A 变化时，则没有明显减小正向压降。

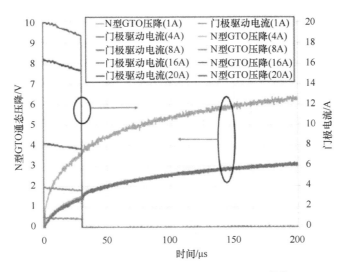

图 2-23　不同驱动电流下（1 ~ 20A），GTO 阳极电压降[21]（见文前彩插）

当门极驱动电流脉宽为 30μs、幅值在 4 ~ 20A 变化，SiC N 型 GTO 可以多次重复导通 1.34kA 的脉冲电流并维持大约为 18.5V 的正向电压降。当脉冲电流的幅值增大到 1.4kA 时，正向压降会突然上升，如图 2-24 所示。由于电流集中导致的局部过热使得在脉冲电流的后半部分时间（600μs）正向压降上升。

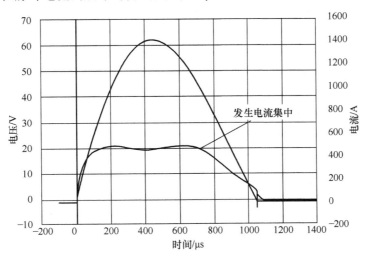

图 2-24　脉冲电流为 1.4kA 时，SiC N 型 GTO 电压电流波形图[21]

为了检测 15kV SiC N 型 GTO 在重复脉冲下的可靠性，设计了图 2-25 的脉冲发生器。在多次过电流操作下，观测其失效机制。实验采用两只相同的 SiC N 型 GTO，分别在不同的脉冲电流情况下，记录两只 GTO 产生的电流波形、正向导通压降、正向阻断能力、静态 *I-U* 特性以及正向门极导通情况。根据所记录到的数据，得到表2-1。

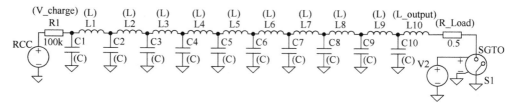

图2-25 脉冲发生简化电路图[22]

表2-1 器件参数对比[22]

器件名称	充电电压	负载电流	脉冲次数	电流密度	脉冲能量
B_1	1.6kV	1.0kA	3431	3440.9A/cm²	4.73J
B_7	1.0kV	500A	20000	2150.5A/cm²	2.34J

根据正向阻断特性，在3431次脉冲后，器件 B_1 的泄漏电流达到了 $100\mu A$，而设备 B_7 的泄漏电流维持在很小的值以内（小于 $1\mu A$）。由此可以发现，在通过多次重复脉冲电流后，器件 B_1 已经退化，并通过 SEM 观测到 B_1 的内部结构，如图2-26所示，可以发现由于局部电流密度过高导致裸芯片键合线的脱落，最终致使器件 B_1 的退化。

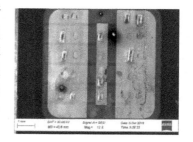

图2-26 器件 B_1 的 SEM 图像[22]

由于制造方式的不同，15kV SiC P 型 GTO 在多次重复过电流操作下的失效机制与 N 型 GTO 有所不同。图2-27 为 SiC P 型 GTO 的截面图，P 型 GTO 的生长方式与 N 型 GTO 有着明显的不同，其漂移区采用的是掺杂浓度为 $2 \times 10^{14} cm^{-3}$、厚度为 $120\mu m$ 的 p⁻ 型材料。

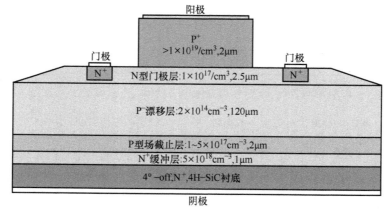

图2-27 15kV SiC P 型 GTO 芯片元胞截面图[23]

为了研究其失效机制，采用两只由 Wolfspeed 公司制造的 SiC GTO（15kV/52A）进行频率为 0.5Hz、脉宽 100μs、幅值为 2kA 的方波电流脉冲测试。同时记录阴阳极电压、阴阳极电流、触发电流、导通电压等动态特性以及器件的正向传导、门极-阳极正向传导、门极-阳极反向泄漏电流等静态特性，进行以 1000 次脉冲为一组的测试，得到表 2-2 的器件性能表。

表 2-2　器件性能表[23]

器件名称	脉冲次数	频率/Hz	电流/kA	故障处
器件 1	72000	0.5	2	门极
器件 2	42898	0.5	2	门极

随着 72000 次脉冲测试的进行，器件 1 呈现出逐渐上升的正向导通压降并在门极-阳极形成了一条传导路径。器件 1 的正向导通压降从标称的 17.2V 上升了 4.7% 到 18V。虽然 4.7% 在系统层面并不是一个严重的问题，但这也代表着半导体材料或封装出现了物理结构上的改变。从图 2-28 的反向偏置特性可以发现在 72000 个脉冲后，通过门极形成了电阻路径，但子图中所示的正向特性在整个测试过程中保持恒定。

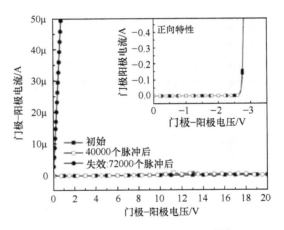

图 2-28　门极-阳极的 *I-U* 特性[23]

测试反向偏置特性发现器件 1 出现退化迹象后，通过 SEM 分析观察到，在阳极台面顶部靠近门极键合区域处出现空洞，并向下穿过门极 N 层延伸到 P 外延层。可能是因为电流汇集于此造成局部过热导致碳化硅材料的熔化。在冷却后，碳化硅重新固化，形成一个空洞。空洞的四周由受损的碳化硅晶体键或悬挂键构成，从而导致了图 2-28 的栅-阳极 *I-U* 特性。

在 42898 次脉冲后，器件 2 的正向导通压降从标称的 18.3V 增加了 12% 到 20.5V。从门极-阳极的 *I-U* 特性可以看出，GTO 的正向特性和反向特性都发生了明显的变化，意味着在门极-阳极出现了一条阻性通道导致了泄漏电流的升高。通过SEM观察，发现一根阳极键合线周围的金属覆盖层已经熔化。除去顶部几微米的材料，暴露出一个大裂纹，如图2-29所示。

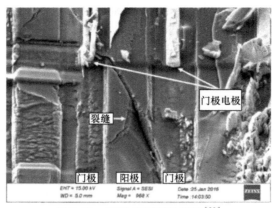

图2-29　SEM观测下的裂纹[23]

从两只15kV SiC P型GTO的过电流脉冲工况下可以发现：当导通压降上升了10%的时候，GTO内部可能发生了物理结构的改变，从而避免了更严重的器件损坏。此外，无论是P型GTO还是N型GTO，从发生故障的特点出发，无论是键合线的脱落还是键合线被熔化，两种类型的SiC GTO都需要一种无线技术进行封装，从而能够提高SiC GTO的可靠性。尽管如此，高压SiC GTO展现出比硅基晶闸管更强的过电流能力，使得其在高压直流输电和大功率场合都有着更广的应用前景。

2.1.7.5　采用MW-PCD法的对称SiC GTO

如图2-30所示为20kV SiC P型GTO器件的芯片元胞截面图。在制造过程中，首先将阳极层向下刻蚀至基区，然后围绕器件外围，用负斜角台面的方式刻蚀穿过基区的门极层，从而减小在器件边缘处集中的电场。随后进行寿命提升过程，先在门极接触区注入氮，随后用4μm的PECVD氧化物进行表面钝化。

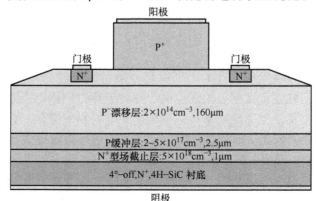

图2-30　20kV SiC P型GTO芯片元胞截面图[25]

由于在大于 10kV 的高压等级内，SiC GTO 用高阻性的厚漂移区制成。为了在厚 P 型外延层形成足够的载流子双极扩散长度，载流子的寿命必须尽可能提高。在金属接触形成之前，用紫外激光照射 SiC GTO 芯片以产生电子-空穴对来提取载流子寿命——微波光电导衰减法（MW-PCD），将厚度为 160μm 的 P 型 SiC 外延层中的载流子寿命从 1μs 提升到大于 4μs。通过测试发现，如图 2-31 所示，在 350mA 的栅极电流（I_G）下，0.53cm² 的有效导通面积能够实现 150 ~ 200A 的高注入电流，同时实现 11mΩ·cm² 的低差分导通电阻，意味着 SiC GTO 能够通过串并联拥有更大的电流导通能力和 20kV 及以上的电压阻断能力。

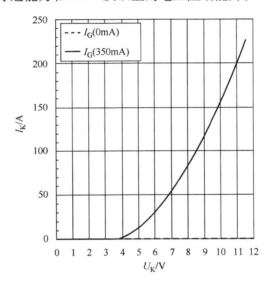

图 2-31　20kV SiC P 型 GTO 正向导通特性[25]

2.1.7.6　SiC GTO 的并联运行

由于 GTO 有着较强的双极载流子注入和强导通能力，使得其成为具有较强电流处理能力的电力电子开关之一。2015 年曾经报道过 SiC GTO 的最大阻断电压为 22kV，但是由于 SiC 材料本身的缺陷，裸芯片最大的面积只能达到 2cm²，使得电流处理能力被限制。为了增大分立器件的电流处理能力，并联是通常采用的一种方式。但是，电流的均匀分配成为需要考虑的问题。

Si GTO 在并联运行时会出现无法同时关断的情况，进而导致关断失败。Si GTO 无法进行并联运行的原因有以下几点：通态电阻呈现负温度系数；电流在导通时无法控制；存储时间分散导致 Si GTO 在并联时无法同时关断从而导致关断失败。但是 SiC GTO 在某些方面上与 Si GTO 呈现出不同的特性：SiC GTO 的载流子寿命以及存储时间比 Si GTO 要短很多；并且，SiC GTO 的通态电阻可以呈现出正温度系数，从而利于电流的均分问题，使得 SiC GTO 的并联运行成为可能。

　　将两只 P 基区厚度为 90μm、阻断电压为 12kV 的 SiC GTO 进行并联特性测试。图 2-32 为基于温度的正向 $I\text{-}U$ 特性：从图 2-32a 中可以看出在不同温度下的 $I\text{-}U$ 曲线会在阴极电流密度达到 60A/cm² 有个交点。当电流密度小于 60A/cm² 时，通态电阻会呈现出负温度系数；当电流密度大于 60A/cm² 时，通态电阻呈现出正温度系数的特性。而当载流子寿命从图 2-32a 中的 2μs 减小到图 2-32b 的 1μs 时，不同温度下的 $I\text{-}U$ 曲线交点会较低，这代表着静态电流均分可以在较小的电流密度下实现。但是会导致通态电阻的增大，从而使导通损耗增加。

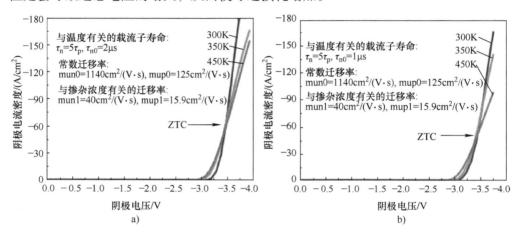

图 2-32　a）载流子寿命为 2μs 和 b）载流子寿命为 1μs 的不同温度的正向 $I\text{-}U$ 特性[28]

　　将两只有效导通面积为 10mm² 的 SiC GTO 并联进行动态电流均分测试，从图 2-33 可以发现在导通过程中，当载流子寿命增大时，两只 GTO 的导通时间和电流峰值都会变大；而在关断过程中，当载流子寿命增大时，关断时间和储存时间都会明显增加。如图 2-33b 所示，当载流子寿命增加到 5μs 时，会引起关断失败。因此，载流子寿命的增大不仅会引起静态电流的均分，同时也可能会导致关断失败。

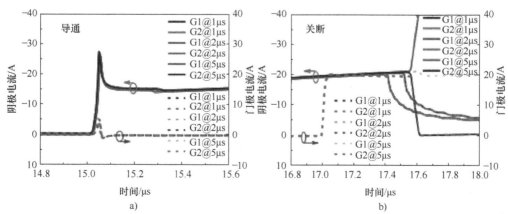

图 2-33　两只 SiC GTO 在不同载流子寿命下的（a）导通和（b）关断波形[28]（见文前彩插）

在器件的并联运行过程中，不平衡的寄生参数和器件参数不仅会引起不同的功率耗散问题，也可能会在开关瞬态过程中造成电流换相，导致传导电流过大而超过了门极驱动的最大关断能力，从而造成关断失败，进而会对整个系统带来严重的危害。

将阻断电压为 12kV、阳极宽度分别为 10μm 和 20μm，阴极宽度分别为 5μm 和 10μm、门极宽度分别为 5μm 和 10μm 的两只制造参数不同的 SiC GTO（T1 和 T2）进行并联运行测试，如图 2-34 所示，同时保证阴阳极、门极的寄生参数一致。如图 2-35 所示，关断过程中，在经历了短时间的电流换相后，阳极电流转移到门极，两只 GTO 同时关断。因此，制造过程引起的器件差异不会对并联运行造成严重的问题。

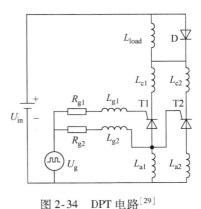

图 2-34　DPT 电路[29]

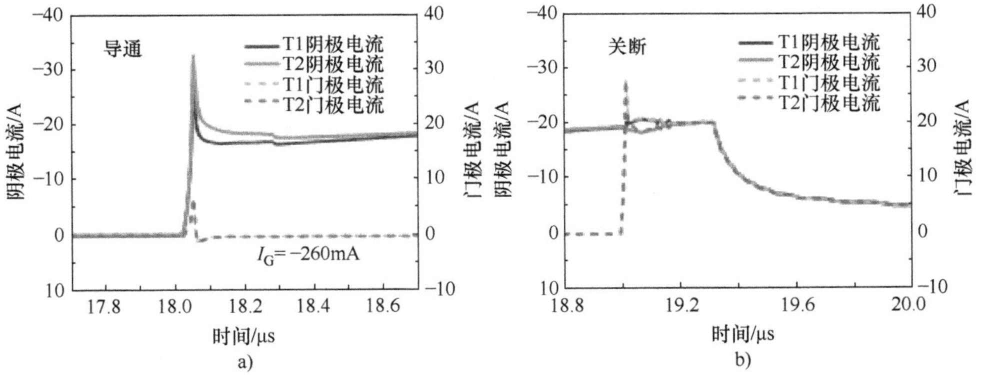

图 2-35　不同参数 SiC GTO 的（a）导通和（b）关断波形[24]

当两只仅有门极寄生参数不同的 SiC GTO 并联运行时，会引起导通和关断过程的不同步甚至更严重的问题。图 2-36 呈现了两只 SiC GTO 相同的阴阳极寄生参数（20nH）和不同的门极寄生参数的导通、关断波形。关断过程中，不同的门极寄生参数可能会引起 GTO 的关断失败；并且大寄生参数的支路在电流换相后会承担更大的电流，可能会因此超过 GTO 的门极最大关断能力，从而导致关断失败。

当两只仅有阳极寄生参数不同的 SiC GTO 并联运行时，可能会出现 GTO 的关断失败现象。图 2-37 展现了当门极和阴极寄生参数都是 20nH 而阳极寄生电感值不同的情况。关断过程中，阳极寄生电感的不同会引起两只 GTO 的电流换相，随后阳极寄生电感大的 SiC GTO 会进入关断过程，使得其导通电流会全部转向另外一只 GTO，使得其关断失败。

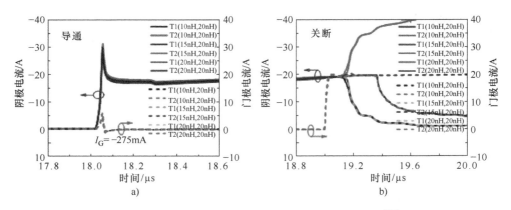

图 2-36 不同门极寄生参数的 SiC GTO （a）导通和（b）关断波形[29]（见文前彩插）

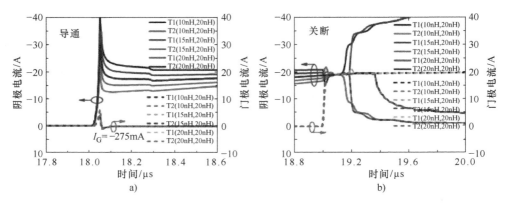

图 2-37 不同阳极寄生参数的 SiC GTO （a）导通和（b）关断波形[29]（见文前彩插）

通过对以上几种情况的分析可以发现，在开关过程中电流分配的不均匀问题是导致关断失败的原因。为了解决关断失败的问题，基于关断过程分析，有两种解决方式：①保证并联运行的 GTO 寄生电感的对称；②提高门极最大关断能力。但是，拥有强大关断能力的门极驱动装置会增加设计的复杂性和成本。因此，在实际情况下，会对门极驱动设计的复杂性、成本以及电路寄生电感的对称设计进行折中考虑。

2.1.8 GTO 的可靠性

2.1.8.1 单脉冲工况

与大多数 Si GTO 不同，SiC GTO 的控制信号施加在门极和阳极之间，运行期间壳温可高达 150℃。在仿真软件 PSpice 中建立下述测试电路，对器件做单脉冲（脉冲间隔时间大于 3s）试验，实验原理如图 2-38 所示。

图 2-39 是 SiC GTO 维持电流和承受单脉冲冲击次数的关系。结果显示，当峰

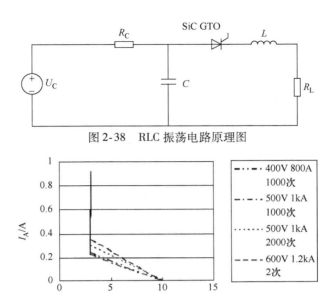

图 2-38　RLC 振荡电路原理图

图 2-39　维持电流与承受单脉冲冲击次数的关系

值电流从 800A 增大到 1.4kA，维持电流有少量增加，从 0.22A 增大到了 0.35A。

对 SiC GTO 进行单脉冲试验，在峰值功率范围内，器件阻断电压没有退化，门极到阳极二极管的正向导通特性也没有退化。然而，如图 2-40 所示，门极到阳极二极管的反向阻断能力随开关电流增加而退化。在 1.2kA 下，器件经历两次冲击后，当门极电压达 5V 时，泄漏电流达到 40μA，表明器件失去控制。实验结果表明，门极-阳极结会被高电流应力（功率损耗）损坏，导致更高的泄漏电流。故障原因是在高 di/dt 开关下，器件导通电流限制在门极附近较小的导通区域，增加了电流密度，高电流密度造成阳极-门极区域高功率损耗，对门极-阳极氧化物上的钝化层造成损伤，增加了门极-阳极结泄漏电流。图 2-41 是典型的单脉冲后失效的器件 SEM 图像，上层是门极金属，下层是阳极金属，失效点位于门极-阳极结周围。对多只器件进行试验，发现当器件表面本身有裂纹时，失效速度最快。

当 Si 基器件运行在高脉冲功率工况时，在应力作用下，位移会造成阳极到门极台面角落产生疲劳裂纹，经过一段时间会导致反向阻断特性恶化。而 SiC 基器件失效模式不同，不会疲劳，当应力超过极限时失效会突然发生。对于 SiC 和 Si 基器件，器件的钝化氧化层都会因热应力而失效。结果表明，当器件中某一区域位移超过 0.5μm 时，氧化物出现裂纹，造成反向泄漏电流增加。

2. 1. 8. 2　重复频率脉冲工况

为对 SiC GTO 进行脉冲过电流下长期可靠性分析，设计了 10 段 0.5Ω 脉冲形成网络，产生 2kA、100μs 电流脉冲，模拟中压变换器或高功率工业负载下不同的过电流故障状况。

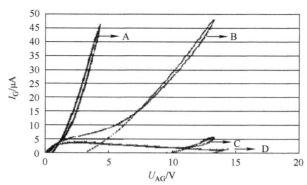

图 2-40 SiC GTO 失效后门极-阳极结的反向阻断特性

对 15kV/52A 的器件进行可靠性测试,脉冲实验条件为 2kA、100μs 方波脉冲,频率为 0.5Hz。图 2-42 显示了初始时刻、40000 个脉冲、72000 个脉冲数量后,门极-阳极结的反向和正向静态特性。反向特性表明在 72000 个脉冲后,在门极-阳极结间是电阻特性。但是子图表明,正向特性在整个测试过程中不变。

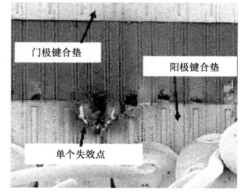

图 2-41 失效器件的 SEM 图像

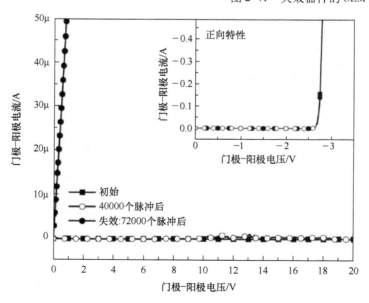

图 2-42 测试前后门极-阳极静态特性

移除芯片封装后，使用 SEM 分析，发现器件物理失效点紧挨着阳极键合线，金属覆盖物熔化成"坑状"，将门极-阳极区域暴露出来。进一步分析后，发现坑状物旁边出现圆柱形空洞。该空洞起始于阳极台面的顶部，靠近门极键合区，并通过门极 N 层向下延伸到 P 外延层，如图 2-43 所示。可以做出假设，电流聚集在这个位置，造成局部电流密度过高，熔化了 SiC 材料，冷却后 SiC 再凝固产生了凹陷的空洞。空洞壁由破损的碳化硅晶键或悬挂键组成，以传输电荷，形成如图 2-42 所示门极-阳极结的反向特性曲线。当半导体材料出现空洞时，导通电压有轻微增加（<10%），为器件完全毁坏提供预兆。这些结果为电力电子故障状态中常见的脉冲过电流故障下，SiC GTO 器件的电气和物理失效模式提供了参考。因为失效点位于键合线处，因此对 SiC GTO 进行无键合线封装是值得考虑的。

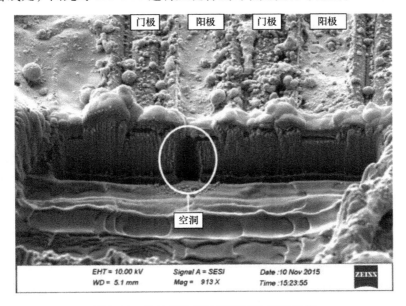

图 2-43　失效 SiC GTO 开盖后的 SEM 图像

2.1.8.3　宽脉冲工况

在正弦半波、1ms 脉冲宽度下评估 SiC GTO 的开关能力。宽脉冲评估电路原理图如图 2-44 所示，由高能电容器组、用户自制电感和高功率低电阻的负载组成。二极管用来钳反向振荡电流和电压，并形成对称的开关单元。

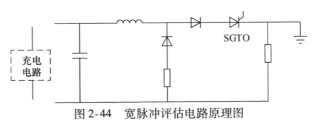

图 2-44　宽脉冲评估电路原理图

在宽脉冲（脉冲宽度 1ms）工况下，以 100A 为步长逐步增大峰值电流。当阳极电流到达最大值水平，随后的脉冲下导通压降会急剧增大。如果器件在最大电流下承受持续脉冲，会引发器件内部过热并导致器件失效。

从图 2-45 可以看出，在宽脉冲数目达 1000 个时，SiC GTO 模块阳极电压降有轻微增加，并保持稳定。在实验中对 Si GTO 和 SiC GTO 模块宽脉冲 I-U 曲线进行对比，如图 2-46 所示。Si 和 SiC I-U 曲线交点大约在 2.0kA/cm²，当电流密度达 3.5kA/cm² 时，两种器件的导通压降相差约 4V，表明 SiC GTO 更适合用于高电流密度下。

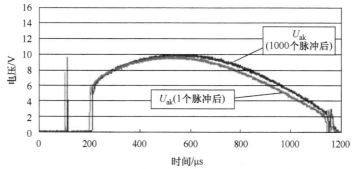

图 2-45　1000 个脉冲后 SiC GTO 阳极电压降

2.1.8.4　窄脉冲工况

对 SiC GTO 进行窄脉冲测试，脉冲形成电路如图 2-47 所示。脉冲形成电路的总电感为 100nH，总电容为 1750μF，电流上升时间为 10μs。在窄脉冲（脉冲宽度 170μs）测试下，电流以 400A 步长缓慢增加直到最大峰值电流。

与宽脉冲测试相同，达到最大电流脉冲测试后，导通压降急剧增加，表明模块即将热失控。如图 2-48 所示，在1000 个脉冲测试后，正向电压没有任何偏移，模块性能良好。

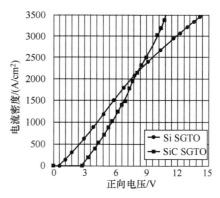

图 2-46　宽脉冲下 Si 和 SiC GTO 的 I-U 曲线

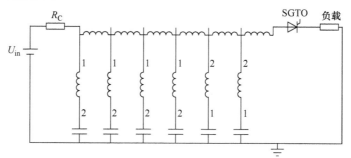

图 2-47　PFN 拓扑的窄脉冲评估电路

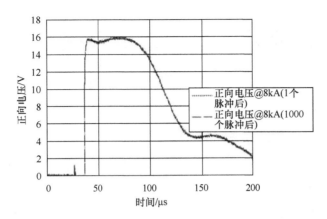

图 2-48　8kA 峰值电流下的正向电压（第 1 个脉冲和第 1000 个脉冲重叠）

对 Si GTO 和 SiC GTO 模块窄脉冲 I-U 曲线进行对比，结果如图 2-49 所示，可见 Si 和 SiC GTO I-U 曲线交点在 3.5kA/cm^2，在 6.5kA/cm^2 下两种器件的导通压降相差约 8V，同样表明在高电流密度下 SiC GTO 的优越性能。

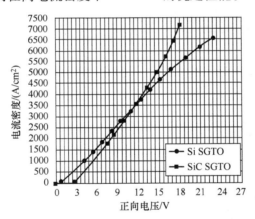

图 2-49　窄脉冲下 Si 和 SiC GTO 的 I-U 曲线

针对 SiC GTO 的安全工作区提取和长期可靠性，进行脉冲试验测试。测试结果体现出两种失效机制：快速破坏性失效和逐渐退化性失效。前者是因电流密度超过阈值，导致快速破坏。后者则会出现器件静态特性的退化和导通压降增加，器件逐渐失效。

下述对逐渐退化结果稍加详述，SiC GTO 在退化时表现出导通压降增加，如图 2-50 所示；而随着短路次数增多而增加的导通压降会导致更高的能量损耗，如图 2-51 所示。

同时，随着导通压降的变化，阳极-门极结的直流特性也会随之退化，正向和反向偏置下门极-阳极结的泄漏电流是很明显的。泄漏电流会随冲击次数稳步增加，

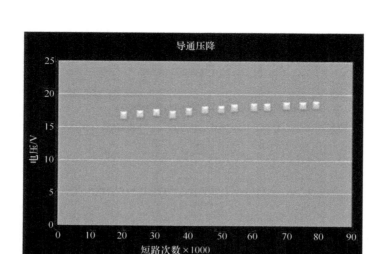

图 2-50 SiC GTO 导通压降随短路次数变化关系

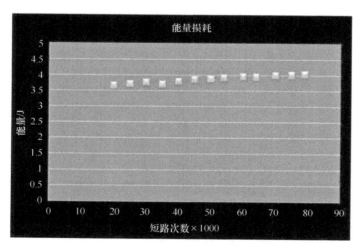

图 2-51 SiC GTO 能量损耗随短路次数变化关系

最终导致器件失效。图 2-52 显示了在反向偏置下，老化试验前后器件门极-阳极特性变化情况。反向偏置下，失效器件的泄漏电流表现出线性增长规律。

图 2-53 显示了在正向偏置下，老化试验前后器件门极-阳极特性变化情况。正向偏置下，失效器件的正向电流变化规律近似为对数。

对 15kV SiC GTO 器件施加 3431 次脉冲，每次脉冲波形如图 2-54 所示。

图 2-55 ~ 图 2-57 是发生退化的器件 B1 静态电学特性波形。图 2-55 可以看出，在 3431 次脉冲后，器件 B1 的导通电流非常小。

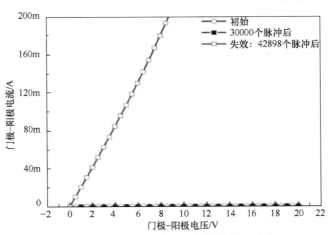

图 2-52　老化试验前后反向偏置特性对比

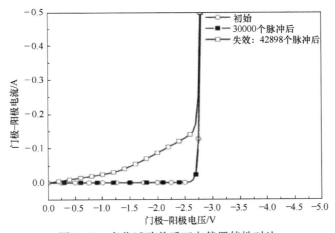

图 2-53　老化试验前后正向偏置特性对比

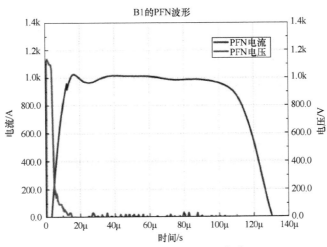

图 2-54　器件 B1 的 PFN 波形

图 2-56 显示出退化器件 B1 正向阻断特性，可以看出器件退化后的漏电流已达到 100μA。

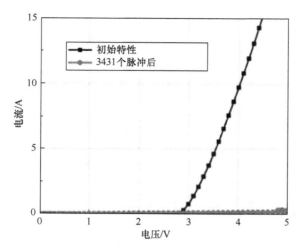

图 2-55 器件 B1 的正向 *I-U* 特性对比

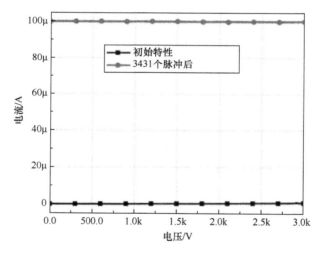

图 2-56 器件 B1 的正向阻断特性对比

图 2-57 是器件 B1 门极正向偏置下的导通特性，可以看出退化后的器件门极一旦施加偏置，便会流过电流。

除测试波形反映器件退化外，通过 SEM 对器件物理损伤进行观察，结果如图 2-58 所示，可见键合线脱落导致器件失效。这是因为在芯片周围的局部电流密度高，导致键合线热疲劳而脱落。

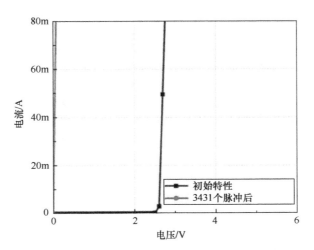

图 2-57　器件 B1 的正向门极导通特性对比

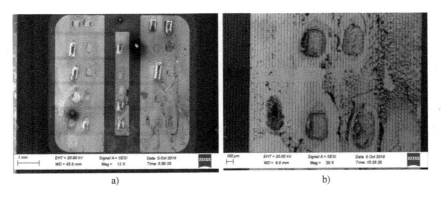

图 2-58　键合线脱落情况

a）SEM 图像　b）局部放大图

2.2　门极换流晶闸管（GCT）和集成门极换流晶闸管（IGCT）

2.2.1　GCT 的发展

经过 40 多年的发展，GTO 技术已经非常成熟，作为晶闸管中的一种擎住型器件，具有抗电磁环境很强的特点，其功率容量在所需大容量变换器件中已确定了其地位。然而它毕竟是一种电流驱动型器件，从信号给出到实际关断需要数十微秒，器件串联困难，且需要附加庞大的并联吸收电路，这导致了开关损耗比较大，限制了其工作频率。为了改进这些特性，对器件的结构和驱动电路进行研究，并在 20

世纪90年代初期采用了一些比较好的优化措施。在此之前，GTO的应用功率处于10～20MVA的水平上，由于市场的需要，50～100MVA水平上的变流器需求越来越大。针对GTO的这一问题，提出了一种可以实现高压化、大电流化的新型功率器件门极换流晶闸管（Gate Commutated Thyristor，GCT）。

这种器件的显著特点是关断时间可大幅度地缩短。传统GTO的关断时间为数十微秒，由于关断时间的差异，造成串并联困难。而GCT的关断时间是GTO的1/10。关断时间分散性减少，使串并联容易；为了保护GTO需要一很大的吸收电路以吸收 du/dt 和 di/dt。新研制的GCT是在晶闸管管壳的外部装设环状的门极，将外部门极通过叠层板与外电路连接。与GTO相比，可将感抗降为原来的1%左右，吸收电路可省去，因此，可由该GCT制作 di/dt 高达每微秒数千安的应用电路；关断时的门极驱动电流峰值变大，总的门极电荷量约减少一半，门极电路的输入功率减小。当GTO关断时，主电流较缓慢地分流至门极电路，在器件内导通区逐渐变窄，最后形成一耗尽层将GTO关断，关断增益为3～5。而GCT是主电流在瞬间全部换流到门极电路，使器件关断，关断增益为1。

1996年，由GCT制作的变频装置已装设于德国Bremen变频站中，用于进行50Hz至16（2/3）Hz的频率变换。由于采用了GCT，简化了 du/dt 的吸收电路，因而也减小了吸收电路所产生的损耗。在该变频装置中，由6个GCT串联组成一个单元。12组这样的单元的总容量为100MW。

在GCT的应用中，对于GCT反并联连接的续流二极管要求较高，它要有与GCT相同的阻断电压，还要有与GCT相同的电流容量。此外，它还要有能抑制浪涌电压的优良的反向恢复特性。为了实现所要求的性能，对该二极管要进行PN结结深和掺杂浓度的优化设计，采用适当的少子寿命控制技术。其次，对于门极驱动电路则要求有较低的阻抗，如在 $di_{(GQ)}/dt$ 为6000A/μs时，要求驱动电路电感低于3nH。此外，为了抑制GCT阳极和阴极间的过电压，要求主电路的感抗较低，有时需要有钳位电路。为减少器件关断时的尖峰电压，钳位电路的电感最好低于0.2μH。该GCT可应用于电力系统的动态无功补偿、电动机传动等方面。

2.2.2 GCT的结构和特点

GCT是由GTO发展而来的一种新器件，有人称它是一个"可以100%发挥晶闸管潜能的器件"。GCT的芯片结构与GTO基本相同。所不同的是在管壳的外部装设环状的门极，将外部门极通过叠层板与外电路连接，有人称之为"硬门极驱动"，其工作原理如图2-59b所示。图2-59a所示为GTO模型，其关断是通过将主电流分流到门极，有一主电流区逐步变窄的过程。而GCT换流时是将主电流全部瞬时切换到门极电路，直到关断。

和以往的功率器件GTO、IGBT相比，GCT有以下几个优点：大电流（关断电流、浪涌电流）、高电压（重复峰值电压、浪涌电压、持续直流电压）、高的开关

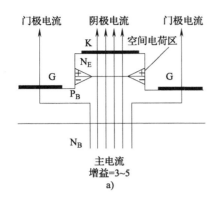
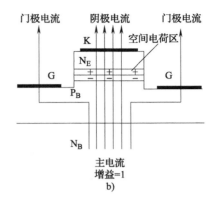

图 2-59　关断原理的比较

a) GTO　b) GCT

频率（导通关断延迟时间短、上升/下降时间短）；高可靠性（随机故障少、可开关大功率和工作在高的结温下、阻断稳定性好、部件数量少）；结构紧凑（部件数量少、损耗低）；低损耗（导通/开关损耗低）。

由于 GCT 是从 GTO 派生而来的，其继承了 GTO 的全部优点，结构和 GTO 也有很大的相似性。和 GTO 一样，GCT 也是由很多个小 GCT 单元组成的，通流能力强大，大约有几千个图 2-60 所表示的小单元，每个小单元分布在同心圆环上，呈发射状分布。

可以看到，它是一个 5 层 $P^+NN^-PN^+$ 结构，其和 GTO 相比，有缓冲层、透明阳极等。普通阳极的掺杂浓度很高，而且厚度比较大，发射效率很高，而透明阳极则是掺杂均匀且掺杂水平较

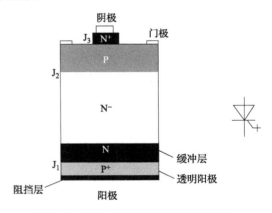

图 2-60　GCT 的基本结构和常用符号

低的薄发射极，这种结构使得电子在穿过透明阳极区时，绝大部分电子不会发生复合，不会导致阳极空穴的注入。同时一般在透明阳极和外部电路会有一个高的复合速率的欧姆接触层，这样，电子在穿过透明阳极区域以后，在高复合速率的欧姆接触处迅速复合。由于关断时载流子可以直接穿过透明阳极，过剩载流子的复合速率大大提高，关断时间大大减少，器件的关断损耗也得到了减小。透明阳极由于掺杂水平较低，厚度比较薄，大电流下的发射效率和普通阳极相比，发射效率会较小，在满足对电子较少复合的前提下，可以通过对该区域的厚度和掺杂浓度做适当调整，改变注入的过剩载流子的数量。

GCT 透明阳极的厚度通常在数个微米左右，其宽度要小于载流子的扩散长度，其掺杂浓度在 10^{18} cm^{-3} 量级。由于透明阳极对掺杂水平要求比较高，普通的扩散方法难以满足其要求，一般采用离子注入法。

采用缓冲结构是指在 N$^-$ 基区和 P$^+$ 发射极之间引入一个中等掺杂的区域，该掺杂区域的浓度在 10^{16} cm^{-3} 量级，这样可以在不改变器件耐压特性的同时，大大缩短 N 基区的厚度，降低 GCT 的通态电压，且有利于关断时间的缩短。

引入了缓冲层结构后，电场线终止于缓冲层，其低掺杂区域被电场线穿通了，这种结构称为穿通型（PT 型），它是在电力电子器件中常用的两种结构之一。但当外加反向电压时，由于透明阳极和缓冲层的掺杂浓度都比较高，其反向击穿电压比较小，不具备反向阻断能力。

在电力半导体器件中常用的另一种耐压结构是非穿通（NPT）型。此外，在超高压二极管、超高压非对称晶闸管及 IGBT 等电力半导体器件中，又出现了一种新的耐压结构，称为电场阻止（FS）型结构。它出现于第五代 IGBT 中，其中的电场阻止（FS）层相当于常规的 PT 型结构，但 FS 的缓冲层浓度比常见 PT 型缓冲层浓度低，比其穿通区域的浓度要高，电场在其中的分布也呈斜角梯形分布。

图 2-61 给出了 NPT 型和 PT 型结构的电场分布。由图 2-61a 可见，NPT 型结构的正、反向阻断电压大致相当，所以，NPT 型结构也称为对称型结构，正、反向阻断电压值分别为图中所示的三角形面积。由图 2-61b 可见，PT 型结构由于反向耐压结两侧都有比较高的掺杂浓度，导致较低的电压下就会发生击穿，正向和反向耐压有很大的差别，所以，PT 型结构也称为非对称型结构。正向阻断电压值为图中梯形的面积，而反向阻断电压为图中小三角形的面积，其值很小。所以说，PT 型结构几乎没有反向阻断能力。

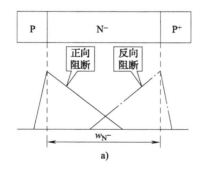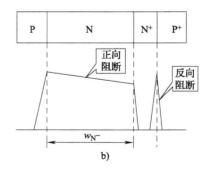

图 2-61　NPT 型和 PT 型结构及其电场分布的比较

a）NPT 型结构　b）PT 型结构

由于 NPT 型结构的 N$^-$ 区掺杂浓度较低，在正、反向电压下，耗尽层主要在 N$^-$ 区展宽。当 N$^-$ 区的厚度足够宽时（至少比耗尽层的展宽大一个 L_p 的裕量）时，电场分布为三角形，正、反向阻断电压值为其电场分布沿 N$^-$ 基区的积分，可根据

下式来估算:

$$U_{B(NPT)} = \frac{1}{2}E_{cr}W_D$$

式中, E_{cr} 为临界击穿电场强度; W_D 为 N⁻ 区的耗尽层展宽。

临界击穿电场强度与掺杂浓度有关, 可用下式表示:

$$E_{cr} = 4010N_D^{1/8}$$

式中, N_D 为 N⁻ 区的掺杂浓度。

PT 型结构的 N⁻ 区很薄, 且掺杂浓度较低。正向阻断时, N⁻ 区耗尽层会穿通到 NN⁺ 结, 因此电场分布为梯形, 由于 N⁺ 区域的电场强度的积分很小, 因此正向阻断电压值为其电场分布沿 N⁻ 基区的积分可近似对 N⁻ 区的电场强度积分得到, 即为 N⁻ 的梯形面积。

$$U_{B(PT)} = E_{cr}W_{N^-} - \frac{qN_DW_{N^-}}{2\varepsilon_0\varepsilon_r}$$

可得如下常规 PT 型结构的最大阻断电压估算公式:

$$U_{B(PT)} = E_{cr}4010N_D^{1/8}W_{N^-} - \frac{qN_DW_{N^-}}{2\varepsilon_0\varepsilon_r}$$

对于功率二极管可直接采用上式来计算 NPT 型结构或 PT 型结构的击穿电压。对于晶闸管, 还需考虑阳极 PNP 型晶体管和阴极 NPN 型晶体管对其击穿电压的影响, 实际的击穿电压比按此公式计算的值要小。

由上述分析可知, NPT 型结构适合对正、反向阻断电压都有要求的场合, 但会导致通态特性和开关特性变差; PT 型结构适合对正向阻断电压要求较高, 但不要求反向耐压的场合, 而且该结构的通态压降小。

对于 NPT 型结构, 适合于正、反向耐压要求相差不大的场合, 但是由于采用了 NPT 型结构, 导致其基区的厚度相比于 PT 型结构要厚很多, 这样其导通的通态压降会增大, 关断损耗会增加, 恢复损耗也会增加。

一般称具有 PT 型结构的 GCT 为非对称 GCT, GCT 在很多应用场合下不需要其反向阻断能力, 大部分都采用这种结构。通常, 为了提高反向通流特性, 会在 GCT 上反并联一个二极管, 在早期, 是选用和 GCT 匹配的特殊二极管, 现今一般将其直接和 GCT 集成到一个硅片上, 这样, 就简化了电路, 减小了接线电感, 缩小了电路的体积。通常, 这种集成了二极管的 GCT 被称为逆导型 GCT (RC-GCT), 如图 2-62所示。而在逆导型 GCT 中,

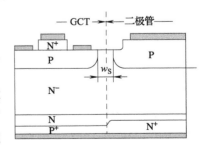

图 2-62　逆导型 GCT

二极管部分和 GCT 单元间是要隔离开的, 防止 GCT 单元和二极管单元间的电流流通。如下则是采用二极管单元和 GTO 单元间的隔离区来达到这一目的, 两者间的

距离要选择恰当。

对于一些需要反向耐压的器件，通常会采用 NPT 型结构，也就是不采用缓冲层结构，被称之为对称型 GCT 或者逆阻型 GCT（RB-GCT）。这种结构的 GCT 相比于 RC-GCT，N 基区宽度要厚，通态压降和损耗都要大一些，为了降低其损耗，可以通过辐照来减少特定区域的载流子寿命，这样对于导通损耗没有明显的影响，但是却可以大大降低关断损耗，一般通过减少 N 基区 J_2 结面附近区域的载流子寿命可以得到比较好的效果，J_2 结附近的过剩载流子就会在该区域迅速复合而不会运动到阴极区域。实际上这一方法对于几乎所有的 GCT 都可以有关断性能上的提高。目前，使用 Si 衬底材料已可以制造出耐压高达 10kV 的 RB-GCT，其采用的硅片厚度为 1050μm，成品后 N 基区厚度为 700μm，基底材料的掺杂浓度相比普通的 GCT 更低，为 $4.2 \times 10^{12} \mathrm{cm}^{-3}$，经过实验验证得到，它比两个中等耐压的 GCT 串联时的损耗小，而且驱动电路更简单，可靠性也得到了提高。

此外，GCT 的门极还采取了特殊环状结构，门极引出端安排在器件的周边，这就使得连线和所有的阴极区之间的电感都非常低，而且其门极和阴极间的距离比普通的 GTO 要小，所以加上负压时，门极与阴极间可以立刻形成耗尽层。

2.2.3　IGCT 的工作原理和开关波形

IGCT 是由电力半导体器件 GCT 和其门极驱动电路集成在一块 PCB 而成，如图 2-63 所示，GCT 管芯被封装在一个腔体中并固定在 PCB 上和其门极驱动电路相连，形成 IGCT。

图 2-63　GCT 和 IGCT

1994 年，ABB 公司在德国收到一个功率要求为 100MVA 的订单，需要基于硬驱动（Hard Driven）GTO 的大功率级联。实际上，在 1993 年 12 月，ABB 公司已向其潜在的客户展示了这一 HD-GTO 的观念。1996 年，ABB 公司成功将这一设计完成投入使用，并且被证明具有极好的可靠性，此后 HD-GTO 备受关注，新技术的运用也越来越提高了其性能，和普通 GTO 相比有了质的飞跃，1997 年正式定名为集成门极换流晶闸管（Integrated Gate Commutated Thristor，IGCT）。它是 GCT 与门极驱动电路一体化的结构，是一个"可以 100% 发挥晶闸管潜能的系统"。

IGCT 的导通特性和 GTO 的基本相同，但是由于其结构上的改进，驱动电路的低感优化设计，导通时的电流上升速率很大，这样减小了导通时间，导通损耗大大降低。对于一个 4000A 通流能力的 GCT，门极驱动电流要达到 200A，维持时间大约为 5μs。其导通时阳极电流的上升速率要达到 1000A/μs，这样门极电流的上升速率要保证 100A/μs 以上。

IGCT 的关断原理基于 GCT 的关断，和 GTO 有明显的区别。如图 2-64 所示，GTO 的阴极电流是被逐渐抽取走的，在关断过程中阴极电流有一个拖尾现象，而 GCT 的阴极电流被快速换流到门极上，其关断增益为 1，这点是通过其超低电感的门极驱动电路来完成的，其门极电流上升速率可以达到 3000A/μs，有些甚至可以达到 6000A/μs，这样其存储时间可以缩短到 1μs 左右，相比 GTO，其关断损耗大大减小，在高频时，其优越性就更加得以凸显。而且在关断过程中，GCT 两端不需要并联吸收电路，使工作回路变得简单，而且降低了其开关过程的损耗。

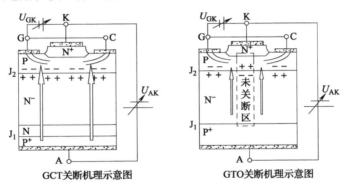

图 2-64 GCT 和 GTO 的关断原理图

由于开关效率的提高，相比于 GTO，IGCT 可以工作于更高的频率下，达到 1kHz，而 GTO 的工作频率限制在 300Hz。此外，由于 IGCT 的导通和关断的时间短，速度很快，不同的 IGCT 导通和关断的时间先后差很小，有很好的同步导通特性，这样，IGCT 的级联相对于 GTO 具有更好的可靠性。

为了进一步提高 IGCT 的通流能力，需要加大 GCT 的尺寸，然而由于大尺寸效应会引发很多问题，造成大尺寸 GCT 单位面积的通流能力比小尺寸的 GCT 要小，且各个小 GCT 单元难以保证基本相同，而在关断过程中电流会有一个电流集中现象发生，可能会造成局部过热，这点是要避免的。通常对于大尺寸 GCT，要对其各个小 GCT 单元进行优化设计，对于关断时会发生电流集中区域的载流子寿命进行控制，适当减小，通常这些区域远离环状门极区域。当这些区域的载流子寿命减小后，导通状态时电流密度会小于未经过处理的 GCT 单元，关断时其积累的过剩载流子复合的速度也会加快，减小了关断电流集中带来的负面影响。

2.2.4 IGCT 的驱动电路和开关特性

IGCT 的另一个核心部分即为其门极驱动电路，由于在 IGCT 的关断过程中，需要在瞬间将阴极电流换流到门极，因而需要门极电流很快达到阳极电流的幅值，要有一个极大的电流上升速率，而门极-阴极之间所能加的电压很小，典型值为 15V 或者 20V 左右，这就需要其门极驱动电路有很小的电感，为满足这一要求，通常将门极驱动电路集成在 PCB 上，直接和 GCT 相连，这样可以大大地减小驱动电路的附加电感，一般可以小到数个纳亨（3~7nH）。表 2-3 是对 GTO 和 GCT 的门极驱动电路的相关参数的比较。两管的通流能力大致相当，为 4000A。

表 2-3 典型的 GTO 和 GCT 门极驱动特性比较

特 性		GTO	GCT
导通	峰值电流/A	25	200
	持续时间/μs	10	5
通态	电流/A	10	10
关断	峰值电流/A	850	4000
	持续时间/μs	30	2
	总电荷量/mC	20	9
总功率/W		300	150

对于 GCT 的驱动电路，基本和 GTO 的类似，由几个模块组成，各个模块执行各自的功能，由控制单元对这些开关模块进行控制。其结构可以描述为图 2-65 所示。

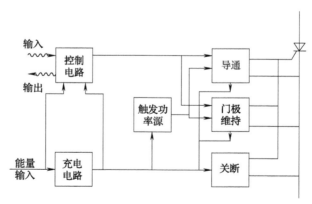

图 2-65 IGCT 门极驱动电路原理图

其导通电路如图 2-66 所示。当控制单元给出导通信号后，VT_{14} 导通，同时，IC_{12} 使得 VT_{12} 导通，这样门极回路被导通，直到 GCT 门极上的电流达到一个设定的值，并保持该值处在一定的范围内，对门极提供驱动电流。

和 GTO 一样，GCT 在导通后同样要在门极和阴极间加上电压以保证 GCT 的导通状态，防止某些单元关断，这一通态电流要保持在数安培到十几安培之间。对于

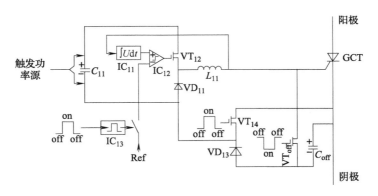

图 2-66　导通电路图

6kV/6kA 的非对称 GCT，其电流在 15A 以上。图 2-67 为导通时的维持通态电流的电路图。

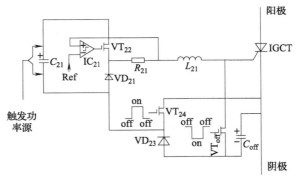

图 2-67　通态维持电路图

GCT 的关断电路对感抗特性要求是最高的，需要电路连线尽可能少，图 2-68 为其两种不同的简单结构，由电容和 MOSFET 组成。对于该电路，要保证 MOSFET 的通态电阻很小（最好在百微欧姆量级或者更小），而对于其电容的电荷容量，对于一个 6kA 的 GCT，关断中需要最大电量的典型值为 13mC，这样电容的大小需要在几百微法左右。

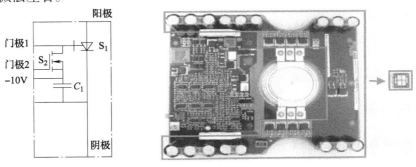

图 2-68　IGCT 关断电路及其集成前后对比

GCT 的驱动电路和 GCT 的连接方式有两种，一种是驱动电路和 GCT 通过印制电路板直接相连，另一种是将驱动电路集成在 GCT 的周围，如图 2-69 所示。

图 2-69　IGCT 实物图

2.2.5　IGCT 的特性改进

IGCT 与 IGBT 是当前功率器件中电流控制型和电压控制型的前沿器件，市场对功率器件高性能的要求推动着两大器件的改进，两者之间的竞争也推动着它们的发展。

目前，对 IGCT 的改进，主要是对其驱动电路 GDU 进行提高，对管芯 GCT 进行优化。

GCT 驱动电路的储能单元通常是电解电容，如图 2-68 所示，其占据了驱动电路上的很大面积。GCT 工作的环境通常处于比较高的温度状态，可达 125℃。电解电容在高温下其稳定性会受到比较大的影响，特性会退化，时间长了，其电容会显著减小，因而，对于其驱动电路，要保证其周围的温度不能太高。在这方面，陶瓷电容有更优良的特性，可以耐高温，而且和电解电容相比，单位体积能提供更大的电容量，这样就便于门极驱动电路的集成。

对于 IGCT 的管芯 GCT，在其结构上面也进行了一系列的改进。针对 GCT 的通态损耗与关断损耗之间的矛盾关系，提出了一个单片双管结构的 GCT，结构和原理图如图 2-70 所示。

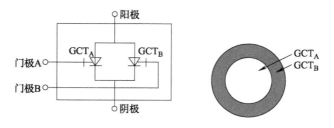

图 2-70　双管 GCT

对于这两个 GCT，进行了不同程度的优化，分别得到低的导通损耗和低的通态压降，对于 GCT 管 A，通态损耗小，导通时电流主要从该管流过，对于 GCT 管

B，其具有较小的关断损耗。工作时，两管同时导通，导通后，电流主要从 A 管通过，B 管只有很小的电流流过，这样，通态损耗比较小。当需要关断时，先关断 A，电流换流到管 B，此时电路仍然处于导通状态，然后关断 B，这样，关断损耗也较小。对于该驱动的实现，其门极驱动要求如下，导通时，同时加上导通信号，关断时，先关断 A，然后再关断 B，可见，门极关断信号需要两个，这就要求关断电路有两个，在一定程度上提高了驱动电路的复杂性。由于 B 的导通损耗比较大，因此，A、B 关断的时间间隔需要较短，这样可以减少主要电流流过 B 时的损耗。这段时间如图 2-71 所示，为 $t_2 \sim t_3$。

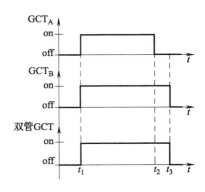

图 2-71　门极信号的状态

对于 GCT 的结面，提出了一个新的非平面结构，如图 2-72 所示。

经过传统的工艺形成 J_2 结面后，在需要推进结面的区域进行离子注入，其他区域用掩模保护起来，通过调整离子注入时的窗口形状和注入剂量可以得到不同的结构。通过对器件的测试可以得到，其在通态和断态方面与普通结构的 GCT 并没有很明显的差别，而且功耗也并没有增大。结面的差异选取合适，可以增大其安全工作区，在低温下尤其显著。对于可承受 4.5kV 的器件，外加

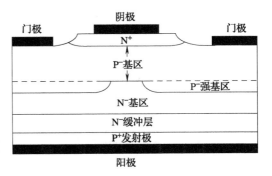

图 2-72　GCT 的非平面结构

2.8kV 电压，在 25℃下的电流最大可以达到 7.2kA，而对于普通的 IGCT，采用了单元优化和载流子寿命优化措施后仅可达到 5kA，而在 125℃高温下，这一优势被缩小了，分别为 6.7kA 和 6kA。而且对于新结构的 IGCT，其上可以看到自夹断能力，其感应电压在达到击穿电压时被夹断了，这一现象虽然在 IGBT 的连接中被广泛地描述，但在大面积的 IGCT 中是首次发现。

2.2.6　IGCT 在直流断路器中的应用

随着新能源发电、能源储存设备以及各种电力电子变换器的出现，直流电网展示出了比交流电网更加优异的特性。与传统的交流电网相比，直流电网的阻抗小，如果发生接地故障，故障电流将迅速增加。但是，由于直流故障电流没有自然过零的特点，因此传统的交流断路器不能用于断开直流故障电流。

直流断路器是直流配电网的关键设备，对于直流电网的安全稳定运行具有重要意义。直流断路器可用于电网正常运行期间调整电网运行状态。发生故障时，可以

迅速切断故障电流，并且将故障部分与电网进行隔离。目前，直流断路器的研究主要集中在输电领域，适用于配电网的低压直流断路器仍是空白。

根据断路器拓扑和分断电流的原理，直流断路器可分为：机械式直流断路器、固态直流断路器和混合式直流断路器。机械式直流断路器依靠 LC 谐振支路并联连接在机械开关的两侧，以创建手动电流过零。机械式直流断路器损耗低，但开断速度慢且不可靠，在低压直流断路器领域中较低的成本优势并不明显。固态直流断路器使用电力电子设备作为开关，分断速度快且可靠，但成本较高，导通损耗也较大。混合式直流断路器结合了机械式直流断路器和固态直流断路器快速断开和低损耗的优点，但是价格昂贵并且结构复杂。对于低压直流断路器而言，这三种拓扑的成本差别不大，因此断路器拓扑的选择主要考虑断路器的体积、开断能力、传导损耗和可靠性。

但在不同的场合，需要考虑的因素会有差异。结合广东东莞 AC-DC 混合型分布电网中额定电压 ±375V、快速响应时间（≤1ms）和低导通压降直流断路器的要求，见表 2-4，选择了固态直流断路器。其拥有长寿命、高可靠性、低维护成本以及不会产生电流的优点。并且，在固态直流断路器中的电子阀需要满足双向电流导通、切断最大为 5kA 的电流以及能够在切断后耐受 3 倍的电压的要求。如今，有三种拓扑结构能够满足双向电流导通的要求，如图 2-73 所示。

表 2-4   375V 直流断路器参数[44]

参数	值
额定电流	500A
额定电压	DC ±375V
额定绝缘电压	DC 1500V
切断短路电流	5kA
电流方向	双极型双向流动
闭合时间	≤1ms
切断时间	≤1ms
保护等级	IP31
工作温度	−10～55℃

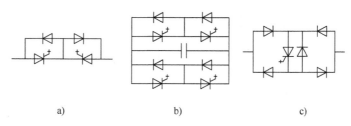

a)   b)   c)

图 2-73   能够实现双向电流导通的 3 种电力电子阀拓扑[44]

a）反串联结构 b）全桥结构 c）二极管桥式结构

反串联结构简单，器件使用少，实施容易，满足双向断流功能。二极管桥式结构大大减少了全控器件数量，提高了设备利用率，并降低了成本。在低电压 375 V 电压等级下，二极管桥式结构的成本优势相对于反串联结构不明显，并且使用的器件数量增加，从而降低了设备的可靠性。

电力电子开关设备作为最核心的部分，其耐压通流能力、通态损耗、故障特性以及串联均压和并联均流等特点将会直接影响直流断路器的性能。为此，将现有的电力电子开关性能进行比较，如图 2-74 所示。

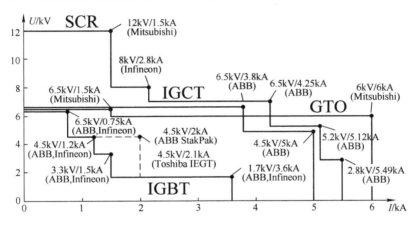

图 2-74　不同电力电子开关的性能比较[44]

与 IGCT / ETO 相比，IGBT / IEGT / MOSFET 的最大优势在于它们是电压控制型器件，易于驱动，灵活的电压均衡控制方法以及从负载侧和门极侧的全面控制。但是，IGBT 不能同时保证耐压高和通流能力强。IGCT 具有很强的载流能力、低导通电压、短路故障模式和高可靠性。

由于 RCD 缓冲电路在高电压和高电流水平的应用中价格昂贵，并且难以选择高压二极管，因此用于 DC 375 V 断路器的缓冲电路仅使用 RC 缓冲器。图 2-75 是基于电力电子器件的固态开关模块的示意图。当电力电子器件闭合时，电流首先流入 RC 缓冲电路。当设备两端的电压高于避雷器的额定电压时，电流逐渐换向避雷器的分支，并在能量完全吸收后降至零。

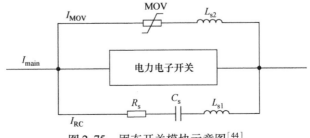

图 2-75　固态开关模块示意图[44]

结合以上考虑，最终的375V固态直流断路器如图2-76所示，并在测试中实现了开断能力达到5kA以及响应时间小于100μs的目标。

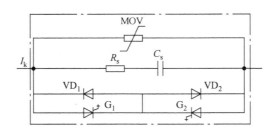

图2-76 375V固态直流断路器[44]

此外，由于交流电网上集成了多种大规模可再生能源，中压多端口直流系统在这种趋势下快速发展。与低压配电网的情况相似，虽然中压多端口直流系统会带来很多好处，与此同时无法避免地会带来很多问题，如直流故障电流的处理。

虽然固态直流断路器能够传导正常情况下的电流以及开断故障电流，但是在正常导通时，由于功率半导体器件的通态压降会导致热积累，因此需要复杂的冷却系统。基于此类问题，混合式直流断路器能够很好地解决。在正常情况下，机械开关用于传导正常电流。在故障情况下，故障电流将转移到功率半导体开关上，实现故障电流的切除。由于混合式直流断路器的快速切断电流能力以及低通态损耗的特点，使其成为中压直流断路器的一种可靠选择。

2011年由ABB公司提出了一种80kV/9kA的混合式直流断路器拓扑结构，如图2-77所示。此拓扑结构由三部分组成：主电流支路、主断路器支路以及能量吸收支路。超快速分离器（UFD）和负载换流开关（LCS）形成主电流支路。主断路器分支由串联的功率半导体组成。由金属氧化物压敏电阻（MOV）组成的能量吸收分支吸收故障期间存储在系统电感器中的故障能量。

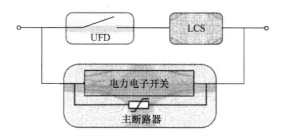

图2-77 混合式直流断路器拓扑结构[52]

对于混合式直流断路器，电力电子开关的通态压降会直接影响到其换流能力。在IGCT、IEGT以及IGBT三种不同全控器件的对比中，其通态压降在2kA、125℃时分别是1.42V、2.85V、2.6V。在10kV电网中，由6只同一类型的4.5kV器件串联组成的支路，在通态时的压降分别是 8.52V、17.1V、15.6V。在这种情况下，当 LCS 的关断时间为 1ms 时，换流时间分别为 145μs、186μs、180μs。由于通态压降对换流是不利因素，所以低通态压降的 IGCT 是混合式直流断路器的更佳选择。

同理，无论什么样的断路器都需要双向电流导通，通过对图 2-73 所示的 3 种双向拓扑结构的比较，二极管桥式结构是最经济的一种。在中压多端口直流系统中，关断期间，由于较高的 di/dt 和杂散电感 L_s，IGCT 上的电压应力非常高。由电容器组成的缓冲电路用来减缓电压上升，并使用电阻器串联连接以使缓冲电容器放电，从而形成 RC 缓冲电路。基于以上分析，形

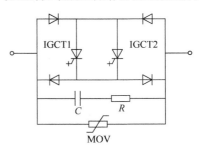

图 2-78　混合式直流断路器模块拓扑[52]

成了用于混合式直流断路器的二极管桥式 IGCT 模块拓扑，如图 2-78 所示。

在测试（见图 2-79）这种直流断路器的性能之前，需要先对两只并联 IGCT 的均流能力进行分析。通过实验发现当模块的通流能力为 10.2kA 时，两只 IGCT 的电流分别为 5.5kA 和 4.7kA。在电流切断能力的测试中，发现这种混合式直流断路器也有着良好的性能。

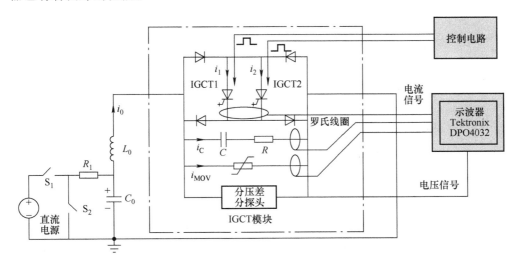

图 2-79　混合式直流断路器测试平台[52]

将 IGCT 模块设置为在 300μs 后在电流达到 10.2kA 时关断。图 2-80 显示了单级 IGCT 模块测试波形。由线路电感引起的过电压被 MOV 钳制在 4kV 之内。MOV 会在 0.2ms 内消散存储在电感器 L_0 中的故障能量，电流降至零。从放大的细节中，可以发现，当 IGCT 关断时，电流会转换到 RC 缓冲电路。

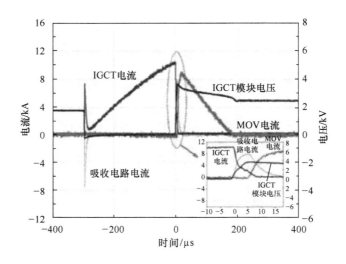

图 2-80　混合式直流断路器测试结果[52]

由于 IGCT 的低制造成本、高抗浪涌能力以及高门极驱动可靠性，使得其在直流断路器中的应用越来越广泛，图 2-81 是一种基于 HVDC 系统的直流断路器：E_s、R_s 和 L_s 分别是系统电源、电阻和电感。断路器由两条支路组成：主支路和换流支路。主支路与传统直流断路器相同。换流支路由串联的 MB 组成，其中 MB 是基于 IGCT 的二极管桥，与金属氧化物压敏电阻（MOV）并联组成。新型的缓冲电路与 IGCT 并联，包含缓冲二极管（VD_s）、电容器（C_s）和晶闸管 T。

值得注意的是，电容器（C_s）在直流断路器中有两个作用：①在 IGCT 关断过程中构造缓冲电路，有助于降低 du/dt 并抑制电压尖峰；②在电流换相期间存储能量并释放振荡电流，以达到高电流分断能力。

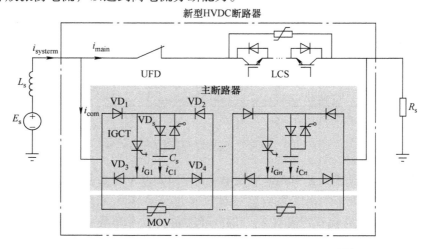

图 2-81　基于 IGCT 的混合式高压直流系统断路器[53]

针对实际情况，设计了一款运用在高压直流输电系统的 500kV/15kA 的直流断路器，并对其进行分流能力测试，测试电路图如图 2-82 所示。测试分为两步：首先对断路器的电流换相能力进行检测，LCS 电流在 10kA 的时候切断，当 IGCT 的电流上升到 3.6kA 的时候，IGCT 断开并维持 60μs。当 i_G 达到 15kA 的时候，晶闸管 T 触发，并实现了流过 IGCT 的 1.5kA 最低电流。而经过分流能力测试发现，此断路器能够成功切断 15kA 的大电流，如图 2-83 所示。

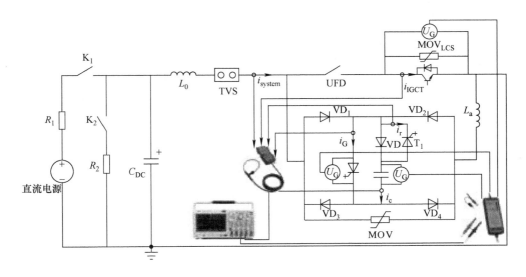

图 2-82　基于 IGCT 的混合式高压直流系统断路器的测试电路[53]

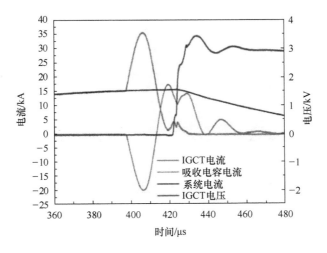

图 2-83　直流断路器分断电流时的波形[53]

2.3 非对称晶闸管

2.3.1 非对称晶闸管概述

为了提高脉冲晶闸管的工作频率，必须减小损耗，这样需提高其开关速度和通态压降。为达到此目的可以从如下两个方面入手，一是改变载流子的寿命，二是减小器件的有效厚度。压降主要集中在 N_1 基区，过剩载流子的寿命对此处的影响很大，为了减小关断损耗，可以减小载流子寿命，但是，由于载流子寿命变小会提高通态压降，增大通态损耗，故比较实用的方法是降低该区域厚度。

要达到减小 N_1 区厚度的目的，采用添加缓冲层的方法，在阳极区域和 N_1 之间添加一具有较高浓度的 N 掺杂层，传统 P^+NPN^+ 的结构变为 $P^+N^-N^+PN^+$ 结构。这样，对该区域，由于更薄了，电阻会变小，而且载流子复合也相对变少了，过剩载流子的平均浓度会提高，通态电阻也就大大减小了，这样也就保证了其导通损耗特性没有变坏。一般称这种结构的晶闸管为非对称晶闸管。

采用此结构的晶闸管，其掺杂浓度和电场分布与普通的晶闸管就有了比较明显的差别，如图 2-84 所示。

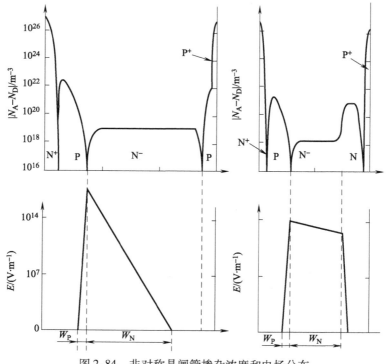

图 2-84　非对称晶闸管掺杂浓度和电场分布

对于该非对称晶闸管，其正向阻断电压可以表示为

$$U_B = E_{cr} W_{N-} - \frac{q N_D W_{N-}}{2\varepsilon_0 \varepsilon_r}$$

可以看到，加入了较高浓度的缓冲层的非对称晶闸管的硅基底的掺杂浓度要小于普通的晶闸管，这样该区域的电场强度下降的斜率会更小，同等厚度的情况下，该区域相比于普通掺杂浓度的区域可以分担更多的电压。

对于普通结构的晶闸管，反向耐压主要由 J_1 结承担，但对于非对称晶闸管，由于 J_1 结面两侧的掺杂浓度都比较高，当外加反向电压时，J_1 结很容易就被击穿，其击穿电压一般在几十伏，因而该结构的晶闸管不具备反向阻断能力，如果在一些特殊的场合，需要有反向阻断能力的话，通常可以串接一个适当特性的二极管为其提供反向阻断能力。

非对称晶闸管的载流子寿命通常也会经过处理以达到减小的目的，这样可以缩短关断中的复合时间，提高关断的速度，而其短基区的结构，一方面可以减少载流子的渡越时间，提高了导通速度，同时可以弥补载流子寿命减少带来的负面影响，而且相比于普通晶闸管其基区存储的过剩载流子的数目也减少了。

非对称晶闸管还可以通过一些改进来提高其特性，在使用中，比较多的是反并联一个特性相当的二极管，这样，其反向压降就主要由该二极管的正向导通压降来决定，在其关断中也可以减小关断损耗。为了使该二极管和非对称晶闸管特性更好地匹配，可将它们集成于一块硅片上，这样就变成了另外一种结构，逆导晶闸管。

2.3.2　非对称晶闸管的断态电压

1. 断态电压

当晶闸管被正向偏置，则晶闸管处于正向阻断模式，如图 2-85 所示。此时反偏的 J_2 结同时受到 J_1 结和 J_3 结的作用，流过 J_2 结的电流为

$$I = M(a_1 I + a_2 I + I_{CO})$$

即

$$I = \frac{M I_{CO}}{1 - M(a_1 + a_2)}$$

由 J_2 结发生雪崩的条件 $M(a_1 + a_2) = 1$，则有

$$U_{BF} = U_B (1 - a_1 - a_2)^{1/n}$$

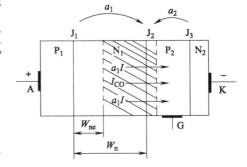

图 2-85　正向偏置晶闸管模型

与反向阻断电压相比，显然 U_{BF} 低于 U_{BR}。当 $a_2 = 0$ 则对上述对称结构有 $U_{BF} = U_{BR}$。同样可以用数值计算或图解法求出断态阻断电压。

2. U_{BF} 与温度的关系

U_{BF} 和注入效率的温度特性密切相关，由于它同时受到两个注入效率的影响，

电流增益在整个温度范围内起作用。高温下 U_{BF} 要比 U_{BR} 低得多。U_{BR} 与 U_{BF} 随温度的变化如图 2-86 所示。

3. 短路发射极原理

为了使晶闸管在断态达到完全的阻断能力，考虑到敏感的电压下降，必须使 $a_2 \approx 0$，在断态电流范围里，$\gamma \ll 1$，可以实现 $a_2 \approx 0$。但是这只能对不太高的结温有效。然而通过工艺上采取措施可以消除这一不利的温度影响。

图 2-87 所示为改善晶闸管温度特性，使 U_{BF} 近似等于 U_{BR} 而采用的短路发射极结构。J_3 结的某些地方和 P 基区短路，P_2 区被短路部分是点状的则称为"短路点"，如果是环状的则称为"短路环"。

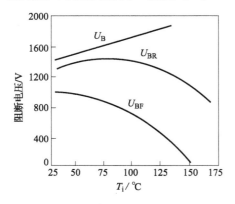

图 2-86　阻断电压与温度的关系

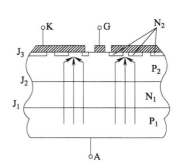

图 2-87　短路发射极原理

短路发射极结构的原理是基于横向电阻效应，图 2-88 是为说明短路发射极作用的等效模型。当电流较小时，通过 J_2 结的电流直接从 P_2 区经短路点流向阴极欧姆接触。由于没有电流流经 J_3 结，所以 J_3 结向 P_2 区注入的电子很少，a_2 很小；当电流继续增大，电流在 P_2 区横向流动就会在基区产生一定的电压降落，此电压使远离短路点部分的电位提高，该部分 J_3 结的正向电压 U_3 增大。当 $U_3 > U_D$（J_3 结开启电压）时，正向电流将随 U_3 呈指数上升，发射极注入比很快达到正常值，a_2 迅速增大。

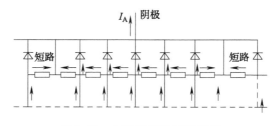

图 2-88　短路发射极等效模型

图 2-89 表示这种晶闸管有无短路点时转折电压随温度的变化关系。可见，用

短路点改善晶闸管正向阻断能力的效果是明显的。同时还将看到短路点可以用于逆导晶闸管一类非对称器件以及 GTO 器件的阳极。

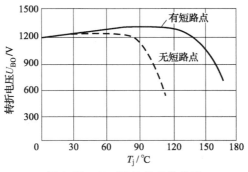

图 2-89　U_{BO} 随 T_{j} 的变化关系

2.3.3　非对称晶闸管的最小长基区宽度 $W_{\mathrm{N(min)}}$

非对称晶闸管的长基区宽度是协调通态电压与断态电压的重要参数，它还直接影响到器件的导通、关断时间和反向恢复特性，是设计晶闸管的基础。这里分两种情况对 $W_{\mathrm{N(min)}}$ 进行大致的定量讨论。

1）当 $\dfrac{W_{\mathrm{N}} - X_m}{L_{\mathrm{P}}} \ll 1$，采用如普通晶闸管的近似设计方法。根据晶体管原理有

$$\beta = 1 - \frac{1}{2}\left(\frac{W_{\mathrm{N}} - X_m}{L_{\mathrm{P}}}\right)^2$$

令 $\gamma = 1$，将上式代入 $U_{\mathrm{BR}} = U_{\mathrm{B}}(1 - \alpha_1)^{\frac{1}{n}}$ 得

$$U_{\mathrm{BO}} = U_{\mathrm{B}}\left[\frac{1}{2}\left(\frac{W_{\mathrm{N}} - X_m}{L_{\mathrm{P}}}\right)^2\right]^{\frac{1}{n}}$$

又 $\mathrm{P^+N}$ 单边突变结的空间电荷区宽度式可简化为

$$X_m = A\sqrt{\rho U_{\mathrm{BO}}} \tag{2-8}$$

对 Si 而言，$A = \sqrt{2\varepsilon\varepsilon_0\mu_n}$，当 $\varepsilon_0 = 8.854 \times 10^{-14}\ \mathrm{F/cm}$，$\varepsilon = 11.7$，$A = 0.53$，单位为 $\mu\mathrm{m}$。将人们常用的 GE 经验公式 $U_{\mathrm{B}} = C\rho^a$ 与式（2-8）一起代入联解得

$$W_{\mathrm{N}} = A(\rho U_{\mathrm{BO}})^{\frac{1}{2}} + \left[\frac{U_{\mathrm{BO}}}{C\rho^a}\right]^{\frac{n}{2}}\sqrt{2}L_{\mathrm{P}} \tag{2-9}$$

$$\frac{\mathrm{d}W_{\mathrm{N}}}{\mathrm{d}\rho} = \frac{A}{2}U_{\mathrm{BO}}^{\frac{1}{2}}\rho^{-\frac{1}{2}} - \frac{\sqrt{2}}{2}naL_{\mathrm{P}}\left(\frac{U_{\mathrm{BO}}}{C}\right)^{\frac{n}{2}}\rho^{-\left(\frac{an+2}{2}\right)}$$

函数存在极小值，令 $\mathrm{d}W_{\mathrm{N}}/\mathrm{d}\rho = 0$ 有

$$\rho^* = \left[\frac{\sqrt{2}anL_{\mathrm{P}}U_{\mathrm{BO}}^{\frac{n-1}{2}}}{AC^{n/2}}\right]^{\frac{2}{an+1}}$$

称 ρ^* 为最佳电阻率。

以 ρ^* 值代入式（2-9）可确定最小长基区宽度为

$$W_{\mathrm{N(min)}} = A^{\frac{an}{an+1}} (\sqrt{2}L_{\mathrm{P}})^{\frac{1}{an+1}} C^{-\frac{n}{2(an+1)}} (an)^{\frac{1}{an+1}} \left[1 + \frac{1}{an+1} \right] \times U_{\mathrm{BO}}^{\frac{n(a+1)}{2(an+1)}}$$

取常数 $a = 3/4$、$n = 6$，上式可简化为

$$W_{\mathrm{N(min)}} = B L_{\mathrm{P}}^{2/11} \cdot U_{\mathrm{BO}}^{21/22}$$

代入各常数得到 $B = 0.0798$。上式表明，最小长基区宽度决定于 L_{P} 与转折电压。当 L_{P} 较大，即 $\dfrac{W_{\mathrm{Ne}}}{L_{\mathrm{P}}} = \dfrac{W_{\mathrm{N}} - X_m}{L_{\mathrm{P}}}$ 越小时，由这种传统设计方法可以得到较为精确的 $W_{\mathrm{N(min)}}$，通过计算分析认为，当 $\dfrac{W_{\mathrm{Ne}}}{L_{\mathrm{P}}} \leqslant 0.7$，误差 $\dfrac{\Delta a_1}{a_1} \leqslant 5\%$，当 $\dfrac{W_{\mathrm{Ne}}}{L_{\mathrm{P}}} > 0.7$ 甚至大于 1 的时候，传统的近似方法不再适用。

2）当 $\dfrac{W_{\mathrm{N}} - x_m}{L_{\mathrm{P}}} > 0.7$，采用优化设计方法。与传统的近似设计相比，所不同的是引入优化比值 K

$$K = \frac{U_{\mathrm{BO}}}{V_{\mathrm{B}}}$$

以 $U_{\mathrm{B}} = C\rho^a$ 代入式（2-8）并表示为 K 值的形式，则

$$X_m = Q K^{-\frac{1}{2a}}$$

式中 Q 为常数，当 U_{BO} 给定，有

$$Q = A U_{\mathrm{BO}}^{\frac{a+1}{2a}} C^{-\frac{1}{2a}}$$

当 W_{Ne} 也表示 K 的形式，由晶闸管中的 $U_{\mathrm{BR}} = U_{\mathrm{B}} (1 - a_1)^{1/n}$ 式得

$$a_1 = 1 - K^n \tag{2-10}$$

假定 $\gamma = 1$，由晶体管原理中 $\beta_1 = a_1 = \dfrac{1}{\mathrm{ch}\dfrac{(W_{\mathrm{Ne}})}{L_{\mathrm{P}}}}$，则有

$$W_{\mathrm{Ne}} = L_{\mathrm{P}}\,\mathrm{arcch}\left[\frac{1}{1 - K^n} \right]$$

由 W_{Ne} 和 X_m 可得到晶闸管长基区宽度 W_{N} 的表达式

$$W_{\mathrm{N}} = L_{\mathrm{P}}\,\mathrm{arcch}^{-1}\left[\frac{1}{1 - K^n} \right] + Q K^{-\frac{1}{2a}}$$

分析计算表明，$W_{\mathrm{N}}(K)$ 存在极值，且有

$$W_{\mathrm{N}}''(K) > 0$$

有极小值存在。令 $W_{\mathrm{N}}'(K) = 0$，并代入各常数得

$$(2 - K^n)^{1/2}(1 - K^n) = \frac{6 L_{\mathrm{P}}}{Q} K^{8/3} \tag{2-11}$$

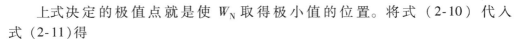

上式决定的极值点就是使 W_N 取得极小值的位置。将式（2-10）代入式（2-11）得

$$(1 - a_1)^{2/3} = \frac{Q}{6L_P} a_1 (1 + a_1)^{1/2} \tag{2-12}$$

式（2-11）与式（2-12）即为用 K 表征和用 a_1 表征的晶闸管长基区优化设计公式。

可以代入各常数得到

$$(1 - a_1)^{2/3} = 4.1 \times 10^{-3} (1/L_P) U_{B0}^{7/6} a_1 (1 + a_1)^{1/2}$$

解上述超越方程可得到 a_1，依次可求出 K、U_B、ρ、X_m 及 W_{Ne}。

所以长基区宽度为

$$W_N = X_m + W_{Ne}$$

假定一次扩散结深为 X_{jP}，则硅片厚为

$$\delta = W_N + X_{jP}$$

对于给定的 U_{B0} 和基区少子寿命，可以求解上述两个超越方程，得到优化的 K 值或者 α_1 值，从而得到 $W_{N(min)}$。理论和实践的结果表明，当 τ_P 较长或 $W_{eN}/L_P \ll 1$ 时，传统的近似公式与实际有较好地吻合。在快速器件中，当 $W_{eN}/L_P > 1$ 或在 1 附近的情况下，优化公式是很适用的。

2.4 脉冲晶闸管

在如今的很多脉冲功率场合中需要运用到能够承受电压几千伏、电流几千安、频率达到几十千赫兹的开关。虽然大电流、高电压的晶闸管能够有较小的正向导通压降，但不可避免地使得开关的恢复时间变长，导致开关的频率下降。由于晶闸管依靠电导调制来实现低导通损耗，过量的载流子需要被抽取才能恢复阻断能力。因此可以在门极和阴极之间提供反向电压来加速晶闸管的恢复速度。但是在很多应用场合会将多只晶闸管串联使用，导致门极驱动变得复杂、昂贵，使得以前的高电压、高 di/dt 晶闸管只能以 120Hz 及以下的开关频率工作在低频领域。

为了使得晶闸管能够在承受几千伏电压，导通几千安电流的同时，开关频率达到几十千赫兹，需要将晶闸管的恢复时间缩短。影响晶闸管反向恢复时间的因素有通态电流的峰值、晶闸管的吸收电路、晶闸管本身的参数以及载流子的寿命。在探索前三者对晶闸管反向恢复时间的影响时，采用如图 2-90 所示的电路原理图。

电容 C 由直流电压源供电，随后晶闸管 DUT 触发，RLC 参数需要满足欠阻尼的情况。并联在负载和晶闸管两端的 $R_s - C_s$ 为吸收电路。经过实验发现：

1）晶闸管的反向恢复时间会随着脉冲电流的峰值增大而变长，并呈现出饱和的趋势。

2）吸收电路的存在会导致晶闸管的反向恢复时间变长，并且吸收电路对于脉

71

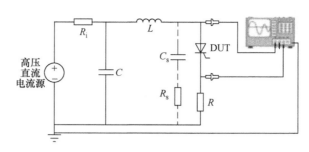

图 2-90　晶闸管反向恢复时间测试的电路原理图[59]

冲晶闸管显得尤为重要：在其反向恢复的过程中，由于电流会从反向峰值电流（I_{RM}）迅速降为 0，从而导致了与晶闸管串联的电感电压会迅速升高，进而导致了晶闸管两端的反向过电压（U_{RRM}）。如果 U_{RRM} 大于额定值，会导致晶闸管的损坏。因此，晶闸管控制单元的设计不仅需要考虑晶闸管的特性，也需要考虑吸收电路的参数。

　　3）不同参数的晶闸管的反向恢复时间可能不一样，但通过实验发现晶闸管的电压参数起着主导作用。

　　在第四个影响因素载流子的寿命中，载流子寿命的减小会导致导通损耗的增加，为了平衡载流子的寿命和导通损耗，出现了一种新型晶闸管的设计方法，如图 2-91 所示。

　　此种晶闸管的设计是基于标准的 4 层 NPNP 结构，采用标准的 IC 基础能力来实现 15μm 单元和 5μm 单元，使得从传统的晶闸管 50 元胞/cm² 增加到 100000 元胞/cm²，并采用专门工艺来增加此种晶闸管的阻断电压。这种设计的正向导通压降在 400A 时为 1.7V，10kA 时为 18.5V；由于元胞密度的增加实现了晶闸管的高 di/dt 能力，达到了 100kA/μs。

图 2-91　芯片布局和元胞结构[56]

　　经过四次改进，让这种晶闸管从 A 代提升到了 E 代，并且恢复时间也从 A 代的 60μs 下降到少于 10μs（见图 2-92）。快速的恢复使得高频率的导通成为可能，用多个 E 代晶闸管串联，使得此种模块能够在 20kHz 的高频下工作，并且电压下降速率达到 100kV/μs，电流上升速率达到 25kA/μs。将模块尺寸扩大并将更多的晶闸管进行串联，使得开关的通流能力达到了 20kA，耐压达到了 60kV。

8mA峰值充电电流时的器件恢复特性

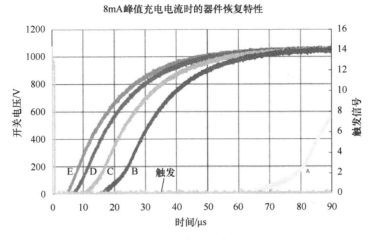

图 2-92　不同代系的恢复时间[56]

脉冲晶闸管的出现是由于传统晶闸管不能满足①电流脉冲换流的上升速率超过了 1000A/μs，通常是 2000 ~ 10000A/μs；②换流脉冲的幅值与晶闸管的平均电流之比达到 100 及以上；③换流过程中，所串联的晶闸管同时导通并且满足电流脉冲的高上升速率。

在晶闸管的结构中存在一层掺杂浓度相对较低的 P 基区，其掺杂情况在这层区域提供了高内部漂移电场区，使得晶闸管能够有较小的导通延迟时间，这使得其在初始高导通电压时的延迟时间近似等于电子越过 P 基区的时间，从而使得晶闸管在串联时更为精确地同步导通成为可能。通过实验发现，随着阴阳极电压的上升，导通延迟时间会逐渐下降，当电压超过 1000V 时，其导通延迟时间更是小于 1μs，如图 2-93 所示。导通延迟时间的减小是由于随着电压的升高，电子穿越基区的时间减小而引起。当换流脉冲的上升速率为 2000 ~ 5000A/μs，最好不要让晶闸管导通延时超过 50 ~ 70ns。

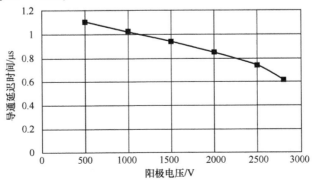

图 2-93　导通延迟时间与阳极电压的关系[61]

　　为了使晶闸管在串联时能够更为安全地同步导通，在半导体结构中植入了"辅助保护抑制区"，此抑制区位于门极 P 区下方，具有更高掺杂浓度的 N 层被集中到 N 基区中间，如图 2-94 所示。

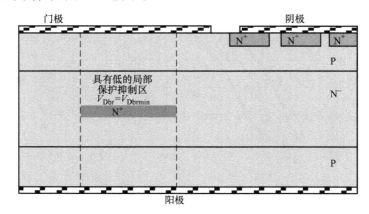

图 2-94　具有"辅助保护抑制区"的晶闸管元胞[61]

　　由于"抑制区"区域位于门极下方，因此该区域不仅限制了脉冲浪涌电压，而且还优化了导通过程，因为"抑制区"雪崩击穿电流会用作辅助门极电流。实验证明用此种结构制作而成的晶闸管能够实现电流脉冲的上升速率达到 100kA/μs；将 10 只拥有"保护抑制区"的晶闸管串联，在 24kV 的电压下进行放电，能够实现较为一致的导通延迟时间，并且能够达到 250kA 的电流脉冲峰值以及 4.5kA/μs 的电流上升速率。

　　然而，工作在高频、大电流、高电压的脉冲环境下，晶闸管会产生巨大的瞬态能量，进而转化成热量。热量会集中在晶闸管的芯片内部，从而导致阀片的温度迅速上升。当结温高于 125℃时，会升高泄漏电流，晶闸管可能会误触发。当局部温度过高时，会导致半导体层熔化，整个晶闸管永久损坏。因此，在脉冲功率领域中，测量晶闸管的最大温升对其使用很有指导性意义。

$$U_f = \frac{k}{q}\left(\ln \frac{I_f}{A} - 3\ln T\right)T + U_{g0} \qquad (2-13)$$

式中，U_f 为正向导通压降；I_f 为传导电流；k 为玻尔兹曼常数；A 为与温度无关的常数，仅与结面积和掺杂浓度有关；T 为结温；q 为单位电荷量；U_{g0} 为常数。当温度 T 变化时，$\frac{k}{q}\left(\ln \frac{I_f}{A} - 3\ln T\right)$ 的变化非常小，因此可以将其视为常数。因此，根据式（2-13）可以发现当通过恒定的电流 I_f 时，正向导通压降 U_f 和结温 T 呈现出线性关系。将晶闸管放在温度可调的测试箱中进行实验，在恒定的温度下 3h，随后触发，记录其正向导通压降。

　　在 3h 的热转移过程中，晶闸管的阀片温升和传导电流都很小（相比于额定电流），因此可以将由小电流和短时间热转移而引起的温升忽略，得到在不同温度下的晶闸管导通压降，如图 2-95 所示，可以发现正向导通压降随温度呈现出几乎为线性的变化，根据线性拟合，得到当温度每升高 1℃，正向导通压降会下降 2.6mV。

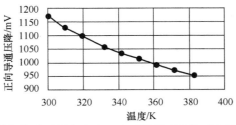

图 2-95　晶闸管流过恒定电流，在不同温度下的正向导通压降[58]

图 2-96 为晶闸管脉冲工况的测试电路，T_2 为待测试的晶闸管，并根据热敏感参数 2.6，得到在脉冲工况下，晶闸管的结温升情况见表 2-5。因此结合图 2-95 以及图 2-96 的电路测试，可以得到在任意脉冲情况下的晶闸管结温度变化情况。

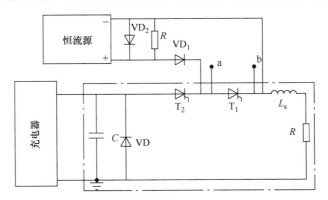

图 2-96　晶闸管脉冲工况的测试电路[58]

表 2-5　晶闸管在不同脉冲下的温升情况[58]

脉冲电流峰值 /kA	正向导通电压变化 Δu/mV	结温升 /℃	平均结温升 /℃
15.6	28.0	10.77	10.36
	25.6	9.85	
	27.2	10.46	
31.5	60.8	23.38	23.690
	59.2	22.77	
	64.8	24.92	
47.6	104	40.00	39.74
	105	40.38	
	101	38.84	

2.5 激光晶闸管

大范围的实际应用需要大功率紧凑型脉冲激光源，包括从距离测量系统到用于治疗各种疾病的医疗系统等。目前，半导体激光通常由外部电流脉冲发生器产生。因此，当需要产生几十瓦的激光脉冲时，电流脉冲发生器的挑战在于提供纳秒级的脉冲宽度以及最高达到100A的幅度。这是因为低电阻负载半导体激光器的脉冲产生方案中存在寄生载流线，这会降低效率并使电流脉冲变形。比如：电流脉冲的幅值为100A，其前沿脉宽为10ns时，在5nH的电感上就会产生50V的电压降。其次，如今多数激光脉冲发生器的产生都是由两个离散的系统组成：激光发射器和开关，这会使得产生kA级的电流脉冲变得困难。伴随着激光晶闸管的出现，这些问题得到了很好的解决，因为激光晶闸管内部集成了高功率激光发射器和高功率电流开关，使得其能够提供高功率激光脉冲。

与由两只晶体管组成、反馈环节通过基区电流的传统晶闸管不同，激光晶闸管视为由激光二极管（N-P）和异质光电晶体管（N-P-N）组成，并通过电气和光学通道进行反馈，图2-97为激光晶闸管的结构图。

激光晶闸管是基于在 N-GaAs 衬底上通过 MOCVD 外延生长的异质结构制成。异质结构包括晶体管和激光部件。晶体管部分包括 0.24μm 厚的宽带隙 N-Al0.15Ga0.85As 发射极、一个 2μm 厚的窄间隙 P-GaAs 基极和一个 2μm 厚的宽带隙 N-Al0.35Ga0.65As 集电极。激光器部分由宽带隙 N-Al0.35Ga0.65As 发射极（同时用作异质晶体管的集电极）和基于

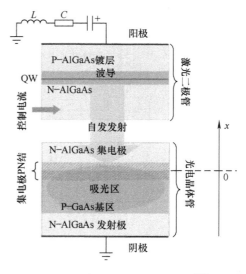

图2-97 激光晶闸管的结构图[65]

I-Al0.3Ga0.7As 的 0.4μm 厚的波导组成。有源区由一个 10nm 宽的 InGaAs 构成，其被限制在两侧的 10nm GaAs 之间。控制电极形成在激光部分的 N-Al0.35Ga0.65As 发射极上，并使用铟焊料将晶体向下安装到铜散热器上。

为了测试激光晶闸管的导通特性，将激光晶闸管与150nF电容器、0.5Ω电阻以及1nH的电感串联，发现影响激光晶闸管导通速率的因素是集电结中的PN结空间电荷区碰撞电离，并且在开关导通的初始过程，由于电流的局部化会引起电流密度和碰撞电离程度的加强。

通过对激光晶闸管中的激光器部分进行如下改造：2μm 厚的宽带 AlGaAs 发射

极，0.4μm 厚的 AlGaAs 波导层以及用 GaAs 空间将 InGaAs 量子环绕；晶体管部分具有高度掺杂的 N-AlGaAs 宽间隙发射极和集电极，以及厚度为 4μm 的 P-GaAs 窄间隙基极，可以实现激光晶闸管的最大阻断电压为 25V。随着阻断电压的提升，可以实现 140A 的峰值电流以及 55W、脉宽为 100ns 的激光脉冲。但是光功率会因为内部光损增加而被光电饱和效应限制。此外，随着控制电流峰值的减小会导致激光脉宽的减小，比如：88mA 的控制电流可以在功率为 1W 以下的时候产生 5ns 的激光脉冲，但是 24mA 的控制电流只能在 1W 以下产生 1ns 的激光脉宽。

2.6　碳化硅晶闸管

对于许多需要以低至中等脉冲重复频率并能产生高脉冲电流的应用，晶闸管能够提供的性能优于 MOSFET 或 IGBT。然而，晶闸管通常有较长的导通时间，这是由扩散受限的过程（称为基本渡越时间）决定的。这种相对较慢的开关速率在 1μs 以下的硬导通场合产生高损耗，从而阻止了硅基晶闸管在脉宽为 100ns 及以下的场合应用；但是硅基 IGBT 和 MOSFET 由于低功率密度问题，需要多只器件串并联使用，增大了设备的体积和成本。

宽带隙材料提供的高饱和电子漂移速度和出色的临界电场强度可以减少导通时间并提高效率，从而有可能将低于 1μs 的时间范围内的损耗降低到可接受的水平。高压、大功率碳化硅晶闸管由美国通用电气全球研究中心研发，用于探索其在脉冲功率的应用潜力，因为其拥有高电流密度、高阻断电压、高开关频率以及能够工作在较高的结温下，这使得碳化硅晶闸管是军用领域的理想器件。

在硅中，P 型衬底容易用于高功率器件，然而在商业上 SiC 仅 N 型衬底可用。由于 P 型 SiC 深受主能级（> 200meV），使其受到低空穴迁移率和低电离载流子浓度影响。因此，要形成四层器件，一般从 N⁺ 衬底开始，构建一个 NPNP 结构，如图 2-98 所示。

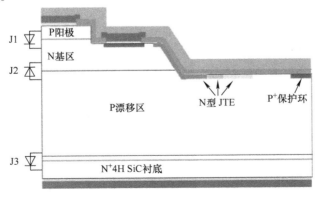

图 2-98　碳化硅晶闸管结构图[68]

通过在器件边缘处的 N 基区进行第二次蚀刻形成终端。随后，厚氧化层形成，并用作离子注入掩模，以分别为阳极和门极的欧姆接触区创建高掺杂区域，并形成结终端扩展（JTE），在阳极注入的同时形成 P 型保护环，N 型结终端扩展用于实现正向高阻断电压。由于器件是非对称的，仅在正向能够阻断高电压，其反向阻断电压约为 50V。

虽然芯片总面积为 16mm²，大部分面积会被终端和接触垫消耗。该器件的有效面积约为总面积的 1/3，因此该器件的电流密度非常高。厚焊盘金属用于实现高脉冲电流，高压钝化用于对器件的保护。对器件的阳极 P 型接触电阻进行了优化，以减少脉冲条件下的正向压降。

在对芯片进行阻断电压、泄漏电流、正向压降和门极特性筛选之后，选定的芯片由 Powerex 按照薄型、高温、表面贴装等条件进行封装。芯片通过引线键合连接到门极端子，并通过两条带连接到阳极，阴极连接到其端子的芯片背面。封装侧壁形成一个空腔，该空腔可使芯片和导线浸入硅胶中，如图 2-99 所示。

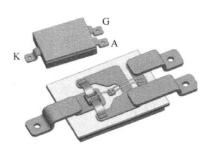

图 2-99　封装后的碳化硅晶闸管[68]

对于需要高电压、高脉冲电流和高温的应用，碳化硅晶闸管简化了电路设计，并减小了尺寸和质量，从而实现了紧凑的功率变换器。碳化硅器件可显著地减少传导、泄漏和开关损耗，从而大大地降低了冷却要求并提高变换器效率。

之前报道过碳化硅晶闸管能够阻断 3kV 的高电压，在毫秒级的时间范围内能够产生大于 1.5kA 的电流脉冲，并且能在 1Hz 的频率下重复近百万次。为了探索碳化硅晶闸管能否拥有更大的功率密度以及更快的导通能力。Transient Plasma Systems（TPS）公司进行了测试以检测其在亚微秒级的导通能力，并在相同的情况下与硅基晶闸管对比，结果如图 2-100 所示。碳化硅晶闸管呈现出的快速阳极-阴极电压下降对有效的亚微秒硬开关至关重要。碳化硅器件的 du/dt 比硅基器件快 7 倍，并且通过计算在半个周期内的能量耗散情况，发现在电流上升时间为 500ns 时，碳化硅器件的效率为硅基器件的 2.2 倍。

此外，与电压型触发的器件相比，相对简单的电流触发机理能够减小触发时的复杂性。并且，多只串联在一起的碳化硅晶闸管可以用单匝一次线圈、多匝二次线圈的变压进行触发，在实现低成本的同时，也能达到阻断 10kV 及以上的高电压、快速导通几十千安及以上的电流。

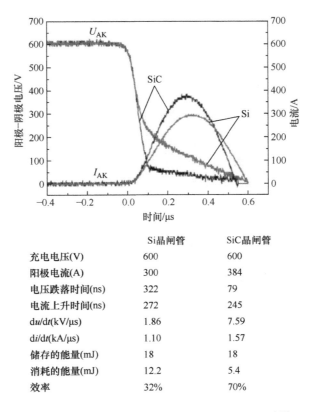

	Si晶闸管	SiC晶闸管
充电电压(V)	600	600
阳极电流(A)	300	384
电压跌落时间(ns)	322	79
电流上升时间(ns)	272	245
du/dt(kV/μs)	1.86	7.59
di/dt(kA/μs)	1.10	1.57
储存的能量(mJ)	18	18
消耗的能量(mJ)	12.2	5.4
效率	32%	70%

图 2-100　硅基晶闸管和碳化硅晶闸管性能对比[69]

2.7　电流控制型器件在脉冲功率系统中的应用

晶闸管有相对较高的功率能力，但其响应速度限制了工作频率，只有 100Hz 或更低。如果重复率在几秒钟一次或更长、且 di/dt 低于 500A/μs，则可以找到合适的商用器件。大尺寸的标准晶闸管不是为高电流短脉冲（<5μs）应用而设计的，因为硅片面积不会全部导通。晶闸管主要用在低 di/dt、长脉冲应用中，如撬棒、发射器或电子枪等，有报道 14 只直径为 34mm 的晶闸管串联，工作电压为 52kV，导通电流为 5.5kA，电流上升速率为 1.2kA/μs。

GTO 具有门极高度叉指结构，它能承受更高的 di/dt，通过门极驱动，导通和关断都可控，曾广泛应用于受激准分子激光器的脉冲功率发生器。ABB 公司有直径从 34～125mm 专为脉冲应用设计的系列 GTO 器件，每只的阻断电压从 4.5～8.5kV，例如用作 30kV 电子束冲击磁铁开关，GTO 直径为 68mm，单只阻断电压为

4.5kV，10μs脉宽下峰值电流为80kA，di/dt为30kA/μs。

美国的ARL（ARMY Research Laboratory）研究了一种超级GTO（SGTO）来替代真空开关和单片晶闸管，应用于电磁炮和电磁枪。基于元胞结构的SGTO可提供极高的导通增益，且不需要传统单片晶闸管的大钳位装置，可获得高电流上升速率。面积为2.0cm^{2}的芯片，在145μs脉宽下导通峰值电流为92kA，di/dt为24kA/μs，重复工作1000次，特性没有明显的退化。图2-101表示了80kA、7kV的SGTO开关的外观。

图2-101　80kA、7kV的SGTO开关的外观

参 考 文 献

［1］WOLLEY E D. Gate turn-off in p-n-p-n devices［J］. IEEE Transactions on Electron Devices，1966，13（7）：590-597.

［2］OGURA T，NAKAGAWA A，ATSUTA M，et al. High-frequency 6000V double-gate GTO's［J］. IEEE Transactions on Electron Devices，1993，40（3）：628-633.

［3］佐藤克已，山元正则. GCTサィリスタとその応用［J］. 电气杂志OHM，1997（4）：26.

［4］维捷斯拉夫·本达，约翰·戈沃，邓肯A格兰特. 功率半导体器件——理论及应用［M］. 吴郁，张万荣，刘兴明，译. 北京：化学工业出版社，2005.

［5］BERNET S，CARROLL E，STREIT P. 10kV IGCTs［J］. IEEE Industry Applications Magazine，2005，11（2）：53-61.

［6］PETER K，STEIMER HORST E，GRUNING JOHANNES WERNINGER，et al. State-of-the-art verification of the Hard-Driven GTO Inverter development for a 100-MVA Intertie［J］. IEEE Transactions on Power Electoronics，1998，13（6）：1182-1190.

［7］YAMAGUCHI Y，OOTA K，KURACHI，et al. A 6kV/5kA reverse conducting GCT［C］. Industry Applications Conference，Thirty-Sixth IAS Annual Meeting，2001，3：1497-1503.

［8］MOTTO E R，YAMAMOTO M. New high power semiconductors：high voltage IGBTs and GCTs［C］. Official Proceedings of the Thirty-Seventh International PCIM'98 Power Electronics，Conference，1998：296-302.

［9］STIASNY THOMAS，STREIT PETER. A new combined local and lateral design technique for increased SOA of large area IGCTs［C］. Proceedings of the International Symposium on Power Semiconductor Devices and ICs，2005：203-206.

［10］GRUENING H E，KOYANAGI K. A modern low loss，high turn-off capability GCT gate drive concept［C］. 2005 European Conference on Power Electronics and Applications，2005：1-10.

［11］KOLLENSPERGER PETER，DE DONCKER，RIK W. Optimized Gate Drivers for Internally Commutated Thyristors（ICTs）［C］. Industry Applications Conference，41st IAS Annual Meeting.

Conference Record of the 2006 IEEE, 2006, 5: 2269-2275.

［12］KOELLENSPERGER PETER, BRAGARD MICHAEL, PLUM THOMAS. The Dual GCT - A New High- Power Device Using Optimized GCT ［C］. Industry Applications Conference, 42nd IAS Annual Meeting. Conference Record of the 2007 IEEE, 2007: 358-365.

［13］WIKSTROM T, STIASNY T, RAHIMO M, et al. The Corrugated P- Base IGCT- a New Benchmark for Large Area SQA Scaling ［C］. 19th International Symposium on Power Semiconductor Devices and IC's, 2007: 29-32.

［14］APELDOORN O, ODEGARD B, STEIMER P, et al. A 16 MVA ANPC- PEBB with 6 kA IGCTs ［C］. Fourtieth IAS Annual Meeting, Conference Record of the 2005 Industry Applications Conference, 2005, 2: 818-824.

［15］刘刚, 余岳辉, 史济群. 半导体器件——电力、敏感、光子、微波器件 ［M］. 北京: 电子工业出版社, 2000.

［16］WELLEMAN A, FLEISCHMANN W. High voltage solid state crowbar and low repetition rate switches ［C］. IEE Pulsed Power Symposium 2005, 2005: 31/1-5.

［17］JIANG W, YATSUI K, TAKAYAMA K, et al. Compact solid- State switched pulsed power and its applications ［J］. Proceedings of the IEEE, Pulsed Power: Technology and Applications, 2004, 92 (7): 1180-1195.

［18］O'BRIEN H, SHAHEEN W, THOMAS JR R L, et al. Evaluation of Advanced Si and SiC Switching Components for Army Pulsed Power Applications ［J］. IEEE Transactions on Magnetics, 2007, 43 (1): 259-264.

［19］ZHANG Q, AGARWAL A, CAPELL C, et al. SiC super GTO thyristor technology development: Present status and future perspective ［C］. 2011 IEEE Pulsed Power Conference, Chicago, 2011: 1530-1535.

［20］FURSIN L, HOSTETLER J, LI X, et al. 7. 5 kV 4H-SiC GTO's for power conversion ［C］. 2013 Twenty-Eighth Annual IEEE Applied Power Electronics Conference and Exposition (APEC), Long Beach, 2013: 222-225.

［21］OGUNNIYI A, O'BRIEN H, RYU S, et al. High-Power Pulsed Evaluation of High-Voltage SiC N- GTO ［C］. 2019 IEEE 7th Workshop on Wide Bandgap Power Devices and Applications (WiPDA), Raleigh, 2019: 425-429.

［22］KIM M, TSOI T, FORBES J, et al. Analysis of a New 15-kV SiC n-GTO under Pulsed Power Applications ［C］. 2019 IEEE Pulsed Power & Plasma Science (PPPS), Orlando, 2019: 1-4.

［23］SCHROCK J A, HIRSCH E A, LACOUTURE S, et al. Failure Modes of 15-kV SiC SGTO Thyristors During Repetitive Extreme Pulsed Overcurrent Conditions ［J］. IEEE Transactions on Power Electronics, 2016, 31 (12): 8058-8062.

［24］CHINTHAVALI M S, TOLBERT L M, OZPINECI B. 4H-SiC GTO thyristor and p-n diode loss models for HVDC converter ［C］. Conference Record of the 2004 IEEE Industry Applications Conference, 2004. 39th IAS Annual Meeting. , Seattle, 2004: 1238-1243.

［25］CHENG L, AGARWAL A K, CAPELL C, et al. 20 kV, 2 cm², 4H-SiC gate turn-off thyristors for advanced pulsed power applications ［C］. 2013 19th IEEE Pulsed Power Conference (PPC), San

Francisco, 2013: 1-4.

[26] OGUNNIYI A, O'BRIEN H, SCOZZIE C J, et al. DV/DT immunity and recovery time capability of 1.0 cm² silicon carbide SGTO [C]. 2012 IEEE International Power Modulator and High Voltage Conference (IPMHVC), San Diego, 2012: 354-357.

[27] O'BRIEN H, OGUNNIYI A, SCOZZIE C, et al. Novel packaging and high-current pulse-switching of 1.0 cm² SiC SGTOs [C]. 2012 Lester Eastman Conference on High Performance Devices (LEC), 2012: 1-4.

[28] FANG F, LIANG S, YIN X, et al. Analysis of Parallel Operation of 4H-SiC GTOs [C]. 2019 IEEE 3rd International Electrical and Energy Conference (CIEEC), Beijing, 2019: 596-600.

[29] LIANG S, LI Z, ZHOU K, et al. Influence of Device Parameter and Parasitic Inductances on Transient Behaviors of Parallel Connection of SiC GTOs [C]. 2019 IEEE International Conference on Electron Devices and Solid-State Circuits (EDSSC), Xi'an, 2019: 1-4.

[30] SONG X, HUANG A Q, LEE M, et al. 22 kV SiC Emitter turn-off (ETO) thyristor and its dynamic performance including SOA [C]. 2015 IEEE 27th International Symposium on Power Semiconductor Devices & IC's (ISPSD), Hong Kong, 2015: 277-280.

[31] LI H, ZHOU W, WANG X, et al. Influence of Paralleling Dies and Paralleling Half-Bridges on Transient Current Distribution in Multichip Power Modules [J]. IEEE Transactions on Power Electronics, 2018, 33 (8): 6483-6487.

[32] SCHLAPBACH U. Dynamic paralleling problems in IGBT module construction and application [C]. 2010 6th International Conference on Integrated Power Electronics Systems, Nuremberg, 2010: 1-7.

[33] AO J, WANG Z, CHEN J, et al. The Cost-Efficient Gating Drivers with Master-Slave Current Sharing Control for Parallel SiC MOSFETs [C]. 2018 IEEE Transportation Electrification Conference and Expo, Asia-Pacific (ITEC Asia-Pacific), Bangkok, 2018: 1-5.

[34] LU S, DENG X, LI S, et al. A Passive Transient Current Balancing Method for Multiple Paralleled SiC-MOSFET Half-Bridge Modules [C]. 2019 IEEE Applied Power Electronics Conference and Exposition (APEC), Anaheim, 2019: 349-353.

[35] JOHNSON E, SAADEH O S, MANTOOTH H A, et al. An analysis of paralleled SiC bipolar devices [C]. 2008 IEEE Power Electronics Specialists Conference, Rhodes, 2008: 4762-4765.

[36] SUJOD M Z, SAKATA H. Simulation Study on the Performance of SiC-GTO [C]. 2006 IEEE International Conference on Semiconductor Electronics, Kuala Lumpur, 2006: 965-969.

[37] SUJOD M Z, SAKATA H. Switching Simulation of Si-GTO, SiC-GTO and Power MOSFET, 2006 IEEE International Power and Energy Conference, Putra Jaya, 2006: 488-491.

[38] ZHANG L, WOODLEY R, SONG X, et al. High current medium voltage solid state circuit breaker using paralleled 15kV SiC ETO [C]. 2018 IEEE Applied Power Electronics Conference and Exposition (APEC), San Antonio, 2018: 1706-1709.

[39] GEIL B R, BAYNE S B, IBITAYO D, et al. Thermal and Electrical Evaluation of SiC GTOs for Pulsed Power Applications [J]. IEEE Transactions on Plasma Science, 2005, 33 (4): 1226-1234.

［40］SCHROCK J A, HIRSCH E A, LACOUTURE S, et al. Failure Modes of 15-kV SiC SGTO Thyristors during Repetitive Extreme Pulsed Overcurrent Conditions ［J］. IEEE Transactions on Power Electronics, 2016, 31 （12）: 8058-8062.

［41］OGUNNIYI A, O'BRIEN H, SCOZZIE C J, et al. Narrow and wide pulse evaluation of silicon carbide SGTO modules ［C］. IEEE International Pulsed Power Conference, 2011: 786-790.

［42］LACOUTURE S, SCHROCK J A, RAY W B, et al. Extraction of Safe Operating Area and long term reliability of experimental Silicon Carbide Super Gate Turn off Thyristors ［C］. IEEE International Pulsed Power Conference, 2015: 1-4.

［43］KIM M, TSOI T, FORBES J, et al. Analysis of a New 15-kV SiC n-GTO under Pulsed Power Applications ［C］. IEEE International Pulsed Power Conference, 2019: 1-4.

［44］QU L, YU Z, HUANG S, et al. Design and Analysis of a 375V/5kA Solid State DC Circuit Breaker Based on IGCT ［C］. 2018 IEEE International Power Electronics and Application Conference and Exposition （PEAC）, Shenzhen, 2018: 1-5.

［45］TANG G, LUO X, WEI X. Multi-terminal HVDC and DC-grid technology ［J］. Proceedings of the Csee, 2013, 33 （10）: 8-17.

［46］PLANAS E, ANDREU J, GÁRATE J I, et al. AC and DC technology in microgrids: A review ［J］. Renewable & Sustainable Energy Reviews, 2015, 43: 726-749.

［47］SONG Q, ZHAO B, LIU W, et al. An overview of research on smart DC distribution power network ［J］. Proceedings of the Csee, 2013, 33 （25）: 9-19.

［48］BYEON G, YOON T, OH S, et al. Energy Management Strategy of the DC Distribution System in Buildings Using the EV Service Model ［J］. IEEE Transactions on Power Electronics, 2013, 28 （4）: 1544-1554.

［49］TANG L, OOI B. Locating and Isolating DC Faults in Multi-Terminal DC Systems ［J］. IEEE Transactions on Power Delivery, 2007, 22 （3）: 1877-1884.

［50］NOVELLO L, BALDO F, FERRO A, et al. Development and Testing of a 10-kA Hybrid Mechanical-Static DC Circuit Breaker ［J］. IEEE Transactions on Applied Superconductivity, 2011, 21 （6）: 3621-3627.

［51］HAFNER J, JACOBSON B. Proactive hybrid HVDC breakers-A key innovation for reliable HVDC grids ［C］. Proc. CIGRE. Bologna. 2011, paper 264.

［52］YI Q, WU Y, YANG F, et al. Investigation of a Novel IGCT Module for DC Circuit Breaker ［C］. 2019 10th International Conference on Power Electronics and ECCE Asia （ICPE 2019-ECCE Asia）, Busan, 2019: 1682-1687.

［53］YI Q, WU Y, ZHANG Z, et al. Low-cost HVDC circuit breaker with high current breaking capability based on IGCTs ［J］. IEEE Transactions on Power Electronics, 2021, 36 （5）: 4948-4953.

［54］ZHAO B, ZENG R, YU Z, et al. A More Prospective Look at IGCT: Uncovering a Promising Choice for dc Grids ［J］. IEEE Industrial Electronics Magazine, 2018, 12 （3）: 6-18.

［55］WEN W, HUANG Y, SUN Y, et al. Research on Current Commutation Measures for Hybrid DC Circuit Breakers ［J］. IEEE Transactions on Power Delivery, 2016, 31 （4）: 1456-1463.

[56] SANDERS H, WALDRON J. Tailoring high-voltage, high-current thyristors for very high frequency switching [C]. 2016 IEEE International Power Modulator and High Voltage Conference (IPMHVC), San Francisco, 2016: 179-182.

[57] SANDERS H, GLIDDEN S, DUNHAM C. Thyristor based solid state switches for thyratron replacements [C]. 2012 IEEE International Power Modulator and High Voltage Conference (IPMHVC), San Diego, 2012: 335-338.

[58] DAI L, HU J, YANG Y, et al. Research on transient junction temperature rise of pulse thyristor [C]. 2016 IEEE International Power Modulator and High Voltage Conference (IPMHVC), San Francisco, 2016: 482-487.

[59] YUE K, LI S, KONG D, et al. Reverse recovery time characteristics of high power thyristors [C]. 2016 IEEE International Conference on High Voltage Engineering and Application (ICHVE), Chengdu, 2016: 1-4.

[60] TIAN S, DAI L, LIN F, et al. Modeling and experiment research on turn-off characteristics of pulsed power thyristor [C]. 2016 IEEE International Power Modulator and High Voltage Conference (IPMHVC), San Francisco, 2016: 534-537.

[61] CHERNIKOV A A, GONCHARENKO V P, MIZINTSEV A V, et al. Pulse thyristors adapted for synchronous switching-on in series connection during the commutation of current with high rate of rise [C]. 2017 19th European Conference on Power Electronics and Applications (EPE'17 ECCE Europe), Warsaw, 2017: 1-7.

[62] SAVAGE M E. Final results from the high-current, high-action closing switch test program at Sandia National Laboratories [J]. IEEE Transactions on Plasma Science, 2000, 28 (5): 1451-1455.

[63] SINGH H, HUMMER C R. High action thyristors for pulsed applications [C]. 12th IEEE International Pulsed Power Conference. Monterey, 1999: 1126-1128.

[64] ASINA S S, SURMA A M. A new design-technology technique for optimization of high power pulse thyristor characteristics [C]. ELECTRIMACS Conference, Saint-Nazaire, 1996: 485-490.

[65] YUFEREV V S, PODOSKIN A A, SOBOLEVA O S, et al. Specific Features of the Injection Processes Dynamics in High-Power Laser Thyristor [J]. IEEE Transactions on Electron Devices, 2015, 62 (12): 4091-4096.

[66] PODOSKIN A A, SOBOLEVA O S, ZOLOTAREV V V, et al. Laser-thyristors as a source of high power laser pulses with a pulse width of 1-100 ns [C]. 2016 International Conference Laser Optics (LO), St. Petersburg, 2016: R3-9-R3-9.

[67] SLIPCHENKO S O, PODOSKIN A A, ROZHKOV A V, et al. High-Power Laser Thyristors With High Injection Efficiency ($\lambda = 890 \sim 910nm$) [J]. IEEE Photonics Technology Letters, 2015, 27 (3): 307-310.

[68] ELASSER A, LOSEE P, ARTHUR S, et al. 3000V, 25A pulse power asymmetrical highly interdigitated SiC Thyristors [C]. 2010 Twenty-Fifth Annual IEEE Applied Power Electronics Conference and Exposition (APEC), Palm Springs, 2010: 1598-1602.

[69] SANDERS J M, ELASSER A, SOLOVIEV S. High current switching capabilities of a 3000 V SiC

thyristor for fast turn-on applications [C]. 2016 IEEE International Power Modulator and High Voltage Conference (IPMHVC), San Francisco, 2016: 48-51.

[70] SOLOVIEV S, ELASSER A, KATZ S, et al. Optimization of holding current in 4H-SiC thyristors [C]. Materials Science Forum, 2013, 740-742: 994-997.

[71] SANDERS J M, KUTHI A, GUNDERSEN M A. Optimization and implementation of a solid state high voltage pulse generator that produces fast rising nanosecond pulses [J]. IEEE Transactions on Dielectrics and Electrical Insulation, 2011, 18 (4): 1228-1235.

第3章

电压控制型脉冲功率器件

3.1 功率场效应晶体管（Power MOSFET）

3.1.1 功率 MOSFET 的基本原理及分类

功率场效应晶体管（Power MOSFET）分为结型和绝缘栅型，通常主要指绝缘栅型中的 MOS（Metal Oxide Semiconductor）FET 型，简称功率 MOSFET。结型功率场效应晶体管一般称作静电感应晶体管（Static Induction Transistor，SIT），本书不讲述。功率 MOSFET 是 20 世纪 70 年代，在集成电路工艺基础上发展起来的半导体电力电子器件。它是 IGBT 技术的先导，其特点是用栅极电压来控制漏极电流。

功率 MOSFET 作为电压控制型器件以及单极型器件，与电流控制的双极型器件［如电力晶体管（GTR）］相比有其自身的特点，表 3-1 将两者做了比较。

表 3-1　功率 MOSFET 的主要特点（与双极型器件的比较）

功率 MOSFET	GTR
电压控制，输入阻抗 10^{10} Ω，输入电流小，功率增益高，驱动功率小，驱动电路简单	电流控制，驱动功率大，驱动电路复杂
多子器件，开关速度快，开关时间由寄生电容决定，没有载流子存储效应，开关频率约为 BJT 的 10 倍	少子器件，开关时间主要由基区少子寿命决定，开关速度慢
电流特性具有负温度系数，易于并联运行	通态压降具有负温度系数，难于并联运行
没有电流集中，无二次击穿，有宽的 SOA	有电流集中，有二次击穿，SOA 受二次击穿限制
（缺点）无电导调制，通态压降高	有电导调制，通态压降低，功率大，阻断电压高

功率 MOSFET 和传统 MOSFET 的工作原理基本相同，任何一种 MOS 场效应器件都是利用半导体表面电场效应来工作的，MOS（金属-氧化物-半导体）结构是这种器

件的核心。下面以一平面工艺制作的 N 沟道 MOS 为例进行说明。如图 3-1 所示，MOS 器件有 4 个电极，分别是源极 S、漏极 D、栅极 G 和衬底电极 B。在单管应用时，往往将源极 S 与衬底 B 相连，构成一个表观的三端器件。

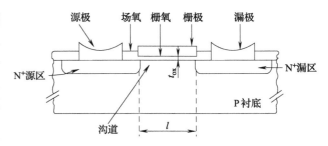

图 3-1　平面 N 沟道 MOS 结构图

当栅压 $U_{GS}=0$ 时，在源极 S 和漏极 D 之间无论加何种极性的电压，两个背靠背的 PN 结中总有一个处于反偏状态，S、D 之间只能有微小的 PN 结反向漏电流流过。当 $U_{GS}>0$ 时，此电压将在栅氧化层中建立一个自上而下的电场，从而在半导体表面有感应产生负电荷的趋势。随着 U_{GS} 的增大，P 型半导体表面的多数载流子——空穴逐渐减少、耗尽，进而电子逐渐积累到反型。当表面达到反型时，电子积累层将在 N^+ 源、漏区之间形成导电沟道。此时若在漏源之间加一偏置电压，即 $U_{DS} \neq 0$，则将有较大的电流 I_D 流过。使半导体表面达到强反型时所需加的栅-源电压，称为阈值电压，即为 U_T。

上述 N 沟道 MOSFET，在 $U_{GS}>U_T$ 时栅极下面的硅表面才感应产生导电沟道，这种类型通常称为 N 沟道增强型 MOSFET。如果栅极下面的氧化膜中包含大量正电荷，这些正电荷即使在 $U_{GS}=0$ 时也足以使栅极下面的 P 型 Si 表面感应形成 N 型层；如果栅极电压向负方向增大，反型层中电子逐渐减少，当负栅极电压 $U_{GS}=U_T$ 时，感应形成的反型沟道消失。这种 $U_{GS}=0$ 时已有导电沟道，只有在负栅极电压 $|U_{GS}|>U_T$ 时沟道才消失的器件称为 N 沟道耗尽型 MOSFET。还有用 N 型硅作衬底的 P 沟道 MOSFET。这样从工作模式和载流子类别来说，MOSFET 一共可分为 N 沟道增强型、N 沟道耗尽型、P 沟道增强型和 P 沟道耗尽型 4 个类别，如图 3-2 所示。功率 MOSFET 主要是增强型的，尤其以 N 沟道增强型最为常见。

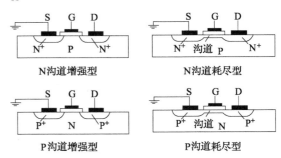

图3-2　MOSFET 的分类

3.1.2　功率 MOSFET 的基本结构

前文已经述及，功率 MOSFET 和传统 MOSFET 的工作原理基本相同，但作为功率器件，其在结构设计、制造技术及特性方面与典型的 MOSFET 则完全不同。与 GTR 器件类似，功率 MOSFET 也是以晶体管原理为基础将微电子技术的发展成果应用到电力电子领域的功率器件。

传统的 MOSFET 结构把 S 极、G 极、D 极都安装在 Si 片的同一侧面上，因而 MOS 中的电流是横向流动的，电流容量不可能太大。要想获得大功率，必须有很高的沟道宽长比 W/L，而 L 受制版和光刻工艺的限制不可能做得很小，因而只好增加管芯面积，这是不经济的甚至是难以实现的。因此，MOS 器件开始始终停留在小功率范围内，难以步入大功率应用领域。

功率 MOSFET 要在保留和发挥 MOS 器件本身特点的基础上，着重于发展和提高功率特性，增大 MOS 器件的工作电流和电压，突破原有器件的极限。由垂直导电结构组成的场效应晶体管称为 VMOSFET，V 表示垂直（Vertical），VMOS 在传统 MOS 基础上进行了下述 3 项重大改革：

1）垂直安装漏极实现垂直传导电流，将在 MOS 结构中与源极和栅极同时水平安装在硅片顶部的漏极改装在硅片的底部，充分利用硅片面积，为获得大电流容量提供了前提条件；

2）设置了高电阻率的 N⁻ 型漂移区，不仅提高了器件的耐压容量，而且降低了结电容，并且使沟道长度稳定；

3）采用双重扩散技术代替光刻工艺控制沟道长度，可以实现精确的短沟道制作，降低了沟道电阻值，提高工作速度，并使输出特性具有良好的线性。

从功率 MOSFET 的发展过程看，典型的最基本结构主要有 3 类：LDMOS、VVMOS 及目前应用最广泛的 VDMOS。

1. VVMOSFET

VVMOS 这里的第一个 V 表示垂直，第二个 V 表示 V 形槽（V-groove），它是早期进入到强电领域的高速器件。1975 年，美国 Siliconix 公司将 V 形槽腐蚀技术移植到 MOSFET 上，成功地制造出纵向 V 形槽功率 MOSFET，从而开创性将功率 MOSFET 推向强电领域。

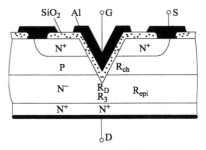

图 3-3　VVMOS 结构图

图 3-3 为 VVMOS 的结构图。它的制造工艺简述如下：在一块 N⁺ 型高掺杂浓度的 Si 衬底上，通过外延生长形成 N⁻ 漂移区，在 N⁻ 高阻漂移区内有选择地扩散出 P 型沟道体区，再在 P 区内有选择地扩散 N⁺ 源区，然后利用各向异性的腐蚀技术刻蚀出 V 形槽，槽底贯穿 P 区，最后在 V 形槽的侧壁处形成 MOS 系统。这里，N⁺ 和 N⁻ 区共同组成漏区；源区、体区之间短路，源区 PN 结零偏；漏区 PN 结反偏，承担工作电压。

当栅极加以适当的电压时，表面电场效应就会在 P 型体区靠近 V 形槽壁的表面附近形成 N 型反型层，成为沟通源区和漏区的导电沟道。这样，电子从 N⁺ 源区出发，经过沟道流到 N⁻ 漂移区，

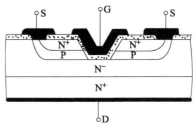

图 3-4　VUMOS 结构图

然后垂直流到漏极，首次改变了 MOSFET 电流沿表面水平方向流动的传统概念，实现了垂直导电。这一突破为解决大电流技术难题奠定了基础。

但是 VVMOS 存在如下的缺点：靠腐蚀形成 V 形槽，很难精确控制；V 形槽易于受离子沾污造成阈值电压不稳定；V 形槽底部为尖峰，电场较集中，难以提高击穿电压。针对第 3 个问题曾开发出 U 形槽的 VUMOS，如图 3-4 所示。VUMOS 在腐蚀时前沿未达到 V 形槽底部时就停止腐蚀，这样槽底是平的，可缓解电场集中的问题。但这种腐蚀亦很难控制。

20 世纪 80 年代以来 VVMOS 已被 VDMOS 所代替，目前各国主要研究和发展的都是 VDMOS。

2. VDMOSFET

VDMOS 指垂直导电双扩散 MOS，这里的 D 表示扩散（Diffusion）。与 VVMOS 不同，它不是利用 V 形槽形成导电沟道，而是利用两次扩散形成的 P 型区和 N$^+$ 型区在硅片表面处的结深之差形成沟道。这是目前发展最快、使用最广的功率 MOS。

VDMOS 的结构图如图 3-5 所示。电子在沟道内沿表面流动，然后垂直地被漏极接收。在高阻外延层 N$^-$ 上采用平面自对准双扩散工艺，利用硼磷两次扩散差，在水平方向形成短沟道（1 ~ 2μm），通常 N$^+$ 源区和浓硼 P$^+$ 区均由扩散形成，P 阱区由离子注入形成。如图 3-6 所示，VDMOS 采用多晶硅栅双层布线、多单元并联结构，改善了芯片的电流分布。多单元并联结构不仅使每个单

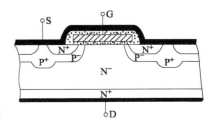

图 3-5 VDMOS 结构图

元沟道长缩短，且所有 MOS 单元的沟道是并联在一起的，因而沟道电阻大幅度减小，可提高通态电流；沟道长缩短，则载流子在沟道中的渡越时间缩短，且因为所有沟道并联，允许很多载流子同时渡越，可使器件导通时间减短，提高工作频率。多单元并联的单元密度可达 1.86×10^4 个/cm^2，新一代 MOS 达 1.12 亿/in^2，约 22×10^4 个/cm^2。

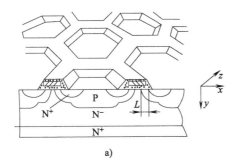

a)

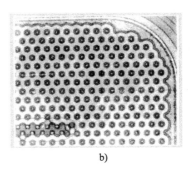

b)

图 3-6 VDMOS 的多单元并联结构

a）剖面图 b）俯面图

3. LDMOSFET

LDMOSFET 指横向双扩散 MOS，这里的 L 表示横向（Lateral）。LD-MOSFET 利用硼磷两次扩散差精确控制沟道长，它在普通 MOS 的沟道与漏区之间增加了一个轻掺杂的 N⁻ 漂移区，其结构图如图 3-7 所示。LDMOSFET 的源、漏、栅 3 个

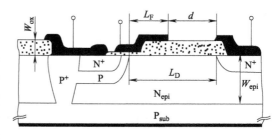

图 3-7　LDMOSFET 结构图

电极均分布在上表面，可以方便地与其他器件集成，所以在高压集成电路（HVIC）和功率集成电路（PIC）中已广泛应用。由于发生了面积竞争，一般电力集成器件中不采用此种结构。

3.1.3　功率 MOSFET 的特性和主要电学参数

1. 输出特性

图 3-8 所示为功率 MOSFET 的输出特性曲线，它是以栅源电压 U_{GS} 为参变量、反映漏极电流 I_D 与漏源电压 U_{DS} 间关系的曲线族。

输出特性可分成非饱和区、饱和区和截止区 3 个区域来考虑。

当 $0 < U_{DS} < U_{DSsat}$ 时处于非饱和区，其中 U_{DSsat} 为饱和漏源电压，具体又可分为两段。U_{DS} 很小时，从源到漏的压降差很小，可以忽略不计，沟道可等效为电阻，I_D 随 U_{DS} 线性增大，称为线性区；随着 U_{DS} 增加，从源到漏的压降差变大，不可忽略，沟道厚度逐渐减薄，相当于沟道电阻增大，I_D 随 U_{DS} 增大的速率变慢，称为可调电阻区。

定义增益因子

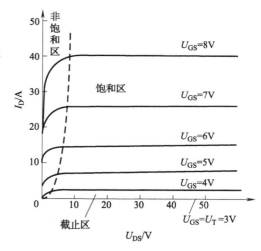

图 3-8　功率 MOSFET 的输出特性曲线

$$\beta = \frac{\mu_n W C_{ox}}{L}$$

式中，μ_n 为沟道中的电子迁移率；W/L 为沟道的宽长比；C_{ox} 为栅氧化层电容。

在线性区，即 $U_{DS} \ll U_{GS} - U_T$，满足如下关系

$$I_D = \beta(U_{GS} - U_T)U_{DS}$$

可见 I_D 随 U_{DS} 线性增加。

在可调电阻区，即 $U_{DS} < U_{GS} - U_T$，满足萨支唐方程

$$I_D = \beta \Big[\left(U_{GS} - U_T \right) U_{DS} - \frac{U_{DS}^2}{2} \Big]$$

当 $U_{DS} = U_{DSsat}$ 时处于饱和区，漏端沟道反型层消失，沟道在漏端被夹断，I_D 基本不随 U_{DS} 而变化，达到饱和。此时 $U_{DS} \geqslant U_{GS} - U_T$，满足

$$I_{Dsat} = \frac{\beta}{2} \left(U_{GS} - U_T \right)^2$$

当 $U_{DS} > U_{GS} - U_T$ 时，沟道区压降仍为 U_{DSsat}，$\left(U_{DS} - U_{DSsat} \right)$ 这部分电压降落在沟道夹断点与漏区之间的耗尽层上，I_{Dsat} 保持不变。

当 $0 < U_{GS} < U_T$ 时处于截止区，栅源电压低于阈值电压，半导体表面处于弱反型状态，I_D 很小，主要是 PN 结的反向泄漏电流。

如果施加在漏源之间的电压超过了漏区 PN 结的雪崩击穿电压，功率 MOSFET 将发生雪崩击穿，此时则对应于输出特性的雪崩区（图中未示出）。

2. 转移特性

图 3-9 所示为功率 MOSFET（增强型）的转移特性曲线，它表示 U_{DS} 恒定时，漏极电流 I_D 和栅源电压 U_{GS} 的关系，表征功率 MOSFET 的 U_{GS} 对 I_D 的控制能力。

3. 动态特性

图 3-10 所示为功率 MOSFET 的开关过程，其中图 3-10a 为测试电路，图 3-10b 为开关过程的波形，这里的输入电压 U_I 即 U_{GS}，输出电压 U_O 即 U_{DS}。

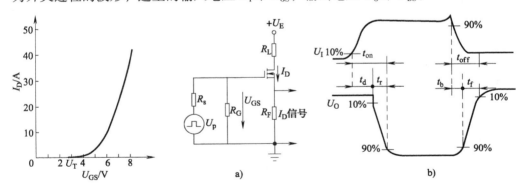

图 3-9　功率 MOSFET 的
　　　　 转移特性曲线

图 3-10　功率 MOSFET 的开关过程
　　 a）测试电路　b）开关过程的波形

对于导通过程，从 U_I 上升到峰值的 10% 的时刻起，到 U_O 下降 10% 的时刻止，称为导通延迟时间，记为 $t_{d(on)}$；U_O 从下降 10% 到下降 90% 对应的时间段称为上升时间，记为 t_r；导通延迟时间与上升时间之和称为导通时间，记为 t_{on}，即 $t_{on} = t_{d(on)} + t_r$。

对于关断过程，从 U_I 下降到峰值的 90% 的时刻起，到 U_O 上升 10% 的时刻止，称为关断延迟时间，记为 $t_{d(off)}$；U_O 从上升 10% 到上升 90% 对应的时间段称为下降时间，记为 t_f；关断延迟时间与下降时间之和称为关断时间，记为 t_{off}，即 $t_{off} =$

$t_{\text{d(off)}} + t_{\text{f}}$。

功率 MOSFET 的开关速度和输入电容 C_{in} 充放电有很大关系。降低驱动电路内阻 R_{s} 可以减小时间常数，加快开关速度。功率 MOSFET 由于不存在少子存储效应，关断过程非常迅速，所以对于关断延迟时间 $t_{\text{d(off)}}$ 这个时间常数有的书中也标记为 t_{s}，但它指的是栅极电容的存储作用，与 GTR 中超量存储电荷的作用是根本不同的。功率 MOSFET 的开关时间在 10 ~ 100ns 之间，工作频率可达 100kHz 以上，是主要电力电子器件中最高的。作为场控器件，静态时几乎不需输入电流，但在开关过程中需对输入电容充放电，仍需一定的驱动功率，并且开关频率越高，所需要的驱动功率越大。

4. 安全工作区

图 3-11 所示为功率 MOSFET 的安全工作区，它由 4 条曲线围成：①是 U_{DS} 的最大电压，即 PN 结的雪崩击穿电压，②是 150℃ 时的最大功耗 I_{D} U_{DS}，③是最大漏极电流 I_{Dmax}，④是寄生晶体管的二次击穿限制。

正常工作状态下功率 MOSFET 的 SOA 中是不存在曲线④的，但是当源区下方的横向空穴流引起的电位差大于 PN 结阈值电压时，寄生 NPN 晶体管导通，SOA 就受到寄生晶体管二次击穿的限制。

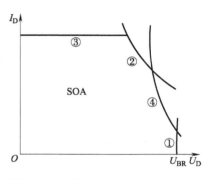

图 3-11　功率 MOSFET 的安全工作区

5. 主要电学参数

（1）导通电阻　导通电阻 R_{on} 是功率 MOSFET 的重要参数，它与输出特性、饱和特性密切相关。通常规定在确定的 U_{GS} 下，功率 MOSFET 由可调电阻区进入饱和区时的直流电阻为导通态电阻。

器件结构不同，R_{on} 的计算方法也不同。以美国 Motolora 公司的 TMOS（指器件重复单元为四边形，T 代表 Tetragon，又如器件重复单元为正六角形的称为 HEXFET，HEX 代表 Hexagon）器件为例，如图 3-12 所示，R_{on} 由 4 部分组成：

1）r_{CH}：反型层沟道电阻，在低压器件中，这部分对 R_{on} 贡献较大，20V 级功率 MOSFET 的 r_{CH} 约占 R_{on} 的 80%，高压器件中贡献较小。

2）r_{ACC}：栅漏积聚区电阻，指栅电极正下方在 N⁻ 层上形成的表面电荷积累层电阻。

3）r_{JFET}：夹断区电阻，指相邻的 P 阱

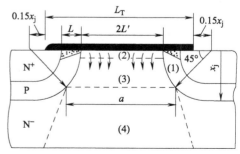

图 3-12　TMOS 导通电阻的组成

间的电阻。

4）r_D：轻掺杂漏极区电阻，指高阻外延层电阻，这部分在高压器件中非常重要，在大于 500V 的器件中占 R_{on} 的 50% 以上。

（2）跨导　参见图 3-9 功率 MOSFET 的转移特性曲线，I_D 较大时，I_D 与 U_{GS} 的关系近似线性，曲线的斜率定义为跨导 g_m，即

$$g_m = \frac{\Delta I_D}{\Delta U_{GS}}$$

跨导表征功率 MOSFET 的放大能力，与 GTR 的电流增益 β 相仿。

（3）漏源电流　I_D 是用来表示晶体管承受电流能力的一个参数。当功率 MOSFET 工作在电流饱和区时，I_D 与 U_{GS} 满足如下关系

$$I_D = \frac{W}{2L}\mu_n C_{ox}(U_{GS} - U_T)^2$$

式中，$C_{ox} = \varepsilon_{ox}/t_{ox}$，$\varepsilon_{ox} = 3.5 \times 10^{-13}$ F/cm，为二氧化硅的介电常数，t_{ox} 为栅氧化层的厚度；μ_n 为沟道区电子迁移率，$\mu_n \approx 700 \text{cm}^2/(\text{V} \cdot \text{s})$；$W$ 为沟道宽度；L 为沟道长度。

I_D 的大小主要受器件沟道宽度 W 的限制。

（4）其他　除前面提到的阈值电压 U_T 以及 $t_{d(on)}$、t_r、$t_{d(off)}$、t_f 之外还有：

1）漏极电压 U_{DS}：它是功率 MOSFET 的电压定额。

2）栅源电压 U_{GS}：它与栅氧化层厚度有关，如：50nm 厚的栅氧化层，30V 的栅压可击穿，常见保险系数为 3，所以允许的最大栅压为 10V。

3）极间电容：包括 C_{GS}、C_{GD} 和 C_{DS}。

3.1.4　新型结构的功率 MOSFET——"超结"

1. "超结"的提出

功率 MOSFET 由于不存在电导调制效应，通态功耗较高。要降低通态功耗就必须减小导通电阻 R_{on}。击穿电压主要体现在 P 区与漂移层形成的 PN 结上，因此要获得高击穿电压必须使漂移层有较大的厚度和较低的掺杂浓度。所以击穿电压与导通电阻是一对矛盾！导通电阻受击穿电压限制而存在一个极限——"硅限"，满足如下关系

$$R_{on} = 5.93 \times 10^{-9} U_B^{2.5}$$

1988 年，飞利浦美国公司的 D. J. Coe 申请美国专利，第一次给出了在横向高压 MOSFET 中用交替的 PN 结结构代替传统功率器件中低掺杂漂移层作为电压支持层的方法。1993 年，我国电子科技大学陈星弼教授申请美国专利，提出在纵向功率器件（尤其是纵向 MOSFET）中用多个 PN 结结构作为漂移层的思想，并称为"复合缓冲层"。1995 年，西门子公司的 J. Tihanyi 申请美国专利，提出了类似的思路和应用。1997 年，Tatsuhiko 等人提出"超结理论"（Superjunction Thoery），继

而这一概念广为流传，被学术界所承认。1998 年，Infineon 公司推出 CoolMOS™ 产品，是这一理论得以应用的典型代表。

如我国陈星弼教授提出的复合缓冲（Composite Buffer，CB）耐压结构（1993 年美国发明专利 U. S. PAT. NO.5，216，275，1991 年中国发明专利 ZL91 1 1845. X）器件具有速度快、导通电阻低、易驱动等优点，有许多具体结构，适用于各种半导体功率管。对于最简单的结构用于硅功率 MOSFET，满足

$$R_{on} \approx C \cdot U_{B}^{1.32}$$

式中，C 为与元胞尺寸及复合层厚度有关的常数。

可见，超结结构使 U_B 与 R_{on} 几乎呈线性关系，打破了"硅限"。对耐压 1kV 的硅功率 MOSFET，导通电阻为传统结构 1/100。

2. 超结 MOSFET 的工作原理

以一 N 型 Cool MOS™ 为例说明超结 MOS-FET 的工作原理，结构图如图 3-13 所示。它在漂移层插入 P⁻ 区进行电荷补偿，以提高击穿电压和降低导通电阻。器件加偏压时，横向产生电场使横向 PN 结耗尽，起到电压支持层的作用。器件耐压能力主要取决于漂移层厚度，作为电流通路的 N 区掺杂浓度可大幅提高（将近一个数量级），相当于为导电电子"铺设"了一条低阻通路，使 R_{on} 大大降低。它与传统 MOSFET 一样还是多子器件，可同时得到低通态损耗和高开关速度。

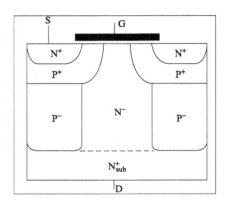

图 3-13　N 型 Cool MOS™ 结构图

我们知道，在开关导通状态下，需要大量的载流子，而在关断状态下基本不需要。在关断状态下净电荷被相互平衡至零，而在导通状态下其中一种载流子参与导电，且它的掺杂浓度并未降低，这就是补偿原理的思想。我们也可试图从电力线的角度去解释这种横向结构设计的优势。在器件关断时，P 区和 N 区都被耗尽，受主和施主电离产生负电荷和正电荷，由于 P 区和 N 区相间排列，N 区正电荷产生的电力线将有一部分沿横向终止于 P 区，而不是像单一掺杂类型的漂移区那样只能沿纵向消失于电极处。这样，从外部来看，漂移区的等效电荷密度就被降低了。所以，即使漂移区掺杂较重，也能做到与轻掺杂的单一漂移区相同的耐压。

功率器件的设计思想突破了传统的纵向结构设计，逐渐向横向结构设计转

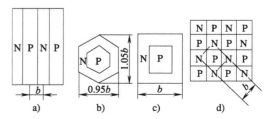

图 3-14　各种复合缓冲层元胞示意图
a）叉指式　b）六角形　c）方形　d）格子形

化，超结——不仅可用于功率 MOSFET，也可用于 PIN 二极管、晶体管、SIT 等。图 3-14 表示了各种复合缓冲层的元胞示意图。

3.1.5 功率 MOSFET 的栅极驱动

1. 栅极驱动特点

功率 MOSFET 作为压控型器件，具有输入阻抗高、驱动功耗小、驱动电路简单的特点。图 3-15 分别表示了高压变换器的两种输出级，其中 MOSFET 的安全工作区为 7A/900V，驱动电路几乎没有什么部件；而 GTR 的安全工作区为 3A/900V 或 4.7A/800V，采用了推拉式复合驱动，增加了左侧十几个元件组成驱动电路。

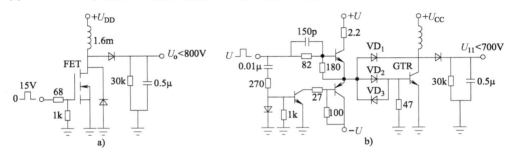

图 3-15 高压变换器的两种输出级

a) MOSFET 驱动电路 b) GTR 驱动电路

2. 栅极驱动电路

（1）直接驱动 图 3-16a 表示了功率 MOSFET 的 TTL 栅极直接驱动电路。当 VT_1 的基极输入高电平信号时，VT_1 导通，VT_1 的集电极变为低电平，VT_2 关断，15V 的电源通过电阻 R_2 给 VF 充电，当栅源电压变为 15V 时而导通。

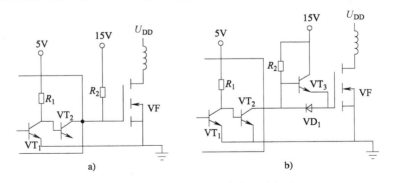

图 3-16 功率 MOSFET 直接驱动电路

a) TTL 驱动电路 b) 改进驱动电路

当 VT_1 基极输入低电平时，VT_1 关断，VT_1 的集电极变为高电平，5V 的电源加在 VT_2 的基-射极，VT_2 导通，VT_2 流过瞬态栅极放电电流，VF 的栅源电压变为低电平，功率 MOSFET 关断。

此驱动电路的缺点是必须通过 R_2 充电，延长了导通时间，增加了导通损耗。图3-16b是它的改进电路，通过增加晶体管 VT_3，克服导通速度慢的缺点。当 VT_1 的基极输入高电平信号时，VT_1 导通，VT_2 关断，VT_3 导通，VF 的栅极通过晶体管的集-射极直接充电，功率 MOSFET 的栅源电压快速上升到 15V，使其饱和导通。给 VF 的输入电容充电是通过一个饱和导通的 VT_3，而不是 R_2，驱动电路的内阻抗减小，减小了导通时间。

当 VT_1 基极输入低电平信号时，VT_1 关断，VT_2 导通，VT_2 集电极变为低电平，VT_3 关断，VF 的栅极电荷通过二极管 VD_1、VT_2 管泄放，VF 栅极变为低电平而关断。由于 VF 的栅极电荷是通过一个饱和导通的晶体管放电，所以关断速度快。

图 3-17 还分别表示了晶体管互补驱动和 MOS 管互补驱动的功率 MOSFET 直接驱动电路。互补输出驱动可提高开关速度。

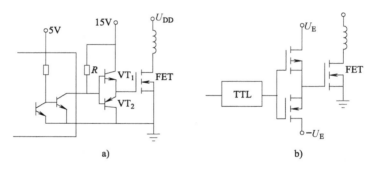

图 3-17　互补输出驱动电路

a）晶体管互补驱动电路　b）MOS 管互补驱动电路

（2）隔离驱动　隔离驱动可以实现强、弱电系统之间的电气隔离，不共地从而消除相互影响，减小干扰，提高系统的可靠性。图 3-18 分别表示了电磁隔离和光电隔离两种隔离驱动电路，其中电磁隔离用的是脉冲变压器，光电隔离用的是光电耦合器。

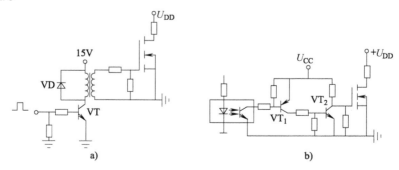

图 3-18　隔离驱动电路

a）电磁隔离　b）光电隔离

3.1.6 功率 MOSFET 在脉冲功率系统中的应用

3.1.6.1 功率 MOSFET 在高压脉冲调制器中的应用

由于优越的运行速度，功率 MOSFET 可用作重复率达到兆赫兹的高压调制器的转换单元。然而在早期的实验中，为了达到快速开关的目的，负载阻抗必须低于 100Ω 以形成有效的漏源电容。

为了实现高电压承载能力，MOSFET 常串联使用。因此，有效的漏源电容（C_{DS}）不仅仅由功率 MOSFET 产生，同时也决定于其所在的电路。在一个非常快的开关操作过程中，一个小的 C_{DS} 可能延缓开关单元的响应，降低其性能。然而，C_{DS} 的效应取决于与开关单元串联连接的负载阻抗（见图 3-19）。例如，在此实验系统中，如果负载阻抗低于 100Ω，开关时间能够保持在几十纳秒。图 3-20 给出了一个负载阻抗相对较低的例子。然而，当负载阻抗为 $1k\Omega$ 的情况下，开关变得非常慢以至于不能达到 1MHz 的重复频率，如图 3-21 所示。

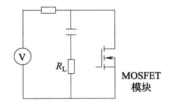

图 3-19 MOSFET 开关单元测试电路

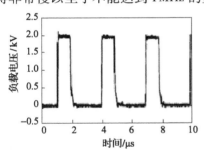

图 3-20 100Ω 负载的电压波形

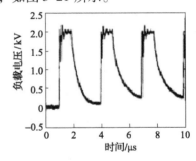

图 3-21 $1k\Omega$ 负载的电压波形

在本例实验中，由于修改了 MOSFET 模块，在高阻抗负载电路中也能实现快速开关。除了与负载串联连接的 MOSFET 模块 VF_1 外，还有另外一个与负载并联连接的 MOSFET 模块 VF_2，如图 3-22 所示。VF_2 的工作状态与 VF_1 完全相反，当 VF_1 关断时，VF_2 导通；当 VF_1 导通时，VF_2 关断。因此，当 VF_1 关断时，负载被 VF_2 短路，导致快速的电压降通过负载，如图 3-23 所示。

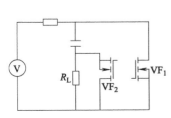

图 3-22 两个 MOSFET 模块的开关单元

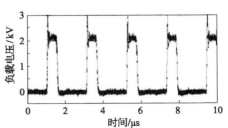

图 3-23 $R_L = 1k\Omega$ 的电压波形

图 3-24 显示的是修改后的开关单元图片，它包含两个 MOSFET 单元模块，分别对应于图 3-22 中 VF$_1$ 和 VF$_2$。这些模块的每一个都包含 7 个串联的 MOSFET。光纤用于提供控制信号，绝缘的直流到直流转换器是用于提供电源的驱动器 IC。这个开关单元工作于 1MHz 的重复频率，给 1kΩ 的负载电阻提供 5kV 的脉冲。

图 3-24　修改后的 MOSFET 开关单元图片

图 3-25 和图 3-26 给出了通过 1kΩ 的典型电压波形。负载电压的上升和下降时间在 50 ~ 60ns 之间，确保 1MHz 的重复工作频率。

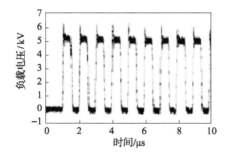

图 3-25　重复频率 1MHz，5kV 电压和 1kΩ 负载下的电压波形

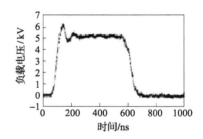

图 3-26　一个对应的脉冲电压波形

3.1.6.2　功率 MOSFET 在兆赫兹脉冲功率发生器中的应用

高功率半导体开关单元在重复脉冲功率放电领域发挥着越来越重要的作用，其中，功率 MOSFET 为典型器件。近年来，新概念的高能量粒子加速器的设计提出了增加粒子束流的使用规模。在这种情况下，兆赫兹量级的脉冲功率发生器是很有必要的，对应需要的输出电压和电流分别为 10kV 和 100A。为了达到这种脉冲功率的输出，MOSFET 堆体被认为是最合适的开关单元。

本例实验中，建立了一个 MOSFET 开关堆体的测试单元，目的是检测该单元在兆赫兹工作环境下的开关转换能力。实验结果在给 70Ω 的负载以 5kV 电压高频脉冲的突发模式下测得。表 3-2 显示的是实验中 MOSFET 的各项性能。为了增加电压和电流承载能力，实验中的 MOSFET 采取 8 个串联和 6 个并联的形式。图 3-27 显示了一个 6 只 MOSFET 并联的模块电路。触发信号通过光纤传递给每一个模块，高速驱动器 IC$_s$ 用作控制 MOSFET 的栅极电位。MOSFET 经仔细挑选以保证其响应时间的差别减到最小。图 3-28 显示了 8 个该模块的串联。以上描述的堆体 MOSFET 电路用作开关单元，给负载（阻抗为 70Ω）提供高重复频率和高电压的脉冲（图 3-29 为测试电路）。当 MOSFET 单元在脉冲控制下开关转换时，电容器起到了能量存储的作用。

表 3-2　**MOSFET 的特性**

漏 源 电 压	U_{DS}		900V
漏 电 流	I_D	（DC）	8A
		（脉冲）	27A
导 通 电 阻	$R_{DS(on)}$	（25℃）	1.4Ω
		（100℃）	2.75Ω
上 升 时 间	t_r		25ns
下 降 时 间	t_f		20ns
输 入 电 容	C_{iss}		4000pF

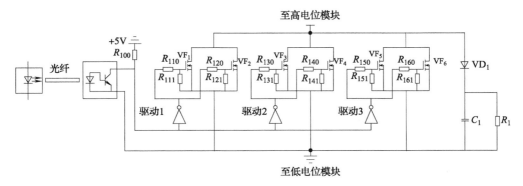

图 3-27　6 只 MOSFET 并联的模块电路

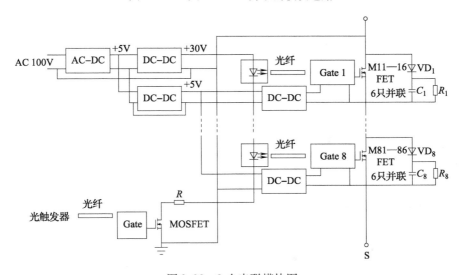

图 3-28　8 个串联模块图

图 3-30 给出了漏源电压和负载电流，MOSFET 工作在 2.1MHz 的突发模式下。MOSFET 开关单元很好地控制了负载电流，峰值电压达到了 75A。值得注意的是，电压电流峰值的缓慢减少都是由电容器存储电荷降低而引起，直流电源和重复频率

为2.1MHz的负载功率传递无法匹配。图3-31和图3-30中的波形相同，但取自不同的时间尺度。从图3-31中可以看到，负载上脉冲的脉宽大约为240ns，上升时间和下降时间分别为33ns和43ns。

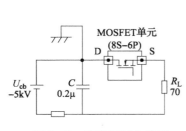

图3-29　实验测试电路图

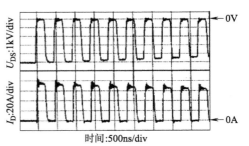

图3-30　漏源电压U_{DS}和负载电流I_D的波形图

由MOSFET开关单元产生的总的能量损耗可以通过电压和电流波形计算出来，如图3-32所示。开关能量损耗主要发生在导通和关断过程，大约为6mJ/脉冲。在此实验环境下，传递给负载的电能大约为94mJ/脉冲，从而可以获得大约为94%的能量传递效率。然而，在开关单元中6mJ/脉冲的能量沉积也意味着12kW的功率沉积（重复频率为2MHz）。因此，由于在这个时间内没有冷却效果可以产生，MOSFET单元只能够工作在突发模式下。

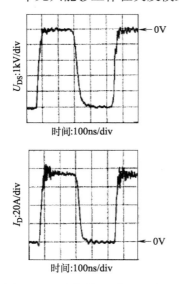

图3-31　不同时间尺度下的波形

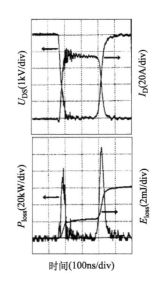

图3-32　功率沉积（P_{loss}）和能量沉积（E_{loss}）

3.1.6.3　利用MOSFET的高电压固态加法脉冲发生器的模拟幅度调制

1. 实验条件

基于MOSFET的加法脉冲发生器已经发展为脉冲调制器在带电粒子束领域的应用。在一些实例中，需要使用快速输出电压脉冲的幅度调制。感应加法堆中利用附加单元从冲击输出脉冲中增加或抽取电压，即可完成快速冲击电压调制。现已经发展出两种脉冲调制方法，数字调制方法依赖于一些加法单元，每个单元按要求给冲击电压脉冲幅度增加一个固定的电压电平；模拟调制方法依赖于一些模拟抽取单元，每个单元从冲击输出电压幅度抽取瞬时变化电压。应用于模拟抽取单元的功率MOSFET 阵列的栅极驱动电压，决定了模拟单元抽取电压的瞬时变化。图 3-33 能够更容易地解释模拟调制单元的工作。

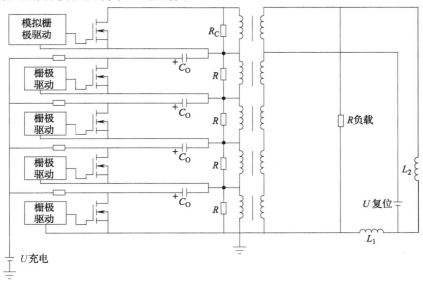

图 3-33   有调制单元的 4 个加法单元

图 3-33 给出了有 4 个加法单元的感应加法堆和 1 个模拟调制单元。如果忽略在图 3-33 顶端的模拟调制单元，4 个加法单元的功能能够更好地解释，该单元的加法功能能够通过磁心的变压器效应来完成。每个磁心含一次侧和二次侧，一次侧单元（磁心与 MOSFET 相连的一端）是并联连接在一起，二次侧是串联连接在一起。当加法单元的栅极导通时，U 电动势通过每个加法单元的一次侧和二次侧，从而导致了 $4U$ 的脉冲电压加在负载电阻 R 上。二次侧电流为 $4U$ 电压除以负载 R，一次侧电流为二次侧电流大小加上磁心电流。如果电容 C_0 的大小足够大，脉冲产生时会有个小的电压降，而产生一个矩形的输出电压脉冲。如果加上图 3-33 中第 5 个单元的模拟调制电路，加法电路的操作将会发生改变。如果模拟 MOSFET 保持关断，负载阻抗 Z 就会和负载 R 并联在一起，其中负载阻抗 Z 为 L_1 和 L_2 串联。负载 R 上的电压就会减小为 $U_{Load} = \{R_{Load}/(R_{Load} + Z)\}4U$。

实际上，输出负载电压的一部分已经被抽取出来。如果将模拟调制 MOSFET 的栅极完全打开，电流会从电阻 Z 中分流出去，Z 上的电压下降，输出电压存储在负载 R 上。如果模拟调制 MOSFET 的栅极只是部分打开，Z 上的电压只有部分加在 R 上。因此，通过调节模拟调制 MOSFET 的栅极电压来调制电流，可以调制感应加法器的输出电压幅度。模拟调制的概念虽然简单，但需要足够的脉冲和载流能力才能成功。

2. 实验测试

（1）初始化测试 初始化测试包括选取确定合适的 MOSFET 和形成实际的高带宽，表面贴装，以集成电路为基础的 MOSFET 栅极驱动电路，目的是找到有50MHz 带宽的功率 MOSFET。测试中，MOSFET 与 25Ω 的电阻并联，一个 200V、150ns 的脉宽应用于 25Ω 的电阻和 MOSFET 的漏极到源极。当应用于 200V 脉冲系统时，需要给 MOSFET 的栅极加一电压脉冲。栅极电压包括 4 ~ 5V 脉冲电平和 3V 峰间电压的放大方波，频率为 25、35 和 50MHz。25Ω 电阻上的电压决定了 MOS-FET 调制电压的表现，6 个不同厂家的 8 个备选 MOSFET 以此种方式进行测试，最合适的测试设备是应用于先进电源技术领域中的 ARF446 和 ARF449A。其额定值分别为 900V/6.5A 和 450V/9A。然而，在所有的测试中可以清晰地看到，ARF449A 有最好的频率响应。

初始 MOSFET 测试的栅极驱动电路是钢管调制器电路控制栅极的前置放大器。该设备是一个 100MHz 带宽的线性放大器，可以提供 +15V 的输出电压和源极达到20A 的驱动电流。这个栅极驱动电路从价格和大小上讲是不实际的，图 3-34 给出了一个比较实际的以集成电路为基础的 MOSFET 栅极驱动电路。

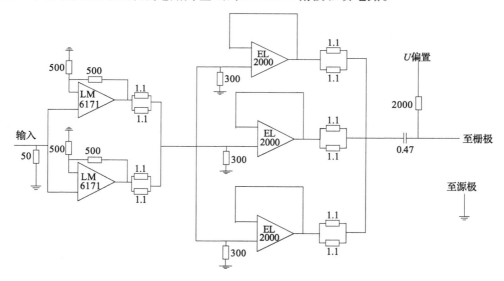

图 3-34 线性栅极驱动

这个电路驱动模拟调制 MOSFET 的栅极，产生 5.4A 的峰值驱动电流，以及最大栅极上升电压 4.5V/ns 和 3.0V/ns，分别对应于 ARF449A 和 ARF446。选用任意一个波形发生器用于驱动输入电路。在选用的设备和栅极驱动电路确定以后即可开始 MOSFET 的栅极电流调制测试。

（2）MOSFET 的电流调制测试 MOSFET 漏电流调制测试是在 ARF449A 利用

图 3-35 中电路进行的。

　　这个图给出了与 ARF449A 串联的 0.8μF 的储能电容（充电至 425V）和 12.3Ω 的负载电阻，负载电阻限制了电路的最大电流为 32A。测试的目的是确定 ARF449A 有能够达到几十安培电流的电流调制能力。当漏电流上升至 1～2A 或是更大时，ARF449A 工作在速度饱和机制下。这种工作

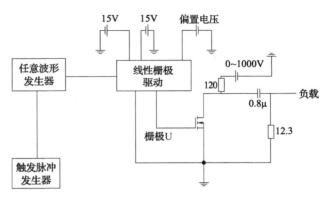

图 3-35　电流调制测试电路

模式导致 ARF449A 的漏电流线性依赖于栅源电压减去阈值电压，各种栅极驱动电压波形应用于调制电路电流和负载电压。通过 ARF449A 的电流从 370～100ns 呈正弦曲线变化的上升、下降、上升、再下降。图 3-36 和图 3-37 给出了栅极电压和漏极电流的波形，证明利用 ARF449A 可以很好地完成电流调制。

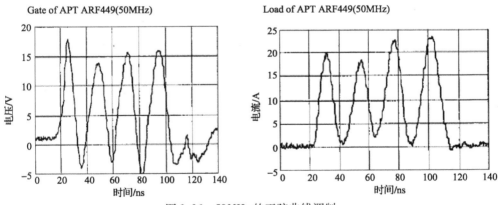

图 3-36　50MHz 的正弦曲线调制

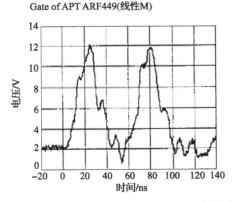

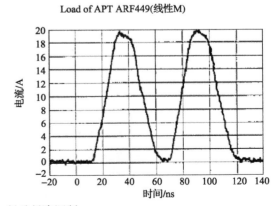

图 3-37　斜升斜降调制

（3）第3步测试 与图3-33中排列类似，5单元加法器电路用于测试模拟调制的概念。4个模拟调制MOSFET的安装用于电路的初始化测试，模拟调制MOSFET总共有80A的调制能力。输出5单元加法器的输出负载为22.5Ω。4个加法器单元工作在充电电压能够使应用于22.5Ω负载上的电压在1600～2000V序列的条件下。图3-38给出了模拟调制器的漏电压和5单元加法器输出电压，对应的20MHz方波应用于栅极驱动电路的输入。

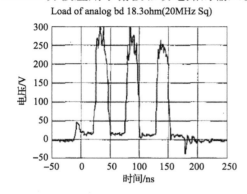

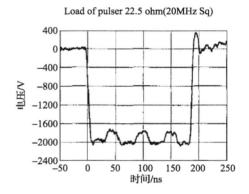

图3-38 低电流20MHz方波测试

并联调制电路从4个增加到9个，增加了电流调制能力。加法器单元的充电电压增加以获得2800～3000V的输出脉冲，负载电阻减小为17.3Ω。图3-39给出了20MHz方波的重复测试，可以看到加法器输出脉冲中的完整抽取电压。然而，由于负载阻抗的减少，时间常数L/R的影响效应更为明显。模拟调制电路对130A的开关进行转换，频率为20MHz。该模拟调制电路转换130A能够达到

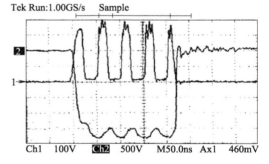

图3-39 高电流20MHz方波重复测试

注：Ch1为MOSFET漏电压（100V/div），Ch2为5单元加法器负载电压（500V/div）。

30MHz，但是由感应堆栈形成的低通滤波器和负载电阻能够阻止任何超过20～25MHz的有效调制。

3.1.6.4 为细菌转化提供的基于MOSFET的脉冲电源

1. 实验引言

高电压脉冲电场在生物技术和药品领域的应用使得癌症治疗、基因治疗、药物传递和非热灭活微生物等方面有了新的突破。无论何种应用，目标都是打开毛孔中的细胞膜，或是促进外在材料进入细胞或完全杀死细胞。电穿孔是一个将脉冲电场应用于活细胞以诱导细胞膜通透性的过程，在电穿孔过程中需要具有产生高电压可

控脉冲的脉冲电源。据报道，电场强度在数十兆伏每米的微秒级脉冲能够将液态食物中的细菌杀死，脉冲电场的应用可以解决很多生物问题。

许多脉冲参数如电场强度、脉宽、上升时间、每秒内的脉冲数和脉冲之间的时间间隔等都能影响电穿孔的过程。然而，其中最重要的参数是脉宽和电场强度。此外，短的上升时间也是非常有利的。关键点在于这些脉冲参数必须高度可控以得到最合适的毛孔大小和入口，同时避免细胞膜因倒转而破裂。因此，具有控制在脉宽内的多个重要脉冲参数和在任何传导媒介下提供稳定脉冲形状的脉冲发生器非常必要。半导体开关有控制开关的能力，可以产生可控脉宽的方形脉冲。具有产生400V 纳秒级脉冲能力的基于 MOSFET 的单个脉冲发生器已经设计出来，设计重点集中在可以控制脉冲形状的紧凑设备。本例中给出了类似的 400V 纳秒脉冲发生器，用于电穿孔介质药物和基因传递。为了克服基于 MOSFET 的脉冲发生器较低的电压率，实验采用多 MOSFET 串联的脉冲发生器以增加设备的电压能力。

实验中使用的基于 MOSFET 的脉冲电源可以产生幅度高达 3000V，脉宽在纳秒至微秒级的可控方波，没有对不同负载下的波形形状进行折中。

2. 实验建立

本实验中使用的基于 MOSFET 的脉冲电源能够产生的可控方波幅度可达3000V，脉宽在 100ns 到几个微秒。图 3-40 中所示的脉冲电源包括一个微控制器，一个 MOSFET 驱动电路，一个用于保护 MOSFET 的栅极保护电路，两个串联 MOSFET，一个储能电容器（5μF），一个高电压直流电源（格拉斯曼高电压 WX5R200，5kV，200mA）和负载电路，与电容器并联的作为电阻的电穿孔模块。图 3-41 给出了由基于 MOSFET 的脉冲电源产生的输出脉冲，负载传导率为 0.7mS/m。

（1）功率控制模块　在脉冲电场的应用中，精确控制脉冲参数是非常重要的，

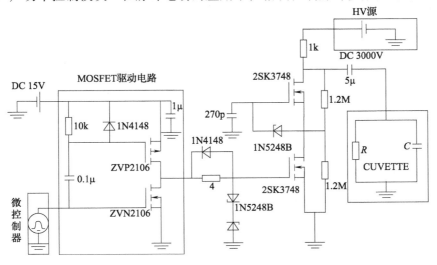

图 3-40　串联 MOSFET 脉冲电源图

特别是当有必要对过程进行优化的时候。因此，能够确定应该使用一个微控制器给 MOSFET 驱动电路以栅极脉冲。微控制器采用的是 PIC18LF458，时钟频率为 40MHz，4 个时钟周期为一个指令周期。因此，微控制器每秒能计算 1000 万个指令，这就意味着每个指令能在 100ns 内完成，这就限制了能够实现的最小脉冲宽度和脉冲间隔时间。除了 100ns 的限制，用户还可以精确

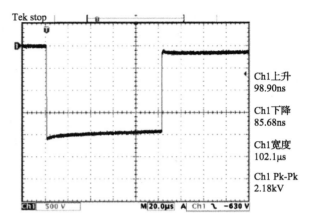

图 3-41 基于 MOSFET 的脉冲电源输出电压测量值

控制脉冲宽度、脉冲数和两个连续脉冲之间的时间间隔。用户可以编写任何脉冲序列，而且不需要相同的脉宽，脉冲间的时间间隔也不必为常数。

在正常工作下，微控制器需要一个 5V 的直流电源，它可作为功率和控制模块的一部分以使设备更加紧凑而独立于外部元器件。电源和控制模块与标准 110V 有效电压、60Hz 插座相连，同时使用常规的交流到直流转换器和 5V 稳压器将电源转换为直流。有此电源供给，微控制器可以给 MOSFET 栅极驱动发送信号脉冲，利用 15V 的电源来驱动 MOSFET。基于上述理由，15V 的电源供应也是作为电源和控制模块的一部分。同时在 MOSFET 的开关过程中，能够在规定的时间内提供需要的栅极电流。

（2）脉冲发生电路 基于 MOSFET 的脉冲电源使用两个额定电压值为 1500V 的 MOSFET，理论上可以串联产生幅度达到 3000V 的可控方波。由于电路中的元器件为非理想，应该与 MOSFET 的最大阻断电压保持一定的安全裕度。虽然有两个 MOSFET，此脉冲电源仍然使用一个驱动电路来驱动两个 MOSFET，从而降低了元器件数目，也简化了电路板布局。设计中 MOSFET 的串联是基于扩大的思想和高压电源 MOSFET，此外，还使用了一个栅侧技术来利用 MOSFET 的内部电容实现栅信号的同步。采用了单一的 MOSFET 驱动器和一个 270pF 电容器，位于第二个 MOSFET 的栅极和地电位之间。电路的正常工作依赖于 MOSFET 的栅源电容和附加 270pF 电容之间的电压分配。当直接连接于驱动电路的 MOSFET 导通时，漏电压的变化由第二个 MOSFET 的有效栅源电容和 270pF 电容分担。

当 MOSFET 不工作的时候，位于 MOSFET 的漏源端的分流电阻用于平分其两端的电压。为了达到在 MOSFET 不工作时均压的目的，分流电阻中的电流必须大于 MOSFET 的漏电流。此外，设计中还应该考虑电阻的额定功率。低阻值的电阻必须有更高的额定功率，因为有更多的电流会通过。除了在低阻抗下增加电路的损耗，高功率电阻会更加昂贵难求，且体积比较大。基于以上考虑，电路中采用了

1.2μA/2W 的电阻。由此产生的通过分流电阻的 1.25mA 电流远大于 MOSFET 的
100μA 零栅压漏电流，以起到均压的作用。

3.1.6.5　与脉冲变压器串联的由功率 MOSFET 转换的 20kV/500A/100ns 脉冲发生器

众所周知，脉冲发生器需要非常短的脉宽和上升时间来尽量减少脉冲电晕反应
器中的能量损耗。脉冲电源除去挥发性有机化合物、有害气体污染物磷灰石、氮氧
化物和硫的条件是：脉冲电压为 20～150kV；脉冲电流为 500A 到几 kA；脉宽为
50～200ns；频率低于 10kHz。

一般情况下，有几种形式可以产生这样的脉冲电压、脉冲电流和脉宽。第一，
采用升压变压器将低直流电压转换为高脉冲电压。然而，由于升压变压器有高的漏
电感，在变压器的二次绕组中不能得到短的上升时间。因此，二次侧脉冲变压器应
该加入磁脉冲压缩（MPC）技术来缩短上升时间和脉宽，但 MPC 技术在效率和造
价上不划算。第二，用固态开关串联和并联来分别获取高的脉冲电压和脉冲电流。
由于不使用磁性材料，其效率很高且结构紧凑。但由于对应的电路拓扑需要串联功
率元件之间的瞬态电压平衡，这种方法有其局限性，如加入 MPC 技术来缩短脉宽
和上升时间会更好。

本例中给出了由 30 个脉冲发生器模块（PGM）组成的 MOSFET 脉冲开关，该
PGM 能够产生 700V/500A/100ns 的脉宽，上升时间短于 60ns。所有的 PGM 通过特
别设计的脉冲变压器串联起来获得 20kV/500A/100ns 的脉冲，重复频率为 20kHz。
图 3-42 给出了脉冲发生器的框图，包括 PWM 整流器、充电开关 S_c、电机块
（PGM），其中 PGM 是关键部分。图 3-43 给出了应用 PGM 的应用电路，PGM 与脉
冲变压器串联来获得高的电压脉冲。MOSFET 的一端与脉冲变压器的一端共地，可
以减小特别设计脉冲变压器的漏电感和减小整个 PGB 的栅极驱动电路的复杂性。

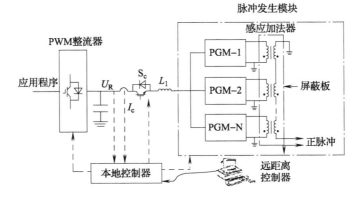

图 3-42　给定的脉冲发生器框图

该脉冲发生器的工作模式可以分为充电模式（T_1 和 T_2）和脉冲发生模式（T_3
和 T_4），如图 3-44 所示。充电模式开始于充电开关 S_c 在 $t = t_0$ 时的导通。在 T_1 间
隙内，电容 C_p 充电，同时由电压 U_R，二极管 VD_p，电感 L_c，电容 C_p 和脉冲变压

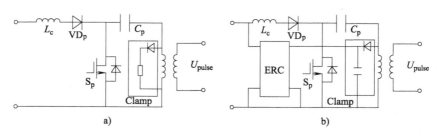

图 3-43　PGM 电路图

器的一次绕组组成回路的回路电流对脉冲变压器进行消磁。当充电电流 $i_c(t)$ 达到零时，T_1 结束。在间隙 T_2 内，开关 S_c 在 $t = t_1$ 和 $t = t_2$ 之间关断，电流电压均为零。

　　当脉冲开关 S_p 在 $t = t_2$ 导通时，脉冲模式开始。在间隙 T_3 内，储存在电容 C_p 内的部分能量通过脉冲变压器转换到负载（等离子体反应器）上。在间隙 T_2，充电开关 S_c 关断，使得 PGB 与 PWM 整流器隔离。如果要得到短脉宽，短上升时间的脉冲，由电容 C_p、开关 S_p 和脉冲变压器组成的电流回路的漏电感要减到最小。当开关 S_p 关断时，T_4 开始。由于存在因脉冲变压器漏电感中的存储能量而产生的尖峰电压，以及等离子体反应器中的发射能量，需要一个缓冲电路或是电压限制器来保护功率元件以防止过电压尖峰的出现，如图 3-44 所示。

　　图 3-44 给出了在 T_4 段时，钳位电路抑

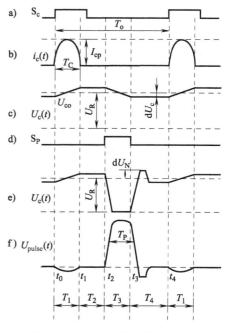

图 3-44　一个工作周期的波形

制了通过开关 S_p 的尖峰电压，钳位电压大小被能量回收电路控制。如果从钳位电容到直流电源的回收能量减小，钳位电压就会减小，反之亦然。甚至脉冲变压器在充电模式中消磁时，钳位电路也能帮助脉冲变压器消磁（T_4 时间段内）。如果负载是电阻，开关 S_p 在关断时通过的尖峰电压非常小。但是如果负载是等离子体反应器，由于是电抗元件负载，开关 S_p 上将会有大的尖峰电压。图 3-43a 给出了由二极管和电阻组成的钳位电路，适用于实际工作中。然而，我们可以通过引进能量回收电路来提高效率，如图 3-43b 所示。所有的钳位电容通过一个额外电感和一个阻塞二极管与能量回收电路（ERC）连接。然后，通过升压转换器，回收能量被整流输出电容 C_R 吸收。ERC 与所有的 PGM 共地。这意味着在不影响 PGB 布局的情况下，ERC 可以置于整流块之上。在 PGM 中的所有 MOSFET 共地以得到栅极信

号，这就表明给出的脉冲发生器需要一个单电源来应用于所有的栅极驱动电路。

3.1.6.6　基于 MOSFET 的简单高电压纳秒级脉冲电路

1. 实验引言

纳秒、微秒和毫秒级的高电压脉冲发生器广泛用于细胞电穿孔疗法（EPT）、基因治疗和研究等领域，此外还有超声波清洗、化学无细菌净化和医学成像。在过去，这些低阻抗负载要求使用昂贵的组件或是有复杂、混合型拓扑结构的设计电路。最近在半导体掺杂技术和沉积技术中的进步使 MOSFET 得以大批量生产，这些 MOSFET 具备纳秒级的转换率，在数十安培额定电流和低漏源电阻的情况下仍能对数百伏的电压进行开关。由于 MOSFET 简单的驱动条件、较快的转换速率以及高功率容量等特点，可以降低电路的复杂性。设计的重点在于电路的简单性、布局、适当的无功补偿和最优结构。应该注意设计适当的电路结构，以使得脉冲失真达到最小。上升和下降时间、瞬时振荡和过冲都会导致单个脉冲传到负载和脉冲序列或周期信号传到电源的能量降低。在纳秒级的脉宽中，频谱超过了千赫兹的频率。负载不匹配将会扭曲信号，研究人员的任何比较结果都只能在偶然的情况下比较，而不能分析。由仪表发生器向无偿放大器传递的脉冲将会被扭曲而失真。

本例的目的在于建立一个低成本的纳秒到微秒级脉冲发生器，用于电穿孔的基因治疗和加强药物输送运用。这是利用了电穿孔技术的简单、容易控制和有效等优点。通常情况下，电场强度在 1300V/cm 和 100μs 的脉冲常用于 EPT 和低电压基因治疗，但需要更长的脉冲，如 200V/cm 和 20～50ms。电穿孔后的可行性或细胞存活率仍待优化，此技术的有效性依赖于脉冲持续时间和其他参数。可以设想，使用更高强度的短脉冲可以大大改善各种哺乳动物细胞的存活率。

2. 简单的纳秒级脉冲发生器的设计

设计中的电路是利用 1400V/75ns 脉冲来驱动一个 50Ω 电阻负载。电路包括 3 个环节：一个集成可变频率和可变脉宽的信号发生源、一个逆变器/驱动器模块和包含被动负载单电源 MOSFET 的电源缓冲区。对电路结构进行物理特性优化来减少信号失真和保持信号完整性，同时尽量减小电路和负载中的反射功率。选择的驱动器是集成半导体器件 MC33151，上升时间是 15ns，将施密特触发输入信号转换为图腾柱输出。缓冲区是 IXYS DE275-501N16A 射频 MOSFET，U_{dss} 为 500V，I_d 为 16A，上升时间为 6ns。MOSFET 加偏压至截止关断，同时设计的电路使得上升时间最大化且共源极工作，以得到最佳效率。MOSFET 工作应对一个由 3 个并联高功率 150Ω 电阻组成的被动负载。电压源的设计是线性的，信号源和驱动电源的设计比较规范。

设计此电路的目的是探讨在一个简单、低造价的电路中大规模使用于标准消费领域的产品的可行性，此电路用于研究应用于 EPT 和基因治疗等领域的高电压纳秒级脉冲发生器。电路的实现完全使用的是现有的元器件，由商业射频平面微波元组件构成。首先，由于 250V 的桥式整流器和高质量的 250V 电容很便宜，使用比较普遍，于是输出级采用的是 200V 的电压源。然而，如果把分接头接到隔离变压器的 120:240V 交流设定档，可以使得输出电压增加到 400V，由 0～140V 的交流调压器驱动，把电容串联起来，可以使得其额定电压增加一倍。这种装置能够允许电路测试和故障排除在连续可变电压 0～400V 内完成。线性电源专门用于降低电路的噪声，18V 的驱动源是由 34V 线性电压源调小而成。5V 的逻辑源在电路板上，是由 18V 的电压源调节而成，使得纹波抑制加倍。

通过 MATLAB 软件对 200V 纳秒脉冲的快速傅里叶变换（FFT）进行分析，如图 3-45 所示可以看出电路需要兆赫兹频率带宽的结构考虑。高频电路要求微带零电位平面结构来减少寄生阻抗和诱导振荡或无功反映。一项对可行性样机系统的调查指出商用无线电频率和表面贴装开发电路板规格在设计参数范围内有所下降。

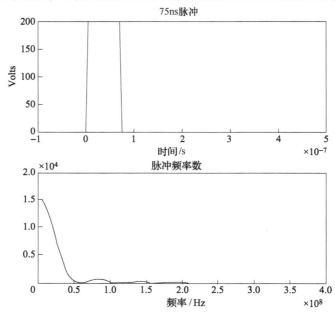

图 3-45　利用 MATLAB 软件对 200ns 脉冲的 FFT 分析

为了减少设计的复杂性，设计中采用了 3 个环节的拓扑结构，设计过的两环节电路被证实不稳定不可靠。电路可以连续几分钟内产生脉冲，直到 MC33151 失效，输入到输出短路。目前的电路包括一个可变脉宽的脉冲发生器、一个集成驱动器/变换器和一个电源输出环节（见图 3-46）。3 个环节的设计被证实是简单可靠的。

3. 单电源、驱动器和输出电路

第一个环节包括一个逻辑级 75ns 脉冲发生电路。该电路基于时域反射法原理，使用基于施密特触发器的弛豫振荡器，用作稳态触发器。这个设计的有效性在于其短脉宽和长脉宽是可变的，从性能上讲，采用 MC74AC14 的半导体集成电路是最佳

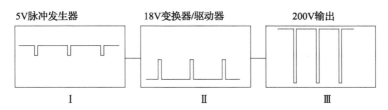

图 3-46　减小复杂性的简单 3 个环节，分别为纳秒级脉冲发生器、输出级驱动器和输出级

的。无源可变器件的使用允许内置电路的优化。可变电阻是 300Ω，固定电阻是 15kΩ。可变电容是 150pF，二极管是 1N4148，图 3-47 给出了图解说明。信号源电路可置于不同的物理形式中，测得脉宽均为 3ms。

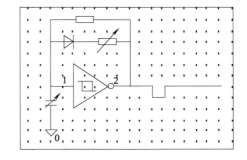

图 3-47　单电源电路：可变电阻 300Ω，其他阻抗 15kΩ，电容 150pF 和二极管 1N4148

单电源脉冲发生器的分析（见图 3-47）给出了负脉冲中短时 t_s 和较长的 t_l 由无源器件的时间常数 RC 决定。C 是电容，长 R（R_1）决定了长的脉冲间隔时间，短 R（R_s）与 R_1 并联，比 R_1 阻值小，决定了短脉冲时间。MC74AC14 施密特触发器设计有在正阈值电压 U_{t+} 和负阈值电压 U_{t-} 之间的磁滞现象。通常情况下，$U_{t+}=3.5V$，$U_{t-}=1.0V$。这两个参数在实际电路中需要准确地测量以得到脉冲时间。t_s 是电容通过两个电阻放电的时间，电容电压 U_c 放电至 U_{t-}。R 是并联电阻 $R_1/\!/R_s$。$U(\infty)$ 是 0V，如果施密特触发器不工作，电容就会放电。

$$U_c(t) = U(\infty) + [U(0) - U(\infty)]\exp\left(-\frac{t}{RC}\right)$$

$$U_{t-} = 0 + [U_{t+} - 0]\exp\left(-\frac{t}{RC}\right)$$

$$U_{t-} = [U_{t+}]\exp\left(-\frac{t}{RC}\right)$$

$$\frac{U_{t-}}{U_{t+}} = \exp\left(-\frac{t}{RC}\right)$$

$$\ln\left(\frac{U_{t-}}{U_{t+}}\right) = -\frac{t}{RC}$$

$$t_s = -RC\left[\ln\left(\frac{U_{t-}}{U_{t+}}\right)\right]$$

$$t_s = -R_1/\!/R_s * C\left[\ln\left(\frac{U_{t-}}{U_{t+}}\right)\right]$$

t_l 是电容通过 R_1 从 U_{t-} 充电至 U_{t+} 的时间；$U(\infty) = U_s$ 是电压源。

$$U_c(t) = U(\infty) + \left[U(0) - U(\infty)\right]\exp\left(-\frac{t}{RC}\right)$$

$$U_{t+} = U_s + \left[U_{t+} - U_s\right]\exp\left(-\frac{t}{RC}\right)$$

$$\frac{(U_{t+} - U_s)}{(U_{t-} - U_s)} = \exp\left(-\frac{t}{RC}\right)$$

$$\ln\left[\frac{(U_{t+} - U_s)}{(U_{t-} - U_s)}\right] = -\frac{t}{RC}$$

$$t_1 = -R_1 * C\left\{\ln\left[\frac{(U_t - U_s)}{(U_{t-} - U_s)}\right]\right\}$$

重复频率为 $1/(t_s + t_1)$。

通过集成逆变器/驱动器，将 5V 信号源脉冲放大到 18V。MC34151 设计用于驱动 MOSFET 栅极，采用的转换器件用于减少过冲和信号源脉冲的振荡。转换的时候，低于驱动器栅极阈值电压的噪声可以被消除。在转换之后，$1.5\mu s$ 脉冲变成用于驱动输出环节 75ns 脉冲间的延时。

输出环节包括一个单管 N 沟道增强型功率 MOSFET，IXYSRF DE275-501N16A 具备 500V 的 U_{ds}，16A 的 I_d 和 6ns 的上升时间。输出环节被 3 个并联 150Ω 电阻加载，以得到接近 50Ω 的源极阻抗。MOSFET 的漏极与一个 50Ω 的微带传输线相连，通过同轴电缆和 RG-58 电缆与 50Ω 等效负载交流耦合连接在一起。

4. 结果讨论

图 3-48 ~ 图 3-50 分别对应了设计的电路原理图、MOSFET 脉冲发生器电路设

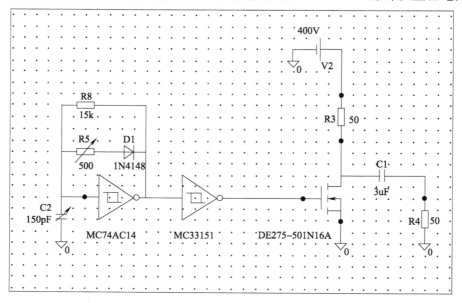

图 3-48　电路设计图

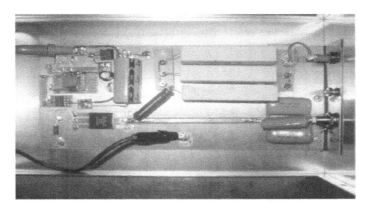

图 3-49　电路设计结构图

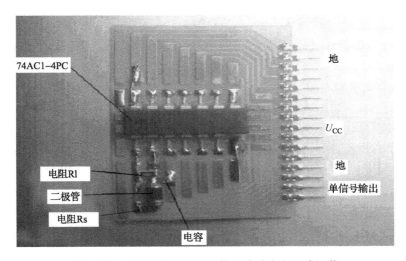

图 3-50　有表面贴装无源器件的脉冲发生电路细节

计结构图和脉冲发生电路细节。电路元器件中的接地电阻由地阻抗的焊盘产生，带装线、配线和由此产生的电感在图中没有给出。MC74AC14 由 5V 电源供电，MC33151 由 18V 的电源供应。对脉冲发生器电路中的可变元器件最优化，以得到开关稳定性，最小脉宽和与 50Ω 负载匹配的速度。图 3-51 ~ 图 3-53 给出了分别对应电压在 200V、350V、400V 的典型输出脉冲。图 3-51 中输出电压为 194V，横轴为 25ns/div，纵轴为 50V/div，脉宽大约 75ns，下降时间大约为 10ns。图 3-52 中输出电压为 376V，横轴为 25ns/div，纵轴为 50V/div，脉宽大约 70ns，下降时间大约为 10ns。图 3-53 中输出电压为 394V，横轴为 25ns/div，纵轴为 50V/div，脉宽大约 70ns，下降时间大约 10ns 峰值栅压为 18V，可以看出 50Ω 匹配电路产生的脉冲有个很近似的矩形，而且没有振荡和过冲。在测试中，横轴从 5ns/div 增加到 10ns/div、25ns/div 和 50ns/div。由于负载、输入阻抗等都与 50Ω 相匹配，当时间

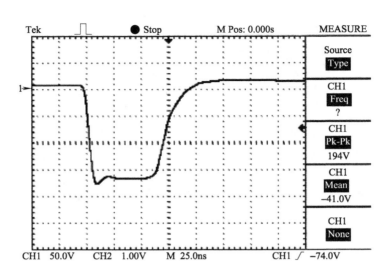

图 3-51 输入电压为 202V，负载为 50Ω 的输出电压响应波形

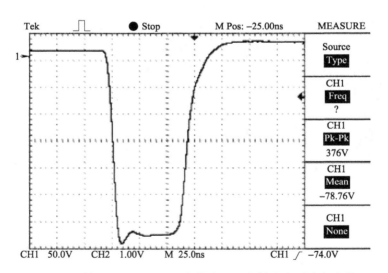

图 3-52 输入电压为 385V，负载为 50Ω 的输出电压响应波形

尺度被设定为以上的各种情况时，可以发现脉冲都没有脉冲反射现象。图 3-54 和图 3-55 分别给出了在输出 350V、横轴为 5ns/div 的下降和上升时间细节图。10%～90% 的下降时间是 9ns，上升时间是 22ns。

作出的所有的努力都是为了确保与建立的电波传输和工业标准化相兼容。任何无源负载都能很容易的补偿，与电路中 50Ω 源极阻抗相匹配。电路测试的结果表明它的表现和设计初衷一致，电路建立使用了宽带电路原型技术。50Ω 的微带传输线用于减小电路电感和减小由于阻抗不匹配导致的信号失真。虽然电路拓扑保持

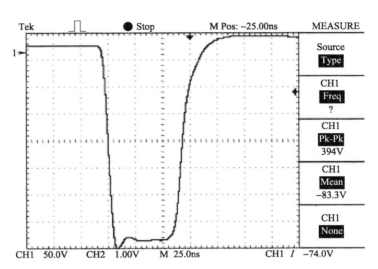

图 3-53　输入电压为 408V，负载为 50Ω 的输出电压响应波形

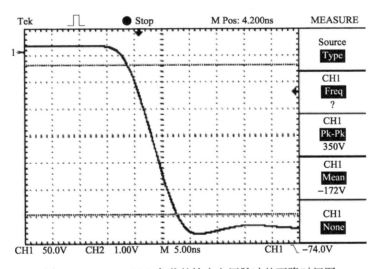

图 3-54　350V，50Ω 负载的输出电压脉冲的下降时间图

不变，无源器件的值是不相同的，这样是为了建立限制值以保证在 50Ω 负载上有比较满意的波形。

3.1.7　功率 MOSFET 的封装

目前报道的用于脉冲功率领域的功率 MOSFET 的封装形式包括分立（TO）封装以及焊接式封装。TO 封装如图 3-56a 所示，该封装中将芯片焊接到金属件上以接触漏极，芯片顶部的栅极和源极通过铝键合线连接到封装的引脚。这种封装散热

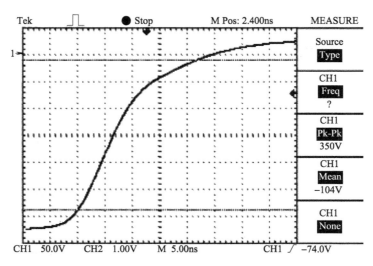

图 3-55   350V, 50Ω 负载的输出电压脉冲的上升时间图

性能不足，通常用于小功率领域。图 3-56b 是采用焊接式封装技术的功率 MOS-
FET，通过焊接将芯片焊接在铜片上，并利用键合线连接到端子上进而与外部电路
相连。该模块有一个 PEEK 外壳，并填充了 Sylgard 527 材料，以防止在高压下产生
电弧。这种封装可以用于大功率领域。

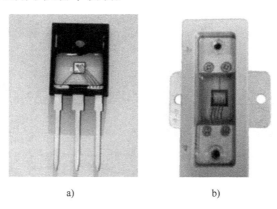

a)   b)

图 3-56   SiC MOSFET 封装
a）TO 封装   b）焊接式封装[51]

3.1.8   SiC MOSFET 的可靠性

3.1.8.1   过电流重复频率脉冲工况

对 1200V/150A 的 SiC MOSFET 施加 4 倍额定电流以上的电流脉冲，测试其导
通电阻和阈值电压的变化情况。用图 3-57 所示 *RLC* 脉冲振荡电路产生峰值电流
600A、脉冲重复频率 10Hz 的电流脉冲。

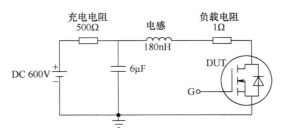

图 3-57　RLC 脉冲振荡测试原理图[51]

　　图 3-58 是器件输出特性变化情况，分别由初始状态、250000 个脉冲冲击后、500000 个脉冲冲击后的曲线组成。测试结果表明，器件初始状态导通电阻为 19.2mΩ，在 250000 个脉冲冲击后，增加到 23.5mΩ，然后减少到 17.9mΩ。图 3-59 是器件阈值电压的变化情况，在 500000 个脉冲冲击后，阈值电压只减少了 132mV。

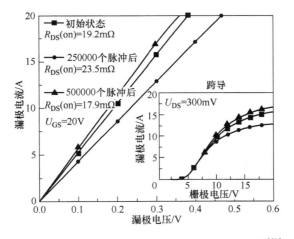

图 3-58　输出特性和跨导随脉冲个数的变化情况[51]

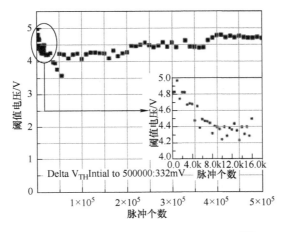

图 3-59　阈值电压随脉冲个数变化情况[51]

对比图 3-58 和图 3-59，4H-SiC/SiO$_2$ 界面陷阱密度的改变导致阈值电压变化，而导通电阻的变化受阈值电压影响小，主要是由反型层载流子迁移率引起的。在250000 个循环后，阈值电压出现减小趋势，但是导通电阻也减小了。这就说明在大电流瞬态情况下，器件导通电阻主要是受反型层电子迁移率的影响。

此外还对器件阻断电压进行了研究，脉冲过电流实验电路如图 3-57 所示，对SiC MOSFET 首先分别进行了 1Hz、2Hz、5Hz 频率下 5000 个电流脉冲，10Hz 频率下 12000 个脉冲。这 27000 个脉冲过电流没有对器件直流或瞬态特性造成退化。然而，在接下来的 2000 个 10Hz 脉冲中，器件漏-源阻断电压迅速退化。如图 3-60 所示，在 28000 个脉冲后，击穿电压下降到 1kV；随后的 1000 个脉冲后，下降到 700V。

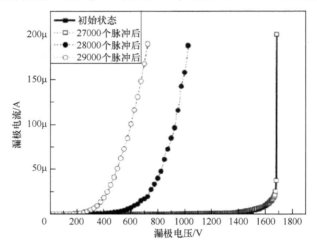

图 3-60　不同脉冲个数下 SiC MOSFET 的阻断特性曲线[52]

通过漏极和栅极泄漏电流分析退化原因，如图 3-61 所示，在 28000 个脉冲后，

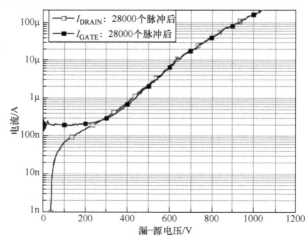

图 3-61　28000 个脉冲后，SiC MOSFET 阻断电压曲线[52]

漏-源结已经无法阻断电压，漏极电流全部经栅极导通，不再流过源极。泄漏电流表明高脉冲过电流下通过栅极氧化物形成了导通路径。

通过 TCAD 仿真软件分析栅氧化物失效机理，建立了与实验一致的 SiC MOSFET 器件模型，并对实验中的脉冲过电流情况进行仿真。结果发现，在脉冲过电流下，P 基区和漂移区之间产生了非常高的电流密度，导致局部功率损耗较高，晶格温升较高，且热量向栅氧化物传播，导致 SiC/SiO₂ 界面热量集中，使得栅氧化物形成导通路径，如图 3-62 所示。

因此，SiC MOSFET 在重复脉冲过电流条件下的可靠性与脉冲重复频率、脉冲宽度、峰值电流幅值有关，它们决定了栅氧化物温度的最大增加量。

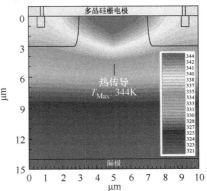

图 3-62　脉冲过电流下 SiC MOSFET 元胞结构内热量分布情况[52]（见文前彩插）

3.1.8.2　窄脉冲工况

实验研究了 15kV/10A SiC MOSFET 在窄脉冲过电流下的三个相关参数：2μs 脉冲宽度下器件峰值电流、最小脉冲宽度以及导通、关断时间和能量。测试电路如图 3-63 所示，电路通过低寄生电感的 R_C 放电实现，负载电阻 R_L 和充电电压改变流过器件的峰值电流。

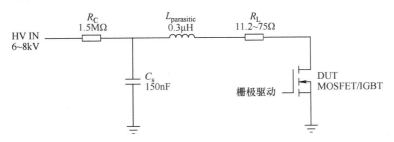

图 3-63　窄脉冲评估测试电路原理图[53]

结果表明，该器件可以承受 80A 峰值电流，栅极脉冲宽度最短为 500ns，开关时间为 450ns、开关损耗为 28mJ，最小脉冲宽度结果依赖于器件封装和测试电路中的电感。

随后，实验对 SiC MOSFET 在长期脉冲功率下的可靠性和大功率脉冲过电流下的鲁棒性进行了研究。对该器件进行脉冲条件下可靠性研究，进行了 15000 个脉冲过电流冲击。前 4000 个脉冲测试时，脉冲峰值电流为 50A，其余的峰值电流为 65A。使用曲线追踪仪定期监测器件性能，观察器件退化情况。实验结果如图 3-64、图 3-65 所示，导通 $I-U$ 曲线、反向泄漏电流等都没有出现退化现象。

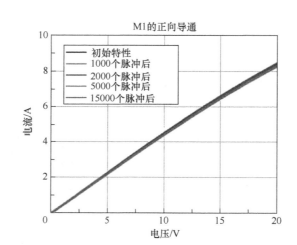

图 3-64　不同脉冲个数下导通 $I - U$ 特性对比[54]（见文前彩插）

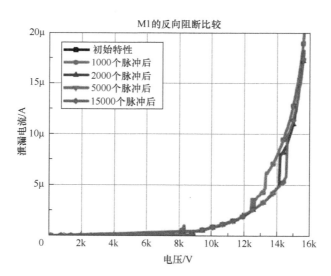

图 3-65　不同脉冲个数下反向阻断特性对比[54]（见文前彩插）

3.1.8.3　单脉冲雪崩工况

测试电路如图 3-66 所示，C_1 是由 4 个 860μF/1150V 电容并联组成的电容器组，充电电源是 600V/1A 直流电源，VD_1 是 1600V/60A Si 二极管，V_1 是 1700V Si IGBT，V_1 关闭后将测试电路与电源解耦，VD_2 是 1200V/50A SiC 肖特基二极管，L_1 是空芯结构电感。测试器件为导通电阻 80mΩ、耐压 1200V 的 Cree 公司和 ST Microelectronics 公司的 SiC MOSFET。基于所需要的峰值电流和负载电感改变电容器组充电电压。测试时，V_1 和 DUT 同时导通，V_1 先于 DUT 关断，当二者都关断时，进入雪崩模式。

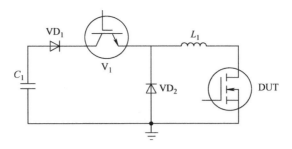

图 3-66　非钳位感应开关测试电路简化原理图[55]

雪崩能量计算公式如下，I_{DS} 是测量的漏源电流峰值，V_{BR} 是测量的漏源电压峰值，雪崩时间 t_{av} 与负载电感成正比。

$$E = \int_{t_1}^{t_2} V_{DS}(t) I_{DS}(t)\, dt$$

$$t_{av} = t_2 - t_1 = L\frac{I_{DS}}{V_{BR}}$$

在单脉冲非钳位感应开关期间，Cree MOSFET 故障时漏源电压和漏极电流波形如图 3-67 所示，雪崩持续时间约 32.7μs，在 $t\approx252$μs 时漏源电压突然振荡，表明在器件漏源电极间形成导通路径，丧失了阻断电压能力。ST MOSFET 故障模式与此相同。

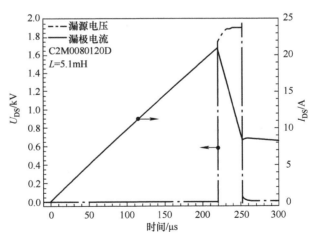

图 3-67　单脉冲非钳位感应开关期间漏源电压和漏极电流波形图[55]

MOSFET 雪崩失效有两个可能的成因：寄生 BJT 导通和达到本征温度极限。寄生 BJT 导通时，MOSFET 闩锁导致器件失效。半导体本征温度极限是指在该温度下本征载流子浓度达到或超过背景掺杂浓度。雪崩模式下，功耗造成晶格温度上升，超过本征极限，在该温度下器件丧失漏源阻断能力从而引发热失控。而对于 SiC 器

121

件,其晶格温度极限较高,在温度超过固有极限前,金属、电介质和界面更易退化。

3.1.9 SiC MOSFET 在脉冲功率系统中的应用

随着 SiC 材料的发展,SiC MOSFET 在脉冲功率领域已经得到了广泛的应用。相比于其他器件,SiC MOSFET 的商业化程度比较高,已经有大量产品出现,1.2kV 和 1.7kV 等级器件的技术已经比较成熟。SiC 材料的高绝缘击穿场强和高载流子饱和漂移速度使得器件耐压能力提高、开关速度加快,应用在脉冲功率领域可以实现更高电压等级和更短上升时间的脉冲。

3.1.9.1 基于 SiC MOSFET 的 Marx 发生器

传统 Marx 发生器采用气体开关控制,比如为欧洲粒子物理研究中心的重离子加速器提供电源的发生器长期采用闸流管控制。然而,闸流管的长期可靠性以及开关频率问题是制约 Marx 发生器性能进一步提高的因素,采用 SiC MOSFET 是实现闸流管替代的一个研究方向。图 3-68 是改进后的 Marx 发生器拓扑,开关管采用 Cree 公司 C3M0065090J。该系列的特点是采用类似于 Kelvin 的封装,将驱动源极和功率源极分开,以降低引线电感对器件的影响,并克服 SiC MOSFET 驱动电压与 Si 不一致的问题。在此之前,由于 15V 驱动时沟道电阻很大,SiC MOSFET 往往要求 20V 的正电压驱动,这使得其与 Si 器件的驱动模块不能混用,造成由 Si 向 SiC 材料过渡的壁垒较高。

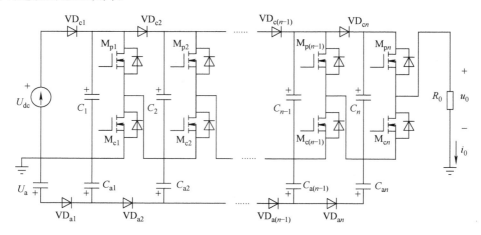

图 3-68 采用 SiC MOSFET 的 Marx 发生器拓扑[56]

电路工作原理与传统 Marx 发生器类似,每一级电容通过电压相对较低的电源 U_{dc}、二极管 VD_{ci} 和下管 M_{ci} 并联充电,上管 M_{pi} 同时导通后串联放电,在负载上产生幅值为 nU_{dc} 的电压脉冲。使用半导体开关的一大问题是通流能力限制,本例中脉冲电流大约为 3200A,这意味着单级需要并联足够多的 MOS 管实现均流。考虑到器件数据手册设计脉冲电流值比较保守（单脉冲为 90A、脉冲宽度为 10μs 时测试），这里每一级 M_{pi} 并联了 24 只 MOS 管，单管瞬间通过电流大约 133A；电容单级为 480μF，电压等级为 800V，为减小电容寄生电阻和电感对放电脉冲的影响，采用 16 只 30μF 的电容并联。如果认为 M_{pi} 同时导通，则 M_{ci} 只在充电时工作，M_{ci} 耐电流要求不高，可采用 4 只 MOS 管并联。采用上述模块构建 4 级脉冲发生器，负载为 1.175Ω，负载脉冲电压 3.2kV。图 3-69 是输出脉冲电压波形，上升时间为 25ns（10% ~ 90%），达到了设计要求。

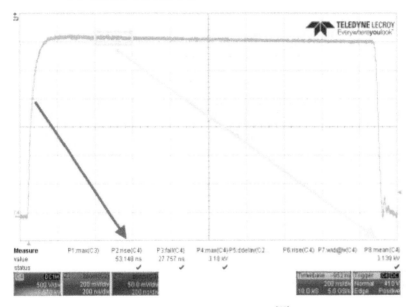

图 3-69　输出脉冲电压波形[56]

采用 SiC 二极管替代传统 Marx 发生器的电阻可以有效降低放电过程中的损耗。图 3-70 将改进的 Marx 发生器结合 Boost 电路，设置 3 级储能结构，串联输出脉冲电压为 1kV。在 10Ω 负载上输出脉冲电流 100A。由于采用类似 Marx 结构，单管耐压降低到 250V，而 Boost 升压环节可以减少储能单元的个数。图 3-71 是使用 SiC 材料和 Si 材料器件对发生器功率损耗的影响，SiC MOSFET 的使用在降低功率损耗

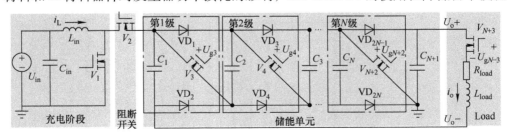

图 3-70　结合 Boost 电路的脉冲发生器[57]

的同时，可以承受更高的电压，在极端条件（如高温和高辐射环境）下能够保有更高的稳定性。实质上，由于脉冲功率的特殊应用场景，可靠性的提高对功率器件而言尤为重要。

　　Marx 发生器的优化结合 SiC MOSFET 可以得到更高频和多样的脉冲发生器。图 3-72 是使用两个 Marx 发生器模块结合 SiC MOSFET 的脉冲发生电路，可以产生双极性脉冲。MOS 管关断时各并联电容充电，导通后电容串联利用两端电压不变的特性放电，基本原理与传统 Marx 相同。当负载电阻 R_3 远大于 R_1 和 R_2 时，输出电压主要降落在 R_3 上。图 3-73 是电路的控制思路，当第二组 Marx 比第一组延迟导通、同时关断时，可以产生单极性脉冲；当第二组 Marx 比第一组同时延迟导通和关断时，可以产生双极性脉冲。利用延迟触发配合高速的 SiC 器件，可以实现灵活多样的脉冲触发方式。

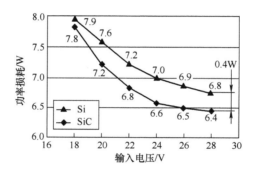

图 3-71　使用不同材料对电路损耗的理论影响（电容耐压 250V，工作频率 300kHz）[57]

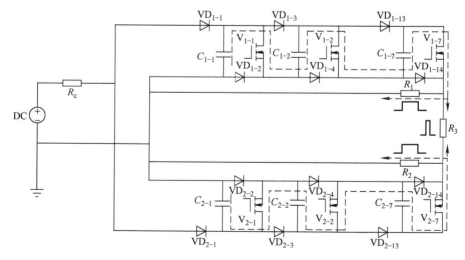

图 3-72　Marx 发生器产生双极性脉冲电路[58]

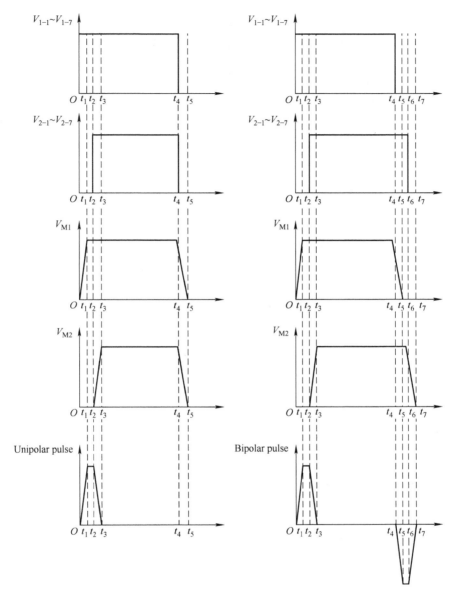

图 3-73　不同脉冲产生方式的控制波形和输出波形[58]

3. 1. 9. 2　SiC MOSFET 和 Si MOSFET 特性对比

在大多数情况下，SiC MOS 管的性能远好于 Si MOS 管，但在特殊应用场合还需要充分对比两者的使用。脉冲功率领域需要功率器件瞬态承受高电压和大电流以适应脉冲源的小型化和轻量化要求，但数据手册的测试条件往往不会考虑这类特殊情况。以 Cree 公司的手册为例，大部分参数在稳态重复工作条件下测试，即便是脉冲瞬态电流上限，一般最小也只有 $10\mu s$ 等级的测试，这也是安全工作区的电流上限。脉冲工况瞬态大电流的通流能力要求更高，但导通时间更短，很多设计中都是根据经验放宽一定的耐量，如上一节提到 10μs 单脉冲最大电流 90A 的管子在更短脉冲设计中通过 133A 电流，而这一类工作条件往往被忽视。传统 Si MOS 管中，IXYS 公司的 RF-Si 系列由于极佳的开关速度和较大的通流能力，是纳秒级脉冲源主开关的首选，因此，对比两者在脉冲功率中的性能尤为重要。

表 3-3 对比了上一节使用的 SiC MOS 管 C3M0065090J 和 IXYS 常用的 Si MOS 管 DE475-102N21A 的基本参数，采用图 3-74 所示的脉冲测试电路进行测试，方框中分别为初级储能、脉冲负载、器件及其寄生参数、驱动部分这四个模块。

表 3-3 SiC 和 RF-Si MOS 器件参数对比[59]

器件型号	C3M0065090J	DE475-102N21A
U_{DS}/V	1000	1000
I_D/A	35	24
$I_{D(pulse)}/A$	90	144
$R_{DS(on)}/m\Omega$	65	410
t_r/ns	9	5
t_f/ns	7.5	8.0
C_{iss}/pF	660	5500
C_{oss}/pF	60	200
C_{rss}/pF	4	60
$R_{g.int}/\Omega$	4.7	0.3
$L_{s.int}/nH$	1.777	0.500
$L_{g.int}/nH$	7.64	1.00
$L_{d.int}/nH$	1.495	1.000

由表 3-3 中数据不难看出，RF-Si 基器件的寄生电感优于 SiC 器件，而寄生电容大很多。在 200ns 的超短工作脉宽下，SiC 器件的开关速度明显优于 Si 器件，1000V 电压和 90A 电流工作时的 t_r 和 t_f 分别为 4.555ns 和 3.793ns，而后者为 12.186ns 和 6.308ns，这是因为上升下降时间受输入电容的充放电过程影响很大。但由于封装带来的寄生电感影响，SiC 器件栅源电压的振荡会很剧烈。

图 3-75 比较了不同工作电压下器件的导通波形，工作电流恒定为 10A，脉宽为 200ns。随着电压等级升高，SiC 器件电压下降时间有所缩短，而 Si 器件明显延长；电流波形的情况更加明显，100V 时 Si 器件电流上升时间更短，而 1000V 时 SiC 器件明显更有优势，高压状态下，电容充放电对开关特性的影响更大，不过，SiC 器件的寄生电感使得导通波形振荡加剧。此外，SiC 器件的驱动波形振荡比较严重，在高压工作条件下更为明显，这是由于 U_{DS} 振荡造成的。将电压和电流时域相乘发现，会出现功率损耗增大以及产生负的功率损耗现象，本质上都是寄生电感导致的。

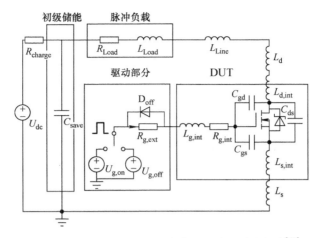

图 3-74　SiC 和 RF-Si MOS 脉冲工况对比测试电路[59]

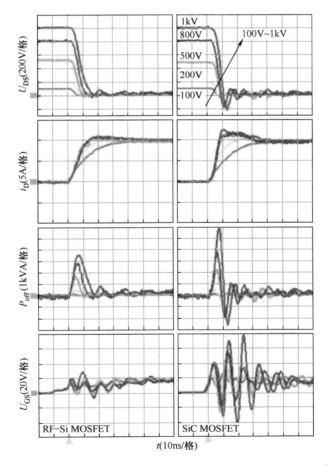

图 3-75　电流 10A 脉宽 200ns 时不同电压下器件导通波形对比[59]

图 3-76 比较了不同工作电流下器件的关断波形，工作电压恒定为 1000V，脉宽为 200ns。电流上升加快了器件的关断，但与前述相同，SiC 的振荡更加剧烈。更糟糕的是，器件关断的 U_{GS} 振荡问题，可能会导致器件误触发。尽管 SiC 器件本身的开关速度更快，但为了防止误触发和主电路电压振荡，加入的并联电容会使器件开关速度大大减慢，这是制约 SiC 器件在脉冲功率领域应用的主要问题。

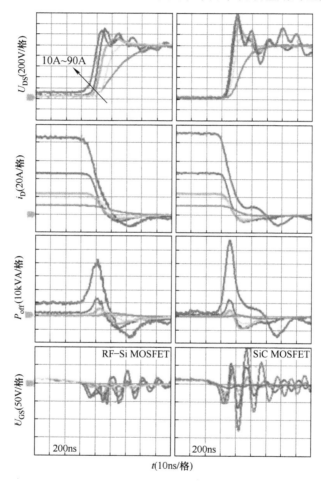

图 3-76　工作电压恒定 1000V 脉宽 200ns 时不同工作电流下器件关断波形对比[59]

另外，改变脉冲导通时间从 70~1000ns，考察 1000V、20A 情况下导通过程中 U_{DS} 下降到 500V（50%）的时间抖动，Si 器件仅有 140ps，而 SiC 器件长达 380ps，更长的抖动时间意味着外电路环境改变时器件工作更加不稳定，这也是寄生参数引起振荡的一个表现。

上述分析不难看出，尽管理论上 SiC 器件特性优于 Si 器件，但囿于封装工艺、寄生参数的种种限制，在实际应用中没有表现出明显的优势，部分情况下为了弥补振荡带来的缺陷，SiC 器件相比之下甚至处于劣势。因此，器件封装的进一步优化是 SiC 面临的主要问题，而这一问题在脉冲功率领域更加突出。

3.1.9.3　SiC MOSFET 在高重频脉冲电路的应用

SiC MOSFET 的快速开关能力使得其在高重频脉冲电路中有广泛的应用前景。尽管存在上一节中提到的问题，但在兆赫兹甚至数兆赫兹的频率下开关时间的少量延长是可以被接受的。更加严峻的问题是，脉冲电路往往需要大量器件串并联，然而器件本身制造差异以及驱动信号的不同步可能导致器件延时甚至无法正常开关，并且有可能会出现无法均压和均流的情况，这对脉冲电路的可靠性是一大考验。对此，从主电路和控制电路的角度均有一些改进方法。

图 3-77a 是直接利用 MOS 管在普克尔盒两端产生高重频脉冲电压的电路，图 3-77b 是电路工作波形图。相比传统串联器件同步导通产生脉冲，该电路可以有效防止开关不同步对器件的损坏。例如，当 V_1 导通而 V_2 未导通时，电流通过 V_4 反并联二极管流动，因而 V_2 两端仅需承受 $0.5U_s$ 电压，提高了电路整体可靠性。图 3-78 将电路级联工作，可以在负载上产生更高电压。图 3-79 给出了 $N=1$ 时脉冲发生器的输出波形，工作频率可达 1MHz，脉宽仅有 10ns 左右，上升时间大约 8ns。

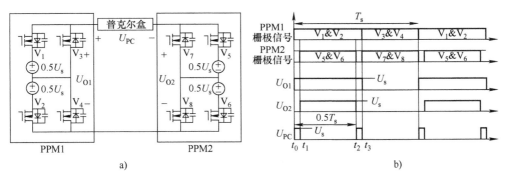

图 3-77　提高器件串联可靠性的脉冲源方案[60]

a) 新型脉冲源拓扑，负载为普克尔盒　b) 对应器件波形

除了主电路拓扑，器件的同步开关和可靠性受驱动电路的影响也无法忽略。图 3-80 所示的电路需要所有 MOS 管同时导通，使存储在 C_1 上的能量向负载 R_L 转移，产生高压脉冲。关断状态下，电阻 R_1 到 R_{10} 平衡直流电压，同时对栅极触发电容 C_2 到 C_{10} 充电。充电过程中由于泄放电阻 R_{12} 到 R_{20} 的存在，栅源之间承受负压，保证不会发生误触发。当 V_1 触发导通后，V_2 的源极电位随之快速下降，C_2 上存储的能量对 V_2 的栅极电容充电。由于充电速度非常快，只有纳秒数量级，故泄放电阻的阻值远大于 V_2 的栅源寄生电容 C_{GS2}，可将电阻看成开路状态。C_{GS2} 上的电压达到阈值电压后，V_2 快速导通，此后各管的导通过程与之相同。导通后，C_1 上储存的能量泄放在负载 R_L 上产生脉冲。MOS 管关断过程与开通过程相反，V_1 的关断提

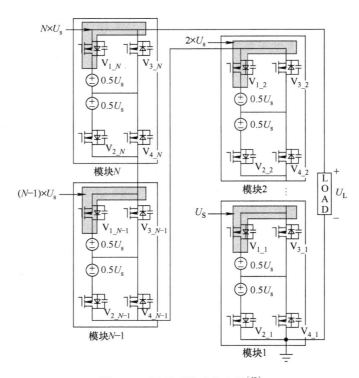

图 3-78 级联后脉冲发生器[60]

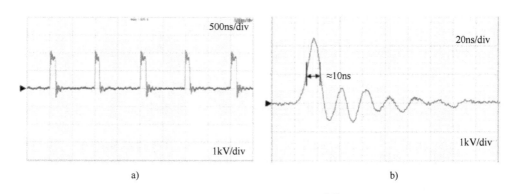

a)   b)

图 3-79 输出脉冲电压波形[60]

a）1MHz 频率下脉冲源重复工作波形　b）单个短脉冲波形

高了 V_2 的源极电位，C_{GS2} 反向对栅极触发电容 C_2 充电，当电压低于阈值电压后完成关断，其余各管的关断过程与之类似。

图 3-81 是不同输入电压下的输出电压波形，输出 7kV 脉冲时上升沿大约为 25ns，波形平稳，但当输出电压提升至 8kV 和 9kV 时波形出现振荡，上升时间增

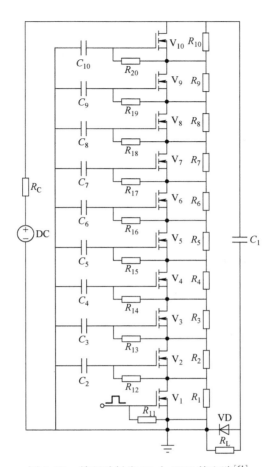

图 3-80 单驱动触发 10 个 MOS 管电路[61]

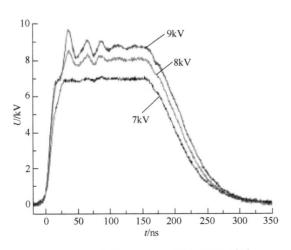

图 3-81 不同输入电压下的负载脉冲[61]

加，上升沿不平滑，这种现象出现的本质是器件导通速度的差异性。7kV 到 9kV 电压变化时，栅极触发电容的预充电值增加，M_2 到 M_9 导通速度更快，而器件的差异性可能导致它们先于 M_1 导通。M_1 的导通速度减慢，甚至可能出现器件漏源电压短暂的上升，这又会反过来影响 M_2 到 M_9 的导通过程。因为这可能导致栅源寄生电容反向对栅极触发电容充电，类似于上文所述的关断过程。这种不能依次导通的现象致使上升时间出现短暂的"台阶"，拖慢上升速度，同时增加产生寄生振荡的可能性。因而，M_1 管的导通时间至关重要，影响整个串联模块的导通，传统适用于电力电子开关的驱动往往无法达到这么高的开关速度。

图 3-82 是利用 LTspice 对该脉冲电路的仿真测量结果，图 3-82a 中的理想仿真状态是各级 MOS 管依次导通，这导致图 3-82b 中各级的栅极触发电压依次升高。可以看到，采用 10 只 MOS 管串联时最大触发电压已经达到 55V 左右，在实际电路中不同的栅极电压导致器件导通顺序和理论发生偏差，这是在脉冲电路尤其是使用 SiC 器件这样高速开关的电路采用单驱动模块时需要面对的问题。

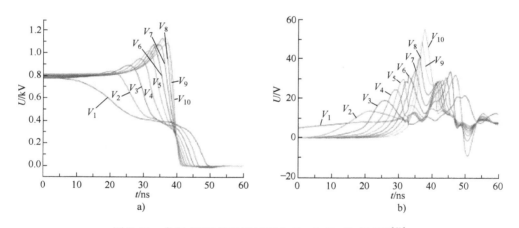

图 3-82　各级 MOS 管导通过程中 U_{DS} 和 U_{GS} 仿真波形[61]

a）导通过程中各级 MOS 管的 U_{DS} 变化波形　b）导通过程中各级 MOS 管的 U_{GS} 变化波形

传统的驱动电路如图腾柱拓扑，为了保证导通过程电流过冲不超过限定值，驱动电阻往往会有一个下限，如 Cree 公司专用于 SiC MOS 的 CRD-001 驱动模块，配备的驱动芯片 IXDN609SI 对应的最大电流为 9A，驱动电压为 20V 时不考虑寄生参数，驱动电阻也要大于 2.2Ω，这对应的 RC 放电时间必定大于 20ns。因此，针对应用于纳秒级脉冲的 SiC MOS 驱动电路设计也是近年来的研究方向。图 3-83 是使用载流电感对器件进行驱动的方法，使用电感驱动可以承受更高的驱动电流，主要目的是遏制寄生参数对开关速度的负面影响。图 3-83a 中 V_1 和 V_2 导通，电感预充电，而后 V_2 关断，L_{dr} 产生反电动势对栅极放电，器件导通。关断时控制 V_1 关断、

V_2 导通，栅极电容放电。理论上，L_{dr} 存储的能量应当等于栅极电容导通过程所存储的能量，实际中由于栅极寄生电阻和电感的存在，需要提高驱动过程中的电流 I_{dr}。

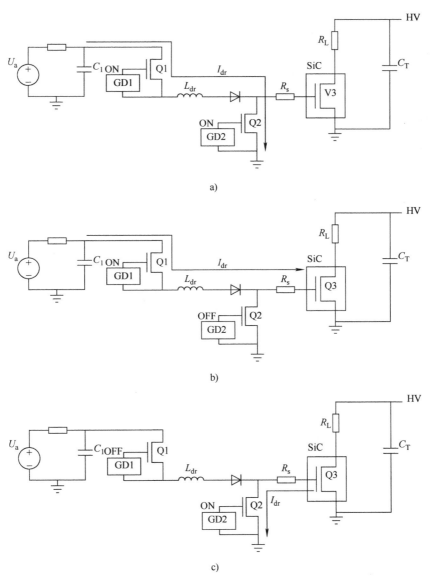

图 3-83　改进的适用于脉冲工况的电感驱动电路[62]

a）电感充电阶段，器件关断阶段　b）电感放电，器件导通阶段　c）栅极放电，器件关断阶段

由于采用电感代替电阻进行驱动，一个显著的问题在于电感刚开始放电时会在电路中引起较大的谐振，此时 L_{dr} 所产生的反电动势提供的栅极电压可能远大于一

般情况的 20V，这会造成栅极氧化层退化，降低器件可靠性。目前针对这一问题主要通过利用器件的寄生参数解决，即利用栅极寄生的电阻、电感和源极寄生电感降低瞬态电压，使驱动电压的一小部分在振荡初期作为有效的 U_{GS}。为了评估封装对驱动电路设计的影响，分别对 SiC MOS 的裸芯片和 TO-247 封装芯片进行测试，如图 3-84 所示，负载电阻 R_L 为 3.3Ω，器件耐压 U_{DS} 从 400V 到 1600V 不等。裸芯片在测试中直接键合到 PCB 上，对应 U_{DS} 从 400V 到 1600V 变化时，电感驱动电流从 13A 上升到 23A，驱动电流在大范围内可调使得器件快速开关得以实现；对于封装后的芯片，上升和下降时间明显延长，电感驱动电流由于寄生参数的影响，在 400V 和 1600V 时分别对应 26A 和 67A 才能使器件完全导通。另外，除了考虑寄生参数，由于初始导通时 L_{dr} 产生的过电压会短暂击穿 V_2，这会导致注入栅极的电流被分流，在驱动的参数设计中需要考虑。

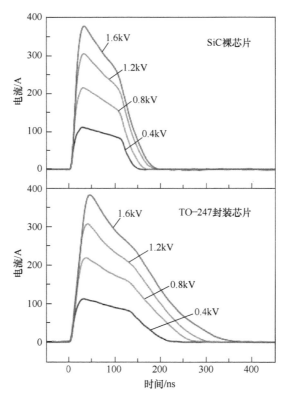

图 3-84   SiC MOS 裸芯片和封装对应的负载脉冲电流波形[62]

图 3-85 给出了上述不同封装条件下脉冲电压的上升时间。通过使用栅极电感进行驱动，器件导通速度得以大大提升。

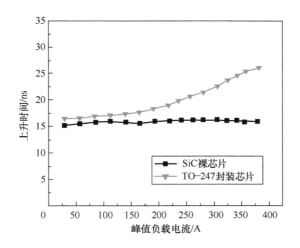

图 3-85　不同负载电流下裸芯片和封装芯片的上升时间[62]

3.2　绝缘栅双极型晶体管（IGBT）

3.2.1　概述

我们已经知道，作为双极型和电流驱动型器件，GTR 和 GTO 有电导调制效应，通流能力很强，但开关速度较低，所需驱动功率大，驱动电路复杂；而作为单极型和电压驱动型器件，功率 MOSFET 开关速度快，输入阻抗高，热稳定性好，所需驱动功率小而且驱动电路简单，缺点是因没有电导调制效应而使导通电阻较大。基于单、双极型器件互为短长的这一事实，人们很容易想到应该把两者结合起来，取各方之所长构成一种新器件。这种两类器件取长补短结合而成的复合器件称为 Bi-MOS 器件。利用 Bi-MOS 技术可以形成多种器件结构，其中双极型器件（BJT 或晶闸管）的作用是运输主电流，MOS 器件的作用是控制开关。例如 MOS 控制晶闸管（MOS Controlled Thyristor，MCT）就是其中一种，这种器件将 MOS 栅应用于晶闸管，一时曾成为研究热点，但终因结构和工艺过于复杂等问题未能走向实际应用，渐渐淡出历史舞台。目前，在 Bi-MOS 器件家族中，应用最广泛的当属绝缘栅双极型晶体管（Insulated-Gate Bipolar Transistor，IGBT）。

1984 年，巴利伽等人发表了《绝缘栅晶体管》的文章，标志着 IGBT 器件的诞生。IGBT 是 GTR 和 MOSFET 的复合器件，结合了两者的优点。它于 1986 年投入市场，当时是中小功率电力电子设备的主导器件。经过 20 多年的发展，IGBT 的性能日臻完善，现代 IGBT 具有以下明显优点：在很宽的工作电流范围内具有正电阻温度系数，便于多芯片并联；开关速度快（纳秒级）；反向恢复时间短，为采用新型特快动作的压敏保护器件来实现 IGBT 直接串联提供了技术上的可能；开关损耗远低于双极型器件，而通态损耗越来越接近双极型器件，于是总功率损耗降低；不存在晶闸管类器件在导通过程中必然存在的电流集中在初始导通区域然后再逐步向全面积扩展的"慢"过程，有更高的 di/dt 耐量，导通过程更加均匀；比 GTO、晶闸管和某些 IGCT 等双极型器件有高得多的 du/dt 耐量。因此，现代 IGBT 比较适合用于在高频、大功率应用中担当功率开关管的角色，而且具有优秀的动态性能。它不仅已基本取代了 GTR 的一般应用，而且在很多领域向 GTO 提出了挑战。

3.2.2　IGBT 的结构和工作原理

图 3-86 表示了 IGBT 的结构、简化等效电路和电气图形符号。由图可见，IG-BT 是三端器件，包括栅极 G、集电极 C 和发射极 E 3 个电极。按国际电工委员会文件，鉴于 IGBT 实质上是一个场效应晶体管，因此内部结构各部分名称基本沿用功率 MOSFET 的相应名称；为兼顾长期以来的习惯称谓，部分器件外端口的命名沿用双极型晶体管的名称，即从源极引出的电极称发射极 E，从漏极引出的电极称集电极 C，栅极 G 保持原名称不变。

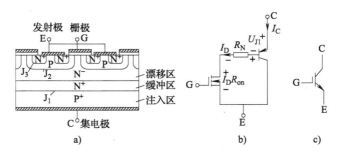

图 3-86　IGBT 的结构、简化等效电路和电气图形符号

a）内部结构断面示意图　b）简化等效电路　c）电气图形符号

下面从器件内部载流子的输送过程来解释 IGBT 的工作原理。以发射极电极作基准，当 $U_{CE} > 0$，$U_{GE} > U_T$ 时，栅极下面的半导体表面形成反型层，MOSFET 导通，电子从 N^+ 源区经沟道流入 N^- 漏区，相当于给 PNP 型 GTR 提供了基极驱动电流，使 J_1 结更为正偏，于是 P^+ 区向 N^- 漏区注入空穴。这些空穴一部分与沟道来的电子复合，另一部分被处于反偏的 J_2 结收集到 P 区，通过发射极流出，完成电流的输运。这些载流子将显著调节 N^- 漏区的电导率，这就降低了器件的导通电阻，提高了电流密度。

可见，N 沟道 IGBT 即为 N 沟道 VDMOSFET 与 GTR 的组合。通过将 VDMOS-FET 的 N^+ 注入区换成 P^+ 注入区，在导通过程中引入少数载流子注入，使器件具有很强的通流能力。简化等效电路表明，IGBT 是 GTR 与 MOSFET 组成的达林顿结构，是一个由 MOSFET 驱动的厚基区 PNP 晶体管。简化等效电路中的 R_N 为晶体管基区内的调制电阻。IGBT 的驱动原理与功率 MOSFET 基本相同，同为场控器件，通断由栅射极电压 U_{GE} 决定。当 U_{GE} 大于开启电压 $U_{GE(th)}$ 时，MOSFET 内形成沟道，为晶体管提供基极电流，IGBT 导通。当栅射极间施加反电压或不加信号时，MOSFET 内的沟道消失，晶体管的基极电流被切断，IGBT 关断。导通过程中电导调制效应使电阻 R_N 减小，使通态压降减小。

3.2.3 IGBT 的基本特性

1. IGBT 的静态特性

图 3-87 表示了 IGBT 的输出特性，即伏安特性，描述 U_{GE} 为控制变量时，I_C 与 U_{CE} 之间的相互关系。此特性与 BJT 的输出特性相似，不同的是控制变量。输出特性在第一象限可分为 3 个区域：正向阻断区、有源区和饱和区，在第三象限有反向阻断区。当 $U_{CE} < 0$ 时，IGBT 为反向阻断状态，J_1 结反偏，无论有无沟道都不会出现 I_C，J_1 结的雪崩击穿电压决定了 IGBT 的反向阻断电压 U_{RM}。当 $U_{CE} > 0$ 而 $U_{GE} < U_{GE(th)}$ 时，IGBT 为正向阻断状态，J_2 结反偏，只有很小集电极漏电流流过，J_2 结的雪崩击穿电压决定了

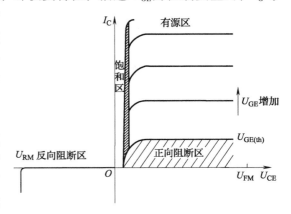

图 3-87 IGBT 的输出特性曲线

IGBT 的正向阻断电压 U_{FM}。当 $U_{CE} > 0$ 而 $U_{GE} \geq U_{GE(th)}$ 时，IGBT 为正向导通状态，随着 U_{CE} 的增大，导电沟道加宽，集电极电流 I_C 增加，I_C 与 U_{GE} 呈线性关系，而与 U_{CE} 无关，这部分区域称为有源区或线性区。对工作在开关状态的 IGBT 应尽量避免工作于有源区。输出特性比较明显弯曲的部分为饱和区，在这个区域 I_C 与 U_{GE} 不呈线性关系。

图 3-88 表示了 IGBT 的转移特性，描述的是 I_C 与 U_{GE} 之间的关系。由图可见除 $U_{GE(th)}$ 附近外，I_C 与 U_{GE} 基本呈线性关系，这一点与功率 MOSFET 类似，相应的也可以定义跨导参数。图 3-89 所示为 IGBT 的饱和电压特性，由图可见 IGBT 的通态电压温度系数在小电流范围内为负，在大电流范围内为正。这是因为在低电流区域，ν_{BE}、β 等双极分量起支配作用，而大电流区域 MOS 分量沟道电阻 R_{ch} 起支配作用。我们希望 IGBT 的通态电压具有正温系数，以便于并联应用，所以一般在大电流范围（交点以上）应用它。不过这个问题在现代 IGBT 器件中基本不存在，现代 IGBT 可实现全电流范围内的通态电压正温系数。另外，由于 PNP 管和功率 MOSFET 在这里是达林顿接法，所以存在 PNP 管发射结所需偏置电压 U_{BE}，U_{CE} 不是从 0 开始。

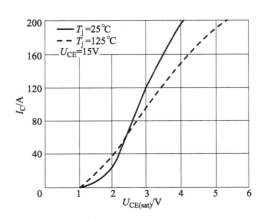

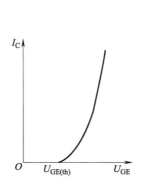

图 3-88 IGBT 的转移特性曲线

图 3-89 IGBT 的饱和电压特性

2. IGBT 的动态特性

图 3-90 表示了 IGBT 的开关过程。对于导通过程，与功率 MOSFET 相似，可以定义两个开关时间。从 U_{GE} 上升到峰值的 10% 时刻开始，到 I_C 上升到峰值的 10% 时刻为止，定义为导通延迟时间，记为 $t_{d(on)}$。I_C 从峰值的 10% 上升到 90% 的过程对应的时间定义为电流上升时间，记为 t_r。$t_{d(on)}$ 与 t_r 之和为导通时间 t_{on}。U_{CE} 的下降过程可分为 t_{fv1} 和 t_{fv2} 两段，其中 t_{fv1} 对应于 IGBT 中 MOSFET 单独工作的电压下降过程，其下降斜率较陡；t_{fv2} 对应于 MOSFET 和 PNP 晶体管同时工作的电压下降过程。

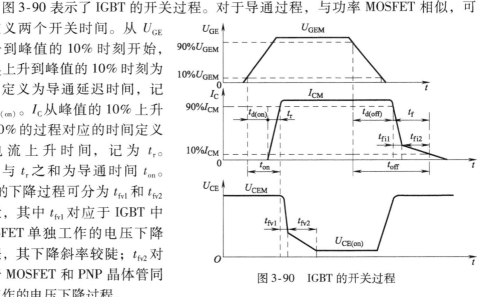

图 3-90 IGBT 的开关过程

对于关断过程同样可以定义两个开关时间。从 U_{GE} 下降到峰值的 90% 时刻开始，到 I_C 下降到峰值的 90% 时刻为止，定义为关断延迟时间，记为 $t_{d(off)}$。I_C 从峰值的 90% 下降到 10% 的过程对应的时间定义为电流下降时间，记为 t_f。$t_{d(off)}$ 与 t_f 之和为关断时间 t_{off}。电流下降时间 t_f 又可分为 t_{fi1} 和 t_{fi2} 两段，其中 t_{fi1} 对应 IGBT 器件内部 MOSFET 的关断过程，I_C 下降较快；t_{fi2} 对应 IGBT 内部 PNP 晶体管的关断过程，I_C 下降较慢。

图 3-91 更详细地表示了 IGBT 关断过程中 I_C 和 U_{CE} 的变化情况。IGBT 中的电流包含 MOSFET 电流和双极电流两个分量。撤除栅压，反型沟道立即消失，

MOSFET 电流分量迅速衰减为零，即图中所示 ΔI_C，它等于 PNP 晶体管的基极电流，即 $\Delta I_C = (1 - \alpha_1) I_C$。而双极电流分量必须经过类似双极型器件的复合关断过程，复合的快慢取决于载流子的寿命。因为对于 IGBT 中的 PNP 晶体管来说，基区没有直接的引出电极，所以不能利用外电路的驱动电流来缩短关断时间。虽然采用了类似达林顿的连接，关断时间比深饱和 PNP 晶体管要短，但仍不能满足许多高频应用的需求。这就是在很长一段时间内困扰 IGBT 发展的所谓"拖尾"电流问题，当然在现代高频大功率 IGBT 中，"拖尾"电流已经得到了很好的解决。如图 3-91 所示，对于阻性负载，U_{CE} 是 I_C 形状的反演。对于感性负载，U_{CE} 的陡然上升通常会过冲，在超过最后的稳态值之后再回来，不过由于关断过程电流分布比较均匀，所以只要设计简单的缓冲电路就可使 IGBT 正常工作。

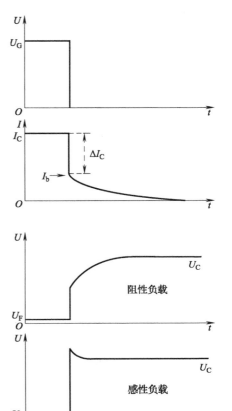

图 3-91　IGBT 关断过程中 I_C 和 U_{CE} 的变化

IGBT 的开关时间与集电极电流 I_C、栅极电阻 R_G 以及结温等参数有关，尤其栅极电阻对开关时间的影响更大。图 3-92 所示为开关时间 $t_{d(on)}$、t_r、$t_{d(off)}$、t_f 分别随 I_C 和 R_G 的变化规律。图 3-93 表示了 IGBT 的导通损耗特性和关断损耗特性，图中一并列出了检测电路示意图，这里用到的是 100A/600V 的 IGBT。对于导通损耗，温度上升 100℃，导通损耗约增加一倍。关断过程取决于 PNP 晶体管的工况，与功率 MOSFET 相差很大，关断损耗也随温度上升而增加。由 IGBT 的饱和电压特性（见图 3-89）、导通损耗特性和关断损耗特性可计算总功耗。例如，$I_C = 40A$，脉冲占空系数 DF = 50%，$f = 20\text{kHz}$，$T_j = 125℃$，则

$$P_T = (U_{CE} \times I_C) \times DF + (E_{on} + E_{off}) \times f$$
$$= (2 \times 40) \times 0.5 + (2.2 + 2.1) \times 20 = 126\text{W}$$

3. IGBT 的擎住效应

擎住效应，也称晶闸管效应、闭锁效应，是指 IGBT 工作电流增大到某个值时，虽撤去栅偏压，器件依然导通，即器件被栅压触发导通后，栅压不再具有控制能力。此时器件处于不稳定状态，对 IGBT 而言是一种故障现象。擎住效应曾限制

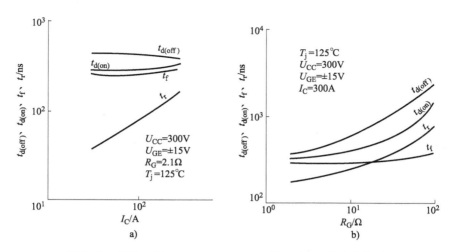

图3-92 开关时间 $t_{d(on)}$、t_r、$t_{d(off)}$、t_f 随 I_C 和 R_G 的变化规律

a) 开关时间与 I_C b) 开关时间与 R_G

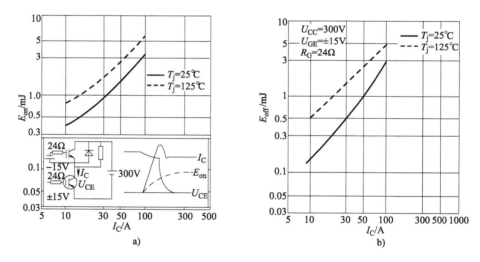

图3-93 100A/600V IGBT 导通和关断损耗特性

a) 导通损耗特性 b) 关断损耗特性

IGBT 电流容量的提高，在20世纪90年代中后期开始逐渐解决。

从 IGBT 的基本结构可看出（见图3-86），单元的中间部分为 P^+N^-P 双极型晶体管，而位于两侧的 $P^+N^-PN^+$ 为晶闸管，它相当于一个 MOSFET 来控制晶闸管的结构，P 层与源极金属化的地方相当于晶闸管的阴极短路点。当 C 加正电压，G 相对 E 也加正电压，栅极下的 N 沟道导通，电子电流由源极流入 N^- 并引起 P^+N^- 结向 N^- 区注入空穴，该空穴被扫入 P 区后将形成 P 层中的横向流向"短路点"的电流。当横向电流引起的电位差大于等于0.7V 时，将引起 N^+ 大量的电子注入，形成晶闸管式导通。一旦出现这种情况，两个等效晶体管因深度饱和处于锁定状态，即闭锁（latching）发生。

从考虑了寄生 N^+PN 晶体管的等效电路图同样可以对擎住效应的发生机理进行解释。如图 3-94 所示，IGBT 器件内有一个寄生晶闸管存在，它由 P^+NP 和 N^+PN 两个晶体管组成。在 N^+PN 晶体管的基极与发射极之间并有一个体区电阻 R_b，在该电阻上，P 型体区的横向空穴流会产生一定压降。对于 J_3 结来说，相当于加一个正偏置电压。在规定的漏极电流范围内，这个正偏压不大，N^+PN 晶体管不起作用。当漏极电流大到一定程度时，这个正偏置电压足以使 N^+PN 晶体管导通，进而使 N^+PN 和 P^+NP 晶体管处于饱和状态，于是寄生晶闸管导通，栅极失去控制作用。

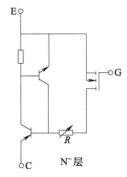

图 3-94　考虑了寄生 N^+PN
晶体管的等效电路图

IGBT 出现擎住效应的条件就是寄生晶闸管导通的条件。设 N^+PN 晶体管发射极电流为 I_E，则其集电极电流为 $I_E\alpha_{NPN}$，此电流即为 P^+NP 晶体管的基极电流，再经过 P^+NP 晶体管放大，P^+NP 晶体管集电极电流放大 $\beta_{PNP} = \alpha_{PNP}/(1-\alpha_{PNP})$ 倍输出，这个电流又成为 N^+PN 晶体管基极电流，此反馈电流经 N^+PN 晶体管放大后，发射极电流为 $I_E\alpha_{PNP}\alpha_{NPN}/[(1-\alpha_{PNP})(1-\alpha_{NPN})]$，令其等于 I'_E，当 $I'_E \geqslant I_E$ 时正反馈建立，PNPN 晶闸管导通，整理得

$$\alpha_{PNP} + \alpha_{NPN} \geqslant 1$$

这也就是 IGBT 发生擎住的条件。

设空穴电流 I_h 流过 N^+ 源区下方，则引起的横向压降为 $U_A = I_hR_b$，又 I_h 为 P^+NP 晶体管的集电极电流，则 $I_h = \alpha_{PNP}I_C$，I_C 为 IGBT 集电极电流，也就是 P^+NP 晶体管的发射极电流，则 $U_A = \alpha_{PNP}I_CR_b$，设晶闸管的导通条件是 $U_A \geqslant 0.7V$，所以 IGBT 发生擎住的临界擎住电流为

$$I_{CL} = \frac{0.7}{\alpha_{PNP}R_b} \tag{3-1}$$

值得说明的是式（3-1）为静态擎住情况下的临界擎住电流表达式，关断过程中由于 J_2 结反向电压的迅速建立，会引起较大位移电流而产生动态擎住效应，所允许的 I_{CL} 比静态擎住的情况还要小。

图 3-95 表示了典型的擎住特性曲线。其中，AB 段为 MOSFET 栅控下的 PNP 管工作区；BC 段为 MOSFET 栅控下的 PNP 管、NPN 管共同工作区。

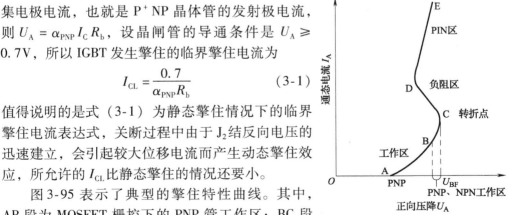

图 3-95　典型的擎住特性曲线

此时，R_b 上的压降逐渐增大，但 NPN 管仍然处于未导通状态，$\alpha_{PNP} + \alpha_{NPN} < 1$；C 点为正向转折点，对应的电压称为正向转折电压 U_{BF}，$\alpha_{PNP} + \alpha_{NPN} \approx 1$ 条件已满足，

触发了 PNPN 寄生晶闸管的正反馈过程，使得 IGBT 发生擎住，阳极电流迅速增加；CD 段为电流增大、压降减小的负阻区；DE 段为 J_2 结完全淹没后的等效二极管 PIN 区。

根据式（3-1）容易看出，为了抑制擎住效应的发生，即应尽量提高 I_{CL}，可从减小 α_{PNP} 和 R_b 两方面入手。具体到工艺上常用的防止擎住效应的措施包括：

1）减小短路电阻 R_b。如采用 P^+ 中心扩散方法、缩短 N^+ 源区的横向长度等，图 3-96 表示的一种带有发射极腐蚀坑的元胞结构就有这样的设计考虑。在 N^+ 源区下的 P 阱区做一次 P^+ 深扩散，P^+ 扩散窗口比 P 阱区小，目的是通过增加 P 阱区杂质浓度来减小 R_b；发射极的腐蚀坑使 IGBT 形成槽栅结构，缩短了 N^+ 源区的横向长度 L，L 越小则 R_b 越小。

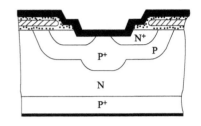

图 3-96　带有发射极腐蚀坑的元胞结构

此外采用自对准技术，可使发射极部分的 N^+ 区实现微细化，从多晶硅栅的侧壁扩散 N^+ 源区，由于不需要估计掩模、对准和过腐蚀的余量，单元内多晶硅栅的间隔可由非自对准工艺的 $20\mu m$ 左右缩短到 $7\mu m$ 左右。

2）背面定域 P^+ 扩散法与阳极短路法。如图 3-97 所示，这两种方法实际上都从减小 α_{PNP} 的角度提高了 I_{CL}，并且都可使存储在 N^- 漂移区内的电子通过阳极短路部分泄放以加速关断。

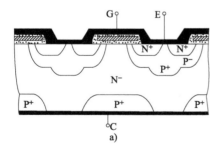
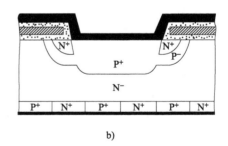

图 3-97　背面定域 P^+ 扩散法与阳极短路法

a）背面定域 P^+ 扩散结构　b）阳极短路结构

3）加一薄的 N^+ 缓冲层。如图 3-98 所示，N^+ 缓冲层的引入能防治擎住效应是容易理解的，N^+ 层使 PNP 管 P^+ 衬底向 N^- 外延层发射空穴的发射效率降低，从而使 α_{PNP} 减小。

由于 N^+ 缓冲层具有协调器件通态、断态和开关特性的作用，可以说是一种奇妙的结构，特对其稍加说明。无 N^+ 缓冲层的 IGBT 中，正、反向阻断电压相等，故称对称型器件；有 N^+ 缓冲层的 IGBT 称非对称型器件。很多应用领域并不要求器件是对称型的（如电压型逆变器），所以非对称型器件很受重视。

如图 3-99 所示，对称型 IGBT 的电场呈三角形分布，而非对称型 IGBT 的电场呈矩形分布，所以 N$^+$ 缓冲层有利于提高正向阻断电压。需要注意的是在图 3-99b 中，正向阻断结 J$_2$ 的耗尽层决不允许穿通到 J$_1$ 结，因而缓冲层内电荷必须足以使电场在该区降到零，所以要适当提高掺杂浓度，但不能影响发射效率。

参考图 3-86b 所示的 IGBT 简化等效电路，设 IGBT 中的双极电流分量为 I_T，MOS 电流分量为 I_D，IGBT 中 PNP 晶体管发射结电压为 U_{J1}，漂移区调制电阻端压为 U_{RN}，IGBT 中 MOSFET 端压为 U_{DS}，则 IGBT 的正向导通电压可表示为

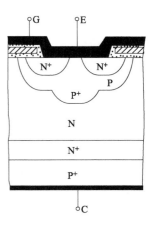

图 3-98　加 N$^+$ 缓冲层的 IGBT 结构

$$U_{CE} = U_{J1} + U_{RN} + U_{DS}$$
$$= U_{J1} + I_D R_N + I_D R_{on}$$

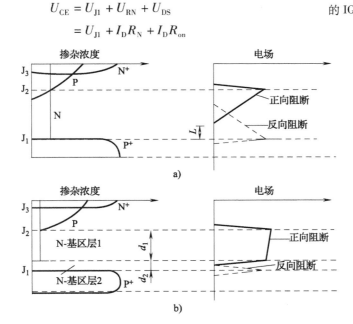

图 3-99　N$^+$ 缓冲层提高正向阻断电压

a）对称 IGBT 电场呈三角形分布　b）非对称 IGBT 电场呈矩形分布

可见，正向导通电压 U_{CE} 取决于 I_D、漂移区调制电阻 R_N 和 MOSFET 导通电阻 R_{on}，而 R_N 由漏区厚度决定，在非对称结构中，由于 N$^+$ 缓冲层的加入，N$^-$ 漏区的厚度仅为对称结构的一半，故 R_N 减小，U_{CE} 减小。

IGBT 中的总电流由双极和 MOS 两个分量组成，即

$$I_C = I_T + I_D = \beta I_D + I_D$$

式中，β 为 PNP 管电流增益。

缓冲层降低了发射极注入效率，也就降低了 β，则 MOS 电流分量将成为总电

流的主要部分,而这部分电流是因沟道被切断迅速实现关断的,这部分电流越大,拖尾电流便越小,因而下降时间也越短。所以 N⁺ 缓冲层结构的引入还可以缩短 IGBT 的关断时间。

综上,加入 N⁺ 缓冲层的 IGBT 结构具有如下特点:抗擎住能力增强;正向阻断电压提高;正向导通电压减小;关断时间缩短;反向阻断电压减小(唯一被牺牲的特性)。鉴于 N⁺ 缓冲层对改善功率半导体器件的功用,诸如功率二极管、GCT 等也都经常引入该结构。为了协调各方的折中关系,N⁺ 缓冲层的掺杂浓度和宽度都需根据实际情况优化设计,一般而言,掺杂浓度在 $10^{16} \sim 10^{17}\,\mathrm{cm}^{-3}$ 量级,宽度在 $10\,\mu\mathrm{m}$ 左右。

4) 控制少数载流子寿命。通过中子、质子或电子线照射实现少子寿命的最佳控制可减小 α_{PNP},以达到抑制擎住效应的目的。

5) 选择合理的栅源结构。对于不同形式的元胞结构,如条形、方形、圆形,其抗擎住能力为:$J_{\mathrm{L(条)}} > J_{\mathrm{L(方)}} > J_{\mathrm{L(圆)}}$。

4. 安全工作区

IGBT 的主要参数包括:最大集射极间电压 U_{CES}——由内部 PNP 晶体管的击穿电压确定;最大集电极电流——包括额定直流电流 I_{C} 和 1ms 脉宽最大电流 I_{CP};最大集电极功耗 P_{CM}——正常工作温度下允许的最大功耗。

如图 3-100 所示分别为 IGBT 的正向偏置安全工作区(FBSOA)和反向偏置安全工作区(RBSOA)。其中,FBSOA 由最大集电极电流、最大集射极间电压和最大集电极功耗确定,它与 IGBT 导通时间长短有关,导通时间越短,最大功耗耐量越高;RBSOA 由最大集电极电流、最大集射极间电压和最大允许电压上升速率 $\mathrm{d}U_{\mathrm{CE}}/\mathrm{d}t$ 确定,$\mathrm{d}U_{\mathrm{CE}}/\mathrm{d}t$ 会使 IGBT 产生擎住效应,$\mathrm{d}U_{\mathrm{CE}}/\mathrm{d}t$ 越大,RBSOA 越小。

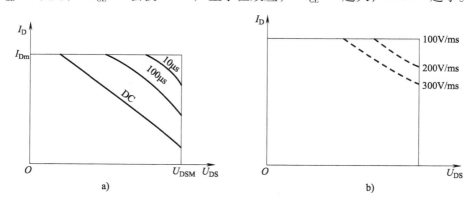

图 3-100　IGBT 的 FBSOA 和 RBSOA
a) FBSOA　b) RBSOA

IGBT 的特性和参数特点可以总结如下:

1) 开关速度高,开关损耗小。

2）相同电压和电流定额时，安全工作区比 GTR 大，且具有耐脉冲电流冲击能力。

3）通态压降比 VDMOSFET 低。

4）输入阻抗高，输入特性与 MOSFET 类似。

5）与 MOSFET 和 GTR 相比，耐压和通流能力还可以进一步提高，同时保持开关频率高的特点。

3.2.4　IGBT 的栅极驱动和保护

1. IGBT 的栅极驱动

驱动电路是主电路与控制电路之间的接口，它使电力电子器件工作在较理想的开关状态，缩短开关时间，减小开关损耗，对装置的运行效率、可靠性和安全性都有重要的意义。一些保护措施也往往设在驱动电路中，或通过驱动电路实现。驱动电路的具体形式可以是分立元件的，但目前的趋势是采用专用集成驱动电路，包括双列直插式集成电路及将光耦隔离电路也集成在内的混合集成电路。为达到参数的最佳配合，首选所用器件生产厂家专门开发的集成驱动电路。

驱动电路还要提供控制电路与主电路之间的电气隔离环节，一般采用光隔离或磁隔离。磁隔离的元件通常是脉冲变压器，在驱动晶闸管一类器件时用得较多。光隔离一般采用光电耦合器，如 IGBT 一类的全控型器件较多被采用。

图 3-101 表示了几种光电耦合器的类型及接法。图 3-101a 所示为普通型光电耦合器，其输出特性和晶体管相似，只是其电流传输比 I_C/I_D 比晶体管的 β 小得多，只有 0.1 ~ 0.3，响应时间在 $10\mu s$ 左右。输入级的发光二极管导通发光，通过内

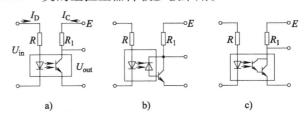

图 3-101　光电耦合器的类型及接法

a）普通型　b）高速型　c）高传输比型

光路（外面看不到）照射到输出级的光敏晶体管，使其导通，R 为限流电阻，前后级之间没有电的联系。图 3-101b 所示为高速型光电耦合器，它利用了反偏 PN 结减少载流子存储效应，光敏二极管流过的是反向电流，其响应时间小于 $1.5\mu s$。图 3-101c 是利用复合型达林顿结构提高 β 值的高传输比型光电耦合器。

IGBT 的栅极驱动条件密切关系它的静态和动态特性。表 3-4 表示了 IGBT 的栅极驱动条件与器件特性之间的关系。随着正偏电压 U_{GE} 的增加，通态压降 U_{CE} 下降，这一趋势也表示在图 3-102 中。由图 3-102b 还可看出 U_{CE} 随电流 I_C 的增加而增大。对于 $I_C = 50A$ 的 IGBT，选 $U_{GE} = 15V$ 较合理，这一点 U_{CE} 接近饱和值，是最佳工作点。图 3-103 表示导通损耗与正偏压的关系，随着 U_{GE} 增加，每脉冲导通能耗 E_{on} 下降。虽然增加 U_{GE} 对于减小 U_{CE}、E_{on}、导通时间 t_{on} 有利，但也不能随意增加，因

为其对负载短路能力、dU_{CE}/dt 引起的位移电流有不利影响。

表 3-4 IGBT 的栅极驱动条件与器件特性之间的关系

特 性	$U_{CE(on)}$	t_{on}、E_{on}	t_{off}、E_{off}	负载短路能力	电流 dU_{CE}/dt
$+U_{CE}$ 增大	降低	降低		降低	增加
$-U_{GE}$ 增大	—	—	略减小	—	减少
R_G 增大	—	增加	增加	—	减少

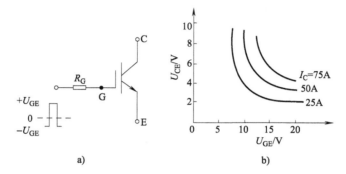

图 3-102 正偏电压 U_{GE} 的影响

a) 栅极驱动电路 b) 通态电压与正偏压的关系

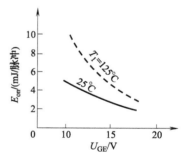

图 3-103 导通损耗与正偏压的关系

负偏电压是很重要的栅极驱动条件，直接影响 IGBT 的可靠运行。图 3-104 表示了漏极浪涌电流与 $-U_{GE}$ 的关系。如图 3-104a 所示试验电路，V_2 关断时，很高的 dU_{CE}/dt 会产生一个较大的集电极浪涌电流，可能引起 IGBT 动态擎住。为避免发生这种误触发，在栅极加负偏压。栅极负偏压对关断损耗 E_{off}、关断时间 t_{off} 等关断特性影响不大。关断损耗与负偏压的关系表示在图 3-105 中。

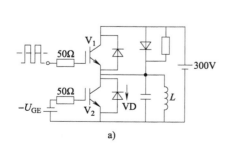

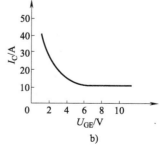

图 3-104 负偏电压 $-U_{GE}$ 的影响

a) 试验电路 b) 负偏压与浪涌电流的关系

E_{on}、E_{off}、$\mathrm{d}i_C/\mathrm{d}t$ 与栅极电阻 R_G 的关系分别表示在图 3-106 和图 3-107 中，可见增加 R_G 对减小 $\mathrm{d}i_C/\mathrm{d}t$ 是有利的，不过会增加 E_{on}、E_{off}。为使 IGBT 可靠工作，R_G 的选择原则是：在开关损耗不太大的情况下，应选择较大的 R_G。

总的说来，对 IGBT 的驱动电路有如下要求和条件：

1）由于是容性输入阻抗，因此 IGBT 对栅极电荷积聚很敏感，驱动电路必须很可靠，要保证有一条低阻抗值的放电回路。

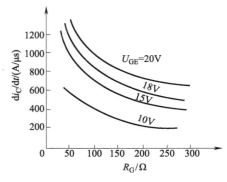

图 3-105　关断损耗与负偏压的关系

2）用低内阻的驱动源对栅极电容充放电，以保证栅极控制电压有足够陡峭的前后沿，使 IGBT 的开关损耗尽量小。另外 IGBT 导通后，栅极驱动源应提供足够的功率使 IGBT 不致退出饱和而损坏。

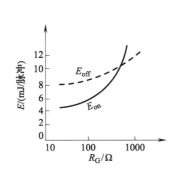

图 3-106　E_{on}、E_{off} 与 R_G 的关系

图 3-107　$\mathrm{d}i_C/\mathrm{d}t$ 与 R_G 的关系

3）栅极电路中的正偏压应为 12 ~ 15V；负偏压应为 -10 ~ -2V。

4）栅极驱动电路应尽可能简单实用，具有对 IGBT 的自保护功能，并有较强的抗干扰能力。

5）若为大电感负载，IGBT 的关断时间不宜过短，以限制 $\mathrm{d}i/\mathrm{d}t$ 所形成的尖峰电压，保证 IGBT 的安全。

2. IGBT 的保护

一方面，由于 IGBT 器件昂贵，另一方面，电力电子系统故障率比弱电系统高、危害大，所以保护必不可少。将 IGBT 用于电力变换时，为了保证其安全运行，防止异常现象造成器件损坏，必须采取完备的保护措施，常用的有：

1）通过检出的过电流信号切断栅极信号，实现过电流保护。

2）利用缓冲电路抑制过电压，并限制过高的 $\mathrm{d}u/\mathrm{d}t$。

3）利用温度传感器检测 IGBT 的外壳温度，当超过允许温度时主电路跳闸，实现过热保护。

图 3-108 列出了变频装置中的短路模式。图 3-108a 所示为直通短路，产生原

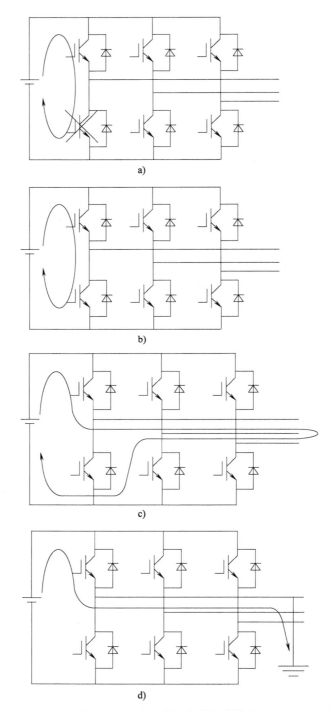

图 3-108 变频装置中的短路模式

a) 直通短路 b) 桥臂短路 c) 输出短路 d) 接地

因是桥臂中某一个器件损坏或反并联二极管损坏；图 3-108b 所示为桥臂短路，产生原因是控制电路、驱动电路的故障，或干扰噪声引起的误动作，造成一个桥臂中的两个 IGBT 同时导通；图 3-108c 和 d 所示分别为输出短路和接地的情况，产生原因是配线等人为的错误或负载的绝缘损坏。

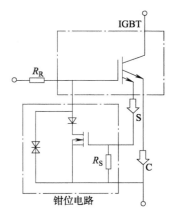

图 3-109 所示为一具有过电流限制功能的 IGBT 的等效电路，实际中该过电流保护电路与 IGBT 器件集成在同一方片上。通过从 IGBT 发射极引出一微小电流流过 R_S，在 R_S 上产生一电压，当 R_S 中的电流超过一定值，MOSFET 的栅压超过阈值电压而导通，IGBT 的 G 和 E 之间电压被钳制在一定值，过电流瞬间受限。

图 3-109　具有过电流限制
功能的 IGBT 的等效电路

IGBT 关断时，由于主回路的电流急剧下降，主回路存在的等效电感将引起高电压，称为开关浪涌电压。这种开关浪涌电压如果超过 IGBT 的 RBSOA，就会使 IGBT 损坏。

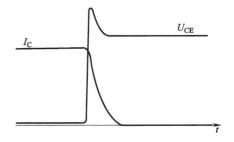

图 3-110 为 IGBT 感性负载关断时的波形示意图。IGBT 过电压保护即吸收过电压的方式有：在 IGBT 上加吸收回路以吸收浪涌电压；调整驱动电路的栅电阻或反偏电压以减小开关时的 di/dt；将电源容量尽可能置于 IGBT 最近处，以降低配线电感；缩短连线，宜用铜材等。

图 3-110　IGBT 感性负载关断时的波形示意图

抑制浪涌电压最有效的措施是采用缓冲电路，也称为吸收回路，它既可以限制关断电压上升速率，又可以减少 IGBT 的关断损耗。图 3-111 所示为几种 IGBT 的

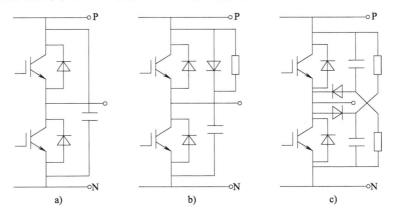

图 3-111　几种 IGBT 的过电压吸收回路

a) 小容量 IGBT（约 50A）　　b) 中容量 IGBT（约 200A）　　c) 大容量 IGBT（约 300A）

过电压吸收回路。图 3-111a 只在直流端子间接一个小电容，利用电容电压不能突变的特点吸收过电压，它的特点是电路简单，不过吸收损耗小，主要用于小容量 IGBT（约 50A）。由于主回路电感和缓冲器电容间形成了 LC 回路，容易使电压波动，所以应选择无感电容。图 3-111b 为 RCD 吸收回路，可用于中容量 IGBT（约 200A），要求用无感电阻、高压无感电容、快恢复高压二极管。图 3-111c 则可用于大容量 IGBT（约 300A）。此外，缩短连线以减小配线电感同样是重要的，计算表明每 1cm 的连线可引入约 5nH 的电感。

3. IGBT 专用驱动模块

大多数 IGBT 生产厂家为了解决 IGBT 的可靠性问题，都生产与其相配套的混合集成驱动电路，如日本富士公司的 EXB 系列、日本三菱公司的 M 系列、日本东芝公司的 TK 系列、美国摩托罗拉公司的 MPD 系列等。这些专用驱动电路抗干扰能力强、集成化程度高、速度快、保护功能完善，可实现 IGBT 的最优驱动。

图 3-112 所示为三菱公司的 M57962L 型 IGBT 驱动器的原理和接线图。为使 IGBT 能够稳定工作，一般驱动电路采用正负偏压双电源的工作方式。这里采用了高速型光电耦合器。1 脚经高压快恢复二极管检测主开关管的集电极电位，一旦电流过大，反应最快的是集电极电位的升高（通态压降增大）。5 脚输出驱动电压信号给 IGBT 栅极，电源一般为 15V 和 10V，两个 100μF 电容都是属于电源的，4、6 脚作用其上。当 5 脚输出高电平、1 脚输出低电平时，IGBT 正常导通；当 5 脚输出高电平、1 脚也输出高电平时，表示 IGBT 发生过电流，此时形成逻辑错误。8 脚是故障指示，过电流发生时 8 脚置低电平，发光二极管导通，发出故障指示的同时停止 5 脚输出。光敏晶体管的输出还可接到微机或数字电路上去，内部切断维持 10ms 左右，其中几毫秒的时间供给微机切断外部信号（13 脚输入的控制信号）。1 脚配接的 30V 稳压管具有防止高压串入、保护驱动片的作用。在栅射极之间的两只反向串联稳压管起双向钳位保护作用。

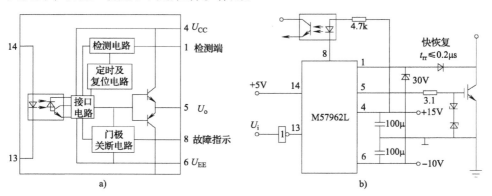

图 3-112　三菱公司的 M57962L 型 IGBT 驱动器的原理和接线图

a）原理图　b）接线图

图 3-113 所示为富士公司的 EXB841 型 IGBT 驱动电路原理图，它的最高工作频率可达 40 ~ 50kHz，只需外部提供一个 20V 单电源。整个电路可分为三大部分：光电耦合器、VT_2、VT_4、VT_5、R_1、C_1、R_2、R_9 共同组成放大部分，其中光电耦合器起到隔离作用，VT_2 为中间放大级，VT_4 和 VT_5 形成互补式推挽输出；VT_1、VT_3、稳压管 VS_1、电阻 R_3 ~ R_8、电容 C_2 ~ C_4 共同组成过电流保护部分，实现过电流检测和延时保护功能；稳压管 VS_2、R_{10}、C_5 组成 5V 基准电源部分，为驱动 IGBT 提供 −5V 反偏压，同时为光耦提供二次电源。

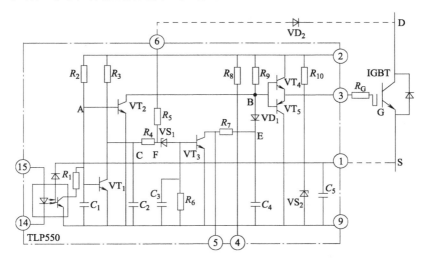

图 3-113　富士公司的 EXB841 型 IGBT 驱动电路原理图

14、15 脚有电流流过时，光电耦合器导通，A 点电位下降至 0V，VT_1、VT_2 截止；VT_2 截止使 B 点电位上升至 20V，VT_4 导通，VT_5 截止，通过 VT_4 及栅极电阻 R_G 向 IGBT 提供电流，IGBT 导通。

14、15 脚无电流流过时，光电耦合器不通，A 点电位上升使 VT_1、VT_2 导通；VT_2 导通使 VT_5 导通、VT_4 截止，IGBT 栅极电荷通过 VT_5 迅速放电，3 脚电位下降至 0V，比 1 脚电位低 5V，IGBT 可靠关断。

IGBT 正常导通时，C、F 点的电位不会使稳压管 VS_1 击穿，VT_3 不导通，E 点电位保持为 20V，VD_1 截止。发生短路时，IGBT 承受大电流而退饱和，集电极电位上升，VD_2 截止，6 脚"悬空"，C、F 点电位开始上升，达到一定程度 VS_1 击穿，VT_3 导通，C_4 通过 R_7、VT_3 放电，E 点电位逐步下降，从而 3 脚电位下降，慢慢关断 IGBT。

3.2.5　五代 IGBT 及第五代 IGBT 的 3 种新技术

1. 五代 IGBT 的发展历程

自 1984 年巴利伽提出 IGBT 的概念，20 多年来 IGBT 演变出了 5 个基本代，各代 IGBT 的技术特点及相关参数表示在表 3-5 中。由表可见 IGBT 在逐代演变中成长、成熟，第 5 代的芯片面积和功率损耗都大约减小到第 1 代的 1/3，元胞特征尺寸、导通压降都逐代下降，这里的性能指数计算公式如下

$$\text{FOM} = \frac{1}{U_{\text{CE(sat)}} \times t_{\text{f}}}$$

式中，FOM 为 IGBT 的综合性能。

表 3-5　IGBT 演变的 5 个基本代

代序	技术特点	芯片面积 （相对值）（％）	设计规则 /μm	导通压降 /V	功率损耗 （相对值）（％）	性能指数	出现时 间/年份
第 1 代	平面穿通型 （P-PT）	100	5	2.6 ~ 2.8	100	5×10^5	1988
第 2 代	改进的平面 穿通型（P-PT）	66	5	2.2 ~ 2.4	74	1.3×10^6	1990
第 3 代	沟槽型（Trench）	40	3	1.9 ~ 2.0	51	2.7×10^6	1992
第 4 代	非穿通型 （NPT）	31	1	1.6 ~ 1.8	39	6×10^6	1997
第 5 代	电场截止型 （FS）	27	0.5	1.4 ~ 1.6	33	1.1×10^7	2001

由于这里涉及穿通型（Punch Through，PT）和非穿通型（Non Punch Through，NPT）IGBT 的概念，下面先对其进行解释。

穿通型 IGBT 是在较厚的高浓度 P+ 衬底（约 50μm）上利用传统外延法生长一层 N+ 缓冲层（约 10μm），再在其上继续外延生长一层厚的 N⁻ 漂移层（约 100μm），然后扩散 P 阱，再在 P 阱上扩散 N+ 发射极。穿通型 IGBT 的穿通击穿电压小于雪崩击穿电压，即加电压发生穿通击穿前不会发生雪崩击穿。这种 IGBT 的优点是缓冲层的引入使通态压降较小。但是，在高频（20kHz 以上）高温（60 ~ 80℃）状态开关工作时，PT-IGBT 存在内在缺陷：拖尾电流大，极易造成应用时的短时桥臂直通；通态、断态和开关特性恶化，一致性差；安全工作区在高压大电流时呈圆弧状收缩，失效概率上升；此外，随着耐压要求的提高，需要生长厚外延层，制造成本大幅提高。因此，PT-IGBT 只适合低温低频应用领域。

从穿通型到非穿通型技术，是最基本的、也是很重大的概念变化。

非穿通型 IGBT 则由本底单晶硅片制成，它在低浓度 N 型区熔硅片上，正面扩散形成高浓度 P 阱及 N+ 发射层，背面离子注入形成浓度不高厚度较薄的 P 型层（小于 10μm），无需较厚的外延层及 N+ 缓冲层，总厚度较薄（100μm 左右）。非穿通型 IGBT 的穿通击穿电压大于雪崩击穿电压，即发生雪崩击穿前不会发生穿通击穿。这种 IGBT 的优点是：在优质单晶结构的 N⁻ 区上完成整个器件，没有晶格排列不整齐、质量欠佳的异型外延层；开关安全工作区呈矩形，在高压大电流下不

收缩；N 区不掺特性易随温度变化的铂等少子复合中心，高温性能稳定；P 区浓度不高，注入空穴少，复合快，开关速度快；引入的双极负温系数成分少，高温下电流分布均匀。不足之处在于，没有 N⁺ 缓冲层，N⁻ 区相对较厚，使通态压降较大，不过由于是亚微米线条精度生产，单位面积元胞数增加，虽然每个小元胞的等效电阻变大，但并联数增加，所以通态压降只是略微上升。此外，薄芯片的操作工艺也是一大挑战。总的来说，NPT-IGBT 的出现是 IGBT 技术发展过程中的重大突破，它协调了各参数，具有更好的高温可靠性，目前是 100kHz 以内中大功率电力电子应用的主流开关。

图 3-114 所示为第 1 代平面栅穿通型外延衬底 IGBT，这是 IGBT 提出时的原型产品。它通过将功率 MOSFET 的 N 型衬底换成 P 型，引入电导调制，控制 MOS 分量和双极分量的比例。采用 PT 结构，减薄外延层厚度。在 70% 额定电流处，电阻温度系数由负变正。这一代 IGBT 的阻断电压还比较低，为 600V 左右。

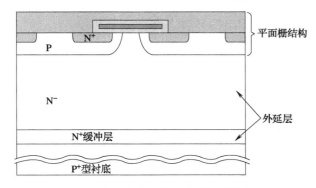

图 3-114　第 1 代平面栅穿通型外延衬底 IGBT

图 3-115 所示为第 2 代采用缓冲层、精密控制图形和少子寿命的平面栅穿通型外延衬底 IGBT。器件横向采用精密图形，减小每个元胞的尺寸。采用专门的扩铂与快速退火措施，控制基区内少数载流子寿命合理分布，锁定效应得到有效抑制。这一代 IGBT 的耐压达到 1000V。

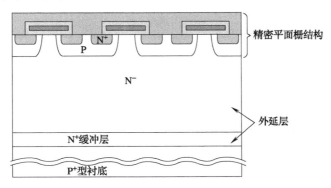

图 3-115　第 2 代采用缓冲层、精密控制图形和少子寿命的平面栅穿通型外延衬底 IGBT

图 3-116 所示为第 3 代沟槽栅型 IGBT。它采取沟槽栅结构代替平面栅，干法刻蚀掉 JFET 部分，减少了串联电阻，侧壁氧化层外侧的 P 区内形成垂直于硅片表面的沟道。由于这种 IGBT 的通态压降中剔除了 JFET 这块串联电阻的贡献，压降可降得更低，1700V 的 IGBT 面世了。

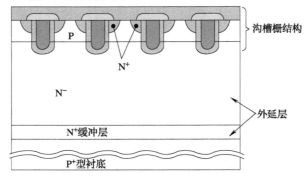

图 3-116　第 3 代沟槽栅型 IGBT

前 3 代的 IGBT 都是 PT 型的，PT-IGBT 发展至此待解决的最主要问题包括：高压器件成本高，厚层高阻外延片十分昂贵，如 1700V 的 IGBT 外延层需 170μm，3300V 的 IGBT 外延层则约需 330μm；不适于并联使用，这是通态压降的负温度系数所致，即电流正温度系数：某管电流偏大，致使温度上升，则电流继续增大，温度继续上升，最后电流集中于此管而使器件烧毁，图 3-117 示意了这种温度系数特性；功耗有待进一步降低，总功耗 = 通态损耗 + 开关损耗，而通态损耗和开关损耗对同一代技术是相互矛盾、互为消长的，图 3-118 表示了这种功率器件的功耗折中线。

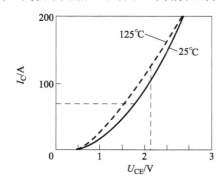

图 3-117　通态压降的负温度系数

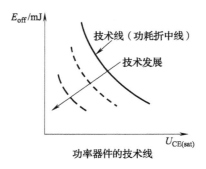

图 3-118　功率器件的功耗折中线

第 4 代非穿通型 IGBT 在器件技术和性能上发生了很大转折，其结构图如图 3-119 所示。这一代 IGBT 用区熔单晶硅片代替了高阻厚外延层，器件在全电流范围的工作区内都呈现正电阻温度系数，至此 IGBT 跨入了大功率应用领域，2500V/1000A 的 IGBT 问世了。第 4 代 NPT-IGBT 的主要性能特点包括：不用外延片，制造成本低；采用透明集电区结构，比 PT-IGBT 的关断损耗更小，更适于高

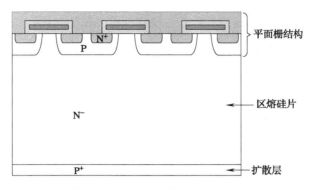

图 3-119　第 4 代非穿通型 IGBT

频应用；不采用载流子寿命控制技术，使通态压降具有正温系数；耐压层厚，通态压降比 PT-IGBT 大，这一点不利于低频应用；由于具有正温度系数和采用了非外延片，所以芯片坚固不易损坏。图 3-120 和图 3-121 分别表示了 NPT-IGBT 的温度特性和功耗技术曲线。

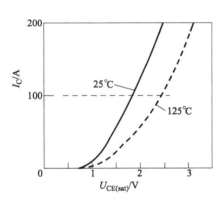

图 3-120　NPT-IGBT 的温度特性

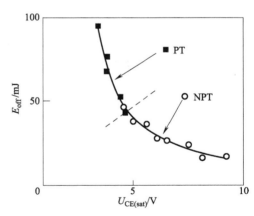

图 3-121　NPT-IGBT 的功耗技术曲线

图 3-122 所示为第 5 代电场截止型（Field Stop，FS）IGBT，FS-IGBT 吸收了 PT-IGBT 和 NPT-IGBT 两类器件的优点，引入电场截止层（又称弱穿通层）使硅片厚度减薄 1/3，同时保持了正电阻温度系数因而具有自均流效应，便于多芯片并联，引入了载流子存储层（详见后文介绍）。此种结构的 IGBT 已达到单管 6500V 的水平。

图 3-123 将 PT-IGBT、NPT-IGBT 和 FS-IGBT 的结构示意图放在一起，让读者有一个总体认识和比较。图 3-124 分别表示了 3 种结构的 IGBT 的通态压降 $U_{CE(on)}$、关断损耗 E_{off} 与温度的关系，由图可见 $U_{CE(on)}$ 和 E_{off} 均与温度有关，其中 $U_{CE(on)}$ 与温度关系的变化斜率就是温度系数。我们知道少数载流子的寿命随着温度的增加而增加，所以温度上升使 PT-IGBT 的 E_{off} 显著增加，由于在工作电流下也产生大量的少

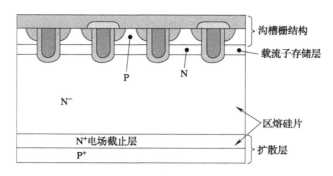

图 3-122　第 5 代电场截止型 IGBT

数载流子，因而使 $U_{CE(on)}$ 略微降低。对于 NPT-IGBT 和 FS-IGBT，由于注入适量的少数载流子，而非大注入情况，因此，随着温度上升 E_{off} 适量增加。随着温度上升，少数载流子寿命的增加不足以抵消硅电阻的增加，因而使 $U_{CE(on)}$ 增加。所以在室温下一种类型的 IGBT 可能比另一种类型性能好，但在较高温度下则有可能不同。

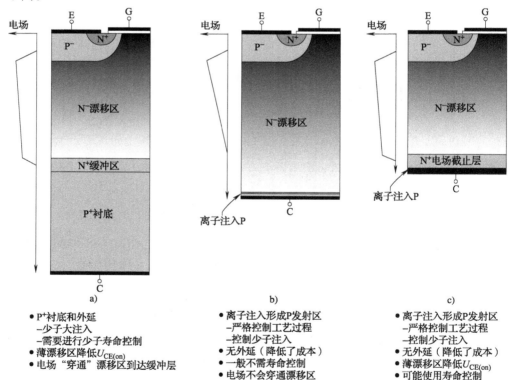

图 3-123　PT-IGBT、NPT-IGBT 和 FS-IGBT 的结构示意图

a）穿通型　b）非穿通型　c）电场截止型

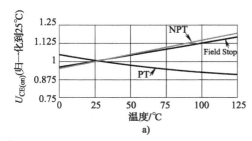
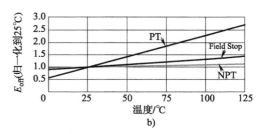

图 3-124 3 种结构的 IGBT 的通态压降 $U_{CE(on)}$、关断损耗 E_{off} 与温度的关系

a) $U_{CE(on)}$ 与温度的关系 b) E_{off} 与温度的关系

2. 第 5 代 IGBT 的 3 种新技术

第 5 代 IGBT 代表了目前 IGBT 制造的最高水平，它采用了 3 种最具魅力的关键技术：采用载流子存储的沟槽栅双极型晶体管（Carrier Stored Trench-gate Bipolar Transistor，CSTBT）结构以提高器件性能；控制沟道密度的插入式组合元胞（Plugging Cell Merged，PCM）技术；协调高压化和高速化且提高破坏耐量的轻穿通（Light Punch Through，LPT）技术。

IGBT 中有一用以维持断态电压的高阻层—N⁻漂移层，导通时，该层的电阻由于 P 集电极注入的空穴而下降，使额定损耗降低。但是导通时在 N⁻漂移层积蓄的空穴密度距集电极越远处会越低，发射极侧附近 N⁻漂移层部分的电阻难以减小，因此通态电压高。高压器件的 N⁻层越厚，这一问题越突出。CSTBT 的重要特征是在 P 基区层与 N⁻层间附加一掺杂水平较高的 N 层，如图 3-122 所示。PN 结的电位比 P N⁻高 0.2V，对从 P 层向 N⁻层注入的空穴是一势垒。从 P 集电极层注入的载流子很难穿过发射极侧，因而聚集在 P 基区层下，实现了发射极侧空穴密度的调整，形成通态 N⁻层空穴的高密度分布。存储的电荷不会影响器件的开关性能，但能使通态电压减小、通态电压与关断损耗的折中得到改善。

槽型 IGBT 有一个特点就是通电电流密度可能非常高，作为短路耐量这一点对逆变装置是一个不利的特性。第 4 代模块是靠外加 IC 以限制短路电流的，同时槽型 IGBT 比第 3 代以前的平面型 IGBT 的输入容量大，这又是优点之一。采用扩展沟道间隔，减小沟道密度（接近平面 IGBT）的方法来减小通电电流密度，将一些槽栅做成同发射极短路并置于槽间以扩展槽间距，而沟道是不导通的，这就是 PCM，

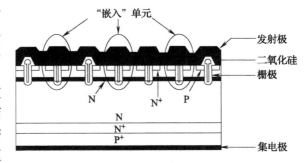

图 3-125 PCM 技术改善短路耐量

如图 3-125 所示。由此可以得到同平面 IGBT 一样的栅电荷量和高的短路耐量。

作为 IGBT 的衬底材料可以是外延片，也可以是单晶片。采用的结构有 PT 型和 NPT 型。通常 PT 型对降低通态压降有利，而 NPT 型对提高击穿耐压有利。集两方面长处为一体的"薄厚"结构是介于 PT 与 NPT 之间的一种 IGBT，即 LPT。它采用两层外延生长，与 PT 相比，背面的 N^+ 缓冲层和 P 集电极层直接由高精度的离子注入形成，其最适深度和浓度的自由度大。与 NPT 相比，它有自己的设计原则：以额定电压下空间电荷层达到缓冲层为限来设计衬底材料的电阻率，确保最高阻断电压下选取基片的最小 N^- 层厚度。图 3-126 为 NPT 与 LPT 剖面的比较。由于提高了破坏耐量，增加了设计和制造的自由度，可以降低成本，有价格优势。

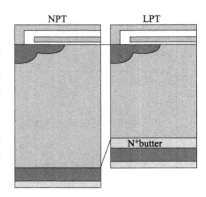

图 3-126　NPT 与 LPT 剖面的比较

3. 6.5kV IGBT

为适应电铁领域的温度环境对安全工作区的严格品质、性能要求，日本三菱公司开发出了 6.5kV 级的 IGBT 芯片及二极管，其主要特性见表 3-6。芯片采用 LPT 结构、衬底 N^- 层厚度与电阻率 ρ 最佳协调的元胞设计，选取确保集电极-发射极耐压的下限 N^- 厚度，以实现低的饱和压降 $U_{CE(sat)}$ 与关断损耗 E_{off}。实验得到 P^+/N^+ 层浓度比 γ_1 与 $U_{CE(sat)}$、高温漏电流 $I_{CES(hot)}$ 的关系，如图 3-127 所示。

表 3-6　6.5kV 级的 IGBT 的主要特性

项　　目	单　　位	条　　件	特　　性
阻断电压	V	$T_i = 25℃$	>6500
$U_{CE(sat)}$（IGBT 部分）	V	$I_C = 33A$，$T_i = 125℃$	5.2
U_F（二极管部分）	V	$I_F = 33A$，$T_i = 125℃$	3.7
E_{on}	（mJ/pulse）	电感负载 $U_{CC} = 3,600V$，$I_C = 33A$，$T_i = 125℃$	185
E_{off}	（mJ/pulse）		180
E_{rec}	（mJ/pulse）		100

降低 P 基区层夹断电阻，提高 RBSOA。IGBT 关断时，N^- 层残存的空穴通过 P 基区层流向发射极，此时的空穴流成为 NPN 晶体管的基极电流，如图 3-128 所示。当 N^+ 源区下 P 基区层电阻高时，横向电压使 NPN 导通，派生晶闸管动作使擎住效应发生，IGBT 热击穿。为了降低关断时的夹断电阻，将 N^+ 层正下方的夹断电阻分路。通过主体 P 基区层深扩散，从而提高主体 P 基区层的电场强度，使电场集中从 N^+ 下 P 基区层移向主体 P 基区层，以减小通过 N^+ 源区下 P 基区的电流，抑制寄生晶闸管的动作。

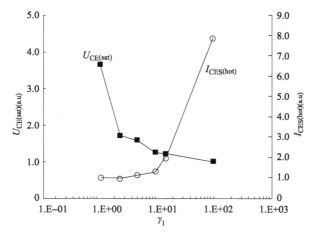

图 3-127　P^{+}/N^{+} 层浓度比 γ_1 与 $U_{CE(sat)}$、$I_{CES(hot)}$ 的关系

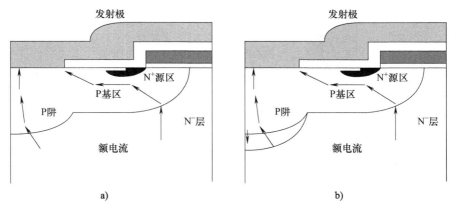

图 3-128　提高断态耐量的措施

a）常规结构　b）主体 P 基区层深扩散

4. IGBT 模块技术

IGBT 模块从 1980 年产品化开始，由于引入微处理器的微细加工技术，单胞设计从 5μm 的精度提高到 1μm，到 2000 年，芯片的电流密度提高到 2 倍，饱和电压降为原来的 65%，功率损耗大幅度降低，从而提高了电力变换和控制装置的效率。图 3-129 为 IGBT 模块功率损耗的变迁。第 5 代 IGBT 模块具有以下主要特点：采用高速 CSTBT 芯片实现低损耗；与第 3 代产品的尺寸相同，驱动特性相似，可以互换；采用了高速软恢复二极管；采用了低电感的封装方式；寿命长；采用氮化铝陶瓷，实现了低热阻。

第 5 代智能功率模块（Intelligent Power Module，IPM）具有以下特点：

（1）芯片技术　为降低损耗采用平面栅为 0.8μm 的 CSTBT 芯片实现低的通态压降与关断损耗的最佳协调；采用了与第 4 代 IPM 相同的寿命控制技术以降低噪声。

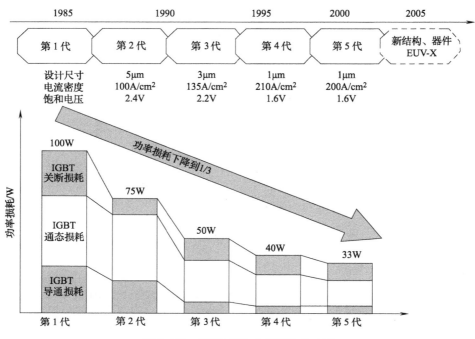

图 3-129　IGBT 模块功率损耗的变迁

（2）控制电路技术　为降低开关损耗和 EMI 噪声，开发了新的控制 IC 芯片，测定结果表明比第 4 代 IPM 降低 10dB。

（3）新结构封装技术

1）实现了模块小型化，以 1000A 为例，体积减小到 60％。

2）低电感布线，采用 0.4mm 的绝缘纸减小极间距，使电感降低了 50％。图 3-130 所示为主电极断面结构及电流路径。

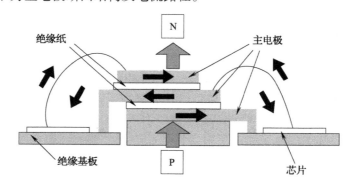

图 3-130　低电感布线的主电极断面结构及电流路径

3）主电极端子用带绝缘层的平行平板连接，抑制了电磁场的影响，减小了配线电感，提高了组装质量。控制端子的设计为组合式连接器，每个端子带两个插头并附自锁机构，连接可靠性高。

模块的失效主要由以下几方面因素引起：引线焊接部位热应力引起的龟裂；通过对温度分布的解析和实测表明：焊接引线的数量与位置对电流分布有影响，从而造成不同 IGBT 温升的差异；绝缘基板和金属基板大面积焊接部位热应力龟裂引起热阻增加，导致散热恶化。为了减少因焊接部位热循环疲劳引起的寿命劣化，三菱电机对部件材料提出了要求：选择膨胀系数尽可能接近的材料。实验表明，AlSiC 可提高焊接的疲劳寿命 10 倍。同时指出焊接的焊料厚度的分散性严重影响着龟裂的程度，增加焊接的厚度和提高均匀性可适度抑制龟裂。

5. 逆阻型 IGBT

作为下一代交-交直接变换的矩阵变换器，由于省掉了中间直流环节，具有不需电容、体积小、维护方便、可抑制谐波等众多优点引人注目。但是电路中所用的 IGBT 由于反向不具有电压阻断能力，往往是通过串联一个二极管来实现的。这样损耗成了 IGBT 和二极管损耗的和，器件数也多了。由此开发了一种具有反向阻断能力的 IGBT，称为逆阻型 IGBT（Reverse Blocking-IGBT，RB-IGBT）。

为了确保 IGBT 能够承受反向电压，富士电机采用了高掺杂的 P^+ 衬底上外延一 N^+ 层的 NPT-IGBT 结构。通过挖深槽，形成正斜角结终端。如图 3-131 所示为腐蚀槽的断面结构。所开发的 600V/50A 级 RB-IGBT 中，为了协调通态特性和开关损耗，采用电子辐照、He 离子辐照调整，实现少子寿命局部减少的控制。

三菱电机采用 NPT 结构，P 层深扩散隔离工艺制出 1200V/100A 级 RB-IGBT，具有与第 3 代平面栅 IGBT 等同的性能，与以前的 IGBT 同二极管串联的电路比，呈现出格外好的特性。

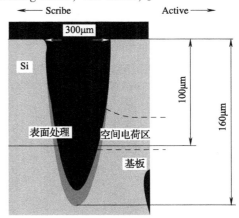

图 3-131　逆阻型 IGBT 腐蚀槽的断面结构

6. 逆导型 IGBT（RC-IGBT）

在三相逆变器等应用中，需要在 IGBT 外部反并联一只二极管作为续流二极管，而逆导型 IGBT（即 RC-IGBT）就是将这只二极管集成到 IGBT 芯片内部，这样可以使芯片的面积大大减小。简单地说，在芯片制造过程中将 IGBT 背面的 P 型掺杂发射区和二极管的 N 型掺杂发射区结合到一起就可以实现 RC-IGBT。目前有几大厂商都能提供 RC-IGBT，包括 ABB、英飞凌、三菱电机等。

ABB 提供了双模绝缘栅晶体管（Bi-mode Insulated Gate Transistor，BIGT），该器件将内部分为一个普通没有 N 短路点的 IGBT（引导 IGBT）区域和另一个具有逆导的区域，避免了常规 RC-IGBT 随着 P 层开始注入载流子导致正向特性快速回跳到较低电压的情况，如图 3-132 所示。

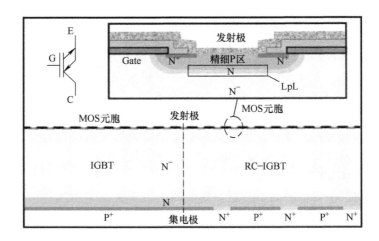

图 3-132　IGBT 基本结构[92]

英飞凌公司也提供了相应的逆导型 IGBT,如图 3-133 所示。2014 年,D. Werber 等介绍了 6.5kV 的逆导型 IGBT,其中续流二极管集成在 IGBT 中,即 RCDC (Reverse Conducting IGBT with Diode Control),该 RCDC 额定电流可以达到 1000A。

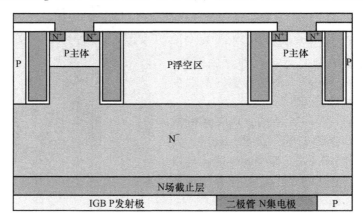

图 3-133　RCDC 基本结构[94]

3.2.6　IGBT 的发展

与晶闸管一样,IGBT 可以作为一种电力电子平台器件,即在其上可衍生出多种类型的器件,以适应不同的应用领域需求。

1. 高电压、低压降型的 IEGT

"注入增强栅" 的 IGBT (Injection Enhanced Gate Transistor, IEGT),融合了 IGBT 和 GTO 器件的优点。在通态时相当于 PiN 二极管,开关特性相当于 IGBT。

图 3-134 是 IEGT 的结构示意图。它利用促进电子注入效应,控制积蓄在 I 层

的载流子数量，从 P 发射区注入的空穴在整个 N 基区被挤到两窄槽间的 N 沟道区，通过连接阴极电极的 P 层流出。这一路途阻抗高，N 基区附近易于滞留空穴。此时的电子通过槽臂部分沟道进入 N 基区，以满足电中性条件。大量进入到 N 基区的电子调制了该区电导，使远离集电极一侧的基区也有着较高浓度的过剩载流子分布，从而进一步降低了通态压降，图 3-134 中也表示了 IGBT 和 IEGT 过剩载流子分布的对比情况。

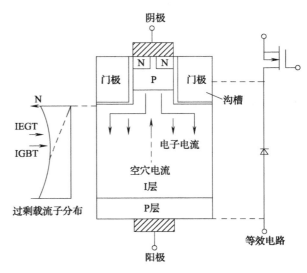

图 3-134　IEGT 的结构示意图

2. 逆导型 IGBT

将快恢复续流二极管反并联到 IGBT 上，用于大功率逆变和斩波，就具备了逆导功能。将二极管集成到 IGBT 芯片中（而不是通过外部加分立元件），就形成了逆导型 IGBT，图 3-135 表示了其结构示意图。

3. 高频型 IGBT

普通 IGBT 一般工作在 5～20kHz 下。当开关频率在 100～300kHz 时，习惯用功率 MOSFET 作开关器件，但当耐压达到 300V 以上时，IGBT 比功率 MOSFET 的工作电流密度高得多。功率增大时，需多只 MOSFET 并联使用，成本较高。所以现在有公司开发 150（硬开关）～300kHz（软开关）的 IGBT，工作电压 600～1200V，可使成本大大降低、外形明显减小。不过如何处理 IGBT 比功率 MOSFET 多出来的"拖尾"电流问题，仍在改进。

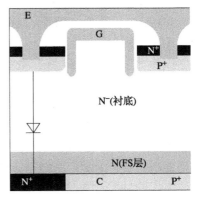

图 3-135　逆导型 IGBT 的结构示意图

4. 双向型 IGBT

20 世纪中期，"交—直—交"的变换（即"整流器—直流环节—逆变器"的组合）成为电力电子应用的主流模式。但在实践中发现，中间直流环节带来了谐波治理和功率因数校正的问题，且制约装置的工作寿命。所以 20 世纪 80 年代末，人们就探讨"交—交"矩阵式变换的可行性，十几年来取得了不小的进展。但实用化还存在不少问题，其中之一就是开关器件数量太多。"交—交"矩阵式拓扑需要在输入三相与输出三相共 9 个节点中各放置一对反并联的开关器件（如 IGBT），共用 18 个开关。如果能开发出双向 IGBT，那么器件用量可以减半。在 20 世纪 90 年代末，双向 IGBT 的开发已经起步，它和"交—交"矩阵式变换器相辅相成，可能发展成 21 世纪电力电子变换的主流产品。

3.2.7　IGBT 在脉冲功率系统中的应用

IGBT 在高功率等级和高工作频率上有自身的优势，因此现在在千赫兹等级的脉冲功率发生器中它作为开关元件而被广泛应用。以下为 IGBT 在一些具体脉冲功率应用中的举例。

3.2.7.1　改进的 Marx 发生器

Marx 发生器有着非常简单的电路，它不使用任何脉冲变压器也不需要很高的输入电压就能产生高压脉冲，如图 3-136 所示。因此，在实验室中它被广泛用作为脉冲发生器。不过，Marx 发生器的火花开关有一些缺点：寿命短和工作频率低。尤其是 Marx 发生器需要特殊的触发装置以精确触发开关。

现在，我们可以考虑用 IGBT 来替代火花开关，并用 boost 转换器阵列来组成脉冲发生器，如图 3-137 所示。

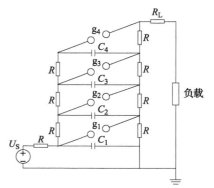

图 3-136　Marx 发生器

该脉冲发生器不需要脉冲变压器和高压直流电源，而且具有以下特性：上升时间短、波峰平整、高重复频率、易于形成高电压脉冲以及便于用 boost 转换器阵列进行扩展。因此，这个电路用作高压脉冲发生器非常可靠也很合适。此外，通过使用串联 IGBT，可以减少线路电感，也允许通过增加输入电压来减少所需元件。我们可以通过使用一些简单的均压电路使串联的 IGBT 在更高的电压等级下工作。

整个电路结构是由 IGBT、电容、电感和二极管各 n 个组成的，显然这是一个 boost 阵列。通过改

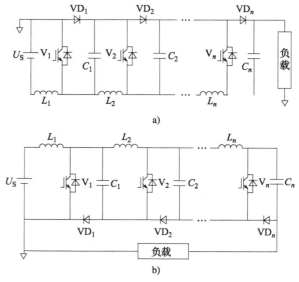

图 3-137　IGBT 作开关的 boost 转换器阵列电路结构
a）正脉冲电路　b）负脉冲电路

变地和负载的位置可以将其设计为正脉冲或负脉冲发生器。当输出脉冲的占空比比较低（≤0.01）时，我们可以忽略电容 boost 电压的放电电流。在电感电流连续的情况下，第 n 个电容上的电压可以这样表示：

$$U_{cn} = U_{cn-1}\frac{1}{1-D}, \quad D = \frac{T_{on}}{T_s}$$

式中，D 为占空比；T_{on} 为脉宽；T_s 为脉冲周期；U_{cn} 和 U_{cn-1} 分别为第 n 个和第 $n-1$ 个电容的电压。

因此，第 n 个电容的电压是

$$U_{cn} = U_s \frac{1}{(1-D)^n}$$

式中，n 为 boost 转换器的个数。

在电感电流连续的情况下，第 n 个电容的电压为

$$U_{cn} = \left(\frac{T_s D^2 U_{cn-1}^2}{2LI_o} + U_{cn-1}\right)$$

式中，L 为电感的感抗；U_{cn-1} 为 U_{cn} 的输入端电容电压；I_o 为平均输出电流。

图 3-138 显示了当电感电流连续时输出电压的升压比。应当注意的是当占空比足够小的时候，升压比是接近于 1 的。因此，在小占空比的时候，输出电压基本是输入电压的倍数。

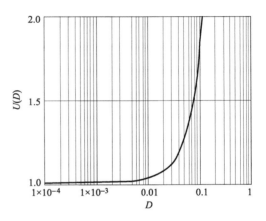

图 3-138　电感电流连续时输出电压的升压比
注：D 为占空比，$U(D)$ 为升压比。

同时，如果 boost 转换器的个数增加了，线路电感也会增大，而输出脉冲的上升时间也会相应地增加，这是应该避免的。这里，我们可以应用串联的 IGBT 模块以增大输入电压，减少转换器和器件的个数。

如图 3-139 所示是发出正脉冲时电路的工作状态和相应的波形。为简化说明，假设所有的器件都是理想的，且由于脉冲占空比小于 0.01，boost 转换器的升压可以忽略。

整个电路的工作可以分成 3 个状态：

状态 1：电路中没有电流流动。电容电压保持为输入电压值，二极管和 IGBT 是关断的。因此，器件上所加电压都是输入电压，不需要高压隔离。

状态 2：这时所有 IGBT 导通，电容串联。输出电压加在负载上，其值与串联电容电压值的和成比例。这样，输出端存在高电压，因此需要在脉冲周期将输出端与低压端隔离。

状态 3：IGBT 关断后，输入电压通过电感、二极管向电容充电。

这 3 种状态是在假设所有参数理想的前提下提出的。但是，在实际电路中，驱动

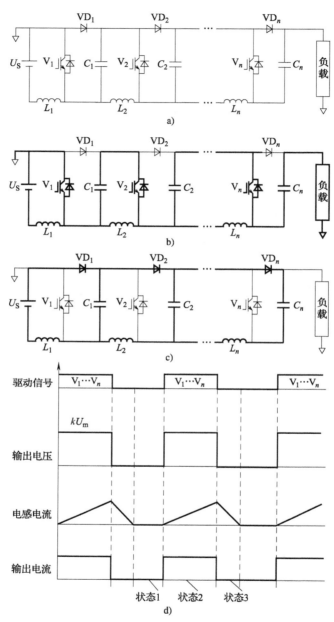

图 3-139 发出正脉冲时电路的工作状态和相应的波形
a) 状态 1 b) 状态 2 c) 状态 3 d) 波形

信号的延时会导致开关上电压的差异。幸运的是，电路结构本身能将这个问题解决。这是由于相同的串联电容和二极管与 IGBT 并联，提供了钳制电压，从而提供了过电压保护。

该电路由于开关导通的时候产生高压脉冲，因此需要对电路进行严格的隔离。

因为采用了半导体元件，与普通的脉冲发生器不同，该发生器有寿命长和频率高特点。

该发生器还有一个很重要的特点就是电路能够进行稳定的钳位工作，提供过电压保护。每个开关的过电压能自然地被其所并联的电容所钳制，如图3-140所示。如果开关上的电压超过了电容电压，二极管会自动导通将开关电压钳制为电容电压。因此，门极驱动电压的不一致和开关的不同特性不会导致器件的过电压击穿。另外该电路还有以下优点：

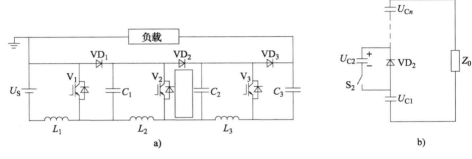

图 3-140 电路的钳位工作示意图

a）电路示意图 b）等效电路图

1）不需要脉冲变压器或高压直流源；

2）脉冲电压值由驱动信号可调；

3）便于改变脉冲极性。

输出电流的最大值应当小于开关的脉冲电流承受值。如果几千伏的输出电压加到一个短路负载上，则会在几微秒或几亚微秒内有极大的电流流过负载。因此，应当基于短路电流能力来选取开关。

对于小功率系统，在频率为1kHz、输入电压为300V的情况下使用连续电流40A、短路电流200A的开关。因此选用600V/50A的IGBT。

对于大功率系统，最大的连续脉冲电流和短路电流分别为300A和1000A。因此，选用1200V/400A的IGBT。

建立一个1.8kV/40A脉冲发生器的小功率电路来验证电路原理。选用6个600V/50A的IGBT单独使用，如图3-141所示。1kHz工况下脉宽1~5μs。电感值尽量小以保证连续电流。

图3-142所示是开关电压和门极电压的实验波形，可见有0.5μs的延时，但由于有电压钳位，所以影响很小。图3-143所示是高压脉冲波形。

使用串联的IGBT来建立大功率系统。最大脉冲等级是20kV、300A、5μs和1kHz。图3-144显示了实验电路和器件参数。总共使用了16个IGBT。如图3-145所示，为了增加开关的电压等级，应用均压电路将两个IGBT串联使用。IGBT的串

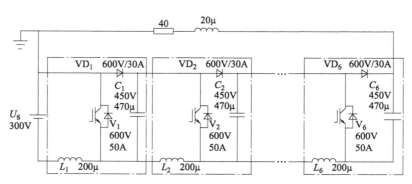

图 3-141　小功率实验电路

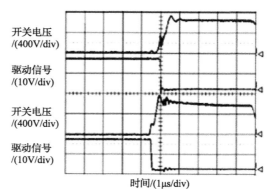

图 3-142　IGBT 的开关电压和驱动信号

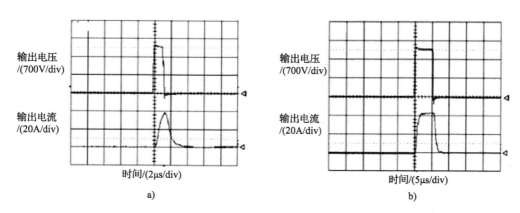

图 3-143　不同脉宽下的输出高压脉冲波形

a）1μs 脉冲　b）5μs 脉冲

联将在后文讨论。图 3-146 是高压脉冲的波形图。脉宽为 5μs，电压为 20kV，电流 300A，上升时间小于 1μs，频率为 1kHz。

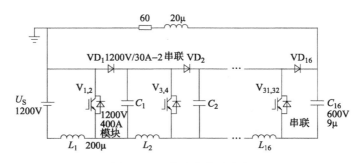

图 3-144 大功率实验电路

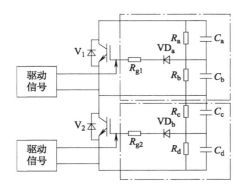

图 3-145 串联 IGBT 及其均压电路

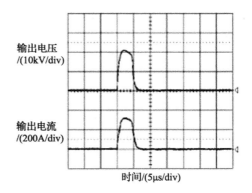

图 3-146 输出电压和电流波形

3.2.7.2 串联谐振充电电源

脉冲功率技术领域通常对电容器慢速充电、快速放电而获得高功率输出。单次工作的脉冲功率装置多采用常规的工频直流电源作为电容器的充电电源。电容器是阻抗宽范围变化的负载，充电起始阶段接近短路，充电到额定值时，负载相对较小。因此，通常在负载和电源之间串联限流电阻，这种恒压充电方式的效率不会大于 50%。还有传统的充电方式是使用工频高压电源和 LC 谐振充电方式，储能电容可获得两倍于高压电源的电压值，虽然技术路线较简单，但由于工作于低频状态，体积、重量大，且纹波、稳定性不能令人满意，电网电压波动时尤其如此。

随着重复频率脉冲功率技术的发展，上述低效率、体积庞大的充电方式已很难满足实际应用。近来发展的全桥串联谐振充电电源很好地解决了这一问题，与传统直流电源相比较，它具有恒流充电、体积小、效率高、功率密度大、适合宽范围变化的负载等优点，是较为理想的电容充电电源。

图 3-147 是脉冲电容的充放电电压波形，其中 T_c 是充电时间，T_w 是放电等待时间，T_p 是充电重复周期。则平均充电速率为 $CV^2/2T_p$，峰值充电速率为 $CV^2/2T_c$。充电速率、负载电容容量范围、电压稳定度、纹波、功率因数、效率等都是衡量电源性能的重要指标。

对于大功率应用，全桥串联谐振逆变器结构是最常用的。对于工作于 50kHz

状态下的转换器，IGBT 作为开关是最典型的选择，因为它能够提供高电压和大电流，也便于控制。同时 IGBT 能在 LC 电路中实现零电流开关，使得它与传统的脉宽调制相比开关损耗为零，只有导通损耗。图 3-148 为全桥串联谐振充电电源的主电路原理图，由直流电源 U_0、开关（IGBT）$S_1 \sim S_4$、谐振

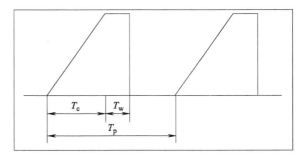

图 3-147　脉冲电容的充放电电压波形

电容 C_S 和电感 L_S、变压器 TX、高压整流桥 $VD_1 \sim VD_4$、负载电容 C_L 等组成。充电过程中，两组逆变开关 S_1、S_4 和 S_2、S_3 交替导通，完成一个开关周期。在半个开关周期内，谐振电流通过开关管及续流二极管完成一次谐振，负载电容电压升高一个台阶 ΔU，输出近似为恒流源或称"等台阶充电"，突出的优点是充电效率高且具有固有短路保护能力。

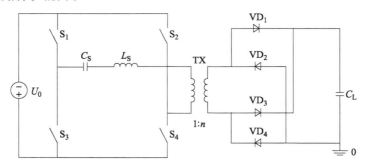

图 3-148　全桥串联谐振充电电源的主电路原理图

如果谐振 LC 电路、逆变输入电压和变压器一次侧电压已知，则整个充电周期的逆变正弦电流可以精确地计算得到。输出负载电容折算到变压器一次侧后可以看作是一个电压源 U_o，并与逆变电路串联。图 3-149 是串联谐振变换器的简化图。分析串联谐振等效电路后可知，只有当输出电压为 0，即负载短路的时候，

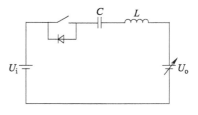

图 3-149　串联谐振高压电源等效电路

电流才是一个理想的正弦。当电容充电的时候，桥式开关中的前向电流开始增大而反向电流减小。这是由于折算到一次侧电路的负载电容上电压增大了。对电路应用基尔霍夫定律，可得到前向电流和反向电流

$$I_F = \frac{U_i + U_o}{Z_o}$$

$$I_R = \frac{U_i - U_o}{Z_o}$$

式中，$Z_o = \sqrt{\dfrac{L}{C}}$。谐振电流波形的频率为

$$f = \frac{1}{2\pi \sqrt{LC}}$$

图 3-150a 和图 3-150b 分别显示了充电周期开始和结束时变压器一次侧中电流的情况。为了让电流流向负载，输入电压必须比折算的输出电压大，这使得最后一些周期的谐振充电电流跟正弦波比起来更像是尖峰。可以在设计变压器时减小一次侧电压来避免这种工作模式，但这又会导致谐振电路中出现更多的能量环流，这些能量不会传递到负载，结果增加了传导损耗。

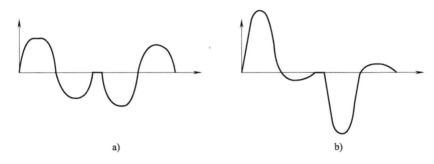

图 3-150　串联谐振电流的理论波形

a）充电开始　b）充电结束

在很多场合下，串联谐振开关电路能达到较高的充电稳定度，但某些应用场合重复频率较高、电容小且要求充电功率大时，这种方式将不能满足高稳定度的充电要求，原因是充电时间短、一个充电台阶的电量太大。例如某速调管调制器的重复频率为 100Hz，总电容为 0.22μF，充电功率为 9kJ/s，充电时间最多只有 10ms，若采用 15kHz 谐振开关，则只有 300 个充电台阶，若稳定度和一个台阶的充电电压相当，则难以达到 0.1% 的充电稳定性，某些激光脉冲调制器也要求充电稳定性好于 0.1%。

针对以上问题，可以在常规串联谐振开关电路的基础上进行技术改进，使其适应大范围的重复频率及储能电容容量变化，在保持原电路恒流源充电优点的同时实现高稳定度充电。当负载电容容量小且重复频率高时，一种设计思想是改进控制电路，使其达到这样一种效果：在每一个充电周期开始阶段，使用谐振电流大的主电源快速充电至预设电压，随后转为小电流电源充电，在 T_w 阶段向负载提供很小的电量以减小波动；另一种技术路线是采用双桥路的移相控制电路，如图 3-151 所示，这种电路非常适合于大功率充电的应用场合。EMI 公司的 30kJ/s、50kV 电源便采用了此项技术。

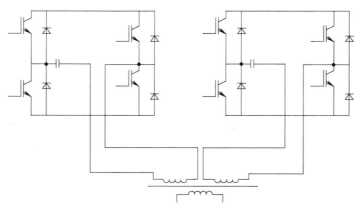

图 3-151 双桥路充电电路原理图

3.2.7.3 IGBT 在脉冲变压器驱动源中的应用

IGBT 的另一种典型应用是在脉冲变压器驱动源中的应用，其典型结构如图 3-152 所示。这种结构可以避免在半导体开关两端产生高压，从而超过开关允许的最大电压（一般为 1～6kV），将开关损坏，另一方面它还将充电回路与负载（高压端）隔离开来。

但是它也存在一些缺点，比如变压器自身存在的剩磁、漏磁损耗，上升前沿慢以及对开关同步性控制要求高等。近年来不断提出了一些改进型的结构，有效地弥补了上述缺点。

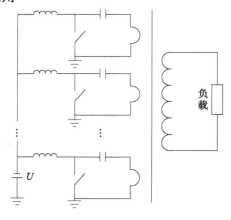

图 3-152 IGBT 在脉冲变压器驱动源中应用的典型结构图

3.2.7.4 IGBT 的串联

高压脉冲电源小型化、高频化的关键是其开关技术。虽然现代半导体技术的快速发展使制造高电压、大电流的半导体器件成为可能，但当前的技术水平仍然满足不了实际的应用需求。IGBT 有着良好的开关特性，它的串联使用为满足装置的电压等级要求提供了一条捷径。IGBT 串联应用的关键是确保在 IGBT 开关状态改变的瞬间和其进入稳定工作状态后合理的电压均衡，即动态和静态电压均衡，防止在某个器件上出现过电压而损坏器件。实验研究发现，串联 IGBT 电压不均衡主要是缓冲电容的不同和栅极驱动信号的延迟时间不同造成的。

1）缓冲电容的影响。缓冲电容的不同会对 IGBT 的关断过程产生不同的影响，而对其导通不会产生影响。缓冲电容小，会导致 IGBT 在关断瞬间产生很高的过电压。

2）栅极驱动导通延时的影响。导通滞后的栅极信号所驱动的 IGBT 在导通瞬间会在集射极两端产生电压尖峰。

3）栅极驱动关断延时的影响。关断时的不同延时会在先关断器件的集射极两端产生高的过电压。无论是在瞬态或是在稳态，其电压均会不均衡。

4）IGBT 器件与地之间的寄生电容。该寄生电容主要取决于驱动电路，并对器件开关瞬态过程产生影响。

为解决以上问题，人们提出了各种各样的 IGBT 串联方法，如图 3-153 进行分类。

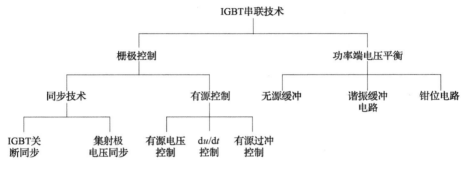

图 3-153　IGBT 串联技术的分类

在功率设备端附加一些缓冲电路达到电压平衡是一种最基本和常用的方法。但是通常来说这种方法存在很大的损耗，且随着电压等级的提高会增加成本。以下是几种常用的开关侧附加的缓冲电路。

1）每个 IGBT 上附加无源缓冲电路：无源缓冲电路可以简单地由一个电容和电阻构成，也可以是一些无源器件，如电容、电阻、电抗器、半导体二极管的组合，可以改善 IGBT 器件开关瞬间的电压电流特性，达到器件配合动作、平衡电压的目的。这种缓冲电路结构简单，设计也相对容易。但这种方法主要有两个缺点：第一是在高电压大电流情况下，为了满足要求，缓冲器的各个组成器件也需要很高的等级和成本；另一点是缓冲电路在开关动作的瞬间工作，势必会降低整个电路的工作频率，这样一来 IGBT 就失去了相对于其他半导体器件（如 GTO）而言的速度优势。因此，这种电路适用于工作频率不是很高，功率等级不是太高的场合。

2）有源谐振缓冲电路：即在每个器件或主要的功率开关上附加一个谐振回路，在开关状态转换时使电路工作于准谐振状态，实际上是一种软开关技术。零电压开关强迫器件上的电压在开关状态改变之前为零。其他如串联谐振和辅助谐振等方式也可以应用。系统的中心辅助控制电路能够控制 IGBT 器件动作的起始时刻，保证每个器件瞬态的一致性。然而，由于 IGBT 个体特性的不同会造成 IGBT 静态电压的不平衡，因此还需要器件侧的缓冲器或是门极控制。这样势必导致电路更加复杂，降低了可靠性。

3）器件端电压钳位电路：这个方法很简单也很有效，不会降低 IGBT 的速度。

在每个功率开关上附加一个电压钳位电路，把开关的端电压限定到一个给定的值。但是在开关导通时存在着较大的电能损耗（对于一个 400A 的器件，典型值为几百瓦），对于较长时间工作于导通状态的电路来说不是一种很好的解决方案。

IGBT 的开关速度可以由 Miller 效应阶段（门极电压处于峰值的阶段）注入门极的电流来控制。利用这一特性也可以实现电压平衡，该方法为了使串联使用的任何一个 IGBT 上都没有过冲的电压，在开关过程中有一个很长的过渡时间。因此系统的工作频率会大大降低，而且产生大量的开关损耗。由于过热，器件只能被用于额定值下，这是该方法缺点之一，此外，在电压均衡时，控制作用依然在工作，因此在正常工作期间仍会产生额外的功率损耗。以下是几种门极驱动端的电压平衡电路：

1）器件端电压有源控制：利用门极驱动电路控制 IGBT 上的电压满足一条事先给定的开关特性曲线，可以达到串联 IGBT 电压平衡的目的。IGBT 的导通过程可以分为 3 个阶段，关断过程可以分为 4 个阶段。在这些阶段中，只有 Miller 效应阶段是可控的。另外，典型的 IGBT 开关动作都在 1μs 内，对于这么短的时间来说，需要一个很快的反馈和控制回路。此外，要使终端电压满足一条给定的参考曲线，控制信号的线性精确放大是必要的，同时也得考虑控制通道的传输延时。这种方法只有在 IGBT 处于动态阶段时才有效。合理的偏置电压设置是这种控制方法有效的重要条件。

2）门极电流控制：即利用门极电流脉冲来实现控制策略，如斜坡控制、在导通时的 di/dt 控制、关断时的 du/dt 控制。通过调整门极电流幅度和方向，可以达到控制 Miller 效应阶段的瞬间波形，进而实现串联 IGBT 的电压平衡。如同门极电压控制一样，需要一个像控制放大器和驱动晶体管类的反馈回路达到控制策略的目的，这些都会导致电路延时，目前就一些研究来看，小功率 IGBT 的驱动时间达到一定值时，会使整个电路系统发生振荡。

3）器件端电压钳位电路：当对终端电压的要求不是太严格，就不需要使其严格满足一条给定的开关曲线，门极电压和电流控制就可以简化为终端电压钳位保护电路。这种方法通过控制门极电压或注入门极的电流限制串联的 IGBT 集射极间电压最大值为一个限定值。对于这种方法，控制电路可能的延时是一个需要注意的问题。在反馈和控制电路中用太多的放大器可能会造成系统的不稳定。

4）门极驱动信号延时调整：这种方法通过调整 IGBT 门极驱动电路的延迟时间达到电压平衡和限制过电压的目的。串联 IGBT 的不同特性会导致不同的开关特性曲线，这个问题可以看作是 IGBT 有着不同的开关延迟时间。此外，门极驱动电路本身也有着不同的传输延迟时间。这样，可以通过控制 IGBT 的开关相对延迟时间而实现开关瞬间的电压平衡，通过调整门极电压幅度而使 IGBT 稳态电压平衡。针对不同的电路设计的延时控制器，可以调整串联的 IGBT 器件的开关时间，使其达到动态和静态脉冲功率技术中 IGBT 串联技术的研究电压平衡，但当电路特性发生突变或更换了很多器件以后，必须设计新的延时控制器。

Sadegh Mohsenzade 等提出了一种有效的 IGBT 功率回收系统，可以将 IGBT 串联叠加产生的功率进行回收。他们选择了钳位式 RCD（CMRCD）缓冲器（见图 3-154）作为研究对象。这种缓冲器的优点是：它们在瞬态过程中与 IGBT 解耦，不参与脉冲的形成。此方案中，IGBT 功率回收系统是由一

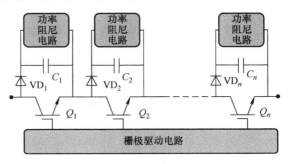

图 3-154　CMRCD 缓冲器的一般结构[26]

个简单的 DC-DC 变换器和几个用于功率恢复的互连二极管组成，该结构将无源缓冲器的累积功率引入一个集中电路，恢复缓冲器的总功率。使用此方案，串联开关的效率大大提高。功率回收系统可以很容易地实现任意数量的 IGBT 串联。

针对 CMRCD 缓冲器，提出如图 3-155 的功率回收结构。该功率恢复结构只需要一个简单的 DC-DC 变换器，其功率容量等于注入到 CMRCD 缓冲器的功率之和；DC-DC 变换器输入输出端口之间的电压隔离较低；该功率回收方案可用于大量的 IGBT 串联。

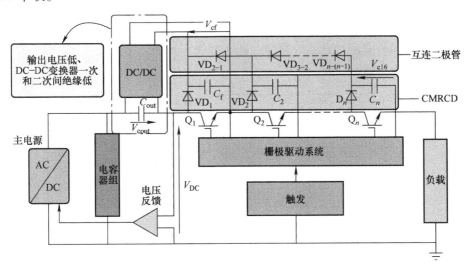

图 3-155　针对 CMRCD 缓冲器的功率回收系统[26]

在每次 IGBT 开关后，由于开关的驱动延时、极间电容等寄生电容和拖尾电流等因素就可能会造成器件以及缓冲器的电压不平衡。而包括 C_i 和 VD_i 在内的无源缓冲会限制开关的电压变化，导致许多能量存储在缓冲器中，为进一步能量回收奠定基础。

如图 3-156 所示就是该系统器件导通时能量积累的过程，当开关通过互连二极管（VD_{i-j}）接通时，储存在缓冲器中的能量转移到主电容器（C_f），这个能量转移的过程使系统只有一个 DC-DC 变换器即可。

此外，在串联的 IGBT 导通过程中，可能会在系统中产生浪涌电流。但由于互连二极管、导通的 IGBT 和印制电路板（PCB）轨迹的非理想性，浪涌电流的峰值是有限的。因此，如图 3-156 所示的能量积累是可以实现的，然后由隔离 DC-DC 变换器将累积的功率回收到主直流母线，提高了效率。

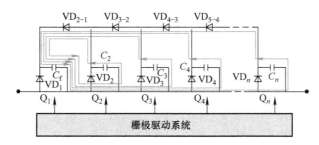

图 3-156　器件导通时能量积累的过程[88]

从图 3-157 可以看出，所设计结构的耗散功率小于传统方法的十分之一。与现有的方案相比，该结构还有以下几个优点：可用于传统无源元件方案无法使用的高频应用；传统设计考虑了缓冲器的最坏情况下的功率容量，这将导致额外的成本和体积，而功率回收系统的功率容量等于注入到缓冲器的功率之和，从而消除了缓冲器功率容量过大的需要。

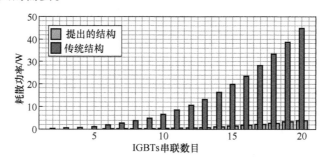

图 3-157　提出方法与传统的串联 IGBT 均压方法的耗散功率比较[88]

3.2.7.5　基于 IGBT 的高压脉冲电场发生器在鸡肉中有效提高水的扩散率

水的扩散对肉类加工很重要。在干燥、腌制、发酵和加热烹饪过程中，控制水的扩散对肉类的保存和加工至关重要。提高水的扩散率可以缩短肉类加工时间，节约能源和成本，而高电压短脉冲电场（Pulsed Electric Fields，PEF）就是提高水在组织中的扩散率的方法之一。在生物细胞和组织上应用，PEF 会增加膜的通透性，即电穿孔现象，进而影响肉类的质地、颜色和保水能力。因此，PEF 设备是肉类工业新工艺开发的必要步骤，它可以减少设备尺寸和工艺能耗。基于此，Klimentiy Levkov 等人于 2019 年研制了一个基于 IGBT 的 PEF 发生器，如图 3-158 所示，结合滑动正电极增强水在鸡胸肌的扩散。

PEF 发生器的主要部件包括：电压为 1.25kV、容量为 50μF 的储能电容器（ESC）；储能电容器高压充电源（CCM1 KW）；并联 IGBT 开关（IXYN120N120C3）；基于晶体管门控电路和自身电源的高压开关驱动（门驱动光电耦合器 FOD3184）；直流-直流转换器 ITB0515S 用于电压 5/15V，在一次和二次电压电路之间具有高压绝缘；大功率的限流电阻；测试模式高压开关、高压电源手动控制电路节点；微控制器；设备的控制电路和风扇的低压电源。

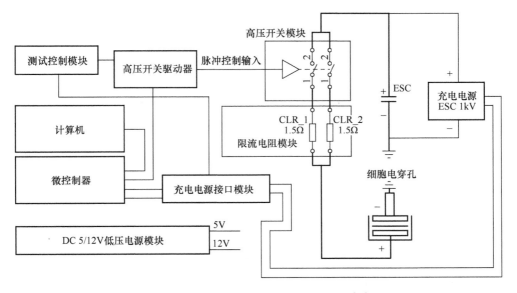

图 3-158 高压 PET 发生器的功能方案[90]

该系统产生的矩形单极脉冲，电压幅值可达 1000V，电流可达 160A，脉冲持续时间为 5~100μs，脉冲重复频率为 1~16Hz。所研制的 PEF 发生器的能量转换效率为 88%。结果表明，在鸡胸肌上施加 1000V（~500V/mm）、1Hz、脉冲宽度 50μs 的脉冲 120 次，可使水的有效扩散率增加 13%~24%，对流干燥时间减少 6.415.3%。这些结果为小规模改善和优化肉类预处理的实验室设备设计提供了新的信息。这一信息对于发展应用于加强鸡胸肉的加工，如干燥或烹饪，是很重要的。

3.2.7.6 基于 IGBT 的脉冲电场消毒发生器

感染仍然是急性和慢性伤口延迟愈合的主要原因。目前，局部伤口感染是通过早期手术清创和植皮、局部和预防性抗生素、生物膜的酶剥离、免疫预防和免疫治疗、光动力治疗、高压氧治疗或真空辅助伤口闭合来解决的。然而，在许多情况下，特别是随着多重耐药菌株的出现，这些方法效率不高，因此显然需要额外的伤口消毒方法。为了解决这个问题，最近提出利用脉冲电场（PEF）技术对耐药菌株进行伤口和外科网眼消毒。用脉冲电场对细胞膜进行不可逆电穿孔是一种新兴的物理消毒方法，旨在减少用于伤口愈合的抗生素的剂量和体积。Andrey Ethan Rubin等人于2019年开发了基于IGBT的脉冲电场发生器的设计，能够根除凝胶上的耐多药铜绿假单胞菌PAO1，研制的脉冲发生器的功能电路图如图3-159所示。

系统的主要组件包括：电压为1.25kV、容量为50μF的储能电容器（ESC）；储能电容器的高压电荷源；并联的ESC脉冲放电高压开关；采用晶体管门控电路和自身电源的高压开关驱动器；大功率限流电阻；测试模式高压开关、高压电源手动控制电路节点；单片机控制PEF处理过程，计算处理后的生物质电流，并将计算结果写入计算机，写入实验文件；设备控制电路和风扇的低压电源；并联IGBT高压开关。

该PEF使用同心电配置，通过实验得出结论如下：当以3Hz的频率发送200个300μs脉冲时，杀死PAO1所需的电场下限为89.28±12.89V/mm。这些参数可以对单针电极周围38.14±0.79mm区域的消毒，为设计脉冲电场对多药耐药细菌消毒所需的设备提供了基础。此外，该发生器可以在5Ω负载上提供最大电压1000V、电流160A，同时增加脉冲持续时间和脉冲数降低了使细菌失活所需的电场阈值并增加了消毒针头电极面积。

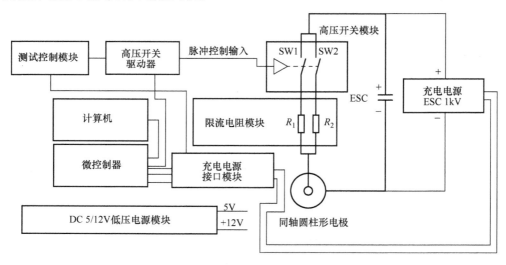

图3-159　脉冲电场发生器功能单元的原理图设计[91]

3.2.8　IGBT的封装技术

基于IGBT技术的开关组件具有导通、关断能力，是脉冲调制器等脉冲功率领域的理想选择。目前，应用于脉冲领域的IGBT主要有焊接式和压接式两种封装技术。

1. 焊接式 IGBT 器件

焊接式 IGBT 器件的封装技术较为成熟，已经被广泛应用于国内外各大厂商，其封装结构如图 3-160 所示。

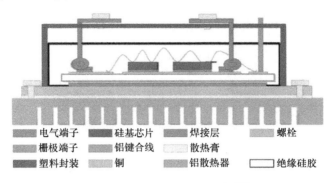

电气端子	硅基芯片	焊接层	螺栓
栅极端子	铝键合线	散热膏	
塑料封装	铜	铝散热器	绝缘硅胶

图 3-160　焊接式 IGBT 器件[81]

从图 3-160 可知，焊接式 IGBT 器件中，从上至下分别是芯片、焊料层、覆铜陶瓷板（包括上铜层、陶瓷层、下铜层）、焊料层、基板。其中，陶瓷层起到绝缘和导热的作用。此外，还有键合线结构作为电流流通的途径。在器件工作过程中，器件内部各组件温度会发生变化，可能会造成键合线断裂、焊料层裂纹等故障，使焊接式 IGBT 器件出现失效。除此之外，焊接式 IGBT 器件只能进行单面散热，所以可能会导致器件内部热量过大，引起故障，因此提出了压接式封装结构的概念。

2. 压接式 IGBT 器件

目前，国内外有一些机构从事压接式 IGBT 研究，比如：国内的株洲中车时代电气股份有限公司以及全球能源互联网研究院有限公司等，国外的 ABB、Westcode（现为 IXYS）、Toshiba、Fuji 等。根据不同的封装形式，可将压接式封装结构分为弹性压接和硬性压接两种。目前 ABB 的 StakPak 系列是采用弹性压接方式，其余基本采用硬性压接方式。因为硬性压接的器件结构差异性不大，所以这里只介绍 Westcode 、ABB 公司的压接式 IGBT 器件的结构和特点。

Westcode 的 press pack 系列产品是硬性压接结构，这一系列的产品采用的是传统晶闸管封装形式，器件的外壳为圆形，并采用陶瓷压接封装方式，如图 3-161a 所示。图 3-161b 是 press pack 系列压接式 IGBT 器件的内部结构图，呈现栅格状分布。由图 3-161a 所示，IGBT 和 FRD 芯片均封装于子模块中，每一个芯片对应于一个子模组，芯片的栅极通过 PCB 实现互连。每个子模块结构示意如图 3-161b 所示，由芯片、钼片、银片、发射极凸台、散热器、栅极顶针、上下铜盖等构成。在压接式 IGBT 中，不存在任何焊接工艺及金属线键合，通过压力完成电气连接、构建导电通道，所以不会出现因为键合引线的问题导致器件失效的情况。此外，相对于传统焊接式 IGBT 器件，压接式 IGBT 器件内部的杂散电感相对较小，可以实现集电极侧和发射极侧双面散热,且能够形成稳定的短路失效模式。因此,很适用于脉冲功率领域的开关速度快等要求。

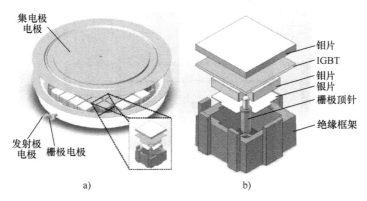

图 3-161 Westcode 压接式 IGBT 器件

a) 内部结构图 b) 子模组结构图[82]

ABB 公司的 StackPak 系列 IGBT 器件采用弹性压接方式,主要针对柔性直流输电工程。与 Westcode 的 press pack 系列产品类似,StackPak 系列压接式 IGBT 器件的封装形式也采用子模块形式,器件的整体包括外壳和内部子模块两部分,方便随时扩容。其内部原理及结构图如图 3-162 和图 3-163 所示。弹性封装结构降低了对器件表面平行度以及芯片等组件的厚度一致性要求,当器件

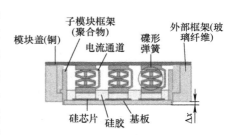

图 3-162 ABB 压接式 IGBT 器件内部原理及结构图[83]

工作时蝶形弹簧的存在可以对由于温度升高导致的组件形变进行补偿,进而保持器

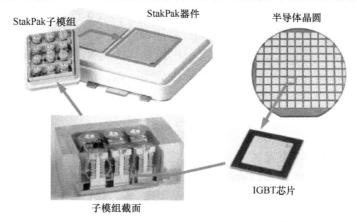

图 3-163 ABB 压接式 IGBT 器件实物图[87]

件内部各芯片表面的应力均衡，从而消除了可能因为机械压力导致的应力分布不均而造成的失效。但是对于弹性压接 IGBT 器件，由于结构的原因导致器件无法形成长时间稳定的短路失效模式，且会造成热量传导的困难，器件只能实现单面散热。

基于上述 ABB 的 StackPak 系列压接式 IGBT 模块，针对脉冲功率应用，ABB 又新研发的新型压接 IGBT 器件技术，设计用于在特定的脉冲功率、非工业标准条件下运行，其结构也与 StackPak 系列结构类似，都属于弹性压接，如图 3-164 所示。该器件内有两个子组件，每个组件内部 IGBT 芯片的数量比二极管芯片多（85% IGBT／15% 二极管），而不像之前的 IGBT 芯片的数量与二极管芯片数量一样多，这给了模块更多的开关功率。该设计将允许在子模块中灵活地组合所有所需的 IGBT 和二极管，而且非常易于串联，也不会出现由于键合线断裂造成的可靠性问题。

图 3-164　5SNA 1250K450300 压接式 IGBT 器件实物图[87]

参考文献［88］提出了一种基于上述压接 IGBT 的开关，其能适用于 20kV 直流充电电压。该开关由 7 个 IGBT 器件组成，每个器件阻断 4.5kV。由于可靠性的原因（主要是宇宙射线条件），最大应用电压降低到直流 2.8kV，如图 3-165 和表 3-7 所示分别是该串联开关结构和性能指标。

图 3-165　水冷压接 IGBT 开关组成 DC 20kV 电流源电源[87]

表 3-7　ABB IGBT 压接开关组件的规格[87]

规格：5SVI 071711E02（Switch Assembly）	
最大充电电压	DC 20kV
导通/关断电流	4.2kA
最大短路电流	6.0kA
电流上升速率（di/dt）	4kA/μs
脉冲重复率	1000Hz
串联器件数量	7pcs
冷却	去离子水
夹具系统	铝，玻璃纤维环氧树脂
夹紧力	40kN
IGBT 器件	5SN A 1250K450300
总体尺寸/mm	$H=590$　$W=260$　$D=400$

对于该 20kV 开关，门极单元是专门为在脉冲功率条件下工作而设计的。为了达到器件水平之间的隔离，它通过使用高压电缆的电流源电源供电，以激励门极单元的感应耦合。门极单元由光配电箱光触发。每个门单元都具有光反馈，该光反馈指示门极单元、电流源电源和 IGBT 器件的状态。

上述 20kV 固态开关主要用于粒子加速器、自由电子激光器、雷达电源和医疗应用中的脉冲调制器。因此，开关的可靠性是非常重要的。开关设计与压接 IGBT 模块相结合，保证了在给定条件下很长的使用寿命。

3.2.9　IGBT 的可靠性

实验研究了 20kV/20A SiC IGBT 在窄脉冲过电流下的三个相关参数：2μs 脉冲宽度下器件峰值电流、最小脉冲宽度以及导通、关断时间和能量。测试电路如图 3-166 所示，电路通过低寄生电感的 R_c 放电实现，负载电阻 R_L 和充电电压改变流过器件的峰值电流。

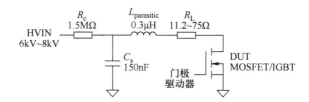

图 3-166　窄脉冲测试评估电路原理图

实验对 SiC IGBT 在长期脉冲功率下的可靠性和大功率脉冲过电流下的鲁棒性进行了研究。对该器件进行脉冲条件下可靠性研究，进行了 180000 次脉冲过电流冲击。导通特性如图 3-167 所示，没有明显退化迹象。

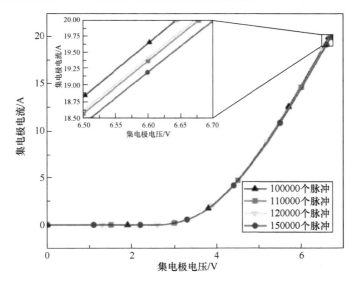

图 3-167　不同脉冲次数下 *I-U* 导通特性对比

3.2.10　SiC IGBT

随着近些年，硅（Si）基半导体器件的迅速发展，其各项性能指标已经接近材料的极限。而作为新一代宽禁带半导体材料，碳化硅（SiC）具有较宽的禁带宽度、高击穿电场、高饱和载流子漂移速率等优势，可以更适用于高温、高压、大功率与强辐射等环境工作。

将 SiC 应用于 IGBT 器件，即 SiC IGBT 器件，结合了材料与器件的优势，具有更高的击穿电压、更小的导通压降和导通损耗。在柔性直流输电等系统中应用时，可以显著减小设备的体积、尺寸，增大功率密度，提升可靠性。但是由于双极型器件的工艺问题，相对于 SiC MOSFET 等其他 SiC 器件，SiC IGBT 的发展相对缓慢一些。

目前，SiC IGBT 器件仍然没有实现商品化。但是，在过去的 30 年内，相关的技术已经取得了很大的进步。为了应对高压应用的需求，发挥器件优势，SiC IGBT 发展过程中首先发展的方向是通过不断优化结构、提高耐压等级，目前已经可以做到耐压 27kV；在耐压等级满足应用需求之后，开始考虑工作频率以及功率损耗等问题的折中。随着工艺的发展，SiC IGBT 的导通特性、关断特性、短路特性等都在不断提高。

3.2.10.1　SiC IGBT 的制备

SiC IGBT 器件存在 P 沟道和 N 沟道两种结构，两者分立发展又相互促进。如图 3-168 所示是 SiC IGBT 发展的重要里程碑。

图 3-168　SiC IGBT 发展的重要里程碑[74]

自 1996 年第一只 SiC IGBT 器件被研制出来开始，在之后几年里，相对于 N 沟道 SiC IGBT，P 沟道 SiC IGBT 器件是主要的发展方向。因为制造 N 沟道 SiC IGBT 需要高质量 P 型衬底，但是 P 型衬底难以获得，而且有着较高的电阻率，还有较多的材料缺陷。相反 P 沟道 SiC IGBT 所需的 N 型衬底的电阻和缺陷都比较低，因此发展较快。P 沟道 SiC IGBT 的性能不断提高，特别是引入了载流子存储层（CSL），该结构使器件的导通特性有了较大改善。器件耐压达到了 7.5kV，比导通电阻也进一步降低。

然而，相比于 N 沟道的 SiC IGBT 器件来说，P 沟道 SiC IGBT 器件开关速度较慢，而且导通电阻比较大。2010 年 Cooper 提出的自支撑技术，将 SiC IGBT 的研究重点转向了 N 沟道 SiC IGBT，因为自支撑技术提供了一种在 N$^+$ 衬底上生长 P$^+$ 集电区的方法。此后，N 型 SiC IGBT 表现出越来越优良的静态和动态特性。

此外，尽管 SiC IGBT 在阻断电压、热导率和开关速度等方面优于 Si IGBT，但传统的 IGBT 结构限制了 SiC 材料性能的发挥。为了进一步提高 SiC IGBT 的电气性能和可靠性，研究人员提出了多种结构优化和参数优化的新方案。这里总结了新的结构和参数优化，并将其分为上层技术（见图 3-169a 和 b）、中层技术（见图 3-169c ~ e）和下层技术（见图 3-169f ~ h）。这些新结构的技术大多旨在实现低导通压降 U_f 和快速开关。通过一些优化可以增强电导调制效应，从而达到较低的 U_f。但是在关断过程中，滞留在漂移层中的载流子增加且难以扫出，从而增加了拖尾电流和关断损耗 E_{off}。因此，采用 E_{off} 和 U_f 之间的折中（$TB_{Eoff,\ Uf}$）来评估新结构的静态性能、动态性能以及参数优化。

图 3-170 比较了几种可调参数下高压 Si IGBT、常规 SiC IGBT 和新型 SiC IGBT 的 $TB_{Eoff,\ Uf}$。N 沟道 SiC IGBT、P 沟道 SiC IGBT 和 Si IGBT 分别用蓝色、红色和绿色表示。填充符号和空符号分别表示传统结构 SiC IGBT 和新结构 SiC IGBT。比较了集电极侧肖特基接触（SC-IGBT）、沟槽簇 IGBT（TC-IGBT）和二极管钳位屏蔽 IGBT（DCS-IGBT）与传统 SiC IGBT 的优缺点。首先，SiC IGBT 的 $TB_{Eoff,\ Uf}$ 优于现有 Si IGBT 中最高电压等级的 8kV Si IGBT，显示了 SiC IGBT 在高压领域的优越性。虽然三种常规沟槽栅 SiC IGBT 的（$TB_{Eoff,\ Uf}$）曲线因结构参数不同而有所不同，但所有新结构 SiC IGBT 的 $TB_{Eoff,\ Uf}$ 均优于常规 SiC IGBT。红色表示 P 沟道 SiC IGBT 的

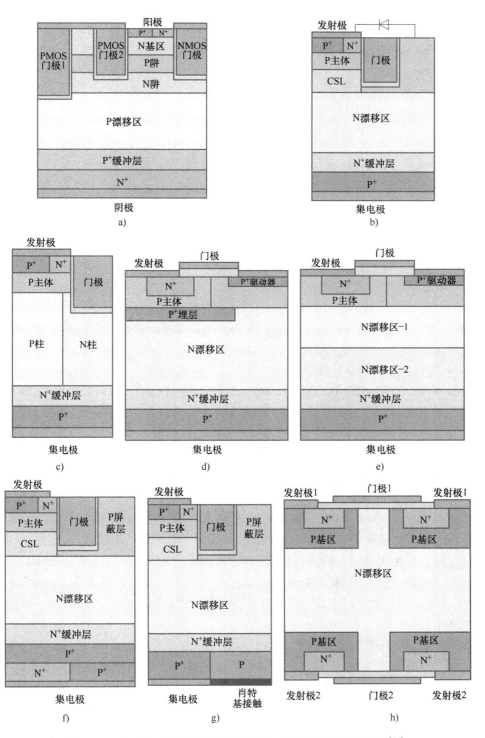

图 3-169　SiC IGBT 新结构的上层技术、中层技术和下层技术[74]

TB$_{Eoff,Uf}$曲线，比 N 沟道 SiC IGBT 差得多，与 Si IGBT 更接近，进一步证明了 N 沟道 SiC IGBT 在 TB$_{Eoff,Uf}$方面的优势。

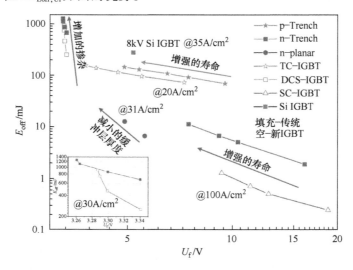

图 3-170　可调参数下 SiC IGBT 器件的 E_{off}、U_f（插图中放大了 DCS-IGBT 的折中曲线）[74]

从根本上说，增强电导调制效应和快速去除过剩载流子是优化 TB$_{Eoff,Uf}$的必要条件。在 TC-IGBT 结构中，如图 3-169a 所示，漂移区上方的多层 MOS 和 NPNP 晶闸管复合结构增强了导通时的电导调制效应，同时有助于在关断时去除过剩载流子。DCS-IGBT 和 SC-IGBT（或 npn-IGBT）通过屏蔽电容耦合 C_{GC} 和在背面形成反向电场的方式快速去除过剩载流子，实现了快速开关。另外，通过调节缓冲层厚度实现适度的权衡，如图 3-170 所示。因此，开发新型结构是进一步提高 SiC IGBT 器件静态和动态性能的重要途径。

到目前为止，SiC IGBT 的阻断电压超过了 27kV，成为高压领域很有前途的器件。与相同额定电压的 SiC MOSFET 相比，SiC IGBT 可以降低比导通电阻（$R_{on,sp,diff}$）一个数量级。因此，尽管 SiC IGBT 的开关损耗高于 SiC MOSFET，但对于高于 100kW 的功率变换系统来说，这是令人鼓舞的。最近开发了 12~15kV SiC IGBT 模块，并在此基础上建造了基于 SiC IGBT 的第一台固态变压器和第一台 Marx 发生器。

3.2.10.2　SiC IGBT 关键技术

虽然 SiC IGBT 相对于其他高压器件理论上具有很大的特性优势，但晶圆质量问题和制造技术不成熟阻碍了 SiC IGBT 的商业化。除器件制备外，SiC IGBT 的主要挑战还有载流子寿命不足、SiC/SiO$_2$ 界面性能差、缺乏高电压和高温封装以及新型结构。其中，SiC IGBT 芯片结构已经在 3.2.10.1 节进行了阐述，这里对除此以外的其他问题进行简要分析，并阐述为提高 SiC IGBT 性能所做的努力，包括优化生长工艺等。

1. 缺陷以及寿命延长

SiC 晶圆的质量直接决定了 SiC IGBT 器件的性能、可靠性、稳定性和成品率，间接影响了制造成本。SiC 晶圆中的缺陷主要包括：电子阱 $Z_{1/2}$、$EH_{6/7}$ 等固有材料缺陷；外延生长引起的结构缺陷，如微管、位错［螺位错（TD）或基平面位错（BPD）］、3C 夹杂物、堆垛层错（SF）等。微管密度通常用于 SiC 晶圆片的分级。目前 SiC 晶圆的微管密度已经降低到小于 $3cm^{-2}$，最低为 $0.1cm^{-2}$，实现了"零微管"。此外，通过优化的生长工艺和生长后处理，其他缺陷也被降低到合理范围，这促进了低压 4H-SiC MOSFET 器件的商品化。但对于 SiC IGBT，在厚漂移区域，上述缺陷作为复合中心，大大降低了载流子寿命。众所周知，高压 SiC 双极型器件需要长载流子寿命来降低压降。此外，载流子寿命在压降和开关速度的权衡中占主导地位，双极型器件需要更长的载流子寿命。

与碳空位有关的 $Z_{1/2}$、$EH_{6/7}$ 是影响载流子寿命的主要因素。通过 C^+ 离子注入/退火、热氧化/退火或优化生长条件，可以将这两种缺陷的浓度降到非常低的水平，低至 $10^{11}cm^{-3}$。相应的寿命可达数 μs，对于高电压器件（几千伏）是足够的。但是对于大于 10kV 的 SiC IGBT 来说，由于漂移区域非常厚，这可能仍然不够。在 $Z_{1/2}$ 浓度低的外延层中，其他缺陷和表面复合开始支配载流子寿命。这些缺陷包括生长中的 SP（IGSF）、位错、晶界、半环阵列、形态缺陷等。低生成能的 IGSF 是一种量子阱结构和有效的复合中心，主导载流子寿命。不同类型的 IGSF 可以从 40% 到 95% 不同程度地减少寿命周期！

尽管做了许多努力来减少这些缺陷，但它们仍然存在并极大地影响载流子寿命。此外，寿命分布的不均匀性、不同缺陷密度之间的权衡、生长后产生的目标缺陷和新缺陷之间的权衡等都进一步阻碍了 SiC IGBT 的商品化。综上，大尺寸高质量材料的供应和低缺陷密度外延生长工艺是实现 SiC IGBT 商品化的关键。

2. SiC/SiO$_2$ 界面性质

SiC IGBT 比 Si IGBT 性能优越。然而，传统材料 SiO_2 仍被用作栅介质，这导致了 SiC/SiO_2 界面的新问题。虽然在与 Si IGBT 相同的的高温氧化环境很容易形成 SiC 的天然二氧化硅，但在氧化过程中除了近界面陷阱外，还会产生额外的碳（C）簇。SiC/SiO_2 界面的陷阱密度是 Si/SiO_2 界面的一到两个数量级，这使 SiC MOS 结构的沟道迁移率大大降低，而 Si MOS 结构的沟道迁移率仅比其体迁移率降低了 1/2。此外，界面陷阱的高密度也会导致阈值电压的漂移、静态和动态电流幅值的降低、关断电流尾部的增大和阻断状态的泄漏电流增大等。引入氮是降低氧化后退火（POA）的陷阱密度最有效的方法。POA 后，沟道迁移率约为 $50cm^2/(V \cdot s)$。然而，POA 在氧化物中引入了缺陷，造成了可靠性问题。为了实现像 Si/SiO_2 这样的高质量界面，需要完全去除剩余的 C 原子和近界面陷阱。

一个重要的问题是氧化层的高电场。根据高斯定律，在 4H-SiC IGBT 中，SiO_2

中的电场是 SiC 的 2.5 倍。与 Si IGBT 相比，SiC IGBT 中较高的临界电场使 SiO_2 中的电场更高。在许多研究中，采用高介电常数的介质代替 SiO_2，以降低栅介质与 SiC 之间的电场比。然而，由于新介质/SiC 界面较低的能带偏移，其界面缺陷密度较大，泄漏电流较大。虽然 SiO_2 和高介电常数材料组成的堆栈结构可以在一定程度上降低泄漏电流、提高沟道迁移率，但与现有大规模制造的兼容性和高压运行下的长期稳定性仍难以处理。

3. 终端技术

为了保证 SiC IGBT 器件的高电压，需要精心设计可靠和坚固的结终端。终端允许器件支持大于 90% 的体击穿电压。结端扩展（JTE）和场限环（FLR）是目前 SiC IGBT 中应用的两种主要终端技术。为了缓解边缘拥挤的电场效应，SiC IGBT 的终端长度比 Si 的要长很多。终端面积占芯片面积的 50% 以上，导致扩大了芯片面积，导致非最佳的成本/面积比的出现。

精确控制注入剂量和显著的面积消耗是 JTE 技术实现均匀电场的必要条件。因此，JTE 技术主要用于低压器件，而 FLR 技术主要用于高压器件。然而，在高压器件中使用的 FLR 技术也消耗了很大的面积。为了解决这一问题，提出了线性或区域优化距离的 FLR 技术、JTE 与 FLR 相结合的 JTE 环技术。前一种技术缩短了 30% 的终端长度，增加了 23% 的击穿电压。后者将终端面积减小了 20% ~ 30%，以达到相同的击穿电压。

4. 封装技术

SiC IGBT 器件具有高温、高压等优势，为了实现这些优势，先进的封装技术是必不可少的。但是目前的 SiC IGBT 器件基本还是采用传统焊接模块，如图 3-171 所示。因此，同传统焊接模块一样，焊线失效和焊料失效是其常见的寿命限制因素。此外，高温和高压封装技术也是发挥 SiC IGBT 器件优势必不可少的技术。高压引起的电压击穿和局部放电给绝缘材料带来了更大的挑战。导体、绝缘体和灌封材

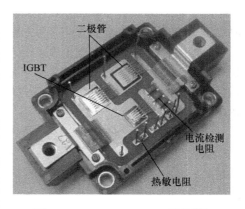

图 3-171　15kV SiC IGBT 器件[71]

料的交点是暴露于高电场的薄弱点，可能超过材料的击穿电场强度。因此，选用高击穿电场的材料、光滑的电极和足够的电极间隙是需要重点研究的问题。尽管如此，仍存在一系列问题，如绝缘层介电常数高导致的额外位移电流、处理的复杂性、模块尺寸增大等。在 SiC IGBT 模块中，为了实现芯片与散热器之间的绝缘能力，使用 Al_2O_3 或 AlN 陶瓷时，需要几毫米的绝缘层。但是这会引入较大的热阻，导致 SiC IGBT 模块的结温（T_j）较大，从而威胁到焊料和键合线的寿命。由于 SiC

IGBT 模块的热阻较大，只有几 kHz 才能保证 T_j 低于最大值。因此，提高模块的耐温能力、降低模块的热阻就显得尤为重要，而纳米银烧结、双面散热等封装新技术可能是解决上述 SiC IGBT 模块问题的关键技术。

3.2.10.3 SiC IGBT 在脉冲功率领域的应用

1. 基于 SiC IGBT 的 Marx 发生器

在脉冲功率应用中，SiC IGBT 有望取代高压气体开关。在现有文献中，已有报道将 24kV SiC IGBT 应用于 4 级 Marx 发生器，如图 3-172 所示，实现了输入电压为 1~8kV、输出电压为 4~32kV 的输出电压能力和 20A 的电流能力。此外 4 级 Marx 发生器在 10μs 内向低阻感负荷中提供了 0.6MW。如图 3-173 所示是该 Marx 发生器中 SiC IGBT 的结构与封装。该 24kV IGBT 的芯片面积为 $0.81cm^2$，额定电流为 20A，有源区域为 $0.28cm^2$，漂移区为 230μm。SiC IGBT 利用焊接式封装技术封装在高温塑料外壳中，采用 10mil 键合线和镀金铜基板和端子，封装模块长 65.5mm、高 19mm、宽 28mm。这是目前 SiC IGBT 常用的封装。值得注意的是，在脉冲结束时，由于开关回路的输出阻抗不同，最后一级 SiC IGBT 承受了较大的过电压，因此需要考虑必要的降压。与其他固态开关（如 SiC MOSFET）相比，SiC IGBT 具有更高的脉冲电流能力。15kV SiC IGBT 的峰值电流能力是 15kV SiC MOSFET 的 6.6 倍。然而，由于 SiC IGBT 固有的双极特性，与 SiC MOSFET 相比，其开关时间限制了其短脉冲宽度的能力。尽管如此，漂移区厚度大于 200μm 的 SiC IGBT 在低占空比的高压下工作，对于脉冲功率的应用是很有帮助的。

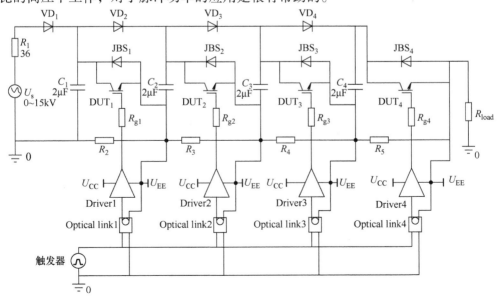

图 3-172 基于 24kV SiC IGBT 的 4 级 Marx 发生器[77]

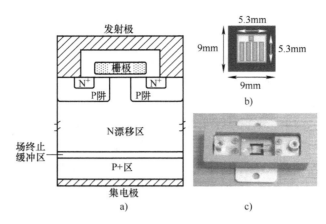

图 3-173　a）24kV 4H-SiC IGBT 结构图　b）SiC IGBT 芯片尺寸　c）高性能单器件封装[77]

2. SiC IGBT 门极驱动与保护

与传统 Si IGBT 器件不同，由于 SiC IGBT 具有一些特有的特性，导致其在脉冲功率领域应用时需要特别地考虑门极驱动与保护、器件串联等问题。

对于门极驱动与保护问题，与 Si IGBT 相同，SiC IGBT 驱动设计也包括功率传输和信号传输两部分，如图 3-174 所示。驱动供电经功率传输转换后为信号传输输出侧供电，数字驱动信号经过信号传输后转换为正压或负压，使得 SiC IGBT 可靠导通或关断。目前通常采用光纤和隔离变压器为功率和信号传输进行隔离，其中隔离变压器的设计需考虑高压绝缘、低耦合电容以及优化驱动布局等问题。若耦合电容过高，当门极驱动器暴露在高压侧时，高的 du/dt 会导致位移电流的产生，影响控制信号的传输。

相比于 Si IGBT，由于 SiC IGBT 开关速度更快，即 du/dt 很大，这个特性可以使器件的工作频率得到提高，同时减少无源元件。但是在应用时，过大的 du/dt 会通过驱动芯片的分布电容产生高噪声（EMI 噪声），使示波器、探头的测量变得困难，同时加剧了串联器件电压不均衡。因此，需要对其进行限制，乃至进一步提高可控性，保证 "du/dt" 在要求之内。当然，由于 du/dt 的值与开关损耗成反比，所以在限制 du/dt 时会增加开关损耗，需要在两者之间进行权衡。

传统限制 du/dt 的方法就是将门极驱动电阻增大，以降低 du/dt，但是这种方法会增大开关损耗。因为上述传统驱动控制的缺点，为协调开关速度和开关损耗，针对 SiC IGBT 器件导通过程具有双斜率变化的特点，分级驱动控制策略被提出，分级驱动本质上就是具有快速变化门极电阻的有源驱动（AGD），即当 du/dt 较大时，增大门极电阻（R_{gon1}，在耗尽阶段），以限制 du/dt；当 du/dt 较小时，减小门极电阻（R_{gon2}，在扩散阶段），以减小开关损耗，如图 3-175 所示是导通过程传统增大门极驱动电阻与两级驱动效果对比。

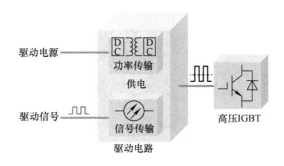

图 3-174　SiC IGBT 器件驱动设计[75]

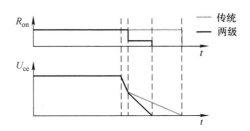

图 3-175　导通过程传统增大门极驱动电阻与两级驱动效果对比[75]

3. SiC IGBT 器件串联

针对器件串联问题，SiC IGBT 与 Si IGBT 器件的串联均压机理基本相同，只是由于 SiC IGBT 的 $\mathrm{d}u/\mathrm{d}t$ 很大，会使其他条件完全一致时，SiC IGBT 比 Si IGBT 器件的电压不均衡现象更严重。Kasunaidu Vechalapu 等阐述了 15kV SiC IGBT 器件串联时的均压问题，并通过实验验证了 RC 缓冲器具有优异的均压性能，如图 3-176 和图 3-177 所示，并找出了损耗最低情况的最优的电阻、电感参数的选择。此外，Kasunaidu Vechalapu 等阐述也对比了 RC 缓冲器在 SiC IGBT 和 SiC MOSFET 器件串联中的均压效果。

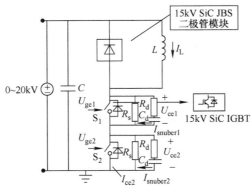

图 3-176　带 RC 缓冲器的串联 15kV SiC IGBT[76]

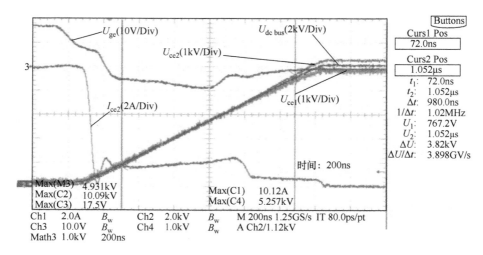

图 3-177 RC 缓冲器均压效果[76]

以下是串联 IGBT 应用于脉冲功率领域的一些实例。

1）用于等离子体源离子注入的高压脉冲电源。等离子体源离子注入是一门针对金属和高分子材料表面处理的新兴技术。通过这门技术我们能改善金属、塑料和陶瓷的表面性质。这一技术同样适用于需要离子注入的半导体制造行业。

为等离子体源离子注入提供高压脉冲的电路主要分为两类。一类是气体放电开关，一类是半导体开关。传统的气体放电开关有效率低、电流容量低（50～100A）、寿命短等缺点。为克服这些缺点，以 IGBT 为代表的半导体开关得以应用。

这里介绍一种使用 IGBT 堆体和脉冲变压器、适用于等离子体源离子注入的高压脉冲电源。它使用了一个 10kV/200A 的 IGBT 堆体。这一堆体包括 12 个 IGBT，而且驱动简单。一般来说 12 个 IGBT 组成的堆体需要 12 个有源驱动，但这个堆体只要 2 个有源驱动和 11 个无源驱动（由无源元件组成，如电阻、电容和二极管）。这个 RCD 电路既是门极驱动又是每个 IGBT 的缓冲器。为了提高电压等级，使用升压脉冲变压器。为提高电流等级，系统使用了 3 个同步的脉冲发生器模块，每个模块都由二极管、电容和 IGBT 堆体构成。这样的构成能方便地增大输出功率，由于子系统的模块化设计，整个系统的维护也相对容易些。为了保护脉冲电源，系统应用了快速的过电流检测、IGBT 堆体的快速关断和过电压保护。

图 3-178 和图 3-179 所示是脉冲功率发生器的原理框图和电路框图。基于 IG-BT 的开关堆体从直流高压中产生脉冲。使用了 3 个同步脉冲发生器模块以提高电流等级。当 IGBT 堆体关断的时候，电源通过二极管（VD_1～VD_3）给每个高压电容（C_1～C_3）充电。当 IGBT 堆体导通时，高压电容中的能量通过升压变压器传到负载。

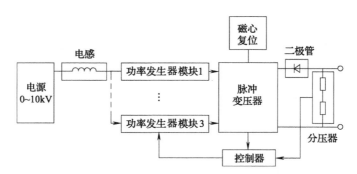

图 3-178　脉冲功率发生器框图

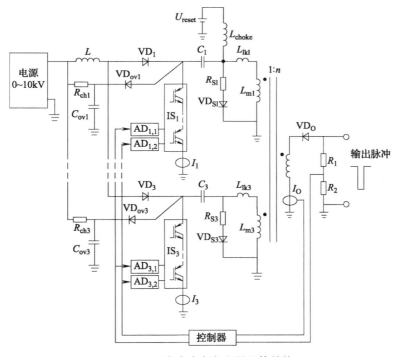

图 3-179　脉冲功率发生器整体结构

脉冲变压器的匝数比是 1:6.6，最大输出电压是 60kV。脉宽和频率控制器使脉冲系统有了适应性。电流传感器和分压器分别测量输出电流和电压，并反馈给控制器。根据这些信息，系统可以得到过电流保护。通常升压变压器为防止磁心饱和需要在脉冲之间施加复位脉冲。因此提供一个 U_{reset}，L_{choke} 则是为了隔离高压变压器和复位电源。

IGBT 堆体的结构和实物照片如图 3-180 和图 3-181 所示。每个 IGBT 堆体由 12 个 IGBT 组成，有 2 个有源驱动和 11 个无源驱动。这个 RCD 电路用作 IGBT 的门极驱动和缓冲器。在 IGBT 的 $V_{1,1}$ 通过主动驱动 AD_1 导通前，假设 RCD 的所有电容

（$C_1 \sim C_{12}$）通过二极管（$VD_{12} \sim VD_1$）充至高电压（输入电压的 1/12）。如果 $V_{1.1}$ 通过 AD_1 导通，则 IGBT $V_{1.1}$ 的源-漏电压开始减小。IGBT $V_{1.1}$ 减小的源-漏电压为 RCD 电路中 C_1 的放电提供了条件。这时，C_1 通过 R_1 和 $VD_{on,2}$ 为 IGBT $V_{2.1}$ 提供了导通的门-漏电压。然后 $V_{2.1}$ 的源-漏电压开始减小。类似的，$V_{2.1}$ 减小的源-漏电压为 RCD 电路中 C_2 的放电提供了条件，并通过 R_2 和 $VD_{on,3}$ 为 IGBT $V_{3.1}$ 提供了导通的门-漏电压。通过这个方法所有 12 个 IGBT 同时导通。当 IGBT 堆体导通时，如果有源驱动（AD_2）通过二极管（$VD_{off,2} \sim VD_{off,12}$）将 12 个场效应晶体管（$VF_{1.1} \sim VF_{12.1}$）导通，则 12 个 IGBT 的门-漏电压通过场效应晶体管放电，从而关断。这样，12 个 IGBT 能在两个有源驱动作用下同时开、关。

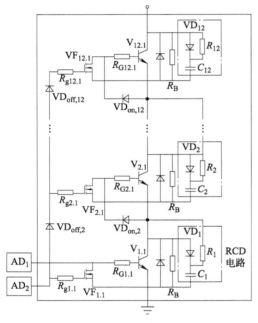

图 3-180　IGBT 堆体结构

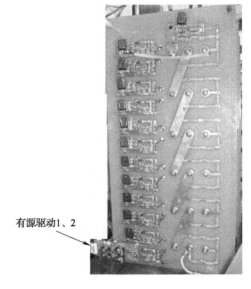

有源驱动1、2

图 3-181　IGBT 堆体照片（单开关）

　　大多数半导体开关较能耐受过电流条件，但却难以耐受过电压条件。因此在 IGBT 串联应用时均压措施是非常重要的。IGBT 关断时，靠与 IGBT 并联均压电阻（R_B）实现均压；而在导通瞬态是靠 RCD 电路实现均压的。这时，RCD 起到缓冲器的作用。

　　图 3-182 所示是 IGBT 堆体的仿真波形，可见 12 个 IGBT 能同步的导通和关断，在关断状态或是导通、关断的瞬态，电压能保持均衡。故障检测和快速保护是脉冲功率电源的重要组成部分。等离子体负载中经常会有电弧产生，因而短路（过电流）现象时有发生。所以针对电弧的特别保护是必需的。

　　保护原理图如图 3-183 所示。脉冲功率电源的工作状态始于高重频状态。如果由于电弧的产生而检测到过电流，脉冲功率发生器的工作状态将变为低重频状态。

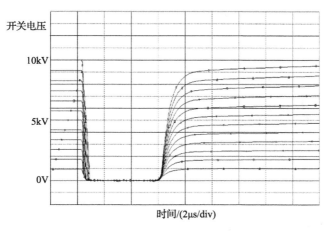

图 3-182　均压测试中 IGBT 堆体的仿真波形

如果在低重频时电弧仍然存在，电源将停止工作。而如果在低重频时电弧没有出现，则电源重新回到高重频工作状态。一般来说，在 IGBT 堆体关断时，过电流会导致过电压。所以，快速的过电流保护、IGBT 堆体的快速关断和过电压保护对于保护开关是十分必要的。该系统使用二极管（VD_{ov1}、VD_{ov2}、VD_{ov3}）、电容（C_{ov1}、C_{ov2}、C_{ov3}）和电阻（R_{ch1}、R_{ch2}、R_{ch3}）实现如图 3-179 的过电压保护。

用脉冲变压器的目的是为了让 IGBT 堆体工作在低压状态而对负载施加高压。脉冲变压器由 10 个铁氧体磁心组成，包括 6 个一次绕组和 4 个二次绕组，并浸在油中以冷却。具体参数见表 3-8。

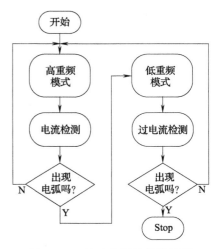

图 3-183　针对电弧的保护原理

表 3-8　系统规格与参数

重复频率	10 ~ 2000pulse/s	脉　　宽	2 ~ 5μs
上升时间	1μs	下降时间	2μs
电流	Max. 100A	电压	10 ~ 60kV
L_{lk}	10μH	L_m	3.3mH
n	6.6（66/10）	$C_1 \sim C_3$	0.47μF
L	2.9mH	L_{choke}	3mH
$R_{ch1} \sim R_{ch3}$	200Ω	$C_{ov1} \sim C_{ov3}$	0.47μF
R_1	1000kΩ	R_2	1kΩ

为了验证该脉冲功率电源，根据表 3-8 的参数进行实验。图 3-184 是 IGBT 堆体在阻性负载时针对均压实验的波形，可见堆体中的每个器件上的电压都是均衡的。加到堆体上的电压为 800V，堆体中每个器件的 du/dt 偏差是可以忽略的。这一结果跟仿真结果能很好地吻合。堆体使用的是 1200V/200A 的 IGBT。图 3-185和图 3-186 是堆体的电流和输出脉冲波形。堆体电流波形显示出每个堆体上的电流都很均衡。

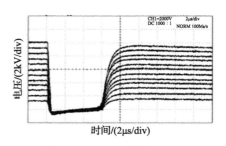

图 3-184　IGBT 堆体的电压
均衡测试实验波形

输出电压和电流波形中的超调是由脉冲变压器的漏电感和等离子体负载的电容造成的。输出电压和电流分别是 60kV 和 20A。输出脉冲的上升和下降时间分别是 1μs和 2μs。图 3-187 显示了在等离子体负载时脉冲宽度的变化。图 3-188a 和图 3-188b显示了等离子体负载时不同脉冲频率下的工作状态。脉冲频率 10～2000pulse/s 可调。图 3-189 显示了由于等离子体负载中电弧导致的过电流波形。如果电弧形成，输出电流将很快上升。如果输出电流到达过电流检测点（100A），过电流保护将断开 IGBT 堆体。IGBT 堆体的关断时间是 1μs，而这时输出电流会达到 270A。在保护电路的作用下，由此引起的过电压在堆体的承受范围内。该脉冲功率发生器对于脉宽、脉冲频率和电压幅值都有很强的调节能力。

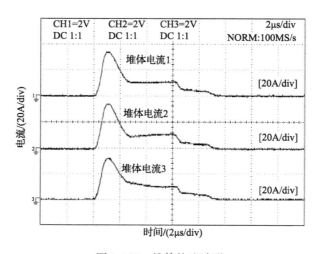

图 3-185　堆体均流波形

2）准分子激光器脉冲源。半导体工业对短波光的需求极大地促进了高重频准分子激光器的发展。脉冲高压作用于激光器电极，它的上升时间对于激光气体辉光放电是至关重要的，尤其在高重频时。当前，几乎所有的用于光刻的准分子激光器都

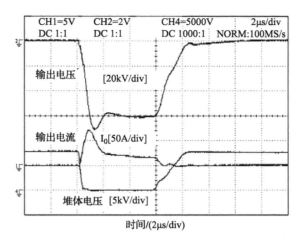

图 3-186　输出脉冲波形和堆体电压波形

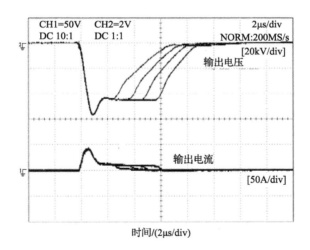

图 3-187　等离子体负载时脉冲宽度调节波形

使用了半导体开关及磁脉冲压缩技术。

图 3-190 是这种脉冲功率发生器的一个典型电路图。它包括一个 DC 电源、充电开关（V_{11} 和 V_{12}）、脉冲变压器（T）、储能电容（C_0）、主开关（V_3）、另一个脉冲变压器（PT）和两级的磁脉冲压缩。充电开关的作用是使 DC 电源通过脉冲变压器对储能电容充电。当主开关被触发后，储存在 C_0 中的能量以 $C_0 \rightarrow C_1 \rightarrow C_2 \rightarrow R$ 的顺序传递，同时电压被脉冲变压器升高，脉宽被磁开关压缩。V_2 的作用是保证 C_0 的稳定，MS_0 的作用是减小主开关中的能量损耗。

该电路的主开关是由 14 个 IGBT 并联，然后两组串联起来的 IGBT 堆体，型号

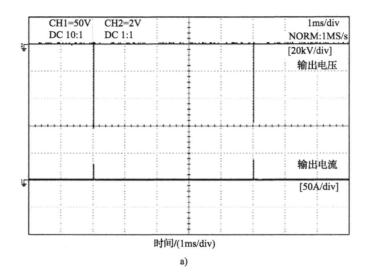

图 3-188　等离子体负载下不同重频的波形

a）200pulse/s　b）2000pulse/s

是三菱 CM300DY-28H（1.2kV/1kA）。对电路进行实验，当 DC 电源为 300V 时，C_0 被充至 1.5kV。C_0 的放电电流峰值为 5kA，脉宽为 1μs。在经过脉冲变压器和磁压缩后，最后的输出电压在 12nF 的负载电容下达到 28kV。在实验中以模拟电阻作为负载，图 3-191 即为电阻上的输出电压和电流波形。可见峰值电压和峰值电流分别达到了 11kV 和 5kA，而脉宽为 100ns。

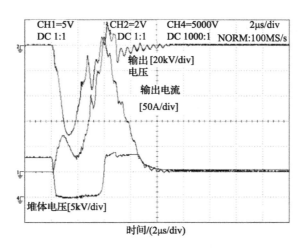

图 3-189 等离子体负载产生电弧时的过电流波形

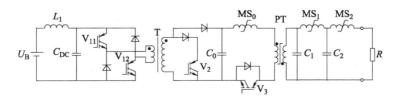

图 3-190 使用 IGBT 和磁脉冲压缩的脉冲功率发生器电路图

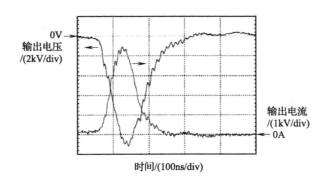

图 3-191 负载电阻上的输出电压和电流波形

3.3 静电感应晶闸管（SITH）

静电感应晶闸管（Static Induction Thyristor，SITH）也叫场控晶闸管（Field Controlled Thyristor，FCT），是一种静电感应器件，具有普通晶闸管所不具有的门极（栅极）强制关断能力。它导通所需的门极电流很小，开关速度快，导通灵敏度很高，电流和电压的瞬态耐量大，损耗小，热稳定性好，因此不仅具有高耐压和低损耗的特点，而且还可以在高频下工作。无论在大功率方面（直流输电、大型电机传动、电力机车等），还是小功率方面（伺服传动、逆变器式空调机和逆变器式照明等）都有很广阔的应用前景，因而受到人们的广泛重视。加大对 SITH 的开发力度，不断开拓其应用领域，提高应用水平，为国产器件开辟一席之地，这对提高我国的电力电子技术水平具有重大的意义。

3.3.1　SITH 的基础理论知识

SITH 属于电压（电场）控制型器件，是一种通过门极电压和阳极电压控制电流流通的器件，具有普通晶闸管所不具有的门极关断能力。虽然 GTO 也具有门极关断能力，但是 GTO 是多单元集成结构，容易造成电流分布不均而导致个别 GTO 单元的损坏而引起整个 GTO 的损坏。而 SITH 则不同，它是利用静电感应现象来控制器件的，也就是在门极加上负偏压来控制门极附近电子的流通。图 3-192 是 SITH 的实物图。

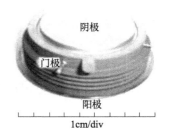

图 3-192　SITH 实物图

SITH 规格说明：断态重复峰值电压为 5500V，断态正向电压为 4400V，有效通态电流为 600A，浪涌电流超过 1200A。

3.3.1.1　器件结构

SITH 器件具有电流放大系数大，门极电容小的特点。一般可以把它分为常开型（大功率型）和常闭型（高速型）两种。SITH 一般是在 SIT（Static Induction Transistor，静电感应晶体管）基础上制成的，有两种方式：一种是将两侧均做成 SIT；另一种是将左侧或右侧中的任一侧制成 SIT，再将其与传统的 BJT（Bipolar Junction Transistor，双极结型晶体管）相结合，如图 3-193 所示。

在结构上，SITH 可以有平面栅型（见图 3-194）和隐埋栅型（见图 3-195）。采用平面栅

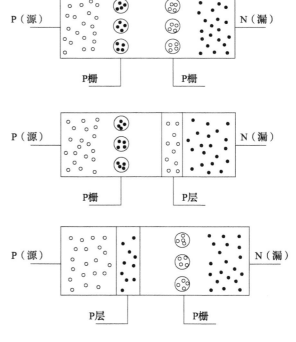

图 3-193　SITH 结构图

结构，因为其门极电阻比隐埋栅型的要低，可以使 SITH 具有驱动功率小和电流密

度大的特点。其特点是门极做在硅衬底的表面，工艺步骤简单而且产量高。而隐埋栅结构，就是将 $P^+ - N^- - N^+$ 二极管的 N^- 层内埋入了起门极作用的 P^+ 层。可以使门极反向电压和正向阻断电压均实现高耐压，有利于制作高耐压和大功率的器件。

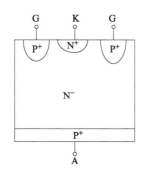

图 3-194　平面栅型结构 SITH

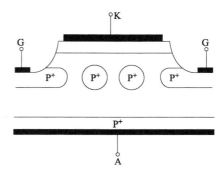

图 3-195　隐埋栅型结构 SITH

　　器件的结构决定了其性能。例如采用透明阳极结构（见图 3-196），透明阳极有效利用了外延过程中在 P^- 阳极区形成的轻掺杂 N^- 层，在该层上进行 P^+ 重掺杂，为正向导通过程提供空穴注入，从而实现电导调制，降低通态压降，有效增大阻断电压等。同时，由于透明阳极能起到"电荷漏"的作用，加快了关断过程积累电荷的抽取，缩短关断时间，降低关断损耗。

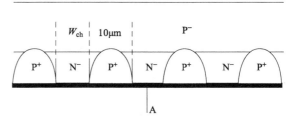

图 3-196　透明阳极结构

　　对隐埋栅型 SITH，通过改变门极的间距也可以改善器件的性能。随着门极间距的减少，正向阻断电压增益 G（后面章节介绍）增加，使器件从常闭型向常开型转变。研究表明，正向压降几乎与 G 无关，然而最大门极关断电流随 G 增大而增大，另外，开关速度将在某一个确定的 G 值下得到最优化。

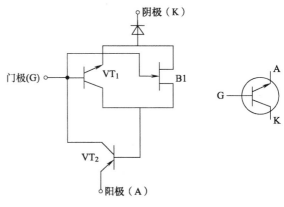

图 3-197　SITH 等效电路及电气符号

　　图 3-197 是 SITH 的等效电路和电气符号示意图。

3.3.1.2　基本工作原理

SITH 通常将阳极接高电压使器件处于正向工作状态。对隐埋栅结构，当 $U_G >$ 0 时，器件进入大电流、低电压的正向导通阶段，门极与门极之间的 N^- 区就构成了电流流通的通道，以类似 $P^+ - N^- - N^+$ 二极管的工作方式导通，即"类二极管模型"。$U_G < 0$ 时，门极电压比阴极低，相对阳极就更低，形成了从阳极指向门极的电场和从阴极指向门极的电场。其结果是阳极注入沟道的空穴大部分被扫入门极，也即门极间 N^- 区域的空穴被门极"扫出"。与此同时，N^- 区域内的电子"扫入"阴极，从而使 P^+ 栅和 N^- 层的边界附近和沟道中的电荷耗尽，形成高阻区，器件进入小电流、高电压的正向阻断状态。从阴极通过沟道中部到达阳极的纵向电位分布如图 3-198 所示。

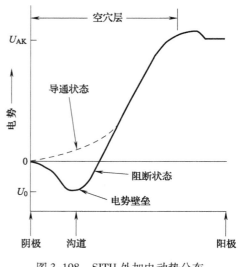

图 3-198　SITH 外加电动势分布

从图中可以看出，$U_{沟道} < 0$，势垒高度 U_0 随外加反向栅压的增大而增大。当 U_0 增大到一定程度的时候，就可以减少空穴从阳极注入，也可以阻止电子从阴极注入，从而达到阻断电流的目的。当然阳极电流为负也可以使器件工作在阻断状态，即反向阻断态。但是由于反向阻断的开关速度要明显比正向阻断小，基于器件开关性能考虑，一般都选择正向阻断。因此，文中所有分析都将基于正向阻断进行。

如果从阳极通以大电流，大量电子、空穴进入沟道，并以饱和漂移速度 U_S 沿沟道运动，表现出的基本特性与 SCR 基本相同。但是当通过的电流较小时，SITH 却表现出 SIT 类晶体管不饱和特性，反映了 SITH 受势垒控制的工作机制；而 SCR 小电流范围内却是两只 BJT 相互作用，表现为饱和晶体管的特性，两者的作用机理是不尽相同的。

3.3.2　静态特性

3.3.2.1　正向导通特性

以表面栅型为例，当 $U_G > 0$，SITH 进入正向导通状态。SITH 具有"类 $P - I - N$"的工作特性。由于 P^+ 门极的存在，减少了阴极有效面积，理论上对器件的正向特性有一定的影响，但是实验却没有观察到很明显的影响。实际上，SITH 的正向导通也是两层"$P - N - P - N$"结构，和 SCR 基本一致。与一般 SCR 相比，它的通态压降能够降低，降低的程度和结数目减少的量有关。但是，和其他器件一样，在器件设计上，要想缩短关断时间、减少损耗，其代价是通态压降会比较高。

如图 3-199 所示，正向导通阳极电压较高时，阳极向 SITH 的沟道轻掺杂的漂移区（Ⅰ区）注入空穴，空穴来不及复合就渡越到阴极，到达阴极处的空穴与阴极附近处的电子复合使空间电荷的电子减少，从而引起阴极向沟道区和Ⅰ区注入电子，电子又会到达阳极附近，又引起阳极的更大注入，这是一个正反馈过程。最终在 SITH 的沟道区和Ⅰ区形成电子-空穴等离子体，伴随一系列物理过程如复合效应，载流子寿命随注入电平的变化而变化，空间电荷限制电流效应、电中和效应

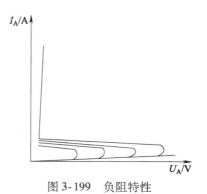

图 3-199　负阻特性

等，特别是轻掺杂区出现严重的电导调制效应使得高阻区转化为低阻区并最终形成类似 SCR 的负阻区。

3.3.2.2　正向阻断特性

正向阻断状态是在门极负偏压的情况下，耗尽层扩展至门极 P$^+$ 层和 N$^-$ 基极层内，而沟道夹断。向门极 P$^+$ 层和阴极 N$^+$ 层注入门极电流，使耗尽层消失，就从沟道夹断状态脱离出来。与正向导通相反，SITH 的阻断态是以阻断高电压为特征的，只有微小的泄漏电流流过。当 $U_G < 0$ 时，SITH 进入正向阻断状态。SITH 的关断机理与 SCR 是不同的，SCR 的关断主要有两种方式：一是阳极电压反向或过零，二是流过阳极、阴极间的电流小于维持电流 I_H。这造成了 SCR 器件的关断困难。相对而言，SITH 的关断则显得容易得多，它本身就是门极可关断器件，通过门极电压和阳极电压所建立的在门极附近的势垒来控制电流的通与断。可以用以下的电场模型进行说明（见图 3-200，图中 $U_1 < U_2$）。在 SITH 的沟道中，存在两种方向相反的电场（E_F 和 E_R），E_F 是阳极加正向电压形成的；E_R 是一部分来自阴极区高低结 N$^+$ - N$^-$ 的自建场和栅沟 PN 结自建场的纵向分量，另一部分来自门极负栅压的纵向场。它们在沟道中的叠加是势垒建立的本质原因。E_F 的方向由阳极指向沟道反向，E_R 的方向由阴极指向沟道方向，这样，在沟道某一处，E_F 和 E_R 相互抵消，这点就是势垒的极小点，通常也称为"鞍点"（Saddle Point）。当 U_A 增加时（$U_1 < U_2$），鞍点会向阴极端移动，即正向电场 E_F 增大，反向电场 E_R 减小，导致器件注入电流的增大。与此相对应，如果增大负栅压 U_G，反向电场 E_R 会增加，势垒升高，从而阻断电流。这就是上面所说的正向阻断原理。

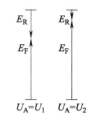

图 3-200　SITH 的电场模型

但是器件阻断需要多大的负门极电压呢？或者说 SITH 的阻断特性与什么有关呢？研究表明：它与电压增益 G、阳极电压 U_A 和栅-阴极结所能承受的最大反偏压 BU_{GK} 有关。具体说来就是 G 越大，U_A 越高，BU_{GK} 越高，阻断所需的负栅压就越高。

当所加的负栅压一定时，逐渐加大 SITH 的门极电压，也会出现负阻现象。研究表明，阻断态下发生负阻转折的电压和这时的阳极电流有如下关系：

$$U_{\text{Ar}} = \mu \mid U_{\text{G}} \mid - U_{\text{T}} \frac{\mu}{\eta} \ln \left(\alpha_1 g \frac{N_{\text{S}}}{N_{\text{D}}} g \frac{L_{\text{P}}^2}{W W_{\text{sad}}} g \frac{A_{\text{eff}}}{A} \right)$$

$$I_{\text{Ar}} = q A N_{\text{D}} \alpha_2 g \frac{W}{\tau_{\text{p}}}$$

式中，U_{Ar} 为阻断态下发生负阻转折的电压；U_{T} 为热电动势；μ 为电压放大系数；η 为器件的栅效率；N_{S} 为阴极区掺杂浓度；N_{D} 为漂移区掺杂浓度；W 为漂移区宽度；W_{sad} 为源区到本征栅的垂直距离；A_{eff} 为沟道有效电流截面积；τ_{p} 为空穴寿命；$\alpha_1 = \mu_{\text{N}} / (2\mu_{\text{N}} + \mu_{\text{P}})$，$\alpha_2 = (2\mu_{\text{N}} + \mu_{\text{P}}) / \mu_{\text{P}}$。

增加轻掺杂区的电阻率和厚度、减少沟道尺寸和采取合理的终端结构都能有效地提高阻断电压，改善器件的性能。

3.3.2.3 电压增益

当阳极电压 U_{A} 增加到一定值时，流过沟道的电流开始急剧增加。将电流急剧增加时对应的阳极电压视为正向最大阻断电压（简称正向阻断电压）。而电压增益定义为正向阻断电压与加在门极上的反向电压 U_{G} 之比。即

$$G = \frac{U_{\text{A}}}{U_{\text{G}}}$$

G 反映了 U_{G} 对 U_{A} 的阻断能力，

$$G = \frac{1}{\mid U_{\text{G}} \mid} \left[\frac{1}{\beta} \frac{kT}{q} \ln \left(\frac{I_{\text{A}}}{I_0} \right) \frac{\alpha}{\beta} \mid U_{\text{G}} \mid \right]^{\frac{1}{n}}$$

式中，α、β 为系数，反映了势垒高度 U_0 与 U_{G} 及 U_{A}^n 的比值。

一般取 $\alpha = 0.046$，$\beta = 0.192$，$n = 0.2$，$I_0 = 8 \times 10^{-5}\text{A}$。

设 G^* 为器件的本征阻断增益，当栅压相当高时，G^* 直接决定于器件沟道的几何结构：

$$G^* \approx \frac{1}{2} \frac{(\mu_0 - 1)}{\mu_0}$$

从而

$$G \approx \frac{1}{\alpha_{\text{A}}} G^* \approx \frac{1}{2\alpha_{\text{A}}} \frac{(\mu_0 - 1)}{\mu_0}$$

式中，μ_0 是由沟道的几何尺寸决定的，$\mu_0 \approx \exp\left(\pi \frac{L_{\text{c}}}{d_{\text{c}}} \right)$，一般 $\mu_0 > 1$；α_{A} 是本征阳极 U_{A}^* 与 U_{G} 的比值。

电压增益 G 与沟道宽度和 N^- 层硅材料的杂质浓度有关。沟道宽度窄和杂质浓度低，则电压增益会高。为了确保适当的正向阻断电压，要求门极反向电压要小。例如，$U_{\text{G}} = -8\text{V}$ 时，为了保证 1200V 的正向阻断电压，则沟道宽度必须要有 $4\mu\text{m}$ 左右。

3.3.3 动态特性

本节我们主要研究 SITH 的动态特性。动态特性是 SITH 开关应用时，在通态和断态两个稳态间转换的过渡态。动态参数包括导通时间 t_{on} 和关断时间 t_{off}、du/dt、di/dt。

3.3.3.1 导通时间 t_{on} 和关断时间 t_{off}

前面已经讨论论过，当 $U_G > 0$，SITH 器件导通，当 $U_G < 0$，沟道势垒增大从而使 SITH 器件关断。我们选择常闭型 SITH 进行说明（当 $U_G = 0$ 时，SITH 截止）。实际上，SITH 开启后的特性并不受门极的影响，也就是说不像晶体管和 VDMOS 那样，有饱和深度的问题（饱和情况随时都与驱动信号有关）。也就是说，SITH 器件一旦被门极驱动而导通，就不再受门极电流的影响，除非门极改变方向成为抽出电流。然而开启速度，即从关断到导通的时间，却与门极注入电流有密切的关系。

导通时间 t_{on} 定义为对处于夹断状态的耗尽层，由向门极发出触发信号开始，直到器件导通所需要的时间。导通过程是由门极阻抗等取决于器件结构本身的参数所支配的。SITH 导通时，从阴极和阳极注入的大量载流子在沟道中保持动态平衡，随着注入的增加，受电导调制效应的影响，沟道电阻会显著降低，从而又加大了注入，从而使电流迅速上升。

定义 I_A 电流衰减到初值的 10% 所经历的时间为关断时间 t_{off}。t_{off} 的大小与多方面的因素有关：一是门极抽出电流的大小；二是基区和沟道区的电子—空穴复合的速度；三是原存储电荷的多少。理论上使 SITH 器件从导通到关断有两种方法：一种是给门极加负电压，另一种是迫使 I_{AK} 为零。然而后一种方法在实际应用中意义不大，故一般都采取第一种方式。门极加负电压关断 SITH 实际上是从沟道抽取积累电荷的过程，随着沟道电荷的抽取，沟道势垒会发生显著的变化，这就决定了关断时间的长短。

我们以下面的电路（见图 3-201）来着重讨论 SITH 的关断过程。图 3-202 为关断以后主电流和阳极-阴极间电压波形，门极-阴极间的电压及电流波形。

从门极电流开始抽出的瞬时 t_0 起，即门极电流反向的瞬间，这时阳极电流 I_T 还没有明显减小，I_T 的大小决定了注入并存储在沟道和基区中的电荷量 Q，I_T 越大，Q 越大。门极的抽取电流变化率决定于门极电源电压 U_{GR} 和含有门电极 G、门极电源 U_{GR}、开关 S_R 及阴极电极 K 的回路所形成的布线电感之比。直至门极电流出现峰值的时间之前，是以门极 P^+ 层和阴极 N^+ 层的门结为中心。经过 t_s 后阳极电流降到 I_T 的 90%，随后 I_T 急剧减小，与此同时，阳极电压 U_a 迅速上升。电子和空穴复合使载流子消失期间，处于门极-阴极结之间反方向特性的状态。当门极电流达到峰值、门极-阴极之间的载流子减少时，在门极结处生成耗尽层，这就到了门极-阴极结之间发生反向电压的时间 t_2。在 t_2 时刻，沟道被夹断，门极-阴极结附近的耗尽层加宽，使从阳极流向阴极的主电流 I_T 减小到一个极小值，阳极电压上升到一个

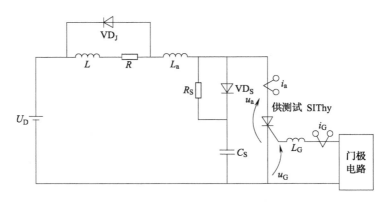

图 3-201　试验电路

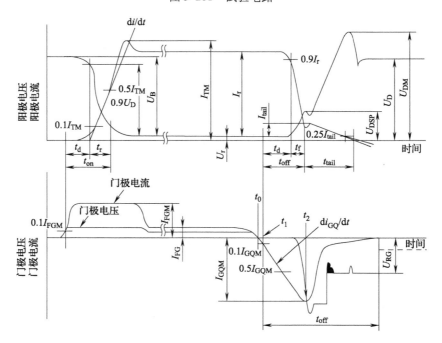

图 3-202　各部分电流和电压波形

极大值，即 U_{DSP}。在这段时间内，沟道完全夹断，耗尽层则服从外加于器件的电压，N^- 基极层变宽。残留于 N^- 基极层的载流子从门电极经门极电路流至器件外部，形成阳极电流值逐渐减小的所谓"拖尾"时期 t_{tail}，Q 越大，t_{tail} 越大。这时的电压变化率 du/dt 决定于关断之前的电流 I_T 和缓冲电容器电容 C_S、结电容 C_J 之和的比值 $I_T/(C_S + C_J)$。储存在阳极电抗器 L_a 中的能量，通过缓冲二极管向缓冲电容器 C_S 充电，但当电压高于电源电压 U_D 时，靠缓冲电阻 R_S，使正反馈至电源的电压上升到 U_{DM}。

研究表明，SITH 的使用频率主要受 t_{off} 限制，t_{off} 约在微秒量级，故 SITH 的频率性能远优于一般晶闸管。

下面研究延时过程来说明器件参数和延时时间的关系。

一旦关断过程开始，器件可以等效为由 P 阳极，N 阴极和 P 门极组成的一个 PNP 晶体管。

当 $0 \leqslant t \leqslant t_p$，

$$I_{AG} = \beta I_{AK}$$

式中，I_{AG} 为从阳极到门极的电流；I_{AK} 为阳极到阴极的电流；β 为电流增益。

在 $t = t_p$，阳极电流 $I_A (t_p)$ 有如下关系：

$$I_A (t_p) \doteq \beta I_A(0)$$

$$\beta = \alpha / 1 - \alpha$$

$$\alpha \doteq \operatorname{sech}(W/L_p)$$

式中，W 为基区宽度；L_p 为少子扩散长度。

当夹断时 $(t > t_p)$，

$$I_A = I_{AG}$$

N 基区少子的消亡时间由其寿命决定：

$$I_A(t) = I_A(t_p) \exp(-t/\tau)$$

为了缩短 t_{off}，即使载流子的复合速率尽可能快，要求载流子的寿命尽可能短，然而，这又会使导通时的压降升高，增加器件损耗。两者是矛盾的，只能进行折中兼顾，t_{off} 的缩短是以损耗为代价的。

图 3-203 为阳极电流和时间的关系示意图。

3.3.3.2 　du/dt

SITH 是一个 du/dt 较高的器件，一般可以做到 $2000 \sim 5500\mathrm{V/\mu s}$，而一般的 GTO 只能达到 $1000\mathrm{V/\mu s}$，因此 SITH 是可以在较为严酷的 du/dt 条件下工作的。

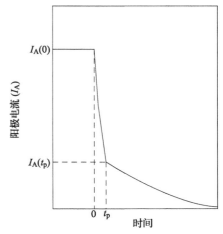

图 3-203　阳极电流和时间的关系

当阳极电流增大到临界值时，阻断态被打破，SITH 迅速导通。设发生转折时的阳极电流为 I_{ABO}，I_{ABO} 与门极串接电阻 R_G 有着强烈的依赖关系，如下式

$$I_{ABO} \approx \frac{kT}{q} \frac{1}{(\alpha\gamma)} \frac{1}{R_G} \tag{3-2}$$

式中，α、γ 为由 SITH 的势垒控制电流机制决定的常数。按沟道势垒控制电流传导原理，阳极电流为

$$I_A = \exp \frac{kT}{q} \left[\beta U_A^n - \alpha (U_G + \phi) \right]$$

当阳极电流较大时，门极电流可以表示为

$$I_G = \gamma I_A$$

在以上各式中，参数 α、β、γ、n 和 I_0 对每个器件都是确定的，可以由经验从器件的正向阻断特性确定下来。例如对某一器件，其硅片厚度为 $203\mu m$，$n = 1$，α 为 0.23，β 为 0.0066，γ 通常为 0.4，I_0 为 $1.5 \times 10^{-1}A$ 等。

当阻断特性出现转折时，I_{ABO} 对应 $I - U$ 阻断特性上的点可以表示为

$$\frac{dU_A}{dI_A} = 0$$

然而，SITH 导通并不是在 I_{ABO} 发生的，而是在 $5I_{ABO}$ 处，即

$$I_G \approx 5I_{ABO}$$

在高的门极电阻下，门极电流（I_G）随阳极的上升电压而变化着。当所加的 du/dt 一定时，I_G 由下式确定：

$$I_G(t) = \left(\frac{du}{dt}\right) C_{GA} \left[1 - \exp\left(-\frac{t}{R_{GS}C_{GA}} \right) \right] \tag{3-3}$$

式中，$\left(\dfrac{du}{dt}\right)$ 为实际作用的 du/dt 的值；C_{GA} 为门极驱动回路上的栅电容；R_{GS} 为门极串联电阻。对以上两式进行简单处理，有

$$\frac{du}{dt} = \frac{5I_{ABO}}{C_{GA}} \left[1 - \exp\left(-\frac{t}{R_{GS}C_{GA}} \right) \right]^{-1}$$

将式（3-2）带入，则

$$\frac{du}{dt} = \frac{5kT}{q} \frac{1}{(\alpha\gamma)} \frac{1}{R_{GS}C_{GA}} \left[1 - \exp\left(-\frac{t}{R_{GS}C_{GA}} \right) \right]^{-1}$$

当门极串联的电阻很小时，上式的指数项很小，可以忽略，从而有

$$\frac{du}{dt} = \frac{5kT}{q} \frac{1}{(\alpha\gamma)} \frac{1}{R_{GS}C_{GA}}$$

然而当门极串联电阻很大时，时间常数（$R_G C_{GA}$）将大于 du/dt 作用的时间 t，则有

$$\exp\left(-\frac{t}{R_{GS}C_{GA}} \right) \approx 1 - \frac{t}{R_{GS}C_{GA}}$$

从而有

$$\frac{du}{dt} = \frac{5kT}{q} \frac{1}{(\alpha\gamma)} \frac{1}{t}$$

从上面的分析可以看出，当串联的门极电阻比较小时 du/dt 与 R_{GS} 成反比，当串联的门极电阻比较大时，du/dt 与 R_{GS} 无关，如图 3-204 所示。

du/dt 过低，会引起类似普通 SCR 的误导通，在很大程度上降低了器件的整体

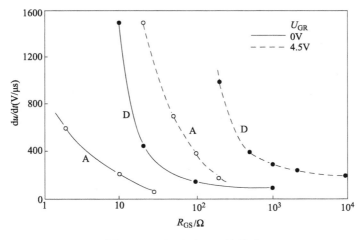

图 3-204　$\mathrm{d}u/\mathrm{d}t$ 与 R_{GS} 的关系

性能。因此，在结构上减少门极电阻就显得很重要。当然，门极的驱动电路也应当设计得使门极电容 C_{GA} 和门极串联的电阻 R_{GS} 尽可能低，这样可以减少因为门极电路压降而引起的栅结去偏效应。一般说来，表面栅型 SITH 的 $\mathrm{d}u/\mathrm{d}t$ 耐量要比埋栅型的高，这是因为表面栅型 SITH 可以在叉指门极上镀金而获得低的串联门极电阻，而埋栅型 SITH 则因为它自身栅指扩散导致高的串联门极电阻。然而，即使是埋栅型的 SITH，其动态 $\mathrm{d}u/\mathrm{d}t$ 性能也比普通的 SCR 要好，这就决定了它作为一种高速功率电子开关所具有的良好应用前景。

3.3.3.3　$\mathrm{d}i/\mathrm{d}t$

从 SITH 原理可知，它是一种 $\mathrm{d}i/\mathrm{d}t$ 耐量大的器件。对普通 SCR 来说，$\mathrm{d}i/\mathrm{d}t$ 与电子-空穴等离子体的扩展相关联，导通首先发生在阴极边缘与门极接触的地方，然后迅速从门极向整个阴极下方蔓延直至完全导通。导通区域的蔓延速度限制了 $\mathrm{d}i/\mathrm{d}t$ 能力。如果 $\mathrm{d}i/\mathrm{d}t$ 较低，开始导通时的局域化会使电流密度高度集中，从而使器件烧坏。而 SITH 的 $\mathrm{d}i/\mathrm{d}t$ 主要与沟道势垒的消除速度和门极间导电沟道形成的快慢有关。这个过程是受栅结耗尽层在沟道中的运动快慢控制的，并由栅电容和门极驱动电路的电阻限制。驱动电流的合理设计可以使器件导通更快。从上一节我们知道，低的串联门极阻抗有利于提高 $\mathrm{d}i/\mathrm{d}t$，研究结果同样表明，低阻抗的串联门极电阻对 SITH 的快速关断，提高 $\mathrm{d}i/\mathrm{d}t$ 同样重要。提高导通速度的方法是加大栅压，从而使非耗尽沟道宽度增加，使导通时需要的电流密度减少。

理想情况下 SITH 可以实现一致均匀导通，然而实际中却不能实现一致导通。第一，SITH 一般门极和阴极作成高叉指排列结构，而导通时门极正偏压并非同时加到器件的所有门极上，这是因为栅条中存在着与传输线类似的 RC 充电时间常数，致使靠近门极压点的区域首先导通，而远离门极压点的区域后导通。第二，沟道势垒的消除速度和门极间导电沟道形成的快慢在不同有源区的部位是不同的，沟道的形成与沟道耗尽层的宽度随栅压的变化有关，还与沟道的掺杂浓度有关，它们存在着下列关系：

$$W_{\mathrm{ch}} = 2\left[a - \sqrt{\frac{2\varepsilon\varepsilon_0(U_{\mathrm{G}} + \phi)}{qN_{\mathrm{d}}}} \right]$$

式中，W_{ch} 为沟道耗尽层宽度；$2a$ 为栅结间的距离；N_{d} 为沟道掺杂浓度；ϕ 为栅结自身偏压；$\varepsilon\varepsilon_0$ 为半导体的介电常数。

从上面公式中可以看出，当给定栅压，低 N_{d} 的区域沟道更窄，致使该区域先导通，进而像普通 SCR 一样导致导通电流局域化而使器件失效。

一个有效的估计 $\mathrm{d}i/\mathrm{d}t$ 能力的方法是计算阴极峰值电流，峰值电流时功率耗散在阴极条边缘导致局部温度上升到共熔点。

为了提高 $\mathrm{d}i/\mathrm{d}t$ 能力，对 SITH 进行合理的设计是十分重要的。

第一，减少不同的阻尼系数的基区材料来减少局域化器件导通。这可以通过中性可变掺杂硅实现。

第二，缩短门极、阴极条长度。

$$J_{\mathrm{F}} = \frac{\int_0^L J_{\mathrm{A}}(x)\,\mathrm{d}x}{t}$$

式中，$J_{\mathrm{A}}(x)$ 为导通时的阳极电流密度；J_{F} 为阴极条的电流密度；L 为条长。

从上式可以看出 J_{F} 与条长 L 密切相关。J_{F} 增大，$\mathrm{d}i/\mathrm{d}t$ 能力提高。条长的缩短可以提高导通时门极电容的充电速度。但是，这也使得门极压点和阴极压点的占据有源区面积相对增加，减少器件的平均电流控制能力。

第三，增加阴极金属条厚度。虽然这看起来很直接，但是实际上却受很多限制。为了增加金属条厚度必须增加阴极宽度 W，虽然这样并不能对 $\mathrm{d}i/\mathrm{d}t$ 能力产生影响，但是却减少了阻断增益。

第四，采用垂直平板压接方式。

另外，用质子辐照技术可以实现器件导通过程的高速度，从而实现 SITH 的高性能及低损耗。

3.3.4　驱动电路和损耗

3.3.4.1　驱动电路

一个器件的性能固然与其物理构成有很大关系，它的驱动电路也是至关重要的一个方面。一般来说，SITH 的门极驱动电流只有 GTO 的几分之一。简单的 SITH 驱动电路如图 3-205 所示。

图 3-205 中，S_{F}、S_{R} 分别为 MOSFET 等组成的电子开关。R 是电阻，U_{GF} 和 U_{GR} 分别是导通用门极直流电源和关断用门极直流电源。当 S_{F} 闭合、S_{R} 打开时，$U_{\mathrm{GK}} > 0$，SITH 导通。值得注意的是电阻 R 应该根据直流电源 U_{GF} 门极-阴极间正向压降的关

系确定，防止导通时的门极电流在要求值
以上任意地增大。与此相对应，当 S_F 打开、
S_R 闭合时，$U_{GK} < 0$，SITH 开始其关断过
程。在关断时只用电源而不用其他电气元
件是为了使 SITH 关断时从门极抽取瞬时大
电流。为了达到迅速关断的目的，必须想
方设法减少门极串联阻抗，包括电子开关
S_R 在内的内阻和布线的阻抗，而且使门极
负偏压不致太低。

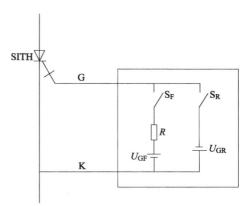

图 3-205　简单的门极驱动电路

　　由于 SITH 具有独特的内部结构，明确
了其开关特性，很难实现最佳门极驱动条
件以保证高速开关操作和高稳定性。现有
的几种类型的门极驱动器仅用于根据负载要求实现快速导通或稳定关断的开关特
性。针对于此，Bongseong Kim 等于 2011 年提出了一种通用的 SITH 门极驱动器，
是在现有的门极驱动器基础上的改进。在与传统门极驱动器实验结果比较的基础
上，新研制的门极驱动器的开关操作和结构更加复杂。然而，新驱动器能够实现快
速导通以及稳定关断。此外，该驱动器能够实现脉冲功率领域 SITH 的最优切换特
性，特别是在串联功率半导体开关需要同步开关波形、快导通操作以及在硬开关操
作期间所有单个功率半导体开关的高稳定性。

　　如图 3-206 所示是现有的 SITH 驱动器，相比于图 3-205 多了电容元件。虽然
已经开发出许多类型被用于快速启动的驱动器，但该图所示传统门极驱动器非常简
单和有效。RT-201 型 SITH 是一个常开型开关，因此当其用于断态时，需要一个负
栅电压来维持稳定的关断状态，同时 S_2 保持关闭，S_1 保持打开。而在导通开关过
程中，门极电压的上升曲线对应于 SITH 的门极延迟时间，在正门极电流中观察到
具有一定上升速率的瞬态导通特性。在通态下，若 S_1 打开而 S_2 关闭，SITH 的剩
余电荷将穿透到 RC 组件，SITH 将进入断态。

　　现有的门极驱动器是通过带有 RC 元件的负电压来实现 SITH 的关断操作。需
要指出的是，要实现 SITH 的快速、稳定的关断，消除器件内部到外部门极驱动电路
中剩余电荷的负电流路径比负电位幅值更为重要。因此，为使 SITH 有稳定的关断操
作，提出了新的 SITH 驱动器，如图 3-207 所示，增加了一个换流电路来消除过剩电
荷，这些电荷可能在瞬态关断阶段由于意外的电荷效应而导致电位振荡和开关故障。

　　在 SITH 导通阶段，R_1 和 C_1 元件被用于 SITH 断态下门极驱动器和器件耗尽区
域之间的阻抗匹配。在瞬态导通阶段，在 E_+ 元件中附加的 R_1、C_1 电路与 SITH 内
部输入阻抗的匹配，实现缩短门极延迟时间和正门极电流有效穿透 SITH 耗尽区。在
瞬态关断阶段，使用带 C_3 的辅助开关 S_3 和附加电压源 E_- 可以防止电位振荡、门极和
阴极闩锁现象。这是通过 E_- 消除附加电荷和通过 C_3 实现 RC 曲线调制的结果。

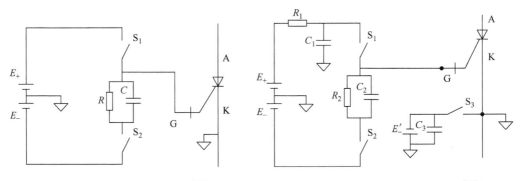

图 3-206 现有的 SITH 驱动器[85]　　　　图 3-207 新研发的 SITH 驱动器[85]

新开发的门极驱动器的工作原理来源于一个简单的想法，即在关断阶段内防止电位振荡和缩短 RC 复合时间。因此，采用额外的负电压源 E'_- 和辅助开关 S_3 稳定 SITH 门极 – 阴极电位振荡。

采用现有 SITH 门极驱动器和新研制的门极驱动器的开关波形如图 3-208 所示。与图 3-208a 相比，图 3-208b 中新研发的 SITH 驱动器门极电位上升显著降低。从图 3-208b 可以看出，在相同的开关条件下，负电流增加阶段和减小阶段的波形有很大的不同，E_- 和 C_3 元件有效地改善了图 3-208b 所示的负门极电流的上升 RC 曲线特性和负门极电压的阻尼振荡波形。

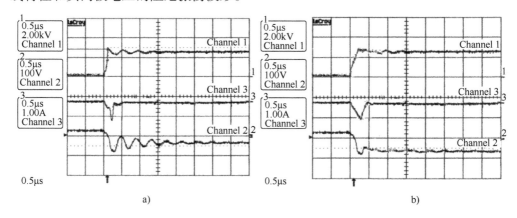

图 3-208 SITH 驱动器关断波形[85]

a）现有 SITH 驱动器关断波形　b）新研发 SITH 驱动器关断波形

有一种利用光信号来驱动和关断 SITH 的方式，如图 3-209 所示，TQ 是控制触发用的光控晶体管，LT 是光触发信号（triggering light pulse），LQ 是光关断信号（quenching light pulse）。这种驱动原理和一般的驱动一样，但光触发 SITH 电路的灵敏度比普通的光控晶闸管（Light Triggered Thyristor，LTT）和 GTO 要高，因为它门极的光增益较高，导通压降即使是常闭型 SITH 的也比普通 LTT 低，同时 du/dt

耐量比 LTT 高。光信号触发和关断可以实现高速的目的。所以这样组成的控制电路显得简单，并且整个系统功耗可以很低。

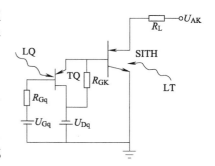

图 3-209　简单的光触发电路

3.3.4.2　损耗

SITH 的损耗主要包括通态损耗、导通损耗、关断损耗和门极损耗。

通态损耗一般根据通态电流电压特性求得，由于 SITH 导通压降相当小，所以导通损耗一般都很小，如图 3-210 所示。在用谐振型逆变器进行软开关工作的场合，有时导通时的开关损耗和导通损耗无法区分。此时，需要同时合起来测定符合于导通时各种波形条件的开关损耗和导通损耗。

导通损耗是指器件导通时的损耗，图 3-211 所示为图 3-201 的测试结果，图中 E_{on} 是导通损耗，I_T 是导通电流，器件耐压为 4000V，电源电压 U_D 为 2000V，结温为 125℃，缓冲电容 C_s 为 0.2μF。一般就逆变器应用而言，开关器件导通时，在其他各臂的二极管上加上了反向电压，使二极管反向恢复。因此，除了通常的负载电流，还要负担比较大的二极管反向恢复电流和从缓冲电容器经缓冲电阻的放电电流。所以，需要用加上所用二极管的反向恢复电流和缓冲电容放电电流之后的电流值来计算损耗。

当门极通过很低电流和向沟道注入空穴时 SITH 就能关断，这时，从门极将要抽出很大的电流，这个电流产生很大的关断损耗。大的门极关断电流导致门极回路损耗并且要求驱动电路具有大电流控制能力。SITH 的关断特性是由导通时载流子分布和关断时载流子从阳极的注入情况决定的。当关断时，从 P^+ 阳极注入的空穴将导致大的拖尾电流，导致了较高的损耗。这个拖尾电流由 N^- 高阻区的载流子分布决定，受载流子寿命和阳极注入效率控制。

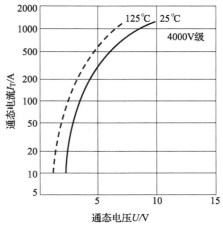

图 3-210　导通时的 I-U 特性

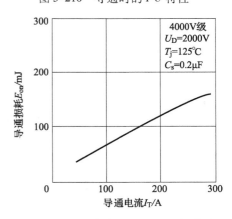

图 3-211　开通损耗和开通电流的关系

如图 3-213 所示，关断损耗与电路的电容有关，因用途不同而使用不同的缓冲电容量时，需要参照其他的数据。此外，关断后的过冲电压由缓冲电容量和测试电路布线的电感的大小决定，损耗曲线也有差异，因而应该用适合于实际用途的数据来计算损耗。

质子辐照可以减少载流子寿命。辐照区域的辐照能量和载流子寿命由辐照剂量分别加以控制。为了提高 SITH 的性能，在靠近沟道和阳极的区域需要进行质子辐照。质子照射在靠近沟道区是为了缩短器件的存储时间，在阳极区是为了改善下降时间。当然，为了获得低的损耗，开关频率必须加以控制。控制阳极注入效率可以通过主电极缩短技术实现。GTO 是通过缩短 P⁺ 阳极的方法来提高开关特性，SITH 则需要将器件两边的阳极阴极长度都缩短，如图 3-212所示。短阳极结构减少了阳极空穴注入从而减少下降时间，短阴极结构能减少电子注入，缩短存储时间。

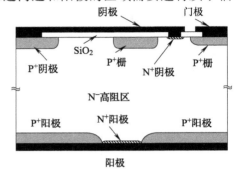

图 3-212　短阳极短阴极结构

门极损耗有门极正向损耗和反向损耗，前者由图 3-214 可知是极小的。后者是关断时的门极反向电压和门极结恢复时所发生的损耗，器件门极反向电压的设计值和门极电路的负偏电源电压选择不同，损耗也不同。因为门极反向电压施加时间很短，一般在 20kHz 以下使用时，总损耗考虑为 2%～3%。

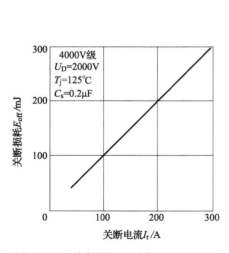

图 3-213　关断损耗和关断电流的关系

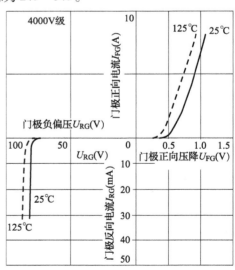

图 3-214　门极电流-电压关系

3.3.5　SITH 在脉冲功率系统中的应用

SITH 是支撑高频电力电子时代最优秀的器件之一，在高耐压和大电流应用上具有优越的性能。它导通所需的门极电流很小，开关速度快，导通灵敏度高，电流和电压的瞬态耐量大，损耗小，热稳定性好，不仅具有高耐压和低损耗的特点，而且还可以在高频下工作。这些特性决定了 SITH 在脉冲功率领域有很好的应用前景。

SITH 现在已经应用于电力机车变压变频逆变器、高质量电源、荧光灯高频逆变器及不间断电源装置、脉冲功率发生器等方面。下面将举例进行说明。

3.3.5.1　变压变频逆变器

一般情况下，工业中所应用的变压变频逆变器（见图 3-215）主要采用的是电力晶体管。对于容量较大的逆变器，采用的是门极关断（GTO）晶闸管。但是 GTO 的开关速度慢，因此，当逆变器的频率升高时，必须改变 PWM 的控制脉冲数目，由此，会产生令人不快的电机噪声。而使用 SITH 的变压变频逆变器可提高 PWM 控制的载波频率，即可在逆变器的整个频率区域中，以相同的载波频率进行非同步的控制。因此减少了输出电流的波纹，也减少了谐波成分。

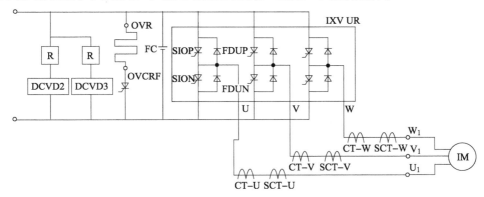

图 3-215　变压变频逆变器主电路

使用 GTO 晶闸管的变压变频逆变器，其载波频率为 400Hz 左右，而使用 SITH 的可提高到 2000Hz。图 3-216 为 SITH 式逆变器与 GTO 晶闸管式输出电流的波形比较。

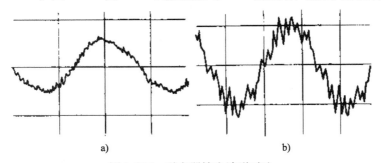

图 3-216　逆变器输出波形对比

a）SITH 式逆变器　b）传统的 GTO 晶闸管式逆变器

与其他工业用逆变器相比，电力机车逆变器具有如下特点：

1）输入直流电压可高达 1500V。

2）有较大的电流容量，能驱动 4～8 台 100kW 的电动机。

3）逆变器体积小、质量轻，缓解了电力机车内空间不足的压力。

4）能依照车辆的行驶条件，进行细致的速度控制和转矩控制（特别是空转和滑行时的控制）。

5）电动机的速度控制范围宽广，在起动和低速时，有较大的转矩。

3.3.5.2　高质量电源装置

高质量的电力供应除了要求电压和频率稳定且不停电之外，还要求电压是没有畸变的正弦波。另一方面，利用晶闸管和二极管制作电源的负载装置，已成为使电网电压发生畸变的谐波电流主要的产生源。

采用 SITH 式逆变器的高质量电源装置，不仅不会向电力系统流入谐波，而且当在系统电压有畸变时，还能向负载装置供应正弦波的电流。可使输出的电流和由电网受电的输入电流均正弦波化，从而消除波形畸变对电力系统的恶劣影响。

图 3-217 是高质量电源装置的电路构成示意图。该电源装置由两部分组成。一部分是可将输入电流变换成正弦波的有源整流器；另一部分是输出正弦波电压的静电感应晶闸管式高频 PWM 逆变器。

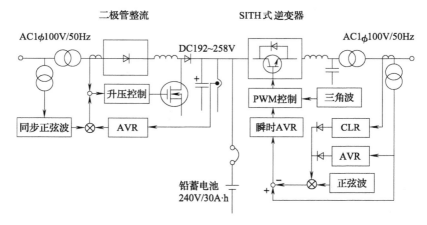

图 3-217　高质量电源装置的电路构成

有源整流电路是在二极管桥式整流电路上再加上升压斩波电路。对二极管桥式电路中流过的输入电流进行控制，使其成为与系统电压同步的正弦波。升压斩波电路的开关器件使用了 MOSFET，在 20kHz 的斩波频率的基础上，控制负载率。该逆变器电路组成了充分利用 SITH 特性的电压型高频 PWM 逆变器，实现了高频运行（18kHz）。因此，逆变器的噪声较低。

此外，由于 SITH 具有较高的 $\mathrm{d}u/\mathrm{d}t$ 和 $\mathrm{d}i/\mathrm{d}t$ 耐量，切断 100A 左右电流时，不需要关断时的 RCD 缓冲电路。该缓冲电路只是用于抑制过电压的钳位线路。因此，在正常运行时，并不动用缓冲电路，从而减少了缓冲电路的损耗。

该高质量电源装置的特点如下：

1. 正弦波输出电压

由特性优异的 SITH 器件制作的高频 PWM 逆变器，不管系统电压如何，通至负载装置的交流输出电压总是为正弦波。

2. 正弦波输入电流（不使电力系统的电压发生畸变）

利用有源整流电路，使流入二极管桥式电路中的输入电流与系统电压同步，从而使流入本装置的输入电流为正弦波。

3. 低噪声的逆变器

PWM 的载波频率为 18kHz，是低噪声的逆变器。

3.3.5.3 脉冲功率发生器

NGK Insulator. Ltd 研制出的一种 SITH 器件，它的特点是大功率、高速并且寿命长，电流从 SITH 门极抽出时的速度可以很快。可以用这种 SITH 来开发一种主要应用在汽车上的特别紧凑的脉冲功

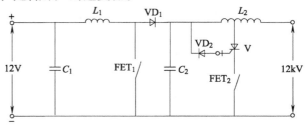

图 3-218 脉冲功率发生器电路示意图

率发生器，如图 3-218 所示。下面就 SITH 在功率脉冲发生器中的应用做简单介绍。

这是一个电感储能（Induction Energy Storage，IES）电路，是由两级电感储能组成的。第一级由 FET_1 控制，当它闭合时，能量储存在电感 L_1，断开时 L_1 反向给 C_2 充电。第二级由 FET_2 控制，当 C_2 到达最大电压时，FET_2 关断，因为 VD_1 的作用，能量不能从 C_2 返回 C_1，从而使能量从 C_2 转移到 L_2。当 L_2 存储的能量达到最大值，FET_2 打开，迫使 L_2 的电流从 SITH 的门极和 VD_2 流出，使 SITH 的载流子迅速抽出导致沟道耗尽进而使电流截止。虽然开关是由 FET_1、FET_2 控制的，但是 SITH 在开关和保持输出电压上的作用显得更重要。并且，L_2 还是一个变压器。它的迅速关断使一次绕组产生了一个很短的电流，从而在二次绕组上产生大的电压。

典型的波形如图 3-219 ~ 图 3-221 所示。12V 直流电压先对 C_1 充电，C_1 容量必

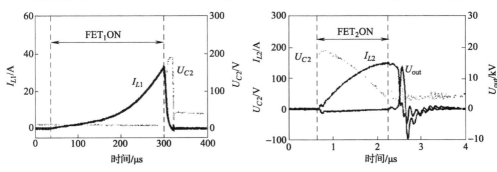

图 3-219 L_1 的电流和 C_2 的电压波形　　　　图 3-220 L_2 电流和输出电压波形

须足够大才能保证实验中的电压恒定。在 FET_1 的导通时间内，L_1 的电流上升到 30A，当 FET_1 关断，L_1 电感储能转移到 C_2，导致 C_2 电压达到 200V。当 FET_2 导通，L_2 的电流上升并且达到 150A。最后，SITH 的导通导致它上面的电压达到 3kV。

有研究表明，这种脉冲发生器能产生高达 15kV 的高脉冲电压和约 200ns 的脉冲宽度。对 $1k\Omega$ 的负载电阻，在一定条件下重复频率最高能达到 50kHz。如果用 12V（车用蓄电池）驱动，通过一个限幅器，重复频率可以达到 2kHz，效率可以达到约 40%。

IES 电路是专门为脉冲功率应用而研制的，它能使 SITH 关断时产生高上升速率的电压脉冲，$\mathrm{d}u/\mathrm{d}t$ 是采用开关电路技

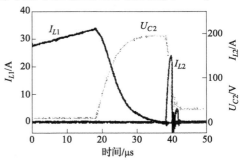

图 3-221　C_2 电压和 L_2 电流波形

术的常规换流器的几十倍。并且，采用 SITH 的 IES 具有很可观的优点，如导通时的栅电压驱动能力、关断时的栅电流驱动能力、低的脉冲损耗、高的正向阻断电压等。IES 的等效电路及 SITH 的工作模型如图 3-222 所示。

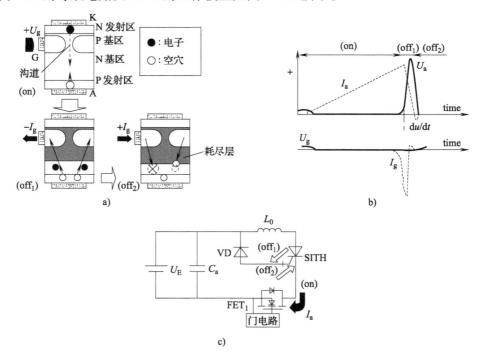

图 3-222　IES 电路工作示意图

a）SITH 中从导通到关断载流子行为示意图　b）从导通到关断的波形示意图　c）基本 IES 电路图

开始，SITH 的阳极加正电位，当栅压为正电位时 SITH 导通，不需要特别的门极驱动电路。一旦 FET_1 导通，对于常开型 SITH，沟道的栅压降低，从阳极注入的空穴和从阴极注入的电子向相反的方向运动，主电流上升速率与电路电感 L_0 成反比，与电压 U_E 成正比，即

$$dI_a/dt \propto U_E/L_0$$

从上式可知导通电流是线性上升的，直到达到峰值 I_a。随后关断 FET_1，主电流马上改从门极流出（原来是从阴极流出）。衬底的空穴被抽出，此时主栅压 U_a 迅速上升，然而电子在衬底还保持耗尽层外靠近阳极的地方，关断电流流经二极管和 L_0，由于二极管的反向恢复和 LRC 共振，门极电流方向改变，这时，门极电流从门极向阳极流出。

在 IES 电路，LC 电路决定了脉冲的性能。脉冲宽度（pw）有如下规则：

$$pw \approx \pi (L_0 C_d)^{1/2}$$

应用埋栅型 SITH 的 IES 电路典型特性如图 3-223 所示。L_0 约为 $2.2\mu H$。FET_1 和二极管都是耐压几百伏的器件。U_E 为 150V，峰值电流 I_a 为 250A，电流宽度（t_w）大约为 3500ns。所产生的脉冲具有如下特性：峰值电压为 3.4kV，脉冲半宽为 140ns。峰值电压上升速率为 $55kV/\mu s$。U_E 越大，I_a 越大，输出的脉冲峰值电压 U_a 和 du/dt 就越大。

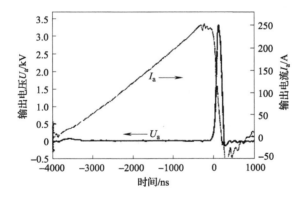

图 3-223 应用埋栅型 SITH 的 IES 电路典型特性

SITH 也可以应用在加速器领域和高频电感储能功率调节方面，以及作为高功率开关用在速调管脉冲调制器上。SITH 是理想的高功率固态半导体开关器件，应用在回旋加速器的冲击磁铁（Kicker Magnet），电流上升速率可以达到 $100kA/\mu s$，用它做脉冲形成线，有实验证明可以达到 20kV/120ns。

SITH 还应用在放电光源。用高压 SITH 作为主要开关器件做成的重复脉冲功率调制器已经被设计和建立。放电光源的调制器的主要组成是一个 20 级的脉冲形成网络（PFN）、一个磁开关的恢复电路和堆体半导体开关。堆体半导体开关是由 3 个高压 SITH 连在一起组成的。电感储能的门极驱动可以获得高的 di/dt，在短的上

升时间内提供大的门极电流。SITH 的特点是它具有非常低的导通压降，从而能量损失可以很少。当 PFN 加压到 9kV，电流上升时间只有 203ns，效率达到 91%。

此外，基于 SITH 的脉冲功率电源也被用在人工太阳能风力发电，正被开发为研究磁帆的研究平台。它需要一个能驱动 10kA 量级电流、至少持续几毫秒的脉冲功率电源。2018 年，Juan Perez 等研制了一种脉冲形成网络（PFN），它可以驱动约 9.7kA 的脉冲电流，时间宽度约为 1ms，在该方案中 SITH 器件被串联起来，用作闭合开关。图 3-224 和图 3-225 分别是基于 PFN 的大电流脉冲发生器的电路图以及实物图。这里选择 0.167Ω 的电阻负载作为虚拟来代表人工太阳能风力发电机。为了匹配 PFN 的特性阻抗，电感为 $L \approx 5.6\mu H$，电容为 $C = 200\mu F$。PFN 由 1224 级组成，理论输出脉冲长度为 0.93ms。如图 3-224 所示，其中 S_1 和 S_2 分别是用于充电和放电的机械开关。

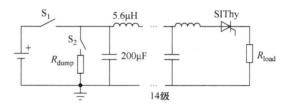

图 3-224　基于 PFN 的大电流脉冲发生器的电路图[89]

图 3-225　基于 PFN 的大电流脉冲发生器的实物图[89]

3.3.5.4　速调管调制器

速调管被广泛应用于粒子加速器，包括电子直线加速器的射频电源。速调管调制器是速调管的电源，其中脉冲形成网络（PFN）被充电到高电压，然后通过高速开关产生高电压大电流的方脉冲。脉冲通过升压变压器供给速调管，然后产生一个高功率射频脉冲来加速直线加速器中的电子束。为保证加速电子束的空间、时间和能量稳定性，设计和制造的调制器需要具有平坦的高压脉冲平台且脉冲高度的再现性高。

由于闸流管能在几纳秒的开关时间内以几十 kV 的电压开关数 kA 的电流而被广泛地用作速调管调制器的开关，但是其也具有一些缺点：产生强烈的电噪声、气体压力必须定期调整、不触发点火（很少发生）、由于运行中的放电现象导致统计波动是不可避免的。针对闸流管的这些问题，使用固态开关作为速调管调制器开关也是一种选择，尽管这类调制器并不常见。1993 ~ 2010 年期间，晶闸管、IGBT、MOSFET 等半导体开关都被使用过。其中，SITH 因为高电压、大电流以及快速的开关特性也被作为速调管调制器的开关。2001 和 2002 年，为 JLC 项目开发了两种不同类型 SITH 的固态开关，并在 KEK 成功测试。这两种开关满足了保持电压45kV、峰值电流 6kA、脉冲持续时间 6μs、重复频率 50pps 的规格。

如前所述，晶闸管和 IGBT 通常用于速调管调制器的固态开关。然而，对于速调管调制器来说这些器件在高压和大电流的开关时间不够快，只能为速调管提供持续时间为 4μs 或 8μs 的高压脉冲。因此，2015 年，日本大阪大学的 Akira Tokuchi 用 SITH 作为固态开关研制了速调管调制器，电路示意图如图 3-226 所示。该调制器给速调管提供了重复频率 10Hz、持续时间 10μs、电压电流分别是 218kV 和 186A 或者持续时间 5μs、电压电流分别是 236kV 和 210A 的方脉冲。

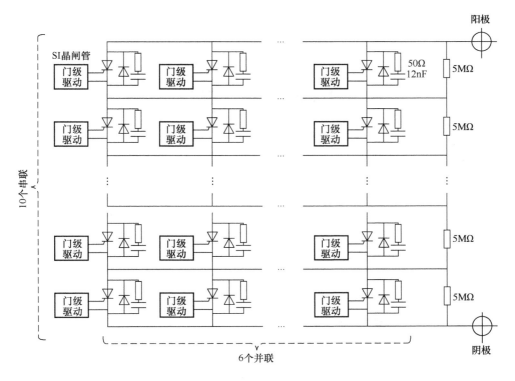

图 3-226　基于 SITH 的固态开关的电路图[86]

将该固态开关在电压 20kV、开关时间 270ns 条件下进行测试。此时的 L 波段电子直线加速器利用该固态开关成功地工作在略低于最大规格为 25kV 和 6kA（10Hz）的条件下，且该直线加速器安全工作一年，表明其长期稳定性。长脉冲模式下速调管电压的脉冲到脉冲变化小于 0.015%，由速调管产生并提供给直线加速器的射频脉冲功率和相位变化分别小于 0.05% 和 0.1°。这些变化比用闸流管得到的变化小得多。之后，通过测量电子束的时间分辨能谱，也证明采用固态开关的电子束的稳定性明显高于采用闸流管的电子束。

3.3.6　SITH 的封装

应用于脉冲功率领域的 SITH 器件也像 IGBT 一样有压接式和焊接式两种封装技术。例如，参考文献［97］采用了压接式的 SITH，如图 3-227 所示，该模块由 NGK 绝缘体有限公司制造。该模块的内部结构与压接式 IGBT 以及第 4 章的 RSD 类似，这里不再赘述。此外，对于 PFN 开关，通常将两个 SITH 器件串联在一起使用，以提高电压等级。

阴极

阳极

图 3-227　压接封装的 SITH[97]

参 考 文 献

［1］杨晶琦. 电力电子器件原理与设计［M］. 北京：国防工业出版社，1999.

［2］聂代祚. 新型电力电子器件［M］. 北京：兵器工业出版社，1994.

［3］施敏. 现代半导体器件物理［M］. 北京：科学出版社，2001.

［4］王彩琳，高勇. 新型电力电子器件及其进展［J］. 集成电路应用，2003，11：41-47.

［5］田波，亢宝位. 超结 MOSFET 的最新发展动向［J］. 电力电子，2004，2（4）：15-20.

［6］CHEN X B, MAWBY P A, SALAMA C A T, et al. Lateral high-voltage devices using an optimized variational lateral doping［J］. International Journal of Electronics, 1996, 80（3）: 449-459.

［7］杨洪强. 提高功率器件整体性能的研究［D］. 成都：电子科技大学，2003.

[8] JIANG W, MATSUDA T, YATSUI K, et al. Mhz pulsed power generator using MOSFETs [C]. Proc. International Power Modulator Conference, 2002, 599-601.

[9] TAKAYAMA K, KISHIRO I. Induction synchrotron [J], Nucl. Inst and Methods in Phys., 2000, 304-317.

[10] ED COOK, et al. Solid State Kicker Pulser for DAHRT-2 *. Lawrence Livermore National laboratory, Livermore CA.

[11] SCHOENBACH K H, KATSUKI S, STARK R, et al. Bioelectrics-new applications for pulsed power technology [J]. IEEE Trans. Plasma Sci., 2002, 30 (1): 293-300.

[12] DEV B, RABUSSAY D P, WIDERA G, et al. Medical applications of electroporation [J]. IEEE Trans. Plasma Sci., 2000, 28 (1): 206-223.

[13] HESS H L, BAKER R J. Transformerless capacitive coupling of gate signals for series operation of power MOS devices [J]. IEEE Trans. Power Electron, 2000, 15 (5): 23-930.

[14] BAKER R J, WARD S T. Designing nanosecond high voltage pulse generators using power MOSFETs [J]. Electron. Lett., 1994, 30 (20): 1634-1635.

[15] PENETRANTE B. Pollution control applications of pulsed power technology [C]. IEEE IPPC, 1993: 5.

[16] RHINEHART H, DOUGAL R. Design and analysis of a high power 1 kHz magnetic modulator [C]. IEEE IPPC, 1985: 660-663.

[17] POTTER H. Review-electroporation in biology: methods, applications and instrumentation [J]. Anal. Biochem., 1988, 174: 361-373.

[18] WEBSTER K. Master Handbook of 1001 Practical Electronic Circuits [M], Solid State Edition, 1988.

[19] ENGLUND G. Build your own cable radar [J]. Electronic Design, 1998: 97-98.

[20] 李序葆, 赵永健. 电力电子器件及其应用 [M]. 北京: 机械工业出版社, 1996.

[21] 王正元, 由宇义珍, 宋高升. IGBT 技术的发展历史和最新进展 [J]. 电力电子, 2004, 2 (5): 7-12.

[22] 余岳辉, 梁琳. 电力电子器件技术发展综述 [J]. UPS 应用, 2004, 42: 21-25.

[23] 刘刚, 余岳辉, 史济群. 半导体器件-电力、敏感、光子、微波器件 [M]. 北京: 电子工业出版社, 2000.

[24] BAEK J W, YOO D W, RIM G H, et al. Solid State Marx Genrator Using Series Connected IGBTs [J]. IEEE Transactions on Plasma Science, 2005, 33 (4): 1198-1204.

[25] JONQ-HYUN KIM, BYUNQ-DUK MIN, SHENDEREY S V. High Voltage Pulsed Power Supply Using IGBT Stacks [J]. IEEE Transactions on Kielectrcs and Electrical Insulation, 2007, 14 (4): 921-926.

[26] WEIHUA JIANG, YATSUI K, TAKAYAMA K, et al. Compact solid-state switched pulsed power and its applications [J]. Proceedings of the IEEE, 2004, 92 (7): 1180-1196.

[27] STRICKLAND B E, GARBI M, CATHELL F, et al. 2 kJ/s, 25kV high frequency capacitor charging power supply using MOSFET switches [C]. Power Modulator Symposium, 1990, IEEE Conference Record of the 1990 Nineteenth: 531-534.

[28] DONQSHENG ZHOU, BRAUN D H. A practical series connection technique for multiple IGBT devices [C]. Power Electronics Specialists Conference, 2001, IEEE 32nd Annual, 4: 2151-2155.

[29] 孟志鹏，张自成，杨汉武，等. 半导体开关在脉冲功率技术中的应用 [J]. Chinese Physics, 2008, 32 (1): 277-279.

[30] 村田公裕，龙田正隆. 图解静电感应器件 [M]. 北京：科学出版社, 1998.

[31] JAYANT BALIGA B. Power junction gate fileld controlled devices (invited paper) [J]. IEEE Trans. Election Device, 1979 (25): 76-78.

[32] 胡冬青. 电力 SITH 阳极造型对耐电容量的影响及提高 [J]. 兰州大学学报（自然科学版）, 2005 (5): 77-79.

[33] NISHIZAWA JUN-ICHI, OHTSUBO YOSHINOBU. Effect of gate structure on static induction thyristor [C]. Technical Digest - International Electron Devices Meeting, 1980 (26): 658-661.

[34] LI S Y, LIU R X, YANG J H. Theoretical analysis of static induction thyristor (Invited) [C]. International Conference on Solid-State and Integrated Circuit Technology Proceedings, 1995: 468-472.

[35] 李思渊. 静电感应晶闸管（SITH）的理论分析 [J]. 半导体技术, 1995 (4): 22-25.

[36] 李思渊. 静电感应晶闸管（SITH）的理论分析续 [J]. 半导体技术, 1995 (5): 41-47.

[37] 唐莹. 静电感应晶闸管的负阻转折特性 [J]. 电子器件, 2007 (1): 54-56.

[38] JAYANT BALIGA B. Barrier-controlled current conduction in field-controlled thyristors [J]. Solid-State Electronics, 1981, 24: 617-625.

[39] 李思渊. 静电感应器件作用理论 [M]. 兰州：兰州大学出版社, 1996.

[40] KAJIWARA Y, WATAKEBE Y, BESSHO M, et al. High speed high voltage static induction thyristor [C]. 1977 international Electron Devices Meeting, 1977 (23): 38-41.

[41] JAYANT BALIGA B. The dv/dt Capablity of Field-Controlled Thyristor [J]. IEEE Transaction on Election Device, 1983 (6): 612-616.

[42] JAYANT BALIGA B. The di/dt Capablity of Field-Controlled Thyristors [J]. Solid-State Electronics, 1982, (7): 583-588.

[43] NISHIZAWA J. A very high sensitivity and very high speed light triggered and light quenched static induction thyristor [C]. International Electron Devices Meeting, Technical Digest, 1984 (30): 435-438.

[44] TADANO H, ISHIKO M, KSWAJI S, et al. Low Loss Static Induction Devices (Transistors and Thyristors) [C]. 1995 20th International Conference on Microelectronics, 1995 (1): 353-362.

[45] HIRONAKA R, WATANABE M, HOTTA E, et al. Performance of Pulsed Power Generator Using High-Voltage Static Induction Thyristor. [J]. IEEE Transactions on Plasma Science, 2000 (5): 1524-1527.

[46] JIANG W, YATSUI K, SHIMIZU N, et al. Compact Pulsed Power Generators For Industrial Applications [C]. Digest of Technical Papers, 14th IEEE International Pulsed Power Conference, 2003 (1): 261-264.

［47］JIANG W, NAKAHIRO K, YATSUI K, et al. Repetitive Pulsed High Voltage Generation Using Inductive Energy Storage with Static-induction Thyristor as Opening Switch. ［J］. IEEE Transactions on Dielectrics and Electrical Insulation, 2007, （4）: 941-946.

［48］SHIMIZU N, SEKIYA T, LIDA K, et al. Over 55kV/μs, dv/dt turn-off characteristics of 4kV-static induction thyristor for pulsed power applications ［C］. Proceedings of the 16th International Symposium on Power Semiconductor Devices & IC's, 2004: 281-284.

［49］YAMASHITA KEIICHI, WATANABE M, HOTTA E, et al. High rep-rate inductive-energy-storage pulsed power modulator using high voltage static induction thyristor ［C］. Conference Record of the Twenty-Fifth International Power Modulator Symposium and 2002 High-Voltage Workshop, 2002: 382-385.

［50］SATO H, NAKAMURA E, MURASUQI S, et al. Switching Power Supply For The PFL Kicker Magnet ［C］. Proceedings of the 2003 Particle Accelerator Conference, 2003 （2）: 1165-1167.

［51］SCHROCK J A, RAY W B, LAWSON K, et al. High-mobility stable 1200-V, 150-A 4H-SiC DMOSFET long-term reliability analysis under high current density transient conditions ［J］. IEEE Transactions on Power Electronics, 2015, 30 （6）: 2891-2895.

［52］SCHROCK J A, PUSHPAKARAN B N, BILBAO A V, et al. Failure analysis of 1200-V/150-A SiC MOSFET under repetitive pulsed overcurrent conditions ［J］. IEEE Transactions on Power Electronics, 2016, 31 （3）: 1816-1821.

［53］HIRSCH E A, SCHROCK J A, BAYNE S B, et al. Narrow pulse evaluation of 15KV SiC MOSFETs and IGBTs ［C］. IEEE International Pulsed Power Conference, Jackson, 2018.

［54］KIM M, FORBES J J, HIRSCH E A, et al. Evaluation of long-term reliability and overcurrent capabilities of 15-kV SiC MOSFETS and 20-kV SiC IGBTs during narrow current pulsed conditions ［J］. IEEE Transactions on Plasma Science, 2020, 48 （11）: 3962-3967.

［55］KELLEY M D, PUSHPAKARAN B N, BAYNE S B. Single-Pulse Avalanche Mode Robustness of Commercial 1200 V/80 mΩ SiC MOSFETs ［J］. IEEE Transactions on Power Electronics, 2017, 32 （8）: 6405-6415.

［56］REDONDO L M, KANDRATSYEU A, BARNES M J. Development of a solid-state Marx Generator for Thyratron modulator replacement ［C］. 21st European Conference on Power Electronics and Applications, Genova, 2019.

［57］REN X, XU Z, XU K, et al. SiC Stacked-Capacitor Converters for Pulse Applications ［J］. IEEE Transactions on Power Electronics. 2019, 34 （5）: 4450-4464.

［58］HE Y, YOU X, MA J, et al. A Polarity-Adjustable Nanosecond Pulse Generator Suitable for High Impedance Load ［J］. IEEE Transactions on Plasma Science, 2020, 48 （10）: 3409-3417.

［59］马剑豪, 何映江, 余亮, 等. 应用于模块化高压纳秒脉冲源的 SiC 与射频 Si 基 MOSFET 瞬态开关特性对比研究 ［J］. 中国电机工程学报, 2020, 40 （6）: 1817-1828.

［60］KIM H, YU C, JANG S, et al. Solid-State Pulsed Power Modulator With Fast Rising/Falling Time and High Repetition Rate for Pockels Cell Drivers ［J］. IEEE Transactions on Industrial Electronics, 2019, 66 （6）: 4334-4343.

[61] LONG T, PANG L, ZHOU C, et al. An 8kV Series-Connected MOSFETs Module that Requires One Single Gate Driver [C]. IEEE International Power Modulator and High Voltage Conference, Jackson, 2018.

[62] COLLIER L, KAJIWARA T, DICKENS J, et al. Fast SiC Switching Limits for Pulsed Power Applications [J]. IEEE Transactions on Plasma Science, 2019, 47 (12): 5306-5313.

[63] 冯旺, 田晓丽, 陆江, 等. 碳化硅绝缘栅双极型晶体管器件发展概述 [J]. 电力电子技术, 2020, 54 (10): 1-4.

[64] ZHANG Q, JONAS C, CALLANAN R, et al. New improvement results on 7.5kV 4H-SiC p-IG-BTs with $R_{diff,on}$ of mΩ · cm^2 at 25°C [C]. Proceedings of the International Symposium on Power Semiconductor Devices and ICs, 2007: 281-284.

[65] VAN BRUNT E, CHENG L, O' LOUGHLIN M J, et al. 27kV, 20 A 4H-SiC n-IGBTs [C]. European Conference on Silicon Carbide and Related Materials, 2015: 847-850.

[66] MADHUSOODHANAN S, HATUA K, BHATTACHARYA S. Comparison study of 12kV n-type SiC IGBT with 10kV SiC MOSFET and 6.5kV Si IGBT based on 3L-NPC VSC applications [C]. IEEE Energy Conversion Congress and Exposition (ECCE), 2012: 310-317.

[67] KADAVELUGU A, BHATTACHARYA S, RYU S-H, et al. Characterization of 15kV SiC n-IGBT and its application considerations for high power converters [C]. Energy Conversion Congress and Exposition (ECCE), 2013: 2528-2535.

[68] TRIPATHI A, MAINALI K, MADHUSOODHANAN S, et al. MVDC microgrids enabled by 15kV SiC IGBT based flexible three phase dual active bridge isolated DC-DC converter [C]. Energy Conversion Congress and Exposition (ECCE), 2015: 5708-5715.

[69] MADHUSOODHANAN S, TRIPATHI A, PATEL D, et al. Solid State Transformer and MV grid tie applications enabled by 15kV SiC IGBTs and 10kV SiC MOSFETs based multilevel converters [J]. IEEE Transactions on Industry Applications, 2015, 51 (4): 3343-3360.

[70] CHOWDHURY S, HITCHCOCK C, STUM Z, et al. 4H-SiC n-channel insulated gate bipolar transistors on (0001) and (000-1) oriented free-standing n-substrates [J]. IEEE Electron Device Letters, 2016, 37 (3): 317-320.

[71] VECHALAPU K, NEGI A, BHATTACHARYA S. Performance evaluation of series connected 15kV SiC IGBT devices for MV power conversion systems [C]. Energy Conversion Congress and Exposition (ECCE), 2016: 18-22.

[72] KADAVELUGU A, BHATTACHARYA S. Design considerations and development of gate driver for 15kV SiC IGBT [C]. IEEE Applied Power Electronics Conference and Exposition (APEC), 2014: 1494-1501.

[73] MAINALI K, MADHUSOODHANAN S, TRIPATHI A, et al. Design and evaluation of isolated gate driver power supply for medium voltage converter applications [C]. IEEE Applied Power Electronics Conference and Exposition (APEC), 2016: 1632-1639.

[74] HAN L, LIANG L, KANG Y, et al. A review of SiC IGBT: models, fabrications, characteristics, and applications [J]. IEEE Transactions on Power Electronics, 2021, 36 (2): 2080-2093.

[75] SHANG H, LIANG L, HAN L, et al. Design key points and multi-field simulations for half bridge

module of converter valve based on SiC IGBT ［C］. 4rd IEEE Conference on Energy Internet and Energy System Integration, 2020.

［76］ VECHALAPU K, NEGI A, BHATTACHARYA S. Comparative performance evaluation of series connected 15kV SiC IGBT devices and 15kV SiC MOSFET devices for MV power conversion systems ［C］. Energy Conversion Congress and Exposition (ECCE), 2016.

［77］ HINOJOSA M, O'BRIEN H, VAN BRUNT E, et al. Solid-state Marx generator with 24KV 4H-SIC IGBTs ［C］. 2015 IEEE Pulsed Power Conference (PPC), 2015：1-5.

［78］ 刘猛. 脉冲功率系统中 IGBT 模块封装的研究 ［D］. 成都：西南交通大学，2017.

［79］ POLLER T, BASLER T, HERNES M. Mechanical analysis of press-pack IGBTs ［J］. Microelectronics Reliability, 2012, 52 (9)：2397-2402.

［80］ HASMASAN A A, BUSCA C, TEODORESCU R. Electro-thermo-mechanical analysis of high-power press-pack insulated gate bipolar transistors under various mechanical clamping conditions ［J］. IEEE Journal of Industry Applications, 2014, 3 (3)：192-197.

［81］ 张一鸣，邓二平，赵志斌，等. 压接型 IGBT 器件封装内部多物理场耦合问题研究概述 ［J］. 中国电机工程学报，2019，39 (21)：6351-6365.

［82］ 顾妙松，崔翔，彭程，等. 外部汇流母排对压接型 IGBT 器件内部多芯片并联均流特性的影响 ［J］. 中国电机工程学报，2020，40 (01)：234-245 + 390.

［83］ 赵子豪. 压接式 IGBT 多物理场模型与封装压力均衡研究 ［D］. 武汉：华中科技大学，2019.

［84］ HAN L, LIANG L, WANG R, et al. Press-pack and soldered packaging IGBT modules for pulsed power applications ［C］. 2018 IEEE 2nd International Electrical and Energy Conference (CIEEC), 2018：693-697.

［85］ KIM B, KO K HOTTA E. Study of switching characteristics of static induction thyristor for pulsed power applications ［J］. IEEE Transactions on Plasma Science, 2011, 39 (3)：901-905.

［86］ TOKUCHI A, KAMITSUKASA F, FURUKAWA K, et al. Development of a high-power solid-state switch using static induction thyristors for a klystron modulator ［J］. Nuclear Inst. and Methods in Physics Research, 2015：769.

［87］ BILL P, WELLEMAN A, RAMEZANI E, et al. Novel press pack IGBT device and switch assembly for Pulse Modulators ［C］. 2011 IEEE Pulsed Power Conference, 2011：1120-1123.

［88］ MOHSENZADE S, ZARGHANI M KABOLI S. A high-voltage series-stacked IGBT switch with active energy recovery feature for pulsed power applications ［J］. IEEE Transactions on Industrial Electronics, 2020, 67 (5)：3650-3661.

［89］ PEREZ J, SUGAI T, JIANG W, et al. High current pulse forming network switched by static induction thyristor ［J］. Matter and Radiation at Extremes, 2018, 3 (5).

［90］ LEVKOV K, VITKIN E, GONZÁLEZ C A, et al. A laboratory IGBT-Based high-voltage pulsed electric field generator for effective water diffusivity enhancement in chicken meat ［J］. Food and Bioprocess Technology：An International Journal, 2019, 12 (2).

［91］ ETHAN R A, KLIMENTY L, BERK U O, et al. IGBT-based pulsed electric fields generator for disinfection：design and in vitro studies on pseudomonas aeruginosa. ［J］. Annals of biomedical engineering, 2019, 47 (5).

[92] RAHIMO M, KOPTA A, SCHLAPBACH U, et al. The bi-mode insulated gate transistor (BIGT) a potential technology for higher power applications [C]. 2009 21st International Symposium on Power Semiconductor Devices & IC's, 2009: 283-286.

[93] WERBER D, PFIRSCH F, GUTT T, et al. 6.5kV RCDC: For increased power density in IGBT-modules [C]. 2014 IEEE 26th International Symposium on Power Semiconductor Devices & IC's (ISPSD), 2014: 35-38.

[94] WERBER D, HUNGER T, WISSEN M, et al. A 1000A 6.5kV power module enabled by reverse-conducting trench-IGBT-technology [C]. Proceedings of PCIM Europe 2015; International Exhibition and Conference for Power Electronics, Intelligent Motion, Renewable Energy and Energy Management, 2015: 1-8.

[95] O'BRIEN H, OGUNNIYI A, URCIUOLI D, et al. SiC MOSFETs designed and evaluated for linear mode operation [C]. 2017 IEEE 5th Workshop on Wide Bandgap Power Devices and Applications (WiPDA), 2017: 153-157.

[96] HIRSCH E A, SCHROCK J A, BAYNE S B, et al. Narrow pulse evaluation of 15KV SiC MOSFETs and IGBTs [C]. 2017 IEEE 21st International Conference on Pulsed Power (PPC), 2017: 1-4.

[97] PEREZ J, SUGAI T, JIANG W, et al. High current pulse forming network switched by static induction thyristor [J]. Matter and Radiation at Extremes, 2018, 3 (5).

第 4 章

新型半导体脉冲功率器件

随着现代电力半导体器件技术的不断完善，脉冲功率开关已逐渐半导体化。但是常见的半导体开关按其工作原理的不同，只在功率或频率其中一方面见长，如电流控制型的晶闸管、GTO 的功率处理能力很强而频率较低，电压控制型的功率 MOS-FET、SITH 开关速度很快而通流能力较低，即使作为混合型器件的 IGBT，与能通过几百千安大电流的脉冲功率应用的需求相比，其功率容量仍显得有限，图 4-1 表示了这种关系。所以，在这些半导体开关中，还找不到一种可同时满足几十千伏高电压、几百千安大电流、$10^{10} \sim 10^{11}$ A/s 电流上升速率的兼顾功率与频率的理想器件。此外，由于上述都为三端器件，串并联组成堆体时触发电路复杂，同步导通问题难以解决。

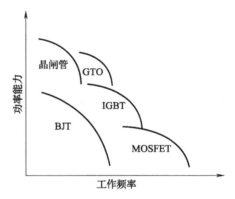

图 4-1　不同半导体器件功率与频率的关系

20 世纪 80~90 年代，科学家进行了艰巨的研究工作，创立了几种新型电力半导体器件，专门用于脉冲功率领域，它们在快速性和换流功率方面的特性都是独一无二的。漂移阶跃恢复二极管（Drift Step Recovery Diode，DSRD）、半导体断路开关（Semiconductor Opening Switch，SOS）和反向开关晶体管（Reversely Switched Dynistor，RSD）都是借助可控等离子层换流原理建立的，且同为二端器件，易组成堆体，触发电路相对简单，易于同步导通。其中前两种为断路开关，对应电感储能方式，开关时间在纳秒范围；后一种为闭合开关，对应电容储能方式，开关时间在微秒范围。

除上述 3 种专门应用于脉冲功率领域的新型固态开关外，还有一种基于半导体光电导效应和超短激光脉冲技术而研制的一种具有皮秒甚至飞秒量级响应速度的新型超高速光电开关器件，称为光电导半导体开关（PhotoConductive Semiconductor

Switch，PCSS）。它具有开关速度快、触发无晃动、寄生电感电容小、重复工作频率高、光隔离好、不受电磁干扰和结构简单紧凑等优点。PCSS在超短脉冲发生器、超高速超高功率脉冲产生、超快光电采样、光控毫米波和超高功率微波产生等领域得到广泛运用。国内研制的PCSS已达到如下性能：耐压强度为35kV/cm，最高偏置电压为8000V，最大输出峰值电流为560A，最短电脉冲宽度为200ps。目前非线性大功率PCSS走向实用化的最大障碍是其输出电脉冲的稳定性和开关寿命。

4.1 反向开关晶体管（RSD）

4.1.1 国内外研究概况

RSD是在20世纪80年代末由苏联阿·法·约飞物理科学研究院的I. V. Grekhov等人基于可控等离子层换流原理首先提出的。RSD是一种类晶闸管器件，但与传统晶闸管在门极附近先导通、再扩展到芯片全面积的工作过程不同，RSD是二端器件，结构中包含数万个相间排列的晶闸管和晶体管小元胞，它利用电压的短时反向在全面积上形成一层很薄的、浓度梯度很高的可控等离子层，当重新改变外加电压的极性时，RSD以"准二极管"模式实现全面积均匀同步导通。RSD独一无二的换流特性使其残余电压在前沿只有很小的突升，导通时的换流损耗与准静态损耗相比很小。RSD这种导通时损耗的绝对值和比值（换流损耗与准静态损耗之比）很小的特点，可使其极限工作频率大幅度提高。表4-1和表4-2分别列出了RSD芯片和堆体的基本特性参数。

表4-1 RSD芯片的基本特性参数

芯 片 类 型	断态重复峰值电压/V	关断时间/μs（$T=20℃$）	最大脉冲电流/kA	脉宽/μs	频率/kHz
РВД-В-76	2000~2500	50	50	60	0.1
			180	600	单脉冲
			300	60	单脉冲
РВД-Б-56	1200~1500	16	200	30	单脉冲
			30	35	0.1
			8	30	0.8
РВД-Н-24	800~1000	5	0.4	7.5	30
			1.5	10	8
РВД-Н*-10	500~600	2.5	0.6	0.5	0.1
			0.2	5	22

注：断态电压上升速率 $du/dt \geqslant 1kA/μs$。

表 4-2 RSD 堆体的基本特性参数

最大输出电压/kV	最大输出电流/kA	脉宽/μs	频率/kHz
12	160	600	单脉冲
5	250	100	单脉冲
5	15	30	1
90	5	60	0.1
14	7	1.2	1
36	0.6	3	0.5
15	0.25	0.1	16
30	12	0.08	0.1
45	1.8	0.025	1.5
0.1	0.8	10	50

可见，RSD 堆体具备期望中的理想脉冲功率开关的诸项特性：数万伏的高断态重复峰值电压，数十万安的高峰值电流，每微秒数至数十万安的电流上升速率，微秒级高导通速度，重复频率工作不致引起热过载，长寿命等。此外，RSD 还有如下优点：基于等离子体换流原理导通，无导通延时，理论上可以无限个串联，无需均压；是二端器件，易组成堆体，触发电路相对简单，易于同步导通；制作工艺与传统半导体工艺兼容，相对 IGBT、SITH 等器件成本要低得多。

自发明以来，俄罗斯对 RSD 的研究工作从未停止，他们设计并制造了一系列的 RSD 及基于 RSD 的发生器、变流器等。1996 年，研制了基于 RSD 的铜蒸气激光器的泵浦脉冲发生器，电流脉冲前沿为 40ns，重复频率为 8kHz，获得了输出功率为 2W 的激光辐射器。1997 年，研制了用于高压电容快速充电装置的 RSD，电容量为 0.26μF，重复频率为 1kHz，充电电压达 15 ~ 20kV，充电时间为 25μs，装置尺寸为 1m × 0.7m × 0.4m。1997 年，研制了基于 RSD 的用于静电除尘的大功率发生器，峰值电压为 26kV，脉宽为 3.5μs，重复频率为 100Hz。2000 年，研制了用于大功率电感加热系统的高频 RSD 发生器，带恢复二极管的高频谐振发生器连接成多单元串联的逆变器，最大功率为 50kW，频率为 50kHz，装置尺寸为 75cm × 85cm × 85cm，质量为 130kg，效率达 90%。2002 年，研制了基于串联 RSD 的高电压开关，触发电流由并联晶体管控制电路和低功率分流电容提供，工作电压为 10kV，电流为 6kA，脉宽为 1.5μs，器件直径为 24mm，可靠工作在 300Hz，能量损耗很低，温度低于 55℃。2003 年，研制了两套 25kV 的基于 RSD 的开关电路，在控制回路中引入了两个连续触发低功率晶体管单元，并将几个 RSD 封装在一个陶瓷管壳中；第一个单元电路用在电容储能的放电回路，电阻失配，可开关 750μs 脉宽的交流脉冲，其中第一个脉冲的正向和反向峰值电流分别为 130kA 和 15kA；第二个单元电路用了撬棒原理，可在负载回路形成 190kA、500μs 的单极脉冲电流。2007 年，研制了 150kA、16kV 的、基于串联 RSD 的大功率开关，利用一种基于新型半导体器件（深级晶体管）的快速动作，显著缩短了控制脉宽，可以得到最小的尺寸和磁开关的低电感，保证高的电流上升速率（25kA/μs）。

图 4-2 展示了俄罗斯制作的 RSD 开关的外观。其中图 4-2a 为基于 РВД-В-76

型 RSD 的微秒级重复脉冲开关，工作电压为 10kV，开关频率为 1kHz，该器件用在一个高功率激光器（开关电流为 15kA，脉宽为 30μs）中；图 4-2b 为基于 РВД-Б-56 型 RSD 和关断二极管集成的亚微秒级重复脉冲开关，工作电压为 10kV，开关频率为 500Hz，该器件用在一个工业废气净化系统（开关电流为 6kA，脉宽为 0.9μs）中；图 4-2c 为基于 РВД-Н-24 型 RSD 的高频变流器，输出电压为 500V，开关频率为 50kHz，输出功率为 50kW，该器件用在工业加热系统中。

 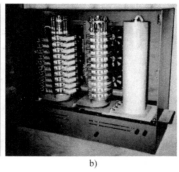 

a)   b)   c)

图 4-2   俄罗斯制作的 RSD 开关外观

a）РВД-В-76   b）РВД-Б-56   c）РВД-Н-24

除俄罗斯外，美国、日本、韩国等国家都有对 RSD 应用的报道。美国军事研究实验室（Army Research Lab，ARL）对直径 80mm 的 RSD 进行了低阻抗脉冲形成网络（Pulse Forming Net，PFN）的放电测试（总电容为 21mF 或 17mF），连接匹配负载或短接，测试峰值电流为 151 ～ 221kA。韩国电工研究所（Korea Electrotechnology Research Institute，KERI）报道了基于闭合开关 RSD 和非线性电容的脉冲发生器，指出半导体开关不能直接用在快速高压脉冲发生装置中，因为它们的电压上升速率有限，应用时需要电压放大以及脉冲压缩。

国内华中科技大学在该方向连续受到多项国家自然科学基金项目的资助，并成功将基础研究成果进行了工程项目推广。图 4-3 展示了实验室制备的 RSD 堆体样品。

图 4-3   实验室制备的 RSD 堆体样品

4.1.2   RSD 的工作机理

4.1.2.1   借助可控等离子层换流原理

利用半导体器件进行大功率换流的本质是使原来具有高阻并承受外电压的区域在电导调制作用下，电导率急剧增加，这个承受电压的区域就是通常所说的反偏 PN 结，由于受强电场作用而完全耗尽的空间电荷区，增大空间电荷区的电导率是依靠对其填充导电性极佳的电子-空穴等离子体来实现的。

对于半导体器件，单位体积换流容量主要受限于载流子较低的迁移率及浓度，也与器件不太高的工作温度相关，这导致了建立具有大工作体积导电区的必要性。由于等离子体中载流子的扩散长度较小，不可能像在气体放电器件中那样采用增大电极间距离去扩大体积，因此换流功率的增大基本上只能靠增加电流流通面积来达到。所以，单位面积最大换流容量取决于在高阻区迅速建立起大面积的有效等离子通道的能力。在常用的大功率半导体开关中，等离子通道是靠高浓度掺杂射极层的载流子注入形成的。

在普通晶闸管中，中间的集电结阻断器件上的电压。在导通过程中，这个结的空间电荷区必须被等离子体充满。导通过程由射极-基极电路中的电流脉冲流过短基区层来触发，由于这一层的电阻率很高（低掺杂），发射结的电子注入只局限于靠近射极-基极边沿的狭窄通道（百微米量级），随着时间推移，这个通道的宽度将由于导通状态的扩展而变大，但这一过程的速度较慢，只有 $0.05 \sim 0.1 \mathrm{mm/\mu s}$。这种局部化现象使普通晶闸管不可能建立大面积的导流通道。实际上，基于常规换流原理构成的半导体器件在换流功率上都有局限性，在功率为兆瓦到吉瓦的范围进行微秒至纳秒的快速换流，它们难以与气体放电器件展开竞争。

基于此，苏联阿·法·约飞物理科学研究院的科学家们提出了借助于可控等离子层换流的新原理，利用其开发的半导体换流器件与过去的半导体器件相比，换流功率特性得到了显著改善，微秒范围内几乎可增大一个量级，纳秒范围内可增大 $2 \sim 3$ 个量级。

借助可控等离子层换流的思路如下：在晶闸管类型的器件中，用某种方法在集电结平面上建立一个均匀分布的电子－空穴等离子层，那么外加正向电压将在整个平面上均匀地使等离子层中的空穴移向 P 基区，而电子移向 N 基区。这些作为 P 基区及 N 基区多数载流子将降低两侧射极结的势垒，从而引起发射区向相应的基区注入少数载流子，然后按通常晶闸管机理发生器件的开关过程。与普通晶闸管导通原理不同的是，此处由于触发作用的均匀性，导通过程将在器件的全面积上均匀同步发生。这里废弃了控制门极，代之以一个全面积上均匀分布的等离子层，可形成一个面积与硅片相等的等离子体导流通道。

然而，要建立这样的等离子薄层是相当复杂的。国外曾报道了多种建立它的方法，其中有集电结的脉冲雪崩击穿、大功率超高频场中的冲击电离、大功率相干及非相干光脉冲电离等方法。所有这些方法一般来说都能提供不错的结果，然而从技术的角度来说都太复杂了，触发设备庞大，影响了器件的使用。最方便的方法是"反向注入控制"，在此方法中，可控等离子层是采用将器件上的外加电压极性作短时的反向来建立的。RSD 是在此方法基础上建立的，其工作过程可分为预充和导通两个阶段。在预充过程中，让器件通过一个短的反向电流脉冲，通过等离子体的双向注入在高阻区形成高浓度的等离子层；然后使外电压变为正向，结构中的等离子体在电场作用下再分布，使原本反偏的集电结倒向，器件导通。

4.1.2.2 RSD 的结构和工作机理

图 4-4 为单个 RSD 的基本结构。它是 $P^+ - N - P - N^+$ 四层结构的晶闸管类型的半导体器件，但与晶闸管不同，它没有门极，是二端器件。RSD 结构中包含数万个相间排列的晶闸管单元和晶体管单元，每个小单元的尺寸小于器件 N 基区厚度。各部分共有的集电结 J_2 阻断外加正向电压，此外还共有阴极侧 J_3 结，这个结由阴极高掺杂的 N^+ 层（$> 10^{20} \mathrm{cm}^{-3}$）与次高掺杂（约 $10^{18}/\mathrm{cm}^{-3}$）的 P 层构成。

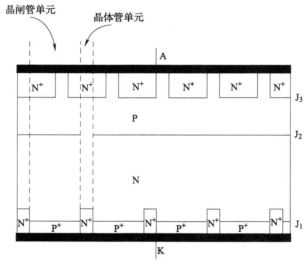

图 4-4 RSD 的基本结构示意图

图 4-5 表示了 RSD 的工作电路，由预充回路和主回路两部分组成。由于 RSD 工作时接入预充电流和主电流的电极具有几何上合并的特点，原理上必须在预充阶段将预充回路和主回路实行电解耦，这里用一可饱和磁开关 MS 来实现，它同时起到隔离和提高导通速度的作用。当

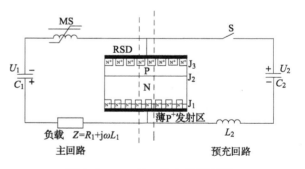

图 4-5 RSD 的工作电路原理图

预充回路未接通（S 断开）时，由于集电结（J_2 结）反偏，RSD 不会导通。RSD 的导通过程就是 N 基区宽度内电导调制的过程，具体可以分为预充和导通两个阶段来分析。导通过程中 RSD 的 N 基区内等离子体的分布情况如图 4-6 所示。按照借助可控等离子层换流的原理，RSD 被触发后以"准二极管模式"导通。

图 4-6a 表示预充过程。$t = 0$ 时刻预充回路开关 S 闭合，反向预充电压 U_2 加在 RSD 上，此时磁开关 MS 未饱和，晶体管单元的 $N^+ P$ 低压结 J_3 被击穿，预充电流 $J_R(t)$ 流过内含的 PNN^+ 二极管结构。P 基区空穴经过正偏的集电结 J_2 注入到 N

区，对应地，电子由 N⁺ 区流入 N 区，结果在集电结附近 N 区一侧形成一浓度梯度很高的薄等离子层 P_1。P_1 等离子层中的空穴向 N⁺ 区方向漂移，经过数十纳秒，$t = t_1$ 时刻反向等离子体波 P_r 的前沿 ξ_r 到达 N⁺ 附近，并形成第二个等离子层 P_2。通常预充电流脉冲持续约 $2\mu s$，这个过程中约 75% 的等离子体聚集在靠近集电极的 P_1 层中。由于晶体管层与晶闸管层同 RSD 的 N 基区尺寸相比非常小，故可以认为晶闸管部分等离子体层的分布情况与晶体管部分几乎相同。

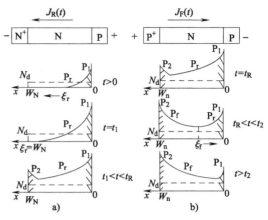

图 4-6　导通过程 RSD 结构中的等离子体分布
a) 预充过程　b) 导通过程

图 4-6b 表示导通过程。$t = t_R$ 时刻磁开关 MS 饱和，主回路电压 U_1 加在 RSD 上，晶闸管单元开始其导通过程。空穴从等离子层 P_1 注入 P 基区，引起阴极侧 N⁺ 发射区迎面的电子注入，同时反向波 P_r 开始返回，空穴从阳极 P⁺ 发射区注入到 P_2 等离子层，正向双极等离子体波 P_f 向集电结 J_2 方向运动，$t = t_2$ 时刻，正向波 P_f 和反向波 P_r 的交界 ξ_f 到达 P_1。由于补充作用，这个过程中 P_1 等离子体层几乎没有被消耗，形成了一个可源源不断地提供等离子体的等离子库，此过程得以维持，RSD 全面积同步导通，没有导通的局部化现象，流过很大的正向电流 $J_F(t)$。需要指出的是，虽然进行开关过程的只有晶闸管单元，但由于晶体管单元的宽度比 N 基区及其中少数载流子的扩散长度小得多，这些单元的 N 基区也被等离子体填充，参与导电，所以没有损失工作面积。

1. 等离子体双极漂移方程的导出

在微秒范围内，N 基区宽度内电导调制的基本机理就是在本质上为中间注入水平及不破坏体内电中性条件下的双极漂移。N 基区内的电子和空穴的漂移速度可以达到 $10^6 \mathrm{cm/s}$，渡越时间在数十纳秒的范围内，而该处的载流子寿命都有几或几十微秒，所以在 N 基区的漂移距离内可以不考虑复合作用。

考虑一维情况，建立图 4-6 所示的坐标系，x 零点设在集电结截面处，空穴电流密度和电子电流密度分别可以表示为

$$J_p(x,\ t) = q\mu_p\left\{ -U_t\frac{\partial p(x,\ t)}{\partial x} + [p_0 + p(x,\ t)]E(x,\ t)\right\}$$

$$J_n(x,\ t) = q\mu_n\left\{ U_t\frac{\partial n(x,\ t)}{\partial x} + [n_0 + n(x,\ t)]E(x,\ t)\right\}$$

式中，μ_n、μ_p 分别为电子、空穴的迁移率；n_0、p_0 分别为平衡载流子浓度；n、p 为非平衡载流子浓度；U 为热电压，$U_t = kT/q$。

又由连续性方程有

$$\frac{\partial p(x,t)}{\partial t} = -\frac{p(x,t)}{\tau} - \frac{1}{q}\frac{\partial J_p(x,t)}{\partial x}$$

$$\frac{\partial n(x,t)}{\partial t} = -\frac{n(x,t)}{\tau} + \frac{1}{q}\frac{\partial J_n(x,t)}{\partial x}$$

忽略复合项，并展开即得

$$\frac{\partial p(x,t)}{\partial t} = \mu_p U_t \frac{\partial^2 p(x,t)}{\partial x^2} - \mu_p E(x,t)\frac{\partial p(x,t)}{\partial x} - \mu_p[p_0 + p(x,t)]\frac{\partial E(x,t)}{\partial x}$$

$$\frac{\partial n(x,t)}{\partial t} = \mu_n U_t \frac{\partial^2 n(x,t)}{\partial x^2} + \mu_n E(x,t)\frac{\partial n(x,t)}{\partial x} + \mu_n[n_0 + n(x,t)]\frac{\partial E(x,t)}{\partial x}$$

只保留与电场相关的漂移项即得

$$\frac{\partial p(x,t)}{\partial t} = -\mu_p E(x,t)\frac{\partial p(x,t)}{\partial x} - \mu_p[p_0 + p(x,t)]\frac{\partial E(x,t)}{\partial x} \tag{4-1}$$

$$\frac{\partial n(x,t)}{\partial t} = \mu_n E(x,t)\frac{\partial n(x,t)}{\partial x} + \mu_n[n_0 + n(x,t)]\frac{\partial E(x,t)}{\partial x} \tag{4-2}$$

由于大注入条件下，注入基区的少数载流子浓度接近甚至超过了基区多数载流子的平衡浓度，为了维持电中性，基区将有大量的多数载流子积累并维持与少数载流子相同的浓度梯度，所以有 $p(x,t) = n(x,t)$，$\partial p(x,t)/\partial t = \partial n(x,t)/\partial t$。将式（4-1）两边同时乘以 μ_n，式（4-2）两边同时乘以 μ_p，然后相加得到

$$(\mu_n + \mu_p)\frac{\partial p(x,t)}{\partial t} = \mu_n\mu_p(n_0 - p_0)\frac{\partial E(x,t)}{\partial x}$$

设 $b = \mu_n/\mu_p$，则

$$\frac{\partial p(x,t)}{\partial t} = \frac{\mu_n(n_0 - p_0)}{b+1}\frac{\partial E(x,t)}{\partial x} \approx \frac{\mu_n n_0}{b+1}\frac{\partial E(x,t)}{\partial x} \tag{4-3}$$

假定电流主要是欧姆电流，J 与 x 无关，$J = \sigma E$，则

$$\sigma = qp(x,t)\mu_p + qn(x,t)\mu_n + qN_d\mu_n = q\mu_p[(b+1)p(x,t) + bN_d] \tag{4-4}$$

式中，$N_d = n_0 - p_0 \approx n_0$，所以

$$\frac{\partial E}{\partial x} = -\frac{J}{q\mu_p[(b+1)p(x,t) + bN_d]^2}(b+1)\frac{\partial p(x,t)}{\partial x}$$

将式（4-4）代入式（4-3）得

$$\frac{\partial p(x,t)}{\partial t} = -\frac{bN_d J}{q[(b+1)p(x,t) + bN_d]^2}\frac{\partial p(x,t)}{\partial x} \tag{4-5}$$

式（4-5）即为仅考虑了漂移电流作用的等离子体双极漂移方程。

2. 预充暂态过程分析

预充过程是由等离子体对高阻区 N 层做双向注入来实现的，前已述及，RSD 阴极侧 $P - N^+$ 结是低压结，在反向预充电压的作用下，这个结被击穿，预充电流流过 RSD 中内含的 $P - N - N^+$ 二极管结构，所以这一预充过程可等效为一个二极管电导调制的漂移模型，并可用式（4-5）所示的等离子体双极漂移方程来描述。以反向等离子体波 P_r 的前沿 ξ_r 到达 N^+ 区附近的时刻（$t = t_1$）为分界点，预充过程

在时间上又可以分为两段来考虑。

在 $t=0$ 时，式（4-5）的初始条件可表示为

$$p(x,\ 0) = 0 \tag{4-6}$$

与稳态情况一样，非稳态注入过程主要受注入非基本载流子边界附近的电场分布控制，而与注入基本载流子一侧边界的过程无关，所以此处只要给定 RSD 的 P 基区附近浓度即可。在扩散等离子层 P_1 中的电场只有漂移区中的电场的几分之一，因而有

$$p(0,\ t) \sim \frac{J_{\mathrm{R}}}{E(0,\ t)} \to \infty \tag{4-7}$$

由初始条件式（4-6）和边界条件式（4-7）解式（4-5），得到特殊解如下：

$$p_{\mathrm{r}}(x,\ t) = \frac{1}{b+1}\left[\sqrt{\frac{bN_{\mathrm{d}}Q(t)}{qx}} - bN_{\mathrm{d}}\right] \tag{4-8}$$

式中，$Q(t) = \int_0^t J_{\mathrm{R}}\mathrm{d}t$。

由式（4-8）确定了 N 基区电导率的表达式为

$$\sigma(x,\ t) = q\mu_{\mathrm{n}}\left[N_{\mathrm{d}} + p_{\mathrm{r}}(x,\ t)\right] + q\mu_{\mathrm{p}}p_{\mathrm{r}}(x,\ t) = q\mu_{\mathrm{p}}\sqrt{\frac{bN_{\mathrm{d}}Q(t)}{qx}}$$

则可计算双极漂移区中的电场分布

$$E_{\mathrm{r}} = \frac{J_{\mathrm{R}}}{\sigma(t)} = \frac{J_{\mathrm{R}}\sqrt{x}}{q\mu_{\mathrm{p}}\sqrt{bN_{\mathrm{d}}Q(t)/q}}$$

反向波 P_{r} 前沿 ξ_{r} 的移动速度决定于它前面的电场中空穴的迁移率，而电场决定于 $J_{\mathrm{R}}(t)$ 的瞬时值及未调制区段的电导。设 v_{ϕ} 为 ξ_{r} 的移动速度，则

$$v_{\phi} = \frac{\mathrm{d}\xi_{\mathrm{r}}}{\mathrm{d}t} = \frac{J_{\mathrm{R}}(t)}{qbN_{\mathrm{d}}} = \frac{J_{\mathrm{R}}(t)W_{\mathrm{N}}}{bQ_{\mathrm{N}}} \tag{4-9}$$

式中，Q_{N} 为 N 基区中的施主杂质表面密度，$Q_{\mathrm{N}} = qN_{\mathrm{d}}W_{\mathrm{n}}$。

前沿 ξ_{r} 的瞬时位置通过对式（4-9）求积分得到，用时变电荷表示如下：

$$\xi_{\mathrm{r}} = \frac{Q(t)}{qbN_{\mathrm{d}}} = \frac{W_{\mathrm{N}}}{b}\frac{Q(t)}{Q_{\mathrm{N}}}$$

在 $0 < t < t_1$ 时段内，等离子体尚未充满整个 N 基区，对未调制区段以及由调制波占据的区段的电场进行积分，可得如下基区电压表达式：

$$U_{\mathrm{N\text{-}base}} = \left(E_{\mathrm{r}}\big|_{x=\xi_{\mathrm{r}}}\right)(W_{\mathrm{N}} - \xi_{\mathrm{r}}) + \int_0^{\xi_{\mathrm{r}}} E_{\mathrm{r}}\mathrm{d}x$$

$$= \left(W_{\mathrm{N}} - \frac{W_{\mathrm{N}}Q(t)}{bQ_{\mathrm{N}}}\right)\frac{J_{\mathrm{R}}(t)\sqrt{\dfrac{W_{\mathrm{N}}Q(t)}{bQ_{\mathrm{N}}}}}{q\mu_{\mathrm{p}}\sqrt{\dfrac{bN_{\mathrm{d}}Q(t)}{q}}} + \int_0^{\frac{W_{\mathrm{N}}Q(t)}{bQ_{\mathrm{N}}}} \frac{J_{\mathrm{R}}(t)\sqrt{x}}{q\mu_{\mathrm{p}}\sqrt{\dfrac{bN_{\mathrm{d}}Q(t)}{q}}}\mathrm{d}x$$

$$= \frac{W_{\mathrm{N}}^2 J_{\mathrm{R}}(t)}{\mu_{\mathrm{p}}}\left[(bQ_{\mathrm{N}})^{-1} - \frac{1}{3}Q(t)(bQ_{\mathrm{N}})^{-2}\right]$$

t_1 时刻反向波前沿到达 N^+ 区，即 $\xi_r = W_N$，形成第二个等离子层 P_2，此时满足 $W_N Q(t)/(bQ_N) = W_N$，所以 $Q(t) = bQ_N$。当 $t \geq t_1$ 时，等离子体波充满 N 基区，基区电压表达式为

$$U_{\text{N-base}} = \int_0^{W_N} E_r \, dx = \int_0^{W_N} \frac{J_R(t) \sqrt{x}}{q\mu_p \sqrt{\dfrac{bN_d Q(t)}{q}}} \, dx$$

$$= \frac{J_R(t) \sqrt{W_N}}{\mu_p \sqrt{Q_N Q(t) b}} \int_0^{W_N} \sqrt{x} \, dx = \frac{2 W_N^2 J_R(t)}{3\mu_p \sqrt{bQ_N Q(t)}}$$

考察总存储电荷的逐层分布，计算调制波中的电流成分，该成分决定了基区所选截面的局部电导。记电子电流、空穴电流占总电流的比例分别为 γ_n、γ_p，则

$$\gamma_p = \frac{J_p}{J} = \frac{q\mu_p pE}{q\mu_p pE + q\mu_n N_d E + q\mu_n nE}$$

$$= \frac{\mu_p p}{\mu_p p + \mu_n (N_d + p)} = \frac{1}{1+b}\left(1 - \sqrt{\frac{bqN_d x}{Q(t)}}\right)$$

$$\gamma_n = 1 - \gamma_p$$

$$= \frac{b}{1+b}\left(1 + \sqrt{\frac{qN_d x}{bQ(t)}}\right)$$

3. 导通暂态过程分析

$t = t_R$ 时预充过程结束，在晶体管单元中形成了图 4-6a 所示的等离子体分布，相同的分布也出现在与之并排布置的晶闸管单元中，磁开关的铁心饱和，停止隔离主回路和预充回路，器件偏置符号重新改变，开始晶闸管单元的导通过程。

在电压反向的瞬间，在各晶闸管单元的 N 基区中都存在着预充电荷，此电荷分布在等离子层 P_1、P_2 以及沿双极漂移波 P_r 的各处。当主电流脉冲流过时，P_2 层继续得到等离子体补充，来源之一是原先存储在 P_1 和 P_r 中电子随电场的再分布，其次则由晶闸管单元的 P^+ 发射区注入。P_1 层将层中的空穴传输给 RSD 的 P 基区，引起 N^+ 发射区电子的迎面注入。在集电极前等离子层 P_1 中的电荷平衡在电流流通阶段初期总是负的，只有在后来随阴极侧等效晶体管中注入作用的发展才逐渐变为正。

P_1 层剩余等离子体的浓度对 RSD 导通过程的稳定性具有决定性的影响。因为 P_1 层的耗尽会带来集电结的反偏和器件上电压的迅速上升，此后的导通过程将受制于具有局部化倾向的普通晶闸管机理。所以为了获得大电流的均匀换流，必须具有足够高的预充水平，以便使 P_1 等离子层与 P 基区等形成一个不会耗尽的等离子库。这个库在二极管中起着阴极侧射极的作用，并且这种导通状态可视为准二极管状态。

双极漂移波的行为相对于电流的方向是可逆的，所以当阳极电流的方向由反向变为正向时，原有反向波 P_r 剖面上的所有点，包括 P_2 层边界上的靠边点，都开始完成反方向运动。与此同时，等离子层 P_2 向正在形成的区段注入正向调制波 P_f，以正向波 P_f 和反向波 P_r 的交界 ξ_f 到达集电结附近的时刻（$t = t_2$）为分界点，导通

过程在时间上也可以分为两段来考虑。

式（4-5）对描述正向波 P_f 的行为仍然适用，边界条件为

$$P_f(W_N,\ t>t_R)\rightarrow\infty$$

后退的反向波 P_r 的浓度分布仍按式（4-8），其中 $Q(t)$ 为

$$Q(t)=Q_R-Q_F(t)=Q_R-\int_{t_R}^{t}J_F(t)\,\mathrm{d}t$$

则在 $t_R\leqslant t<t_2$ 阶段等离子体浓度分区间表示为

$$P_r(x,\ t)=\frac{1}{q(1+b)}\left\{\sqrt{\frac{bQ_N[Q_R-Q_F(t)]}{W_N x}}-\frac{bQ_N}{W_N}\right\}\qquad(0<x<\xi_f)$$

$$P_f(x,\ t)=\frac{1}{q(1+b)}\left[\sqrt{\frac{bN_dQ_F(t)}{W_N(W_N-x)}}-\frac{bQ_N}{W_N}\right]\qquad(\xi_f\leqslant x<W_N)$$

则可得到基区的电场和电压分布为

$$E_r=\frac{J_F(t)}{\sigma_r}=\frac{J_F(t)}{\mu_p}\frac{\sqrt{W_N x}}{\sqrt{bQ_N[Q_R-Q_F(t)]}}\qquad(0<x<\xi_f)$$

$$E_f=\frac{J_F(t)}{\sigma_f}=\frac{J_F(t)}{\mu_p}\frac{\sqrt{W_N(W_N-x)}}{\sqrt{bQ_N Q_F(t)}}\qquad(\xi_f\leqslant x<W_N)$$

$$U_{N-base}=\int_0^{\xi_f}E_r\mathrm{d}x+\int_{\xi_f}^{W_N}E_f\mathrm{d}x$$

$$=\int_0^{\xi_f}\frac{J_F(t)\sqrt{W_N x}}{\mu_p\sqrt{bQ_N[Q_R-Q_F(t)]}}\mathrm{d}x+\int_{\xi_f}^{w_n}\frac{J_F(t)\sqrt{W_N}\sqrt{W_N-x}}{\mu_p\sqrt{bQ_N Q_F(t)}}\mathrm{d}x=\frac{2J_F(t)W_N^2}{3\mu_p\sqrt{bQ_N Q_R}}$$

式中，Q_R 为单位面积的预充电荷量，$Q_R=\int_0^{t_R}J_R(t)\,\mathrm{d}t$。

这里交界 ξ_f 将向等离子层 P_1 的方向退去，且该点具有最低浓度，此浓度等于当 $x=W_N$ 及 $t=t_R$ 时 P_r 波中的等离子体浓度，即

$$\frac{1}{q(1+b)}\left(\sqrt{\frac{bN_dQ_F(t)}{W_N(W_N-x)}}-\frac{bQ_N}{W_N}\right)=\frac{1}{1+b}\left(\sqrt{\frac{bN_d\int_0^{t_R}J_R(t)\,\mathrm{d}t}{qW_N}}-bN_d\right)$$

从而

$$x=W_N-W_N\frac{Q_F}{Q_R}=W_N\left(1-\frac{\int_{t_R}^{t}J_F\mathrm{d}t}{Q_R}\right)\triangleq\xi_f$$

当 P_r 点返回 P_1 层边界的瞬间，该处将形成浓度的扩散式跃变及电场中断，这一瞬间 $t=t_2$ 可由如下条件求得：

$$Q_R=\int_0^{t_R}J_R(t)\,\mathrm{d}t=\int_{t_R}^{t_2}J_F(t)\,\mathrm{d}t$$

当 $t\geqslant t_2$，N 基区中的电荷分布的进一步动态变化只由正向波 P_f 根据上述 $P_f(x,t)$ 和 E_f 表达式进行控制，基区电压表达式为

$$U_{\text{N-base}} = \int_0^{W_N} E_f \mathrm{d}x = \int_0^{W_N} \frac{J_F(t)}{\mu_p} \frac{\sqrt{W_N}}{\sqrt{bQ_N Q_F(t)}} \sqrt{W_N - x}\, \mathrm{d}x = \frac{2J_F(t) W_N^2}{3\mu_p \sqrt{bQ_N Q_F(t)}}$$

下面分析空穴电流占总电流比例。当 $t_R \leqslant t < t_2$，在区域 $0 < x < \xi_f$，有

$$\gamma_{P_r} = \frac{J_p}{J} = \frac{q\mu_p p E}{q\mu_p p E + q\mu_n N_d E + q\mu_n n E}$$

$$= \frac{q\mu_p p}{q\mu_p p + q\mu_n (N_d + p)} = \frac{1}{1+b}\left\{1 - \sqrt{\frac{bQ_N x}{W_N [Q_R - Q_F(t)]}}\right\}$$

在区域 $\xi_f \leqslant x < W_N$，有

$$\gamma_{P_f}(x) = \frac{J_p}{J} = \frac{q\mu_p p E}{q\mu_p p E + q\mu_n N_d E + q\mu_n n E} = \frac{1}{1+b}\left(1 - \sqrt{\frac{bQ_N(W_N - x)}{W_N Q_F(t)}}\right)$$

4.1.3　RSD 的换流特性

4.1.3.1　RSD 导通与大电流特性

1. 预充电荷与 RSD 等离子库模型

由对 RSD 工作机理的描述可知，预充过程中在 N 基区靠近 P 基区侧形成浓度很高的薄等离子层 P_1，在外电压反向的瞬间，各晶体管单元的 N 基区中都存在着预充电荷 Q_R（$t = t_R$ 时单位面积的预充电荷量），这个电荷分布在等离子层 P_1、P^+ 层附近 P_2 和反向双极漂移波 P_r 的各处。当磁开关饱和、正向电流通过时，P_1 和 P_r 中电子随电场发生再分布，同时晶闸管的 P^+ 发射区向 N 基区中注入空穴，这些都使 P_2 等离子层得到补充。与此同时，在外电场作用下，P_1 层中空穴注入到 P 基区，并引起 N^+ 发射极的迎面电子注入。在此过程中，P_1 层电荷 Q_1 发生变化。阴极侧等效晶体管的注入电流使 Q_1 得到补充，同时还有一个抽取电流将 P_1 中电荷抽往 P_2，如图 4-7 所示。RSD 导通过程中，为了不发生类似于普通晶闸管的局部化现象，获得大的导通电流，必须保证 P_1 层不被耗尽，使之与 P 基区的等离子体一起形成一个不会耗尽的等离子库，成为有效的电子源。

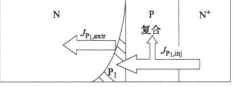

图 4-7　等离子层 P_1 中电荷变化示意图

2. RSD 导通条件的定量分析

注入电流和抽取电流动态地改变 P_1 层中的电荷量 Q_1，为保证 Q_1 不耗尽，首先在器件结构上要满足一定条件，使注入电流大于抽取电流。

注入电流是阴极等效 N^+PN 管的集电极电流。考虑 P 基区复合以及射极注入电子通过 P 基区的扩散延迟等因素的影响，由晶体管的电荷控制理论得到等效晶体管的共基极电流增益为

$$\alpha_2 = \tau_* / \nu_N$$

式中，τ_* 为集电极电流上升的时间常数；ν_N 为通过 P 基区的电子扩散时间，即

$$\nu_N = W_P^2 / 2D_N$$

$$\tau_* = 1/\left(\nu_N^{-1} + \tau_N^{-1}\right)$$

式中，W_P 为 P 基区宽度；D_N 为 P 基区中电子的扩散系数；τ_N 为 P 基区中电子的寿命。

分析表明，载流子是以漂移的方式通过 N 基区的，N 基区中电流的组成成分与迁移率成正比，即 $J_N/J_P = \mu_N/\mu_P$，可知等效 PNP 管的共基极电流增益为

$$\alpha_1 = \frac{\mu_P}{\mu_N + \mu_P} \approx 0.26$$

N 基区中空穴电流由 P$^+$ 发射极注入，而电子电流就是 P$_1$ 层的抽取电流。抽取的电子电流等于 N 基区中的电子电流，即

$$J_{P_1,\text{extr}} = (1 - \alpha_1) J_{p^+,\text{inj}}$$

式中，$J_{P_1,\text{extr}}$ 为 P$_1$ 层的抽取电流，是由 N$^+$ 发射极向 P 基区注入并抵达 P$_1$ 层边界的电子电流；$J_{p^+,\text{inj}}$ 为 P$^+$ 发射极注入电流。

为保证 P$_1$ 层的注入电流大于抽取电流，则需

$$\alpha_2 = \frac{\tau_*}{\nu_n} \geqslant 1 - \alpha_1$$

注入电流 $J_{P_1,\text{inj}}$ 是通过 P$_1$ 的另一边界流入具有漂移输运区域的电子电流，它从 N$^+$ 发射极到 P$_1$ 层要扩散通过 P 基区，因此 $J_{P_1,\text{inj}}$ 相对正向脉冲电流 J_F 有一延迟时间 ν_n，而抽取电流 $J_{P_1,\text{extr}}$ 没有延迟。从图 4-8a 可看出，正向脉冲电流通过 RSD 之后，P$_1$ 层电荷量有一从减少到平衡再到增加的过程，为使 P$_1$ 上的预充电荷量在 RSD 导通过程中不出现瞬间耗尽，Q_1 必须超过一个最小值。如图 4-8b 所示，这个最小值就是当 $J_{P_1,\text{inj}} = J_{P_1,\text{extr}}$ 时刚好耗尽的 P$_1$ 层预充电荷密度，将此临界值记做 Q_{cr}。

预充阶段结束时 P$_1$ 层的单位面积电荷量为

$$Q_1 = \frac{b}{b+1} Q_R \tag{4-10}$$

式中，Q_R 为总预充电荷密度，$Q_R = \int_0^{t_R} J_R \mathrm{d}t$。

而在导通过程中，P$_1$ 层电子电荷的变化可描述为

$$\frac{\mathrm{d}Q_1}{\mathrm{d}t} = J_{P_1,\text{inj}} - J_{P_1,\text{extr}}$$

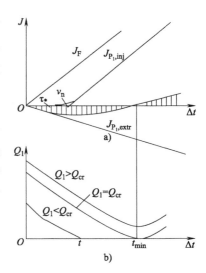

图 4-8 准二极管边界条件的推导

$J_{P_1,\text{inj}}$ 的值可以通过阴极晶体管的集电极电流来计算，采用晶体管原理中的电荷控制理论获得其简化结果为

$$J_{P_1,\text{inj}} = \frac{1}{\nu_n} \mathrm{e}^{-\Delta t/\tau_*} \int_{t_R}^{t} J_F \mathrm{e}^{\Delta t/\tau_*} \mathrm{d}t \tag{4-11}$$

式中，Δt 为由导通阶段开始的时间，$\Delta t = t - t_R$。

抽取电流值 $J_{P_1,\text{extr}}$ 显然决定于等离子波 P_f、P_r 及集电极前薄层 P_1 之间电流 J_F 的瞬时成分。利用部分电子电导和空穴电导的计算可得

$$J_{P_1,\text{extr}} = \begin{cases} \dfrac{b}{b+1}J_F(t) & t_R < t < t_2 \\[2mm] \dfrac{b}{b+1}J_F(t)\left(1 + \sqrt{\dfrac{Q_N}{bQ_F(t)}}\right) & t \geq t_2 \end{cases} \tag{4-12}$$

P_1 层不耗尽的导通条件表示为

$$Q_{1(t=t_R)} + \int_{t_R}^{t_{\min}} (J_{P_1,\text{inj}} - J_{P_1,\text{extr}})\,\mathrm{d}t \geq 0 \tag{4-13}$$

式中，$t_{\min}$ 由式 $J_{P_1,\text{inj}(t_{\min})} = J_{P_1,\text{extr}(t_{\min})}$ 决定。

对式（4-13）积分，并代入式（4-10）~式（4-12）中，得到用临界预充电荷 Q_R^{cr} 描述的 RSD 导通条件

$$Q_R \geq Q_R^{\text{cr}} = \frac{\mathrm{d}J_F}{\mathrm{d}t} \frac{b+1}{b}\left(\frac{\tau_*}{\nu_n} + \frac{1}{b+1} - 1\right)^{-1}\frac{\tau_*^4}{2\nu_n^2}$$

式中，$\dfrac{\mathrm{d}J_F}{\mathrm{d}t}$ 为正向电流初始阶段上升速率。

3. 实验及结果

图 4-9 所示为 RSD 导通特性的测试平台原理图，其中主回路电容额定电压为 30kV。

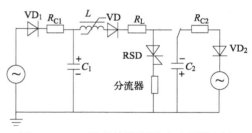

图 4-9 RSD 导通特性的测试平台原理图

由于 RSD 具有均匀导通的特点，峰值电流正比于芯片面积。大量的导通测试结果表明，对 200kA 级电流的测试可以利用同结构的小直径 RSD 万安级破坏性测试结果，由经验公式（4-14）计算得到同类结构的任意通流面积 RSD 脉冲大电流耐量。

$$I_m = KS/[f(t_p)^{1/3}] \tag{4-14}$$

式中，S 为 RSD 芯片有效面积（cm^2）；K 为结构因子，反比于基区宽度确定的工作电压，2kV 时 $K = 210$；f 为电流曲线因子，取值从方波曲线的 1 到正弦曲线的 0.66；t_p 为电流脉宽（s）。

图 4-10 是小直径的 RSD 峰值电流的实测值。样品为 15 个直径为 20mm 的 RSD 串联单元，在 10.2kV 的端电压下通过了 19.9kA 的单次脉冲电流，脉宽约为 30μs，它已非常接

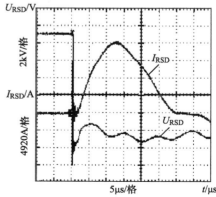

图 4-10 RSD 的峰值电流测试波形

近由式（4-14）计算得到的电流极限值，$\mathrm{d}i/\mathrm{d}t$ 为 2.2kA/μs。表 4-3 是各种规格尺寸的 RSD 脉冲大电流耐量的理论值。

表 4-3 RSD 的峰值电流（理论值）

芯片直径/mm	有效通流面积 S/cm^2	电流脉宽 t_p/s	峰值电流 I_m/kA
16	0.79	50×10^{-6}	6.8
20	1.54	15×10^{-6}	20
20	1.54	50×10^{-6}	13
24	2.54	50×10^{-6}	22
38	8.00	50×10^{-6}	69
76	36.3	50×10^{-6}	310
76	36.3	500×10^{-6}	146

图 4-11 是不同预充电压下 RSD 的导通特性比较结果。样品为 4 个直径为 38mm 的 RSD 串联单元，主电容 $C_1 = 21.4\mu\mathrm{F}$，预充电容 $C_2 = 1.0\mu\mathrm{F}$，主回路电压固定为 2000V，通过改变预充回路电压以改变预充电荷量来研究 RSD 导通特性。

实验发现，在一定范围内，预充电压越高，则导通过程中通态电压上升越小，导通越均匀。$Q_\mathrm{R} < Q_\mathrm{R}^{\mathrm{cr}}$ 时，RSD 导通过程中会出现 P_1 等离子体层的短时耗尽，导致 N 基区电导急剧下降，正向导通电压陡升。

图 4-12 是一预充不足的实例。正常情况下，RSD 导通后的残压为几伏至几十伏，而图 4-12 中的导通电压出现一明显的尖峰，导致 RSD 一次导通后损坏。这是由预充通道的设计与相关工艺造成的。

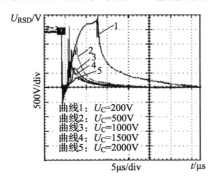

图 4-11 预充对导通特性的影响

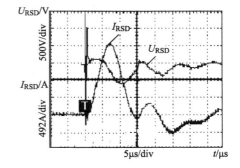

图 4-12 预充不足时的导通波形

4.1.3.2 RSD 的功率损耗特性

低损耗对延长器件使用寿命有重要意义，并且也是提高器件工作于连续振荡发生方式时的频率极限的条件。RSD 由于其特殊的结构和工作原理，能实现在全面积芯片均匀同步导通，残余电压在前沿只有很小的突升，准静态情况出现在几个微秒以内（对普通晶闸管这一过程约上百微秒），即 RSD 工作时总损耗很小，且导通损耗只占总损耗的很小一部分，这个特点使 RSD 可应用于重复频率高幅值的脉冲功率领域。

1. RSD 功率损耗计算

导通电压是表征损耗的参数，一般包括 PN 结结压降、基区体压降与电极的欧姆接触压降几部分，其中结压降和欧姆接触压降相对体压降来说影响较小，而体压降又以掺杂浓度最低、宽度最大的 N 基区的影响最为显著。通过对预充和导通暂态过程的分析，已经得到了主要考虑 N 基区体压降的 RSD 导通电压表达式，现集中表示如下：

在预充过程中

$$U_{RSD} = \frac{W_N^2 J_R(t)}{\mu_p} \left[(bQ_N)^{-1} - \frac{1}{3} Q(t)(bQ_N)^{-2} \right] \qquad 0 < t < t_1 \qquad (4\text{-}15)$$

$$U_{RSD} = \frac{2W_N^2 J_R(t)}{3\mu_p \sqrt{bQ_N Q(t)}} \qquad t_1 \leqslant t < t_R \qquad (4\text{-}16)$$

在导通过程中

$$U_{RSD} = \frac{2W_N^2 J_F(t)}{3\mu_p \sqrt{bQ_N Q_R}} \qquad t_R \leqslant t < t_2 \qquad (4\text{-}17)$$

$$U_{RSD} = \frac{2W_N^2 J_F(t)}{3\mu_p \sqrt{bQ_N Q_F(t)}} \qquad t \geqslant t_2 \qquad (4\text{-}18)$$

预充回路和主回路都满足如下方程：

$$u_L = L \frac{di}{dt}$$

$$i = C \frac{du_C}{dt}$$

$$u_C = u_L + iR + u_{RSD}(i)$$

采用四阶龙格-库塔方法将电流 i 和电压 u_C 离散化，则有

$$i(k+1) = i(k) + \frac{u_C(k) - i(k)R - u_{RSD}(i(k))}{L} dt \qquad (4\text{-}19)$$

$$u_C(k+1) = u_C(k) - \frac{i(k)}{C} dt \qquad (4\text{-}20)$$

预充过程的初始条件为 $u_C(0) = U_2$，$i(0) = 0$。导通过程的初始条件为 $u_C(0) = U_1$、$i(0) = 0$ 以及 $Q_R = \int_0^{t_R} J_R(t) dt$。代入 RSD 参数，将式（4-15）~式（4-20）反复迭代计算的结果就是对实际电路的模拟。

RSD 上的电压 U_{RSD} 和通过 RSD 的电流 I_{RSD} 在对应时间点的乘积即为 RSD 的瞬时功率。依据对 RSD 导通过程的分析，其引起的功率损耗可分为预充过程的功率损耗和导通过程的功率损耗两部分。由于预充电流幅值较小，且内含的预充二极管在电导调制作用下通态压降很小，所以这部分损耗的影响是不显著的。导通损耗又可分为脉冲前沿的换流损耗和准静态损耗两部分。

当 $t_R \leqslant t < t_2$ 时，反向波 P_r 返回，电导调制作用减弱，正向波 P_f 占据了反向波留

下的空间，对电导率的调节做出贡献，P_r 与 P_f 的作用相互抵消，可认为 N 基区电导率保持恒定，U_{RSD} 随 $J_F(t)$ 的增大而增大。RSD 在此时间段完成导通瞬态过程，引起的损耗为导通时的换流损耗。当 $t \geqslant t_2$ 时，正向波 P_f 调节 N 基区电导率，特大注入的情况下，电导率急剧上升，使 U_{RSD} 总体呈下降趋势。RSD 在此时间段处于导通状态，引起的损耗为通态损耗或称准静态损耗。可见当 $t = t_2$ 时刻，正向波 P_f 抵达 P_1 层瞬间，RSD 上的正向压降有最大值 U_{Fmax}。同等电流下，U_{Fmax} 越小，则功率损耗越小。

2. 结果与讨论

在实验室制作了直径为 40mm 的 RSD 芯片，选择其中 7 个组成堆体。器件的结构参数为 N 基区宽度 $W_N = 270\mu m$，衬底电阻率 $\rho = 65\Omega \cdot cm$。在测试平台上导通，主电压分别为 4kV 和 6kV。其他电路参数如下：$C_1 = 600\mu F$，$L_1 = 1.3\mu H$，$R_1 = 0.113\Omega$，$C_2 = 1.18\mu F$，$L_2 = 0.7\mu H$，$R_2 = 0.08\Omega$，$U_2 = 1.5kV$。这里下脚标 1 对应主回路，下脚标 2 对应预充回路。

图 4-13 表示了 RSD 的电流、电压和功率的仿真波形。这里 U_{RSD} 和 P_{RSD} 的值是指堆体的，是单芯片平均值的 7 倍。图 4-14a 和 b 表示了电流和电压的实验波形。

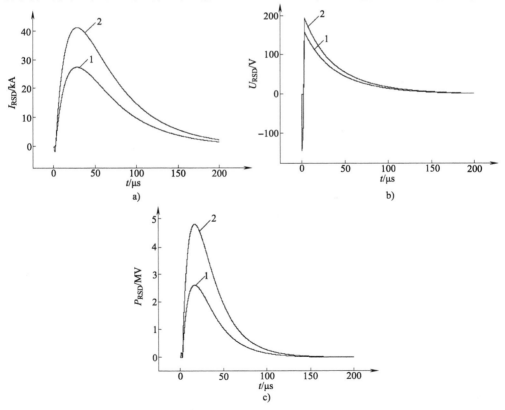

图 4-13　仿真波形（1～4kV，2～6kV）

a）电流仿真波形　b）电压仿真波形　c）功率仿真波形

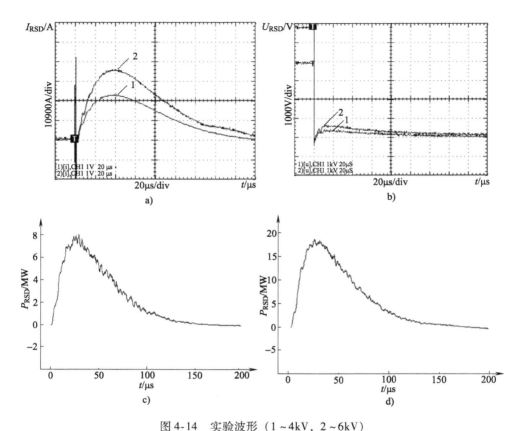

图 4-14　实验波形（1 ~ 4kV，2 ~ 6kV）

a）电流实验波形　b）电压实验波形　c）4kV 功率实验波形　d）6kV 功率实验波形

示波器为泰克 TDS1012。电流通过罗氏线圈测量，比例系数为 10900A/V。图 4-14c 和 d 表示了功率的实验波形，它是由电流和电压实验波形在对应时间点相乘得到的。

对比仿真和实验结果，电流波形在峰值、脉宽和上升速率等方面都十分吻合，而对电压波形仿真值要小于实测值，这是由于实验中的电压测量装置的误差引起的。电压信号不是直接取自 RSD 芯片两端，而是记入了封装引线上的电压降。

对于 $U_1 = 4kV$ 的情况，通过计算得到在导通过程进行 1.32μs 后进入准静态，即 $t_2 = t_R + 1.32$μs。预充时间设为 2μs。在一个放电周期里，单芯片上的预充损耗为 0.036J，换流损耗为 0.039J，准静态损耗为 16.471J，它们分别是 RSD 上总损耗的 0.22%、0.24% 和 99.54%。一个周期中脉冲放电的总能量为 4800J，损耗在 RSD 堆体上的能量占 2.45%。这些结果表明 RSD 上总的损耗很小，且换流过程的动态损耗只占到其中很小一部分。因此，RSD 是理想的脉冲功率开关，其工作频率可大幅提高。

图 4-15 表示了最大导通电压 U_{Fmax} 和一个周期中 RSD 上的能量损耗 E 与峰值电

流 I_m 的关系。随着 I_m 的增加，U_{Fmax} 和 E 都增加。当 I_m 从 13.8kA 增加到 69.0kA，U_{Fmax} 从 15.7V 增加到 36.4V，E 从 6.0J 增加到 66.5J。图 4-16 表示了 RSD 上的功率最大值或 $(P_{RSD})_{max}$ 与 N 基区宽度 W_N 和掺杂浓度 N_d 之间的关系。$(P_{RSD})_{max}$ 随 W_N 的增加和 N_d 的减少而增加。上述结果与式（4-15）~式（4-18）描述的规律一致。当 $N_d = 1.0 \times 10^{14} \text{cm}^{-3}$ 时，W_N 从 220μm 增加至 520μm，则 $(P_{RSD})_{max}$ 从 277kW 增加至 993kW，所以为保持较低的功耗此条件下 W_N 通常小于 320μm。当 $W_N = 270$μm 时，N_d 从 $5.0 \times 10^{14} \text{cm}^{-3}$ 减少至 $2.0 \times 10^{13} \text{cm}^{-3}$，则 $(P_{RSD})_{max}$ 从 169kW 增加至 833kW，此条件下，N_d 通常高于 $5.8 \times 10^{13} \text{cm}^{-3}$（即电阻率低于 80Ω·cm）。

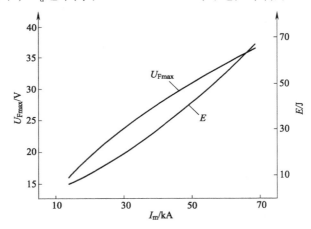

图 4-15　最大导通电压和能量损耗与电流峰值的关系

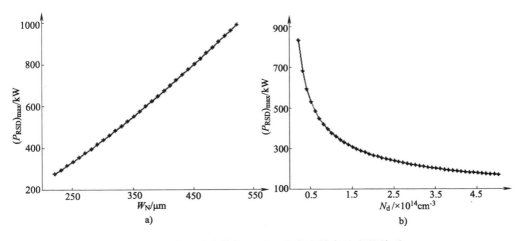

图 4-16　功率最大值与 N 基区宽度和掺杂浓度的关系

a）不同 N 基区宽度　b）不同 N 基区掺杂浓度

4.1.3.3　RSD 的关断特性

基于可控等离子层原理导通的 RSD，由于其特殊的导通机制，可实现芯片全面积均匀同步导通；而对于 RSD 的关断特性，则基本与相控晶闸管相似。在重复频率的脉冲功率应用中，开关的关断特性是至关重要的，其关断时间直接决定了可以获得的最高重复频率。由于 RSD 是二端器件，没有门极，工作电路特殊，无法如常规器件（如功率二极管、晶闸管等）去测量其恢复时间，所以按照 RSD 脉冲放电的工作方式，提出一种 RSD 关断时间的检测方法，设计并搭建了相应的实验电路，测得了关断时间。

1. RSD 开关关断时间检测电路的设计

RSD 导通后，体内存储了大量非平衡少数载流子，这些非平衡少数载流子需要一定的时间才能复合完毕，使 RSD 重新恢复正向阻断能力。让 RSD 正常放电一次后，经过一段可调的延迟时间，再将一定的正向电压作用于 RSD 上，根据 RSD 是否能通过电流来判断其是否关断：如果 RSD 已关断，则空间电荷区得以重新建立，阻断了再次施加的正向电压；如果 RSD 未关断，则其仍能导通电流，加不上电压。以上即为 RSD 关断时间的检测原理。

（1）主回路优化设计 图 4-17a 所示为一般的 RSD 脉冲放电主回路，其中 C_1 为主电容，MS_1 为可饱和磁开关，R_1 为负载电阻，根据电路参数不同可分为过阻尼、欠阻尼和临界阻尼 3 种放电情况。对于关断检测而言，要求主电流不能有反向振荡，否则会对 RSD 形成第二次预充，无法测得准确的关断时间；但如果采用过阻尼电路，则主电流从峰值下降到零会经历较长的时间（即拖尾时间很长），这样会使非平衡载流子已经复合了一部分，也会影响对 RSD 本身关断特性的判断。所以，为满足关断检测的要求，应设计下降沿陡峭、又不会出现反峰的主回路。

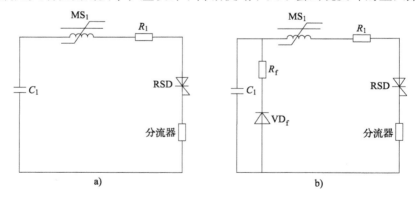

图 4-17　RSD 主回路优化设计

a）一般的 RSD 脉冲放电主回路　b）为检测关断时间而改进的主回路

图 4-17b 所示为改进后的主回路，在主电容上并联了二极管 VD_f 和电阻 R_f，起到续流的作用。将主回路参数设计为欠阻尼，当 C_1 上电压下降为零时，回路电流达到峰值，C_1 开始反向充电，电流同时开始流过 VD_f-R_f 支路；当 RSD 中电流减为零时，C_1 中存储的能量在 MS_1 反向饱和之前通过 VD_f-R_f 支路耗散完毕，RSD 不会

流过反向电流。R_f 的值是重要的：R_f 太大，则使 VD_f-R_f 支路通过的电流小，C_1 支路通过的电流大，使得的 C_1 能量能让 MS_1 反向饱和，从而 RSD 流过反向电流；R_f 太小，则使电流大部分流过 VD_f-R_f 支路，电流下降时间长。经过仿真优化，确定 C_1 取 $10\mu F$ 时，R_1 取 0.2Ω，R_f 取 0.6Ω。

（2）谐振预充回路　RSD 的预充方式一般有直接式和谐振式两种。直接式预充的缺点是预充回路开关在初始阶段需要阻断主电容和预充电容充电电压之和的高压，并且需要对预充电容单独供电，提供额外的功率源。谐振式预充的预充电容与主电容共用供电装置，它们被充至相同的工作电压，预充回路开关能够阻断此电压即可。在 RSD 关断检测中，选择了谐振式预充方式，电路如图 4-18 所示。C_2 为预充电容，V 为预充回路开关，可以是晶体管、晶闸管或 IGBT 等，此处实验中采用了晶闸管，MS_2 是为了保护 T_2 引入的磁开关，R_2 的作用是增加谐振回路与主回路之间的阻抗，减少主回路能量通过谐振回路耗散，二极管 VD_2 可以防止预充完毕后谐振回路振荡电流对主回路的影响。

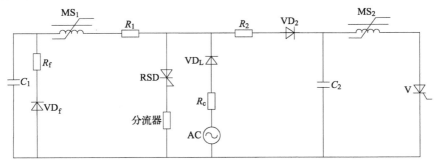

图 4-18　RSD 谐振预充电路图

在 V 闭合之后，电流流过 MS_2-V 回路。因为这个回路的能量损耗很低，C_2 上下极板电荷极性交换后为 RSD 提供了反向电压。在 C_2 电荷极性交换过程结束时，V 开始处于反向阻断状态，C_2 反向放电过程开始在 RSD 和低阻抗的 R_2 间进行，这就形成了 RSD 的预充电流。

预充回路要使 RSD 在预充阶段积累足够的电荷量，以保证其均匀导通。RSD 的临界预充电荷量除与器件结构参数有关外，主要受主电流上升速率影响。根据主回路参数和 RSD 工作电压的范围，取 C_2 为 $0.25\mu F$，R_2 为 0.2Ω。

（3）单片机控制的延时电路　RSD 的关断时间在几十至上百微秒量级，要求关断检测平台中至少能提供微秒级精度的可控延时电路，这里采用了 SST89E564 单片机，延时控制电路如图 4-19 所示。单片机可以在 $11.0592MHz$ 的晶振条件下利用定时中断提供约为 $1.1\mu s$ 精度的可控定时。电路采用 P1 口输出触发延迟时间到 4 个并联的 LED 显示。P2.0、P2.1 和 P2.2 接收按键信号，分别执行延迟时间减少、增加和关断检测触发。关断检测触发过程首先由 P2.6 输出一个下跳变脉冲信

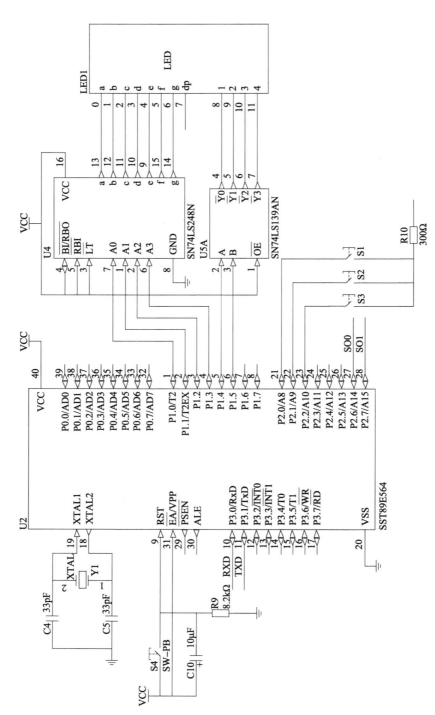

图4-19 单片机延时控制电路图

号，此信号为谐振预充晶闸管 V 的触发控制信号，然后单片机利用内部定时器中断定时延迟一段时间，延迟到达后触发中断，单片机 P2.7 给出一个下跳变脉冲，此信号为关断检测回路开关的触发控制信号。

（4）关断时间检测平台的建立　关断时间检测回路的开关仍然采用了晶闸管，即图4-20中 V_1。磁开关 MS_0 起到保护 V_1 的作用，二极管 VD_0 是为了给电容 C_0 充电而引入，由于关断检测不需要再让 RSD 通过大电流，所以电阻 R_0 取值较大，为 2Ω，C_0 为 $1\mu F$。基于上述基础，搭建了 RSD 的关断时间检测平台，电路如图 4-20 所示，整个系统可分为主回路、预充回路、关断时间检测回路、充电回路和晶闸管延时触发电路。电容 C_0、C_1 和 C_2 共用一套充电装置，充电电流对 MS_0 和 MS_1 起的是复位作用，不会影响磁开关工作时的延迟时间。

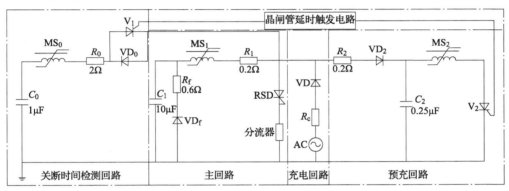

图 4-20　RSD 关断时间检测平台电路图

2. 实验结果与讨论

为了检测 N 基区少子寿命对 RSD 关断时间的影响，特选用了两组 RSD 管芯进行对比实验，其中 1 号 RSD 的 N 基区少子寿命为 $7.6\mu s$，2 号为 $11.6\mu s$，两组 RSD 的原始单晶电阻率和 N 基区宽度都相同。在 1500V 电压下进行检测实验，电压测量采用泰克公司 P6015A 高压探头，测量从 RSD 阳极到地之间的电压，电流测量采用内阻为 $1.6424m\Omega$ 的管式分流器，测量 RSD 支路电流。

1 号 RSD 临界关断时的电流电压波形如图 4-21 所示，图 4-21a 和图 4-21b 分别表示单片机延迟时间设置为 $117\mu s$ 和 $118\mu s$ 的情况，可以看到两波形具有明显区别。对于图 4-21a，关断检测支路的晶闸管触发后，RSD 两端电压有小幅上升，达到 280V 的峰值时，RSD 上开始通过电流，电压降落，说明 RSD 仍处于导通状态，没有关断；对于图 4-21b，关断检测支路的晶闸管触发后，RSD 两端电压上冲到 1079V，然后降落，最后有 100V 的稳定残压，始终没有电流流过 RSD，说明此时 RSD 已关断，C_0 的放电电流给 C_1 和 C_2 充电，由于 RSD 和 V_2 都已关断，没有回路耗散能量，所以最后电压稳定在 100V。定义对于 RSD 恰好关断的波形，从 RSD 放电电流回零的时刻起，到 RSD 两端电压开始再次上升的时刻止，为 RSD 的关断时

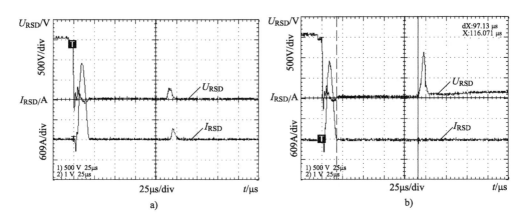

图 4-21　1 号 RSD 临界关断时的电流电压波形，$U = 1500\text{V}$

a) 延迟时间 $117\mu s$　b) 延迟时间 $118\mu s$

间，则 1 号 RSD 在 1500V 电压下关断时间为 97.3μs。图 4-22 表示了 2 号 RSD 临界关断时的电流电压波形，对其的分析与 1 号 RSD 类似。当延迟时间设为 134μs 时，关断检测晶闸管触发时 RSD 导通，可观察到的电流较小，但电压波形显示最后无残压，说明 C_0 上的电荷是通过 RSD 泄放了。延迟时间设为 135μs 时 RSD 恰好关断，读得关断时间为 115.4μs。此实验结果表明 N 基区的少子寿命对 RSD 关断时间的影响是显著的，少子寿命越长，复合越慢，关断时间越长，关断速度越慢。

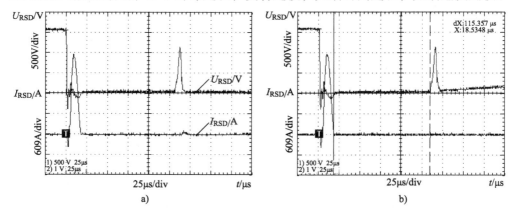

图 4-22　2 号 RSD 临界关断时的电流电压波形，$U = 1500\text{V}$

a) 延迟时间 $134\mu s$　b) 延迟时间 $135\mu s$

为了检测放电电压对 RSD 关断时间的影响，对两组 RSD 又分别在 1600V、1700V、1800V 和 1900V 几个电压等级进行了关断检测实验，测得 1 号 RSD 的关断时间分别为 100.4μs、102.6μs、106.9μs、110.1μs，2 号 RSD 的关断时间分别为 117.1μs、119.1μs、119.3μs、121.6μs。关断时间随放电电压升高而增加，这主要是因为电压升高使主电流增大，产生了更多的非平衡载流子，需要更长的复合时间；并且关断检测时施加的电压越高，也会更容易让 RSD 导通，从而需要更长的恢复时间。图 4-23 将实验数据描点作图，通过拟合曲线发现至少在这个电压范围内，关断时间随放电电压的变化规律呈现了良好的线性。

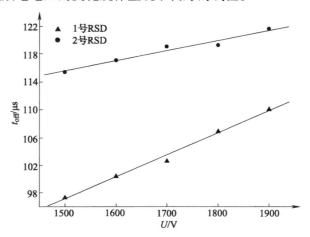

图 4-23　RSD 关断时间随放电电压变化的实验结果

4.1.3.4　RSD 的时间抖动特性

高功率微波（High-Power Microwave，HPM）是强电磁脉冲的一种重要形式，具有高功率、短脉冲、高频率的特点，主要用于武器装备。随着功率半导体器件的进步，在 HPM 领域传统的气态开关也呈现半导体化趋势，脉冲源朝着全固态发展。HPM 为了实现远距离作用，通常采用功率合成技术，这对多路微波输出一致性提出了要求，开关抖动要尽可能低。为了适应这一需求，对 RSD 的时间抖动展开了研究。

提出了一种通过 RSD 并联测量导通延迟时间差来换算抖动的方案。如图 4-24 所示，RSD 的导通延迟时间 t_i 可表达为

$$t_i = t_Q + t_R + t_{MS} + T_1 \tag{4-21}$$

式中，t_Q 为 IGBT 的导通延迟时间；t_R 为受 RSD 影响的时间；t_{MS} 为磁开关饱和时间；T_1 为不受 IGBT、磁开关和 RSD 影响的固有时间。为了消除了 t_Q 和 t_{MS} 的影响，采用图 4-24 所示的 RSD 并联方式，得到 RSD 的导通延迟时间差为

$$\Delta t_i = t_{i2} - t_{i1} = t_{R2} - t_{R1} + T_2 \tag{4-22}$$

式中，T_2 为器件位置不对称引起的固定时间差。最后 RSD 的时间抖动计算式为

$$\mathrm{RSD_{jitter}} = \sqrt{\frac{\left[\sum\limits_{i=1}^{N}(\Delta t_i - \bar{\Delta t})^2\right]}{2(N-1)}} \tag{4-23}$$

式中，$\bar{\Delta t}$ 为 Δt_i 的平均值；N 为样本数。

实验测试得到的 RSD 时间抖动如表 4-4 所示。实验采用了两组 RSD（1、2 和

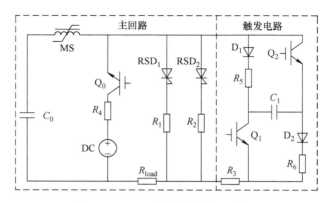

图 4-24　RSD 时间抖动测试电路图

3、4），主电容 C_0 在 2~5μF 变化，主电压在 300~700V 变化，可见 RSD 的时间抖动在 1ns 左右量级。与气态开关相比，具有一定优势。

表 4-4　不同主电压和主电容 C_0 下的 RSD 时间抖动

主电容 C_0/μF	2				
主电压/V	300	400	500	600	700
时间抖动（"1" & "2"）/ns	1.57	1.23	1.08	1.17	0.66
时间抖动（"3" & "4"）/ns	0.99	0.92	0.62	0.70	0.65
主电容 C_0/μF	3				
主电压/V	300	400	500	600	700
时间抖动（"1" & "2"）/ns	0.89	1.04	0.83	0.88	0.94
时间抖动（"3" & "4"）/ns	0.75	0.99	0.75	0.74	0.66
主电容 C_0/μF	4				
主电压/V	300	400	500	600	700
时间抖动（"1" & "2"）/ns	1.04	1.13	1.00	1.03	0.82
时间抖动（"3" & "4"）/ns	0.80	0.70	0.87	0.85	0.57
主电容 C_0/μF	5				
主电压/V	300	400	500	600	700
时间抖动（"1" & "2"）/ns	1.13	1.13	0.98	1.12	0.82
时间抖动（"3" & "4"）/ns	1.00	0.92	0.91	0.51	0.62

4.1.4　RSD 的结构优化

根据对 RSD 导通条件的分析可见，在导通过程中集电结前的预充等离子层 P_1 不被耗尽是 RSD 均匀导通的关键所在，基于此特将薄发射极理论用于 RSD 器件，通过减少阳极空穴注入弱化对 P_1 层电子的抽取作用，以避免非均匀导通。减薄发射区宽度以及降低发射区掺杂浓度有利于减小 RSD 正向压降，改善导通特性。进一步提出的"薄基区－缓冲层－透明阳极"新结构在 RSD 断态、通态、开关特性间起到了很好的折中作用。

4.1.4.1　薄发射极改善 RSD 导通特性

1. 薄发射极理论分析

RSD 的预充过程可以等效为一个二极管电导调制的漂移模型。预充结束时大约 75% 的预充等离子体集中在 P_1 层中，在导通过程中必须保证 P_1 等离子层不被耗尽，因为它作为有效的电子源，在 P^+N 二极管中起着阴极侧射极的作用。这种情况下的导通过程以准二极管模式进行。否则如果 P_1 层耗尽，集电结将会趋于阻断，器件上电压迅速上升，出现类似晶闸管的局部化导通现象。

在导通过程中，注入和抽取电流动态地改变 P_1 层中的电荷量，图 4-25 示出了这个过程。P_1 层不被耗尽的导通条件可以表示为

$$Q_{1(t=t_R)} + \int_{t_R}^{t_{min}} (J_{P_1, inj} - J_{P_1, extr}) \, dt \geq 0 \tag{4-24}$$

由式（4-24）可以得出这样的结论，P_1 层中的抽取电流 $J_{P_1, extr}$ 应尽量减小以保证 P_1 层不被耗尽。

同时，当正向电流流过时，P^+ 发射极向 N 基区注入空穴，表示为 $J_{p^+, inj}$，它构成了 N 基区中的空穴电流。而 N 基区中的电子电流是 $J_{P_1, extr}$，它们在不破坏体内电中性的条件下给 N 基区提供中间水平的注入，此过程也在图 4-25 中示出。因此，减小 P^+ 发射极的注入电流有利于减小 P_1 层中的抽取电流，而使器件的导通更加均匀。

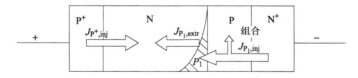

图 4-25　晶闸管单元中的导通电流分布

在 RSD 中引入薄发射极是为了减小导通过程中阳极的空穴注入，比起常规结构，P^+ 薄发射极的宽度要小，掺杂浓度要低一些。

在 P_1 层不耗尽的条件下，RSD 的导通过程可以等效为准二极管导通。在导通过程中，N 基区和 P 基区都处于大注入状态，J_2 结被淹没。因此，薄发射极 RSD 的晶闸管部分可以等效为一个不对称的 PIN 二极管模型。图 4-26 是模型的示意图，同时给出了大注入下载流子的分布。

因为 P^+ 发射极很薄，少数载流子的梯度很陡以至于通过 J_1 结的电流主要是电子的扩散电流。且由于朝 J_3 结方向电子电流增加更多，所以基区中的空穴电流可以忽略。于是基区中的电场表示为

$$E = \frac{kT}{q} \frac{1}{p} \frac{\mathrm{d}p}{\mathrm{d}x} \qquad (4\text{-}25)$$

式中，p 为 I 区中的空穴浓度。

那么基区体压降可通过积分式（4-25）得到

$$U_{bB} = \int_0^{W_B} E \mathrm{d}x = \frac{kT}{q} \ln \frac{p_{W_B}}{p_0} \qquad (4\text{-}26)$$

式中，W_B 为 I 区宽度；p_0 和 p_{W_B} 分别为 I 区中 J_1 结和 J_3 结处的空穴浓度。

因为 P$^+$ 发射极处于低注入水平，PN 结定律的波尔兹曼关系成立，可以得到总的结压降如下

$$U_J = U_{J1} + U_{J3} = \frac{kT}{q} \ln \frac{p_0 p_{W_B}}{n_1^2} \qquad (4\text{-}27)$$

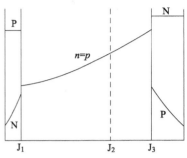

图 4-26　不对称 PIN 二极管模型的结构示意图及大注入下的载流子分布

式中，n_1 为本征载流子浓度。

根据式（4-26）和式（4-27），得到忽略了发射极体压降和接触压降的正向压降表达式为

$$U_F = U_{bB} + U_J = \frac{2kT}{q} \ln \frac{p_{W_B}}{n_1^2}$$

如果可以求出 I 区载流子分布，则 U_F' 可求。前已述及，I 区空穴电流予以忽略，则电子电流密度 J_n 就等于总电流密度 J

$$J = J_n = nq\mu_n E + qD_n \frac{\mathrm{d}n}{\mathrm{d}x} \qquad (4\text{-}28)$$

由式（4-28）和式（4-25）以及电中性条件 $p = n$ 得

$$D_n \frac{\mathrm{d}p}{\mathrm{d}x} = \frac{J}{2q} \qquad (4\text{-}29)$$

通过积分式（4-29），加上边界条件，可以得到载流子分布。最终得到不对称 PIN 二极管模型在大注入水平下 I 区的载流子分布的表示式

$$p(x) = \left(\sqrt{\frac{QJ}{qD_n'}} + p_c \right) \exp\left(\frac{Jx}{2qa} \right) - p_c$$

式中，Q 为 P$^+$ 发射区单位面积的掺杂量；D_n' 为 P$^+$ 发射极中的电子扩散系数；a 和 p_c 为与温度有关的常数。当 $T = 300\mathrm{K}$，求得 $a = 3.24 \times 10^{18} \mathrm{cm}^{-1} \cdot \mathrm{s}^{-1}$，$p_c = 9.39 \times 10^{16} \mathrm{cm}^{-3}$。所以

$$U_F' = \frac{2kT}{q} \ln\left\{ \frac{1}{n_1} \left[\left(\sqrt{\frac{QJ}{qD_n'}} + p_c \right) \exp\left(\frac{JW_B}{2qa} \right) - p_c \right] \right\} \qquad (4\text{-}30)$$

式（4-30）为忽略了发射极体压降和接触压降时正向压降的表达式。事实上，在薄发射极结构中 Q 值被限制得较低，因此当 P$^+$ 发射极足够宽，P$^+$ 发射极体压降 U_{bE} 不能忽略。假设 P$^+$ 发射极的电子呈线形分布，考虑到其电流为电子的扩散电

流、空穴和电子的漂移电流之和，容易计算出 U_{bE} 为

$$U_{bE} = \left(\frac{kT}{q} + \frac{JW_E}{qn_{p1}\mu_n} \right) \ln \frac{n_{p1}\mu_n W_E + Q\mu_p}{Q\mu_p} \qquad (4\text{-}31)$$

式中，n_{p1} 为 P$^+$ 发射极中 J$_1$ 结处的电子浓度，$n_{p1} = JW_{E/}qD_n{}'$。

假设电极接触为欧姆接触且接触压降忽略不计，则式（4-30）和式（4-31）相加便是 PIN 二极管模型的 RSD 正向压降的最后表达式

$$U_F = U'_F + U_{bE}$$

2. 计算结果与讨论

设置参数为 $J = 556\text{A} \cdot \text{cm}^{-2}$，$D_n{}' = 35\text{cm}^2\text{s}^{-1}$，$\mu_n = 1350\text{cm}^2\text{V}^{-1} \cdot \text{s}^{-1}$，$\mu_p = 500\text{cm}^2 \cdot \text{V}^{-1} \cdot \text{s}^{-1}$。图 4-27 是在一定的发射区和基区宽度下薄发射极 RSD 正向压降随 Q 变化的模拟曲线，对图线的分析如下：

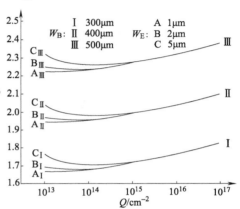

图 4-27　薄发射极 RSD 正向压降随 Q 变化的模拟曲线

1）在一定的 W_B、W_E 下，U_F 随 Q 的变化有极小值 U_F*。设 U_F* 对应的 Q 值为 $Q*$，当 $Q \geqslant Q*$ 时 U_F 随 Q 减小而减小，这是由于由前面结压降 U_J 和基区体压降 U_{bB} 的计算式知，Q 的减小会使 U_J 减小而使 U_{bB} 增大，而阴极高掺杂的 N$^+$ 发射极对基区有较大注入，使得 U_{bB} 增大不多，总的趋势仍是使 U_F 下降；当 $Q \leqslant Q*$ 时 U_F 随 Q 减小反而增大，这是由于 Q 的减小使得 P$^+$ 发射极的体压降不能再忽略，U_{bE} 增大而使 U_F 上升。对于 W_E 极薄的情况（如 $W_E = 1\mu\text{m}$），当 $Q \leqslant Q*$ 时，U_F 不随 Q 变化而趋于一恒定的值，这将有利于改善器件的一致性。

2）在一定的 W_B 下，Q 小到一定程度时，U_F 随 W_E 的减小而减小，这是因为 W_E 的减小使得 U_{bE} 减小。当 Q 较大时 U_{bE} 对 U_F 的影响可忽略，U_F 与 W_E 的大小无关，只随 Q 和 W_B 的增加而增加。

3）在一定的 Q 和 W_E 下，U_F 随 W_B 的减小而减小，这是由于 W_B 的减小使 U_{bB} 减小所致。

总的来说，通过降低 P$^+$ 发射区的掺杂浓度可以减小 RSD 的正向压降，而当掺杂浓度变得很低时（如 $W_E = 5\mu\text{m}$ 时，$Q \leqslant 1 \times 10^{14}\text{cm}^{-2}$）则有必要减小 P$^+$ 发射区的宽度来保持低压降。需要说明的是，计算拟合的曲线表明在电流密度较小的情况下通过薄发射极减小 RSD 压降的效果是明显的，但随着电流密度的增大，基区体压降在 RSD 总压降中占的比重上升，此时 RSD 正向压降受发射区的影响则不大了。

3. 薄发射极的工艺实现与评价

通过 Al 烧结的工艺来制作薄发射极。在阳极和阴极的 N$^+$ 发射区制备完毕后，

在阳极面的 N 型 Si 上进行 Al 烧结。通过降温过程控制 Al 在 Si 中的平均分凝系数，使在降温过程中析出的再结晶层形成 P⁺ 薄发射极，而其余的 Al 作为金属电极。

图 4-28a 表示了 RSD 样品芯片解剖后、Al 烧结工艺形成的 RSD 薄发射极的场发射扫描电镜（Field-emission Scanning Electron Microscope，FSEM）断面微观形貌扫描图片，图示为放大 3000 倍的情况，可以看到结面是平坦的。图 4-28b 是该样品的微区能谱成分分析及线分布（Energy Dispersive Spectrum，EDS），可读得合金层厚度约为 2.27μm。根据 Al 在 Si 中的固溶度，P⁺ 发射区的掺杂浓度在 10^{17} ~ $10^{18}\mathrm{cm}^{-3}$ 量级，因此薄发射极的条件是满足的。

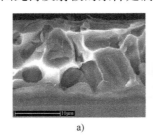
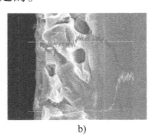

a)　　　　　　　　　　b)

图 4-28　RSD 薄发射极的场发射扫描电镜（FSEM）断面
微观形貌扫描图片和微区能谱成分分析及线分布（EDS）
a）FSEM 图像　b）EDS 结果

编号为 2-1-4 的两芯片串联的薄发射极 RSD 器件在导通试验平台上进行了测试。实验条件如下：主电容为 10μF，主电压为 2.5kV，预充回路电容为 1μF，预充回路电压为 1.3kV，负载电阻为 0.25Ω，可饱和磁开关绕线 3 匝。监测设备为泰克公司示波器 TDS2024。图 4-29 表示了导通电流和电压的示波图，换流峰值为 5500A，从电压波形来看没有尖峰，这表明导通过程均匀。总导通电压 15V，则平均到每只管芯为 7.5V，表明在 RSD 中引入薄发射极对改善其导通特性是确实有效的。

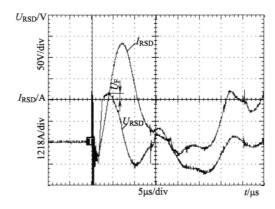

图 4-29　No. 2-1-4 薄发射极 RSD 导通示波图

4.1.4.2　"薄基区－缓冲层－透明阳极"结构探索

具有缓冲层的功率半导体器件，其厚度较相同正向阻断电压的常规器件可减少 30%，性能更为优异，二极管、GCT、GTO 和 IGBT 等器件都有这样的设计实例，据此在 RSD 器件中引入缓冲层结构，以期更好地协调其通态与断态特性。

研究表明，前述可改善 RSD 导通特性的薄发射极理论，对 RSD 的快速关断也是有利的。在现代 GCT、IGCT、IGBT 等先进功率器件中，都涉及一种浅层阳极技术，它是一个厚度薄且掺杂浓度低的阳极发射区。因为关断过程中电子很容易穿透阳极，阳极相对电子而言就像"透明"的一样，所以又称透明阳极结构。

如图 4-30 所示，在 RSD 器件中探索"薄基区－缓冲层－透明阳极"的新结构，协调大功率超高速半导体开关 RSD 的通态、断态和开关特性。

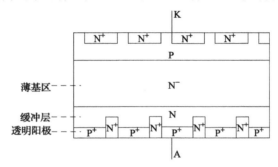

图 4-30　RSD 的"薄基区－缓冲层－透明阳极"结构示意图

1.　"薄基区－缓冲层－透明阳极"结构的特性分析

按照图 4-31 所示分别计算 P^+N^-N 结构和 P^+N 结构的阻断电压，有如下 3 点假设：PN 结为单边突变结；P^+N 结构与 P^+N^-N 结构在相同的临界击穿电场 E_{max} 下击穿；$W < X_m$，W 为 P^+N^-N 结构 N^- 区的宽度，X_m 为 P^+N 结构的空间电荷区在 N 区的展宽。

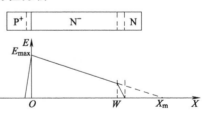

图 4-31　P^+N^-N 结构和 P^+N 结构的阻断电压计算

对于普通 P^+N 结构，阻断电压近似为

$$U_{P+N} \approx \frac{1}{2}E_{max}X_m$$

对于带缓冲层的 P^+N^-N 结构，阻断电压近似为

$$U_{P+N-N} \approx \frac{1}{2}E_{max}X_m - \frac{1}{2}\frac{E_{max}}{X_m}(X_m - W)^2$$

$$= E_{max}W - \frac{1}{2}E_{max}\frac{W^2}{X_m}$$

令

$$\frac{U_{P+N-N}}{U_{P+N}} = K$$

则

$$K = \frac{E_{max}W - \frac{1}{2}E_{max}\frac{W^2}{X_m}}{\frac{1}{2}E_{max}X_m} = \frac{W\left(2 - \frac{W}{X_m}\right)}{X_m}$$

令

$$\frac{W}{X_m} = \eta \qquad (\eta < 1) \qquad\qquad (4\text{-}32)$$

则

$$K = 2\eta - \eta^2 \qquad\qquad (4\text{-}33)$$

令 $K = 0.8$，解式（4-33）可得 $\eta = 0.553$，对于普通 P^+N 结

$$U_{P+N} = U_B = 100\rho^{3/4}$$

$$X_m = 0.53\sqrt{\rho U_B}$$

$$= 0.53\sqrt{\left(\frac{U_B}{100}\right)^{4/3}U_B} = 0.53(U_B)^{\frac{7}{6}} \times 100^{-\frac{2}{3}} \qquad (4\text{-}34)$$

U_{P+N} 取不同的数值，通过式（4-32）和式（4-34），可求得 P^+N 结构的 N 基区宽度 X_m 和 P^+N^-N 结构的 N 基区宽度 W。图 4-32 表示了两种结构 N 基区宽度与阻断电压的关系，由图可见，在相同耐压等级下，缓冲层结构的芯片厚度明显小于常规结构，以 2kV 阻断电压为例，P^+N^-N 结构的 N 基区宽度可比 P^+N 结构小 49.4μm；而如果芯片厚度相同，缓冲层结构的阻断电压则显然更高，例如当 N 基区宽度同为 280μm 时，P^+N 结构的阻断电压计算值为 3kV，而 P^+N^-N 结构为 4kV。X_m 和 W 的二次方项与结构的损耗直接相关，将结果进行归一化处理后表示在图 4-33 中所示也容易看出缓冲层的引入对减小通态损耗的作用。

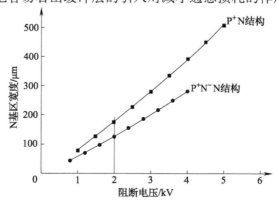

图 4-32　两种结构 N 基区宽度与阻断电压的关系

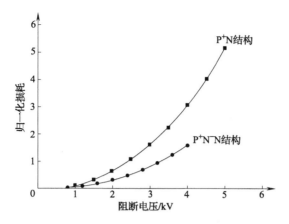

图 4-33　两种结构归一化损耗与阻断电压的关系

透明阳极的特点是使输运到 P^+ 阳极区的电子在金属电极界面处复合而不引起空穴的注入。图 4-34 分别表示了 P^+NN^- 和 P^+N 结构的电流输运及能带示意图。P^+NN^- 结构比普通 P^+N 结多一个 NN^- 高低结。在外加正向电压 U 下，对于 P^+NN^- 结构，P^+N 结与 NN^- 结所形成的内建电场 E_1 和 E_2 方向相反，在 N 缓冲层内形成了一个能带低谷。在外加正向电压 U 的作用下，P^+NN^- 结构势垒高度由原来的 $q(U_D - U_{NN^-})$ 降低到 $q(U_D - U_{NN^-} - U)$。其中 U_D 和 U_{NN^-} 分别为热平衡时 P^+N 结和 NN^- 结的内建电动势。对于传统的 P^+N 结构，在电压 U 作用下，P^+N 结的势垒高度由 qU'_D 降低到 $q(U'_D - U)$，其中 U'_D 为热平衡时 P^+N 的内建电动势。

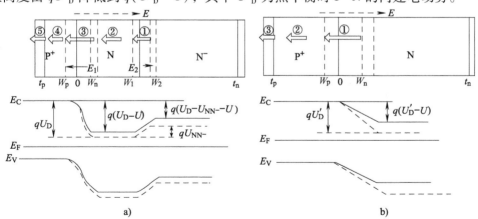

图 4-34　P^+NN^- 和 P^+N 结构的电流输运及能带示意图

a) P^+NN^- 结构　b) P^+N 结构

对于 P^+NN^- 结构，从电流输运的角度看，电子从 N^- 基区到达阳极要经过以下 5 个过程：穿过 NN^- 高低结的空间电荷区，注入到 N 缓冲层；在 N 缓冲层的中性区漂移，到达 P^+N 结空间电荷区的边界；穿过 P^+N 结的空间电荷区，注入到 P^+

发射区；在 P⁺ 发射区的中性区边扩散边复合；在电极表面复合。前 3 个过程与穿过耗尽层的电子数多少有关，即与势垒高度有关；后两个过程与电子在 P⁺ 中性区的复合和输运以及在阳极表面的复合有关。对于 P⁺N 结构，N 基区的电子输运到阳极只需要经过 3 个过程：穿过 P⁺N 结的空间电荷区；在 P⁺ 发射区的中性区边扩散边复合；在电极表面复合。

根据 P⁺N 结的电流输运关系，在 P⁺ 发射区空间电荷区边界 W_p 处的电子电流密度 J_n 可表示为

$$J_n = qD_n \frac{dn}{dx} = qD_n \frac{\delta n_{n \to p}}{L_n} \Bigg|_{x = W_p} \tag{4-35}$$

式中，D_n 为电子在透明阳极区的扩散系数；L_n 为相应的电子扩散长度，由 D_n 和过剩电子寿命 τ_n 决定；$\delta n_{n \to p}$ 为 W_p 处的过剩电子浓度。

由式（4-35）可见，阳极的电子电流密度取决于发射区空间电荷区边界处的过剩电子浓度以及电子在中性阳极区的扩散和复合。当外加电压一定时，W_p 处的过剩电子浓度保持不变，则 J_n 主要取决于电子在中性阳极区内的扩散和复合。

令 $v_{dn} = D_n / L_n$ 为有效复合速率，则式（4-35）可表示为

$$J_n = qv_{dn} \delta n_{n \to p} \Bigg|_{x = W_p}$$

对普通 P⁺N 结，阳极区较厚且掺杂浓度较高，满足 $t_p - W_p \gg L_n$，其中 t_p 为 P⁺ 发射区与电极交界处，有效复合速率可表示为

$$v_{dn} = D_n / L_n$$

对阳极区较薄的浅 P⁺N 结，$t_p - W_p \leqslant L_n$，则有效复合速率为

$$v_{dn} = D_n / (t_p - W_p)$$

而对透明阳极，发射区厚度很薄且掺杂浓度较低，中性阳极区比上述两种 P⁺N 结更短，满足 $t_p - W_p \ll L_n$，所以电子在中性阳极区的复合几乎可以忽略不计，即认为电子从 W_p 处扩散到阳极表面的欧姆接触处，浓度始终保持不变。由于欧姆接触处的载流子浓度通常维持在平衡浓度附近，所以要求透明阳极欧姆接触的复合速率必须很大。可以认为透明阳极的欧姆接触是"高表面复合速率"的欧姆接触，其有效复合速率 v_{dn} 用表面复合速率 v_{sn} 来描述，即 $v_{dn} = v_{sn}$。所以，过剩电子在普通阳极区内可以完全复合，而在透明阳极区内来不及复合，只能在阳极表面进行快速复合，抽取速度快，且不会引起空穴注入。

2. 实验结果与讨论

对实验室制备某同批次管芯的阻断电压测试结果进行了统计，分布图如图 4-35 所示。在其他各项工艺相同的情况下，引入缓冲层结构的管芯阻断特性明显优于常规结构，主要的电压分布在 1.4kV 和 1.5kV，还有 11.8% 的管芯阻断电压达到 1.6kV。而常规结构中有 36.8% 阻断电压在 1.0kV 以下，最高值为 1.5kV。此结果证明了同等芯片厚度条件下缓冲层结构对阻断特性的改善。

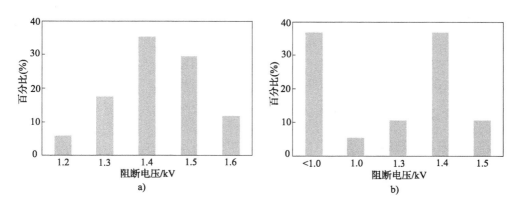

图 4-35　缓冲层结构和常规结构的实验室制备管芯的阻断电压分布

a）缓冲层结构　b）常规结构

需要注意的是，虽然提高缓冲层浓度、增加其宽度有利于对 N⁻ 基区的电场进行压缩，但同时也会减小 P⁺ – N – P 等效晶体管的电流放大系数，降低发射效率，从而增加通态损耗。尤其对于透明阳极 P⁺ 发射区掺杂浓度本来不高的情况下，要使其在 RSD 导通时对基区进行有效注入，必须将缓冲层的浓度和厚度控制在合适的范围。在新一代的 GCT 和 IGBT 器件中，通常将与透明阳极相结合的缓冲层称为电场截止层 FS（Filed-Stop），它与通常所说的 PT 结构中的缓冲层有所区别，其具体的结构参数必须与透明阳极相配合。实验中一般控制 RSD 缓冲层浓度在 10^{16} ～ $10^{17}\,\mathrm{cm}^{-3}$、宽度在 $10\,\mu\mathrm{m}$ 左右。下面的实验结果很能说明这个问题：正常缓冲层工艺制作出的 N 层表面浓度用四探针法测得的 mV 数在 8～10mV，某次实验由于其中一片芯片扩缓冲层的一面贴于附着高浓度磷的硅舟上，得到的表面浓度 mV 数达 0.29mV，结果该芯片开通一次后损坏，波形图如图 4-36 所示。导通条件为：主电压为 3kV，预充电压为 1.5kV，磁开关绕线 3 匝，负载为 0.25Ω，分流器分流比为 609A/V。其中图 4-36a 为同批次合理缓冲层浓度管芯堆体的导通波形，从电压波

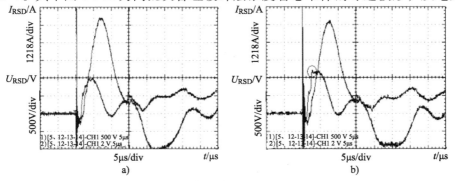

图 4-36　缓冲层浓度对开通特性的影响

a）合理缓冲层浓度　b）缓冲层浓度偏高

263

形看导通过程均匀，导通后管芯亦完好；图 4-36b 为缓冲层浓度偏高的管芯堆体导通波形，从电压波形可看到明显尖峰（圆圈标示），说明导通过程出现局部化，据分析此即为缓冲层浓度过高、影响导通过程阳极的有效注入所致，RSD 损耗增大使图 4-36b 的电流峰值略小于图 4-36a。

4.1.5　RSD 的关键工艺

4.1.5.1　基本工艺方案

根据 RSD 器件的结构特点，设计了两套基本工艺方案，主要区别在阳极 P$^+$ 发射区的形成及后续欧姆接触的制作及封装工艺上。

一种是 Al 烧结形成 P$^+$ 区工艺，主要步骤为：选用一定电阻率的 N 型 Si 单晶、清洗 Si 片、淡硼扩散、化学腐蚀减薄、氧化、光刻、腐蚀、去胶、磷扩散、割圆、Al 烧结、镀膜、磨角、腐蚀、台面保护、压接式管芯封装。

另一种是 B 扩散形成 P$^+$ 区工艺，与 Al 烧结工艺的主要区别是磷扩散后通过浓硼扩散形成 RSD 阳极 P$^+$ 区，之后再经过镀镍、割圆、搪锡、磨角、腐蚀、台面保护，最后进行焊接式管芯封装。

4.1.5.2　阳极多元胞结构

1. 等腰梯形预充等离子柱模型

RSD 的阳极是 P$^+$ 区和 N$^+$ 区多元胞并联的结构，它可看成数万晶闸管和晶体管小单元相间排列而成，预充过程发起于晶体管单元，导通过程发起于晶闸管单元。为保证预充过程中形成的等离子体在集电结附近形成均匀分布的一层，而不是一个一个孤立的"小岛"，P$^+$ 和 N$^+$ 元胞尺寸与基区宽度需满足一定条件。

如图 4-37 所示，设定 RSD 阳极 P$^+$

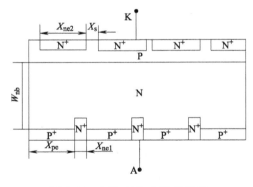

图 4-37　RSD 结构参数的设定

元胞尺寸为 X_{pe}，N$^+$ 元胞尺寸为 X_{ne1}，阴极 N$^+$ 元胞尺寸为 X_{ne2}，短路点直径为 X_s，N 基区宽度为 W_{nb}。预充过程中晶体管单元 N$^+$ 发射区的电子注入到 N 基区，并以发散的等离子柱的形式漂移至集电极前，预充完成时刻近似为等腰梯形分布。图 4-38 分 3 种情况表示了不同 P$^+$、N$^+$ 元胞尺寸与 N 基区宽度下等离子柱的分布情况，设 J_2 结处等离子层宽度（即等腰梯形的上底宽）为 l，如图 4-38b 所示，当 $l = W_{nb}$ 时，由平行四边形有 $X_{pe} + X_{ne1} = W_{nb}$，此时等离子层刚好交叠于 J_2 结面。图 4-38a 表示 $W_{nb} > X_{pe} + X_{ne1}$ 的情况，此时等腰梯形的上底边重叠，即集电极处的等离子柱相互交叉；图 4-37c 表示 $W_{nb} < X_{pe} + X_{ne1}$ 的情况，此时各等腰梯形上底边之间留出的空白处即 RSD 预充等离子层的薄弱区域，等离子层分布不均，这种情况

会导致 RSD 的非均匀导通。所以，等离子体在集电结前形成均匀分布的必要条件为

$$L_{pe} + L_{ne1} \leqslant W_{nb} \tag{4-36}$$

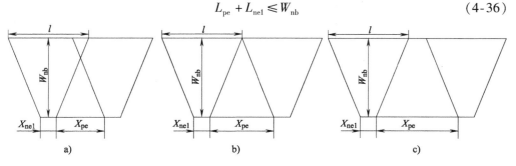

图 4-38　预充过程 N 基区中等离子柱分布示意图

a) $W_{nb} > X_{pe} + X_{ne1}$　b) $W_{nb} = X_{pe} + X_{ne1}$　c) $W_{nb} < X_{pe} + X_{ne1}$

由于进行导通过程的是晶闸管单元，作为 RSD 的主要开关单元，其元胞面积应设计得比晶体管单元大，一般取 $X_{pe} = 4X_{ne1}$，结合式（4-36）则有 $X_{ne1} \leqslant W_{nb}/5$，即阳极区的 N^+ 短路点的尺寸应不大于 $W_{nb}/5$。在导通过程中，由于 $X_{ne1} < W_{nb}$，且 X_{ne1} 小于 N 基区中少子扩散长度，所以晶体管单元对应的 N 基区也被等离子体充填，并参与导通电流，没有损失工作面积。

2. 不同阳极版图导通特性比较

用图 4-39 所示两种不同阳极版图制作 RSD，其对应的导通波形如图 4-40 所示。图 4-39a 的设计满足 $X_{pe} + X_{ne1} \leqslant W_{nb}$ 的条件，而图 4-39b 不满足。测试外电路条件为主电压为 2.5kV，预充电压为 1.0kV，分流器分流比为 246A/V。由图 4-40 可见，图 4-40a 做到了均匀同步导通，图 4-40b 则出现明显残压，说明导通过程中出现了局部化现象。图 4-41 为按上述规则优化设计的阳极版图实物图。

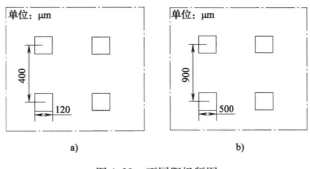

图 4-39　不同阳极版图

a) $X_{pe} + X_{ne1} \leqslant W_{nb}$　b) $X_{pe} + X_{ne1} > W_{nb}$

4.1.5.3　阴极短路点的设计

俄罗斯报道的 RSD 结构模型中很多都未见有阴极短路结构，但经过分析，在阴极设计有限短路点可从如下方面改善 RSD 特性。

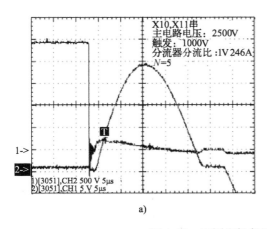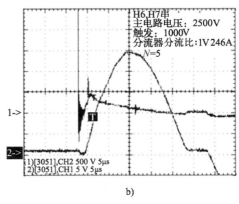

图 4-40 不同阳极版图对导通特性的影响

a) $X_{pe} + X_{ne1} \leqslant W_{nb}$　b) $X_{pe} + X_{ne1} > W_{nb}$

首先，RSD 作为具有 PNPN 结构的类晶闸管型器件，在阴极设置短路点可以改善高温特性和提高 $\mathrm{d}u/\mathrm{d}t$ 耐量。单只 RSD 的断态重复峰值电压可达到 3.2kV，但在高温条件下（如在重复频率较高时应用）暗电流的增大会使阻断结特性严重退化而引起误导通。瞬变条件下，外电路的高 $\mathrm{d}u/\mathrm{d}t$ 值导致器件中通过大的位移电流，也可能使器件在转折电压以下变到正向传导状态。引入短路点后，暗电流和电容性位移电流绕过阴极侧发射极，直接从 P 基区导出而不使 $N^+ P$ 结正偏。

图 4-41 设计的阳极版图实物图

其次，理论上 RSD 的预充过程首先要击穿阴极侧低压浅结 J_3 结，然后通过内含 PNN^+ 二极管预充等离子体。但实际上 J_3 结的击穿有一定迟延，从而在磁开关饱和前有效的等离子库还未建立起来，影响导通。设置了短路点以后，则预充电流可绕开 N^+ 发射区，直接通过短路点流进 P 基区，这对预充是有利的。

图 4-42 给出了两个短路点的示意图，其直径为 d，圆心距为 D，通过半定量计算可得

$$\frac{\mathrm{d}u}{\mathrm{d}t} = \frac{16U_D S}{C_0 R_S \left[d^2 + D^2 \left(2\ln \dfrac{D}{d} - 1 \right) \right]} \quad (4\text{-}37)$$

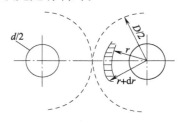

式中，U_D 为 J_3 结的导通电压；S 为 J_2 结面积；C_0 为 J_2 结电容；R_S 为有效 P 基区薄层电阻。由式 (4-37) 可见，要获得大的 $\mathrm{d}u/\mathrm{d}t$ 耐量，D 和 d 都必须小，应

图 4-42 阴极短路点示意图

引入密而小的短路点，即前述参数 X_{ne2} 和 X_s 都应取得较小。

由于短路点损失了有效发射面积，所以设计中要协调考虑，不致影响开通。表 4-5 表示了不同排布下的短路点相对面积。

为比较阴极短路点对 RSD 导通的影响，进行了 W 系列、X 系列和 L 系列 3 组管芯的对比实验。其中，W 系列未设置短路点，X 系列短路点小而稀疏，短路点相对面积为 0.2%，L 系列短路点较 X 系列大且密集些，

表 4-5 不同排布下的短路点相对面积

几 何 排 布	短路点相对面积
正三角形	$\frac{\pi}{2\sqrt{3}}\left(\frac{d}{D}\right)^2$
正方形	$\frac{\pi}{4}\left(\frac{d}{D}\right)^2$
正六边形	$\frac{\pi}{3\sqrt{3}}\left(\frac{d}{D}\right)^2$

短路点相对面积为 18.2%。做导通试验前预测试了预充二极管 PNN$^+$ 的正向压降 U_{DT}，结果求平均值后见表 4-6。

表 4-6 不同阴极版图 RSD 预充二极管正向压降平均值（测试电流 5A，脉宽 10ms）

型 号	W	X	L
总只数	10	37	22
平均压降 U_{DT}/V	21.48	9.01	4.15

可以看出，W 系列由于预充过程要先击穿 J$_3$ 结，U_{DT} 值相当大；短路点较密集的 L 系列 U_{DT} 值最小，有利于预充等离子库的建立。实验中 W 系列管芯无法正常导通，没有采到波形，图 4-43 所示分别为 L 系列和 X 系列的导通波形图，可见 L 系列导通正常，而 X 系列由于阴极短路点过小影响了预充，在没有足够预充电荷量的情况下发生了局部导通，电压尖峰明显。实验室早期还使用过一种相对面积 76.6% 的大短路点版图，RSD 也能正常导通，但损失有效通流面积过多。图 4-44 为经过优化设计、协调了预充和导通关系的阴极版图，采用了正三角形的排布，短路点相对面积 5.0%。

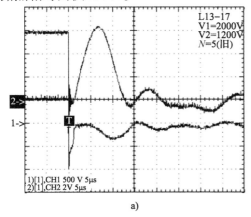 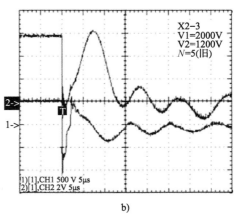

图 4-43 不同阴极版图对 RSD 导通特性的影响

a）L 系列 b）X 系列

在多次的光刻工艺流程中，总结出以下两点经验：

1）甩胶先甩阴极面，后甩阳极面。这样可使阴极面多 10min 的前烘时间，让光刻胶在这一面附着得更牢。因为阴极面在显影过程中光刻胶会大面积溶解，而阳极面溶解的面积要小些，且大量尺寸微小的元胞交替排列，使阳极面的光刻胶与显影液的反应速度较阴极面慢。

2）湿度最好控制在 50% 以下，否则容易出现脱胶的现象，尤其是阴极短路点可能会屏蔽不住。

76mm(Cathode)

图4-44　设计的阴极版图

4.1.5.4　新工艺技术研究

1. 硅片的化学腐蚀减薄

由于 RSD 制作工艺中需去掉一个一次硼扩形成的 P 型区，减薄厚度在几十至上百微米，因此硅片的减薄工艺成为制作平坦 PN 结的重要方面。传统的扩散片研磨减薄会在硅片中引入应力，破片问题严重，尤其在硅片较薄时几乎不可行，所以研究了化学腐蚀减薄工艺来代替研磨。选用 HNO_3 - HF 体系的非择优腐蚀液，并在其中加入 HAc 以及某种缓冲剂改变腐蚀反应速率。在室温条件下按照不同的腐蚀液配比做了减薄试验，在反应开始后 70min 的时间内每隔 10min 记录一次硅片的厚度，得到每个时间段的平均反应速率，结果记录在表4-7中，其中腐蚀液的比例对应为 HF: HNO_3: HAc（体积比）。

表4-7　不同反应溶液比例下的硅片腐蚀速率

速率/(μm/min) 时间/min 比例	0～10	10～20	20～30	30～40	40～50	50～60	60～70
1:2:2	10.2	5.0	5.0	3.5	2.5	1.0	1.5
1:3:2	7.5	5.5	4.0	3.5	3.0	2.0	1.0
1:4:2	4.5	3.5	2.0	3.0	3.0	2.0	1.5
1:4:3	3.2	2.8	1.5	1.0	1.0	0.6	0.7

由表4-7可见，在 HNO_3 和 HF 溶液体积比固定的情况下，增加 HAc 的含量可稀释腐蚀液、降低反应速率；在 HF 和 HAc 溶液体积比固定的情况下，增加 HNO_3 的含量也可以降低反应速率，但 HNO_3 加入过多会使腐蚀后的硅片表面过于光亮并出现铁饼状。对于 HF: HNO_3 为 1:2 和 1:3 的腐蚀溶液，前 30～40min 反应速率很

快，随后都迅速下降，这样容易造成被腐蚀硅片表面的不平整；同时反应速率过快会导致腐蚀溶液温度急剧升高，进一步加快反应速率，形成恶性循环，使腐蚀过程失控。最终选定1:4:2~2.5 比例的腐蚀液，反应过程相对平稳，可得到表面平坦、粗糙度适中的减薄硅片，无"铁饼""桔皮"等现象，图 4-45 所示为腐蚀后芯片的表层形貌。

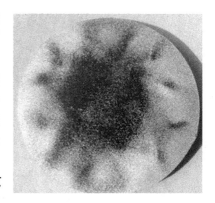

图 4-45　腐蚀后芯片的表层形貌

2. "薄基区 – 缓冲层 – 透明阳极"形成工艺

缓冲层的形成工艺是在化学腐蚀减薄和氧化之间增加一道磷扩工序，通源量、扩散温度和时间都低于形成 N$^+$ 发射区的磷扩散步骤，以保持合适的缓冲层掺杂浓度和厚度。为了保护阴极短路点结构，也可以在缓冲层扩散前增加一次氧化，保证阴极的 P 型区不反型。表 4-8 记录了第 6 ~ 10 批投片管芯缓冲层的制作情况，由于石英管壁上积累了磷元素，为降低缓冲层浓度均未通小 N$_2$，其中第 10 批未通 O$_2$。当扩散温度从 1250℃ 下降到 1200℃ 时，缓冲层表面浓度下降。

表 4-8　缓冲层制作记录

批　　次	大 N$_2$ 流量 /(L/min)	小 N$_2$ 流量 /(L/min)	O$_2$ 流量 /(L/min)	扩散温度/℃	扩散时间/min	mV 数/mV
6			0. 3	1250		0. 16
7			0. 3	1250		0. 3
8	0.4	不通	0. 3	1250	30	0. 23
9			0. 3	1200		0. 4
10			不通	1200		8. 4

以单晶电阻率均为（65 ± 15）Ω · cm、片厚均为 350μm、管芯直径均为 22mm 的 RSD 为例，测量其伏安特性曲线，如图 4-46 所示。含缓冲层的 RSD 转折电压为 1800V，漏电流为 0.001mA，表现出硬转折特性；不含缓冲层的 RSD 转折电压为 1500V，漏电流为 0.002mA，转折特性偏软。

对 3 组 RSD 芯片进行了高温阻断特性测试，其中第一组为 120Ω · cm 单晶制作，单芯片，直径为 38mm，不含缓冲层；第二组为（65 ± 15）Ω · cm 单晶制作，两只串联，直径为 40mm，含缓冲层；第三组为（65 ± 15）Ω · cm 单晶制作，3 只串联，直径为 22mm，含缓冲层。分别在室温（20℃）、80℃、105℃、125℃、150℃、175℃ 下测试了 RSD 的转折电压，每个温度点处恒温 10min，结果如图 4-47 所示。对于图 4-47a，不含缓冲层的 RSD 的阻断特性反映出负温系数，即随着结温的升高，RSD 阻断电压下降，且当结温升至 175℃ 时，管芯损坏；对于图 4-47b 和 c，含缓冲层的 RSD 的阻断特性反映出正温系数，当结温升高，RSD 阻

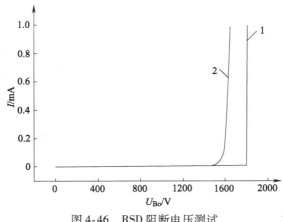

图 4-46 RSD 阻断电压测试
1—含缓冲层 2—不含缓冲层

断电压提高，且管芯均未损坏。

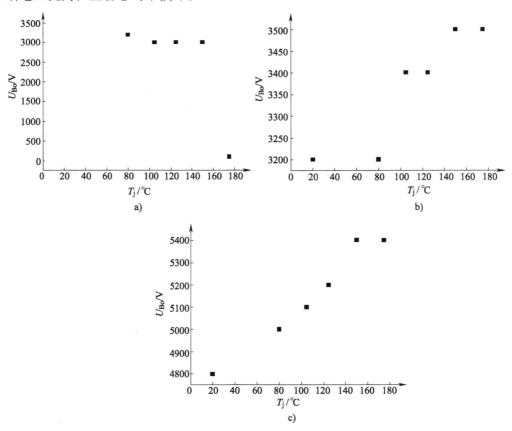

图 4-47 RSD 高温阻断特性测试
a) 第一组 b) 第二组 c) 第三组

以上结果说明，缓冲层的引入可明显改善 RSD 的阻断特性：常温下 RSD 转折电压提高，漏电流减小；高温下阻断特性不退化，转折电压不降反升。在高温阻断特性测试中，还有一组高阻单晶制作的 RSD，两只串联，直径为 40mm，含缓冲层，常温下阻断电压为 5600V，由于超过了阻断特性测试台的量程，高温下无法读数，但仍可看到转折电压随结温升高而升高的正温特性，且 175℃下管芯仍完好。与之相比，实验室早期用同样单晶制作的无缓冲层 RSD（实验证明由于设计和工艺的不完善，该管芯仅具备阻断电压，不能导通），其在 25℃和 125℃下转折电压和漏电流记录于表 4-9，可见转折电压都在高温下退化。此结果再次证明了缓冲层对 RSD 高温特性的改善。

为了保证阳极发射区对基区的有效注入，缓冲层浓度必须限制在一定范围。图 4-48 表示了缓冲层表面浓度与 RSD 开通电压（已归一化）的关系，数据取自第 6 ~ 10 批典型的导通电压波形，曲线经数据拟合得到。可见，当缓冲层表面浓度高于 $10^{17}cm^{-3}$ 时，由于阳极发射效率的下降，RSD 正向压降增大，实验证明这样的管芯多数在导通一次后损坏；而当缓冲层表面浓度低于 $10^{16}cm^{-3}$ 时，其对导通特性影响不大，不过对阻断特性的改善也减弱。所以，缓冲层浓度一般在 10^{16} ~ $10^{17}cm^{-3}$ 之间。

表 4-9　高阻单晶制作的不含缓冲层 RSD 的阻断特性

	25℃	125℃
4-01	4600V/0.002mA	3800V/0.1mA
4-15	5000V/0.001mA	500V/0.1mA

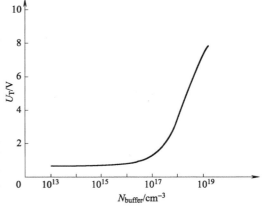

图 4-48　缓冲层表面浓度对开通电压的影响

形成透明阳极或者说薄发射极的工艺一般有离子注入法、多晶硅膜原位掺杂法、低温扩散掺杂法等，这些方法普遍存在的问题是：后续制作欧姆电极的过程中，金属层可能破坏厚度很薄的半导体发射层。此外，离子注入法对工艺设备要求较高，扩散掺杂法不易控制浅结的扩散。

提出采用在 N 型 Si 衬底上进行 Al 烧结的工艺实现薄发射极结构。与现有几种薄发射极形成工艺相比，可以一步完成 RSD 阳极 P⁺ 发射区和欧姆电极的制作，保证了薄发射极不在后续工艺（如退火）中被破坏。此外，此工艺降低了对设备的要求，节省了工序，并且不会引起 RSD 阴极面反型。

合金法制作 PN 结，利用的是合金过程中熔解度随温度变化的可逆性，通过再结晶的方法，使再结晶层具有相反的导电类型。Al 与 N 型 Si 的共晶温度为 577℃，当温度升高到 577℃时，Al 原子和 Si 原子开始互熔，并在交界面处形成组成约为 88.7% Al 原子和 11.3% Si 原子的熔体。合金温度越高，Si 在熔体中的熔解度越大，衬底被熔部分就越多。然后缓慢降低系统温度,则 Si 原子在熔体中的熔解度下降,多余的 Si 原子将逐渐从熔体中析出,形成再结晶层,这时带入再结晶层的 Al 原子数由它们在 Si 中的固熔度决定。合金 PN 结的结深主要由合金温度和铝层厚度决定,有如下计算式

$$z_j = \frac{N_{Al}}{N_{Si}} \frac{Y_{Si}}{1 - Y_{Si}} z_{Al} = 1.2 \frac{Y_{Si}}{1 - Y_{Si}} z_{Al}$$

式中,z_j 为结深;Y_{Si} 为合金温度下 Al-Si 熔体中 Si 的最大含量;N_{Si} 和 N_{Al} 分别为固体 Si 和 Al 的原子密度;z_{Al} 为 Al 片厚度。

在 690℃ 合金温度下,$Y_{Si} = 19.4\%$,$Y_{Al} = 1 - Y_{Si} = 80.6\%$,又 $z_{Al} = 30\mu m$,则 $z_j = 8.7\mu m$。除去被缓冲层补偿的部分,P^+ 发射区宽度约小于 $5\mu m$,属于薄发射极理论范围,这也与 4.1.4.1 节中 EDS 线扫结果一致。是否能获得大面积平坦、均匀合金结主要受晶片和电极表面的洁净程度和沾润性、烧结合金的温度选择以及冷却速度的影响。

此外,在实验室多批投片中,缓冲层与 Al 烧结制作的 P^+ 发射区相结合的管芯呈现了良好的导通特性,相比之下,缓冲层与 B 扩散制作的 P^+ 发射区相结合的管芯在导通后多数损坏。分析其原因,还是与实际工艺中未控制好缓冲层掺杂浓度有关。Al 烧结工艺在形成合金结时会熔掉缓冲层表面的部分,保证了阳极的发射效率;而 B 扩散工艺制备阳极,较低浓度的 P^+ 区与 N 型缓冲层杂质补偿,严重时还会使 P^+ 区反型,因而导通时阳极空穴注入不足,出现不均匀导通现象。在第 10 批管芯中,通过调整淡磷扩散降低缓冲层表面浓度,最终二次硼扩的工艺也制备出了导通特性良好的带缓冲层结构的 RSD 管芯。浓硼扩散的时间为 30min,温度为 1200℃,测得 mV 数为 0.13 ~ 0.14mV/mA。

4.1.5.5　部分芯片测试记录

表 4-10 ~ 表 4-12 所示为实验室 RSD 第 8 批芯片的静态特性测试记录。共投入原始单晶 68 片,直径为 50mm,片厚为 420μm,电阻率为 50 ~ 80Ω·cm。

表 4-10　直径 40mmAl 烧结制备发射极的 RSD 管芯测试记录

管芯编号	$U_{DRM}/I_{DRM}/(\text{V/mA})$	管芯编号	$U_{DRM}/I_{DRM}/(\text{V/mA})$	管芯编号	$U_{DRM}/I_{DRM}/(\text{V/mA})$
8-1	2000/0.01	8-11	2000/0.02	8-21	2000/0.01
8-2	1900/0.04	8-12	1900/0.01	8-22	2000/0.01
8-3	2100/0.05	8-13	1800/0.01	8-23	1900/0.01
8-4	1800/0.02	8-14	1900/0.02	8-24	2000/0.01
8-5	1900/0.1	8-15	2000/0.03	8-25	1900/0.01
8-6	1900/0.01	8-16	1900/0.01		
8-7	1900/0.01	8-17	1900/0.02		
8-8	破裂	8-18	1800/0.02		
8-9	2200/0.01	8-19	1800/0.02		
8-10	1900/0.01	8-20	1700/0.02		

表 4-11　直径 45mm Al 烧结制备发射极的 RSD 管芯测试记录

管芯编号	$U_{DRM}/I_{DRM}/(\text{V/mA})$	管芯编号	$U_{DRM}/I_{DRM}/(\text{V/mA})$	管芯编号	$U_{DRM}/I_{DRM}/(\text{V/mA})$
8-31	1600/0.05	8-41	1800/0.05	8-51	2000/0.01
8-32	1700/0.01	8-42	2000/0.02		
8-33	1700/0.04	8-43	1800/0.02		
8-34	1600/0.02	8-44	1800/0.03		
8-35	1600/0.03	8-45	1800/0.02		
8-36	1800/0.02	8-46	1800/0.02		
8-37	1700/0.02	8-47	1800/0.03		
8-38	1800/0.05	8-48	1700/0.02		
8-39	1800/0.03	8-49	1700/0.02		
8-40	1700/0.02	8-50	1900/0.01		

表 4-12　B 扩散制备发射极的 RSD 管芯测试记录

管芯编号	$U_{DRM}/I_{DRM}/(\text{V/mA})$	管芯编号	$U_{DRM}/I_{DRM}/(\text{V/mA})$
8-61	1700/0.01	8-66	900/0.01
8-62	1800/0.01	8-67	破裂
8-63	1700/0.01	8-68	1200/0.05
8-64	1700/0.01	8-69	1400/0.01
8-65	破裂	8-70	1100/0.02

4.1.6　基于 RSD 的脉冲发生电路

4.1.6.1　基于 RSD 的脉冲放电系统主回路

1. RLC 放电回路模型

RSD 放电回路为 RLC 串联的二阶电路，$i(t)$ 满足如下微分方程

$$\frac{\mathrm{d}^2 i}{\mathrm{d}t^2} + \frac{R}{L}\frac{\mathrm{d}i}{\mathrm{d}t} + \frac{1}{LC}i = 0$$

式中，C 为主电容容量；L 为包括负载电感、磁开关饱和电感、引线电感及杂散电感等在内的主回路总串联电感；R 为负载电阻值。

根据电阻值的大小，放电电流可以是周期性振荡的或非周期性的。

1）非振荡放电过程：$R > 2\sqrt{\dfrac{L}{C}}$，$i(t) = \dfrac{U_0}{\beta L}\mathrm{e}^{-\alpha t}\mathrm{sh}\beta t$

2）振荡放电过程：$R < 2\sqrt{\dfrac{L}{C}}$，$i(t) = \dfrac{U_0}{\omega L}\mathrm{e}^{-\alpha t}\sin\omega t$

3）临界情况：$R = 2\sqrt{\dfrac{L}{C}}$，$i(t) = \dfrac{U_0}{L}t\mathrm{e}^{-\alpha t}$

式中：$\alpha = \dfrac{R}{2L}$，$\beta = \sqrt{\dfrac{R^2}{4L} - \dfrac{1}{LC}}$，$\omega = \sqrt{\dfrac{1}{LC} - \dfrac{R^2}{4L}}$。

2. 仿真与试验结果

RSD 导通试验平台的电路原理图，采用罗氏线圈（Rogowski coil）测量 RSD 支路的电流，泰克公司的高压探头测量 RSD 两端电压，示波器型号为 TDS1012。

采用电力系统电磁暂态仿真软件 ATPDraw 建立了 RSD 的主回路模型，用于预测不同外电路条件下的输出电流波形。由于 RSD 在正常导通情况下其阻抗相对于回路的阻抗是很小的，所以简化起见在仿真模型中直接用时控开关表示，仍可以得到较准确的电流仿真波形。

图 4-49 所示是主电容分别为 $100\mu\mathrm{F}$、$300\mu\mathrm{F}$、$600\mu\mathrm{F}$ 时 RSD 的电流波形，主电压 4kV，负载 0.113Ω，电感 $1.5\mu\mathrm{H}$，由试验波形得电流峰值分别为 17kA、20kA、27kA，仿真波形脉宽与试验波形一致，仿真电流峰值均略大于试验值，此误差由仿真回路中未计入一些实际的损耗引起（包括 RSD 的导通损耗、磁开关损耗、预充开关损耗等）。其中 $100\mu\mathrm{F}$ 为欠阻尼情况，$300\mu\mathrm{F}$ 和 $600\mu\mathrm{F}$ 均为过阻尼情况，在仿真和试验波形上均有反映，且与前文所述判断标准一致。对于欠阻尼情况，试验波形中正向电流过零后经过一段时间延迟才出现反向振荡，这是由磁开关引起的。图 4-50 所示是主电压分别为 3.75kV、4kV、4.2kV 下 RSD 的电流波形，主电容 $1200\mu\mathrm{F}$，负载为 0.063Ω，电感为 $1.5\mu\mathrm{H}$，由试验波形得电流峰值分别为 37kA、40kA、42kA。图 4-51 所示是负载分别为 0.09Ω、0.113Ω 时 RSD 的电流波形，主电容为 $600\mu\mathrm{F}$，主电压为 4kV，电感为 $1.5\mu\mathrm{H}$，由试验波形得电流峰值分别为 29kA、27kA。

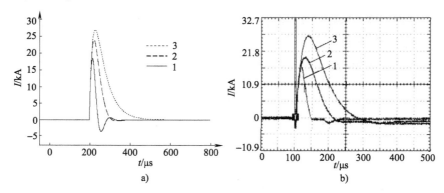

图 4-49 不同主电容下通过 RSD 的电流波形

a）仿真波形 b）试验波形

1—$100\mu\mathrm{F}$ 2—$300\mu\mathrm{F}$ 3—$600\mu\mathrm{F}$

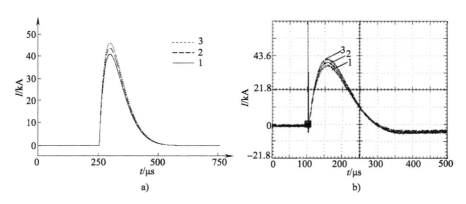

图 4-50　不同主电压下通过 RSD 的电流波形

a）仿真波形　b）试验波形

1—3.75kV　2—4kV　3—4.2kV

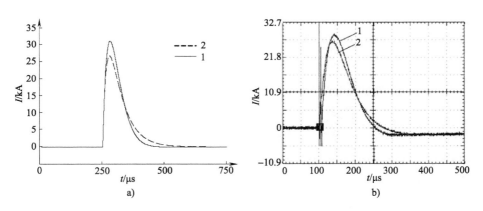

图 4-51　不同负载电阻下通过 RSD 的电流波形

a）仿真波形　b）试验波形

1—0.09Ω　2—0.113Ω

图 4-52 所示为对 RSD 做极限通流试验时的电流电压波形图。RSD 直径为 40mm，有效通流面积约为 $7cm^2$。外电路条件为主电容为 1200μF，主电压为 4.2kV，负载电阻为 0.063Ω，由电流波形得电流峰值为 42kA，脉宽为 200μs。

由式（4-14），根据现行工艺 RSD 的基区宽度，修正结构因子 K 取 230，在 200μs 脉宽下 RSD 极限电流的理论值为 42.1kA。测试完毕堆体中各管芯特

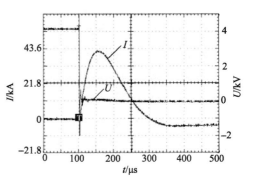

图 4-52　直径 40mmRSD 管芯极限通流试验

性基本无退化，证明了该经验公式的有效性。

图 4-53 所示为直径为 40mm 的 RSD 管芯导通电压随峰值电流的变化，其中实线是由式（4-17）做出的最大导通电压 U_{Fmax} 关于峰值电流 I_m 的函数曲线，点表示在不同峰值电流下由高压探头实测的 RSD 两端的导通电压。计算和测量结果都反映了导通电压随换流峰值的增加而增加的趋势，但数值上有出入，这主要是测量采样点无法取在芯片两端、计入了回路阻抗的压降，以及测量系统的接触压降、示波器的读数误差等因素造成的。

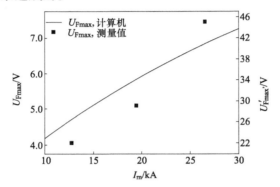

图 4-53　直径 40mmRSD 管芯导通电压与峰值电流关系

4.1.6.2　120kA 大功率脉冲发生电路的设计与实现

结合某项目的实际工程应用需要，对基于 RSD 的 120kA 级大功率脉冲发生电路进行了设计，并通过了实验验证。设计方法主要是根据脉冲输出要求来选取主回路参数，根据电流和电压耐量来确定 RSD 开关的尺寸和级联个数，根据预充电荷量的要求来选取触发方案及参数，根据主电压的要求来确定磁开关参数。此外，大电流脉冲产生的电动力不可忽视，它会造成器件堆体封装结构发生变形甚至损坏，从而引发安全事故，所以对 RSD 的堆体结构进行了特殊设计。

1. 120kA 大功率脉冲发生电路的设计

该项目最关键的参数是实现 120kA 的 RSD 换流峰值。通过对主回路进行 LC 放电实验，结合 ATPDraw 软件拟合放电波形，估算出主回路串联电感 L 约为 1.5μH。为保护 RSD 器件，使回路工作在过阻尼状态，不流过反向电流，从而要满足 $R > 2\sqrt{L/C}$ 的条件，选择主电容 C 为 3000μF，则负载 R 要大于 45mΩ，且为了达到功率容量的要求，实验中通过多路串并联实现。

根据 120kA 峰值电流、200~350μs 底宽的要求，参考 RSD 电流耐量经验公式（4-14），留出一定裕量，确定制备 3in 管芯。根据初定的 13kV 额定工作电压，将每只管芯电压耐量设计为 2.5kV，然后 6 只串联组成堆体。

用临界预充电荷 Q_R^{cr} 描述的 RSD 导通条件式可简化表达如下

$$Q_c = \int_0^{t_c} i_c(t)\,\mathrm{d}t > 3.4 \times 10^{-14}\mathrm{d}i/\mathrm{d}t$$

由主电压和主回路电感可估算最大电流上升率为 5.33kA/μs，在磁开关作用下实验中此值会略有提高，假定预充时间为 2μs，预充电流峰值只需超过 200A 即可满足 RSD 的导通条件，实际预充电流远高于此值。

在大电流脉冲应用领域，考虑到母排要承受很大电应力，一般磁开关不绕线，计 $N=1$。定制的磁开关参数为：外径 130mm，内径 30mm，高 30mm，横截面 $50\text{mm}\times30\text{mm}$，$B_r=1.85\text{T}$，$B_s=1.62\text{T}$，$\Delta B=3.47\text{T}$。为摸索磁开关在一定电压条件下的饱和时间，进行了不同堆叠片数磁开关在各电压条件下的放电实验，结果列于表 4-13。据此推算，8kV 工作电压下磁开关应取 6 片堆叠使用，饱和时间理论值为 2.25μs。

表 4-13 磁开关在一定电压条件下的饱和时间

磁开关/片	1	2	2	3	3	3	4	4	4
电压/kV	2.0	2.1	2.8	2.2	3.3	4.4	2.4	3.5	4.6
饱和时间/μs	1.8	3.0	2.2	4.6	3.2	2.6	6.4	4.0	3.3

通电导体的周围有磁场存在，而磁场对通电导体又有作用力，将载流导体之间的作用力称为"电动力"。若电流 I 与磁感应强度 B 方向成 β 角，则电动力的大小为

$$F = BIl\sin\beta$$

式中，l 为导体的长度。

在同一平面内两垂直有限长的载流导体（呈 L 形），如图 4-54 所示，竖直导体长度为 l，水平导体长度为 a，导体等效半径为 r，则当 $r\ll l$ 时，水平导体所受电动力为

$$F = 1\times10^{-7}I^2\ln\frac{2al}{r(l+\sqrt{l^2+a^2})}$$

所以在大电流下压接式 RSD 堆体的引出电极会受到很大的电动力，可能造成连接部分的变形甚至折断，容易引发安全事故。鉴于此，将引出电极的结构改进成"十"字形，图 4-55 为此结构 RSD 堆体的实物图。

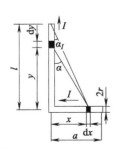

图 4-54 L 形导体电动力的计算

图 4-55 "十"字形电极结构的 RSD 堆体实物图

2. 120kA 大功率脉冲发生电路的实验验证

（1）测试条件　测试环境为：温度为 13℃ ，气压为 1.027×10^5 Pa，湿度为 71% 。测试仪器仪表和参试设备分别见表 4-14 和表 4-15。

表 4-14　测试仪器仪表

序　号	测试设备名称	型　号	数　量	单　位
1	高压探头	TEK P6015A	1	个
2	高精度直流分压器	SGB-30	2	套
3	示波器	TDS1012B	1	台
4	电容测量仪	YD2612A	1	台
5	数字万用表	DT9203	2	个
6	数字万用表	MY60	1	个
7	数字 LCR 电桥	MT-4080D	1	个
8	直流电桥	QJ31	1	台
9	晶闸管伏安特性测试仪	VA-2A	1	台
10	温度计/湿度计	干湿两用	1	只
11	气压计	801751	1	只

表 4-15　参试设备

序　号	设备名称	数　量	单　位	备　注
1	调压器	2	台	输入 220V，输出 0~250V，功率 2kVA
2	变压器	1	台	2.5kVA，200V/50kV
3	硅堆	2	个	100kV，1A
4	充电水电阻	1	个	约 30kΩ
5	预充电容	1	组	1.0μF，耐压 10kV
6	线绕电阻	1	个	100kΩ
7	脉冲变压器 PT	1	台	640VA，100V/10000V
8	机械开关	1	个	单刀双掷拉线开关
9	主放电电容	2	台	1000μF×2，额定电压 10kV
10	磁开关	1	套	多片磁开关堆体串联
11	陶瓷电阻	1	组	阻值可调整为 0.075Ω 或者 0.045Ω
12	低压变压器	1	台	220V/20V
13	整流元件	1	台	AC/DC
14	电流测量系统（含罗氏线圈）	1	套	已经标定，电流比 10900
15	泄能水电阻	1	根	约 80kΩ
16	UPS	1	台	KSTAR　PRO2100

（2）40kA 和 80kA 通流测试　按照图 4-56 搭建实验回路。RSD 开关测试回路由充电回路、预充回路、主放电回路、消磁回路组成，测量 RSD 电流的罗氏线圈的比例系数为 54800A/V。

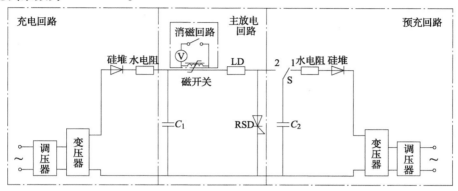

图 4-56　RSD 通流测试电路图

1）充电回路。

调压器：输入 220V，输出 0~250V，功率 2kVA；

变压器：2.5kVA，200V/50kV；

硅堆：100kV，1A；

水电阻：约 30kΩ。

2）预充回路。

调压器：输入 220V，输出 0~250V，功率 2kVA；

PT：640VA，100V/10000V；

硅堆：100kV，1A；

线绕电阻：100kΩ；

预充电容：1μF/10kV；

机械开关：单刀双掷拉线开关。

3）主放电回路。

主放电电容：1000μF/10kV；

磁开关：多片磁开关堆体串联，磁开关数目根据主电压值调整；

陶瓷电阻：阻值为 0.075Ω；

RSD：6 片 RSD 阀片串联构成，单片耐压 2500V。

4）消磁回路。

由低压变压器（220V/20V）、整流元件（AC/DC）及电阻构成，为磁开关提供反向复位电流。

测量主放电电容的电容量为 1007μF，分别设置充电电压为 4kV 和 8kV，回路中接入相应所需磁开关片数，完成 40kA 和 80kA 的通流测试，数据记录于表 4-16。放电电流波形分别如图 4-57 和图 4-58 所示。

表 4-16   40kA 和 80kA 通流测试的数据

设置主电压/kV	放电主电压/kV	预充电压/kV	磁开关片数/片	电流峰值/kA	峰值时间/μs	脉宽（底宽）/μs
4	4.025	1.75	3	44.32	48	215
8	8.033	2.00	6	88.41	50	215

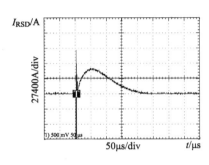

图 4-57   40kA 通流测试的 RSD 电流波形   图 4-58   80kA 通流测试的 RSD 电流波形

（3）120kA 通流测试   进行 120kA 通流测试时，按照图 4-56 搭建试验回路，不过充电主电容换成额定值为 3000μF/10kV 的，陶瓷电阻换成 0.05Ω。

测量主放电电容的电容量为 3008μF，设置充电电压为 8kV，回路中接入相应所需磁开关片数，完成 120kA 的通流测试，数据记录于表 4-17。

表 4-17   120kA 通流测试的数据

设置主电压/kV	放电主电压/kV	预充电压/kV	磁开关片数/片	电流峰值/kA	峰值时间/μs	脉宽（底宽）/μs
8	8.055	2.475	6	132.2	96	330

放电电流波形如图 4-59 所示。图中电流波形中的毛刺是由于电容器外壳打火，干扰了测量线圈。图 4-60 为 120kA 通流平台的实地照片。

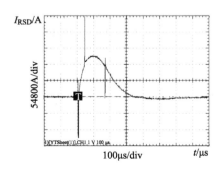

图 4-59   120kA 通流测试的 RSD 电流波形

图 4-60   基于 RSD 的 120kA 通流平台

（4）数据分析

1）电荷转移量。

80kA 通流测试：电容量 $C = 1007\mu F$，放电电压 $U = 8.033kV$，电荷转移量 = $CU = 1.007 \times 8.033 = 8.09C$；

120kA 通流测试：电容量 $C = 3008\mu F$，放电电压 $U = 8.055kV$，电荷转移量 = $CU = 3.008 \times 8.055 = 24.23C$。

2）通流能力。

RSD 通过的最大电流峰值为 132.2kA。

3）di/dt。

80kA 通流测试中，di/dt 最大值为 5.36kA/μs；

120kA 通流测试中，di/dt 最大值为 5.37kA/μs。

4.1.6.3　RSD 在重复频率脉冲工况下的应用

经过数十年的研究，单次运行的脉冲功率技术已得到高度的发展。随着脉冲功率技术由军用扩展到民用，越来越多的领域提出了高重复率、超寿命化的要求。如纳米微粒与氢制造、废气废水的处理及杀菌、X 射线产生、卫星推进、高功率声学勘测等，这些领域都需用到重复频率的脉冲功率技术。

结合某项目，对用于卫星推进概念的基于 RSD 开关的重复频率脉冲功率源进行了研究。在激光推进的应用中，强激光源必须是脉冲激光器，且要满足高的平均功率和峰值功率、高的重复频率的条件。将 1kg 小卫星发射到近地轨道，估计激光器功率达 1MW，脉冲能量达到 1kJ，重复频率为 1kHz。

1. RSD 的触发方案

RSD 的触发问题即对预充回路的设计，由于 RSD 是通过注入反向电流的方式来触发的，因此预充回路可以与主回路并联或者串联。RSD 的开关能量损耗与预充过程中形成的预充电荷量密切相关，所以 RSD 可靠和高效运行的条件之一就是合理设计预充回路。这一点在 RSD 的重频工况应用中也显得尤为重要，4.1.6.2 节中采用单刀双掷拉线开关仅适用于单次脉冲，重频条件下预充回路开关必须选择可控开关，一般可以是晶闸管、功率 MOSFET、IGBT 等。根据已有文献的报道和我们的实验情况，RSD 的触发方案一般包括直接式触发和谐振式触发两种。

（1）直接式触发　在图 4-61 中，当预充回路开关 T_c 导通，磁开关 MS 有很高的初始电感，阻断主电容 C_1 的充电电压，在主电流急剧上升之前保持一段延迟时间。预充电容 C_2 的放电电流通过 RSD $- T_c - L_2$ 低阻回路，为 RSD 提供预充。

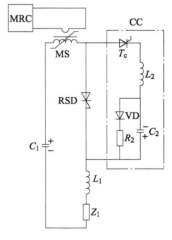

图 4-61　直接式触发方案

只要磁开关没有饱和，它就保持高电感，负载回路电流很小，可以忽略。这时，流过 T_c 的电流与流过 RSD 的预充电流相等。在主电压的作用下，MS 的磁心很快反向磁化并饱和，其电感急剧减小，负载回路电流突升，正向电压加在 RSD 上，RSD 导通并将大电流换流至负载 Z_1。MRC（Magnetization- Reversal Circuit）为磁开关的退磁电路。

由于降低预充回路的电感 L_2 是一个较困难的技术问题，欲减小预充电流脉宽就应尽量使用小 C_2 的容量，这样为了提供预充电荷就需要足够高的预充电压。存储在预充电容中的能量要远高于 RSD 在预充过程中损耗的能量，因此 C_2 通常会过充。在开关过程完成后，C_2 中残余的能量在 VD- R_2 回路耗散。

直接式触发的缺点是预充回路开关 T_c 在初始阶段需要阻断 C_1 和 C_2 充电电压之和的高压，并且需要对预充电容单独供电，提供额外的功率源。

（2）谐振式触发　谐振式触发的预充电容与主电容共用供电装置，它们被充至相同的工作电压，如图 4-62 所示，在 T_c 闭合之后，电流流过 L_2 - T_c 回路。因为这个回路的能量损耗很低，C_2 上下极板电荷极性交换后为 RSD 提供了反向电压。

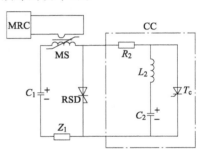

图 4-62　谐振式触发方案

在 C_2 电荷极性交换过程结束时，T_c 开始处于反向阻断状态，重复的 C_2 反向放电过程开始在 RSD 和低阻抗的 R_2 间进行，这就形成了 RSD 的预充电流。

在 C_2 的充放电电流脉冲流过 T_c 和 RSD 过程中，MS 阻断 C_1 的电压并延迟主电流的突升，MS 饱和时刻与预充电流结束时刻一致。此时，磁开关电感急剧减小，主回路电流急剧上升，正向电压加到 RSD 上，RSD 无延迟导通，C_1 的高功率放电电流流过负载 Z_1。R_2 的作用是消耗 C_2 中多余的能量，并在开关过程中为主电流提供至 T_c 的分流支路。

谐振式触发主要的缺点是在预充电流形成过程中预充电容需要进行电荷极性交换，这使得主电流急剧上升前有一个较长的延时，这样要使磁开关饱和后有低电感就更困难。因此，C_2 的放电过程必须足够短。

2. RSD 的重复频率导通实验

结合项目的需要，对 RSD 进行了重复频率的导通实验，选用了谐振式触发方案，电路图如图 4-63a 所示。试验条件为：主电容 C_1 为 250nF，预充电容 C_2 为 150nF，电压 4kV，磁开关 MS 选用高 ΔB 的磁心材料、两只并联绕线 4 匝而成，触发开关为一只耐压 6kV 的晶闸管，由 CPLD（Complex Programmable Logic Device）控制。工作过程为：首先将 C_1 和 C_2 充电至 4kV，MS 复位。当触发开关导通后，C_2 经 R_2、L_2 放电，一段时间后 C_2 上的电压降到零，C_2 的能量转移到 L_2 中，此放电电流为 RSD 提供预充，当 MS 饱和后 C_1 经 RSD 对负载完成一次放电，形成一脉冲大电流。试验得到的 RSD 电压波形图如图 4-63b 所示，重复频率为 20Hz。

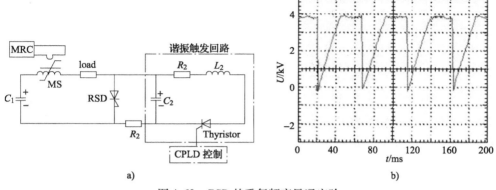

图 4-63　RSD 的重复频率导通实验

a）谐振式触发电路图　b）RSD 上的电压波形

4.1.6.4　大功率 RSD 多单元并联技术

进一步提高 RSD 电流容量的方法是增大芯片面积或并联，而随着面积的增大（直径超过 3in），芯片制作工艺的难度加大，且整套装置成本迅速上升。所以，通常将面积相对较小的芯片多单元并联，来满足所要求的大电流容量。例如，据俄罗斯资料报道，直径 76mm 的 RSD 堆体，500μs 脉宽下导通电流 170kA 或 100μs 下 250kA；通过将两个这样的堆体并联，500μs 脉宽下导通电流 350kA；而 3 个这样的堆体并联能够在 500μs 脉宽下导通 500kA 电流。

1. 基于 RSD 的多单元并联技术

（1）并联电路　图 4-64 所示为一个预充回路带均流措施的 RSD 并联电路，高功率开关 $RSD_1 \sim RSD_3$ 通过晶闸管 V 来触发。预充回路由预充电容 $C_1 \sim C_3$、电感 $L_1 \sim L_3$、低阻值电阻 $R_1 \sim R_3$ 和晶闸管 V 组成。C_0 为主回路电容，Z_1 为负载，可饱和磁开关 $L_{01} \sim L_{03}$ 隔离预充回路和主回路。为了使 $L_{01} \sim L_{03}$ 同时饱和，将它们绕在同一个磁心上，w_{mr} 是附加的退磁绕线。

闭合晶闸管 V，预充电容 $C_1 \sim C_3$ 通过预充回路放电，当其极性改变时，一个小的反向电压加到 RSD 上，RSD 流过预充电流。当可饱和磁开关的磁心饱和后，$L_{01} \sim L_{03}$ 电感急剧减小，$RSD_1 \sim RSD_3$ 上

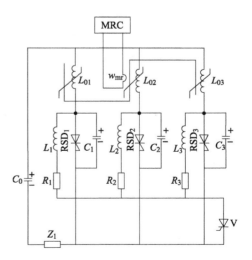

图 4-64　预充回路带均流措施的 RSD 并联电路

的电压极性反向，C_0 的放电电流脉冲通过 RSD 在很短的时间内导通。电阻 $R_1 \sim R_3$ 用于消耗 RSD 被触发后留在预充回路中的能量，其阻值很小，可以忽略，对 RSD 预充电流的形成几乎没有影响。

如果很多 RSD 管芯并联，总的预充电流可能超出晶闸管 V 的容量，这时可用小 RSD 代替晶闸管做预充开关的方案触发大 RSD。

（2）并联特性分析 一组并联器件的电流根据它们的静态或动态 $I\text{-}U$ 特性进行分配，因为没有两个器件完全相同，所以电流的分配是不等的。并联技术要解决的主要问题即各支路间的均流。一个简单方法是给每个器件串联一个电阻，如果电阻值是器件微分电阻的几倍，就可以得到近乎均匀的电流分配。不过，功率损耗会显著增加。另一个方案是给每个器件串联电抗，这样做的缺点是造价高，并且使系统的质量和体积加大。为避免使用串联电阻和电抗，就必须选择静态和动态特性尽量匹配的器件并联。

单只 RSD 管芯是数万晶闸管和晶体管小单元的多元胞并联结构，正常情况下所有元胞都参与导通，通流能力与管芯面积成正比；RSD 多单元并联是其多元胞并联结构的广义延伸。根据 RSD 器件的工作原理，它的导通依靠预充过程中在集电结附近聚集的等离子层来控制，只要保证每个并联支路中的 RSD 在预充时都形成足够的预充电荷量，则在预充结束时刻所有的管芯将被同时开启，没有导通延迟时间。而且所有支路的 RSD 可用公共的磁开关和触发开关，不存在如普通晶闸管由于触发时刻不一致引起的电流分配不均的问题。当有上升时间很短的电流脉冲被开启时，各并联支路电阻主要不由管芯的动态电阻决定（非常小），而由 RSD 装置的引线电感和导线决定。因此，当装置对称连接时，不同管芯动态电阻的轻微差别不会破坏大电流分布的均匀性，无需特殊的均流措施。

需要说明的是，RSD 的预充过程依靠结构中内含的 PNN^+ 二极管完成，二极管的并联支路间是需适当均流的。由二极管的伏安特性方程

$$I_n = I_{ns}\left(e^{qU/kT} - 1\right)$$

式中，I_n 为第 n 条支路电流；I_{ns} 为第 n 条支路反向饱和电流；U 为二极管外加电压。

回路总电流一定的情况下，各支路按二极管的 $I\text{-}U$ 特性分流。所以应选择预充二极管压降和漏电流尽量接近的 RSD 管芯并联，必要的时候附加均流电阻或电感。不过总体上预充过程 RSD 上损失的能量很小，预充电流幅值主要由预充回路元器件决定，基本是一致的。所以在各 RSD 体内几乎积聚了等量的预充电荷，这决定了在主电流上升期间各 RSD 中等量的开关损耗。

综上所述，在构建 RSD 并联电路时要求：

1）选用参数一致的元器件并联，包括 RSD 通态压降、预充二极管正向压降和漏电流等；

2）预充回路布局对称，磁开关饱和时间一致；

3）适当过预充，保证电流最小的支路能提供足够的预充电荷量；

4）并联 RSD 主回路拓扑结构对称，尽量缩短引线；

5）重频使用时将 RSD 置于同一散热装置上，减小元器件间的温差。

2. RSD 的多单元并联模型及仿真

根据等离子体双极漂移模型，RSD 在导通过程中的动态电阻有如下表达形式

$$R_{RSD} = \frac{W_n^2}{S \cdot \mu_p} \Big[(bQ_N)^{-1} - \frac{1}{3} Q(t)(bQ_N)^{-2} \Big], \qquad 0 < t < t_1 \tag{4-38}$$

$$R_{RSD} = \frac{2W_n^2}{3S \cdot \mu_p \sqrt{bQ_N Q(t)}}, \qquad t_1 \leqslant t < t_R \tag{4-39}$$

$$R_{RSD} = \frac{2W_n^2}{3S \cdot \mu_p \sqrt{bQ_N Q_R}}, \qquad t_R \leqslant t < t_2 \tag{4-40}$$

$$R_{RSD} = \frac{2W_n^2 J_F(t)}{3S \cdot \mu_p \sqrt{bQ_N Q_F(t)}}, \qquad t \geqslant t_2 \tag{4-41}$$

以两支路为例建立 RSD 的并联模型，图 4-65 所示为 RSD 并联实验的电路原理图，其中 r_1 和 r_2 表示各支路引线、分流器等引入的电阻。根据电感中电流和电容上电压不能突变的特点，列写回路方程如下

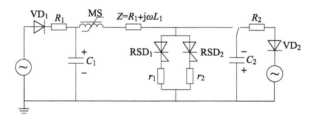

图 4-65 RSD 并联实验电路原理图

$$i(k+1) = i(k) + \frac{u_C(k) - i(k)R - i(k)R_{RSD}(i(k))}{L}dt \tag{4-42}$$

$$u_C(k+1) = u_C(k) - \frac{i(k)}{C}dt \tag{4-43}$$

其中 R_{RSD} 表示 RSD 两并联支路的总电阻。电流在两条支路之间的分配满足如下关系

$$i_2(k) = \frac{r_{rsd_1}(i(k)) + r_1}{r_{rsd_1}(i(k)) + r_{rsd_2}(i(k)) + r_1 + r_2} i(k) \tag{4-44}$$

$$i_1(k) = i(k) - i_2(k) \tag{4-45}$$

初始条件为 $i(0) = 0$，$u_c(0) = U$，U 为电容电压。以上方程对主回路和预充回路均适用。采用四阶龙格-库塔方法，将方程式（4-38）～式（4-45）反复迭代，可计算得到各 RSD 支路的电流曲线。

仿真条件如下：$C_1 = 1000\mu F$，$L_1 = 1.5\mu H$，$R_1 = 0.075\Omega$，$U_1 = 4kV$，$C_2 = 1\mu F$，$L_2 = 0.7\mu H$，$R_2 = 0.08\Omega$，$U_2 = 1.5kV$，其中脚标1表示主回路参数，脚标2表示预充回路参数，RSD芯片直径设为45mm。

图4-66表示了RSD器件参数对并联支路电流分配的影响。对于图4-66a，设$W_{n1} = 220\mu m$，$N_{d1} = 1.0 \times 10^{14}cm^{-3}$，$W_{n2} = 300\mu m$，$N_{d2} = 6.0 \times 10^{13}cm^{-3}$，各支路的附加电阻分别为$r_1 = r_2 = 5m\Omega$，计算结果显示两支路峰值电流分别为19.624kA和18.275kA。定义电流不平衡率则图4-66a条件下的两支路电流不平衡率为3.56%。图4-66b表示在

$$\sigma = \frac{|i_1 - i_2|}{i}$$

$N_{d1} = N_{d2} = 1.0 \times 10^{14}cm^{-3}$，两支路RSD的N基区宽度之差从$10\mu m$变化到$80\mu m$时$\sigma$的变化规律；图4-66c表示在$W_{n1} = W_{n2} = 220\mu m$，两支路RSD的N基区掺杂浓度之差从$1.0 \times 10^{13}cm^{-3}$变化到$5.0 \times 10^{13}cm^{-3}$时$\sigma$的变化规律。可见，RSD器件

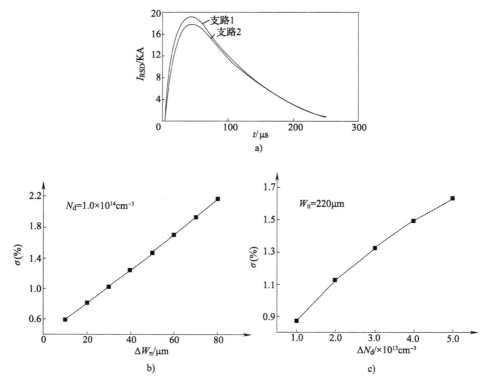

图4-66　RSD器件参数对并联支路电流分配的影响

a) 不同RSD器件参数下并联支路电流波形

b) N基区宽度对电流不平衡率的影响

c) N基区掺杂浓度对电流不平衡率的影响

参数对并联支路电流分配的影响是较小的。

图 4-67 表示了支路附加电阻对电流分配的影响。对于图 4-67a，设 $W_{n1} = W_{n2} = 220\mu m$，$N_{d1} = N_{d2} = 1.0 \times 10^{14} cm^{-3}$，$r_1 = 4m\Omega$，$r_2 = 6m\Omega$，结果表明两支路峰值电流分别为 22.739kA 和 15.217kA，电流不平衡率达 19.82%。图 4-67b 表示在 RSD 参数完全相同的情况下，支路附加电阻之差从 1mΩ 变化到 5mΩ 时 σ 的变化规律。当 Δr 为 5mΩ 时，σ 已接近 50%，所以支路附加电阻等寄生参数的不一致是引起电流在并联支路间分配不均的主要原因。

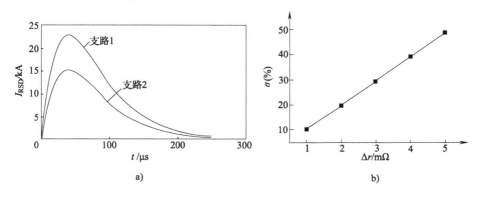

图 4-67　回路参数对并联支路电流分配的影响

a）不同回路参数下并联支路电流波形　b）支路电阻对电流不平衡率的影响

3. 实验结果与讨论

图 4-68 所示为两并联 RSD 支路中的实验电流波形。实验条件为：$C_1 = 10\mu F$，$U_1 = 2kV$，$C_2 = 1\mu F$，$U_2 = 1.2kV$，两支路中的 RSD 取自同批实验管芯，基本可以保证芯片自身参数的一致性，两支路导线为同样长度的铜排。1 支路和 2 支路分别用分流器和罗氏线圈监测电流（罗氏线圈已和分流器比对），分流器的分流比为 609A/V，罗氏线圈的比例系数为 812A/V。交换两只 RSD 在两条支路中的位置，分别得到的支路中的电

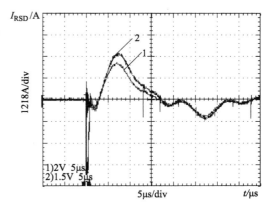

图 4-68　支路电阻对电流分配的影响（实验结果）

1—分流器监测支路电流　2—罗氏线圈监测支路电流

流波形不变，都如图 4-68 所示，1 支路峰值电流 2.058kA，2 支路峰值电流 2.663kA，电流不平衡率 12.82%。分析其原因是分流器本身有内阻 0.001642Ω，而罗氏线圈不会给支路引入附加阻抗，所以 1 支路分流总小于 2 支路。

图 4-69 得到的实验电流曲线证明了 RSD 装置对称连接对于均流的重要性。实

验条件为：$C_1 = 20\mu F$，$U_1 = 2kV$，$C_2 = 0.5\mu F$，$U_2 = 0.85kV$，分流比为 3.5A/V。图 4-69a 表示电流从两只并联 RSD 阳极连接线的中点流入的情况，由波形可见两条支路电流分配非常均匀，几乎完全重合。RSD 没有附加任何均流措施，这也说明了其良好的均流特性。图 4-69b 表示电流从 RSD_1 阳极直接流入、经连接线从 RSD_2 阳极流入的非对称连接情况，两条支路电流出现明显差别，RSD_1 支路约为 RSD_2 支路电流的 1.5 倍。

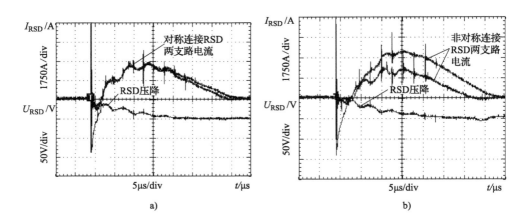

图 4-69 连接方式对 RSD 并联支路电流分配的影响（实验结果）

a) 对称连接两支路 RSD 电流波形 b) 非对称连接两支路 RSD 电流波形

图 4-70 所示为并联 RSD 堆体导通大电流的波形图。实验条件为：$C_1 = 3000\mu F$，$U_1 = 2kV$，$C_2 = 1\mu F$，$U_2 = 1.5kV$，罗氏线圈比例系数为 10900A/V，由直径为 45mm 的 4 只管芯串联组成 RSD 堆体，再将 2 个这样的堆体并联。导通得到峰值电流为 32.700kA，脉宽为 $330\mu s$。

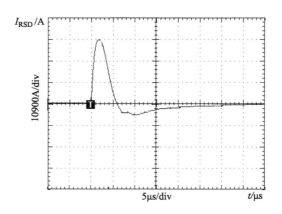

图 4-70 并联 RSD 堆体导通大电流波形图

4.1.6.5　高速长寿命化 RSD 芯片的级联

虽然 RSD 导通的 di/dt 可望达 $60\text{kA}/\mu s$，但其关断特性与相控晶闸管几乎没有差别。要使 RSD 应用于重复频率脉冲工况，面临着下述几个主要问题：

1）缩短 RSD 关断时电荷的存储时间以提高关断性能，适应短脉冲发生器应用。

2）关断时电荷存储时间弥散。如果串联的某一器件的存储时间小于其他器件，那么器件的电流会先于其他器件停止流动，该器件上的压降增加，如同预充不够时 RSD 的导通电压特性，从而损耗增大。

3）热容问题。连续运行中重复脉冲下产生的热积累，将使 RSD 结温超过允许结温值，导致器件特性迅速劣化，因此热容成为限制重频高幅值脉冲的重要因素。

4）暗电流引起的损耗积累。重频高幅值脉冲运行时任何因素导致的暗电流的增大都会使断态和通态损耗迅速增大，高压阻断状态下的暗电流或电压上升时的位移电流会使阻断结的特性严重退化，暗电流的正反馈特性可能瞬间烧损整串 RSD 器件。

为了解决上述问题，提出降低单只阻断电压而通过增加串联数目来满足阻断电压要求的思路。根据前述对 RSD 导通过程的分析，RSD 的最大导通电压有如式（4-46）

$$U_{\text{Fmax}} = \frac{2W_{\text{N}}^2 J_{\text{F}}(t)}{3\mu_{\text{p}}\sqrt{bQ_{\text{N}}Q_{\text{R}}}} = \frac{2J_{\text{F}}(t)W_{\text{N}}^{3/2}}{3\mu_{\text{p}}\sqrt{qbQ_{\text{R}}N_{\text{d}}}} \tag{4-46}$$

由式（4-46）显而易见 N 基区宽度 W_{N} 的缩短和掺杂浓度 N_{d} 的提高有利于减小 U_{Fmax}，从而减小 RSD 的功耗。一方面，减薄基区对缩短关断时间、减少关断时电荷存储时间弥散都是有利的，从而可以提高 RSD 的开关速度；另一方面，提高基区掺杂浓度则可以使芯片在更高的结温下工作，即具有更高的本征温度，从而延长器件使用寿命。这样做牺牲的是 RSD 的正向阻断能力，但由于 RSD 特殊的导通原理，其在预充结束时已在芯片全面积准备好可控等离子层，导通无延迟，堆体理论上无需均压，可无限串联，所以工作电压的要求可以通过级联的方法达到。

为检验 RSD 堆体导通时无需均压的性能，特将不同耐压等级的芯片混合串联在一个堆体里进行导通实验。将 3 只耐压为 3.2kV、2.2kV 和 1.4kV 的直径 40mm 的 RSD 串联成堆体，分别在 3.8kV、4.0kV 和 4.2kV 下导通，其中 4.2kV 下导通的电流电压波形已在前文图 4-51 中示出。结果 3 只 RSD 均完好，表明了 RSD 串联堆体在导通时良好的自均压特性。

4.1.6.6　基于 RSD 的微秒级脉冲发生器

在低电感高电流上升速率的功率电路里，RSD 触发电路的设计显得尤为重要。高电流上升速率的功率电路需要一个具有高能量脉冲的触发电路。

基于 RSD 脉冲发生器的简化电路图如图 4-71 所示。初始阶段，主电容 C_0 被充到指定电压值；在 RSD 预充过程中，主电压将施加在磁开关 L_0 上，使得 RSD 的触发能量得到充分保证。当开关 S 闭合之后，电容 C 通过 RL 回路放电，使得电容 C 很快极性反转成右正左负，形成了 RSD 堆体的预充电流 I_c。由于磁开关 L_0 的作用，阻止了主电路的功率电流上升。

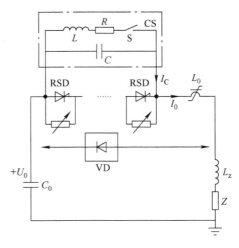

磁开关 L_0 饱和以后，其电感量快速降低。为了减小 L_0 的质量和体积，可以将触发脉冲持续时间减小到几微秒甚至更小。磁开关的复位只需要通过一个与 I_0 反向的电流即可。电阻 R 的阻值为几十 Ω，比 RSD 堆体导通后的压降大很多，因此功率电流主要还是流过 RSD 堆体，开关 S 不会出现过载情况。

图 4-71　基于 RSD 脉冲发生器的简化电路图

为了给 RSD 提供充足的预充等离子体并减小触发脉冲的持续时间，脉冲的幅值需要足够高。对于 76mm 直径的 RSD 器件和功率回路 10kA/μs 的电流上升速率，预充电流脉冲的峰值需要达到 1kA，持续时间约 1μs。由于半导体开关有着比火花隙更长的工作寿命，开关 S 也倾向于由半导体材料制成。

图 4-72 为基于 RSD 的低电感 16kV 功率开关，其中包括了单匝磁开关和 RSD 堆体。RSD 堆体置于装置的最下方，单匝磁开关绕组由铝棒制成。为了使 RSD 有更好的电气性能，压力设置为 100kg/cm²；磁开关和部分 RSD 堆体被同轴导电圆柱体包裹，开关的总电感量约为 100nH。RSD 堆体由 8 只 76mm、耐压 2kV 的单管串联组

图 4-72　基于 RSD 的
低电感 16kV 功率开关

成。如图 4-73 所示，在 15mΩ 负载上形成了电流上升速率 30kA/μs、峰值电流 180kA 的电流脉冲。

由于 RSD 的反向导电会产生高能量损耗，使得其在交流脉冲领域的应用受到了限制。如果反向预充电流脉冲的峰值大于允许最大正向导电电流的 20%，RSD 可能永久损坏。在 RSD 堆体旁反并联二极管堆体 VD 使得其能够在交流脉冲领域中运用，如图 4-71 所示。RSD 堆体由 12 只 76mm、耐压 2kV 的单管串联而成；预充电流峰值 1.5kA，持续时间 1μs；主电容 C_0 为 100μF，主电压为 24kV；输出电流脉宽为 50μs，第一个电流脉冲峰值电流为 120kA，如图 4-74 所示。

微秒级脉冲发生器提供了一种不同于传统炸药摧毁石块的方法——电动液压破坏法。如图 4-75 所示，采用电动液压破坏法对石块进行破坏。电容 C_0 为 6.6mF，充电电压为 6kV，最大储存能量是 120kJ。RSD 堆体由 2 只 76mm、耐压 3kV 的单

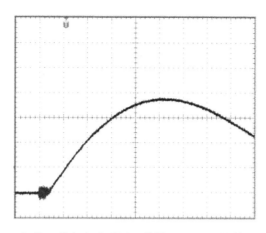

图 4-73 负载 Z 的电流波形图（横轴 $2\mu s/div$，纵轴 $50kA/div$）

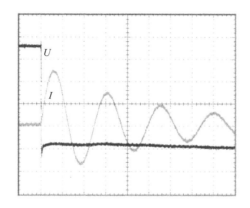

图 4-74 负载电流和电压波形（电压 $5kV/div$，电流 $50kA/div$，时间 $40\mu s/div$）

管串联而成。电阻 R 用于在 RSD 堆体导通后直至水隙击穿前的旁路火花隙放电单元，R 的存在确保了 RSD 堆体的良好导通直至水隙击穿。

初始阶段，电容 C 和 C_0 被充电到相同的电压。晶闸管 T 触发后会在 Tr 的二次绕组侧形成幅值比电容 C 充电电压更高的脉冲电压，从而在 Tr、R_1、RSD_1 和 C 回路形成 RSD_1 的反向预充电流。当 Tr 饱和之后，电容 C 经过 Tr、R_1、RSD_1 回路放电使得电容极性反转，形成了 RSD 堆体的预充电流，最终主电容 C_0 放电在负载上形成电流和电压脉冲，如图 4-76 所示。经过多次实验，实现了装置的 5000 次放电，并在等效负载上形成了 $100kA$ 的电流脉冲。

国内对基于 RSD 的微秒级脉冲发生器也进行了从器件到装置的创新与实践。鉴于二极管、门极换流晶闸管（GCT）和绝缘栅双极晶闸管（IGBT）都有将缓冲层引入器件的先例，在 RSD 四层 PNPN 结构中同样引入缓冲层。对最薄基区制成的 RSD 芯片进行大电流测试，堆体采用 7 只直径为 $76mm$ 的 RSD 芯片串联而成。

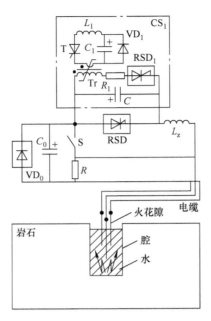

图 4-75　基于石块和混凝土电动液压破坏的电气装置方案

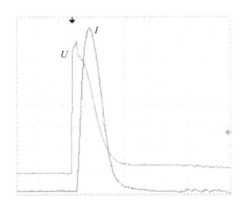

图 4-76　脉冲发生器的输出电压和输出电流波形（10kA/div，1kV/div，500μs/div）

当导通电压为 11.5kV 时，峰值电流为 161kA，脉冲宽度为 350μs；当导通电压为 12kV 时，峰值电流为 173kA，传输电荷量为 32C。

图 4-77 所示为基于上述 RSD 器件的 12kV 大电流高电压发生器。C_0 为 20 个 110μF 电容并联形成的 2.2mF 电容器组；L_0 是环形磁心截面为 125cm^2 的单匝磁开关；主开关 RSD 单只耐压 2.4kV，由 7 只串联组成堆体；RSD_1 由 8 只耐压 2kV、直径 16mm 的 RSD 串联形成；Tr 为饱和升压脉冲变压器，变比为 1:16，磁心材料为非晶态合金（1K101），环形磁心横截面积为 6cm^2。在初始状态下，电容器 C_0 和 C_1 充电到电压 U_0。磁开关 L_0 和可饱和升压变压器 Tr 的磁化反转由流过 Tr 的单匝

绕组的直流电提供。当晶闸管 Tc 导通时，在二次绕组中感应出大于 U_0 的脉冲电压 U_w。随后 RSD_1 导通，产生 C_1 放电的脉冲电流。当 C_1 的电压极性发生改变时，向 RSD 施加反向电压，C_1 的放电电流流经 RSD。初始阶段，磁开关 L_0 具有较高的电感，并会阻断 C_0 的充电电压。在磁性开关 L_0 饱和的瞬间，其电感突然下降，正向电压施加到 RSD，主电流迅速上升。

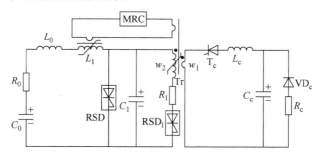

图 4-77　RSD 的实验电路设计图

在主电压为 10kV、峰值电流为 110kA、转移电荷为 19.3C 下进行 1000 次放电，基于 RSD 的发生器没有出现任何提前触发和误触发的现象。如图 4-78 所示，基于 RSD 的发生器在 12kV 放电电压下，负载上通过了 150kA、脉冲宽度为 $300\mu s$ 的电流脉冲。图 4-79 展示了开关转移的电荷量和动作情况，单次工作条件下，RSD 开关总的电荷转移量为 26.5C。

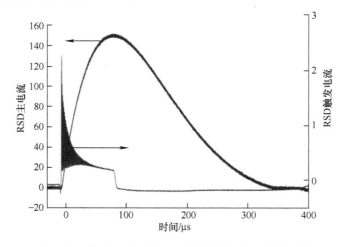

图 4-78　负载上的 150kA 主电流和 2.3kA 触发电流

4.1.7　SiC RSD

4.1.7.1　SiC RSD 介绍

随着超过 20 多年的发展，硅基 RSD 设备能够获得上升时间为 $150\mu s$、峰值为

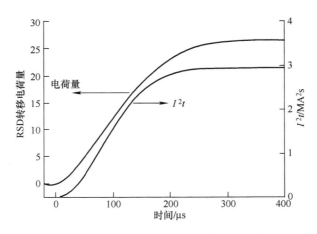

图 4-79 RSD 的动作波形和转移的电荷

800kA 的电流，这几乎已经达到了硅基设备的极限。为了提升功率极限，出现了以宽禁带材料 SiC 为基础的 RSD。基于宽禁带材料 SiC 的高绝缘击穿电场、高本征温度以及高热导率的优势，有希望获得耐压值高、电流密度更大以及更好重复频率特性的单芯片 SiC RSD。

Si RSD 根据可控等离子层的原理进行导通：反向电流脉冲通过内部的 PNN⁺ 二极管结构，使得在集电极附近形成高浓度可控等离子层。经过一小段延时后，发起于晶体管单元的可控等离子层会扩张至整个 RSD 内部的晶闸管单元，在全面积均匀分布，使得 RSD 均匀同步快速导通，从而获得高 di/dt 以及多芯片串联的能力。

根据与 Si RSD 相似的导通原理，SiC RSD 构想设计成图 4-80b 所示的结构。与从 N 衬底开始然后进行多次硼和磷扩散的 Si RSD 工艺不同，SiC RSD 从 N⁺ 衬底开始然后进行多次外延、刻蚀和注入。目前，由于只有高掺杂的 N 型衬底可以用 SiC 材料获得，一般 SiC 晶闸管型器件（晶闸管、SGTO、ETO 等）都被制造成 P 型，

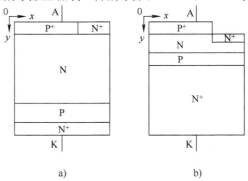

图 4-80 Si RSD 与 SiC RSD 的二维元胞结构[115]

a) Si RSD b) SiC RSD

即 P 基区为漂移区。但是对于 SiC RSD，也采用基于反向预充触发的 P 型，那么导通性能将会很差。可以验证只有 N 基区可以被选作漂移区，以确保可控等离子体层有效地形成在集电结附近。

4.1.7.2　SiC RSD 关键工艺

但是由于中央集电结 J_2 用于阻断正向电压，作为深结，常规的平面终端不能被运用。因此，需要将 J_2 结设计成正角度的台面终端，如图 4-81 所示。并且，SiC 的材料特性使得 Si 器件中常用的磨角或喷射腐蚀形成台面的工艺无法顺利实现。

SiC RSD 的制造有若干关键工艺，包括连续多层外延生长、选择性 ICP 蚀刻、选择性离子注入和高温退火、PN 兼顾的欧姆接触和结终端技术等。

在制备 SiC RSD 芯片终端时，用金刚石涂层的刀片切割以形成 45°角的正斜角结构。这种以机械方式形成的斜面终端不可避免地会在芯片表面造成损伤，从而对漏电流产生负面影响。因此在 CF_4/O_2 气氛中进行 ICP 刻蚀以修复表面损伤，图 4-82 展现出使用 ICP 刻蚀前后的 SiC RSD 阻断特性。可以清晰地看到刻蚀恢复对于减小漏电流和提升击穿电压的作用。

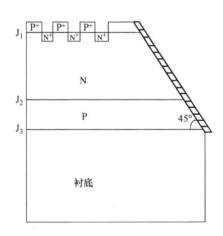

图 4-81　SiC RSD 元胞结构图[116]

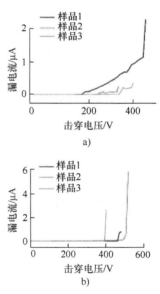

图 4-82　SiC RSD 阻断特性

a）ICP 刻蚀前　b）ICP 刻蚀后[117]

除此之外，SiC RSD 的裸芯片需要在封装前进行终端的钝化层处理。在众多传统的半导体钝化层材料（SiO_2、Si_3N_4、磷硅玻璃等）中，发现 SiO_2 钝化层对 SiC RSD 的电稳定性有良好作用。如图 4-83 所示，在氧化层内无电荷的时候，SiC RSD 芯片的最大电场被限制在芯片内部，这代表用正斜角斜面终端结构配合 SiO_2 钝化层可以阻止器件表面击穿。

如图 4-84 所示，将 SiC RSD 样品分为两组，一组经过热氧化处理形成 SiO_2，另外一组不经过热氧化处理。结果显示热氧化处理对减小漏电流有着非常明显的作用，如：在经过热氧化处理后，当击穿电压为 100V 时，漏电流从 $0.5\mu A$ 减小到 3.8nA。

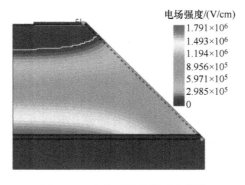

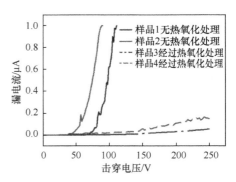

图 4-83　击穿时的电场分布[116]　　　　图 4-84　不同样品的阻断特性[116]

在半导体功率器件制造过程中，欧姆接触是非常重要的，其直接影响了器件的导通损耗，并且也是决定器件能否工作在高温环境下的重要因素。SiC RSD 在阳极的 N^+ 区经过 ICP 刻蚀、离子注入以及高温退火形成，这三种方式同时影响着欧姆接触的特性。同时，由于 SiC RSD 的阳极以 P^+N^+ 单元交替出现，最好的办法是找到一种能够同时进行 P 型和 N 型的 SiC 欧姆接触。

SiC RSD 的欧姆接触制作流程包括：①RCA 清洁可去除样品表面上的有机杂质、金属离子、各种颗粒和其他污染物。②通过光刻、溅射和剥离形成掩模层。③通过 ICP 蚀刻和氮离子注入形成阳极处的高掺杂 N^+ 区域。④通过高温退火激活注入的离子并消除晶格损伤。⑤通过沉积金属层来制备欧姆电极。

经过快速热退火（RTA）后可以观察到传统的镍/钛/铝三层结构金属表面的情况，如图 4-85a 所示：大面积的表面金属脱落，原因可能是高温导致铝熔化。如果降低退火的温度，会导致 N 型 SiC RSD 的性能下降。因此，在铝层外面多加一层银，作为退火时的铝保护层。如图 4-85b 所示，在加入了银之后，金属脱落现象大幅改善。最终，四层镍/钛/铝/银（80/30/80/500nm）欧姆接触金属被用在 SiC RSD 上。

为了减小 P^+ 区上形成 N^+ 区过程中，流程对 P^+ 区的影响，可以在步骤④高温退火前增加 SiO_2 保护层用来保护阳极 P^+ 区的表面形态。SiO_2 层通过等离子体增强化学气相沉积法（PECVD）在 P^+ 区表面进行沉积。在步骤⑤中沉积欧姆金属之前补充牺牲氧化，以减少在形成 N^+ 区时由蚀刻工艺引起的阳极侧损伤。

SiC RSD 的 J_2 结承受外部正向高电压，其反向几乎没有阻断能力，即阴极侧

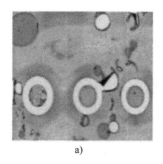
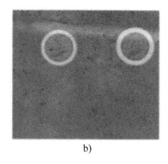

a)　　　　　　　　　　b)

图 4-85　快速热退火后的金属表面[118]

a）镍/钛/铝　b）镍/钛/铝/银

PN$^+$结的雪崩击穿电压。SiC RSD 主耐压结是深结，台面终端比平面终端更加实用。实验中，SiC RSD 的终端结构通过具有 45°角的刀片进行切割形成，再采用 ICP 处理对机械损伤进行修复。图 4-86 显示了两只 SiC RSD 样品的正反向阻断电压实验测试结果。当漏电流达到 1μA 时，低压 SiC RSD 正向耐压为 750V，高压样品为 2340V。

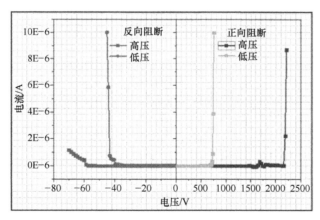

图 4-86　高压 SiC RSD 和低压 SiC RSD 的正反向耐压实验测试结果[116]

4.1.7.3　SiC RSD 器件特性

以 1200V 的 SiC RSD 为例，掺杂分布图设计以及正向阻断情况下电场分布如图 4-87 所示，N 基区空间电荷区（SCR）的扩展刚好达到阳极侧 P$^+$N 结的边界。N 基区的最大载流子寿命为 2μs，正向阻断电压的仿真如图 4-88 所示。

图 4-89a 展示测试 SiC RSD 的电路结构原理图，当开关 S 闭合后，预充电容 C_1 为 SiC RSD 提供反向预充电流。当磁开关 MS 饱和后，主电容 C_0 将通过 SiC RSD 对负载 Z_0 进行放电。负载的电流密度以及 RSD 电压波形图如图 4-89b 所示：当 SiC RSD 电压跌落后，会出现残压的情况，这是判断 SiC RSD 是否均匀导通的重要参数。如果残压过大，最终会由于 SiC RSD 不均匀导通导致局部过热而使得芯片

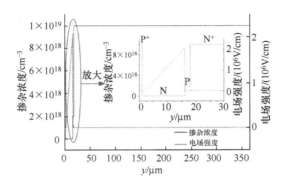

图 4-87　1200V SiC RSD 的掺杂分布和正向阻断下的电场分布[116]（见文前彩插）

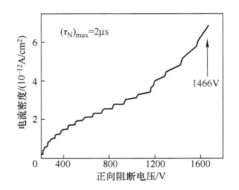

图 4-88　1200V SiC RSD 正向阻断特性仿真[115]

损坏。

在反向预充和正向导通情况下，不同时刻等离子在基区的分布情况如图 4-90 所示。在预充过程中，在 N 基区的等离子体浓度首先会由于外部电荷的注入速率大于电荷的复合速率逐渐上升，随后会由于外部电荷的注入速率小于电荷的复合速率而逐渐减小。因此为使得 SiC RSD 的正常导通，需要保证基区在预充过程中积累足够多的等离子，使得在到导通过程中不被耗尽。

如图 4-91～图 4-94，分别从 P 基区宽度、P 基区载流子寿命、预充电压以及温度 4 个方面分别对 SiC RSD 导通特性进行了仿真分析。从图 4-91、图 4-92 可以发现随着 P 基区宽度的减小和载流子寿命的提高，残压会逐渐降低。图 4-93 反映了随着预充电压的升高，残压会逐渐降低的特点。原因是 SiC RSD 在预充过程中积累了足够的电荷量，使得正向导通过程中不会因为等离子层浓度不够而导致基区电阻率增大。图 4-94 反映了触发击穿电压与温度的关系：随着温度升高，载流子迁移率下降，触发击穿电压也随之增大，呈现出雪崩特性。此外，温度的升高也会导致准静态压降随之升高，SiC RSD 体现出正向导通压降的正温度系数，这会使得电流在 SiC RSD 多元胞上更均匀地分布。

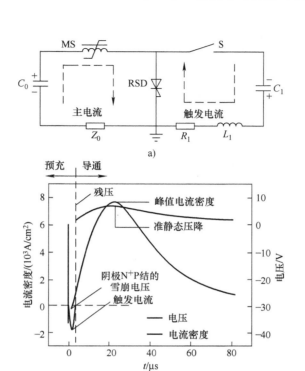

图 4-89　SiC RSD 的导通过程

a）电路结构　b）电流密度以及电压波形图[115]

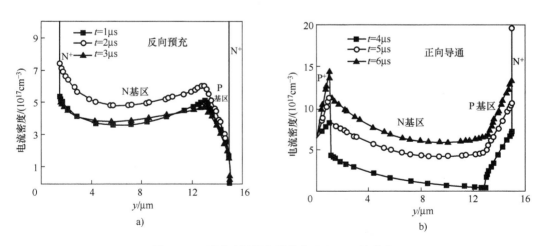

图 4-90　不同时刻等离子体在 SiC RSD 的分布

a）反向预充　b）正向导通[115]

对于常规没经过处理的单晶硅，载流子通常会有较长的寿命（几 μs 至几十 μs）。但对于 SiC 器件将会是相反的情况，如果没有经过特殊处理载流子寿命将会很短（几百 ns）。作为双极型器件，漂移区载流子寿命将会对 SiC RSD 的导通特性产生较大影响，如图 4-95 所示：残压会随着载流子在 N 基区寿命的减小而增大。高残压反映了导通过程的局部化现象，进而直接导致 RSD 的损坏。对于 4kV 等级以上的器件，载流子在 N 漂移区的寿命需要控制在至少 1μs 以上。

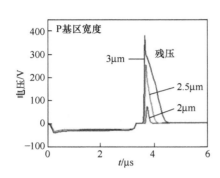

图 4-91　不同 P 基区宽度的 SiC RSD 导通电压波形[115]

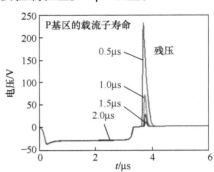

图 4-92　不同 P 基区载流子寿命的 SiC RSD 导通电压波形[115]

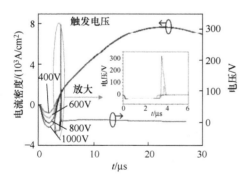

图 4-93　不同预充电压下的导通电流密度和电压波形[115]

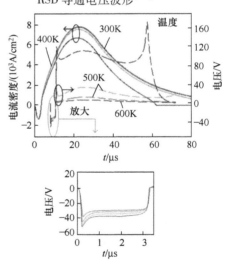

图 4-94　不同温度下 SiC RSD 导通电流密度和电压波形[115]

4.1.8　Si RSD 与 SiC RSD 对比

自 20 世纪 80 年代硅基 RSD 诞生到今天，RSD 以良好的串联特性、低损耗以及高 di/dt 耐量而闻名。由于 SiC 材料具有比 Si 材料更高的绝缘击穿场强（10 倍）、宽禁带宽度（3 倍）以及更好的热导性（3 倍），SiC RSD 的出现使得更高频率、更高的单芯片阻断电压以及更高的工作温度成为可能。

图 4-96 展示了不同阻断电压下，Si RSD 和 SiC RSD 的 N 漂移区宽度和掺杂浓

度的设计。这种设计确保了在阻断电压下，中间集电结的空间电荷区延伸刚好达到 N 漂移区的边界。可见在相同阻断电压下，SiC RSD 的漂移区宽度是 Si RSD 的 1/10，从而保证了低的体压降；SiC RSD 的掺杂浓度是 Si RSD 的 100 倍，使得其有更高的本征温度。

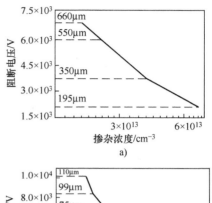

a)

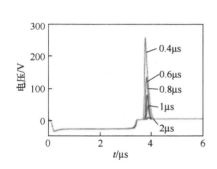

图 4-95　不同 N 基区载流子寿命的 SiC RSD 导通电压波形[117]

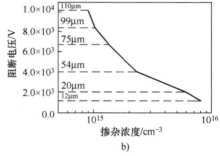

b)

图 4-96　不同阻断电压下 RSD 的 N 漂移区掺杂浓度和宽度设计[119]

a) Si RSD　b) SiC RSD

SiC RSD 与 Si RSD 在不同阻断电压下的导通特性如图 4-97 所示：在预充电荷量保障足够的情况下，通过比较准静态压降，6kV 阻断电压是 Si RSD 与 SiC RSD 的交点。由于 SiC 器件的结压降会比 Si 器件的结压降高大约 2V，导致在 6kV 以下 Si RSD 的准静态压降会比 SiC RSD 的小。因此，对于双极型器件，在高阻断电压情况下，SiC 器件才会出现较 Si 器件更大的优势。

在相同的 4kV 阻断电压下，结合图 4-98，在非平衡状态下，Si RSD 和

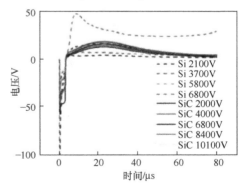

图 4-97　不同阻断电压下 Si RSD 与 SiC RSD 的导通电压波形[119]（见文前彩插）

SiC RSD 在集电结的载流子浓度于触发后都会有减少（$t \geqslant 2\mu s$）。原因是在开始阶

段，电子从预充等离子层中被抽取，使得在发射极的电子需要穿过 P 基区才能对等离子层进行补充。因此，在导通前沿，存在一个临界预充电荷量使得 Si RSD 和 SiC RSD 在导通过程中不会出现局部化的现象。

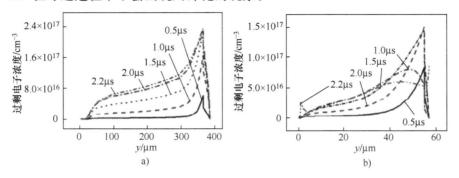

图 4-98　不同时刻 4kV RSD 导通过程的过量等离子体浓度在基区分布[119]

a）Si RSD　b）SiC RSD

　　在相同阻断电压的情况下，如图 4-99 所示，由于 Si RSD 更宽的 N 漂移区，使得其临界预充电荷量比 SiC RSD 的高几倍。并且，在临界预充电荷量达到、能够均匀导通的情况下，Si RSD 和 SiC RSD 在集电结的峰值浓度都比 $1 \times 10^{17} \mathrm{cm}^{-3}$ 更高。结合 SiC RSD 准静态压降与预充电荷量的关系，如图 4-100 所示，高阻断电压会伴随着高准静态压降；准静态压降会随着预充电荷量的增加而逐渐降低，最后饱和；对于不同的阻断电压 RSD，准静态压降饱和点的预充电荷量大致保持一致，这意味着预充电荷量几乎不受 N 基区参数的影响。

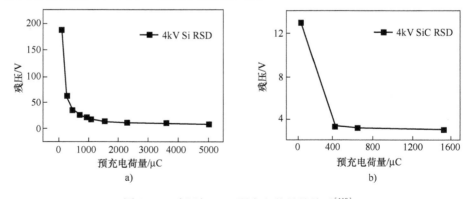

图 4-99　残压与 RSD 预充电荷量的关系[119]

a）Si RSD　b）SiC RSD

4.1.9　RSD 的封装

　　一般 RSD 均采用压接式封装结构，其实物图如图 4-101a 所示，因为这种封装结构具有双面散热、无键合线等优势。该压接式封装的 RSD 的具体尺寸图如图 4-101b 所示，其内部 RSD 芯片的直径为 24mm，芯片封装以后器件的最大直径为 42mm，厚度为 13.54mm。

压接式 RSD 具体结构示意图如图 4-102 所示，包括阴极和阳极的铜块、RSD 芯片、钼片以及侧面支撑用的陶瓷。其中，钼片起到缓冲压力的作用，防止RSD 芯片机械损坏。

除了上述这种单 RSD 芯片封装技术外，在实际应用过程中也存在将多片 RSD 裸芯片串联，然后一起封装的情况，以提高电压等级，同时尽可能减小模块体积，与 4.3.4 节 DSRD 的堆叠封装类似。

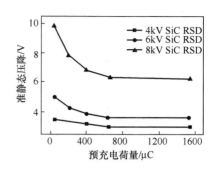

图 4-100　SiC RSD 准静态压降与
预充电荷量的关系[119]

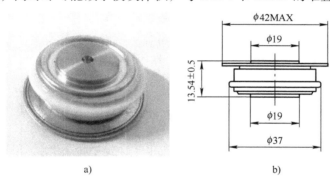

a)　　　　　　　　　　　　　　　b)

图 4-101　压接式 RSD
a）实物图　b）尺寸图[122]

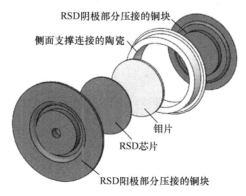

图 4-102　压接式 RSD 结构示意图[122]

4.1.10　RSD 的可靠性

　　图 4-103 给出了 RSD 寿命测试电路图，主放电回路由 C_0-R_0-L_0-MS-RSD 组成，CC 为触发回路。其中，C_0 由 16 只 25kV/110μF 金属化电容器并联而成，R_0-L_0 为电感电阻一体化保护负载，Z_1 为集中负载，阻值约为 70mΩ，K_1 为磁开关，采用 MRC 去磁电路直流去磁方式。

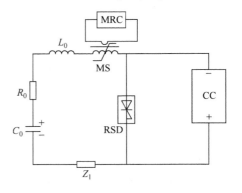

图 4-103　RSD 的寿命测试电路图[122]

　　选取器件的静态特性参数为寿命的特征参量，一定的试验次数后测量特征参量的变化，用数值分析法建立寿命统计模型。根据 RSD 开关和组件的特点，确定 RSD 开关试验过程中的失效判据为：开关工作电压 1.5kV 时，漏电流大于 200μA。当测得的开关参数满足上述条件时，组件失效，寿命试验停止。随着工作电压和试验次数增多，RSD 泄漏电流缓慢增加，结果如图 4-104 所示。

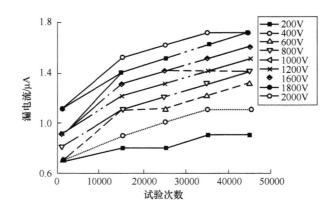

图 4-104　泄漏电流随电压和脉冲次数变化情况[122]

　　根据图 4-104 静态试验结果，初步判断静态特性符合指数增长模型，故采用指数增长模型拟合可以得到漏电流与实验次数的模型为

$$I = I_0 + k\exp\left(\frac{N}{N_0}\right)$$

式中，I 为泄漏电流；N 为试验次数；I_0 为初始泄漏电流；N_0 为与开关特性有关的常数；k 为漏电流随试验次数的变化率。对图 4-103 所示的 RSD 进行寿命测试后得到其寿命为 4.1×10^7 次。

4.2　半导体断路开关（SOS）

4.2.1　SOS 效应的发现

早在 20 世纪 50 年代，研究人员就发现在半导体二极管内可利用电荷注入技术来突然关断反向电流，并研究设计了电荷存储二极管（Charge-Storage Diode，CSD）。只有在低注入水平和高基区掺杂条件下，二极管才能在 CSD 模式下运行。大电流运行模式（和超高注入水平）和为提高二极管反向电压而降低 N 基区掺杂水平都会导致突然关断电流效应的消失。CSD 的典型运行电流和反向电压分别为 $10 \sim 100\text{mA}$ 和 $10 \sim 50\text{V}$。

1983 年，苏联科学院的 I. V. Grekhov 提出了一种具有 P^+NN^+ 结构的二极管，关断电流密度达 200A/cm^2，电流关断时间为 2ns，运行电压为 1kV。这种二极管称为漂移阶跃恢复二极管（Drift Step Recovery Diode，DSRD），在本章下一节将予以详述。为了得到 $1 \sim 2\text{kV}$ 的工作电压，基区施主杂质浓度不能高于 10^{14}cm^{-3}。在电流关断时，其相应的最大电流密度为 $160 \sim 200\text{A/cm}^2$。通过增大结构面积和使用多个结构串联，可以提高断路开关的运行电流和电压参数。

功率二极管工作在大注入条件下，基区等离子体浓度可比初始掺杂浓度高出好几个数量级，电流密度可达到几 kA/cm^2 到几十 kA/cm^2。当反向电流流过高反向传导状态的功率二极管结构时，PN 结和 NN^+ 结边缘的过剩载流子首先被抽取，同时，反向电流开始衰减，整个基区充满了密集的过剩载流子，反向电流的衰减过程就是缓慢从二极管基区移走剩余载流子的过程，典型时间为几十分之一微秒到几微秒。

功率二极管工作在含有电感负载的电路中，当电流从正向转到反向时，二极管上会出现过电压。因此，在二极管反向恢复时，电流下降时间变短。在应用二极管作为交流整流器的传统领域，这是一个不希望出现的效应，因为这会降低二极管和其他电路组件的可靠性。为抑制这种效应研究了很多方法，如选择某种掺杂分布，或使用缓冲电路抑制二极管上的过电压等。

1990 年，V. V. Vecherkovskii 报道了用在高压整流二极管恢复时得到的幅值 95kV、上升沿 80ns 的过电压脉冲来触发火花隙，他已接近于发现纳秒关断超大密度电流的效应，不过所得结果仍是按照 DSRD 运行机制解释的。

1991 年，俄罗斯爱卡特林堡电物理研究所的 S. K. Lyubutin 等人在用高压二极管做整流实验时发现，使一定持续时间的正向电流和反向电流（电流高达几十千安，持续时间为几百纳秒）依次通过 P^+PNN^+ 的半导体结构，反向电流的关断时间降到了几十纳秒。这种大电流密度在纳秒级时间截断的现象被称为 SOS 效应。这种 P^+PNN^+ 的半导体结构称为半导体断路开关（SOS）。

SOS 器件承受反向过电压 $10^5 \sim 10^6$ V，脉冲功率几百到几千兆瓦，关断持续时间纳秒级，关断电流 kA 级，脉宽为 $1 \sim 100$ns，脉冲重复频率为几百到几千赫兹。它代表了一种新型的全固态大电流密度纳秒级断路开关，预示着脉冲功率技术的新跨越。

4.2.2 SOS 模式的物理基础

4.2.2.1 SOS 的基本工作原理

根据开关特性的不同，二极管可分为普通的硬恢复二极管和经改良的现代软恢复二极管。定义反向电流衰减时间与高反向传导状态的持续时间之比为软度因子，即如图 4-105 中的 t_b/t_a。这个系数对软恢复二极管可达到 $1 \sim 2$；对硬恢复二极管小于 1，在电感负载电路中开关上的过电压可达初始反向电压的 $200\% \sim 300\%$。

开发新型 SOS 二极管的目的不是用来整流，而是明确地用来快速关断电感储能脉冲功率系统中的反向电流。例如，相同条件下在美国软恢复二极管 NTE541、俄罗斯硬恢复二极管 $C_{дл}$ 和 SOS 二极管上获得输出电压脉冲，预充电容的初始电压均为 9.5kV，

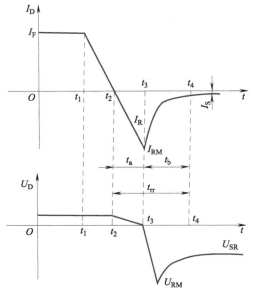

图 4-105 二极管反向恢复过程电流电压波形图

NTE541 二极管上获得的电压脉冲幅值小于 10kV，$C_{дл}$ 二极管上则获得过电压 22kV。实验表明，在 SOS 效应条件下，与交流整流方式不同，更高的电流密度和更短的预充时间使得软恢复二极管和硬恢复二极管的差异显现出来。

软恢复和硬恢复二极管主要在掺杂浓度、PN 结结深 X_p、基区宽度 W、形成基区的 N 型 Si 电阻率的设计上有所不同。图 4-106 给出了上述 3 种典型的 P^+PNN^+ 二极管结构。其中，普通硬恢复二极管通过扩铝至结深约 100μm 形成 P 区。软恢复二极管的制作采用了以下一些技术：减小 X_p 同时增加 PN 结的陡度，即在靠近 PN 结处形成一个外延 P 区，产生一个陡峭的受主浓度梯度；延长基区，即增加 W/X_p；提高初始硅的电导率。这种结构特点使得电流从正向变为反向时，一方面 PN 结快速地释放过剩载流子，以阻碍反向电流的进一步增大，另一方面二极管内大量剩余等离子体延迟了反向电流的衰减，以保证电压的软恢复模式。

I. V. Grekhov 等人反向思维，考虑了如何增加二极管恢复硬度的问题，他们的研究结果表明，在电流密度为 $1 \sim 10$A/cm^2 情况下，把 X_p 从 50μm 增加到 110μm，

可使高反向传导状态的持续时间延长到几
μs，同时反向电流衰减时间减小到几十
微秒。

为了研究结构参数对 SOS 效应模式下电
流关断过程的影响，G. A. Mesyats 和
S. N. Rukin 等人制造了不同初始硅电阻率、
基区宽度、结构面积、PN 结深度的实验用
SOS 堆体。每个 SOS 堆体包含 20 只串联的二
极管，用电介质轴固定，每只二极管装有一
个铜散热片。当 PN 结结深 X_p 由 $100\mu m$ 增加
到 $200\mu m$ 时，获得了提高 SOS 恢复硬度的积
极结果。当 $X_p > 160\mu m$，过电压系数可达到
6。这种具有深扩铝结构的二极管称为 SOS
二极管。根据已有分类，它也可以叫作超硬恢复二极管。

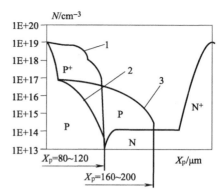

图 4-106　二极管的典型 P^+PNN^+ 结构
1—软恢复二极管　2—硬恢复二极管
3—超硬恢复二极管（SOS）

图 4-107 所示为 SOS 的双回路泵浦电路原理图，其中电容 C_1 和 C_2 的电容量相
等。电容 C_1 预先充电到电压 U_0，
当开关 S^+ 闭合后，C_1 通过电感 L^+
和 SOS 放电，同时给 C_2 充电（开
关 S^- 断开），此为 SOS 的正向泵浦
过程，电子-空穴等离子体注入二
极管。正向泵浦过程中电路的等效
电容 $C^+ = C_1/2$。SOS 正向泵浦过
程结束时开关 S^+ 断开，开关 S^- 闭
合，反向电流通过电感 L^- 从电容
$C^- = C_2$ 注入，并从二极管中移出

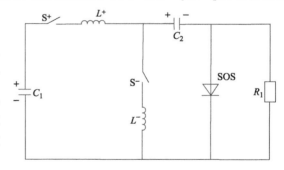

图 4-107　SOS 双回路泵浦电路原理图

等离子体。SOS 的阻抗急剧增加，电流由二极
管转换到负载 R_1，形成高电压输出脉冲 U_r。
R_1 电压上升速率与二极管的电流关断速率有
关，输出脉冲的能量取决于存储于 L^- 的能量。

图 4-108 给出了典型的 SOS 泵浦和关断
过程的电流电压波形图。正向泵浦过程中，
PN 结正向偏置，空穴从 P^+ 区漂移到二极管基
区，电子从 N^+ 区向相反的方向漂移，并逐渐
充满 P 区。因为 P^+PNN^+ 结构中基区的掺杂
浓度最低，SOS 的阻抗主要由其决定。泵浦初

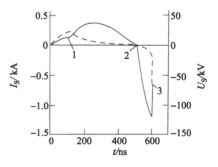

图 4-108　SOS 泵浦和关断过程
（实线为电流，虚线为电压）

始阶段，二极管内电流密度增长比基区电阻下降更快，导致在 SOS 上出现正向浪涌电压（图 4-108 中点 1 处），并在基区出现一个强场区。此时的电子和空穴密度分布、电场剖面及双极漂移速率如图 4-109 所示。从二极管电阻小于电路的特征阻抗和负载电阻，直到电流关断，SOS 以电流源模式运行，通过 SOS 的电流由外部电路而非半导体结构本身的特性决定。

　　图 4-110 为正向泵浦结束时（图 4-108 中点 2 处，零电流）注入电子和空穴的浓度分布。可以看到，大部分积累电荷残留在高掺杂区，其中电子在 P 区，空穴在 N^+ 区；最低等离子体浓度在基区，其值约为 $10^{16} \mathrm{cm}^{-3}$。

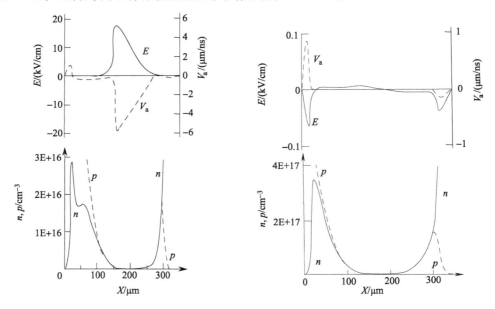

图 4-109　正向浪涌时电场及等离子体分布　　图 4-110　正向预充结束时电场及等离子体分布

　　反向泵浦过程中，等离子体倒转其运动方向，并开始回到 PN 结平面。在这个过程中，非平衡载流子浓度为高注入水平，大部分等离子体移动得比等离子体峰区慢，因此锐化了等离子体剖面的边缘，先在 P 区，接着在 N 区。等离子体峰区的最大宽度 δ_N 和 δ_P 可通过如下方法估算：一个很强的扩散流量，朝着等离子体相反方向移动，出现在锐化峰区；为了使等离子体传导电流，这个流量必须由一个大约相等的漂移分量来平衡，则 $\delta_N \sim D_n/V_n(E)$，$\delta_P \sim D_p/V_p(E)$。当峰区等离子体移动速率达到饱和时，δ_N 和 δ_P 取得最小值：$\delta_N \sim D_n/V_{ns} = 0.04 \mu m$，$\delta_P \sim D_p/V_{ps} = 0.01 \mu m$。当空间等离子体陡峭分布形成，位于等离子体峰区后的 P^+PNN^+ 结构区域几乎完全没有载流子注入，电流仅靠多数载流子维持，其在等离子体峰区外部浓度最低。不考虑扩散电流的影响，则二极管截面的电流通路为

$$P \, 区 \, x \leqslant x_{nfr}, \; j(t) = q \mid N(x) \mid V_n(E(x))$$

$$\text{N 区 } x \geqslant x_{\text{pfr}}, \quad j(t) = qN(x)V_{\text{p}}(E(x))$$

式中，q 为基本电荷；x_{nfr} 和 x_{pfr} 分别为 P 区电子密度和 N^+ 区空穴密度边界的坐标；$V_{\text{n}}(E(x))$ 和 $V_{\text{p}}(E(x))$ 是载流子在电场 $E(x)$ 下的漂移速率；$N(x)$ 为施主与受主浓度差，$N(x) = N_{\text{D}}(x) - N_{\text{A}}(x)$，其值在 N 区为正、在 P 区为负。

当等离子体峰区到达电流密度等于多数载流子的饱和电流密度的地方时，$j_{\text{ps}} = q \mid N(x_{\text{nfr}}) \mid V_{\text{ps}}$，$j_{\text{ns}} = qN(x_{\text{pfr}})V_{\text{ns}}$，等离子体峰区的场强突然增大，载流子漂移速率达到饱和，载流子迁移率下降。迁移率下降意味着在等离子体峰区形成了一个具有高的有效阻抗的结构部分，这导致通过 SOS 的电流减小。碰撞离子化产生的电子—空穴对限制了等离子体峰区的电场强度，产生的额外载流子使得等离子体密度低的区域能流过电流。因此，具有陡峭边界的高电场区出现在半导体结构中，区域外边界拥有电流饱和条件，并被几乎固定的电场占据，内边界则位于等离子体峰区。图 4-111（图 4-108 中点 3 处）即为此时的电场和等离子体分布图。因为等离子体峰区不停地移向基区，电场区域增大，通过 SOS 的反向电压增大，SOS 上形成一个电压脉冲尖峰。

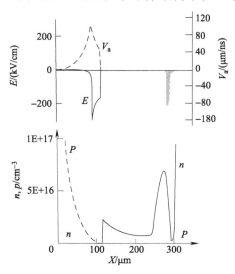

图 4-111　反向关断时电场及等离子体分布

SOS 效应在半导体器件中代表着一种新的电流关断理论，其主要差别是：电流关断不像其他器件一样在低掺杂的基区发生，而是在狭窄的高掺杂 P^+ 区发生；基区和 PN 结被大量的过剩等离子体充满，其浓度高于初始掺杂浓度两个数量级。这两个因素使得 SOS 可以在纳秒时间内关断高密度电流。

值得指出的是，当使用高电阻率 Si 时，出现了不利的结果：正向预充的初始阶段，当基区电导调制，一个可以和预充电容电压相比的电压出现在 SOS 上，这使得正向预充阶段 SOS 上的能量损失已达 40% ~ 50%。因此，设计 SOS 时初始 Si 电阻率一般不高于 $50\Omega \cdot \text{cm}$。

4.2.2.2　SOS 效应模式下的电子—空穴动力学

SOS 是借助于可控等离子层换流的思想来进行工作的。为说明 SOS 效应并研究 SOS 中的关断过程，S. A. Darznek 等人建立了可分析大注入条件下电子—空穴动力学的模型。模型考虑了 P^+PNN^+ 结构的掺杂剖面及以下电子—空穴基本过程：强场中载流子的扩散和漂移、深能级杂质的复合、俄歇复合、密集等离子体的碰撞离子化。

在如图 4-72 所示电路中，描述电流的基尔霍夫方程为

$$L_e \frac{dI_C}{dt} = U_C - U_S, \quad C_e \frac{dU_C}{dt} = -I_C$$

$$I_C = I_S + \frac{U_S}{R_1}, \quad U_S = U_S(I_S(t), \ t)$$

式中，U_C 和 I_C 为等效电容上的电压和流过电容的电流；U_S 和 I_S 为 SOS 上的电压和电流；C_e 和 L_e 为电路的等效电容和电感，正向泵浦过程中分别为 C^+ 和 L^+，反向泵浦过程中分别为 C^- 和 L^-。

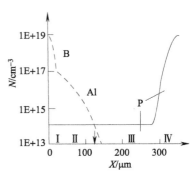

图 4-112　SOS 掺杂剖面图

变量 U_C、I_C 和 U_S 的初始条件为

$$U_C(0) = U_0, \quad I_C(0) = 0, \quad U_S(0) = 0$$

图 4-112 为典型的 SOS 掺杂剖面结构，包括 4 个特征区域：通过扩硼获得的高掺杂 P^+ 区 Ⅰ；通过扩铝获得的中等水平掺杂的 P 区 Ⅱ；磷轻掺杂的 N 区 Ⅲ；扩磷的 N^+ 区 Ⅳ。二极管 P^+PNN^+ 结构在 SOS 效应机制下运行时，采用准中性等离子体近似，对非均匀掺杂半导体剩余等离子体浓度 p 有如下表达式

$$\frac{dp}{dt} = D_a(p, N, E)p'' - V_a(p, N, E)p' + Q_p(p, N, E)p + G(p, n, E)$$

$$(4\text{-}47)$$

式中，D_a 为双极扩散系数，$D_a = \dfrac{nV'_n D_p + pV'_p D_n}{nV'_n + pV'_p}$；$V_a$ 为双极漂移速率，$V_a = \dfrac{nV'_n V_p - pV'_p V_n}{nV'_n + pV'_p}$；$Q_p$ 为频率参数，$Q_p = \dfrac{V'_p(D_n N'' + V_n N')}{nV'_n + pV'_p}$；$G$ 为电子-空穴对的体产生率；电子和空穴的扩散系数分别为：$D_n = 40\,\text{cm}^2/\text{s}$，$D_p = 12\ \text{cm}^2/\text{s}$；符号 "′" 表示对其求导。

在 SOS 的典型泵浦条件下，P^+PNN^+ 结构中会出现很高的电场，所以必须考虑函数 $V_n(E)$ 和 $V_p(E)$ 中漂移速率饱和的情况。采用插值公式：

$$V_n(E) = V_{ns} \frac{E/E_{ns}}{(1 + (E/E_{ns})^{\beta_n})^{1/\beta_n}}$$

$$V_p(E) = V_{ps} \frac{E/E_{ps}}{(1 + (E/E_{ps})^{\beta_p})^{1/\beta_p}}$$

式中，V_{ns} 和 V_{ps} 分别为电子和空穴的饱和速率，$V_{ns} = 107\,\mu\text{m/ns}$，$V_{ps} = 83\,\mu\text{m/ns}$，在迁移率近似恒定情况下，$V_n = \mu_n E$ 和 $V_p = \mu_p E$ 仍然有效；E_{ns} 和 E_{ps} 为特征电场，$E_{ns} = 7\,\text{kV/cm}$，$E_{ps} = 18\,\text{kV/cm}$；$\beta_n$ 和 β_p 为调节系数，$\beta_n = 1.11$，$\beta_p = 1.21$。

式（4-47）适用于二极管结构的 N 区，位于 PN 结边界 X_p 的右边，这个边界相应于 P 型和 N 型杂质发生完全补偿的地方：$N(x_{p\text{-}n}) = 0$，空穴是少数载流子。

在 PN 结左边的 P 区，电子是少数载流子，可得到类似的公式

$$\frac{\mathrm{d}n}{\mathrm{d}t} = D_a(n,\ N,\ E)n'' - V_a(n,\ N,\ E)n' + Q_n(p,\ N,\ E)n + G(p,\ n,\ E)$$

$$(4\text{-}48)$$

其中 D_a、V_a 为与式（4-47）中相同的双极系数。

$$Q_n = \frac{V'_n(-D_p N'' + V_p N')}{nV'_n + pV'_p}$$

为与 Q_p 有相似含义的频率参数。

以电子和空穴密度的平衡值作为函数 $n(x,\ t)$、$p(x,\ t)$ 的初始条件，方程式（4-47）和式（4-48）的边界条件由二极管结构 $x = 0$ 和 $x = L$ 处的金半接触特性决定，L 为 P^+PNN^+ 结构的总长度。假设所有接触均为理想欧姆接触，载流子在二极管边界的密度相应于平衡密度：

$$n(0,\ t) = n_i^2/N_A(0)$$
$$p(L,\ t) = n_i^2/N_D(L)$$

其中 $n_i = 1.45 \times 10^{10}\,\mathrm{cm}^{-3}$ 为硅中本征载流子密度。

电子—空穴对的体产生率是离子化率 I 和载流子复合率 R 的差值：

$$G(n,\ p,\ E) = I(n,\ p,\ E) - R(n,\ p)$$

离子化率可表示为

$$I(n,\ p,\ E) = \alpha_n(n,\ p,\ E)n\,|\,V_n(E)\,| + \alpha_p(n,\ p,\ E)p\,|\,V_p(E)\,|$$

式中，$\alpha_{n0}(E)$ 和 $\alpha_{p0}(E)$ 为半导体中无移动载流子时的标准离子化系数，$\alpha_n(n,\ p,\ E) = \alpha_{n0}(E)\beta(n,\ p,\ E)$，$\alpha_p(n,\ p,\ E) = \alpha_{p0}(E)\beta(n,\ p,\ E)$；$\beta(n,\ p,\ E)$ 为考虑载流子的影响。

$\alpha_{n0}(E)$ 和 $\alpha_{p0}(E)$ 的插值公式为

$$\alpha_{n0}(E) = A_n \exp(-B_n/\,|\,E\,|\,)$$
$$\alpha_{p0}(E) = A_p \exp(-B_p/\,|\,E\,|\,)$$

式中，A_n，B_n，A_p，B_p 均为调整系数，$A_n = 7.4 \times 10^5\,\mathrm{cm}^{-1}$，$B_n = 1.16 \times 10^6\,\mathrm{V/cm}$，$A_p = 7.25 \times 10^5\,\mathrm{cm}^{-1}$，$B_p = 2.2 \times 10^6\,\mathrm{V/cm}$。

$$\beta(n,\ p,\ E) = \frac{\exp(-\sqrt{n+p}\,E_i/E)}{1 + (n+p)/n_{ion}}$$

式中，E_i 为硅离子化势能，$E_i = 1.5\mathrm{V}$；n_{ion} 为具有密度量纲的参数，$n_{ion} = 2.4 \times 10^{17}\,\mathrm{cm}^{-3}$。

在高密度电子-空穴等离子体中，主要的复合过程为深能级杂质复合 R_{imp} 和俄歇复合 R_{Aug}：

$$R = R_{imp} + R_{Aug}$$
$$R_{imp} = \frac{np - n_i^2}{\tau_{imp}(n + p + 2n_i)}$$

$$R_{\text{Aug}} = (np - n_i^2)(C_n n + C_p p)$$

式中，τ_{imp} 为粒子寿命；C_n、C_p 为复合常数，$C_n = 6 \times 10^{-31} \text{cm}^6/\text{s}$，$C_p = 3 \times 10^{-31} \text{cm}^6/\text{s}$。

为了计算准中性等离子体模型的电场，引入总电流方程

$$j_d(t) + j_c(t) = j(t)$$

式中，$j_d(t)$ 为位移电流密度，$j_d(t) = \varepsilon \cdot \dot{E}$；$\varepsilon$ 为硅电介质常数，$\varepsilon = 11.7$；$j_c(t)$ 为传导电流，$j_c(t) = q(D_n n' + nV_n(E) - D_p p' + pV_p(E))$。电场的平衡剖面认为是初始分布 $E(x, 0)$。

通过二极管结构的电压计算公式为

$$U_L = U_{\text{cont}} + \int_0^L E(x)\,\mathrm{d}x$$

式中，U_{cont} 为接触电动势差，$U_{\text{cont}} = U_T \ln(n(L)/n(0))$，$U_T$ 为热电动势，$U_T = 26\text{mV}$。

$U_S = N_{\text{st}} U_L$ 为 SOS 堆上的电压，N_{st} 为串联二极管芯片数目。

4.2.3　SOS 二极管的特性及主要参数

SOS 的设计原则是：首先，要尽量减少非平衡少数载流子的平均寿命以减少反向电流的截断时间，即减少断开过程的持续时间。增加断开电流，就需重掺杂 P$^+$和 N$^+$、增加杂质 X_p 以及复合中心浓度；其次，要提高反向过电压，需采用 P$^+$N 结或 N$^+$P 结的结构形式，同时要减少轻掺杂基区的杂质浓度和它的宽度；再次，要降低正向压降，减少损耗，必须采用 P$^+$P 和 N$^+$N 形式的结构。因此，SOS 结构形式为 P$^+$PNN$^+$的半导体复合结构，可看成由 P$^+$NN$^+$与 P$^+$PN$^+$的有机组合。

1. 截断电流密度 J_r

PN 结外加反向电压 U_r 时截断电流密度

$$J_r \propto (qN_i/\tau) U_r/N_b$$

式中，N_b 为基区掺杂浓度；N_i 为本征载流子密度；τ 为非平衡少子的平均寿命。

可见，要增加 J_r，需增加 N_i 和 U_r，减少 τ 和 N_b。N_i 和 N_b 分别与选材及掺杂有关，如何减少 τ 是获得大的截断电流的关键。

2. 反向电流截断时间 t_r

PN 结区的截断时间 $t_r = t_s + t_f$，其中 t_s 为剩余等离子体即 Δp 和 Δn 所组成的导电离化粒子在反向电压作用下形成反向电流的电荷存储时间；t_f 随 Δp 和 Δn 的减少而使电子、空穴返回到热平衡状态分布最后反流衰减到 0，t_f 主要由 Δp 和 Δn 的复合效应决定。减少离化粒子的存储时间和载流子的复合时间，就可以减少 τ 从而减少反向电流的 t_r。

$$\tau = f(1/P^0, 1/N^0, \Delta P, 1/N_t)$$

式中，N^0 为电子浓度；P^0 为空穴浓度；N_t 为复合中心浓度。

1）τ 随 P^0、N^0 增大而减少，而 P^0、N^0 由浅杂质浓度决定，为减少 τ 需增加浅

杂质浓度, 此即在 PN 结构两边重掺杂 P^+ 和 N^+ 的理论依据。

2）τ 随 Δp 的减少而减少, 所以要深扩散杂质, 因在断开同样大小的反流情况下, 扩散的杂质分布越广, Δp 浓度越小, 越有利于减少 τ。

3）增加深复合中心浓度 N_t, 即增加半导体缺陷和某些特殊杂质有利于减少 τ, 在截断反流过程中, 复合中心将加速电子—空穴的复合, 从而加速其恢复到热平衡状态和缩短截断过程。

也有研究者认为, 由于 SOS 的反向电流降到一定程度时, 其电流下降比较缓慢, 如按照一般半导体器件关断时间的概念来定义截断时间则不能真正反映 SOS 的截断特性。因此, 定义 SOS 反向泵浦电流达到最大值与负载电流达到最大值之间的时间为 SOS 截断时间。这样定义的截断时间与正向泵浦和反向泵浦时间存在简单的定量关系, 截断时间与正向泵浦时间的立方根和反向泵浦时间的乘积成正比。

负载的大小也会影响截断时间的长短, 负载越大, SOS 截断时承受的反向电压越大, 加速了 SOS 的截断, 使 SOS 的截断时间缩短。反之, 截断时间变长。

3. 反向过电压 U_{or}

P^+N 或 N^+P 结区在反向电压作用下的击穿机理可用隧道效应的齐纳击穿和雪崩碰撞电离的体雪崩击穿来解析。硅本征半导体的突变结的击穿多属于体雪崩击穿, 击穿电压为 $U_{or} \propto N_b^{-3/4}$。减少 N_b 有利于增加 U_{or}, 但 N_b 过分减少又将增加耗尽区宽度, 不利于提高 U_{or}, 同时会增加正向压降, 降低传输效率。

1）在降低 N_b 时, 要综合考虑二极管基区宽度与耗尽区宽度的关系。二极管基区较小而又能满足耗尽区宽度限制, 则可大大提高反向过电压。

2）采用 P^+N 或 N^+P 结以提高反向过电压, 并利用 P^+P 或 N^+N 结保持低正向压降特性。

4. 截断阻抗

SOS 两端瞬时电压与瞬时电流之比为 SOS 截断过程的阻抗, 截断阻抗的变化过程可分为 3 个阶段。

1）第一阶段, 阻抗快速增长阶段。当反向流过 SOS 的电流从最大值开始下降时, SOS 的阻抗开始快速增长, 一般能达到几百或上千欧姆, 阻抗增长率在 $10^{10}\,\Omega/s$ 以上。

2）第二阶段, 阻抗平缓变化阶段。当加在 SOS 两端的电压达到最大值, 即负载电流达到最大时, SOS 的阻抗增长速率开始减慢, 进入相对平缓的复杂变化阶段。在这一阶段, 阻抗或单调增加或振荡变化。

3）第三阶段, 完全截断阶段。从开始截断经过阻抗平缓变化阶段, 阻抗会再一次更快速地增长, SOS 的阻抗达到几千欧姆以上, 通过 SOS 的电流衰减到 0。

这 3 种阶段的截断过程具有调节波形的作用, 选择合适的正、反向泵浦时间, 就有可能使输出电流波形有较宽的平顶部分。

5. 电压增益

电压增益定义为输出峰值电压和泵浦电压之比。

1）当泵浦时间、负载阻抗一定的情况下，电压增益基本保持不变。

2）当其他条件不变，改变负载阻抗的大小，电压增益随负载阻抗的增大而增大。在 RL 电路零输入时，随着 R 的增大，R 上可得到较高的电压。这里 R 是负载阻抗和 SOS 平均截断阻抗的并联。

3）当负载阻抗和充电电压不变，电压增益随泵浦时间（包括正向泵浦时间和反向泵浦时间）的减小而增加。随着 SOS 泵浦时间的缩短，截断时间也会缩短，相当于增大了 SOS 的平均截断阻抗，因此，电压增益增大。

6. 输出脉冲的半高宽

输出电压的半高宽可看作由两部分构成：一部分为输出电压上升沿的半高宽，近似等于截断时间的一半；另一部分为输出电压下降沿的半高宽，近似为电感电阻回路的衰减常数 L^-/R。

7. 能量传递效率

定义负载上所获得的能量与 SOS 电流开始反向时电容 C_2 中的储能之比为 SOS 的能量传递效率。

1）保持回路电感和电容不变，对给定负载电阻，随着泵浦电压升高，能量传递效率略有增加。

2）保持泵浦参数不变，能量传递效率随负载电阻的增大而减小。负载和 SOS 是并联的，保持泵浦参数不变，SOS 的截断阻抗相对稳定，所以随负载的增大，负载获得的能量较小，能量效率降低。

3）保持负载电阻和泵浦电压不变，当反向泵浦时间一定时，随着正向泵浦时间的缩短，能量效率增加。这是因为正向泵浦时间的缩短增大了 SOS 的平均截断阻抗。

4）保持负载电阻和泵浦电压不变，当正向泵浦时间一定时，随着反向泵浦时间的缩短，效率则在明显下降。这是因为，为了获得短的反向泵浦时间需减小回路储能电感，使回路的特征阻抗减小，与回路总阻抗失配，从而负载上获得的能量减小。此时，电压增益是增加的，说明 SOS 是以损失能量传递效率换取功率增加的器件，即在 SOS 的应用中，效率与功率增益（电压增益的二次方）是一对矛盾。

图 4-113a 给出了"电流密度-开关时间"的坐标图，表明了 SOS 在半导体开关中所处的位置。其中参数 t_c 表示电流导通（如快速晶闸管）或关断（如 CSD、DSRD、SOS）的时间。导通电流的原理基于在半导体结构的低掺杂基区发生的过程。例如，通过晶闸管来开关高密度电流代表电子-空穴等离子体通过扩散占据基区、并随后扩展到全面积的慢过程（μs 量级）；DSRD 中的电流关断是基于在不注入等离子体的情况下从基区漂移出平衡载流子，这种情况下电流关断时间可达 ns 量级，但由于平衡载流子浓度低，关断电流很小；在 SOS 效应的作用机制下，电

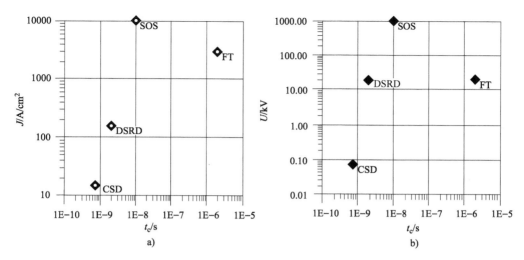

图 4-113　不同换流机制半导体器件的特征电流密度 J，开关
时间 t_c 和工作电压 U（FT- Fast thyristor）

a）电流密度—开关时间坐标图　b）工作电压—开关时间坐标图

流关断过程中基区充满了高浓度的剩余等离子体，且电流关断过程发生在高掺杂区域，每个区域宽约几十 μm，所以 SOS 可同时获得高密度关断电流和 ns 级的关断时间。

　　SOS 效应的另一个特征是在电流关断时串联堆体电压的均匀分布机制，此机制基于基区中的高密度剩余等离子体和高掺杂区域的载流子雪崩倍增，通过 1000 只串联 SOS 组成的断路器在 1MV 下试验对其进行了证明。图 4-113b 表示了上述半导体开关达到的最大工作电压与开关时间的坐标图。因此，基于 SOS 的特性（纳秒时间关断千安级电流和工作电压几百千伏），SOS 断路器可归类为纳秒脉冲功率装置。

　　SOS 二极管可用于输出参数如下的全固态开关系统：电压为 10～1000kV，电流为 0.5～50kA，脉宽为 10～100ns，脉冲重复频率为 0.01～10kHz，脉冲能量为 0.1J～5kJ，平均功率为 10W～100kW。作为示例，给出两组 SOS 二极管的技术参数，见表 4-18 所示。

表 4-18　SOS 二极管技术参数

参数	SOS-100-1	SOS-250-8
最大反向峰值电压/kV	100	250
串联数	104	260
芯片面积/cm²	0.25	2
正向泵浦电流密度/（kA/cm²）	0.4～1.6	0.4～1.6

（续）

参数	SOS-100-1	SOS-250-8
关断电流密度/（kA/cm²）	2 ~ 8	2 ~ 5
正向泵浦时间/ns	300 ~ 600	300 ~ 600
反向泵浦时间/ns	40 ~ 150	80 ~ 200
电流关断时间/ns	5 ~ 10	6 ~ 12
恢复时间/μs	< 1	< 1
在变压器油中连续工作模式的最大损耗功率（30s 工作，5min 休息）	50 ~ 500W	250 ~ 2500W
长度/mm	104	170
质量/kg	0.2	0.5

研究和维护各种脉冲发生器中所设计的 SOS 二极管，发现其在经受成倍的电流和电压过载时具有很高的可靠性和能力。对 SOS 进行破坏测试表明，把电流密度和注入率提高一个数量级（从 5 ~ 50kA/cm²），会导致预充阶段能量损失的增加和 SOS 运行效率的降低。因为在这种大电流密度下，基区电导调制过程中将伴随出现大的正向电压。

对 SOS 进行电压过载测试（发生器中器件设定运行电压为 120kV，输出电压为 450kV），结果表明在电流关断时，SOS 作为一个电压限幅器运行（脉冲高度为 150kV），并消耗来自预充电容的能量。对这种运行模式的模拟显示，在电场区载流子雪崩倍增强度突然增加，在电流关断阶段结构电阻相应减小。SOS 的这种过载能力是由 SOS 效应中充满等离子体结构的运行模式的特征所决定的。

当 SOS 被加热，和普通功率器件形成对比，其结构在反向电压下无过剩等离子体，温度的升高导致了结构的击穿，这是因为反向电流增加和异质性的限制。SOS 二极管基区在电流关断时仍充满过剩等离子体，并产生反向电压脉冲。SOS 二极管过热实验确定，当管芯运行温度上升到高温焊料被熔化时，在反向预充阶段移走的电荷数将增加 10% ~ 15%。移出电荷的增加使得关断前的电流幅值增加，并使关断时间减小。此效应可解释为温度升高使少数载流子寿命延长，相应的导致电荷损失的复合减少。

因此，SOS 的运行参数（电流密度、脉冲电压高度、脉冲重复频率）必须与传输到负载的能量所需效率、器件运行的温度机制一致。SOS 二极管主要的能量损失（80%）发生在电流关断阶段；因此，在同样预充条件下改变负载电阻和电容会导致电流关断特性、SOS 的电压幅值、其上释放的能量的改变。这种情况下难以确定合适的脉冲重复频率。在稳态移热模式下典型的脉冲重复频率为 0.2 ~ 2kHz。在脉冲触发模式下，当器件运行在热模式下并接近绝热时，脉冲重复频率通常都受到电源发生器的频率性能的限制。因为 SOS 二极管本身的限制脉冲重复频率由预充持续过程决定，超过 1MHz。

4.2.4　基于 SOS 二极管的脉冲发生器

4.2.4.1　基于 SOS 的 Marx 发生器

对于容性发生器而言，放电回路的电感是无源器件，能防止能量从电容到负载的快速抽取。如果使用了断路开关，则电感变为储能的有源器件，这种情况下，因为能量在极短的时间内由系统抽取到负载，脉冲功率被放大。所以，使用中间电感储能和断路开关可以提高电容发生器的脉冲功率水平。

Marx 发生器功率放大的运行模式在第一个研究 SOS 效应的实验中实现，断路开关使用的是高压整流二极管堆体。Marx 发生器放电电容为 0.13μF，断路电压为 150kV。SOS 由 64 只 Cдл-0.4—1300 二极管装配而成，其中包括 16 个并联支路，每个支路由 4 只管芯串联。断路开关的正向和反向预充电流分别为 25kA 和 20kA，反向电流注入时间为 300 ~ 400ns。在此条件下，当电流在 100Ω 负载上关断时，可产生高达 400kV 的电压脉冲，半高脉宽为 40 ~ 60ns。

一种 SOS 式样为 20 个支路并联，每个支路仍为 4 只管芯串联。在 150Ω 负载上获得的脉冲高度为 420kV，Marx 发生器断路电压为 150kV；在 5.5Ω 负载上获得的脉冲高度为 160kV，电流上升时间为 32ns。

在这个实验中获得了创纪录的关断功率（5GW）和电流上升速率（10^{12}A/s）。在放电回路电感最小、没有 SOS 的情况下，Marx 发生器直接连接到同样的负载，负载电流上升时间为 180ns，脉冲高度为 25kA，因此，使用 SOS 开关可使电流上升速率提高 7 倍。

SOS 预充的单回路机制有最简单的技术应用：通过 SOS 可以分流 Marx 发生器的输出。选择 SOS 的二极管型号和数目需要初步实验，因为各种类型的工业用高压整流管堆体的参数略有不同，这决定着 SOS 效应存在的范围。参数主要包括基区长度、PN 结深度（P 区长度）、N 型 Si 初始掺杂水平（电阻率）、基区少数载流子的寿命。初步实验是为了确定特定类型二极管在 $J^+ - t^+$ 坐标中 SOS 效应的存在范围。图 4-114 和图 4-115 表示了 Cдл和 Kд105 整流管堆体 SOS 效应存在的范围。

在不考虑有源损耗的条件下，在

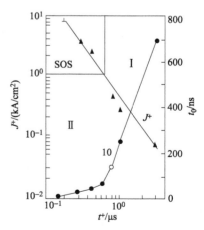

图 4-114　Cдл 系列二极管正向泵浦电流密度 J^+ 和电流关断时间 t_0 随正向泵浦时间 t^+ 变化的关系

SOS 效应存在的区域，Marx 发生器、预充电路和 SOS 参数的关系如下

$$J^+ t^+ = \pi C_m U_m / S_d n_d \qquad (4\text{-}49)$$

$$2\pi^2 L_m W_m = (U_m t^+)^2 \qquad (4\text{-}50)$$

根据 SOS 效应区域 J^+ 曲线选择好 J^+ 和 t^+ 后，再用已知的单个二极管结构的面积 S_d、Marx 发生器的参数 C_m 和 U_m，利用式（4-49）得到并联二极管数目 n_d。每个支路中串联二极管数目则由单个二极管堆的运行电压和负载的放大电压脉冲决定。通过 SOS 的最大电压发生在断路模式（大约 $3U_m$），式（4-50）用于计算预充回路的电感 L_m，其中 W_m 为 Marx 发生器存储的能量。

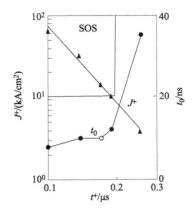

图 4-115　Кд105 二极管正向泵浦电流密度 J^+ 和电流关断时间 t_0 随正向泵浦时间 t^+ 变化的关系

式（4-50）还表明了使用 SOS 的集总参数对 Marx 发生器脉冲锐化的一些基本限制。对于额定的 U_m 和 t^+ 值，存储能量 W_m 受放电回路最小电感限制。W_m 增大，L_m 不减小则会使 t^+ 变长（在 n_d 一定时也会使 J^+ 增大），图 4-114 的工作点漂移到 I 区，位于 J^+ 曲线之上。这个区域电流会在达到最大值之前过早地关断。

前述 Marx 发生器实验采用 ИК-100-0.4 电容和基于 $C_{дл}$ 二极管的 SOS，工作点在过早电流关断的区域。当所形成脉冲的持续时间仅比反向预充时间少许多时，SOS 的过早电流关断促使能量完全从发生器传到负载。

如图 4-107 所设计的 SOS 双回路泵浦电路包括了断路开关正向预充和反向预充的单独回路，器件的实现技术更为复杂，但正是这种设计使得 SOS 能更有效地运行。这种运行机制的主要优点如下：分离的回路使得正向泵浦发生器的脉冲功率减小，代价是正向电流减小、脉宽延长；在基区电导调制时，SOS 上的正向压降减小，相应的能量损耗也减小，注入电荷的复合损失也相应减小；独立的反向预充回路使得 SOS 的反向电流注入率可控，在相对正向预充回路独立的情况下获得放大模式。

由于 SOS 在正向预充时的电流密度减小和电荷损失，我们可以使用引入了实验测得的修正因子的电荷守恒定律，整体上明显地简化了元器件的选取。理想的正向预充和反向预充时间分别为 200 ~ 800ns 和 50 ~ 200ns，这种情况下反向电流和正向电流的幅值比率为 3 ~ 10。预充持续时间的下限由回路电感的限定值确定，过长的预充时间会由于深能级的载流子复合导致电荷损失。

电流关断前反向电流密度为几 kA/cm^2 时，在反向预充阶段从 SOS 抽取的电荷 85% ~ 90% 来自正向预充阶段的注入电荷。反向电流密度为 10 ~ 20kA/cm^2 时这个值减小到 70% ~ 80%。在其他条件相同情况下，增加电流密度导致抽取电荷减小

可解释为判断电流在 P 区高受主浓度区域开始关断的标准，它与在过剩等离子体浓度锋面附近的多数载流子达到饱和速率有关。残留在 SOS 中的部分电荷在电流开始关断时相应地增加。

基于 Marx 和 Fitch 机制的单、双回路泵浦机制的电容发生器作为供电单元使用，将工业用半导体二极管 SOS 用于纳秒发生器和加速器，发生器输出电压为 150～450kV，能量存储方面彼此不同，大小相差 3 个数量级。

图 4-116 为一个小尺寸发生器（便携式装置，重 10kg，长 600mm）的电路和输出电压脉冲的示波器波形。Marx 发生器包括通过电感隔离的 4 个部分，并通过一个晶闸管充电装置进行脉冲式充电，20μs 内电压达到 18kV。发生器输出参数有电容为 0.85nF，电压为 70kV，存储能量为 2J。脉冲变压器的二次绕组产生的触发脉冲使发生器在充电脉冲终止后自动运行。单回路预充 SOS 的中间存储电感 L_{st} 为 2.5μH。当 Marx 发生器导通，SOS 的正向预充脉冲和反向预充脉冲分别持续 150ns 和 80ns，电流在 10ns 之内关断，导致在 180Ω 负载上形成电压脉冲，高度为 160kV，半高脉宽为 10～12ns，关断电流约为 1kA。SOS 是由 88 只 Кд105 二极管装配而成，4 个支路并联，每个支路 22 只二极管串联。正向预充和电流关断前的 SOS 中的最大电流密度分别为

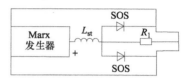

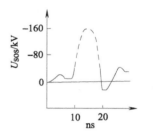

图 4-116　小尺寸发生器的电路和输出电压脉冲的示波器波形

15kA/cm² 和 12.5kA/cm²。发生器的构建为无油模式，输出单元的元件用一个包含有许多层 lavsan（拉芙桑聚酯纤维）膜的可替换的防护罩与管壳隔离，器件的脉冲重复频率为 50Hz。

另一种设计用 Fitch 发生器（换流 LC 发生器）作为 SOS 预充，电路图如图 4-117 所示。600V 下能量开始存储在一个 50μF 的电容中。当晶闸管 V 导通时，通过脉冲变压器 PT 把电压转换到 55kV，PT 在这个电路中也作为一个开关使用。当放电过程结束后，其磁心达到饱和，有一个极板接地的电容通过 PT 的二次绕组再次充电，LC 发生器的输出电压在 5μs 内上升到 100kV。当 LC 发生器的电压达到最大值，使用自动触发单元（Automatic Triggering Unit，ATU）作为放电开关，通过存储电感 L_{st} 开始对 SOS 进行预充。在放电开关运行之前，存储在 LC 发生器中的能量约为 6.5J。当 SOS 关断电流之后，在 150Ω 的负载上形成高度为 200kV、半高脉宽为 20ns、能量为 4～5J 的脉冲。这个 SOS 发生器与以前的 SOS 结构类似，但它的二极管并联支路为 6 个而不是 4 个。SOS 的最大正向电流密度为 22kA/cm²，脉冲重复频率为 50Hz，负载的平均功率上升到 250kW。连续运行的时间为 3min，随后间隔 20min。不包括功率供给单元的发生器尺寸为 650mm × 300mm × 300mm，

质量为 15kg。高压单元也是用空气绝缘的无油设计。

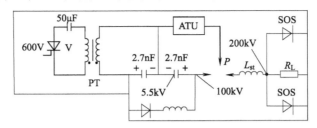

图 4-117　带有 Fitch 发生器的 SOS 泵浦电路图

图 4-118 为一个更高功率、更大电流的纳秒电子加速器的电路示意图，其输出电压高达 450kV。用 ИК-100-0.4 电容构建的三级 Marx 发生器在输出电压 150kV 下可储能 1.5kJ。它与以前的发生器一个基本的不同就是在反向电流放大方式下使用的是双回路 SOS 预充。发生器重 300kg，放于一金属支架中，尺寸为 1800mm × 1000mm × 900mm。Marx 发生器和支架的电感具有中间电感存储功能，电感的不集中使得发生器和支架中的元器件在正向和反向预充时产生的电压可忽略，这就允许加速器在空气中运行而不需要用油或压缩气体。首先连接正向预充电容 C^+，正向电流注入 SOS，经过一个延迟时间 t_d（见图 4-118b），Marx 发生器开启，一个为正向电流 4~5 倍的反向电流注入 SOS；随后电流在 t_0 时间内关断，导致在加速器二极管上形成一个高压脉冲，产生电子束。

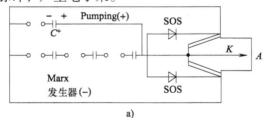

a)

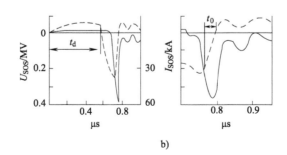

b)

图 4-118　电子加速器电路图和 SOS 的电压电流示波图

a）带有 SOS 双回路泵浦的电子加速器的电路图

b）SOS 电压和电流的示波图（实线代表电压，虚线代表电流）（K 和 A 分别是加速二极管的阴极和阳极）

这个电路中确定输出脉冲功率和过电压系数的主要参数为电容 C^+ 和延迟时间 t_d。C^+ 为 $0.05\mu F$、t_d 为 $0.75t^+$ 时可得到最大过电压。在过电压系数为 $3.3 \sim 3.5$，电流关断时间范围为 $30 \sim 70ns$，反向预充时间为 $200 \sim 400ns$ 的情况下关断电流达到 $45kA$，负载的最大电流上升速率为 $2 \times 10^{12} A/s$，电压脉冲的半高脉宽为 $25 \sim 50ns$，上升时间为 $10 \sim 15ns$，幅值高达 $450kV$。在二极管上获得了最大能量 $400keV$、电流 $6kA$、半高脉宽为 $30ns$ 的电子束。SOS 包括 90 个 Сдл-0.4-1600 二极管，反向电压为 $160kV$，由两个并联堆组成，每个堆有 15 个并联支路，每个支路由 3 个二极管串联而成。正向预充和反向预充电流密度分别为 $1.8kA/cm^2$ 和 $7.5kA/cm^2$。

4.2.4.2 基于 SOS 的纳秒重复脉冲发生器

形成脉冲所需能量开始存储于晶闸管充电单元（Thyristor Charging Unit，TCU），脉冲及时被磁压缩器（Magnetic Compressor，MC）压缩，基于 SOS 的电流断路开关作为一个输出脉冲放大器在发生器输出端形成纳秒脉冲。

发生器箱内部在结构上分为两个基本单元，充满空气单元包括 TCU 的低压组成器件、主存储电容、测试电路、信号电路、诊断电路、控制电路，以及置于充满变压器油的容器中的高压 MC 和 SOS 二极管。箱子的前面板有一个洞，使绝缘子穿通以输出高压。TCU 使用风冷或水冷，MC 单元和 SOS 二极管使用油冷，外壳流过冷却水以移去容器中的热量。

不用气体放电开关的发生器放宽了对脉冲重复频率的限制。在长时间运行模式下，重复频率由发生器和主磁开关铁心的热负载限制。当发生器以短时间脉冲触发方式运行，重复频率由 TCU 的频率性能决定，特别是晶闸管恢复时间和主存储电容的充电时间。

脉冲触发模式，发生器运行持续时间从几十秒到几分钟，频率和输出功率都比额定值高好几倍，这对于某些工业应用和在实验室条件下发展和模拟新技术是非常重要的。出于这个原因，为了更好地发挥发生器的频率性能，TCU 基于需要 1min能量存储时间设计，根据脉冲触发模式下绝热升温的计算结果选择发生器。改进的发生器使得脉冲重复频率和输出功率提高了 $5 \sim 10$ 倍，脉冲模式下持续时间 $30 \sim 60s$。

表 4-19 给出了俄罗斯电物理研究所研制出的 SOS 发生器的特性参数。作为实例，CM-3H 发生器的外观图如图 4-119 所示，小型的台式 CM-3H 发生器有完全的水冷系统，脉冲重复频率为 $300Hz$，功率高达 $3kW$，$2kHz$ 下工

图 4-119 CM-3H 发生器的外观图

作 30s，输出功率高达 16kW。

表 4-19　俄罗斯 SOS 发生器特性参数

	SM-1N	SM-2N	SM-3N	SM-4N	SM-2NS	SM-3NS	S-5N
输出电压/kV	200～250	100～140	200～350	100～160	100～250	150～400	600～1000
输出电流/kA	1～1.4	0.2～0.4	0.5～1.5	0.2～0.5	0.8～1.2	0.3～3	1～2.5
脉冲能量 J	5～8	0.4～0.8	8～10				50～70
FWHW/ns	20～30	30～40	30～60	0.5	3～7	5～7	40～60
重复频率/（pulse/s）	100	1000	300	50	400	300	500
连续脉冲	1000	5000	2000	300	3000	2000	1000
平均功率/kW	0.8	0.8	2.8	0.05	0.12	0.7	30
连续脉冲	5	4	16	0.3	0.8	4	60
效率（%）	40～50	30～50	40～50				40～50
体积/m³	0.7×0.5×0.3	0.6×0.4×0.2	0.8×0.6×0.4	0.8×0.6×0.4	0.6×0.4×0.2	0.8×0.6×0.4	3.5×1.4×0.9
质量/kg	85	50	115	35	60	120	2500

相比于以前的小型发生器模型，这个 TCU 使用了最新的聚丙烯存储电容。它运行在脉冲重复频率为几千赫兹、放电时间 20μs 下不需要强制冷却。因此，只有充电扼流圈和晶闸管开关这两个 TCU 器件需要水冷却系统。

发生器的另一个特征是中间储能、预充电容、高压模块的 SOS 堆体结构上都包含两个独立的单元，这使得我们有两个相同脉冲能量、输出电压分别为 200kV 和 400kV 的发生器变形。在第一种模式下，中间存储单元、反向预充电容和 SOS 二极管为并联，SOS 有两个并联支路，每个支路由 3 只二极管串联而成；在发生器模式下，输出电压翻倍，电流减小一半，前述单元为串联，电容值是原来的 1/4，电感的匝数增加了 2 倍（伏秒积分和饱和状态的电感分别增加了 2 倍和 4 倍），SOS 由 6 个 SOS 二极管串联而成。脉冲压缩模式下的时间特性仍然没有改变。图 4-120a 所示为一个典型的通过 SOS 二极管断路开关的电流波形，电流关断时间为 4ns，图 4-120b 为输出电压波形。

具有更高输出功率的 C-5H 发生器已被研发，输出电压为 1MV，在连续运行模式下平均功率为 30kW。它与小型发生器的设计类似：装有高压磁压缩器和 SOS 的充满变压器油的容器置于箱内，TCU 置于箱内充满空气的部分。TCU 的半导体器件、电感线圈、装满油的容器均是用流水冷却。

TCU 初级储能 130J，充电时间为 300μs，晶闸管导通后，脉冲在一个低压水平

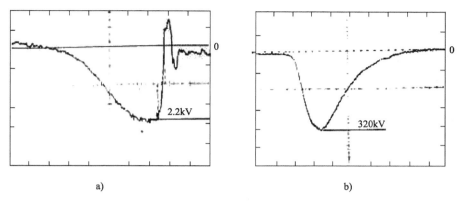

图 4-120　CM-3H 发生器中 SOS 的反向电流和输出电压示波图

a）CM-3H 发生器中断路开关 SOS 二极管的反向电流示波图

b）电阻负载为 200Ω 时发生器的输出电压示波图

注：水平方向 10ns/格。

进行初级压缩。通过脉冲变压器传输到容器的能量为 36J，电压达到 124kV。正向预充磁开关的电压在约 5μs 时间内上升到 240kV。预充电容通过自耦变压器在 700ns 时间内充电到 450kV。进一步的电压倍增发生在 SOS 关断电流时。

КВИ 高压陶瓷电容用于储能，铁心由 50НП 坡莫合金制成，用作磁元件。设备运行的脉冲重复频率为 500Hz，平均输出功率为 30kW。

SOS 包含 80 个二极管：8 个并联支路，每个支路由 10 只二极管串联，工作电压为 120kV。SOS 二极管冷却器的表面在变压器油中可移去 16kW 的功率。在脉冲重复频率为 1kHz 下，最大关断电流和传输到负载的功率分别为 8kA 和 60kW。SOS 堆体重 20kg。

因为 SOS 二极管内电流关断过程与结构中的过剩电子-空穴等离子体动力学有关，所以决定着过剩载流子的浓度分布的预充条件对 SOS 二极管的关断特性也有影响。下面列出反向预充时间为 10 ~ 40ns、反向电流密度上升速率为 10^{11} A/（cm^2·s）数量级条件下 SOS 关断特性的研究结果。

图 4-121a 为实验电路，包括充电发生器和 SOS 的预充回路。CM-2H 发生器作为充电单元，可获得电压 100 ~ 140kV，电流为 200 ~ 400A，持续时间为 30 ~ 40ns，重复频率高达 5kHz 的脉冲。所研究 SOS 的预充回路包括存储电容 C、磁开关 MS、存储电感 L 和负载电阻 R_1。

电路有以下的特性和参数范围：C 为一套低电感陶瓷电容器，总电容为 40 ~ 100pF；L 由高压导线绕制而成，电感值为 100 ~ 400nH；MS 为磁开关，包括一个作为同轴套的单线圈和一个铁氧体环形磁心；SOS_2 是所研发的 SOS，长 55mm，包括 76 个 P^+PNN^+ 结构串联，面积为 0.75cm^2，焊接到铜散热器上；R_L 为 TBO-2 碳电阻，阻值 0.2 ~ 2kΩ，功率为 20W。所有的电路元器件置于一充满变压器油的金属箱内，流过 SOS_2 和负载 R_L 的电流均由正常上升时间不超过 500ps 的低电感欧姆分流器和通频带为 500MHz 的 TDS520A 示波器记录。

电路按以下方式运行：当正向预充电流流过充电发生器的 SOS_1，一部分电流分流流过磁开关 MS，根据所需方向使铁心磁化反向。充电发生器运行时，一个反向脉冲使电容 C 在 25 ~ 40ns 内充电到 30 ~ 60kV。在这个过程中，幅值为 100 ~ 400A 的电流流过 SOS_2，并对其正向预充。当铁心 MS 饱和后，电容 C 通过 SOS_2 放电，并把能量传给 L。这样通过选取 L 和 C 的参数就可以控制注入 SOS_2 二极管的反向电流上升速率和流过的时间。SOS_2 关断此电流导致电流转换到负载，并在 R_1 上形成一个短高压脉冲。

图 4-121b 为 SOS 二极管的电流波形图。正向预充电流（反向半波）为 350A，持续 25ns，反向预充电流达到 750A（$3kA/cm^2$），时间为 12ns。图 4-122 为电流关断时间 t_0 与 t_p 的函数关系，t_0 为测量电流在 0.1 ~ 0.9 倍幅值之间的时间，t_p 为测量二极管电流过零线和电流开始关断之间的时间。图 4-122 表明，t_p 的减小导致 t_0 的减小，t_p 为 9 ~ 15ns 时，t_0 为 500 ~ 700ps，并受所使用示波器的传输特性的限制。图 4-123a 为一个亚纳秒阶段 750A 电流的波形图（关断时间为 600ps），图 4-123b 为 290Ω 负载上的电压脉冲波形。

实验参数值如下：关断电流为 0.5 ~ 1kA，关断时间为 500 ~ 700ps，负载电阻为 0.2 ~ 2kΩ，负载 R_L 上的输出脉冲高度为 60 ~ 150kV，脉冲上升时间约为 1ns，半高脉宽为 2 ~ 4ns。

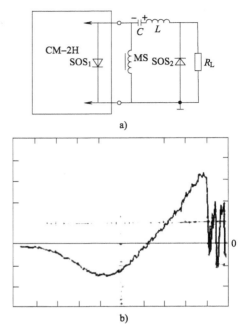

图 4-121 SOS 泵浦电路原理图和电流示波图

a）二极管泵浦电路实验原理图

b）通过 SOS_2 的总电流示波图

注：垂直方向 235A/格，水平方向 5ns/格

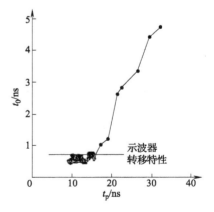

图 4-122 电流关断时间 t_0 与 t_p 的关系

电路运行的特点是具有极高稳定性的输出脉冲参数，这是因为没有使用气体放电开关。图 4-123a 和图 4-123b 的波形是在存储模式下获得的，分别重叠了 334 和 192 个脉冲的波形图。

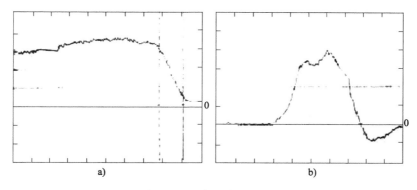

图 4-123　亚纳秒电流关断和负载上的电压脉冲波形

a）亚纳秒电流关断阶段（垂直方向 235A/格，水平方向 500ps/格）

b）负载为 290Ω 时的电压脉冲（垂直方向 30kV/格，水平方向 1ns/格）

实验结果表明，SOS 二极管实质上是等离子体充满的二极管，相比其他等离子体断路开关的内在特性，它改进了电流关断特性并增加断路开关的电流注入率。反向电流注入时间从 80～100ns 减小到 10～15ns 使得电流关断时间从 5～10ns 减小到 500～700ps。

所达到的电流关断时间证实了前述的结论，电流关断过程发生在结构中宽度为几十微米的狭窄区域，并不需要从二极管基区移走全部的过剩等离子体。例如，$t_0 = 500$ps，假设在电流关断阶段，电场区域延伸使得硅中载流子最大速率达到饱和速率（～10^7cm/s），这个区域的宽度将达到 50μm。建立亚纳秒电流关断现象的更精确描述需要进一步研究。

实验表明有一种简单技术可产生幅值为几百千伏的大电流脉冲，持续时间为 1～3ns。此技术使用两个串联的脉冲锐化单元，各包含一个 SOS 二极管。第一个阶段形成的持续时间为几十纳秒的脉冲对第二阶段的 SOS 二极管进行预充。当电流被第二阶段 SOS 二极管关断后，负载上形成持续时间为几纳秒的脉冲。

SOS 二极管的亚纳秒关断特性，例如电压幅值（150kV）、关断电流（1kA）、电流关断时间（500ps）、电流关断密度上升速率（6×10^{12}A/(cm^2·s)）、负载电压上升速率（10^{14}V/s）都由实验获得，是半导体器件的创纪录值，相应于高压气体火花隙的类似参数。

4.2.4.3　SOS 脉冲发生器特性优化

传统的 SOS 脉冲发生器由于在磁压缩环节会出现大量的能量损失，通常工作效率在 40% 左右，因而许多研究者致力于脉冲发生器的效率提高工作。

图 4-124 是一种高效 SOS 脉冲发生器。A1-1 和 A1-2 单元并联连接至 A2 高压单元，A2 放置在充满变压器油的金属罐中。电路工作时，晶体管 T 首先导通，电容器 C_0 连接到变压器对二次侧电容 C_1 充电，C_1 电容值为 40nF，变压器变比为 4:100。考虑变压器漏感，充电时间大约为 18μs，C_1 两端电压峰值在 25～26kV，

对应能量大约为 13J。当变压器绕组上的电流接近零时，关闭 T，设计磁开关参数使得 C_1 上电压最大时 MS_1 饱和，C_1 上的能量向 C_2 和 C_3 转移。由于 C_2 和 C_3 电容值均为 20nF，放电电流的一半流过 C_3-MS_3-SOS 回路，提供 SOS 正向泵浦电流。当 MS_2 饱和后，C_2 通过开关绕组反向充电，在 400ns 时改变电压极性。这一阶段中，MS_3 隔离了经过 SOS 的电流。当 MS_3 饱和后，C_2 和 C_3 上的电压反向流过 SOS，在 50 ~ 60ns 的时间内抽出其中的等离子体，这一电流可达 6kA，抽取完成后电流换流到负载上产生高压脉冲。

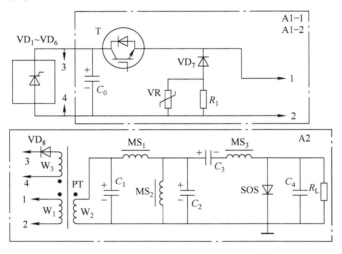

图 4-124　高效 SOS 脉冲发生器拓扑[123]

由于磁压缩单元不匹配的问题，会有一部分能量回馈到 C_1 上，这主要发生在 MS_2 饱和后的阶段。因此，设计 w_3 的能量回收单元，将这部分能量返回给电源。当 C_1 充电时，回收电路通过二极管堆 VD_8 隔离主回路，不影响能量的转移；当 C_2 两端电压反向时，由于 C_0 的电容值远大于 C_1，所以 C_1 上的能量可以大部分耦合到 w_3 上。选择 w_3 绕组的匝数为 16 匝，可以控制回收电路电压等级大约为电源电压的两倍。如图 4-125b 所示为 C_1 上的电流变化，阶段 4 即为电流回收阶段，该值大约为 18A。图 4-125a 中曲线 1 和 2 分别对应 w_2 和 w_3 电流，可见 w_3 上电流最大可达 110A，这意味着 C_1 中大约 1J 的能量回收了 0.8J，剩余的 0.2J 由于 w_1 两端正压施加在二极管 VD_7 上，故应当是消耗在电阻 R_1 上。

在该电路的控制设计时需要注意，当减小晶闸管 VD_1 ~ VD_6 的导通角时，负载输出电压会减小得更多，这是由于当电源电压降低时，C_1 的电压随之降低，MS1 的磁心饱和时间延长，从而使得 C_1 上的电压有一部分通过变压器 PT 和开关管 T 回流进电源，进一步降低了 MS1 的输入电压。因此，在设计参数时不仅需要根据磁开关的伏秒积精确计算导通时间，还要尽可能压缩充电过程，在开关管允许的情况下尽可能提高系统输入电压。这里的 VR-VD_7 主要起电路保护作用，主要是防止开关管 T 电流过电流。过电流时驱动器会接收到缓慢关闭开关管的信号，实现从 T 到 VR-VD₇ 回路的换流，限制了开关管两端的电压。因此，电路布局需要充分考虑回路寄生电感的影响。

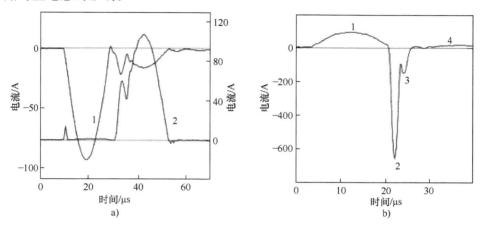

图 4-125　电路工作波形图[123]

a）w₂ 和 w₃ 绕组电流　b）电容 C_1 两端电压

另外，该系统在负载前级加入了电容 C_4 对断路开关的电流进行分流，起到补偿负载单元电感的作用，并减小 SOS 中能量损失。图 4-126 的曲线 1 是电流关断波形，曲线 2 和 3 分别对应不加入 C_4 和加入 C_4 条件下的负载电压波形。加入分流电容后，转移到负载上的能量从 7.5J 上升到 8.6J，转换效率提升，输出电压波形更加平滑，而缺点是增加了一定的电压上升时间。总体上，对比下文中的 DSRD，SOS 的主要优势在于可以更容易地实现高压大电流脉冲，对上升时间要求很高的脉冲电路多使用 DSRD 进行电流截断。

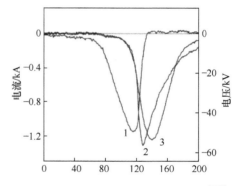

图 4-126　电容 C_4 对关断过程的影响[123]

表 4-20 给出了在 1kHz 工作频率、14.5kW 功率下该系统各级器件所储存的能量以及每步能量传递过程的效率，此时单脉冲能量为 14.5J。可以看到，使用能量回收绕组将脉冲发生器从一般情况下的 40% 左右提升到了 60% 以上。

表 4-20　脉冲发生器传输能量和传递效率[123]

器件	C_0	C_1	$C_2 - C_3$	R_L
能量/J	13.9 ~ 14.0	13.0 ~ 13.5	10.5 ~ 11.0	8.5 ~ 9.0
单级效率	约95%		约81%	约81%
总效率	60% ~ 64%			

上述系统从能量反馈的角度考察了 SOS 的能量传输效率，给出提升工作效率的有效方法。而针对 SOS 脉冲发生器自身而言，探讨不同电路参数和控制量的选择对效率、输出电压等关键指标的影响也尤为重要。图 4-127a 是简单的 SOS 触发电路，利用饱和变压器的特性在开关 S 导通时正向泵浦 SOS，并将能量从 C_1 转移到二次电容 C_2 上，而后利用变压器饱和时接近短路的特点使 C_2 和 L_2 谐振电流反向抽出 SOS 中的电子空穴对，实现快速截断和电流转移，该电路二次绕组匝比为 1:6，如图 4-127a 所示。图 4-127b 中，将该电路二次绕组增加到 12 匝，则对应的漏感 L_2 会增加 4 倍，通过 4 个绕组并联控制 L_2 不变。图 4-127c 中加入了磁开关 MS，相当于加入了一级储能过程，开关闭合后由于 MS 饱和速度较快，使得能量转移到电容 C_1 上，当 C_1 电压最大时控制变压器饱和，从而在 C_1 向 C_2 转移能量的同时正向泵浦 SOS，而磁开关在这一过程中刚好完成反向饱和，使得 C_2 电压反向施加在 SOS 两端，使其快速截断从而输出高压脉冲。

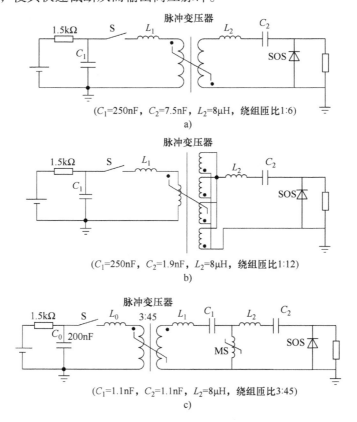

图 4-127　利用饱和变压器的 SOS 触发电路[124]

a）使用饱和变压器的 SOS 触发电路　b）变压器二次侧并联型 SOS 触发电路

c）加入磁开关控制的 SOS 触发电路

图 4-128 对比了 3 种 SOS 触发电路输出电压和电流的特性。图 4-127b 正向电流较小，这是由于匹比导致的；由于磁开关对泵浦过程的压缩，图 4-127c 的正向泵浦时间远小于其他两种电路。一方面，泵浦时间的增加意味着更多电荷的存储，脉冲峰值应当更大；另一方面，脉冲电压的峰值随着反向电流上升速率的增加而增加。通过改变电容 C_2 的取值改变反向电流的上升速率，从而控制反向电流的峰值相同，得到图 4-128a 所示的关系。实测曲线表明，尽管带磁开关电路的正向泵浦电荷量大约只有 $16\mu C$，小于图 4-127a、b 的 $43\mu C$ 和 $20\mu C$，但输出脉冲峰值大很多，这是由于电流关断速度加快提高了 C_2 存储电荷向负载的转移效率。从图 4-127a 到 b 再到 c，转移效率从 28% 提升到 39% 再到 47%。这一特性在 SiC 器件中的影响更加显著，因为 SiC 器件中电子和空穴的载流子寿命更短，这在后文介绍 SiC DSRD 的过程中有详细介绍。在实际电路的设计过程中，保证一定正向载流子的情况下尽可能压缩泵浦时间可以获得更高的电压脉冲。

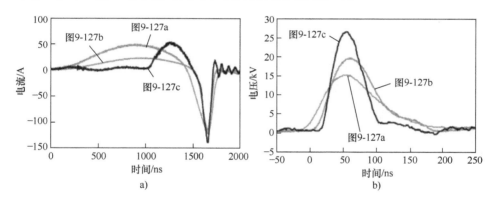

图 4-128 不同正向泵浦条件下电流截断和电压脉冲波形[124]

a）3 种电路电流截断波形 b）3 种电路电压脉冲波形

应用磁饱和变压器的关键在于基于磁化曲线设计电路参数。然而在实际应用中，由于磁滞现象，第一个脉冲之后磁化初始点的位置将发生改变，即从图 4-129 的 B_{init} 点移动到经过一个脉冲和复原周期以后的 B_{reset} 点，这会导致磁通密度变化量在不同脉冲周期中的改变，不利于变压器的正常工作。因此，设计图 4-130 所示的预励磁电路，利用已经充为下正上负的电容 C_M。当开关 S_M 闭合后，给变压器一次绕组提供一个励磁电流，使 B_{init} 更小，小于理论上电压施加在一次侧特定时长下变压器要达到饱和的磁通变化量，在主开关 S_R 闭合、SOS 正向泵浦的过程中就已经发生饱和，即图 4-129 中磁化初始点已经发生了改变，从而控制不同周期下的磁化过程基本一致。

4.2.4.4 SOS 脉冲发生器实际应用

相比于其他半导体脉冲功率器件，SOS 的工作电压和电流等级都比较高，因而在大功率脉冲场合得到了广泛的应用。图 4-131 是利用 SOS 脉冲发生器设计的水

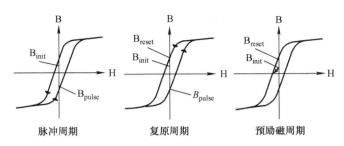

图 4-129 磁饱和变压器在不同磁化方式下的磁化曲线[125]

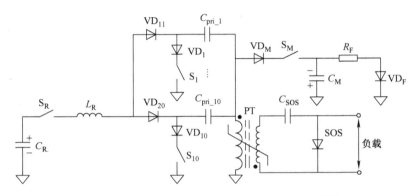

图 4-130 加入预励磁电路的 SOS 脉冲触发源[125]

净化处理装置，待处理废水放置在反应器之下，用泵抽取后经过喷嘴盖喷入反应器中，水滴直径为 0.5 ~ 1.5mm。SOS 脉冲发生器电路同图 4-127a，将负载接入反应器，其中 SOS 的阴极接直径 0.28mm 的不锈钢电极丝，阳极接 300mm 长的圆柱形不锈钢网筒，整个负载的结构可类比同轴电缆。水滴经过强脉冲处理后回落到下方容器中，随后重复该过程。实验中使用蓝色染料靛蓝胭脂红，它的分解速度受光吸收的影响很大。将靛蓝胭脂红以 20mg/L 的浓度溶解在水中作为被测样品，样品对 610nm 波长光的吸光度使用紫外分光光度计和可见分光光度计进行测量，溶液在 610ns 波长的可见光下呈蓝色，吸光度则用溶液吸收入射光的百分数来衡量。吸光度越低，证明该装置对样品的脱色作用越好，对应废水的处理效果越好。

图 4-132 分别对比了电容 C_1 和 C_2 比例以及变压器变比对处理效果的影响，提升电容储能或提高二次侧线圈匝数都对反应速率有很大提升。另一方面，当变压器匝比从 2∶14 提高到 2∶22 时，从电容 C_2 到负载的传输效率从 6.8% 提高到 19.2%，但改变电容 C_1、C_2 或电感 L_2 对传输效率基本没有影响。对于污染处理领域的脉冲电路，除了对脉冲峰值和上升时间提出要求，效率也是重要的考量标准，过多的能量损耗带来的高成本在民用领域往往是不可接受的。

除了污染处理领域，在医学方面脉冲电路也有广泛的应用前景，较为典型的就是电子计算机断层扫描（CT）。CT 的高辐射问题一直被关注，而使用脉冲电路的一大好处在于可以控制辐射源和探测器同步,只在探测器积累信号时发出脉冲,在传输信号和处理数据时不发脉冲,从而避免了传统 CT 连续工作产生的高剂量辐射。

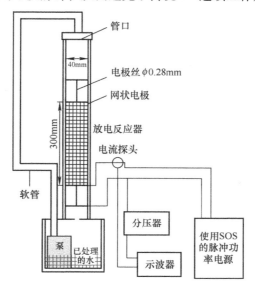

图 4-131　采用 SOS 脉冲电路的水净化处理反应装置[126]

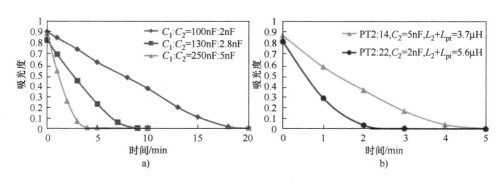

图 4-132　610nm 光吸收度在不同电容、电感和匝比下随时间降低的速度[126]
a) 变压器匝比为 2:14, L_2 为 3.7μH　b) C_1 为 250nF

图 4-133 是基于 SOS 的 X 光脉冲发生器,它作为 CT 的辐射源。当晶闸管 VS_1 导通时,电容 C_1 上的能量使变压器 Tr_1 饱和,两级变压器起到磁压缩作用,最终通过 SOS 形成峰值达到 120kV 的高压脉冲,上升时间仅需 15ns,单脉冲能量 0.2J,可在 5kHz 的频率下工作。该高压脉冲发生器适合带有爆炸发射阴极的 X 射线管,因为当负载电阻值很大时,正向泵浦过程的电流不会在负载上产生很大损耗。由于直流电流流经 X 射线管时可以将其看作无穷大电阻,故只有当达到阈值电压时阴极才会发射大量电子轰击阳极的靶材。轰击产生的 X 射线能量仅占负载消耗能量的 1% 左右,其余能量基本都用于加热阳极。在高重复频率下,阳极冷却系统显得

格外重要，这里将阳极的钨棒插入石墨冷却器进行冷却。

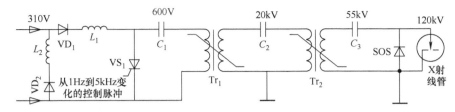

图 4-133 基于 SOS 脉冲发生器的 X 光脉冲源电路[127]

考虑扫描断层的清晰情况，和脉冲源关系比较密切的是动态不清晰度。探测器的移动速率在 12m/s 左右，而扫描频率在 2kHz ～ 6kHz 之间，对应每帧移动 2 ～ 6mm 的距离。该脉冲源输出脉冲宽度大约 20ns，探测器对应移动 0.00024mm 的距离，可以忽略不计。设计脉冲电路时，需要考虑脉宽和扫描频率之间的匹配关系，对应使用断路型开关是实现快上升沿、短脉宽的有效途径。

4.2.5 SOS 的封装

作为二端器件，半导体断路开关 SOS 常用的封装也如 RSD 一样，是压接结构，如图 4-134 所示，且通常利用串联形成堆体，提高电压等级。

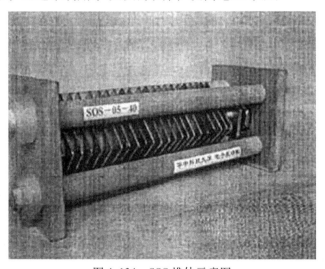

图 4-134 SOS 堆体示意图

4.3 漂移阶跃恢复二极管（DSRD）

脉冲功率器件的发展都是建立在高压半导体 PN 结的新效应的基础之上，这些效应包括超快速电压恢复、超快速可逆延迟击穿等。基于这些效应又出现了两类具有特殊功能的开关器件：一种是快速关断开关，即从导通状态到截止状态过程非常短，其中典型的器件就是漂移阶跃恢复二极管（Drift Step Recovery Diode，DSRD），单只 DSRD 工作电压在 0.5 ~ 2.0kV，关断时间为 0.5 ~ 2.0ns；另一种是快速导通开关，即从截止状态到导通状态的过程非常短，其典型器件为硅雪崩整形器（Silicon Avalanche Shaper，SAS），单只 SAS 工作电压为 3 ~ 10kV，导通时间为 50 ~ 200ps。DSRD 被认为可能是固体开关领域中等离子体开关的替代品，SAS 被认为可能是过电压间隙气体开关的替代品。漂移阶跃恢复二极管、雪崩晶体管具有开关前沿陡，工作重频高的特点，但由于器件的工艺限制，高功率应用受限。

已知典型的 DSRD 脉冲源的参数：脉冲峰值为 2.7kV，前沿为 0.7ns，脉宽为 1.7ns，抖动小于 10ps，重频达 300/600kHz（气冷/油冷）。另外，由于 DSRD 具有较好的稳定性，因而功率可合成性较好，采用线路合成和空间合成方法进行组阵，可实现空间合成等效辐射功率（ERP）增益。综上所述，DSRD 是制作高功率 UWS 脉冲源的理想开关。

4.3.1　DSRD 工作原理

4.3.1.1　DSRD 结构及电路原理

典型 DSRD 结构如图 4-135 所示，与普通功率二极管相似，为 P^+NN^+ 结构。

图 4-135　DSRD 的结构示意图

DSRD 脉冲发生器最简单有效的电路如图 4-136 所示，其电路工作的电流电压波形如图 4-137 所示。

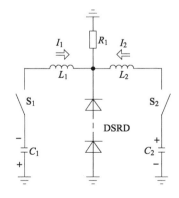

图 4-136　DSRD 对称并联 LC 电路

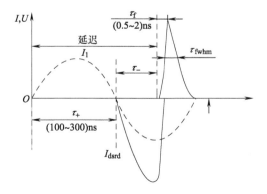

图 4-137　并联 LC 电路的电压电流工作波形

电路工作原理如下：开始电容 C_1 和 C_2 按图 4-136 所示的极性充电，开关 S_1 和

S_2 处在关断状态。当 S_1 闭合后，C_1 通过电感 L_1 和 DSRD 放电。DSRD 的阻抗很小，在 C_1、S_1、L_1 和 DSRD 组成的回路里形成了电流振荡。振荡的半周期不超过数百纳秒，而载流子寿命约有数十微秒甚至更长。因此，第一个半周期（τ_+）内，抽运的空穴电子对数量等于流过二极管的电荷量。在第二个半周期，电流改变方向，由于存在空穴电子对，二极管仍保持导通状态。如果当 I_1 降低至 0 的时候，S_2 恰好导通，那么 C_2 的放电电流 I_2 与 $L_1 C_1$ 回路的电流 I_1 一起反向流入 DSRD。经过 τ_- 时间后，电流达到峰值，τ_- 期间的回抽的电荷量与 τ_+ 期间抽运的电荷量相等，DSRD 在 1～2ns 内急剧关断。此时，起初存储在电容中的能量聚集在电感中，电感电流达到峰值。DSRD 关断后，电流只能转向负载 R_1，形成高压脉冲，DSRD 的关断过程即是脉冲前沿的形成过程。

形成脉冲半宽高为

$$\tau_{\text{fwhm}} = L/R_1$$

式中，L 为 L_1、L_2 的并联值。

峰值负载电压为

$$U_{\text{lm}} = R_1 \cdot (I_{\text{DSRD}})$$

这个值比初始电容电压大 10 倍以上。脉冲的总延迟等于 LC 电路振荡周期的 3/4，大概有数百纳秒。延迟的稳定性由 LC 电路决定。众所周知，LC 电路的稳定性可达到 10^{-4} s，因此脉冲抖动小于 100ps。当 C_1 和 C_2 用同一电源供电时，电源的稳定性不影响 DSRD 切断电流的瞬态过程，注入、抽取的电流之比与电压无关。电路中，开关 S_1 和 S_2 可以采用场效应晶体管、晶体管、闸流管、负阻晶体管，或者 DSRT。

4.3.1.2 DSRD 的超快速恢复原理

如图 4-138 所示为高电压下 PN 结恢复期间的载流子和电场的分布。

t_1 时刻，当正向短电流脉冲（泵浦）注入到 P^+NN^+ 结构时，等离子体的注入过程开始。在 P^+N 结的附近出现由载流子产生的高密度的扩散区（10^{18} cm^{-3}）。扩散区宽度（W_d）满足下式

$$W_d \approx \sqrt{D\tau_+} \tag{4-51}$$

式中，D 为扩散系数；τ_+ 为泵浦脉冲宽度。

在基极的其他区域，部分注入电荷［大约 $\mu_p/(\mu_p + \mu_n)$，其中 μ_p、μ_n 为载流子的迁移率］积累在漂移波中，密度比 P^+N 结附近低两个数量级，波前以 v_f 的速度从扩散区传播到 N 基区

$$v_f = j_+/qN_d$$

式中，j_+ 为泵浦电流密度，N_d 为 n 区衬底的杂质浓度。

t_2 时刻，当电流反向时，漂移波仍以 v_f 的速度返回，此时漂移区变窄。

t_3 时刻，在 PN 结附近的扩散区，反向浓度梯度区域已经出现。

t_4时刻，当电子的浓度降到零水平时，中性的条件已经不能再维持，空间电荷区（Space Charge Region，SCR）也开始展宽，空间电荷区压降速率（$\dfrac{\mathrm{d}u}{\mathrm{d}t}$）和空间电荷区的边界展宽速度（$v_{\mathrm{SCR}}$）成一定比例。

$$\frac{\mathrm{d}u}{\mathrm{d}t} \approx \frac{qN_{\mathrm{d}}W_{\mathrm{SCR}}v_{\mathrm{SCR}}}{2\varepsilon} = E_{\mathrm{m}}v_{\mathrm{SCR}} \qquad (4\text{-}52)$$

式中，W_{SCR}为空间电荷区宽度；ε 为介电常数；E_{m}为 PN 结可承受最大电场。

空间电荷区的边界在高密度扩散区的速度为

$$v_{\mathrm{SCR}} \approx j_- / q(n+p) \qquad (4\text{-}53)$$

式中，n、p 分别为电子和空穴的浓度。

v_{SCR}与扩散区的载流子浓度成反比，并且由于高浓度载流子的存在使得 v_{SCR} 很小（由图 4-138 的 $t_2 \sim t_4$ 时间可以看出）。因此电压的上升速率也会很小。在 N^+N 结附近，有双极漂移波形成，并向空间电荷区的边界迅速移动，当空间电荷区的边界和漂移波前相遇时，扩散区耗尽。一旦耗尽，在 N 衬底区非平衡载流子不复存在并且电导电流消失。根据式（4-52）和式（4-53），空间电荷区的边界的速度和 $\dfrac{\mathrm{d}u}{\mathrm{d}t}$迅速上升。当二极管电压（$U$）迅速上升时，二极管的电流急速下降至零，此时 u 上升至电源电压水平。电流值 $j_- = j_{\mathrm{s}} = qv_{\mathrm{s}}N_{\mathrm{d}}$（其中 v_{s} 是电子的饱和速度），E_{m} 的最大值由击穿场强 E_{α} 决定，由式（4-52），硅半导体的最大$\dfrac{\mathrm{d}u}{\mathrm{d}t}$为

$$u' = \frac{\mathrm{d}u}{\mathrm{d}t} \approx 2 \times 10^{12}\,\mathrm{V/s}$$

当 $v_{\mathrm{s}} = 10^7\,\mathrm{cm/s}$，$E_{\mathrm{m}} \approx E_{\alpha} \approx 2 \cdot 10^5\,\mathrm{V/cm}$，其中 E_{α} 击穿场强。

上面所做的考虑表明在电压快速恢复之前，电压上升速率很低。PN 结上总的电压（U_{p}）的一部分是由空间电荷区的压降决定，可以通过图 4-138 和式（4-51）估算出来

$$U_{\mathrm{pSCR}} \approx \frac{qN_{\mathrm{d}}}{2\varepsilon}W_{\mathrm{d}}^2 = \frac{qN_{\mathrm{d}}D\tau_+}{2\varepsilon} \qquad (4\text{-}54)$$

式（4-54）中，并未包括流经空间电荷区的空穴。在大电流情况下 $j_- = j_{\mathrm{s}}$，空穴的

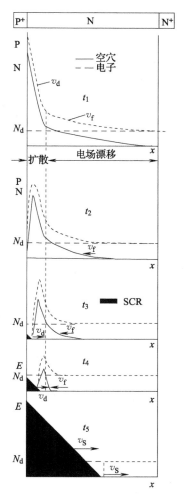

图 4-138　高电压下 PN 结恢复期间的载流子和电场的分布

存在使 U_{pSCR} 提高两倍。

式（4-54）表明 U_{pSCR} 是和泵浦时间成比例的。它表明在反向电流期间高浓度扩散区的扩展是非常缓慢的。这是由于以下这个因素所导致的：在泵浦的过程中，来自 PN 结的空穴同时受到"扩散"和电子的作用，并且它们的作用方向相同。当空穴浓度远大于杂质浓度时（$p \gg N_d$），这些作用几乎是相等的。当电流改变方向，电场作用力也会改变，然而扩散作用仍然保持着原有方向。如果正向和反向电流相等，作用在空穴上的各个方向的作用力的合力逐渐降为零。

U_p 的另一部分，是由只有平衡载流子存在的中性区的压降决定的，值为

$$U_{pnu} \approx E_{nu}(W - W_d)$$

式中，E_{nu} 为中性区的电场强度。

为了在快速恢复阶段获得最大的 $\dfrac{\mathrm{d}u}{\mathrm{d}t}$，$E_{nu} = E_s$ 的条件必须满足。

t_5 时刻，双极漂移波到达等离子体层边界时，等离子体层消失，空间电荷区的边界将以饱和速度右移，从而实现 DSRD 的迅速关断。

4.3.1.3　高压下 DSRD 的电流电压特性

如图 4-139 所示为高电压下的 PN 结的快速恢复过程中 I/t 和 U/t 特性曲线。

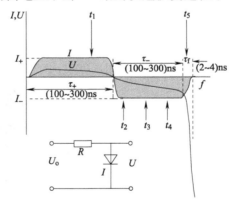

图 4-139　高电压下的 PN 结的快速恢复过程中 I/t 和 U/t 特性曲线

DSRD 的快恢复中的前 4 个过程可分为两个阶段：最初在 τ_+ 时间段内（0 ~ t_1），通过二极管的正向电流激励，产生等离子体，电压电流维持在一个较稳定的值。然后在 τ_- 时间段内（t_1 ~ t_4），电流方向逆转，等离子体被消除。然后在数纳秒内（τ_f）电压快速上升，电流下降到零，实现快速的关断。

4.3.1.4　DSRD 在动态电路中的特性

由前述 DSRD 工作原理可知，获得峰值足够大、上升前沿足够快的电压脉冲需要外电路的紧密配合。正向泵浦电流的强度和时间既要保证 PN 结附近产生足够多的电子空穴对，又要保证不因载流子复合而消耗过多；反向电流需要控制漂移波同时到达 PN 结从而实现空间电荷区以饱和速度扩展。基于此，多种不同的 DSRD 触

发电路被提出。

比较典型的单开关触发电路如图 4-140 所示，采用双电源供电，U_{DRAIN} 电压值高于 U_{BIAS}。初始状态电容 C_1 两端电压为 U_{DRAIN}-U_{BIAS}，电容 C_2 两端电压为 U_{BIAS}。开关管 V_1 闭合后，U_{DRAIN} 对电感 L_1 充电，同时 C_1 通过 L_2 和 V_1 对 DSRD 正向泵浦。当开关关断后，L_1 上电流换流，能量转移到 L_2，同时经过 C_1 和 L_2 的半个谐振周期后，谐振电流也发生换向，此时谐振周期比正向过程的谐振周期更短，在 DSRD 上使正向泵浦的电荷被快速抽出，从而在负载 R_{Load} 上产生快速高压脉冲。这里，R_{BIAS} 可以防止脉冲电压对产生冲击，C_2 则是隔直电容，防止稳态时电压被施加在 R_{Load} 上，C_a 和 C_b 用于吸收开关管关断时的过电压，同时方便测量波形。

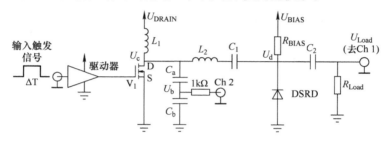

图 4-140　双电源 DSRD 脉冲发生器[128]

实际参数的选择中，C_a 和 C_b 的值不能太大，否则会影响输出脉冲的幅值，这需要对 Q_1 的耐压能力和输出脉冲电压进行权衡；C_1 为储能电容，考虑到 L_1 和 L_2 为几十 nH 级别，应当控制在 μF 级从而使振荡半周期在百 ns 左右；C_2 作为隔直电容，在脉冲产生时如果电容过小会产生分压，降低负载上的电压峰值。综合考虑可以得到表 4-21 给出的电路各元件参数。

表 4-21　双电源 DSRD 脉冲发生器的参数[128]

器件	参数
电感 L_1	85nH
电感 L_2	70nH
电容 C_1	2.2μF
电容 C_2	1μF
电容 C_a 和 C_b	每个 200pF
电阻 R_{BIAS}	7.5kΩ
电阻 R_{Load}	50Ω

对该电路进行测试，随着正向泵浦时间 ΔT 和 U_{DRAIN} 的升高，输出脉冲电压值逐步提升，同时也可以提高电压上升速率。固定 ΔT 为 70ns，当 U_{DRAIN} 为 40V 时上

升速率大约 1.4kV/ns，对应 U_{DRAIN} 为 80V 和 120V 时上升速率提升至大约 2.2kV/ns 和 3kV/ns；固定 U_{DRAIN} 为 60V，对应 ΔT 为 40ns、70ns 和 100ns 时的上升速率大约为 1.7kV/ns、2kV/ns 和 2.4kV/ns。如果比较电源效率，即负载能量和输入 U_{DRAIN} 端的能量之比，当脉宽超过 50ns 时效率随着脉宽的增加而快速降低，同时在 U_{DRAIN} 为 60V 附近效率达到最大。对于偏置电压 U_{BIAS}，选取输出电压峰值最大的位置作为最佳值进行考量，当 MOS 管导通时间增加时最大脉冲电压对应的最佳值几乎保持不变，只有当 U_{DRAIN} 增加时最佳 U_{BIAS} 才随之增加，这与理论较为契合，即两个电源的差值显著影响初始存储的能量，而由于电感 L_1 较小、储能较少，单纯改变脉宽或 U_{DRAIN} 对输出脉冲的影响可以忽略不计。

除了针对单个 DSRD 的电路和特性研究，综合 DSRD 和其他器件构成的脉冲发生器也是未来发展的一个趋势。基于 PN 结超快可逆击穿效应所设计的硅雪崩整形器（SAS）、深能级晶体管（Deep Level Dynistor，DLD）以及下文将要介绍的快速离化晶体管（Fast Ionization Dynistor，FID）均需要使用高速上升的脉冲触发快速雪崩导通，一般认为脉冲上升沿应当达到 1kV/ns 以上。在众多脉冲开关中，DSRD 的快速特性使得其与其他器件的配合尤为紧密。图 4-141 给出了使用 DSRD 触发 SAS 的电路图，该电路前级工作原理与图 4-140 所示类似，当 DSRD 以 30ns 的短脉冲正向泵浦时，上升时间达到 0.5ns，高速上升的脉冲快速对电容 C_4 充电，C_4 上的电压高于 SAS 反向阻断电压时，SAS 快速发生击穿，在负载上产生上升沿快到 100ps 的高速脉冲。需要注意的是，施加 U_{BS} 电压在 SAS 两端必不可少，这是由于 V_1 导通时会在 SAS 的阴极产生负压，如果不施加 U_{BS} 会导致此时 SAS 就发生导通，使得 DSRD 脉冲电压直接施加在负载上，SAS 将失去作用。

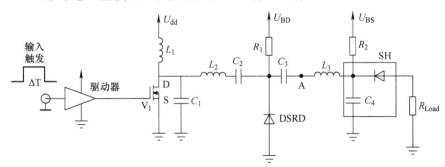

图 4-141　DSRD 触发 SAS 电路[129]

图 4-142 为输出的负载电压脉冲。其中，图 4-142a 对应于直接将负载接在 DSRD 隔直电容的输出端（即 A 点电压），图 4-142b 对应于经过 SAS 锐化后的输出脉冲波形。其中，DSRD_a、DSRD_b、DSRD_c 分别对应于单个、两个和八个 DSRD 堆叠的情况；$\text{DSRD}_a^{(1)}$ 的正向泵浦时间为 30ns，$\text{DSRD}_a^{(2)}$ 和 DSRD_b 的正向泵浦时间为 90ns，DSRD_c 的正向泵浦时间为 120ns。对比可见，泵浦时间的减少加速了 DSRD

的上升过程，而使用 SAS 可让上升沿更加陡峭。

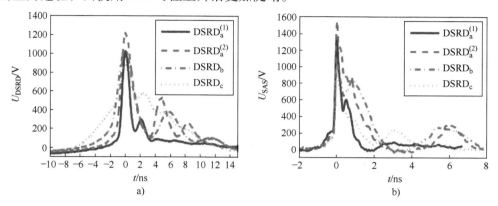

图 4-142　DSRD 触发和 SAS 触发的负载脉冲对比[129]

a）负载位于 DSRD 输出端　b）负载位于 SAS 输出端

除了 DSRD 结合超快可逆击穿效应器件构建上升时间更短的脉冲源之外，与传统的 Marx 发生器配合使用也是一种思路。图 4-143 是使用 DSRD 的 Marx 发生器，采用三级触发，仅依赖 4W 的输入功率就得到了最高可达 0.6MW 的大功率脉冲。这里同时使用了断路开关 DSRD 和导通开关火花隙，起到提高输出功率的作用。

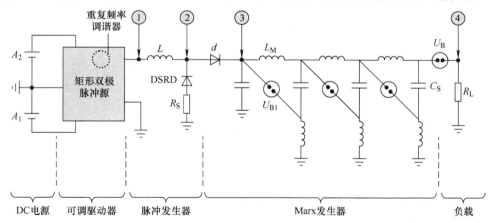

图 4-143　DSRD 结合 Marx 发生器的脉冲源电路[130]

第一级可调方波电压源在节点 1 处输出正负方波电压。当电压源输出电压为负值时，电流流过 DSRD 完成正向泵浦；当电压源输出为正值时，由于电感 L 的存在电流不能立刻换向。当电感电流过零换向后对 DSRD 中的电荷反向抽取，从而在节点 2 产生高压脉冲。高压脉冲对 Marx 发生器的各级电容进行充电，随后依次点燃火花隙将电容串联，从而在最后一级电容 C_S 上产生高压脉冲，通过触发 U_B 作用在负载上。

4. 3. 1. 5 基于 DSRD 的高压脉冲实现

DSRD 作为二端器件，合适的堆叠和级联才能产生足够高的电压脉冲。图 4-144 是一种两级触发的 DSRD 电路，待测器件的阴极点之前为初级电路，之后为次级电路。稳态工作时，初级电源 U_{cc} 的电位大于 U_{1a}、U_{2a}、U_2，DSRD 处于关断状态，电容 C_{2a}、C_{2b} 和 C_3 充电。当开关管 V_a 和 V_b 闭合时，U_{cc} 对电感 L_{1a} 和 L_{1b} 充电，同时 DSRD 承受正向电压，在 PN 结附近产生等离子体层。当开关管同时关闭后，利用电感电流连续原理，L_{1a} 上的电流持续流动，通过 L_{2a} 和 L_{2b} 对 DSRD$_{1a}$ 和 DSRD$_{1b}$ 反向抽取电荷并转移能量。当初级的 DSRD 关断后，反向电流施加在次级 DSRD 上，使其快速关断，在负载上形成快速高压脉冲。采用多路并联的级联结构可以有效提升 DSRD 关断电流，使得脉冲具有上升前沿更短和脉冲电压更高的优势。

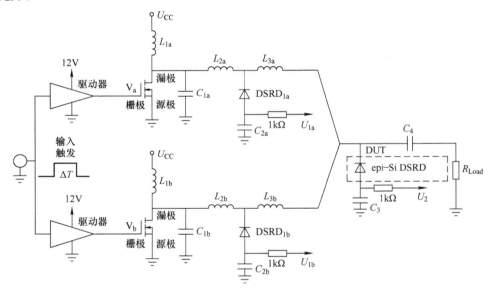

图 4-144　两级触发 DSRD 脉冲发生器[131]

通过级联可以提高输出脉冲峰值，但相对而言成本较高，并且控制各模块的同步性是一个难点。为此，可以采用变压器升压的方法实现高脉冲输出。图 4-145 是采用磁饱和变压器的 DSRD 触发电路，磁饱和变压器的材料类似磁开关，可以看作在饱和时短路、非饱和时断路的状态。稳态下，由于电容 $C_0 \gg C_1$，C_1 被充电到左正右负的状态。开关 V 闭合后，C_1 上的电压被施加在变压器一次绕组 w_1 上，在二次绕组 w_2 上感应出上正下负的电压，从而对电容 C_2 充电并对 DSRD 正向泵浦，变压器的工作点从 B-H 曲线的反向饱和点移动到正向饱和点，这一过程的时间可以通过式（4-55）算出，其中 $u(t)$ 为变压器两端电压，α 为叠片系数，N 为绕组匝数，S 为磁心截面积，ΔB 为磁通变化量，一般工作状态在两个饱和点间移动，对于矩形比比较高的材料制成的饱和变压器，可近似为饱和磁感应强度的 2 倍。

$$\int_0^t u(t)\,\mathrm{d}t = \alpha NS\Delta B \tag{4-55}$$

这里利用电感值比较小的 L 均衡各开关管支路的脉冲电流，保护器件。控制变压器参数从而控制饱和时间，使得 C_2 上电压达到最大值时变压器恰好饱和。由于饱和后等效电感很小，电容 C_2 上的能量反向抽取 DSRD 未复合的电子空穴对，实现器件的快速截断，对负载施加脉冲。考虑到负载为放电反应器时二次侧电感特性的电流会将能量耦合到一次侧，设置电阻 R_1 和二极管 VD_1 作为能量吸收电路。当开关 V 断开后，C_0 重新对 C_1 充电，将饱和变压器又转移到反向饱和工作点，同时 C_2 两端并联电阻吸收剩余能量，为下一次脉冲触发做准备。利用磁饱和特性，可以减轻低压侧器件的电压等级，减轻开关管的电压应力，从而避免了同步触发导致的开关管可靠性下降。

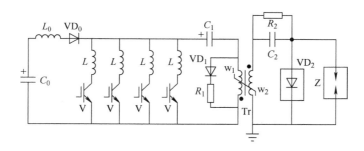

图 4-145　采用磁饱和变压器的单级 DSRD 脉冲发生器[132]

图 4-146 将多模块级联和磁饱和变压器结合使用，负载使用了 50Ω 特征阻抗的同轴电缆（CC），稳态情况下，输入电压施加在电容 C_1 上。当各支路开关管同步导通时，Tr 两端承受下正上负的电压，在变压器未饱和状态下，二次侧感应电压产生正向泵浦电流流过 DSRD，并对电容 C_2 充电，能量完成转移。变压器饱和后，由于二次侧变压器电感值迅速减小，C_2 反向抽出 DSRD 中的电子空穴对，DSRD 快速关断后将电流施加在负载上。C_2 两端并联二极管以保证 L_2 和 C_2 上的能量都转移到负载上而不会发生反向充电。一次侧回路中当变压器饱和后，电容 C_1 通过开关管 V_1、磁饱和变压器 Tr 以及回路寄生电感 L_1 放电，当 C_1 电压谐振换向后，电感电流转移到二极管 VD_1 和电阻 R_1 中。开关 V_1 关断后，储存在 C_0 和 L_0 中的能量对 C_1 充电，同时将变压器的工作点转移到反向饱和点处，为下一个周期脉冲做准备。

由于采用单个 10kV 等级的 DSRD 已经通过 SiC 材料得到了实现，级联电路和含有磁饱和变压器的电路使 DSRD 的耐压能力得到最大的使用，而用于触发 DSRD 的各器件电压电流等级都可以适当下降，仅需在高压侧提供满足要求的电容和二极

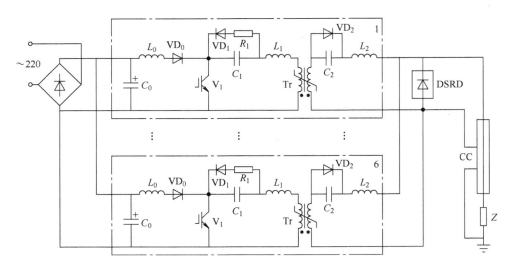

图 4-146　采用磁饱和变压器的多级 DSRD 脉冲发生器[133]

管即可。这当中对开关管 V_1 的耐压要求降低是很重要的优势。磁饱和变压器的缺点在于难以控制，尤其是前述两个电路均需要精确控制饱和时间以实现能量最大程度向二次侧转移的要求下，这对电容、电感和变压器的选择提出了很高的要求，而电路寄生电感以及变压器漏感的精确计算尤为关键，直接关系到正反向特性以及脉冲输出效率。采用该电路的另一大优势在于利用多个含磁饱和变压器的并联单元使变压器漏感降低，配合多层叠绕的绕线方式可以最大限度减少变压器漏感的影响。

4.3.2　薄 DSRD 的结构及新材料的应用

传统的"厚" DSRD 的 P^+NN^+ 结构有厚的 P^+ 和 N^+ 层（90μm），由深扩散得到，在应用方面存在很多的局限，因此，人们开始着手于将 DSRD 芯片做小做薄。随着 DSRD 尺寸不断减小，影响 DSRD 结构中载流子运动的场的区域和扩散过程之间的平衡被改变，因此，这种情况严重影响了器件的开关性能。除此之外，我们有必要去做一个从几百微米到数十微米，甚至低于这两种设计尺寸的特殊层厚度的结构，为此 DSRD 制作工艺也将会改变。

具有亚纳秒开关速度的 DSRD 采用了双衬底 N^+N［Si（100）晶向］结构制造、离子注入以及 PN 结的 B、Ga 多步扩散的工艺。这种新的 DSRD 的生产工艺不同于高压纳秒级 DSRD 产品的传统工艺［Si（111）晶向的 Al 和 B 的单步深扩散］，它较为复杂，但是却在 P^+NN^+ 的 DSRD 的杂质分布上具有更好的掺杂均匀性、更高的精确性以及更好的操作重复性。这个新技术在亚纳秒级 DSRD 产品的应用中也已经被证明了其正确性。

改良的 DSRD 结构的最重要的一个特点是它具有较小的 PN 结深，以及极小的

DSRD 的总厚度。这个特点也正是高频电路中，以及高压 DSRD 堆体（数十个 DSRD 芯片串联在一起）的快速开关操作所需要的，原因如下：

1）DSRD 堆体的最小长度是直接和单个的 DSRD 结构的厚度成比例的，并且限制了"长" DSRD 堆体的最低开关时间，这是由于 DSRD 堆体内部电磁波传播的有限时间和寄生电感的影响。

2）DSRD 堆体工作的最大平均脉冲频率是由实际半导体结构的冷却能力决定的，它极大地依赖于 DSRD 结构的总厚度。

由于这些原因，传统的"厚"的 DSRD 和 SOS 二极管这些开关，无法在亚纳秒开关速度下，以堆体形式工作在电压超过 30kV、最大平均脉冲频率超过 1kHz 的电路中。而且，所提到的 DSRD（结深 x_j 大于 $100\mu m$）和 SOS（结深 x_j 大于 $200\mu m$）的深 PN 结的制作需要超长的时间（200h）和很高的温度（大于 1250℃）来扩散，导致了完成产品的一个周期需要高额的成本和大量的时间。

改进 DSRD 的设计不同于传统的器件制作中简单地保护以及小批量的工艺技术，而是极大地增进了开关速度以及单个芯片的平均脉冲重复频率（Average Pulse Repetition Frequency，APRF），还增加了 DSRD 堆体的耐压。

DSRD 的开关非常稳定，精确在皮秒的数量级。它由外部电路控制，提供电荷的注入和抽取。由于具有如此优良的控制特性，所以将许多分离的 DSRD 的芯片连接在一起是可能的，这样可以将脉冲电压提高数百倍，而且堆体的开关速度和单个的 DSRD 相等。因此，可以将这个高压堆体视为一个大尺寸的两端器件。事实上，高压 DSRD 堆体的结构并不是个容易解决的问题，因为在高质量芯片组合方面的工艺实现很困难，尤其是对于小尺寸的芯片。

现在除了 Si DSRD 之外，科学家们又开始寻找新的半导体材料，比如 GaAs 和 SiC 等材料，这些半导体材料具有 Si 所没有的一些优点。GaAs 材料的 DSRD 可以在脉冲电压和开关速度平衡下获得两倍的增益，这是由于 GaAs 具有较高的击穿场强，GaAs DSRD 比 Si DSRD 具有更为广泛的工作温度和更大的电流密度。

SiC 具有高的击穿场强（$3 \sim 6MV/cm$，是 Si 和 GaAs 的十倍以上）、高的载流子饱和漂移速度（$2 \times 10^7 cm/s$，高于 Si、GaAs 的 $10^7 cm/s$）、与 Cu 相近的高热导率 $[5W/(cm \cdot K)]$ 和宽禁带（$2.4 \sim 3.3eV$ 对于不同的类型）的特性。SiC 基本的特性打开了 DSRD 的新的篇章，它的耐压能力为 Si DSRD 的 20 倍，而不会降低开关速度，且在相同的热功耗下，SiC DSRD 的平均脉冲重复频率是 Si DSRD 的 10 倍。考虑到同质结、杂质和缺陷控制在内的 SiC 层的性能，在目前而言，足以生产出具有每秒千伏的阻断电压率和平方毫米水平的有效面积的二极管结构，然而，SiC- DSRD 的设计和制作仍有一些至关重要的问题有待解决：

1）增加载流子寿命，尤其是 PN 结附近的载流子；

2）阻止 DSRD 芯片边缘的表面击穿；

3）增加欧姆接触电阻率以及低电阻率基板的使用（ $< 0.005\Omega \cdot cm$）。

4.3.3 DSRD 的应用

4.3.3.1 电光开关驱动控制

电光开关依据引起介质折射率变化的机理不同又可以分为两类：第一类利用直接电光效应，包括泡克耳斯（Pockels）效应和克尔（kerr）效应的光开关，如用 $LiNbO_3$ 材料和 InP 材料制作的电光开关。这类开关速度很快（皮秒/纳秒量级），由于要正确实现开关功能，控制和驱动电路的延迟不能大于开关速度，这就对电路的响应速度提出了比较高的要求。根据其工作原理，采用电压驱动方式，也就是通过改变加在控制区的电压来实现开关动作。典型的驱动参数为输出电压 3~5kV，上升延迟小于5ns，脉冲宽度为 5~10ns。第二类采用间接电光效应，包括 Franz-Keldysh 效应和等离子色散效应（Plasma Dispersion Effect）的光开关。如硅材料电光开关就是利用了等离子色散效应，通过外加电场注入载流子改变折射率来实现开关功能的。这类开关的速度比第一类稍慢（纳秒量级），对控制部分的要求也稍低，采用电流驱动方式。DSRD 性能优良，成为第一类电光开关驱动和控制电路首选。

图 4-147 为用 DSRD 构成的第一类电光开关的驱动电路图，当 DSRD 通以正向电流时，S_1 闭合，C_1、L_1 和 DSRD 组成回路 1，L_1 存储能量。当电流反向时，S_2 闭合，L_2 存储能量。DSRD 的反向恢复时间被设计成与反向电流的峰值出现时间一致。这样，当存储的能量达到极大值时，DSRD 近似开路，所有的能量被送至输出端，电路输出一持续时间极短的尖峰脉冲（纳秒量级）。电路的最大特点是电压放大

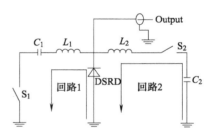

图 4-147 采用 DSRD 构成的第一类电光开关的驱动电路

倍数高，因此输入电压可以很低，降低了控制部分的设计难度。Fast Transitions 公司报道的利用 DSRD 制作的电光开关驱动电路上升延迟为 300ps，输出电压的峰值达到 15kV。

4.3.3.2 脉冲发生器

脉冲发生器电路如图 4-148 所示，这是一个脉冲产生单元。开始时 DSRT 截止，驱动脉冲（宽度约为 100ns）通过 T_1 加到 V_1，激励了集电极电子—空穴等离子体。电感 L_1、L_3 中的电流按照 $di/dt = U_1/(L_1 + L_3)$ 线性上升。驱动脉冲结束后，由于等离子体的激励作用，V_1 仍能导通一段时间。在 V_1 导通期间，VD_3 通过 L_4 和 R_9 被激励。当 V_1 内激励的等离子体泄放时，其集电极迅速截止。电感 L_1 中的电流分别流过 VD_4 和 VD_3，而 VD_3 由于以前的激励，仍处于导通状态。电感 L_3 中的电流在 V_1 的集电结电容、L_3、VD_4、VD_3 所构成的电路中谐振。在振荡的后半周期 L_1 和 L_3 中的电流方向相同，随后 VD_3 截止，L_1 和 L_3 中的电流通过 L_2 给 C_4 充电。当 C_4 电

压达到 VD_5 门限电压时，VD_5 导通将 C_4 上的能量泄放至负载。

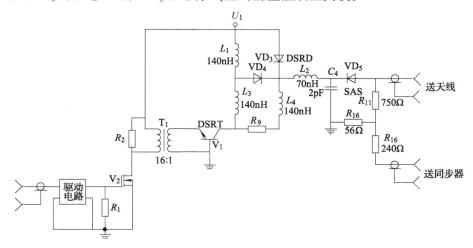

图 4-148　脉冲发生器电路

输出脉冲如图 4-149 所示，输出电平为 1.1kV（50Ω 负载），上升时间小于 70ps，脉宽为 200ps，中心频率为 5GHz，最大重频为 12kHz。若进行良好的热设计，重频可以做到 50kHz，效率将超过 15%。

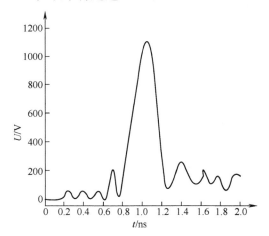

图 4-149　脉冲产生器单元输出波形

图 4-148 给出的是一个脉冲产生器单元的设计方案，如果配以精准的同步器，可以将多个脉冲产生器单元组合，进行功率合成。

4.3.4　SiC DSRD 器件

随着 SiC 晶圆技术的迅速发展，SiC 基 DSRD 也得到了许多关注。相比 Si 基器件，SiC 的禁带宽度扩大 3 倍，临界击穿场强增加 10 倍，并且具有高饱和电子漂移速率以及高热导率的优势，这使得器件具有更高的耐压和通流能力。由于电流密度更高，同等功率下芯片的尺寸可以得到进一步缩小，对开关速度的提升也具有很大潜力。但要想实现这些优势，需要器件结构和工艺的进一步优化并配合外电路更合理的设计。

4.3.4.1 SiC DSRD 基本结构

对于 Si 基 DSRD，由于电子的迁移率是空穴的 3 倍左右，故为了保证等离子体波的波峰在 PN 结处恰好相遇，正向泵浦电流在 P 区激发的等离子体数目应当是 N 区的 3 倍左右。这通常可以通过两种方法实现：正向通入一个很短的脉冲（0.1 ~ 0.5μs）或是大幅降低 N^+N 结的载流子注入量。迁移率差异这一问题在 SiC 基 DSRD 中显得更加凸出，因为 SiC 中电子迁移率通常是空穴的 7 ~ 9 倍，这一特性使得 $P^+N_0N^+$ 和 $P^+P_0N^+$ 结构的 DSRD 特性有很大不同，尤其是在关断的特性方面。

如前所述，和 Si 基 DSRD 类似，当反向电流作用时，DSRD 中的等离子体被抽出，PN 结左侧的等离子体边界移动速率 v_1 为

$$v_1 = \frac{\mu_n}{\mu_n + \mu_p} \frac{J_R}{qn_1} \tag{4-56}$$

式中，μ_n 和 μ_p 分别为 SiC 中电子和空穴的载流子迁移率；J_R 为反向恢复电流密度；n_1 为漂移波左侧等离子体的平均浓度。

同理可得 PN 结右侧边界等离子体移动速率为

$$v_r = \frac{\mu_p}{\mu_n + \mu_p} \frac{J_R}{qn_r} \tag{4-57}$$

除了迁移率的影响，载流子寿命也是重要影响因素。由于 P^+ 区附近的等离子体寿命较短，n_1 小于 n_r，这会导致等离子体移动速率的差异性更大（$\mu_n/n_1 >> \mu_p/n_r$）。对于 $P^+N_0N^+$ 结构，在 P^+N_0 结附近等离子体快速被抽出，而在 N_0N^+ 结附近等离子体抽出速度很慢，这就导致反向关断过程中的等离子体分布不均，使得 DSRD 关断速度减慢。

采用如图 4-150 所示的电路对不同结构的 4H-SiC DSRD 进行测试，初始状态下电容 C_1 上的电压为上正下负，电容 C_2 上的电压为右正左负。当开关 Sw_1 闭合后，DSRD 被正向泵浦，PN 结附近产生大量等离子体，与此同时 C_1 与电感 L_1 发生谐振；15ns 后，开关 Sw_2 闭合，电容 C_2 通过 Sw_2 反向抽取 DSRD 中的电子空穴对，与此同时 C_1 和 L_1 经过谐振的半周期，电流也开始换向。当 DSRD 中的电子空穴对全部被抽出后，器件快速关断，在负载 R_L 上产生一个大电压脉冲。这里，电感 L_2 主要用作能量存储单元，用以产生高压脉冲。

图 4-151 给出了两种 4H-SiC DSRD 测试的结果，图中电流标尺为 0.2A/div，时间标尺为 4ns/div。在正向泵浦电流大约均为 0.4A 的情况下，图 4-151a 中的 $P^+N_0N^+$ 结构获得了大约 0.6A 的反向电流，而图 4-151b 中的 $P^+P_0N^+$ 结构反向电流接近 1A。在关断时间方面，由于上述等离子体分布的问题，$P^+N_0N^+$ 结构的关断

特性偏软，关断时间大约为 16ns；而 $P^+P_0N^+$ 结构的关断时间在 $1\sim2$ns，恢复特性很硬。$P^+P_0N^+$ 结构 DSRD 的等离子体初始时在非阻断的 P^+P_0 结处形成，而后以 μ_n/n_1 的高速率向 P_0N^+ 结移动；在阻断的 P_0N^+ 结，电子空穴对的密度以 μ_p/n_r 的低速率下降。可以选择合适的同步条件使得等离子体波波前到达 P_0N^+ 时该处的电子空穴浓度恰好耗尽到零，而后所有的非平衡载流子被维持在远离基区的位置，耗尽层开始恢复，耗尽层的边界高速向左移动，使得反向电流得以快速中断，将电流强迫换流到负载上。对于脉冲电路，快速的电流切换可以使尽可能多的电荷流过负载，获得高压脉冲，而软恢复的情况会使电荷损失增加，脉冲幅值降低。

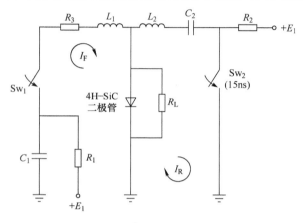

图 4-150　SiC DSRD 测试电路[134]

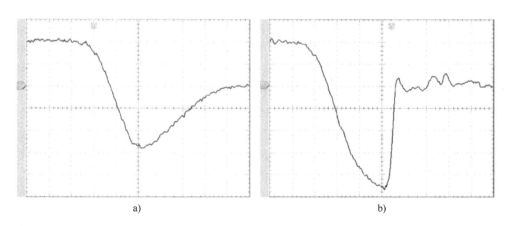

图 4-151　DSRD 关断过程电流波形[134]

a) $P^+N_0N^+$ 结构 DSRD　b) $P^+P_0N^+$ 结构 DSRD

在等离子体被反向电流抽取完成后，耗尽层扩展的过程中，基区的空穴作为多数载流子快速被移除，该过程的位移电流逐渐下降，对应于电流快速关断的过程，理论上这段时间也对应于电压快速上升的过程。多数载流子被清除的时间 t 满足

$$t = \frac{qpWS}{i_R}$$

式中，q 为电子电荷量；p 为漂移区空穴浓度；W 为基区厚度；S 为 DSRD 面积；i_R 为反向恢复过程中的平均电流。

代入参数，$p = 8 \times 10^{14} \mathrm{cm}^{-3}$，$W = 12 \mu \mathrm{m}$，$S = 2.2 \times 10^{-13} \mathrm{cm}^2$，当反向平均电流 i_R 为 0.5A 时，$t = 0.6 \mathrm{ns}$，与实测结果差别不大。

负载的脉冲上升时间与结电容的关系密切。对于一般的 DSRD 而言，电压脉冲会在反向电流流过的阶段缓慢上升；当反向电流快速关断时，对应电压脉冲快速上升。这两个过程中，器件的结电容直接决定了上升时间的变化。由于 SiC 材料的优势，器件功率密度可以更高，拥有更大的电流密度，DSRD 的芯片面积更小，使得结电容大大降低，这为更大通流能力的 DSRD 制造提供了可能。对于高压 DSRD 而言，增加基区厚度可以增强耐压能力，降低结电容；增加芯片面积则主要可以提高通流能力。

前述的 $P^+P_0N^+$ 结构具有较好的性能，但仍存在不少问题。首先，从工艺上看，由于 P_0 区作为耐压层，故需要进行深度很高的反应离子刻蚀才能到达 P_0N^+ 结；其次，没有边缘处终端结构来提供高压下器件的可靠性，边缘发生击穿的概率提升；并且，P 区空穴的迁移率较低，对于快速的电流关断而言会产生问题。从衬底的角度来看，P 区的外延层制造困难，会导致耐压能力的不足；P 型 SiC 衬底也难以满足直径适中、电阻率较低的要求。基于以上几点，采用经典的 $P^+PN_0N^+$ 结构会有利于上述问题的解决。图 4-152 是采用台面外延法制作的 SiC DSRD 基本结构，其中重掺杂区 P^+ 层厚度为 $2\mu \mathrm{m}$，受主掺杂浓度约为 $10^{19} \mathrm{cm}^{-3}$ 数

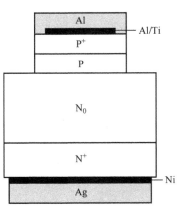

图 4-152 台面外延型 $P^+PN_0N^+$ 结构的 4H-SiC DSRD[135]

量级；N^+ 层厚度为 $1\mu \mathrm{m}$，施主掺杂浓度约为 $10^{18} \mathrm{cm}^{-3}$ 数量级。P 区厚度为 $5\mu \mathrm{m}$，受主掺杂浓度为 $5 \times 10^{16} \mathrm{cm}^{-3}$，起到贮存正向电流注入的等离子体作用；$N_0$ 区作为耐压层，厚 $40\mu \mathrm{m}$，掺杂浓度为 $1.5 \times 10^{15} \mathrm{cm}^{-3}$。$P^+$ 层和 N^+ 层上沉积欧姆接触，分别使用铝/钛和镍，顶层金属使用铝和银在真空中烧结而成。通过预先沉积的铝层掩模，在六氟化硫等离子体中刻蚀台面结构。切割晶圆后，单一 DSRD 有效面积大约为 $3.9 \times 10^{-3} \mathrm{cm}^2$。

图 4-153 是对上述 $P^+PN_0N^+$ 结构 4H-SiC DSRD 的测试电路，初始状态同样对 C_1 进行充电，开关 T_1 导通后，DSRD 正向泵浦，而后开关关断，此时输入一个脉冲电压反向抽取 DSRD 中的电子空穴对，通过负载 R_L 上的电压反映 DSRD 电流变化情况。图 4-154 是不同电流密度下的关断波形，图 4-154a 可以观察到反向电流的

峰值达到正向电流十几倍，图 4-154b 则由于正反向电流差距过大而几乎观察不到正向电流。可见，由于四层结构中含有 P 层，随着电流密度的加大，二极管的工作模态逐渐由 DSRD 模式向 SOS 模式过渡。

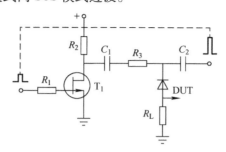

图 4-153　台面外延型 $P^+PN_0N^+$ 结构 4H-SiC DSRD 测试电路[135]

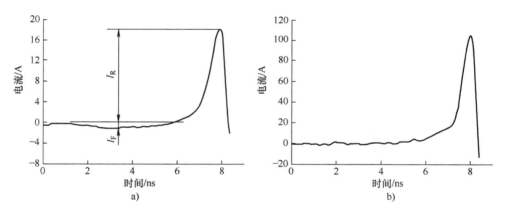

图 4-154　关断前后正反向电流波形[135]

a）电流密度 $4.6kA/cm^2$　b）电流密度 $40kA/cm^2$

4.3.4.2　SiC DSRD 动态特性

SiC DSRD 的动态特性由图 4-155 所示电路进行测试，正向泵浦的原理与前述电路相同，右侧脉冲发生器采用 Si 基 DSRD 产生峰值 5kV、宽度 4ns 的脉冲，实现对 P 区和 N_0 区少数载流子的快速抽取，去除隔直电容是为了考量 DSRD 自身结电容通过的位移电流。

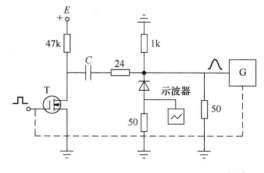

图 4-155　SiC DSRD 动态特性测试电路[136]

图 4-156 是不同测试条件下 SiC DSRD 动态特性。曲线 1 将 SiC DSRD 短路，脉冲发生器的电压直接施加在 50Ω 负载上；曲线 2 没有施加正向电压，仅仅用于测量 SiC DSRD 反向阻断特性；曲线 3

反映正常工作条件下 DSRD 的硬关断过程。曲线 2 中的电流为通过 SiC DSRD 结电容的位移电流，曲线 3 反映了正常 DSRD 的关断过程。当注入 2A 电流时反向电流可达 11A，并且通过曲线 1 对照表明该电流变化是由 DSRD 效应引起的。

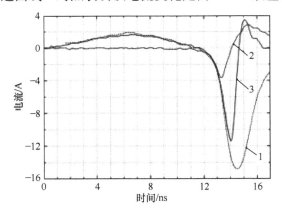

图 4-156　SiC DSRD 不同电路条件的动态特性[137]

通过改变脉冲发生器的输出脉冲和正向泵浦电流之间的延迟时间，观察反向电流幅值变化情况，可以对等离子体的寿命进行预判。图 4-157 给出不同延迟时间下反向电流波形情况，随着延迟时间增加反向电流幅值降低，最后逐渐趋向于图 4-156 曲线 2 的情况，即反向电流全部由通过 DSRD 的位移电流组成。对于 SiC 材料，载流子的寿命下降，使得短时间内电子空穴发生复合的概率大大提升，实际电路中电流正反向切换的速度要尽可能提高，这对外电路设计提出了较高要求。

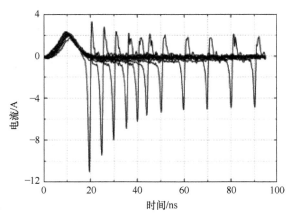

图 4-157　不同延迟时间下反向电流波形[137]

图 4-158 中，反向电压对关断电流的幅值和关断时间都有较大影响。曲线 1 反向电压 750V，曲线 2 为 450V。随着反向电压增加，电流增长和关断的速度都有所提高，而由于泵浦和抽取的电荷平衡，反向电流峰值也会有所提升。

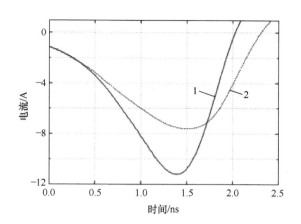

图 4-158 不同反向电压对反向电流的影响[137]

在正反向电流快速换向的情况下，如果不发生复合，则正向泵浦电荷应该与反向相等，即对应图 4-159 中曲线积分面积相同。泵浦电流降低，则反向关断电流随之下降。

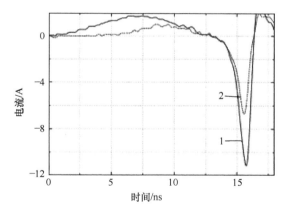

图 4-159 不同正向泵浦电流对反向电流的影响[137]

与 Si 器件不同的是，SiC DSRD 对正向泵浦时间有着较高的要求。图 4-160 中曲线 1 是正向泵浦 20ns 时的关断波形，曲线 2 对应的泵浦时间是 100ns。关断时间的延长是由于如果正向泵浦时间过长，注入的非平衡载流子空穴会在 P 区甚至 N_0 区中积累过多，而 SiC 材料中空穴相较于电子的迁移率低很多，加剧了较长正向泵浦时间情况下的空穴积累。

除了对比不同外电路参数对 DSRD 的影响，器件本身的基座效应也是非常重要的一部分。在电压上升过程中，前 10% ~ 20% 的上升范围内速度较慢，这是由器件内部各种物理效应引起的。图 4-161 中，V（E，N_{full}）只考虑电场强度和掺杂浓度对载流子移动速度的影响，该上升速度几乎达到了 SiC 材料的极限。从右向左分别是考虑禁带宽度变窄（Bandgap Narrowing，BGN）、间接复合（Shockley-Read-

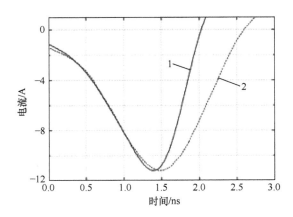

图4-160 不同正向泵浦时间对反向电流的影响[137]

Hall Recombination，SRH）、俄歇复合（Auger Recombination）和不完全电离（Incomplete Ionization，IncIoniz），最左侧的 $V(E，N_{ioniz})$ 仅考虑电离杂质上的载流子散射。从右往左基座效应愈发显著，对 DSRD 的导通特性很不利。除了通过缩短泵浦时间以降低复合概率的方式，增大面积是降低基座效应的重要途径，这可以有效减少在反向电流抽出少数载流子过程中的电流密度。但是显而易见，面积增大将极大影响结电容的大小，这又会减慢放电速度，因而设计时对芯片面积需要折中权衡。

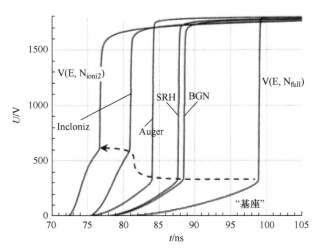

图4-161 考虑不同物理效应时仿真的脉冲上升波形[138]

SiC DSRD 与 Si DSRD 在应用中的一个显著不同在于对正向泵浦时间的要求，这是由于载流子寿命的显著不同引起的。对 SiC DSRD 正反向过程进行仿真，得到表4-22，可以充分说明正反向过程中 DSRD 的电荷损失情况，这是评价脉冲电路工作效率的重要依据。

表 4-22　不同正向泵浦时长下的电荷损失[139]

正向泵浦时间/ns	1	5	10	15	20	25	30	35	40	50	60	70	80	90	100
反向抽取时间/ns	0.5	1.8	3	3.9	4.5	5.2	5.8	6.3	6.8	7.7	8.6	9.3	9.9	11	11
正向电荷量/nC	18	90	180	270	360	450	540	630	720	900	1080	1260	1440	1620	1800
反向电荷量/nC	18	67	110	140	164	188	208	228	244	276	308	335	357	382	401
效率（%）	100	74	61	52	46	42	39	36	34	31	29	27	25	24	22

表 4-22 中，正向泵浦时间的增加导致输出脉冲的效率下降。由于二极管结构中存储的电荷数量有限，正向偏置过大会导致大量的电荷损失，因而理论上应当适当缩短 SiC DSRD 的正向泵浦时间。这种电荷损失过程可以这样理解：假设注入电荷的损失是由于 P⁺ 区欧姆接触的少数载流子复合所致，由于该区域厚度远小于电子扩散长度，注入该区域的电子会向该层的欧姆接触位置扩散，而复合率理论上为无穷大，因此发生电荷的损失，这种损失是由于不完全掺杂剂电离所导致的，这在宽禁带半导体材料中非常常见。在优化 DSRD 结构时，必须着重考虑杂质不完全电离带来的影响，尽可能提高杂质电离率。

由于掺杂剂的电离程度与温度紧密相关，图 4-162 给出了不同温度下输出脉冲电压的波形，293K 时输出脉冲电压最大。温度升高导致掺杂剂电离程度提升，可见注入电荷存储得更好，导致从基区提取载流子的时间延长，但这并不能说明掺杂剂电离程度很高的情况下对输出脉冲不利，因为外电路的参数特性一般不发生改变。相反，高温下非平衡载流子的注入更加有效，可以实现更优的电荷积累。通过调整电路参数，可以实现 DSRD 在不同温度下切换的最佳时刻，这表明了不同谐振电路对输出脉冲的影响情况。

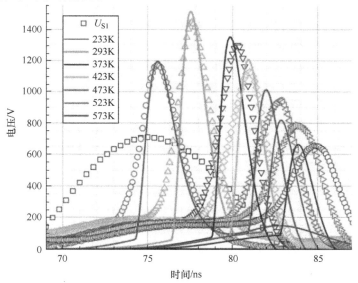

图 4-162　不同温度下 SiC DSRD 仿真输出电压波形[140]（见文前彩插）

上述动态性能的对比表明，SiC DSRD 对器件本身和外电路都提出了较高的要求。这当中，正向泵浦时间的降低是非常重要的因素，对 DSRD 工作效率有很大影响。另外，反向电流的峰值和延迟时间也会对关断曲线造成影响。对应于这几点，在 SiC DSRD 脉冲源设计中需要充分考虑开关管的特性，尽可能提高开关速率；对控制器的性能要求高，主要体现在高驱动频率和低延时；电路设计要考虑正反向的快速换向特性，并尽可能提高反向电流的峰值。

4.3.4.3　SiC DSRD 结构优化

由于 SiC 材料高绝缘击穿场强和高载流子饱和漂移速率等特性，使得 SiC DSRD 的输出电压更高、脉冲上升沿更短，近年来，有许多使用电路级联或器件堆叠的方法产生性能更佳的脉冲。SiC DSRD 的堆叠设计是封装工艺的重要组成部分，理想堆叠下模块总特性应当是各独立器件的总和，这也是结构设计的最终目标。目前来看，针对 SiC DSRD 的结构优化主要集中在单个器件的制造工艺优化和堆叠方式的优化。

对于堆体结构而言，同步工作是首要条件，为此必须考量热学和电动力学的限制。目前已有使用 8 个耐压 1.5kV 的 SiC DSRD 输出 10.5kV 脉冲的报道，通过器件直接焊接和硅脂密封的方式实现堆叠。

为了尽可能提高单个 DSRD 的耐压等级，图 4-163 所示的台面外延结构被提出。低掺杂的 P^- 区和 N^- 区共同起到承受高压的作用，$9\mu m$ 的外延 P^- 区使得台面边缘结构可以通过干法刻蚀实现，直接在 N^- 区中加入 P 型轻掺杂，从而将结终端扩展（Junction Terminal Extension，JTE）技术应用在 DSRD 中，在耗尽层中引入了负电荷，有效降低边缘电场强度，提升抗击穿能力。单个图示器件可以承受 2.8kV 的高压，实验中采用 5 个器件堆叠实现了 11kV 脉冲电压，上升时间仅为 2.3ns。

将 JTE 结构应用于 DSRD 后，器件的耐压能力得到进一步提升。图 4-164 是三阶刻蚀 JTE SiC DSRD 结构图，实际研制的 SiC DSRD 结终端结构中，d_1 控制在 $1.4 \sim 2mm$ 之间时，器件的耐压值远高于其他情况。随着 d_2 和 d_3 厚度减小，器件的耐压峰值迅速收窄，这是由于电荷分布的微小偏差导致的。在实际设计中为了使器件达到最大耐压时 d_1 可取的范围最大，d_2 和 d_3 取为 $0.2\mu m$。

对该结构进行 TCAD 混合仿真，模拟器件参数对电气特性的影响，如图 4-165 所示。图 4-165a 中，当 N 基区掺杂浓度升高时，器件阻

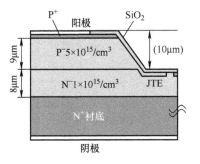

图 4-163　采用 JTE 技术的台面
外延型 DSRD[141]

断能力下降，硬开关效应减弱，导致输出脉冲的峰值明显下降，上升沿减缓；图 4-165b 对应于正向泵浦时间为 80ns 时不同载流子寿命下对应的脉冲输出波形。载流子寿命与正向泵浦时间可以比拟时，输出峰值电压出现明显下降。

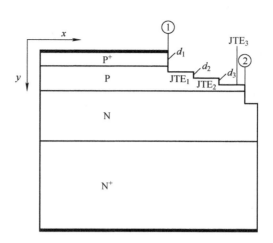

图 4-164 三阶刻蚀 JTE SiC DSRD 结构图[142]

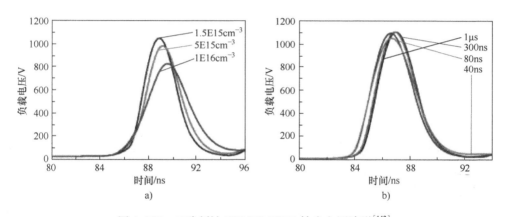

图 4-165 三阶刻蚀 JTE SiC DSRD 输出电压波形[142]

a) 不同 N 基区浓度对负载脉冲的影响 b) 不同载流子寿命对负载脉冲的影响

为了尽可能发挥 SiC DSRD 的优势,将其应用于高压领域,大量的器件堆叠和封装技术格外重要。一种做法是,在堆叠结构中引入了中间层,芯片之间用中间层隔离,每 3 个芯片构成一个子堆,通过烧结形成,再将 6kV 电压等级的子堆封装成 30kV 的堆体,堆体的连接端引出铜片以降低寄生参数。通过这一方式设计的堆体正反向特性如图 4-166 所示,15 个器件堆叠后的开启电压已经相当接近单个器件的 15 倍,表明器件堆叠效果较好,单个器件的特性得到充分利用。

4.3.5 DSRD 模式与 SOS 模式对比

DSRD 和 SOS 模式都是断路开关的工作机制,但在工作机理上有显著的不同。DSRD 在反向关断的过程中,高电场区域主要是 PN_0 结恢复过程中基区内施主杂质带正电的离子所致,即空间电荷区扩张时基区的正离子提供;SOS 效应的本质是在

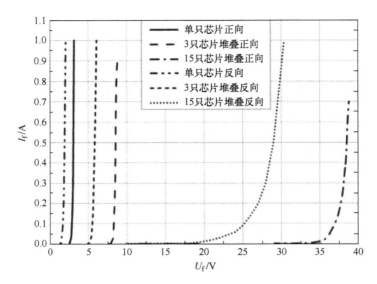

图 4-166   不同堆叠条件下 DSRD 的正反向特性[143]

二极管重掺杂部分形成了快速扩展的高电场区域，关断时，高电场区域主要依赖自由空穴产生的正电荷，使得在等离子体漂移过程中 P 型区域内无电子空穴对情况下的电荷传输。简单来说，DSRD 的快速关断由 PN_0 结的反向恢复造成，而 SOS 的快速关断源于 P 区电阻的迅速增大，但 PN_0 结处的等离子体并没有被抽取干净。

在这两种不同的机理下，SOS 碰撞电离导致的雪崩倍增效应使得其反向电流峰值可以很大，反向抽取的电荷数可以高于正向泵浦电荷数，这是两种模式外部表征的不同。相对应的，SOS 的反向电流峰值可以更高，应用在大功率脉冲发生领域的可能性更大，而 DSRD 的功率相对较小，但理论上升速度可以更快，在亚纳秒脉冲级别有很广阔的应用前景。由于在实际应用中两者都在负载上输出高压脉冲，很多情况下并不细究器件的具体工作原理。事实上，DSRD 和 SOS 器件都会一定程度地发生 DSRD 效应和 SOS 效应。

4.3.6   DSRD 的封装

目前，应用于脉冲功率领域的 DSRD 封装以焊接式为主。如图 4-167 是 15kV SiC DSRD 的焊接式封装，也是利用键合线进行内部与外部电路的连接，这里外壳是用 3D 打印技术打印出来的。

上述主要针对 DSRD 的单只芯片封装进行阐述。除此之外，包括 RSD、DSRD 在内的脉冲功率器件经常应用于高电压等级脉冲功率领域。在单只器件耐压无法满足的情况下，多芯片串联组成堆体是很好的替代方案，即将多只芯片垂直放置，芯片间置有连接材料，通过压接或者焊接方式互连，如图 4-168 所示。串联堆体结构没有键合引线和端子，最大限度降低了寄生电感，有利于其动态性能的发挥和减小电磁干扰。

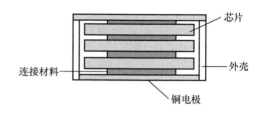

图 4-167　DSRD 的焊接式封装　　　　图 4-168　脉冲功率器件堆体结构示意图

堆体结构需要特别考虑电压不均衡、合理的芯片串联数目、电场集中、重频时中部芯片散热等问题。从电动力学的角度，电磁波沿堆体的传播时间 τ_{ws} 应小于开关时间 τ_f，即式（4-58），以此限制堆体芯片的数目。

$$\tau_{ws} = W_s/c_{EM} < \tau_f \tag{4-58}$$

式中，W_s 为堆体长度；c_{EM} 为电磁波在半导体中的传播速度。

俄罗斯研制了 30kV SiC DSRD 堆体，如图 4-169a 所示，它由 15 只 2kV SiC DSRD 芯片串联而成。为了提高堆体整体可靠性，引入了"子堆体"结构，即将 3 只芯片先形成 6kV 堆体，如图 4-169b 所示。

除上述单只芯片和多只芯片串联封装外，近些年为应对工业领域对高重频和紧凑的需求，集成化和模块化也成为脉冲功率技术的发展趋势，这对封装技术提出了更高的要求。

综上，封装技术的优化对于脉冲功率器件完美发挥器件优势具有重要作用，比如重频工况对热管理技术提出了更高的要求；快速开关对脉冲功率模块寄生参数提出了更高的要求；高电压等级对模块的绝缘性能提出了更高的要求，等等。以上在宽禁带半导体脉冲功率器件上的体现尤为突出。因此，脉冲功率器件封装技术也是一个重要的研究方向。

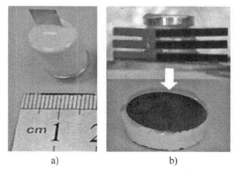

图 4-169　30kV SiC DSRD 实物图

a）15 芯片堆体　b）3 芯片堆体

4.4　光电导开关（PCSS）

光电导开关（Photoconductive Semiconductor Switch，PCSS）是基于半导体光电导效应和超短激光脉冲技术而研制的一种具有皮秒甚至飞秒量级响应速度的新型超高速光电开关器件。

1972 年，Jayaraman S 和 Lee C H 在研究光电导体时，首次发现光电导体对于皮秒量级的光脉冲照射具有皮秒量级的响应时间。与传统开关相比，光电导开关具有开关速度快、触发无晃动、寄生电感电容小、重复频率高、光电隔离好、不受电磁干扰和结构简单紧凑等优点，特别是其耐高压及大功率容量的特点使其在超高速电子学和大功率脉冲产生与整形技术领域（大功率亚纳秒脉冲源、超宽带射频发生器等）成为传统开关（间隙放电、闸流管及结器件）最有希望的换代器件，在大功率脉冲源、超宽带脉冲发生器、电磁武器及高压强流快速关断、闭合系统中具有广泛的前景。

4.4.1　PCSS 的基本结构与工作原理

4.4.1.1　器件结构

光电导开关的常用结构有 1975 年 Auston 提出的横向结构（见图 4-170a），1982 年 C. S. Chang 等人提出的同轴线型 Blumlein 结构（见图 4-170b）和 Maurice 等人提出的纵向结构（见图 4-170c）。

综合以上 3 种结构，可根据光电导开关的偏置电场和触发光脉冲入射方向之间的关系将光电导开关分为横向结构和纵向结构。横向结构是指触发光脉冲的入射方向与开关偏置电场方向垂直的结构（见图 4-171a）；纵向结构则是指触发光脉冲的入射方向与开关偏置电场方向平行的结构（见图 4-171b）。

横向结构的光电导开关制作简单，并且光吸收区位于开关的活性区，可用较宽波长范围的光来触发。但是横向结构的偏置电场在开关工作时是穿通开关整个表面的，这就使开关的表面击穿强度远小于材料的本征击穿，常常会出现表面闪络或延面放电等现象，从而大大限制了开关的耐压。

纵向结构的光电导开关可以通过减小开关表面电场来提高开关的击穿电压，但是纵向光电导开关的电极间距受到开关芯片厚度的限制，使开关的耐压强度受到一定限制。而且纵向开关的电极至少有一个是透明电极，该电极通常是用金属栅、非常薄的金属层或外延生长掺杂的半导体薄层来制作，这就增加了制作开关的难度。由于结构的特殊而不易实现均匀导通，必须选用波长较长的触发光增加穿透深度。综上比较，在制作大功率 PCSS 时主要采用的都是横向结构的开关（以下若未说明皆针对横向结构开关）。

横向结构和纵向结构光电导开关，其本体皆由 3 部分构成：光导芯片材料，电

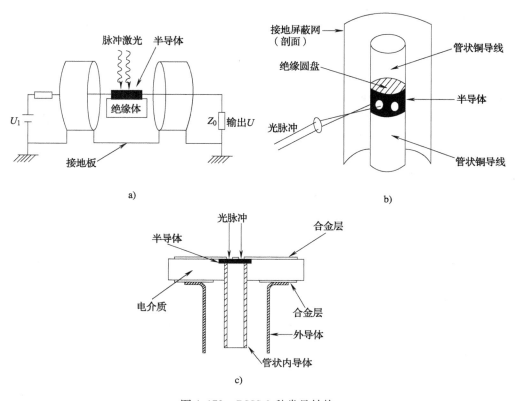

图 4-170　PCSS 3 种常见结构

a）Auston 横向结构　b）同轴线型 Blumlein 结构　c）纵向结构

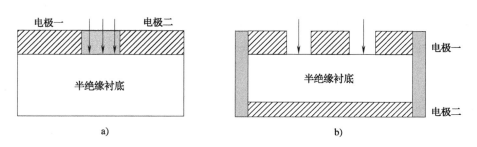

图 4-171　PCSS 基本结构

a）横向结构　b）纵向结构

极和传输线以及绝缘封装。

1. 光导芯片材料

PCSS 的芯片材料要求载流子寿命短、载流子迁移率高、材料的暗态电阻率大。光导芯片材料可以是片状、块状或直接在衬底上镀膜形成。传统的光电导开关材料有：Si、GaAs、Cr：GaAs、Fe：InP、金刚石等。另外在超短脉冲应用中最常用的

3种光电导材料是：辐射损伤的 Si-蓝宝石（SOS）、辐射损伤 GaAs、相关多量子阱低温生长的 GaAs 和相关的异质结构。

因 GaAs 材料复合系数较大、载流子寿命短、禁带宽度宽、介电常数大且是直接跃迁半导体材料，故其具有更佳的光电导开关特性。现在大多数光电导开关采用 GaAs 材料制成。同时 SiC 由于其带隙宽、击穿电场高、饱和迁移率高和热导率高，也是一种很有发展潜力的光电导开关材料。金刚石材料具有较宽的能隙和极高的绝缘电阻，可以承受较大的电压，也一度被认为是最具有发展前途的材料。

2. 电极和传输线

PCSS 的电极需要采用欧姆接触，其制作方法包括浅扩散、合金再生长、包含在接触材料中的掺杂剂的内扩散、双外延和离子注入等。另外，由于光电导开关工作在纳秒到皮秒时域，其输出的电磁脉冲以微波的形式传导，所以开关的输入线、输出线都采用微带线结构，目的是保证产生的超短电脉冲信号波形不会因为在微波频率下受色散和功率衰减等因素的影响。开关电极的形状和欧姆接触的制造都严重影响着开关的击穿特性，从而成为影响开关寿命的主要因素之一。

3. 绝缘封装

通常光电导开关的基体绝缘材料的本征击穿电场强度很高，但是由于表面击穿、电极的结构与形状、热击穿等因素使光电导开关的击穿电场强度通常较本征击穿电场强度小许多。如 GaAs 的本征击穿电场强度高达 250kV/cm，但是在不加任何绝缘保护措施的情况下，其表面击穿电场强度约为 10kV/cm。因此为了增加表面耐压能力，需要在 PCSS 外加绝缘封装。同时绝缘封装材料的选取不仅要考虑增强击穿场强，还需要考虑激发光束的投射率的问题。

常用的绝缘封装方式有气体、液体和固体3种。已有的研究表明，SF_6 气体绝缘击穿电场强度达 26.6kV/cm，绝缘油保护的击穿电场强度为 20kV/cm，高纯水绝缘条件下 PCSS 击穿电场强度达 145kV/cm。气液绝缘方式都使得开关结构复杂、体积庞大。而采用多层透明固态介质绝缘封装技术（如 Si_3N_4 及新型有机硅凝胶双层绝缘，其暗态维持电场强度达 35kV/cm）使得光电导开关的制作工艺大为简化。

4.4.1.2 工作原理

在没有光照的情况下，光电导开关的半绝缘衬底电阻率很高，通过开关的电流很小（称为暗电流），开关基本上处于阻断状态，又称暗态。

当用适当波长的激励光源照射开关两端电极间的缝隙时，其激励光脉冲波长 λ 满足

$$hc/\lambda \geqslant E_g$$

式中，h 为普朗克常数；c 为真空中光速；E_g 为半绝缘衬底材料的禁带宽度（当半绝缘衬底材料通过辐照等方式产生了很多中间能级时，E_g 为中间能级距价带顶、导带底较大的能隙）。

芯片内部会在极短的时间内（约 10^{-15} s）激励产生大量的电子空穴对（密度

超过 $10^{20}\,\mathrm{cm^{-3}}$ ），促使基体材料的电导率迅速上升，此时开关的电阻率较之其暗态电阻率可以下降 6 个数量级甚至更多。这一转换过程可以在纳秒甚至亚纳秒量级的时间内完成，响应速度是相当快的。

当光脉冲熄灭后，半绝缘衬底内的自由载流子快速复合而迅速减少，开关电阻率迅速增大而回到暗态，此时开关恢复到阻断状态。

4.4.2　PCSS 的工作模式

光电导开关是一种光敏器件，依赖光生载流子对器件半绝缘衬底材料电阻率的控制来实现器件的通断。然而，触发光对器件的控制作用在不同的工作条件下，表现出差异很大的作用模式，这就是线性工作模式和非线性工作模式。这两种工作模式所呈现出的特性存在很大的差异（见图 4-172），其工作机制也存在很大的差别。

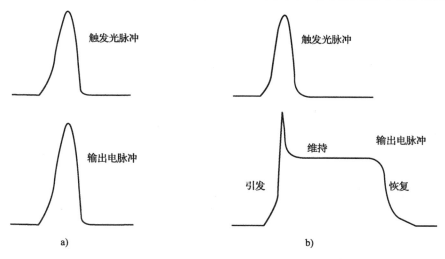

图 4-172　光电导开关工作模式
a）线性工作模式　b）非线性工作模式

4.4.2.1　线性工作模式

在低场下，PCSS 输出电脉冲与激励光脉冲具有相似波形（见图 4-172a），即具有相同的上升时间和脉冲宽度，光脉冲与电脉冲之间几乎没有时间延迟而呈线性变化关系，此时 PCSS 工作在线性模式。在此模式下，PCSS 每吸收一个光子就产生一个电子空穴对，不存在载流子倍增现象，其通态电导正比于入射光能量。

通常情况线性工作模式下的 PCSS 脉宽远小于载流子的寿命，故在导通期间可忽略载流子的复合效应。此时由电阻计算公式可得

$$R = \frac{\rho \times L}{S} = \frac{L}{\sigma \times S} \tag{4-59}$$

$$\sigma = \sigma_\mathrm{p} + \sigma_\mathrm{n} = n \times q \times (\mu_\mathrm{n} + \mu_\mathrm{p}) \tag{4-60}$$

$$N = \frac{E_a}{hv} \tag{4-61}$$

将式（4-60）代入式（4-59）得到

$$R = \frac{L}{n \times q \times (\mu_n + \mu_p) \times S} = \frac{L^2}{n \times q \times (\mu_n + \mu_p) \times V} = \frac{L^2}{q \times (\mu_n + \mu_p) \times N} \tag{4-62}$$

将式（4-61）代入式（4-62）可得线性工作模式下的 PCSS 电阻

$$R = \frac{L^2 hv}{E_a q \mu}$$

式中，L 为开关电极间隙；hv 为光子能量；E_a 为触发光总能量；q 为单位电荷量；μ 为迁移率（$\mu_n + \mu_p$）。

由上可知线性模式光电导开关导通时的电阻与开关之间的缝隙长度呈二次方关系，其电导率和输出的电脉冲与触发光脉冲强度基本上呈线性关系。

光电导开关用于大功率的场合通常可以通过提高开关输入电压和开关导通效率的方式来实现。在一定的绝缘封装条件，可以通过增大电极间隙的方法来实现，但是会导致导通效率降低。因此通过开关间隙优化设计来达到最大输出功率具有较大的实际意义。

线性光电导开关所在电路中，输出电压满足 $U_o = U \times R_L / (R + R_L)$，其中 U 为电源电压，R_L 为负载电阻，R 为开关电阻。开关所能加载的最大暗态电压 $U_{max} = E_b \times L$。再由 $W_o = U_o^2 / R_L$ 可得当 $L = (R_L E_b q \mu / hv)^{1/2}$ 时，W_o 取最大值，此时有最大输出功率。

对于一定电极间隙的光电导开关，在一定偏置电压下，触发激光单脉冲能量存在阈值，只有当光能量大于该阈值时，光电导开关才能导通工作。通常定义开关输出与偏置电压之比大于5%或3%时为理想导通，并以此时对应的光能为导通光能标准。

随着触发光能的增加，PCSS 中将激发出更多的载流子，但这一过程不能无限制地持续下去。当光生载流子浓度达到导带和价带态密度 N_c 或 N_v 时，由于导带或价带所有态都被电子或空穴所占据，即使再增加触发光能，也不可能产生新的光生载流子。PCSS 的输出脉冲电压将趋近于稳定，此时的触发光能量称为饱和光能。

设 PCSS 材料的导带和价带态密度分别为 N_c 和 N_v，一定波长 λ 的触发光入射深度为 δ，则可以得到饱和光能

$$E_s = h \times c \times pi \times r^2 \times N_c \times \delta / \lambda$$

$$E_v = h \times c \times pi \times r^2 \times N_v \times \delta / \lambda$$

线性模式下，光电导开关输出的电脉冲波形与触发光脉冲有着相似的波形。电脉冲的上升沿和脉冲宽度由光脉冲决定。由于光生载流子的产生时间很短（飞秒量级），输出的电脉冲与触发的光脉冲之间基本上没有时间上的延迟而具有相同的上升时间，但同时上升时间还要受到外电路带宽的制约。另外，如果开关材料载流

子寿命低于介质弛豫时间，电脉冲的下降沿将取决于载流子寿命，否则取决于开关材料本身的性质、开关体的形状和介质弛豫时间。线性模式下的光电导开关工作稳定，具有无抖动响应、工作电压范围宽、低电感（亚纳亨量级）的特性，并且在高电压、大电流应用时常允许多个器件串联或并联使用。但是，由于线性模式下不存在增益，高功率应用条件下触发开关所需激励光的能量较大，由此带来的光激励设备较大的问题，限制了它在一般功率系统中的推广应用。线性工作模式适合于将瞬时变化的电场调制到负载上，而不适合要求长时间导通的场合。

4.4.2.2 非线性工作模式

在强电场下，由 GaAs、InP 等 III-V 族半导体制作的 PCSS 在短脉冲激光触发时呈现出引发、维持、恢复 3 过程（见图 4-172b），此时光电导开关工作在非线性模式，又称为高倍增模式或锁定（Lock-on）模式。在其他的 GaAs 材料的器件中也有类似的锁定现象。此模式下的 PCSS 与线性模式在机理上存在很大的区别。

1. 非线性模式产生条件

只有当开关芯片的能带结构为多能谷（例如：GaAs，InP，ZnSe 等）时，才会出现强电场下的高倍增模式，而且存在光、电阈值。电场阈值比材料本征雪崩阈值小一个数量级，光能阈值亦比线性模式触发光能小约 3 个数量级。光电阈值关系表现为入射光能越大，所需的电场阈值就越低；入射光能越小，所需的电场阈值就越高。另外也有文献指出锁定效应产生前，光电导开关内部存在载流子的积累过程。同时也有人提出除了光电阈值外，非线性模式的产生需要开关内部载流子积累到一定的阈值浓度。

2. 延迟

线性模式 PCSS 的响应很快，电脉冲输出与光脉冲激励之间基本上没有延迟。然而在非线性工作模式下，PCSS 的输出电脉冲与光脉冲激励之间存在着明显的延迟。此时延迟可分为两部分：引发阶段延迟（见图 4-173 中 t_1），即触发光脉冲的作用与开关导通之间存在的延迟（一般为纳秒量级），偏压越高，此延迟时间越短；Lock-on 效应的时间延迟（见图 4-173 中 t_2），此延迟可到微秒量级。非线性模式下的延迟时间与入射光脉冲的能量、开关的偏置电压、半导体材料的特性等因素有着密切的关系。偏压越高，触发光能越大，延迟时间越短。同时增大光生载流子产生率也可以减小输出电脉冲延迟时间。

3. 短上升时间和超快电子表观迁移率

在非线性模式下工作时，即使有较长的延迟时间，电流的上升时间也很短，一般为纳秒量级。电脉冲的上升时间可远小于触发光脉冲的上升时间，同时上升时间随着触发前外加偏压的增大而缩短。在高的偏置电压下，锁定电流脉冲的上升时间甚至比触发光脉冲宽度要短。此时，开关内载流子以 10^8 cm/s 的表观速度穿越电极间隙，比强电场下载流子的饱和漂移速度（10^7 cm/s）高一个数量级，形成特有的超快特性。

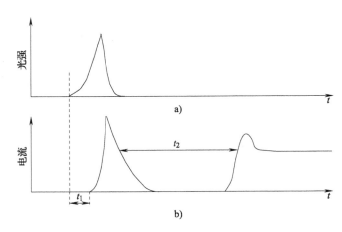

图 4-173　非线性模式下延迟

a）触发光　b）电流输出波形

4. 自由载流子倍增

在非线性工作模式下工作的光电导开关，光照后得到的自由载流子浓度比光生载流子浓度大 $10^3 \sim 10^5$ 倍，输出的电脉冲电流很大。在开关内部存在一个类似于载流子"雪崩"倍增的过程，而光在此过程中仅仅起到触发和引导作用。因此非线性模式下的 PCSS 的触发光能通常较线性模式低 3～5 个数量级，此特性有利于实现 PCSS 触发光设备的小型化。

5. 锁定效应

开关导通后，若外电路能提供足够的能量，即使光脉冲熄灭，仍然能保持导通状态。此时开关内部的电场锁定于一个只与开关材料有关的常数值，这种现象称为"锁定效应"。PCSS 的锁定电场与外电路所加的偏置电压及触发光能量均无关，仅与材料本身的性质（材料种类、掺杂物类型、器件结构和温度等）有关，此时流过开关的电流主要由外电路所决定。可见，强电场下的 PCSS 在光脉冲撤去后，开关体内存在新的载流子产生和输运机制。

当外电路的电场低于其锁定电场时，开关便立即恢复到触发前的高阻状态。开关的恢复时间仍然由载流子的寿命来决定，一般在几十纳秒范围。若此时电场迅速增至等于或大于锁定电场时，PCSS 将回到锁定阶段。

6. 丝状电流

光电导开关导通时，大的电流密度在有限的开关体内以丝状的形式传导。此时，开关内存在很强的带隙复合辐射，向外辐射一定频率的电磁波。而且，电流丝的传播速度仅比基体材料中光速略小，远远大于基体材料中电子饱和漂移速度。

非线性工作模式的优点是触发光脉冲能量比线性模式下低几个数量级，同时输出的电流却远大于光生载流子所产生的电流，使低能触发大电流成为可能。但是，对于非线性模式的工作机理至今只是提出了多种理论模型（如与电场有关的载流子俘获模型、雪崩注入模型、碰撞电离注入增强模型、深能级杂质碰撞电离模型、双载流子注入模型、多电荷畴模型和高浓度载流子碰撞电离模型等）却没有一种理论和模型可以全面地解释这种模式下观察到的各种现象。

PCSS 的非线性模式的产生是多种物理机制共同作用的结果。现在普遍认为，非线性模式产生与多能谷结构带来的强场下的耿氏效应、开关体内的陷阱填充、本征碰撞电离和深能级碰撞电离等有关。

4.4.2.3 两种工作模式比较

光电导开关的两种工作模式各有优缺点。线性工作模式具有工作稳定、无抖动响应等特性，但是其用于大功率开关时触发光功率大，需要庞大的触发光设备，不适合用于长时间导通的情况。尽管非线性光电导开关有许多独特的优点，但相对线性光电导开关的工作来说，由于输出电脉冲相对光脉冲激励时刻有一个不确定的延迟，导致了输出电脉冲的时间抖动，而且由于输出的非线性波形在维持阶段有时也存在时间延迟，导致上升阶段的波形具有随机性和 Lock-on 波形持续时间长短不一。同时非线性模式开关的寿命由于电流丝的存在而受到限制。因此，研究非线性 PCSS 工作的工作机理和开关稳定性条件，是非线性光电导开关推广应用的基础工作。

4.4.3 PCSS 中的衰减振荡

当在采用具有多能谷结构材料制造的光电导开关两端施加的偏置电场超过产生负阻效应的阈值电场时，不论其工作在线性模式还是工作在非线性模式，都会在输出电流上存在衰减的振荡。如图 4-174 所示为 Si-GaAs 材料的 PCSS 分别在偏压为 6.25kV 和 10.8kV 下，利用 0.5mJ 的光触发得到的输出电流波形，其中图 4-174a 工作在线性模式，图 4-174b 工作在非线性模式。两者波形都出现衰减的振荡，而且振荡的周期一个为 12ns，一个为 18ns，这种不稳定的振荡在应用中是需要尽量避免的。

上述的衰减振荡输出可以由光触发电畴的传输与外部共振电路引起的振荡来解释。开关中的衰减振荡可分为泯灭畴模式和滞后畴模式。在偏置电压超过产生负阻效应的阈值电场时，光生载流子与本征载流子之和将满足耿氏条件（$L \times n > 1 \times 10^{12} \mathrm{cm}^{-2}$），在 PCSS 中将产生耿氏畴，而且耿氏畴将在开关内传输。当耿氏畴在器件中的传输时间（$t = L/vs$）大于外电路共振交流电场周期（T）时，耿氏畴在到达阳极前泯灭。此时对应泯灭畴模式，振荡周期由外部共振电路决定。而当传输时间与交流电场周期满足关系 $T > t > T/2$ 时，耿氏畴会在一个交流电场周期内经历产生、传输、泯灭、再产生等过程。此时对应滞后畴模式，振荡周期由耿氏畴传输时间决定。

一般非线性模式下载流子漂移速度比线性模式下漂移速度大一个数量级，通常情况下，线性模式下的振荡属于泯灭畴模式，而非线性模式下的振荡属于滞后畴模式。

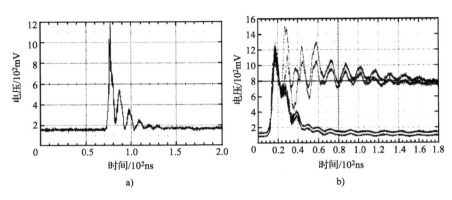

图 4-174　PCSS 开关的衰减振荡

a）线性模式　b）非线性模式

4.4.4　PCSS 的击穿特性与寿命

光电导开关常常用于大功率的场合，其端电压、导通电流通常较大，尤其是工作在强电场触发下的非线性模式。通常为了提高器件的输出功率，必须通过增大开关的偏置电压或减小开关的通态电阻来实现。因此器件的耐压能力成为开关的重要参数之一，同时器件的寿命也严重影响开关的推广应用。

介质的击穿是指作用于介质上的外部电场强度超过其本身的介电强度从而导致介质失去介电特性的现象。对横向光电导开关而言，开关两端所加电场高于表面击穿电场强度时将发生沿表面放电的本征电击穿。此类击穿与绝缘封装的类型有密切的关系。而在光触发条件下，横向 PCSS 器件的击穿特性有很大的变化，尤其是在非线性模式下伴随电流丝的存在使得其击穿机制与常规器件存在较大的差别。在光触发条件下，横向 GaAs PCSS 的击穿表现为完全击穿、不完全击穿及可恢复击穿 3 种不同的开关击穿类型。3 种类型皆伴有丝状电流现象，而电流丝对开关电极和基体材料都有较大的损失。

对于未使用绝缘封装的开关，在激光触发条件下，随着偏置电压的增大（仍工作在线性区域）将首先出现沿表面放电击穿，并伴随有丝状电流和电火花现象。击穿后，芯片表面存在拉丝痕迹，暗态绝缘电阻小幅度下降。器件再次工作在线性区域，性能几乎与前相同，表现出可恢复击穿。

对于采用绝缘封装的开关，增大偏置电压使其超过非线性阈值电压而工作于非线性状态导通较长的时间。开关连续触发工作一段时间后，开关表面没有明显击穿痕迹，但是开关内部有损坏的痕迹尤其是在开关内部电极处。此时开关的暗态电阻下降明显，阻断电压下降，输出波形紊乱，开关表现为不完全击穿。

在较大的偏压下采用大功率触发光触发开关，则开关出现伴随有丝状电流和电火花现象的沿表面放电击穿。击穿后的开关芯片留下因丝状电流形成的明显拉丝痕迹和沟渠痕迹。击穿前后开关暗态电阻相差几个数量级，开关表现为完全击穿。

光触发引起光电导开关击穿的实质表现为：在强电场应力的作用下，芯片中形成陷阱。光注入大量电子在强电场作用下形成热电子，热电子的形成加速了陷阱的恶化，从而使材料的介电特性退化。当芯片材料中 Ga 原子上的两个 Ga-As 键同时断裂就会引起晶格的永久破坏，而这种破坏不断积累就会使芯片击穿。另外电流对路径的选择性主要决定于热电子流经芯片时所产生陷阱的分布，以及热电子陷阱中心形成从阳极到阴极的链的位置。

4.4.5　PCSS 的性能改进

电极的形状与欧姆接触的制造是影响光电导开关耐压与寿命的关键因素。开关电极的结构可以是直接式或梳状式。梳状结构可以增加开关的有源面积，从而提高开关电流输出，但是这种结构也有可能降低开关速度。开关电极的前端造型

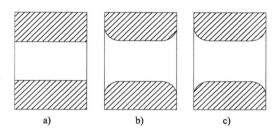

图 4-175　3 种形状电极
a）直角电极　b）Rogowski 电极　c）圆角电极

通常采用 Rogowski 或者圆角形状（见图 4-175）以提高开关的表面耐压能力。另外也有实验表明通过在 SDDA（Shallow Donor Deep Acceptor）型 PCSS 的阴极电极处采用 P^+ 掺杂，在 DDSA（Deep Donor Shallow Acceptor）型 PCSS 的阴极电极处采用 N^+ 掺杂可提高开关的击穿电压和减少上升时间。

光电导开关的制作中通常会通过辐照等方法引入一定浓度的缺陷。缺陷的引入形成了陷阱和复合中心，可有效地减少载流子寿命，使得光生电流很快衰减。另外适当的缺陷浓度有利于在基体材料和金属电极之间实现欧姆接触，同时开关可借助深能级通过单光子吸收和双光子吸收过程产生对长波激光脉冲的吸收。而采用长波激光脉冲触发开关有利于提高材料吸收深度，实现均匀开通。

4.4.6　PCSS 的应用

光电导开关因无触发晃动、极高的响应速度、极高的功率容量、耐压能力强、寄生电感电容小、动态范围大等优良的电学特性，加之开关体积小、结构简单而成为兼顾电脉冲功率和带宽两方面最有效的开关器件。甚至可以将其视为"理想开关"。目前 PCSS 在超短脉冲发生器、超高速超高功率脉冲产生、超快光电采样、光控毫米波和超高功率微波产生等领域得到广泛的应用。

此外，光电导开关在军事领域中的应用也备受关注，并开始用于高精度的武器装备如高精度超宽带高分辨率冲击雷达、高精度卫星定位和跟踪系统、导弹拦截系统、激光核聚变系统、电子对抗、电子战系统和反隐形技术中。

目前非线性大功率光电导开关走向实用化的最大障碍是其输出电脉冲的稳定性和开关寿命。电脉冲的稳定性条件比较复杂，它与开关芯片材料的性质、开关结构、触发光方式及偏置电压都有关系。而输出电脉冲的稳定性对开关的寿命有着重要的影响。这些都有待开关非线性模式机理的解释。

4.4.7　宽禁带材料的光电导开关

4.4.7.1　SiC PCSS

SiC 是用于光电导开关制备的新一代的材料，可进一步提高光电导开关的工作电压、电流以及频率。用于光电导开关制作的材料一般为 4H-SiC 和 6H-SiC，6H-SiC 相比于 Si 材料和 GaAs 材料有着更优异的特性，而 4H-SiC 相比于 6H-SiC 有着更高的电子迁移率以及临界击穿电场，两种材料的主要特性参数如表 4-23 所示。

表 4-23　4H-SiC 和 6H-SiC 材料参数

材料类型	禁带宽度/eV	电子迁移率 /[cm²/(V·s)]	临界击穿电场 /(MV/cm)
4H-SiC	3.23	800	3.4
6H-SiC	3.02	200 – 300	2.8

相关研究发现，SiC 光电导开关的阻断能力受到未占据的缺陷状态的数量以及这些缺陷相对于导带的能级位置的影响。当 4H-SiC 制备时，单晶有一定的背景掺杂浓度，需要通过补偿来获得高电阻率材料。这些背景掺杂剂通常通过在材料中添加两性缺陷（钒）或添加点缺陷（或陷阱-中能隙能级）来补偿。当电场作用于光电导开关时，电荷被注入材料中，产生泄漏电流。因此，要在低泄漏电流下实现高电压保持，必须在材料中存在额外的未占据陷阱来捕获注入的电荷。当电子被注入时，它们将被材料中存在的最深（离导带最远）的未占据陷阱捕获。最深未占据陷阱的能级设置初始费米能级，从而决定器件的漏电流。

影响光电导开关的光电流效率的主要材料参数是复合寿命，材料的复合寿命受到多种复合过程的影响，包括辐射复合、Auger 复合、SRH 复合。因此，在 4H-SiC 光电导开关的设计中需要仔细权衡陷阱的引入对器件特性的影响。为了实现器件的高阻断电压，需要引入额外的陷阱，然而，陷阱的增加会降低器件的复合寿命，并导致器件的光电流效率的降低。

以 SiC 材料制备的 3 种不同的光电导开关如图 4-176 所示。器件结构主要分为两大类，同面结构或异面正对型结构。同面型器件的两个电极在光电导开关的同一侧，其导通电阻较小，如图 4-176 所示的前两种器件为横向结构的器件，分别为 In-Line 结构和 Radial 结构。然而，这种情况下，半导体表面是完整晶体结构的断裂面，其性质远不如体材料，在开关导通时，易发生表面击穿。异面正对型器件的两个电极在器件两个相对的表面，如图 4-176 的第三种器件所示，能够改善电场线集中分布的问题，使器件内部电流分布更均匀，并提高器件的耐压值。然而，异面正对型器件易存在微管缺陷，光入射方向为很窄的晶片侧面，而电极位于晶片中心位置，两电极间的 SiC 是设计中希望光照的区域，在光到达目的区域前不可避免地要经过很长的距离，这个区域存在光吸收引起的光衰减，难以有效触发。

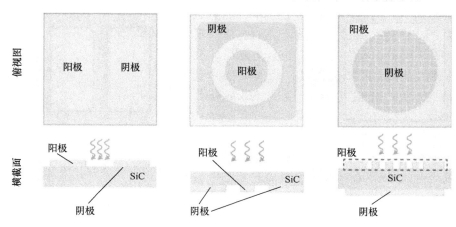

图 4-176　3 种不同结构的 SiC 光电导开关[144]

在 2003 年，随着高质量的半绝缘 SiC 生长技术成熟，开始出现了 SiC 光电导开关。最初，利用高电阻率的 4H-SiC 制备的光电导开关其阻断电压达到 1000V。在 1000V 的测试电压下，器件流过的最大光电流达到 49.4A。光电导开关的通态电阻和断态电阻分别为 20Ω 和 3×10^{11} Ω，对于所有的测试电压，光导脉冲的脉冲宽度为 8 ~ 10ns。由于器件为平面结构，电流主要从器件流过，因此为了去除器件的表面损伤，使用 H_2 退火

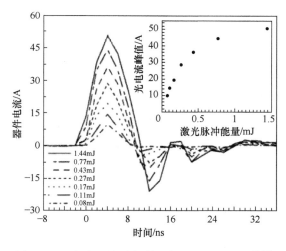

图 4-177　光电流脉冲与激光能量之间的关系[145]

和湿 KOH 蚀刻来钝化表面。流过光电导开关的电流波形与触发激光能量之间的关系如图 4-177 所示。随着触发激光能量的提高，峰值电流大小逐渐增加，然而随着触发激光能量的进一步提高，光电流峰值趋于饱和。

2012 年，基于 4H-SiC 的背部照射、环状电极结构的光电导开关被首次提出并制备出来，器件结构以及实物如图 4-178 所示。由半绝缘的 4H-SiC 以径向对称的器件几何形状制造光电导开关。欧姆接触形成在半导体的同一侧，并且触发激光能

量从相对的未金属化侧进入器件。内阳极和外阴极之间的间隙为 2.75mm。这种结构可以减小开关内的峰值电场强度，从而提高器件的阻断电压。通过测试，器件在 50kV 的偏置电压下，漏电流为 4μA。当器件两端偏置为 30kV、负载电阻为 30.8Ω 时，流过光电导开关的电流波形如图 4-179 所示。器件有 5mJ 的激光触发，在负载上产生 940A 的峰值电流，峰值功率达到 27MW，器件的峰值电流密度为 50kA/cm^2，di/dt 最大值超过 10^{12}A/s。

可以使用低于带隙的光从整个材料中的非本征水平激发载流子，从而触发具有沉积在钒补偿的半绝缘 6H-SiC 衬底上的具有正对型电极

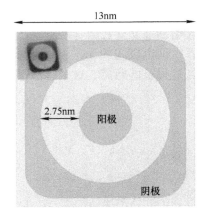

图 4-178　背部照射、环状电极结构
4H-SiC 光电导开关[146]

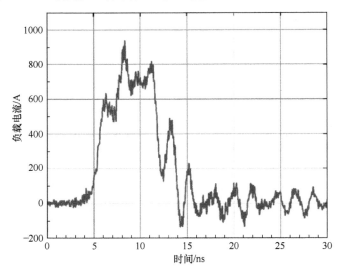

图 4-179　流过光电导开关的电流波形[146]

的光电导开关。6H-SiC 的开关能力和半绝缘特性是由掺杂剂钒决定的，钒是一种两性杂质，可以用作深受主或深施主。6H-SiC 中的局部费米能级取决于材料中存在的杂质氮、硼和钒的相对密度，当氮施主杂质密度充分超过硼受主杂质密度时，钒充当深受主。

2007 年，具有相对电极的光电导开关在钒补偿的半绝缘 6H-SiC 衬底上被制备出来，如图 4-180 所示。光电导开关通过光激发位于 6H-SiC 带隙内的深层外在能级来导通。6H-SiC 光电导开关两端的偏置电压可达 11kV，测试得到的峰值电流为 150A，6H-SiC 衬底承受的平均电场强度高达 27MV/m。使用 13mJ 光脉冲分别在

532nm 和 1064nm 波长下获得的光电导开关最小动态电阻为 2Ω 和 10Ω。

　　然而，SiC 光电导开关仍面临着导通电阻高的问题。关于 SiC 光电导开关高电阻的原因也引起了较大的争议，部分研究人员认为是 SiC 光电导开关对激光吸收效率极低的原因，还有一种观点认为掺钒 SiC 材料中极低的载流子寿命是开关导通电阻高的主要原因，也有研究人员认为 SiC 材料较低的载流子迁移率是开关导通电阻较高的主要原因。

图 4-180　6H-SiC 光电导开关[147]

　　为了优化 SiC 光电导开关的光触发需求，降低器件的导通电阻，一种有着改进的几何结构的 4H-SiC 光电导开关被提出，如图 4-181 所示。该开关是在 12.5mm × 12.5mm 4H-SiC 样品上制造的，该样品具有在相对侧上形成的 NiSi 触点。环形 Ag 盖层沉积在栅格触点的顶部，以允许电极连接。相对的触点是直径为 8mm 的带有固态 Ag 覆盖层的固态触点。铝电极通过导电银环氧树脂附着在薄膜触点上，该环氧树脂在 65℃ 下固化以提供较低的电阻率连接。通过将触发波长调整到器件厚度，在子带激励下光电流效率提高了两个数量级以上。光电导开关的最小导通电阻值为 11Ω，并且光能小于 200μJ 时达到 50Ω 以下的导通电阻。

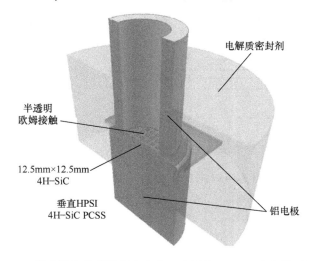

图 4-181　具有网格状薄膜触点和空心电极的 4H-SiC 光电导开关[149]

　　低欧姆接触电阻是光电导开关最重要的参数之一，当使用 SiC 的最近表面（次电接触）层的"激光氮掺杂"形成欧姆接触时，可以使用高电阻率的基板来制造高质量的光电导开关。最近提出的新设计要求使用 n 型氮掺杂 SiC 外延层作为低电阻欧姆子接触材料。该方法需要开发蚀刻工艺，该蚀刻工艺允许去除欧姆接触之间的外延材料，并产生裸露的高电阻率 SiC 衬底的光滑表面。等离子体蚀刻（或干法蚀刻）方法最适合用于 SiC 的图案化蚀刻。一种通过在最佳功率和压力范围内，改善 $Cl_2/Ar/BCl_3$ 等离子体混合物比例，产生适度的蚀刻速率和相当光滑的表面的刻蚀工艺方法被提出。通过以上工艺制备出的具有外延层的 4H-SiC 光电导开关最小导通电阻平均降低了 30%，并消除了开关电流小于 38A 时 SiC 材料的损坏。

4.4.7.2 GaN PCSS

太赫兹辐射的产生和检测不仅对于太赫兹成像等技术应用，而且在诸如太赫兹时域光谱等研究材料基本特性的工具方面都引起了很大的关注。在太赫兹辐射的产生中，光电导开关仍占有主要地位，因为它们的配置简单，并且通过偏置和几何尺寸可以控制功率。GaN 基材料对于高功率太赫兹发射器具有许多优势，例如高击穿电压（3.3×10^6 V/cm）、高饱和载流子漂移速度（2.5×10^7 cm/s）等。

2007 年，基于 GaN 的大孔径光电导开关被制备出来，器件结构如图 4-182 所示。碳掺杂外延层被用作有源区，以实现承受高偏置电压的高电阻率。通过激发 266nm 波长的飞秒激光脉冲，在 500V 偏置电压下，所产生辐射的脉冲能量估计高达 93.3pJ/脉冲。

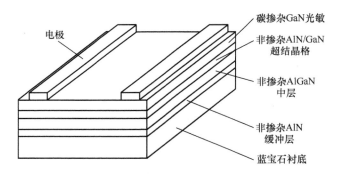

图 4-182 碳掺杂基于 GaN 的大孔径光电导开关结构图[151]

上述 GaN 光电导开关采用横向几何构造，由带隙以上的光触发，并在 250V 的偏置电压下导通后，流过 $400 \sim 500\mu A$ 电流。其性能和开关寿命受到表面闪络、表面载流子迁移率和高电流密度的限制。具有相对电极的光电导开关沉积在铁补偿的半绝缘 2H-GaN 块状衬底上，可以从材料外部使用带隙以下的光激发载流子来触发。GaN 材料可以利用铁受主能级（比导带低 $0.5 \sim 0.6$ eV）来补偿浅的氧施主。铁受主能级捕获的电子可以被能量大于 0.6eV 的光子激发到导带中。2008 年，研究人员使用 9mm ×9mm 厚 408μm 的半绝缘衬底制造 GaN 光电导开关，如图 4-183 所示。GaN 衬底由 Kyma Technologies 通过外延生长制备得到。直径为 6.5mm 的圆形金属化层位于 GaN 衬底的两侧。对于上述 2H-GaN 器件，分别在波长 1064nm 和

532nm 激发下测试得到其最小开关电阻为 1100Ω 和 0.6Ω。

上述铁补偿 GaN 光电导开关的暗态电流特性明显是非线性的，这主要是由不可避免的高浓度深能级引起的。为了改善上述问题，一种新型结构的铁补偿 GaN 光电导开关被提出，其电源开关结构垂直集成以共享直流偏置电压。高压脉冲偏置和绝缘栅 GaN 基光电导开关结构如图 4-184 所示，其开关底部如图 4-185 所示。U 型 MISFET 单元是在 GaN 外延层中制造的，该层在半绝缘的掺铁 GaN 衬底上生长。这种结构的绝缘栅单元可以帮助激光触发区域动态获得比传统光电导开关的直流耐压高得多的偏置电压。在相同的触发条件下，其光电转换效率是传统 GaN 基光电导开关的两倍。

图 4-183　GaN 光电导开关[152]

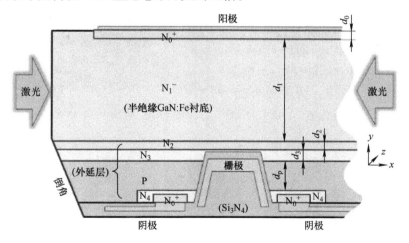

图 4-184　高压脉冲偏置和绝缘栅 GaN 基光电导开关结构[153]

4.4.8　PCSS 的封装

在脉冲功率领域中，光电导开关（PCSS）因其精确的触发选项、光隔离和紧凑而具有吸引力。根据光电导开关电极的位置，可以将其分为横向开关和纵向开关两种。对于前者来说，使用时一般直接在电极上引线出去，然后与电极进行连接。如

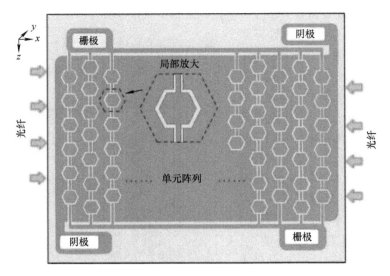

图 4-185 高压脉冲偏置和绝缘栅 GaN 基光电导开关结构底部视图[153]

图 4-186 所示是横向砷化镓（GaAs）PCSS 使用时的封装结构，就是简单地将芯片直接通过导电胶或金丝焊的方式和陶瓷上的电极连接，再从陶瓷上的电极上引线和其他回路连接。

图 4-186 横向 GaAs PCSS 实物图[159]

而垂直结构（即纵向结构）PCSS 的封装结构大多数都可以被归为以下 3 种几何结构：平面、插入和台面，如图 4-187 所示是碳化硅（SiC）PCSS 的封装结构。

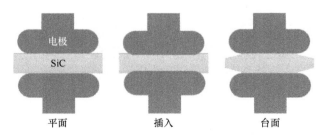

图 4-187 平面、插入和台面结构（从左到右）[160]

对于平面几何结构，在概念和制造上都很简单，它只是一个夹在两个电极之间的半导体晶圆。密苏里大学哥伦比亚分校（UMC）对这种几何结构进行了重要的研究。正如 UMC 所指出的，这种结构的主要局限性是在电极-介质-半导体界面的场增强，导致开关过早失效。

插入结构最初是由 UMC 建议作为对平面情况的改进而提出的。插入结构需要一个在材料上蚀刻得到的光滑的半径和在产生的腔内形成的接触。在概念上，插入封装通过降低与三重点相关的电场增强来提高器件的击穿电压。然而，蚀刻一个具有足够深度和精度的光滑半径是一项非常困难的任务，特别是对于 SiC 材料来说。插入几何结构的另一个缺点是由于蚀刻过程，阳极和阴极之间的物理距离减小了。因此，场整形半径的优势随着距离的减少而被抵消了。

而对于最后一种台面结构来说，器件的有源区域被各向异性垂直壁蚀刻隔离。与其他两种结构不同的是，这种类型的结构已经在功率器件工业中使用了多年。台面结构的主要合理性是将主器件结构限制在电极间隙的均匀电场区域内。台面结构中衬底变薄并扩展到非均匀区域以防止表面闪络。此外，台面结构允许在组装和制造中有更大的公差，因为电极可以根据需要缩放。此外，这种几何形状在很大程度上与现有的半导体器件工艺兼容。总的来说，这种封装在高压垂直开关方向最有希望。

碳化硅（SiC）是一种宽禁带半导体（禁带宽度约为 3eV），适用于大功率固态器件，具有高压、高温、高频等优势。因此，SiC 在高电压 PCSS 中有广阔的应用前景。然而，由于电极-半导体界面附近的电场增强，现有开关在远低于 SiC 固有绝缘击穿场强（3MV/cm）的电场下失效。这里讨论了现有的 PCSS 封装结构及其在高电压条件下的电场分布。

为了发挥 SiC 材料高压的优势，将 SiC PCSS 的 3 种封装结构进行了静电场仿真，结果如图 4-188 所示。这里仿真条件设置为：假设晶圆厚度为 $800\mu m$，电极半径为 $500\mu m$，SiC 介电常数为 9；插入结构和台面结构被假定蚀刻到 $100\mu m$ 的深度；开关偏置电压均为 50kV；忽略了接触层和外延层；周围绝缘体的介电常数为 4。

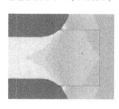

图 4-188　平面、插入和台面结构（从左到右）电场分布[161]

从仿真结构可以得知，平面和插入结构的电场增强可以很容易地在电极-半导体-介质三重点附近看到。而台面结构的电场增强仅在绝缘体中，有望实现最高电压。此外，上述 3 种结构的最大电场分别为 2.2MV/cm、1.4MV/cm 和 1.1MV/cm，也说明了台面结构更易实现最高电压。值得注意的是，当电极半径超过 $500\mu m$ 时，台面结构的模拟最大电场强度减小。

在任何情况下，周围绝缘材料（即灌封材料）的介电常数对于减小电场强度都是至关重要的。如图 4-189 所示，随着介电常数的增大，所有封装结构的最大电场强度均减小。其中台面结构对于介电常数的变化是最不敏感的。

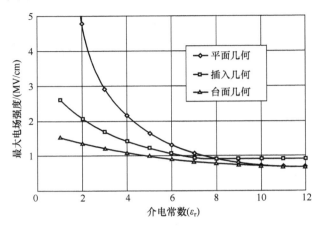

图 4-189　平面、插入和台面结构（从左到右）最大
电场随着周围绝缘材料介电常数变化规律[161]

通过实验验证发现，陶瓷填充可以容易地提高环氧树脂的介电常数，而且随着周围绝缘子介电常数的增大，击穿电压也相应增大。

4.4.9　PCSS 的可靠性

使用 Blumlein 脉冲形成线测试 GaAs PCSS 可靠性，测试原理图如图 4-190 所示，特征阻抗 Z_0 和特征时间 τ 分别是 12.5Ω 和 5ns。

实验共测试了 130 个 GaAs PCSS，70 个器件阳极发光，其他器件阴极发光。在所有被测器件中，无论阳极还是阴极发光，

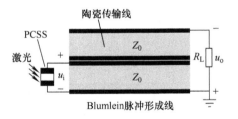

图 4-190　Blumlein 脉冲形成线

GaAs PCSS 的损伤总是发生在阳极，且失效器件有同样的损伤特征——在阳极附近有一个明显的损伤痕迹，如图 4-191 所示。每个开关上都有一条黑色的细丝。细丝是随着成百上千条导通路径逐渐形成的，且均出现在阳极侧。根据细丝的形成轨迹，推测大电流 GaAs PCSS 失效原因是 Gunn 效应，细丝从 Gunn 振荡幅度最大处开始，从阳极不断生长到阴极。此外，由于不良欧姆接触，可以看到电极侵蚀现象，它最终会导致开关器件停止工作。推测阳极失效机理为在电场下大量电子累积在阳极，电子与砷化镓晶格发生强烈的碰撞。最后，部分 GaAs 晶格被破坏，晶圆上出现侵蚀沟。

图 4-191　阳极处形成电流丝

4.5　快速离化晶体管（FID）

4.5.1　FID 器件及其工作原理

4.5.1.1　FID 器件结构与工作原理

传统的电触发功率半导体器件，空间电荷区厚度一般为数百 μm，由于载流子饱和漂移速度（约为 $1 \times 10^7 cm/s$）的限制，其导通过程最少也需要几 ns 至几十 ns。此外，如果要进一步提高器件的工作电压，则需增加器件漂移区厚度，从而使器件的导通时间更长。气体开关虽然导通快、阻断电压高，但是其工作寿命有限，且工作过程的重复频率较低，开关过程的抖动较大。快速离化晶体管（Fast Ionization Dynistors，FID）是由俄罗斯约飞物理技术研究所 V. M. Efanov 等人于 1996 年提出的一种新型闭合开关。FID 器件的工作原理基于一种新的物理现象——延迟雪崩击穿现象，导通过程中空间电荷区的等离子体是通过碰撞电离过程生成的，而不是通过载流子的漂移扩散运动。因此，其导通速度超越了载流子饱和漂移速度的限制，是非光控半导体器件中最快的导通机理。其导通时间一般小于 1ns，在数十 ps 至数百 ps 之间。

FID 器件是一种四层两端器件，其工作过程以及器件结构如图 4-192 所示。FID 器件结构一般为 P^+NPN^+ 四层结构，其中 P^+ 和 N^+ 为高掺杂发射区，P 基区由深扩散工艺制备而成，N 基区为数百 μm 厚的高电阻率区域。FID 器件只有两个电极——阴极和阳极。FID 在工作过程中一般处于 3 种状态：阻断状态、导通状态以及从阻断至导通的过渡状态。在初始状态下，FID 器件处于阻断状态，器件阳极与阴极之间阻断正向电压，流过器件的电流几乎为 0。随后，在需要触发时，在 FID 器件两端施加电压上升速率大于 1kV/ns 的正向电压脉冲，此时，随着器件两端的电压升高，器件内部电场强度迅速升高，器件仍处于阻断状态。当 FID 器件两端电压达到器件的静态击穿电压，由于高电场区域的 PN 结附近缺少自由载流子，因此器件不会立即击穿，而是延迟几 ns。等到电压达到器件的阻断电压的 2～3 倍时，高电场区域的 PN 结附近将发生强烈的碰撞电离，产生大量电子空穴等离子体；PN

结附近的电场强度由于等离子体的屏蔽作用而迅速下降，周围未发生碰撞电离的区域电场强度迅速升高，进而碰撞电离将继续在周围高电场区域进行；从而使离化区域向高电场区域进一步扩展，未发生碰撞电离区域的电场强度进一步升高，直至传播到器件两端，从而使器件完全导通。因此，器件的导通过程并不是依靠载流子的漂移和扩散，而是凭借离化区域的传播。所以，以上导通过程也可以称为超快碰撞电离前沿的传播过程。在这个过程中，离化区域的传播速度可以超过载流子的漂移速度，因此，快速离化器

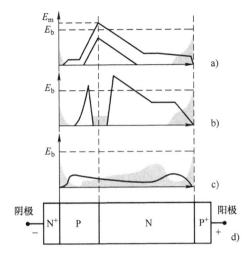

图 4-192　FID 器件导通过程（见图 a ~ c）及其器件结构（见图 d）

件的导通时间能够超越载流子饱和漂移速度的限制，达到亚 ns 级别。

基于 FID 器件的工作原理以及相关实验测试，证明了 FID 器件具有以下特点：

1）工作过程中的峰值功率可到达数百 MW；

2）器件的导通时间小于 1ns，而且不依赖于器件的工作电压以及流过器件的电流，单个 FID 器件的工作电压可超过 5kV；

3）器件的导通时间稳定性与工作电压、电流和温度变化无关，测量的抖动时间为 20ps，而且是由电源和测量设备的稳定性决定的；

4）当工作电流超过 10kA 时，流过器件的电流的上升速率可以超过 100kA/μs；当工作电流为 500A 时，流过器件的电流上升速率可达 2500 kA/μs，上升时间为 0.2ns；

5）导通后器件两端的残余电压不超过工作电压的 5%，因此器件效率可达 95%；

6）器件的重复频率为数十至数百 kHz；

7）器件能够串联堆叠在一起，从而使工作电压达到数十 kV，并且保持开关时间不超过 1ns。

4.5.1.2　FID 典型工作电路

FID 器件的典型工作电路如图 4-193 所示，其电路主要分为两个回路：左侧回路为触发回路，为 FID 器件提供触发脉冲；右侧回路为放电主回路，初始时刻主回路电容 C_0 被充电至电源电压，FID 器件触发导通后，C_0 通过 FID 放电，在负载 R_L 上产生脉冲。C_S 将左侧驱动回路与右侧放电回路隔离开。为了避免触发回路通过主回路的低阻抗支路，L_S 用于将放电支路与驱动支路分隔开，从而提高触发效率。

因此，L_S 可以用带可饱和铁心的非线性电感来实现。FID 触发时，需要触发回路提供电压上升速率大于 1kV/ns 的电压脉冲。而 DSRD 器件作为一种断路开关，能够在几 ns 内切断流过器件的反向电流，进而能够在负载上产生电压上升速率大于 1kV/ns 的电压脉冲。此外，由于 DSRD 器件同为半导体器件，因此由 DSRD 器件构成的脉冲发生器体积紧凑，所以一般使用 DSRD 器件来构成 FID 器件工作电路的触发系统，从而为 FID 器件提供电压上升速率大于 1kV/ns 的电压脉冲。

当储能电容 C_0 为 50nF，隔离电感 L_S 为 100nH，为 C_0 充电的电源电压为 4kV 时，负载 R_L 分别为 10Ω 和 2.5Ω 对应的 FID 器件两端电压波形以及负载电流波形如图 4-194 所示。当触发导通时，FID 器件两端电压迅速升高，当电压升高到 FID 最大静态阻断电压 2~3 倍后，在小于 1ns 的时间内，FID 器件迅速导通。当负载为 2.5Ω 时，负载上获得的电流脉冲峰值为 1kA。当负载为 10Ω 时，负载上获得的电流脉冲峰值为 0.4kA。

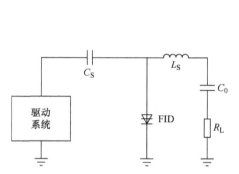

图 4-193　FID 典型工作电路

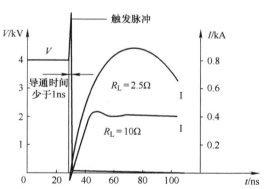

图 4-194　不同负载下，FID 两端电压
以及负载电流波形[164]

4.5.2　延迟雪崩击穿现象

FID 器件的工作原理是基于延迟雪崩击穿现象。延迟雪崩击穿现象作为非光控半导体器件最快的导通机理，其发生时器件内部的物理过程引起了广泛的研究。

4.5.2.1　延迟雪崩击穿现象的发现

延迟雪崩击穿现象在 1979 年由 I. V. Grekhov 等人在 P^+NN^+ 二极管结构中首次发现。它是指在 P^+NN^+ 结构的二极管两端施加 du/dt 大于 1kV/ns 的反向电压脉冲时，在二极管两端电压达到静态击穿电压后，二极管不会立即击穿，而是会延迟几 ns，在器件两端承受 2~3 倍过电压后，二极管会在数百 ps 内迅速导通的一种物理现象。发生延迟雪崩击穿时，器件的电压电流波形以及器件内部的电场变化情况如图 4-195 所示。在 $t<0$ 的初始时刻，P^+NN^+ 结构器件两端承受反向电压。$t=t_1$ 时刻，器件两端电压为阻断电压的 2~3 倍，P^+N 结附近电场超过临界击穿电场，碰撞电离开始发生。$t=t_2$ 时刻处于碰撞电离前沿的传播时刻。阴影部分为碰撞电离

前沿经过的区域，此区域内充满了大量的电子空穴等离子体。当碰撞电离前沿抵达 N^+ 区域后，N 基区内部充满了电子空穴等离子体，器件处于高电导率的导通状态。实验表明，当二极管温度在 78～350K 之间时，温度的变化不会导致二极管的亚纳秒导通过程的改变，但是随着温度降低，器件两端达到的最大电压有小幅度的下降。此外，如果将二极管表面暴露于光源下，将会导致二极管不再发生延迟雪崩击穿现象，器件不会表现出亚纳秒导通特性。

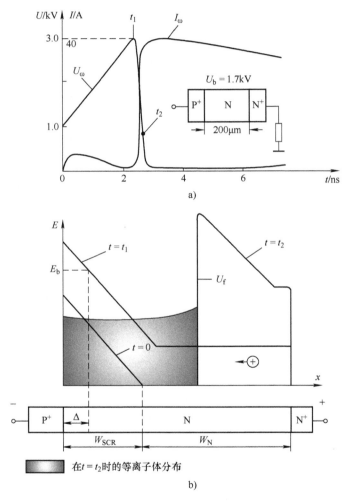

图 4-195　P^+NN^+ 结构中的延迟雪崩击穿现象[166]

4.5.2.2　延迟雪崩击穿现象的应用

延迟雪崩击穿现象使得器件的导通速度能够超越载流子饱和漂移速度的限制，因此俄罗斯研究人员提出了一系列的基于延迟雪崩击穿现象的器件，包括硅雪崩锐化器（Silicon Avalanche Shaper，SAS）、延迟击穿二极管（Delay Breakdown Diode，

DBD)、快速离化晶体管（FID）、深能级晶体管（DLD）以及冲击离化晶体管（Shock-Ionized Dynistors, SID）等。

其中 SAS 器件与 DBD 器件为同种器件，两者结构一致，均为 P^+NN^+ 结构，如图 4-196 所示。1985 年，美国 D. M. Benzel 等人利用具有 P^+NN^+ 结构的高压二极管设计了输出脉冲电压峰值超过 1000V，上升时间小于 300ps 的脉冲发生器。实验表明，高压二极管的确产生了延迟雪崩击穿现象，且器件导通过程的抖动非常低，自此，SAS 器件被广泛应用于低抖动、高功率亚纳秒脉冲发生器的设计中。

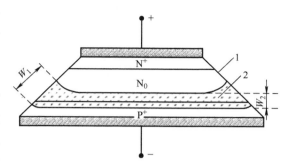

图 4-196　SAS 器件结构[169]

DLD 器件以及 SID 器件与 FID 器件为同种器件，它们的主体结构一致，均为四层 P^+PNN^+ 结构。不同的是，前两者基于图 4-197 所示基本的 FID 器件结构，对离化过程中的初始载流子的产生机制或者器件结构进行了一定的优化设计，从而进一步优化了器件的特性。具体内容将在 4.5.3 节中介绍。

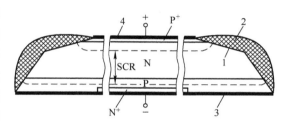

图 4-197　基本的 FID 器件结构[170]
1—两步倒角　2—保护化合物　3—钼片　4—铝层

延迟雪崩击穿现象作为一种特殊的物理过程，在多种结构和材料中都能够被观察到。除了以上基于延迟雪崩击穿现象提出的基本器件外，一系列不同结构以及材料的半导体器件被用于研究延迟雪崩击穿现象。在 1987 年，Z. Alferov 等人在 GaAs 材料的二极管结构中也发现了延迟雪崩击穿现象。此后，基于 Si 和 GaAs 材料的 P^+NN^+ 结构以及 P^+PNN^+ 结构都被用于延迟雪崩击穿现象的研究，实验表明，在保证所有结构的静态阻断电压相同的情况下，两种材料的所有结构中都能够发生延迟雪崩击穿现象。但是，P^+PNN^+ 结构导通后器件两端的残余电压高于 P^+NN^+ 结构导通后的残余电压。此外，GaAs 材料的器件在施加的电压脉冲的情况下能够一直维持导通状态，而 Si 材料的器件会迅速恢复阻断状态，然而，GaAs 材料的器件的导通速度与 Si 材料的器件一样，导通时间并没有明显减小。

关于 SiC 材料数值仿真表明，在相同结构的 P^+NN^+ 二极管中，延迟雪崩击穿发生时，SiC 材料的器件中碰撞电离前沿的传播速度是 Si 材料的器件中的数倍，且碰撞电离前沿经过的区域的等离子体浓度也大于 Si 材料的器件。这意味着，以 SiC 材料制作的器件，如果工作在延迟雪崩击穿模式，将会比现有的 Si 材料的器件有着更高的阻断电压、更快的导通速度和更低的残余压降。然而，由于 SiC 单晶技术不够成熟，现有的 SiC 单晶还无法用于亚纳秒开关的研制，因此还未有相关实验研究证明这一点。

由于工作在延迟雪崩击穿模式的器件，例如 FID 器件和 DLD 器件等，均为特殊设计制备得到，来源较为局限，因此还无法实现广泛的应用。因此，为了扩大亚纳秒器件的应用前景，俄罗斯科学院乌拉尔分区电物理所 A. I. Gusev 等人对与 FID 器件有着相似的四层结构的商业功率晶闸管进行了研究评估。实验表明，当在阻断电压为 2kV 的商业晶闸管两端施加过电压脉冲时，器件两端电压在 0.8 ~ 1ns 内从 2kV 增加到 5 ~ 8kV，而后在 200ps 内迅速下降。这表明在晶闸管导通过程中，器件内部产生了超快碰撞电离前沿，商业晶闸管也可以工作在延迟雪崩击穿模式，从而获得亚纳秒导通特性。此外，商业晶闸管也可以通过串联堆叠在一起，从而工作在更高的电压下。不同堆叠个数下，当晶闸管工作于延迟雪崩击穿模式时的特性参数如表 4-24 所示。相比于晶闸管的常规工作模式，工作在延迟雪崩击穿模式的晶闸管的导通速度更快，晶闸管能够承受的电流上升速率更大。需要指出的是，这项研究工作初步探讨了由晶闸管代替 FID 等器件的可能性，但由于器件并非针对特种工况的定制化设计，投入实际应用的稳定性和可靠性都还没有保障。

表 4-24　不同晶闸管堆叠个数时的特性参数[175]

晶闸管串联个数	1	3	5	6
工作电压/kV	2	6	10	12
脉冲电流幅值/kA	4.6	13.5	22.1	25.6
最大电流上升速率/(kA/μs)	18.7	55	88	106
负载峰值功率/MW	5.3	45.6	122	164

4.5.2.3　延迟雪崩击穿现象的物理基础

尽管基于延迟雪崩击穿现象的器件得到了广泛的应用，但是关于这些器件的亚纳秒导通特性背后的物理机制还未被完全揭示。由于延迟雪崩击穿现象的发生一般都伴随着器件的亚纳秒导通过程，这个过程极为短暂，而且发生在器件内部，因此一般无法直接通过实验来观察，所以对于延迟雪崩击穿现象背后的物理基础的研究一般都是借助于数值仿真进行的。

首先，根据 4.5.1 节 FID 器件的工作原理可知，在 FID 器件的触发过程中，PN 结附近由于缺乏自由载流子，因此随着器件两端电压的升高，PN 结附近电场可以超过临界击穿电场强度，随后在某个时刻 PN 结附近会发生强烈的碰撞电离，进而触发超快碰撞电离前沿。然而，碰撞电离的发生需要有初始自由载流子的触发，而且通过实验研究可知，延迟雪崩击穿现象导致的亚纳秒导通过程的抖动非常小，因此，发生延迟雪崩击穿现象时，一定有某种确定的机制提供初始自由载流子，所以自由载流子的来源问题引起了广泛的研究。

关于 P^+NN^+ 结构的数值仿真表明，在器件两端初始电压为 0、器件的 N 基区长度小于 200μm 以及施加在器件两端的触发脉冲电压上升速率为 2kV/ns，器件内部能够产生超快碰撞电离前沿。这表明器件两端的初始偏置电压并不是引发超快碰撞电离前沿的必要条件，而经过对数值仿真结果的分析表明，这种条件下引发碰撞电离的初始载流子可能来自于 N 基区未耗尽部分的碰撞电离产生的空穴。在器件两端电压逐渐升高的过程中，尽管耗尽区在 N 基区中逐渐扩展，但 N 基区中还有一部分区域未成为耗尽区，其中的自由载流子并未被完全抽取。因此，虽然未耗尽的 N 基区处电场强度较低，但由于此处电子浓度接近于施主杂质浓度，因此较弱的碰撞电离仍会在这个区域首先发生。尽管这个过程中产生的自由载流子浓度远低于施主杂质浓度，但是碰撞电离产生的空穴浓度仍远高于热电离生成的空穴浓度。碰撞电离生成的空穴作为自由载流子移动到 PN 结附近的高电场区域后将会引发强烈的碰撞电离，引发超快碰撞电离前沿。因此，对于初始偏置电压为 0，器件两端施加的电压上升速率足够高的情形，未耗尽的基区部分的碰撞电离是初始载流子的主要来源。

然而，当器件的 N 基区长度大于 200μm、器件两端初始偏置电压大于 400V、触发电压上升速率为 1 ~ 2kV/ns 时，经过数值仿真表明，未耗尽的基区部分的碰撞电离将不能再作为初始载流子的来源机制，此时数值仿真无法得到器件的亚纳秒导通特性，这与实验结果是相违背的。这意味着，在以上条件下存在另外一种初始载流子的来源机制。相关研究表明，制备得到的高压 Si 器件中存在着一种工艺缺陷，这种缺陷被认为是硫杂质中心。如图 4-198 所示，这种缺陷是一个双电荷施主，从基

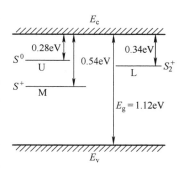

图 4-198　工艺缺陷的能级
在能带中的位置

态双电子态到电离单电子态的 U 能级跃迁电离能为 0.28eV，从电离单电子态到空态的 M 能级跃迁电离能为 0.54eV。陷阱的浓度取决于工艺因素，范围在 $10^{10} ~ 5 \times 10^{13}\text{cm}^{-3}$。此外还有一个跃迁电离能为 0.34eV 的 L 能级，其浓度一般低于前两者的十分之一。

关于以上工艺缺陷的能级的具体参数如表 4-25 所示。工艺缺陷可能是由于高纯度硅经过了高于 1000℃ 的高温热处理后形成的。它们具有很高的扩散性，并且可以从无序表面渗透到整个晶圆中。由于其空穴俘获横截面的值极低，因此中间能级 M 被证明是电子陷阱，而不是复合能级。因此尽管中心能级处于中间位置，但该中心的复合能力较低，并且代表一个电子陷阱，不会影响非平衡载流子的寿命。

表 4-25 工艺缺陷的能级的参数

能级标志	陷阱类型	施主或受主	电离能 E_t/eV	σ_n/cm²	σ_p/cm²	N_t/cm⁻³
U	电子	施主	0.28	4×10^{-17}	$\sim 10^{-17}$	$10^{11} - 10^{13}$
M	电子	施主	0.54	10^{-15}	$< 10^{-20}$	$10^{11} - 10^{13}$
L	电子	—	0.34	6×10^{-14}	—	$< 10^{12}$

相关理论计算表明，这些陷阱的热发射速率对器件内部的电场强度有着强烈的依赖性，当器件内部电场强度达到 3×10^5 V/cm 时，热发射速率随着温度 T 几乎呈指数增长，在 $T = 300$K 时热发射速率达到 $10^8 \, s^{-1}$。这确保了确定性地触发具有低抖动的超快碰撞电离前沿。当结构中的电场强度增大时，在深能级中心足够集中的情况下，初始载流子在耗尽 PN 结的整个结构截面上的高场区释放，高场区的电场强度超过稳态雪崩击穿阈值。研究表明，如果 PI 中心的浓度超过 10^{12} cm⁻³，则从 U 和 M 能级发射的电子足以确保从 0K 到 400K 的确定性的超快碰撞电离前沿触发。在室温下，超快碰撞电离前沿的触发是由工艺陷阱的中间能隙 M 能级的声子隧穿电离以 0.54eV 的电离能引发的，这时上部能隙 U 能级是空的。在低温下，缺陷处于基态，超快碰撞电离前沿是由 U 能级的直接隧穿电离触发的。

随后，相关文献通过 P^+NN^+ 结构二极管的数值仿真，证实了深能级中心的场增强热电子发射可能是导致超快电离前沿产生的机理。仿真中采用的器件结构模型以及参数如图 4-199 所示，其中 P^+NN^+ 结构参数为：N 基区长度为 220μm，N 基区掺杂浓度为 10^{14} cm⁻³，器件中的深能级中心浓度为 10^{12} cm⁻³，器件面积为 0.02cm²。电路中 R 为 50Ω 电阻，电压源 $U(t)$ 如式（4-63）所示，

$$U(t) = U_0 + At \tag{4-63}$$

式中，U_0 为器件的初始偏置电压，大小为 0.5kV；A 为器件的触发电压变化率，大小为 0.5kV/ns；t 为仿真时间。仿真结果表明，此时器件内部可以触发超快碰撞电离前沿，器件的导通时间为 580ps，因此深能级中心的场增强热电子发射确实是延迟雪崩击穿现象中一种可能的初始载流子来源机理。但是，相同的 P^+NN^+ 结构二极管的在实验测试中得到的导通时间为 200ps，这与数值仿真结果有较大差异。产生差异的原因之一可能是由于仿真中采用的是一维数值模型，因此数值仿真中超快碰撞电离前沿的形成在整个器件横截面上是均匀的，但实际器件中的超快碰撞电离前沿的形成在整个横截面上可能并不是均匀的。另一个可能原因是在前沿形成初期的仿真中使用了连续模型，在这个阶段，自由载流子的总数很少，并且其动力学具有离散和随机的特征，非物理性的小浓度自由载流子可能会影响超快碰撞电离前沿的形成，进而影响器件的导通过程。

随后的研究对通过外延生长制备的 P^+NN^+ 结构进行了测试，这种结构的器件也能表现出亚纳秒导通特性。但是，外延生长制备的 P^+NN^+ 结构内部不包含任何深能级陷阱，因此这表明来自类似硫中心的电子的场增强隧穿并不是延迟雪崩击穿

的初始载流子的唯一的来源机理。初始载
流子的另外一种来源可能是载流子的热生
成，然而由于这个过程的随机性和浓度不
足，因此可以排除电子和空穴在 N 基区耗
尽部分的随机热生成作为初始载流子的来
源机理。所以，初始载流子的来源机理仍
是延迟雪崩击穿现象的物理基础中尚未完
全被认识的问题，有待进一步的理论研究、
数值仿真和实验验证。

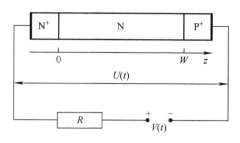

图 4-199　数值仿真中的
P⁺NN⁺结构及其外电路[180]

　　延迟雪崩击穿现象发生时，器件两端承受了数 kV 的电压，器件的耗尽区到达
数百 μm 的宽度，器件能够在数百 ps 内从阻断状态过渡到导通状态，但载流子即
使以饱和速度穿过耗尽区也需要数 ns，因此除了上述的载流子来源机理的问题，
器件是如何从阻断状态过渡到导通状态也引起了研究人员的关注。最为研究人员接
受的过渡过程是类似 TRAPATT 二极管中的电离前沿的行进过程，P⁺NN⁺结构中电
离前沿的形成及传播过程如图 4-200 所示。其中结构中 N 基区浓度为 10^{14} cm⁻³，N
基区厚度为 150μm，即为图 4-200 中的横坐标 z。可见，导通过程中器件内部的动
态过程可分为以下 4 个阶段。第一个阶段为潜伏阶段，在这个阶段，随着器件两端
的电压升高，N 基区的均匀分布的电子漂移向 N⁺区，进而被抽取出 N 基区。因
此，N 基可以分为两个区域——自由载流子被完全抽取的耗尽区、未被抽取的中性
区域，这两者之间的分界线可以称为抽取前沿。抽取前沿是由电子的漂移离开 N
基区形成的，因此抽取前沿的移动速度小于电子的饱和漂移速度。随着抽取前沿的
移动，器件内部 NP+附近的最大电场强度逐渐增加，并超过了硅中的碰撞电离的
有效阈值 2×10^5 V/cm。由于 N 基区耗尽部分缺少自由载流子，因此碰撞电离不会
立即发生，此时随着外加电压的进一步增加，N 基区的中性区域开始发生适度的碰
撞电离，产生了浓度为 10^{12} cm⁻³的空穴，随后空穴向 P⁺区域附近的高电场区域移
动。当空穴移动到耗尽区的高电场区域，碰撞电离开始剧烈地进行，即第二个阶
段——碰撞电离前沿的触发阶段。碰撞电离产生了大量电子空穴等离子体，这些等
离子体会迅速地将所在位置的电场屏蔽，并且其电导率会迅速增加。产生的等离子
体会继续向高场区移动，引起进一步的碰撞电离，这个等离子体区域向耗尽区的扩
展过程即为碰撞电离前沿的传播过程。在碰撞电离前沿触发时，抽取前沿并未到达
N⁺区域，因此两者同时存在于器件中。在第三个阶段——碰撞电离前沿的传播过
程中，碰撞电离前沿的传播速度大于载流子的饱和漂移速度。这是由于超快碰撞电
离前沿的传播是一个集体过程，而不是直接基于单个载流子的漂移运动。在这个过
程中，空穴从 N 基区的中性区域产生，达到耗尽区后开始局部倍增。随着前沿的
传播，器件两端的电压迅速减小，流过器件的电流迅速增加。如果 N 基区中的多
数载流子在超快碰撞电离前沿到达 N⁺区域之前没有被完全移出，那么超快电离前

沿和抽取前沿将会碰撞，即第四个阶段——碰撞电离前沿与抽取前沿的碰撞。当两者碰撞时，碰撞电离前沿实际上已经结束，转化为中性区准均匀碰撞电离。这便是类似 TRAPATT 二极管中的电离前沿的行进过程，以上过程均假定在器件内部是均匀发生的。

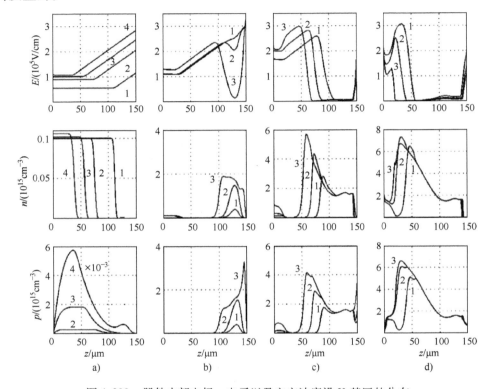

图 4-200　器件内部电场、电子以及空穴浓度沿 N 基区的分布
a）抽取前沿的传播和中性区的碰撞电离　b）电子空穴等离子体集结和碰撞电离前沿触发
c）碰撞电离前沿传播　d）碰撞电离与抽取前沿相遇[176]

　　然而，通过以上模型得到的器件的导通时间与通过实验获得的器件导通时间不一致，随后的相关数值仿真假设超快碰撞电离前沿的产生在器件内部是非均匀进行的，这种情况下得到的器件导通时间与实验测试结果非常接近，这为器件在亚纳秒的时间内从阻断状态到导通状态的过渡过程提供了一种可行的解释。但是，上述空间非均匀的超快碰撞电离前沿是由器件内部深能级中心提供初始载流子导致的，由于前文中提到，深能级中心并不是唯一的初始载流子的来源机理，因此此处的空间非均匀的超快碰撞电离前沿的传播过程还需要进一步验证。

4.5.3　FID 器件的优化改进

　　在 FID 器件的导通过程中，器件内部会产生类似 P^+NN^+ 结构中的超快碰撞电离前沿，超快碰撞电离前沿经过的区域可产生浓度在 $10^{15}\,cm^{-3}$ 以上的电子空穴等离子体，随后载流子会从 N^+ 和 P^+ 发射区注入基区中，使得 FID 能够像普通晶闸管一样保持导通状态。而后续发展的半导体深能级中心的场增强理论表明存在与触发脉冲同步的初始载流子来源，在从 $(2\sim5)\times10^5\,V/cm$ 的电场范围具有两种深能级中心电离机制：高温和低场下的声子辅助隧穿（phonon-assisted tunneling）及高场和低温下的直接隧穿（direct tunneling），对于 $1kV/ns$ 的典型脉冲上升速率，电场在大约 $1ns$ 内从 $2\times10^5\,V/cm$ 增加到 $(3\sim4)\times10^5\,V/cm$。在浓度约为 $1\times10^{13}\,cm^{-3}$ 的深能级中心获得的电子发射速率能够在 $1ns$ 期间产生高于 $10^9\,cm^{-3}$ 的自由电子浓度，这对于电离前沿的均匀触发来说足够高。在这种情况下由于载流子来源与电场强度的快速升高密切相关，基区宽度可以显著缩小，因此在导通之后残余压降可以显著降低。由此提出改进版本——深能级 DLD 和 SID 器件。

4.5.3.1　DLD 器件

随着 FID 器件两端电压的增加，器件内部电场强度逐渐升高。当初始载流子出现在空间电荷区后，器件内部开始发生碰撞电离。因此，初始载流子的出现时刻决定了器件两端能够达到的最大电压，而器件两端达到的最大电压又决定了开关过程的特性参数，例如前沿速度、导通时间、等离子体浓度以及残余电压。FID 器件的初始载流子来源机理为 N 基区中性区域的碰撞电离，因此 FID 器件有着较厚的 N 基区，这导致了器件导通后有着较高的残余电压。

为了改善 FID 器件的特性，俄罗斯约飞物理技术研究所基于新的载流子来源机理——深电子陷阱的场增强电离，提出了 FID 器件的改进版本，即 DLD 器件。如图 4-201 所示，DLD 器件有着与 FID 器件类似的结构，两者均为 P^+NPN^+ 结构。当器件内部电场强度达到 $(2\sim3)\times10^5\,V/cm$ 时，深能级陷阱开始电离，随着电场强度

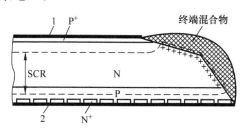

图 4-201　DLD 器件结构示意图[182]

的进一步升高，陷阱的发射速率快速增加。因此，器件不再需要通过 N 基区的中性区域的碰撞电离来提供初始载流子。DLD 器件可以显著地缩小 N 基区的宽度，从而降低导通过程中的残余压降。静态阻断电压均为 $2.3kV$ 的 FID 器件以及 DLD 器件的导通过程对比情况如图 4-202 所示，可见两个器件导通后，FID 器件两端的残余电压大约为 $200V$，而 DLD 器件两端的残余电压只有几十伏。因此 DLD 器件有着比相同电压等级的 FID 器件更好的导通特性。

4.5.3.2　SID 器件

SID 器件结构同样为 P^+NPN^+ 结构，所不同的是，其阳极和阴极都添加了短路点，如图 4-203 所示。这种器件结构的设计虽然消除了器件的反向阻断能力，但是相比于常规的 FID 器件，器件的 N 基区的厚度可以显著减小，从而降低器件的导

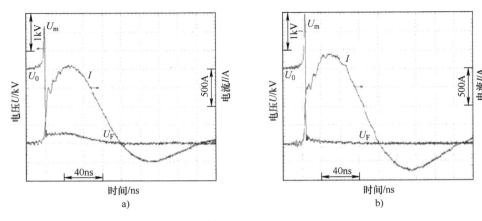

图 4-202　FID 器件（图 a）以及 DLD 器件（图 b）导通过程对比[183]

通损耗。静态阻断电压均为 3.5kV 的常规 FID 器件以及 SID 器件的导通过程对比如图 4-204 所示，通过对比可以看出，SID 器件导通后的残余压降更低，相比于常规 FID 器件的开通损耗更小。

4.5.4　基于 FID 器件的脉冲发生装置及应用

基于 FID 器件的典型的高压纳秒脉冲发生器如图 4-205 所示，其工作原理如下所述。首先，IRD（Inverse Recovery Diode）器件（与 DSRD 器件工作原理类似）处于正向导通状态，IRD 器件流过正向电流。随后，MOSFET 导通，流过 IRD 器件的反向电流在 20ns 内增加到 50A，然后在 2ns 内截断反向电流，在 1.5kV 偏置的 FID_1 器件上形成 1.8kV 的脉冲。FID_1 器件上的过电压脉冲将会导致其在 0.2ns 内迅速导通，而后电容 C_1 放电，FID_2 器件上出现超过 3kV 的过电压脉冲。依次下去，脉冲经过多级 FID 器件的放大，到 FID_6 器件后，脉

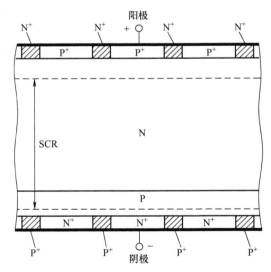

图 4-203　SID 器件结构示意图[184]

冲电压高达 9kV，这足够同时触发下一级的串联的 4 个 FID 器件。当最后四个 FID 器件（$FID_7 \sim FID_{10}$）开通后，如图 4-206 所示，20Ω 的负载 R 上将获得 0.6kA 的电流脉冲。

基于 DLD 器件的一种脉冲发生器电路拓扑如图 4-207 所示，DLD 器件的触发

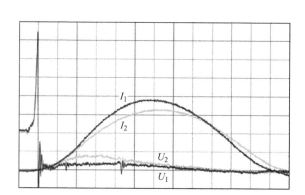

图 4-204　常规 FID 器件（I_2，U_2）与 SID 器件（I_1，U_1）导通过程对比[184]

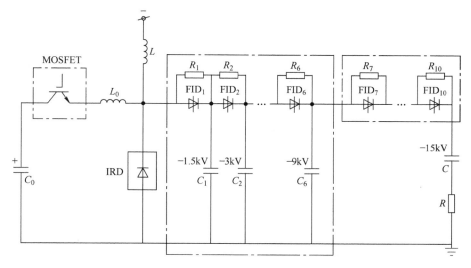

图 4-205　基于 FID 器件的高压纳秒脉冲发生器[185]

脉冲由断路开关 DSRD 器件（OS）提供。电路工作时，首先触发导通开关 V_1，此时 C_1 放电，DSRD 器件流过正向电流，同时电容 C_2 充电。当 C_2 充电至最大电压时，V_1 关断，V_2 导通，电容 C_2 通过 L_2 和 OS 放电，电流反向流过 DSRD 器件（OS）。当 DSRD 器件流过的反向电流达到峰值时，DSRD 器件关断，反向电流通过 $C_0 - L_0 - DLD - R_{sh}$ 回路转移到 DLD 器件上，DLD 器件两端电压迅速升高，等电压达到 DLD 器件的触发要求时，器件将快速导通，电容 C_0 通过 DLD 器件向负载 R_{sh} 迅速放电，产生幅值约为 1.5kA 的电流脉冲，其上升速率可达 200A/ns。

　　基于 DLD 器件和 DSRD 器件的一种脉冲发生器电路拓扑如图 4-208 所示。初始阶段，1.2kV 的直流电源给电容 C_0 和 C 充电，VD 和 R_2 避免了 C_1 被电源充电。当晶闸管 V 导通后，电容器 C 上下极板电荷交换，电压接近初始电压。在此期间

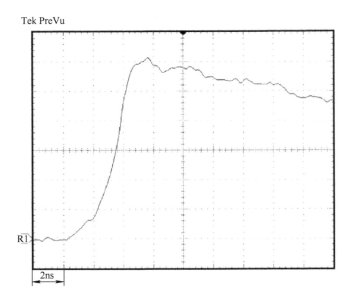

图4-206 负载上获得的电流波形（100A／格）[185]

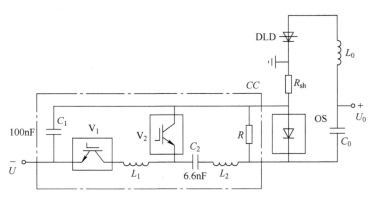

图4-207 基于 DLD 器件的脉冲发生器电路拓扑[186]

（约600ns），磁开关 L_1 维持为高阻抗状态。当电荷交换结束，磁开关 L_1 饱和，其电感值迅速减小，电容 C_0 与 C_1 串联后通过 DSRD $-C_1-L_1$ 放电，DSRD 器件流过正向电流，电容 C_1 在这个过程中被充电。当充电电流停止，磁开关 L_2 饱和，其电感值迅速下降，电容 C_1 通过 L_2-DSRD 回路放电，DSRD 器件流过反向电流。当其基区电荷抽取完毕时，DSRD 截断反向电流。流经 L_2 的电流被转移到特征阻抗为 50Ω 的同轴电缆上，而后输出到 DLD 器件组成的堆体以及 50Ω 负载 R_1 上，当 DLD 器件两端电压达到导通要求后，DLD 器件迅速开通，在 50Ω 负载上产生如图4-209 所示的电压脉冲，脉冲幅值约为 20kV，上升时间小于 0.3ns。上述脉冲发生器可工作在 100Hz 的重复频率下，且其体积只有 20cm×10cm×10cm。

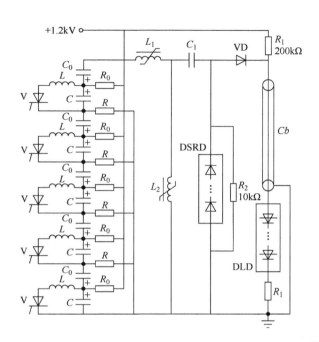

图 4-208　基于 DLD 器件和 DSRD 器件的脉冲发生器电路拓扑[187]

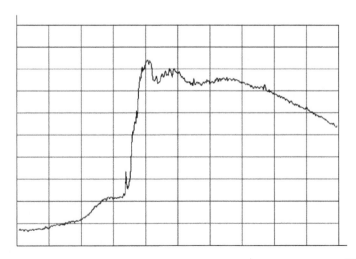

图 4-209　50Ω 负载上的电压波形，纵轴为 3kV/格，横轴为 1ns/格[187]

目前，已有相关公司提供基于 FID 器件和 DSRD 器件完整的脉冲发生器产品，其中由德国 FID GmbH 公司提供的皮秒级上升时间脉冲发生器相关参数如表 4-26 所示。此系列的脉冲发生器的输出有着亚纳秒级的上升前沿，且体积紧凑，适用于多种场合。

表 4-26 皮秒级脉冲发生器相关参数

型号	输出电压/kV	上升时间/ns	脉冲宽度/ns	最大重复频率/kHz	尺寸/mm
FPG 2-P	2	0.1~1	0.2~3	300	200×120×300
FPG 5-P	5	0.1~1	0.2~3	200	200×120×300
FPG 10-P	10	0.1~1	0.2~3	100	200×120×300
FPG 20-P	20	0.1~1	1~2	10	200×120×300
FPG 50-P	50	0.1~1	1~2	2	200×120×300
FPG 100-P	100	0.1~1	1~2	1	400×400×160
FPG 200-P	200	0.2~1	1~2	1	400×400×160

参 考 文 献

[1] GREKHOV I V. New principles of high power switching with semiconductor devices [J]. Solid-state Electronics, 1989, 32 (11): 923-930.

[2] GREKHOV I V. Theory of quasi-diode operation of reversely switched dynistors [J]. Solid-state Electronics, 1988, 31 (10): 1483-1491.

[3] GREKHOV I V. Mega and gigawatts-ranges, repetitive mode semiconductor closing and opening switches [C]. 11th IEEE International Pulsed Power Conference, 1997: 425-429.

[4] SCHNEIDER S, PODLESAK T F. Rererse switching dynistor pulsers [C]. 12th IEEE International Pulsed Power Conference, 1999: 214-218.

[5] KOROTKOV S V. Switching possibilities of reverse switched-on dynistors and principles of RSD circuitry (Review) [J]. Instruments and Experimental Techniques, 2002, 45 (4): 437-470.

[6] BEZUGLOV V G, GALAKHOV I V, GUDOV S N, et al. On the possible use of semiconductor RSD-based switch for flashlamps drive circuits in a Nd-glass laser amplifier of LMJ facility [C]. 12th IEEE International Pulsed Power Conference, 1999, 2: 914-918.

[7] GREKHOV I V, KOROTKOV S V, ANDREEV A G, et al. High-power microsecond commutators based on high-voltage reverse switch-on dynistor stacks [J]. Instruments and Experimental Techniques, 1997, 40 (5): 632-635.

[8] GREKHOV I V, KOROTKOV S V, ANDREEV A G, et al. High-power reverse switch-on dynistor-based generators for electric-discharge water purification [J]. Instruments and Experimental Techniques, 1997, 40 (5): 705-707.

[9] GREKHOV I V, KOROTKOV S V, KOZLOV A K, et al. A high-voltage commutator in reverse switch-on dynistors for the pulse voltage-doubling circuit [J]. Instruments and Experimental Techniques, 1997, 40 (4): 481-483.

[10] GREKHOV I V, KOROTKOV S V, KOZLOV A K, et al. High-voltage RSD commutator of high-power current pulses with a submicrosecond front duration [J]. Instruments and Experimental Techniques, 1997, 40 (4): 484-486.

[11] GREKHOV I V, KOZLOV A K, KOROTKOV S V, et al. High-frequency harmonic oscillator

based on reverse-switched dynistors ［J］. Instruments and Experimental Techniques, 1996, 39 （4）: 527-529.

［12］ GREKHOV I V, KOZLOV A K, KOROTKOV S V, et al. Submicrosecond RSD generator for pumping pulsed lasers ［J］. Instruments and Experimental Techniques, 1996, 39 （3）: 419-422.

［13］ GREKHOV I V, KOROTKOV S V, ANDREEV A G, et al. High-power RSD generator for pumping excimer lasers ［J］. Instruments and Experimental Techniques, 1996, 39 （3）: 423-426.

［14］ GREKHOV I V, KOROTKOV S V, KOZLOV A K, et al. A high-power kilohertz-band charging device based on a reverse switch-on dynistor ［J］. Instruments and Experimental Techniques, 1997, 40 （4）: 498-500.

［15］ GREKHOV I V, KOROTKOV S V, KOZLOV A K, et al. A high-power high-voltage pulse generator based on reverse switch-on dynistors for an electrostatic precipitator power supply ［J］. Instruments and Experimental Techniques, 1997, 40 （5）: 702-704.

［16］ GREKHOV I V, KOZLOV A K, KOROTKOV S V, et al. A high-frequency reverse switch-on dynistor generator for high-power induction heating systems ［J］. Instruments and Experimental Techniques, 2000, 43 （1）: 63-65.

［17］ PODLESAK T F, SIMON F, SCHNEIDER S, et al. Experimental investigation of dynistors and dynistor based pulsers ［C］. Conference Record of the Twenty-Third International Power Modulator Symposium, 1998: 169-172.

［18］ PODLESAK T F, SIMON F M, SCHNEIDER S. Single shot and burst repetitive operation of thyristors for electric launch applications ［J］. IEEE Transactions on Magnetics, 2001, 37 （1）: 385-388.

［19］ RIM G H, LEE H S, PAVLOV E P, et al. Fast high-voltage pulse generation using nonlinear capacitors ［J］. IEEE Transactions on Plasma Science, 2000, 28 （5）: 1362-1367.

［20］ 余岳辉，梁琳，李谋涛，等. 超高速半导体开关 RSD 的开通机理与大电流特性研究［J］. 电工技术学报, 2005, 20 （2）: 36-40.

［21］ 余岳辉，梁琳，颜家圣，等. 大功率超高速半导体开关的换流特性研究 ［J］. 中国电机工程学报, 2007, 27 （30）: 38-42.

［22］ LIANG LIN, YU YUEHUI, DENG LINFENG, et al. High-power and high-speed semiconductor switch RSD applied in pulsed power system ［C］. The 7th International Conference on Power Electronics, 2007: 57.

［23］ 刘恩科，朱秉升，罗晋生. 半导体物理学 ［M］. 北京: 电子工业出版社, 2003.

［24］ BARON R, MARSH O J, MAYER J W. Transient response of double injection in a semiconductor of finite cross section ［J］. Journal of Applied Physics, 1966, 37 （7）: 2614-2625.

［25］ 王彩琳. 门极换流晶闸管 （GCT） 关键技术的研究 ［D］. 西安: 西安理工大学, 2006.

［26］ NAITO M, MATSUTAKI H, OGAWA T. High current characteristics of asymmetrical pin diodes having low-forward voltage drops ［J］. IEEE Transactions on Electron Devices, 1976, 23 （8）: 945-949.

［27］ 内藤正美. サィリスタ ［J］. 特许公报, 1986, 昭 61-1909.

［28］余岳辉，徐静平，陈涛，等. 薄发射区晶闸管结构及特性的研究［J］. 华中理工大学学报，1993，21（5）：11-14.

［29］徐静平. 多晶硅发射极膜及多晶硅接触薄发射极的研究［D］. 武汉：华中理工大学，1993.

［30］LIANG LIN, YU YUEHUI, LIU YUHUA, et al. Mechanism Analyses on Thin Emitter Structure Improving the Turn-On Characteristics of RSD［C］. The International Conference on Electrical Engineering 2005, 2005：A-247.

［31］GREGOR G. Investigation of the possibility to build a 400kA pulse current generator to drive a magnetic horn［R］. Switzerland：European Organization for Nuclear Research, 2000.

［32］WANG CAILIN, GAO YONG. Analysis of mechanism for transparent emitter［C］. Proceedings of the 27th International Semiconductor Conference, 2004, 2：359-362.

［33］梁琳. 脉冲功率开关机理与关键技术研究［D］. 武汉：华中科技大学，2008.

［34］LYUBUTIN S K, MESYATS G. A, et al. Repetitive nanosecond all-solid-state pulsers based on SOS diodes［C］. Pulsed Power Conference, 1997, （2）：992-998.

［35］MESYATS G A, RUKIN S N, et al. Semiconductor opening switch research at IEP［C］. Pulsed Power Conference, 1995, 1：298-305.

［36］LYUBUTIN S K, MESYATS G A, et al. Subnanosecond high-density current interruption in SOS diodes［C］. Pulsed Power Conference, 1997, 1：663-666.

［37］DARZNEK S A, RUKIN S A, et al. Effect of structure doping profile on the current switching-off process in power semiconductor opening switches［J］. Technical Physics, 2000, 45（4）：436-442.

［38］ENGELKO A, Bluhm H. Simulation of semiconductor opening switch physics［C］. Pulsed Power Plasma Science, 2001, 1：318-321.

［39］RUKIN S N, TSYRANOV S N. The effect of a space charge on the operation of a semiconductor current interrupter［J］. Technical Physics Letters, 2004, 30（1）：19-22.

［40］RUKIN S N, et al. Subnanosecond breakage of current in high-power semiconductor switches［J］. Technical Physics Letters, 2000, 26（9）：824-826.

［41］LYUBUTIN S K, MESYATS G. A, et al. Repetitive nanosecond all-solid-state pulsers based on SOS diodes［C］. Pulsed Power Conference, 1997, 2：992-998.

［42］BUSHLYAKOV A I, PONOMAREV A V, et al. A megavolt nanosecond generator with a semiconductor opening switch［J］. Instruments and Experimental Techniques, 2002, 45（2）：213-219.

［43］张适昌，严萍，王珏. 半导体断路开关及其应用［J］. 高电压技术，2002，28（120）：23-25.

［44］苏建仓，丁永忠. 半导体断路开关实验研究［J］. 强激光与粒子束，2002，14（6）：949-952.

［45］苏建仓，丁永忠. S-5N 全故态重复频率脉冲发生器［J］. 强激光与粒子束. 2004，16（10）：1337-1340.

［46］RUKIN S N, MESYATS G A, et al. SOS-based pulsed power：development and applications

［C］. Pulsed Power Conference, 1999, 1: 153-156.

［47］RUKIN S N. High-power nanosecond pulse generators based on semiconductor opening switches (Review)［J］. Instruments and Experimental Techniques, 1999, 42 (4): 439-467.

［48］GREKHOV I V, MESYATS G A. Physical basis for high-power semiconductor opening switches ［J］. IEEE Trans. on Plasma Science, 2000, 28: 1540-1544.

［49］DARZNEK S A, MESYATS G A, et al. Dynamics of electron-hole plasma in semiconductor opening switches for ultradense currents ［J］. Tech. Phys., 1997, 42 (10): 1170-1175.

［50］ENGELKO A, BLUHM H. Simulation of semiconductor opening switch physics ［C］. Pulsed Power Plasma Science, 2001, 1: 318-321.

［51］GREKHOV I V, EFANOV V M, KARDO-SYSOEV A F. Formation of high nanosecond voltage drop across semiconductor diode ［J］. Sov. Tech. Phys. Lett, 1983, 9 (4).

［52］GREKHOV I V, KARDO-SYSOEV A F. Subnanosecond current drops in delayed breakdown of silicon p-n junction ［J］. Sov. Tech. Phys. Lett, 1979, 5 (8): 395-396.

［53］梁勤金, 石小燕, 冯仕云, 等. 高功率半导体开关 DSRD 在 UWB 雷达中的应用 ［J］. 现代雷达, 2005, 27 (5): 69-71.

［54］KARDO-SYSOEV A F, ZAZULIN S V, EFANOV N M, et al. High Repetition Frequency Power Nanosecond Pulse Generation ［C］. 11th IEEE International Pulsed Power Conference, 1997, 1: 420-424.

［55］肖建平. DSRD 高功率超宽谱脉冲源及其功率合成初探 ［J］. 电子信息对抗技术, 2007, 22 (4): 15-21.

［56］KARDO-SYSOEV A F. New Power Semiconductor Devices for Generation of Nano-and Subnano-second Pulses ［J］. Ultra-Wideband Radar Technology, 2001: 205-290.

［57］贾望屹, 王敬东, 等. 新器件雷达发射机技术的研究 ［J］. 火控雷达技术, 2004, 33: 17-23.

［58］BRYLEVSKY V I, EFANOV V M, KARDO-SYSYEV A F, et al. Power Nanosecond Semicon-ductor Opening Plasma Switches ［C］. 22nd International Power Modulator Symposium, 1996: 51-54.

［59］KARDO-SYSOEV A F, EFANOV V M, CHASHNIKOV I G. Fast power switches from picosec-ond to nanosecond time scale and their application to pulsed power ［J］, 10th IEEE International Pulsed Power Conference, Digest of Technical Papers, 1995, 1: 342-347.

［60］KOZLOV V A, SMIRNOVA I A, MORYAKOVA S A, et al. New generation of drift step recov-ery diodes (DSRD) for subnanosecond switching and high repetition rate operation ［C］. IEEE Power Modulator Symposium, 2002 and 2002 High-Voltage Workshop. Conference Record of the Twenty-Fifth International, 2002: 441-444.

［61］LYUBUTIN S K, MESYATS G A, RUKIN S N, et al. Repetitive short pulse SOS-generators ［C］. Pulsed Power Conference, 1999, 2: 1226-1229.

［62］EFANOV V M, KARDO-SYSOEV A F, et al. Powerful Semiconductor 80 kV Nanosecond Pulser ［C］. 11th IEEE Internationa Pulsed Power Conference, 1997, 2: 985-987.

［63］李运涛, 陈少武, 余金中. 光开关矩阵控制和驱动电路及集成技术的研究进展 ［J］. 激光

与红外，2005，35（1）：7-10.

[64] JAYARAMAN S, LEE C H. Observation of two photon conductive in GaAs switch nanosecond and picosecond light pulse [J]. Appl. Phys. Lett, 1972, 20 (10)：392-395.

[65] AUSTON D H. Picosecond optoelectronic switching and gating in silicon [J]. Appl. Phys. Lett., 1975, 26 (3)：101-103.

[66] LEE C H. Picosecond optoelectronic switching in GaAs [J]. Appl. Phys. Lett., 1977, 30 (2)：84-86.

[67] HADIZAD P, HUR J H, ZHAO H, et al. A comparative study of Si- and GaAs-based devices for repetitive, high-energy, pulsed switching applications [J]. J. Appl. Phys., 1992, 71 (7)：3586-3592.

[68] SULLIVAN J S, STANLEY J R. 6H-SiC Photoconductive Switches Triggered at Below Bandgap Wavelengths [J]. IEEE Transactions on Dielectrics and Electrical Insulation, 2007, 14 (4)：980-985.

[69] KELKAR K S, ISLAM N E, FESSLER C M, et al. Design and characterization of silicon carbide photoconductive switches for high field applications [J]. J. Appl. Phys., 2005.

[70] 李琦，施卫. 高压 GaAs 亚纳秒光电导开关的实验研究 [J]. 电力电子技术，2002，36 (4)：70-72.

[71] 施卫，梁振宪，徐传骧. 高倍增 GaAs 光电导开关的设计与研制 [J]. 西安交通大学学报，1998，32 (8)：19-24.

[72] 施卫，徐鸣. 半绝缘 GaAs 光电导开关线性传输特性的研究 [J]. 高电压技术，2004，30 (1)：39-41.

[73] 施卫，屈光辉. 半绝缘砷化镓光电导开关电极间隙的优化设计 [J]. 高电压技术，2003，29 (5)：1-3.

[74] SUN Y L, SHI S X, ZHU Y W, et al. A new phenomenon in GaAs photoconductive semiconductor switches triggered by laser diode [J]. Micro wave and optical technology letters, 2007, 49 (9)：2232-2234.

[75] WHITE W T, DEASE C G, POCHA M D, et al. Modeling GaAs high-voltage, subnanosecond photoconductive switchesin one spatial dimension [J]. IEEE Transactions on Electron Devices, 1990, 37 (12)：2532-2541.

[76] HANMIN Z, HADIZAD P, JUNG H H, et al. Avalanche injection model for the Lock-on effect in Ⅲ-Ⅴ power photoconductive switches [J]. J. Appl. Phys., 1993, 73 (4)：1807-1812.

[77] JICK H Y, GIZZING H K, ROBERT L D, et al. Modeling the effect of deep impurity ionization on GaAs photoconductive switches [J]. SPIE, Optically Activated Switching II, 1992, 1632：21-31.

[78] MICHAEL S, MAZZOLA, RANDY A, et al. Analysis of time-dependent current transport in an optically controlled, Cu-compensated GaAs switch [J]. SPIE, Optically Activated Switching II, 1992, 1632：262-273.

[79] 施卫，陈二柱，张显斌. 高倍增 GaAs 光电导开关中的单电荷畴 [J]. 西安理工大学学报，2001，17 (2)：113-116.

[80] 赵会娟，牛憨笨. 光电开关锁定机理的理论分析 [J]. 光子学报，1997，26（1）：61-65.

[81] KAMBOUR K, KANG S, CHARLES W, et al. Steady-State Properties of Lock-On Current Filaments in GaAs [J]. IEEE transactions on plasma science, 2000, 28（5）: 1497-1499.

[82] KAMBOUR K, HJALMARSON H P, MYLES C W. A collective theory of lock-on in photoconductive semiconductor switches [C]. Pulsed Power Conference, Digest of Technical Papers, 14th IEEE international 2003, 1: 345-348.

[83] SHI W, TIAN L Q. Mechanism analysis of periodicity and weakening surge of GaAs photoconductivese miconductor switches [J]. Applied Physics Letters, 89, 2006.

[84] ZUTAVERN F J, LOUBRIEL G M, O'MALLEY M W, et al. Rise time and recovery of GaAs photoconductive semiconductor switches [J]. SPIE, Optically Activated Switching, 1990, 1378: 271-279.

[85] 施卫，田立强. 半绝缘 GaAs 光电导开关的击穿特性 [J]. 半导体学报，2004，25（6）：691-696.

[86] 李希阳，戴慧莹，施卫，等. 半绝缘 GaAs 光导开关不完全击穿前后暗态电阻降低原因新探 [J]. 大气与环境光学学报，2006，1（3）：222-225.

[87] ALAN M, GUILLERMO M L, FRED J Z, et al. Doped Contacts for High-Longevity Optically Activated, High-Gain GaAs Photoconductive Semiconductor Switches [J]. IEEE transactions on plasma science, 2000, 28（5）: 1507-1511.

[88] 杨宏春，阮成礼，吴明和，等. 利用光导开关产生瞬态电脉冲研究 [J]. 压电与声光，2007，29（1）：6-9.

[89] KELKAR K S, ISLAM N E, FESSLER C M, et al. Design and characterization of silicon carbide photoconductive switches for high field applications [J]. J. Appl. Phys., 98, 2005.

[90] ISLAM N E, SCHAMILOGLU E, JONS H, et al. Compensation Mechanisms and the Response of High Resistivity GaAs Photoconductive Switches During High-Power Applications [J]. IEEE transactions on plasma science, 2000, 28（5）: 1512-1519.

[91] 张显斌，李琦，田立强，等. 基于砷化镓材料的高功率超快光电导开关研究 [J]. HIGH VOL TAGE ENGINEERING, 2002, 28（5）: 40-42.

[92] 张显斌，施卫，李琦，等. 用红外激光脉冲触发半绝缘 GaAs 光电导开关的实验研究 [J]. 强激光与粒子束，2002，14（6）：815-818.

[93] GUILLERMO M L, FRED J Z, ALBERT G B, et al. Photoconductive Semiconductor Switiches [J]. IEEE transactions on plasma science, 1997, 25（2）: 124-130.

[94] JING Z, WANG T, RUAN C, et al. Analysis of the output impulse of PCSS triggered by femtosecond laser pulse [J]. Proc. of SPIE -International Congress on High-Speed Photography and Photonics, 6279: 1-7.

[95] POCHA M D, DRUCE R L. 35-kV GaAs subnanosecond photoconductive switches [J]. IEEE Transactions on Electron Devices, 1990, 37（12）: 2486-2492.

[96] FALK R A, ADAMS J C, GAIL B H. Ptical Probe Techniques for Avalanching Photoconductors [C]. Pulsed Power Conference and Digest of Technical Papers, 1991: 29-32.

[97] 梁振宪，冯军，徐传骧，等. 半导体光电导开关的非线性特性及应用 [J]. High voltage

engineering, 1996, 22（2）：12-14.

[98] 屈光辉, 施卫. 光导开关中的感生电流与传导电流 [J]. 物理学报, 2006, 55（11）：6068-6072.

[99] 施卫, 梁振宪. 高倍增高压超快 GaAs 光电导开关中的光激发畴现象 [J]. 半导体学报, 1999, 20（1）：53-57.

[100] 张同意, 石顺祥, 赵卫, 等. 负微分迁移率和碰撞电离对 GaAs 光导开关非线性特性的影响 [J]. 光子学报, 2002, 31（1）：445-449.

[101] 曾刚, 杨宏春, 吴明和. GaAs 光导开关瞬态特性实验研究 [J]. 实验技术与管理, 2006, 23（7）：21-23.

[102] 阮驰, 赵卫, 陈国夫, 等. GaAs 与 InP 半导体光导开关特性实验研究 [J]. 光子学报, 2007, 36（3）：405-411.

[103] 王晓双. 半导体光导开关的发展与应用 [J]. 电子技术参考, 2001, 3：16-20.

[104] 龚仁喜, 张义门, 石顺祥, 等. 光导开关及其两种工作模式 [J]. Semiconductor Technology, 2001, 26（9）：3-8.

[105] 龚仁喜, 张义门, 石顺祥, 等. 光导开关工作模式与偏置电压的关系 [J]. 半导体学报, 2001, 22（9）：1165-1170.

[106] 施卫, 贾婉丽, 纪卫莉, 等. 光电导开关工作模式的蒙特卡罗模拟 [J]. 物理学报, 2007, 56（11）：6334-6339.

[107] PI Y, LIANG L, YAN X, et al. Measurement and analysis for time jitter of reversely switched dynistor [J]. IEEE Transactions on Electron Devices, 2020, 67（11）：5012-5019.

[108] BENFORD J, SWEGLE J, SCHAMILOGLU E. High Power Microwave [M]. Taylor and Francis, 2007.

[109] KOROTKOV S V, LYUBLINSKY A G, ARISTOV Y V, et al. Microsecond Range RSD-Based Generators for Pulse Power Technologies [J]. IEEE Transactions on Plasma Science, 2013, 41（10）：2879-2884.

[110] 梁琳, 余亮, 吴拥军, 等. 反向开关晶体管结构优化与特性测试 [J]. 强激光与粒子束, 2012, 24（04）：876-880.

[111] LIANG L, LIU C, CHEN C, et al. Study on switching characteristics of reversely switched dynistor with an N-buffer laye [J]. IEEE Transactions on Plasma Science, 2015, 43（6）：2032-2037.

[112] HE X, WANG H, XUE B, et al. A 12-kV High-Voltage Semiconductor Switch Based on 76-mm Reverse-Switching Dynistors [J]. IEEE Transactions on Plasma Science, 2011, 39（1）：285-287.

[113] FRIDMAN B E, LI B, BELYAKOV V A, et al. A 1-MJ capacitive energy storage [J]. Electronics and Radio Engineering, 2011, 54（5）：695-698.

[114] BALIGA B J. High voltage silicon carbide devices [C]. Symposium on Wide-Bandgap Semiconductors for High Power, High Frequency and High Temperature. San Francisco, 1998：13-15.

[115] LIANG L, HUANG A Q, LIU C, et al. SiC reversely switched dynistor（RSD）for pulse power

application［C］. 2015 IEEE 27th International Symposium on Power Semiconductor Devices & ICs（ISPSD）. Hong Kong, 2015：293-296.

［116］LIANG L, SHU Y, ZHANG L, et al. Orthogonal optimization design for structural parameters of SiC reversely switched dynistor（RSD）［C］. 2016 IEEE 28th International Symposium on Power Semiconductor Devices & ICs（ISPSD）, Prague. 2016：491-494.

［117］WANG Z, LIANG L, ZHANG L. Study of Passivation Layer on Bevel Edge Termination for SiC RSD［C］. 2019 IEEE Workshop on Wide Bandgap Power Devices and Applications in Asia（WiPDA Asia）. Taipei, 2019.

［118］LIANG L, PAN M, ZHANG L, et al. Key structure and process for pulsed power switch SiC RSD［C］. 2015 IEEE 3rd Workshop on Wide Bandgap Power Devices and Applications（WiPDA）. Blacksburg, 2015：170-173.

［119］YAN X, LIANG L, ZHANG L. Simultaneous Formation of Ni/Ti/Al/Ag Ohmic Contacts to both p- and n-type for 4H-SiC RSD［C］. 2019 IEEE Workshop on Wide Bandgap Power Devices and Applications in Asia（WiPDA Asia）. Taipei, 2019.

［120］LIANG L, ZHANG L, PAN M, et al. Reversely switched dynistor：From Si to SiC［C］. 2016 IEEE International Power Modulator and High Voltage Conference（IPMHVC）. San Francisco, 2016：32-35.

［121］LIANG L, PAN M, ZHANG L, et al. Positive-bevel edge termination for SiC reversely switched dynistor［J］. Microelectronic Engineering, 2016, 161：52-55.

［122］王海洋, 何小平, 周竟之, 等. 高功率反向开关晶体管开关寿命特性［J］. 强激光与粒子束, 2012, 24（05）：1191-1194.

［123］LYUBUTIN S K, PEDOS M S, PONOMAREV A V, et al. High Efficiency Nanosecond Generator Based on Semiconductor Opening Switch［J］. IEEE Transactions on Dielectrics and Electrical Insulation, 2011, 18（4）：1221-1227.

［124］SUGAI T, TOKUCHI A, JIANG W, et al. Experimental Characteristics of Semiconductor Opening Switch Diode［C］. IEEE International Power Modulator and High Voltage Conference, Santa Fe, 2014.

［125］DRIESSEN A B J M, VAN HEESCH E J M, HUISKAMP T, et al. Compact Pulse Topology for Adjustable High-Voltage Pulse Generation Using an SOS Diode［J］. IEEE Transactions on Plasma Science, 2014, 42（10）：3083-3088.

［126］SUGAI T, TOKUCHI A, JIANG W. Application to Water Treatment of Pulsed High-voltage Generator Using Semiconductor Opening Switch［C］. 2014 IEEE International Power Modulator and High Voltage Conference. Santa Fe, 2014.

［127］KOMARSKIY A, KORZHENEVSKIY S. Using an X-ray Pulse Generator with a Semeconductor Opening Switch for Computed Tomography［C］. 2nd European Conference on Electrical Engineering and Computer Science. Bern, 2018.

［128］MERENSKY L M, KARDO-SUSEOEV A F, SHMILOVITZ D, et al. Efficiency Study of a 2. 2 kV, 1 ns, 1 MHz Pulsed Power Generator Based on a Drift-Step-Recovery Diode［J］. IEEE Transactions on Plasma Science, 2013, 41（11）：3138-3142.

[129] MERENSKY L M, KARDO-SUSEOEV A F, SHMILOVITZ D, et al. The Driving Conditions for Obtaining Subnanosecond High-Voltage Pulses From a Silicon-Avalanche-Shaper Diode [J]. IEEE Transactions on Plasma Science, 2014, 42 (12): 4015-4019.

[130] NIKOO M S, HASHEMI S M. A Compact MW-Class Short Pulse Generator [J]. IEEE Transactions on Plasma Science, 2018, 46 (6): 2059-2063.

[131] KESAR A S, SHARABANI Y, SHAFIR I, et al. Characterization of a Drift-Step-Recovery Diode Based on All Epi-Si Growth [J]. IEEE Transactions on Plasma Science, 2016, 44 (10): 2424-2428.

[132] LYUBLINSKY A G, KOROTKOV S V, ARISTOV Y V, et al. Pulse Power Nanosecond-Range DSRD-Based Generators for Electric Discharge Technologies [J]. IEEE Transactions on Plasma Science, 2013, 41 (10): 2625-2629.

[133] KOROTKOV S V, ARISTOV YU V, ZHMODIKOV A L, et al. A Modular Drift Step-Recovery Diode Generator for Nanosecond Pluse Technologies [J]. Instruments and Experimental Techniques, 2016, 59 (3): 356-361.

[134] GREKHOV I V, IVANOV P A, KHRISTYUK D V, et al. Sub-nanosecond Semiconductor Opening Switches Based on 4H-SiC $p^+p_0n^+$-diodes [J]. Solid-State Electronics, 2003: 1769-1774.

[135] IVANOV P A, GREKHOV I V. Subnanosecond 4H-SiC Diode Current Breakers [J]. Semiconductors, 2012, 46 (4): 528-531.

[136] IVANOV P A, KON'KOV O I, SAMSONOVA T P, et al. Dynamic Characteristics of 4H-SiC Drift Step Recovery Diodes [J]. Semiconductors, 2015, 49 (11): 1511-1515.

[137] IVANOV P, KON'KOV O, SAMSONOVA T, et al. Electrical Performance of 4H-SiC Based Drift Step Recovery Diodes [J]. Materials Science Forum, 2016, 858: 761-764.

[138] ILYIN V A, AFANASYEV A V, IVANOV B V, et al. High-voltage Ultra-fast pulse diode stack based on 4H-SiC [J]. Materials Science Forum, 2016, 858: 786-789.

[139] SMIRNOV A A, SHEVCHENKO S A. A study of the influence of forward bias pulse duration on the switching process of a 4H-SiC drift step recovery diode [C]. Journal of Physics: Conference Series, 2018, 993: 1-4.

[140] SMIRNOV A A, SHEVCHENKO S A, IVANOV B V, et al. Investigation of the temperature effect on the dynamic parameters of ultrafast silicon carbide current switches [C]. Journal of Physics: Conference Series, 2018, 1038: 1-5.

[141] GOTO T, SHIRAI T, TOKUCHI A, et al. Experimental Demonstration on Ultra High Voltage and High Speed 4H-SiC DSRD with Smaller Numbers of Die Stacks for Pulse Power [J]. Materials Science Forum, 2018, 924: 858-861.

[142] YAN X, LIANG L, WANG Z, et al. Optimization Design for SiC Drift Step Recovery Diode (DSRD) [C]. 22nd European Conference on Power Electronics and Applications, Lyon, 2020.

[143] ILYIN V A, AFANASYEV A V, DEMIN Yu S, et al. 30kV Pulse Diode Stack Based on 4H-SiC [J]. Materials Science Forum, 2018, 924: 841-844.

[144] MAUCH D, WHITE C, THOMAS D, et al. Overview of high voltage 4H-SiC photoconductive

semiconductor switch efforts at texas tech university [C]. 2014 IEEE International Power Modulator and High Voltage Conference (IPMHVC). Santa Fe, 2015.

[145] DOAN S, TEKE A, HUANG D, et al. 4H-SiC photoconductive switching devices for use in high-power applications [J]. Applied Physics Letters, 2003, 82 (18): 3107-3109.

[146] HETTLER C, SULLIVAN W W, DICKENS J, et al. Performance and optimization of a 50 kV silicon carbide photoconductive semiconductor switch for pulsed power applications [C]. 2012 IEEE International Power Modulator and High Voltage Conference (IPMHVC). San Diego, 2012.

[147] SULLIVAN J S, STANLEY J R. 6H-SiC Photoconductive Switches Triggered at Below Bandgap Wavelengths [J]. IEEE Transactions on Dielectrics and Electrical Insulation, 2007, 14 (4): 980-985.

[148] 刘金锋, 袁建强, 刘宏伟, 等. 影响碳化硅光导开关最小导通电阻的因素 [J]. 强激光与粒子束, 2012, 24 (003): 607-611.

[149] JAMES C, HETTLER C, DICKENS J. Design and Evaluation of a Compact Silicon Carbide Photoconductive Semiconductor Switch [J]. IEEE Transactions on Electron Devices, 2011, 58 (2): 508-511.

[150] EKINCI H, KURYATKOV V V, MAUCH D L, et al. Effect of BCl3 in chlorine-based plasma on etching 4H-SiC for photoconductive semiconductor switch applications [J]. Journal of Vacuum Science & Technology B, 2014, 32 (5): 051205-051205-7.

[151] IMAFUJI O, SINGH B P, HIROSE Y, et al. High power subterahertz electromagnetic wave radiation from GaN photoconductive switch [J]. Applied Physics Letters, 2007, 91 (7): 1716.

[152] SULLIVAN J S, STANLEY J R. Wide Bandgap Extrinsic Photoconductive Switches [J]. IEEE Transactions on Plasma Science, 2008, 36 (5): 2528-2532.

[153] WANG X, MAZUMDER S K, SHI W. A GaN-Based Insulated-Gate Photoconductive Semiconductor Switch for Ultrashort High-Power Electric Pulses [J]. IEEE Electron Device Letters, 2015, 36 (5): 493-495.

[154] 刘良浩. 基于 RSD 的脉冲功率集成模块应力分析[D]. 武汉: 华中科技大学, 2017.

[155] 刘玉华. 半导体断路开关 (SOS) 效应实验研究 [D]. 武汉: 华中科技大学, 2006.

[156] SUN R, ZHANG K, CHEN W, et al. 10-kV 4H-SiC drift step recovery diodes (DSRDs) for compact high-repetition rate nanosecond HV pulse generator [C]. 2020 32nd International Symposium on Power Semiconductor Devices and ICs (ISPSD), 2020: 62-65.

[157] YANG J, XIE Y, LAI Y, et al. Study on all-solid high repetition-rate pulse generator based on DSRD [J]. IEEE Letters on Electromagnetic Compatibility Practice and Applications, 2020, 2 (4): 142-146.

[158] ILYIN V A, AFANASYEV A V, DEMIN Yu S, et al. 30 kV pulse diode stack based on 4H-SiC [J]. Materials Science Forum, 2018, 924: 841-844.

[159] 李寅鑫. 高功率 GaAs 光电导开关设计技术研究 [D]. 绵阳: 中国工程物理研究院, 2009.

[160] WU Q, XUN T, ZHAO Y, et al. The test of a high-power, semi-insulating, linear-mode, vertical 6H-SiC PCSS [J]. IEEE Transactions on Electron Devices, 2019, 66 (4): 1837-1842.

[161] HETTLER C, JAMES C, DICKENS J. High electric field packaging of silicon carbide photo-conductive switches [C]. 2009 IEEE Pulsed Power Conference, 2009: 631-634.

[162] KELKAR K S. Silicon carbide as a photoconductive switch material for high power applications [D]. Missouri: University of Missouri-Columbia, 2006.

[163] EFANOV V M, KARDOSYSOEV A F, TCHASHNIKOV I G, et al. New superfast power closing switched-dynistors on delayed ionization [C]. Proceedings of 1996 International Power Modulator Symposium, Boca Raton, 1996.

[164] EFANOV V M, KARAVAEV V V, KARDO-SYSOEV A F, et al. Fast ionization dynistor (FID) -a new semiconductor superpower closing switch [C]. 11th IEEE International Pulsed Power Conference, Baltimore, MD, 1997.

[165] GREKHOV I V, KARDO-SYSOEV A F. Formation of subnanosecond current drops furing the delayed breakdown of Si pn-junctions [J]. Sov. Tech. Phys. Lett. 1979, 5 (8): 395~396.

[166] GREKHOV, I. V. Pulse Power Generation in Nano- and Subnanosecond Range by Means of Ionizing Fronts in Semiconductors: The State of the Art and Future Prospects [J]. IEEE Transactions on Plasma Science, 2010, 38 (5): 1118-1123.

[167] GREKHOV I V, KARDO-SYSOEV A F, KOSTINA L S, et al. High-power subnanosecond switch [J]. Electronics Letters, 1981, 17 (12): 422-423.

[168] KOROTKOV S V, ARISTOV Y V, VORONKOV V B. Comparative Investigations of Shock-Ionized Dynistors [J]. Instruments and Experimental Techniques, 2019, 62 (2): 165-168.

[169] GREKHOV I V, LYUBLINSKIY A G, YUSUPOVA S A. High-power subnanosecond silicon avalanche shaper [J]. Technical Physics, 2017, 62 (5): 812-815.

[170] ARISTOV Y V, VORONKOV V B, GREKHOV I V, et al. Protection against degradation of the edge contour in fast-ionization dynistors [J]. Instruments & Experimental Techniques, 2017, 60 (2): 210-212.

[171] ALFEROV Z, GREKHOV I, EFANOV V, et al. Formation of subnanosecond high-voltage drops by GaAs diodes [J]. Sov. Tech. Phys. Lett. , 1987, 13: 454.

[172] BRYLEVSKIY V I, SMIRNOVA I A, ROZHKOV A V, et al. Picosecond-Range Avalanche Switching of High-Voltage Diodes: Si Versus GaAs Structures [J]. IEEE Transactions on Plasma Science, 2016, 44 (10): 1941-1946.

[173] RODIN P, IVANOV P, GREKHOV I. Performance evaluation of picosecond high-voltage power switches based on propagation of superfast impact ionization fronts in SiC structures [J]. Journal of Applied Physics, 2006, 99 (4): 044503-044503-5.

[174] IVANOV M S, RODIN P B, IVANOV P A, et al. Parameters of silicon carbide diode avalanche shapers for the picosecond range [J]. Technical Physics Letters, 2016, 42 (1): 43-46.

[175] GUSEV A I, LYUBUTIN S K, RUKIN S N, et al. High power thyristors triggering providing a subnanosecond closing time [C]. IEEE International Power Modulator and High Voltage Confer-

ence, Santa Fe, 2015.

[176] RODIN P, EBERT U, HUNDSDORFER W, et al. Superfast fronts of impact ionization in initially unbiased layered semiconductor structures [J]. Journal of Applied Physics, 2002, 92 (4): 1971-1980.

[177] ASTROVA E V, KOZLOV V A, LEBEDEV A A, et al. Identification of Process Induced Defects in Silicon Power Devices [J]. Solid State Phenomena, 1999, 69-70: 539-544.

[178] ASTROVA E V, VORONKOV V B, KOZLOV V A, et al. Process induced deep-level defects in high purity silicon [J]. Semiconductor Science & Technology, 1998, 13 (5): 488.

[179] RODIN P, RODINA A, GREKHOV I. Field-enhanced ionization of deep-level centers as a triggering mechanism for superfast impact ionization fronts in Si structures [J]. Journal of Applied Physics, 2005, 98 (9): 347-395.

[180] GREKHOV I V, RODIN P B. Triggering of superfast ionization fronts in silicon diode structures by field-enhanced thermionic electron emission from deep centers [J]. Technical Physics Letters, 2011.

[181] BRYLEVSKIY V, SMIRNOVA I, GUTKIN A, et al. Delayed avalanche breakdown of high-voltage silicon diodes: Various structures exhibit different picosecond-range switching behavior [J]. Journal of Applied Physics, 2017, 122 (18): 185701.

[182] KOROTKOV S V, ARISTOV Y V, VORONKOV V B, et al. Dynistors with nanosecond response times [J]. Instruments & Experimental Techniques, 2009, 52 (5): 695-698.

[183] GREKHOV I V, KOROTKOV S V, RODIN P B. Novel Closing Switches Based on Propagation of Fast Ionization Fronts in Semiconductors [J]. IEEE Transactions on Plasma Science, 2008, 36 (2): 378-382.

[184] KOROTKOV S V, ARISTOV Y V, VORONKOV V B. Investigations of Shock-Ionized Dynistors [J]. Instruments and Experimental Techniques, 2019, 62 (2): 161-164.

[185] GREKHOV I V, KOROTKOV S V, STEPANIANTS A L, et al. High-Power Semiconductor-Based Nano and Subnanosecond Pulse Generator With a Low Delay Time [J]. IEEE Transactions on Plasma Science, 2005, 33 (4): 1240-1244.

[186] KOROTKOV S V, ARISTOV Y V, VORONKOV V B, et al. Dynistors with nanosecond response times [J]. Instruments & Experimental Techniques, 2009, 52 (5): 695-698.

[187] KOROTKOV S V, ARISTOV Y V, VORONKOV V B. A generator of high-voltage nanosecond pulses with a subnanosecond rise time [J]. Instruments & Experimental Techniques, 2010, 53 (2): 230-232.

第5章

脉冲功率应用技术

5.1 磁脉冲压缩（MPC）技术

5.1.1 磁开关

磁开关（MS）能够使电流在磁心饱和时的低电感状态下通过，而在磁心不饱和时的高电感状态下不能通过电流。因此，饱和与不饱和时的磁心材料的磁导率决定了 MS 的开关性能。为了在高磁感应强度下长时间维持非饱和状态，也要求 MS 小型化。表5-1为几种磁心材料的磁性特性和物理特性，磁心材料在磁开关工作时产生了涡流损耗和磁滞损耗等伴随着能量传输的损耗。图5-1表示3种磁心材料与电压保持时间相对应的单位体积的损耗。

表5-1 各种磁心材料的磁性特性和物理特性

磁心材料种类	铁系微晶 FT-1H	铁系非晶 2605 CO	钴系非晶 2705 M
饱和磁感应强度 B_S/T	1.35	1.80	0.75
剩余磁感应强度 B_r/T	1.22	1.60	0.70
矫顽力 H_c/（A/m）	0.8	3.0	1.0
磁伸率 λ_s/（×10^{-6}）	+2.3	+35	<1
居里温度/℃	570	415	365
电阻率 ρ/（$\mu\Omega \cdot m$）	1.10	1.23	1.36

5.1.2 磁脉冲压缩原理

通过输出开关释放电容中充满的电量，迅速地给负载放电可以产生大功率脉冲。对于高电压、大电流并在极短时间内产生脉冲功率的情况下，不仅要求开关具有高耐压下驱动大电流的能力，而且要求它电感低并能够高速导通。但是，一般对开关所加高电压的时间越长，则为了维持耐压必要要增加一定的绝缘厚度，这样一

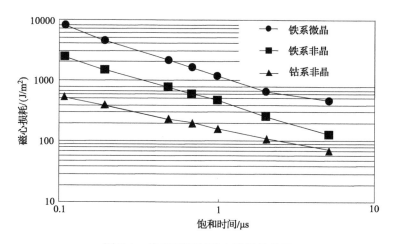

图 5-1　饱和时间与磁心损耗的关系

来，不仅电感变大，耐压导通时间也会变长。因此，用一个开关构成的脉冲电源在很短时间内产生大功率脉冲是很困难的。给开关所加电压时间缩短，电感会比较小，导通比较快，因此一般采用将多个电容和开关按串联方式连接。让第一段输出开关导通，这样第一段电容中充的电量在短时间内被传输到第二段电容，第一段开关的电感比较小，导通很快。将第二段开关导通，进而将电量迅速传输到第三段电容中，通过这种重复结构可以将脉冲压缩到必要的脉宽。

磁脉冲压缩回路是将脉宽压缩到数十纳秒时所用的高电压回路。脉冲变压器和磁开关组合的结构很多，脉冲变压器的一次侧通常使用半导体开关，组成的回路只有几千伏的低电压和低阻抗。将二次侧升压到预计的高电压，将电容和磁开关进行多段组合，后端的磁开关饱和后的电感减小，使得到下一级的谐振充电时间减小，从而达到压缩脉冲的目的，图 5-2 所示为回路示意图。

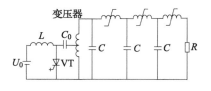

图 5-2　磁脉冲压缩回路

图 5-3 所示为磁开关的工作原理的解析图。在 $t=0$ 时刻，各电容电压在 $U_1 = 0$，$U_2 = 0$，$U_3 = 0$ 时，闭合开关 S，电容 C_2 上的电压如下：

$$U_2 = U_0 \frac{1 - \cos\omega t}{2}$$

这里磁开关 MS 为可饱和电抗器时磁心的磁感应强度变化量用 ΔB（T）表示，线圈匝数 N，磁心的横截面积为 S，MS 在 C_2 电压达到峰值的 t_1 时刻刚好饱和的条件由下式给出：

$$N\Delta BS = \int U_2 \mathrm{d}t = \frac{U_0 t_1}{2}$$

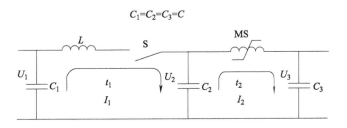

$C_1=C_2=C_3=C$

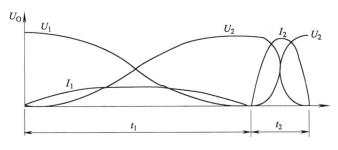

图 5-3 磁开关的工作原理

MS 在饱和之前，MS 的电感很大，在给 C_2 充电时，流向 C_3 的电流被完全阻止。MS 达到饱和后，从 C_2 开始经过 MS 向电容 C_3 充电，从 C_3 开始充电到充电电压达到峰值的时间 t_2 用下式表示：

$$t_2 = \pi \sqrt{\frac{C}{2} L_{\text{sat}}} \tag{5-1}$$

式中，L_{sat} 为 MS 的饱和电感，若磁心的饱和磁导率用 μ_{sat}、磁路长用 L_C 表示，则得到

$$L_{\text{sat}} = \frac{\mu_{\text{sat}} S N^2}{L_C} \tag{5-2}$$

将式（5-2）代入式（5-1）中，MS 的磁心的体积 V_{core} 可以用下式求出：

$$V_{\text{core}} = S L_C = \frac{\pi^2}{8} G_0^2 E_C \frac{2\mu_{\text{sat}}}{\Delta B^2} \tag{5-3}$$

式中，G_0 为脉冲压缩率（t_1/t_2）；E_C 为 C_2 的充电能量 $C V_0^2 / 2$。

若用 e_u 表示磁心的单位体积的磁心损耗，则磁心整个的磁心损耗 E_{loss} 用下式表示：

$$E_{\text{loss}} = V_{\text{core}} e_u = \frac{\pi^2}{8} G_0^2 E_C \frac{2\mu_{\text{sat}}}{\Delta B^2} e_u \tag{5-4}$$

这里，式（5-4）的右边第一项到第三项并不取决于磁心特性而只由回路条件来决定，另外，第四项和第五项只取决于磁心特性，由此定义磁心损耗系数 α 为

$$\alpha = \frac{2\mu_{\text{sat}} e_u}{\Delta B^2} \tag{5-5}$$

磁心损耗系数 α 是相同回路条件下的相对磁开关全磁损耗的比例值。对于磁开关

必需的磁体体积就像式（5-3）所示与饱和后的磁导率 μ_{sat} 成正比，与饱和磁感应强度的变化量 ΔB 的二次方成反比。因此为了减小磁开关的体积，希望磁体的 ΔB 越大越好。另一方面，磁体单位体积的损耗 e_u 一般随 ΔB 的增大而增大。

5.1.3　磁脉冲压缩电路

1. 基本原理

利用饱和磁性元件可以构成磁压缩电路，其基本原理电路如图 5-4 所示。图中，L 为磁压缩电感（饱和磁性元件），其值随通过电感的电流大小而变化，E 为电源电动势，R 为负载电阻，S 为开关。当 S 闭合时，由于 L 的阻抗很大，故加在 R 上的电压 U_R 很小，电源电压主要加在 L 上。随后，由于 L 迅速饱和，其感抗急剧减小，电流增大，使得电源电压主要加在负载 R 上。

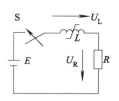

图 5-4　磁饱和元件构成的磁压缩电路

饱和电感在电路中的作用表现在：一方面将能量从电源输送到负载，另一方面又类似延时开关作用，因而有时我们称之为磁开关。磁开关可构成 3 种磁压缩电路，如图 5-5 所示。其中，图 5-5a 所示是三级串联磁脉冲压缩电路，R 为负载，这种电路主要用于正弦脉冲电流在恒定电压下的压缩，电路中 S 是在输出电压下工作，电流脉冲幅值逐级增高而脉宽变小。

图 5-5b 所示为并联磁脉冲压缩电路，是采用饱和变压器 TS 升压的，故开关可以在较低电压下工作。当改变各级变压器的电压比，使之与各级电容相匹配时，电路的能量传输效率可接近 100%，这种电路可维持输出脉冲电流幅值不变，但脉宽逐级减小。对于要求重复脉冲的负载（如激光器、电除尘等），这种压缩电路非常适用。特别是采用较低电压的开关，电路工作较为稳定可靠，开关的使用寿命也较长。

图 5-5c 所示为传输线式脉冲压缩电路，它实际上是串联磁脉冲压缩电路的一种特殊形式，只不过电路的参数选择不同而已。

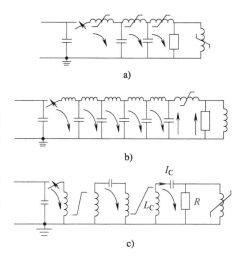

图 5-5　3 种典型磁压缩电路

a）三级串联磁脉冲压缩电路

b）并联磁脉冲压缩电路

c）传输线式脉冲压缩电路

2. 串联磁脉冲压缩回路

MS 中利用可饱和电感的一般磁脉冲压缩回路即所谓的 MPC，这是人们很熟悉的。以前在一次开关中经常使用闸流管等放电开关，而最近随着电力半导体开关的发展，更多地使用晶闸管等半导体开关。图 5-6 表示 TEA CO$_2$ 激光用的 LC 反转回路组成的磁脉冲压缩（MPC）电路。一次开关部分是使用 IGBT，电压上升到 LC 反转回路的约 2 倍时，相当于一次电流脉宽的电压反转时间是 7.7μs。由第一段的可饱和电感将这个时间压缩到 1.25μs。最后上升部分约是 0.2μs，产生了 44.4kV 的急剧的输出电压。在 MPC 中可以得到最大的能量传输效率（82.9%），重复频率是 1.1kpulse/s。脉冲压缩可饱和电感的磁心材料是铁系的非晶体合金，使用时将其制作成环形。

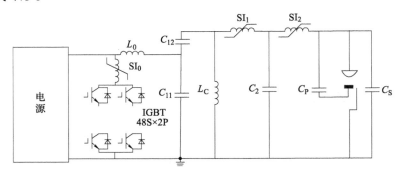

图 5-6　产生 TEA CO$_2$ 激光的二级 MPC 电路

　　图 5-7 是微细加工曝光光源中使用的产生 KrF 受激准分子激光器的 MPC 电路。一次开关使用的是用于高脉冲的 GTO，升压是由脉冲变压器实现的，一次脉冲约为 4μs。将这个时间用二级 MPC 压缩到第一级时间为 0.5μs，第二级为 0.14μs，给负载提供能量。输出电压是 26kV，重复频率是 1kpulse/s。对可饱和电感一般使用环状的超微结晶质合金。现在能够达到 2kpulse/s 的受激准分子激光器用的固体电源已经产业化。

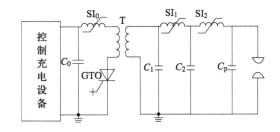

图 5-7　产生 KrF 受激准分子激光的二级 MPC 电路

3. 并联 MPC

这种电路方式是 MS 并联接入能量传输电路，即指使用可饱和变压器（ST）的脉冲压缩方式。使用 ST 的最大特点是可以兼顾升压变压工作。因此，可以减轻初级阶段开关的压降。图 5-8 表示用于生成臭氧的 MPC 电路。初始时使用高脉冲的

GTO，在脉冲变压器的二次侧接上 ST，升压后可以进行脉冲压缩。在电容 C_1 的充电线圈中使用可饱和电感线圈，设置电感线圈使其在充电时为低电感，放电时是高电感，这样就可以实现向负载高效率地传输能量。这种电路方式的特点是通过设置电路参数，可以控制在串联压缩电路中出现的 MS 的漏电压，实现负载电压的迅速上升。图 5-9 是这种电路的输出电压波形。将初始脉冲（3.3kV、1.2μs）压缩成为 58kV、90ns 脉冲，得到的是没有漏电压的尖峰输出波形。

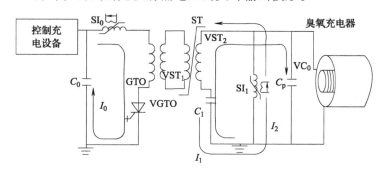

图 5-8　产生臭氧的并联 MPC 电路

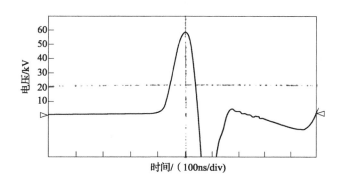

图 5-9　产生臭氧的并联 MPC 电路的输出电压波形

5.1.4　磁开关设计

1. 磁心材料

软磁材料如硅钢、铁镍合金等传统材料大都是液态金属以 $10^{-5} \sim 10^3 \mathrm{K/s}$ 的冷却速度在平衡或平衡凝固条件下得到的。1970 年前后，材料的快速冷凝技术获得重大突破。用冷却速度高达 $10^8 \mathrm{K/s}$ 的快速冷凝技术可以得到平衡或亚平衡凝固条件下不可能得到的亚稳态材料——非晶（Amorphous）、纳米晶（Microcrystals，也称微晶）材料。由于非晶、纳米晶材料的磁晶各向异性近似为零，因此它具有一般磁晶体所没有的、独特的软磁特性。而且非晶材料的制备工艺是将液态金属快淬成薄带，省去了锻造、热轧、冷轧等工序，有利于节约能源，提高材料的成材率。

近年来，非晶和纳米晶材料得到了迅速的发展，成为不可替代的软磁材料，它可通过快淬、真空蒸镀、化学沉积、电沉积以及等离子体溅射等方法制成。它与晶态合金材料相比有许多优点。如电阻率较高，可达（120～270）×10^{-6}Ω·cm；矫顽力较小，经过磁场热处理的 H_c 可达数个 1/（4π）A/m；此外，还具有强度高、韧性好、耐磨、耐腐蚀等特点，且通过材料成分、工艺等调节，还可控制或改变磁滞回线的形状，以适应各种场合的需要。这类材料可用作磁头、磁屏蔽、变压器、转换器、传感器、漏电保护、磁开关、脉冲变压器以及其他磁性元件。非晶磁性材料的不足之处是起始磁导率低和居里温度不高，而且由于是处于亚稳态，故稳定性也是个问题。非晶磁性材料有铁基材料、铁镍基材料与钴基材料之分。3 种磁性材料中钴基合金材料的磁导率高，故功耗较小，而且它的初始非饱和磁通较小，故响应速度快，宜于做磁开关和仪表磁性元件。但其最大磁感应强度较小，故用它做磁开关，磁心体积较铁基和铁镍基非晶态材料大，但响应速度较两者快。图 5-10 所示，是以上 3 种非晶磁性材料部分牌号热磁补偿合金的 B-T 曲线。

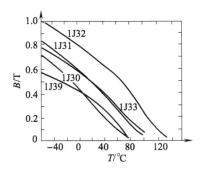

图 5-10　一些热磁补偿合金的 B-T 曲线

　　非晶态合金、纳米晶合金、磁粉心金属氧化物等磁心材料，与硅钢磁心材料相比，铁损非常小，这一特性引起人们的极大重视。早在 1960 年，波尔帕威兹（PolPuwez）用大约 10℃/s 的淬火速度研制出来。1973 年，美国的阿拉德公司以麦特格拉斯（Metglass）的名字制出了成品。它与硅钢相比，其铁损曲线如图 5-11 所示。不过非晶态材料中铁基的最便宜，尤以非晶态铁氧体为最，而钴基非晶态合金磁价格则十分昂贵，故在此项研究中，更倾向于使用廉价的非晶态铁氧体做磁开关，但脉冲变压器经常采用非晶态合金磁心来设计绕制。

　　磁开关的磁心选择原则：高频特性好，且高频损耗小；初始磁导率高；磁感应强度变化量 ΔB（$= B_r + B_s$）大（B_r 为剩余磁感应强度，B_s 为饱和磁感应强度），但 B_r 又不能太大，否则磁复位困难；电阻率高，即磁滞回线越窄越高越好。

　　脉冲变压器与磁开关的设计方法一样，除了与磁性材料的选择有关，还与其磁路的设计有关，但磁性材料的性能参数决定了磁路的计算与设计，它主要考虑磁介质物质的磁化曲线、磁导率、气隙磁导、漏磁、涡流与涡流损耗、磁滞损耗、趋肤效应等，然后根据磁路的计算模型，形成电压、电流、脉宽、磁路、损耗、频响的模型，从而为脉冲功率系统电路建模打下基础。

2. 磁开关磁心体积与结构的确定

磁开关所要求的磁心体积由式（5-6）给出：

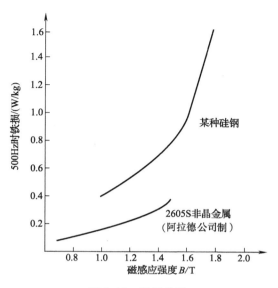

图 5-11　铁损曲线

$$U_c = \frac{\mu_{sat-s}\pi^2}{4\,(\Delta B)^2}E_s G^2 \tag{5-6}$$

式中，μ_{sat-s} 为饱和磁导率；E_s 为磁开关的能量；G 为磁开关的增益（与磁开关压缩比成正比）。

　　由此可见，磁开关的磁心体积与绕线匝数和磁心的高宽比无关，也就是说，我们在设计磁开关时，对于磁心的高宽比有较大的选择范围，而不必考虑会导致要求增加磁心体积。但在实际应用中，因为高宽比不同，对于磁开关绕线截面积是有影响的，所以这也会影响到磁心体积的选择。

　　典型环形磁心的截面积如图 5-12 所示，该磁心为环形结构，其厚度和高度分别为 Δr 和 h。磁心与绕线间的间隙为 $X/2$。该磁开关的饱和电感是

$$L_{sat} = \frac{\mu_0\mu_{sat}A_W N^2}{l}$$

式中，μ_0、μ_{sat} 分别为初始磁导率和磁心饱和相对磁导率；A_W 为绕线封闭的截面积；N 为绕线匝数；l 为磁心的平均磁路长，$l = U_c/A_c$，U_c 为磁心体积，A_c 为磁心截面积。

　　磁开关的包扎因子可定义为

$$\beta = \frac{A_c}{A_W}$$

则

$$L_{sat} = \frac{\mu_0\mu_{sat}A_c N^2}{l\beta}$$

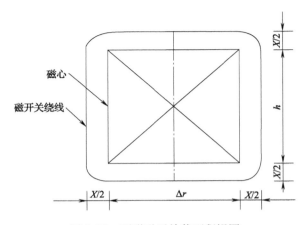

图 5-12　环形磁开关截面积视图

或者

$$L_{sat} = \frac{\mu_0 \mu_{sat} A_c{}^2 N^2}{U_c \beta}$$

假设通过磁开关两端的电压波形为

$$U_L(t) = U_0(1 - \cos\omega t)$$

则由法拉第定律得到

$$\int U_0(1 - \cos \omega t)\mathrm{d}t = \frac{U_0 t_{sat}}{2} = U A_c \alpha \Delta B$$

式中，α 为磁心的叠层因子；t_{sat} 为磁开关饱和时间。

所以

$$A_c N = \frac{U_0 t_{sat}}{2\alpha\Delta B}$$

将上式代入得到

$$U_c = \frac{\mu_0 \mu_{sat} U_0{}^2 t_{sat}{}^2}{4\beta L_{sat}\alpha^2(\Delta\beta)^2}$$

由于

$$L_{sat} = \frac{2 t_{dis}{}^2}{\pi^2 C_n}$$

式中，t_{dis} 为磁开关的放电时间，C_n 为磁开关放电回路的第 n 级电容。

故而

$$U_c = \frac{\mu_0 \mu_{sat} \pi^2}{4\beta\alpha^2(\Delta B)^2} \frac{C_n U_0^2}{2} \frac{t_{sat}{}^2}{t_{dis}{}^2}$$

或有

$$V_c = \frac{\mu_0 \mu_{sat} \pi^2}{4\beta \alpha^2 (\Delta B)^2} E_s G^2 \tag{5-7}$$

由以上过程可知，除了分母中因子 β 和 α^2 以外，式（5-7）与式（5-6）类似。既然定义式中有两个因子，那么磁开关设计所要求的体积就与 β 和 α 有很大的关系，因为叠层因子是由磁心结构决定的，设计者没有较大的 α 值变化余地。然而，可以通过调整磁心的高宽比值来实现包扎因子 β 的最大化，从而使得满足某种磁开关所需要的磁心体积最小。定义包扎因子为

$$\beta = \frac{A_c}{A_W} = \frac{A_c}{(\Delta r + X)(h + X)} = \frac{A_c}{A_c + X(\Delta r + h) + X^2}$$

$$= \frac{A_c}{A_c + X\left(\Delta r + \dfrac{A_c}{\Delta r}\right) + X^2} \tag{5-8}$$

令

$$\Delta r = m \sqrt{A_c} \tag{5-9}$$

此处 m 定义为磁心截面的宽高比，若 $m = 1$，即 $\Delta r = h$，则磁心截面为正方形；若 $m < 1$，则磁心截面的高度较其宽度大；若 $m > 1$，其宽度较高度大。将式（5-9）代入式（5-8）中，有

$$\beta = \frac{A_c}{A_c + X\sqrt{A_c}(m + 1/m) + X^2} \tag{5-10}$$

定义

$$X = \gamma \sqrt{A_c}$$

式中，γ 为间隙与磁心宽之间的关联因子。式（5-10）可变为

$$\beta = \frac{1}{1 + \gamma(m + 1/m) + \gamma^2} \tag{5-11}$$

式（5-11）可用图 5-13 所示来描绘，反映出对于几个不同的典型 γ 值，对应不同宽高比的包扎因子的变化情况。我们期望 $\gamma = 0$，是绕线直接贴着磁心的情况，包扎因子是所有宽高比的集合。

然而，图 5-13 所示随着绕线与磁心的间隙增加，磁开关的包扎因子就急剧下降。另外，对于给定 γ 值时，磁开关的包扎因子是宽高比的函数，特别是对于给定 γ 值时，宽高比从 1 开始逐渐减小，磁开关的包扎因子急剧减小。对于 $\gamma \neq 0$ 时，包扎因子的最大值是在宽高比大于 1 的情况下得到的，此时包扎因子的减小速度相对于宽高比的增大速度慢一些。值得注意的是，随着 γ 值的增加，包扎因子的减小速度较宽高比的增加速度要快得多，这意味着随着绕线与磁心间间隙的增加，磁心体积对于磁心的宽高比的依赖性就会更大。

3. 饱和时间的确定

磁开关饱和时间为

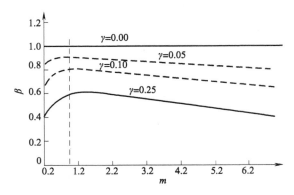

图 5-13　宽高比与磁开关包扎因子函数关系

$$t_{\mathrm{sat}} = \Delta B N A_{\mathrm{c}} / U_0$$

即磁开关的饱和时间与选用磁心材料、N、A_{c} 和磁开关输入端电压等有着密切的关系。这里 $\Delta B = B_{\mathrm{r}} + B_{\mathrm{s}}$，$B_{\mathrm{r}}$ 为剩余磁感应强度，B_{s} 为饱和磁感应强度。以磁开关 L_1 为例，其饱和的时间应该与 C_1 电荷转移至 C_2 时，C_2 的电压上升时间（C_2 充电时间）相比拟。C_2 的电压上升时间为

$$t_{\mathrm{L1}} = \pi (L_{\mathrm{1sat}} C)^{1/2}$$

式中，$C = C_1 C_2 / (C_1 + C_2)$。

4. 磁开关压缩比的确定

设 I_{m} 为流过 RSD 的最大电流，那么总压缩比为

$$n_{总} = \frac{\pi U_0 C}{2 I_{\mathrm{m}} t_{\mathrm{sat}}}$$

其中，t_{sat} 既是磁开关的饱和时间，也是电容放电的电流上升时间。

磁开关电感值应满足下面条件

$$20 L_{ks} \leqslant L_{(k-1)s} \leqslant L_k / 20$$

又因为 $n_k = \dfrac{t_{\mathrm{sat}k}}{t_{\mathrm{sat}(k+1)}} = \sqrt{\dfrac{L_{(k-1)s}}{L_{ks}}}$，将其代入上式得到

$$\sqrt{20} \leqslant n_k \leqslant \sqrt{\frac{L_k}{20 L_{ks}}} = \sqrt{\frac{\mu_k}{20 \mu_{ks}}}$$

设 μ_k 为初始磁导率；μ_{ks} 为饱和磁导率；令 $\mu_k = \mu_{\mathrm{r}} \mu_0$，由于 $\mu_{ks} = \mu_0$，则上式即为

$$4.5 \leqslant n_k \leqslant \sqrt{\frac{\mu_{\mathrm{r}}}{20}}$$

因为总压缩比 $n_{总} = n_1 n_2 \cdots n_k$，故有

$$20^{k/2} \leqslant n_{总} \leqslant \left(\frac{\mu_{\mathrm{r}}}{20}\right)^{x/2}$$

可以证明，若以最小磁心体积为目标函数，则每一级磁开关的压缩比为 $\sqrt{e}$ 是最佳的。C_3 的电压上升时间和下降时间为

$$t_{L_2} = \pi (L_{2\text{sat}} C')^{1/2}$$

$$t_{L_3} = 1/\pi \left[1/(L_{3\text{sat}} C_3) - R_L^2/(4L_{3\text{sat}}) \right]^{1/2}$$

这里 $C' = C_2 C_3/(C_2 + C_3)$。所以总脉冲压缩比为 $\delta = t_{L_1}/t_{L_3}$，第一级磁开关的脉冲压缩比为 $\delta_1 = t_{L_1}/t_{L_2}$，为了提高 R_L 上的输出电压和电流上升速率，可以考虑只用三级压缩后面以及 R_L 上并联一个电容 C_4。因此第一级压缩的磁心体积可写为

$$U_c = \frac{\mu_0 \mu_{\text{sat}} \pi^2 \delta_1^2}{4\beta \alpha^2 (\Delta B)^2} \frac{C_n U_0^2}{2}$$

5. 磁开关截面积的确定

考虑包扎因子 β 和叠层因子 α 后磁开关截面积为

$$A_c = \frac{t_{\text{sat}} U_0}{\Delta B N \beta \alpha^2}$$

若使用环形磁心，设单个磁心的截面积为 A_s 时，则所需磁心个数即为

$$n = A_c / A_s$$

这里，A_c 与 A_s 的宽度相等。

6. 磁心的工作损耗

仍以磁开关 L_1 为例，磁心损耗主要是在磁开关未饱和阶段形成的，其铁耗功率为

$$P_H = f A_c l \oint_C H dB$$

$$\propto \pi^2 \mu_0 \mu_{\text{sat}} \Delta r^2 t_{L_1} f C U_0^2/(4\rho t_{L_2})$$

式中，Δr 为磁心宽度。

由于磁开关的匝数较少，所以重复频率不是很高，其铜耗比铁耗小得多，暂可忽略。

7. 磁开关复位电路的设计

如图 5-14 所示，仍以三级磁压缩为例，当 C_1 向 C_2 充电时，脉冲电流流经磁开关时耦合至复位侧的电压与电流为

$$U_2(t) = \frac{N_r}{N_m} \frac{U_0}{2} [1 - \cos(\omega_2 t)]$$

$$I_2(t) = \frac{1}{2} \frac{N_r}{N_m} \frac{U_0}{L_r} \int [1 - \cos(\omega_2 t)] dt$$

式中，U_0 为磁开关两端的工作电压；N_m 为主回路中磁开关线圈匝数；N_r 为复位电路中磁开关线圈

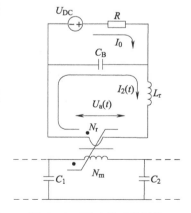

图 5-14　用于磁开关复位的典型电路

匝数；L_r 为复位回路限流电感。

如图 5-15 所示，磁开关饱和所形成的峰值电流为

$$I_{pk} = I_0 + \frac{1}{2}\frac{N_r}{N_m}\frac{U_0 t_{sat}}{L_r}$$

式中，I_0 为复位电源提供的复位电流。$t > t_{sat}$ 时的复位电流为

$$i(t) = I_{pk}[\cos\omega(t - t_{sat})]$$

式中，$\omega = 1/\sqrt{L_r C_B}$。磁开关复位所需要的时间为

$$t_{rst} = \frac{1}{\omega}\arccos\left[\frac{\langle ut\rangle_{rst} - L_r I_{pk}}{L_r I_{pk}}\right]$$

$$= \frac{1}{\omega}\arccos\left[\frac{L_r I_0}{\langle ut\rangle_{rst} + L_r I_0}\right]$$

式中，I_{pk} 为复位线圈中的峰值电流，$I_{pk} = I_0 + \Delta I = I_0 + \langle ut\rangle_{rst}/L_r$；$\langle ut\rangle$ 为通过磁开关复位线圈的复位电压时间积，$\langle ut\rangle_{rst} = L_r I_{pk}$

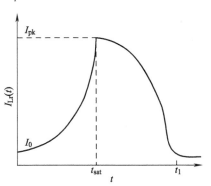

图 5-15　磁开关工作时复位回路
中流经 L_r 的复位电流

$[\cos(\omega t_{sat}) - 1]$。现以 $I_D = 0$ 时的复位时间为标准，对复位时间进行标幺化，得到标幺复位时间为

$$t_{rst}\big|_{标幺} = \sqrt{L_r}\arccos\left[\frac{\langle ut\rangle_{rst} - L_r I_{pk}}{L_r I_{pk}}\right]\bigg/\arccos(0)$$

5.2　高电压、大电流脉冲测量

高电压、大电流脉冲测量技术是脉冲功率技术中不可分割的重要部分。相对于普通的高压试验测量技术（直流、交流高电压、大电流测量），高电压、大电流脉冲测量技术有其自身特点。

首先是测量对象变化快（du/dt、di/dt 较高），上升下降沿时间通常在纳秒、微秒级级。这样测量系统应满足上升下降时间与之相当，用于标定测量系统的脉冲上升、下降时间也应该满足与之相当或者更小。同时由于电压、电流变化快，电路中的杂散电容、电感成分对测量系统的影响变得非常突出，并且这些分布参数随着频率的变化而变化，从而影响测量系统的稳定性。另外，导体趋肤效应的影响，在快脉冲测量中也变得非常突出而不可忽视。测量系统中的连接线、传输线及测量元器件都可能带来趋肤效应的影响。同时导致测量系统电磁干扰强烈。由于脉冲前沿快，相应的短波成分能量大，空间电磁干扰强，在开关通断过程中产生的电磁波和从高压测量回路中辐射的电磁波很容易在低压测量回路中产生干扰。这种干扰幅值虽然不高，但它并未经过测量系统的衰减，因此可能会大大降低被记录信号的信

噪比。

其次测量对象幅值大，通常可达兆伏、兆安量级。现代数字化高速示波器的峰-峰值一般小于 100V，这样就需要将被测对象幅值衰减 10^{-4} 以上。

脉冲高电压、大电流本身的特点使得其准确测量存在一定的难度。本章将介绍常用的脉冲高电压、大电流脉冲的测量方法。

5.2.1　大电流脉冲测量

大电流脉冲的测量方法按照测量原理大体可分为直接测量（通过在已知电阻上的电压降来确定被测电流的大小）和间接测量，即电磁感应方法（通过测量被测电流所建立的磁场的磁感应强度、磁通或磁动势等来测量电流）。常用测试大电流脉冲的方法有分流器法、罗氏线圈法、光学法以及霍尔效应等。其中分流器法为直接测量法，其他均为间接测量法。

5.2.1.1　分流器

大电流脉冲测量中常常使用分流器测量。分流器测量实质上是利用测量已知电阻上的压降来确定被测电流大小的一种直接测量电流的装置。其阻值一般在 $0.1 \sim 10\mathrm{m}\Omega$。能测量的脉冲电流范围为几千安至几十千安。图 5-16 所示为分流器的工作原理，示波器测量的电压值应满足

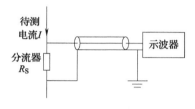

图 5-16　分流器测量原理

$$U(t) = R_{\mathrm{S}}I(t)$$

当分流器为纯电阻且电阻值恒定时，$U(t)$ 波形就可视为 $I(t)$ 等比缩小的波形，将其波形缩小为 $1/R_{\mathrm{S}}$ 就得到 $I(t)$ 的波形。

但是，实际上通过大脉冲电流的分流器不能视为纯电阻。由于通流时分流器周围电磁场的存在且变化很快，分流器需等效为一个串联有电感、并联有电容的电阻器。通常其寄生电容值非常小，因而其容抗比分流器的电阻大得多，所以通常情况下，寄生电容可以忽略不计。但是电感的影响始终存在，且在快变的电流测量中感抗增大，同时电阻分流器的电阻非常小，这样电感的影响就显得比较明显。所以如图 5-17 所示，通常将

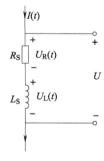

图 5-17　分流器
等效电路

分流器等效为串联有寄生电感的电阻。为了提高分流器的准确度，设计和制作分流器时，要尽可能地减小残余电感。这样的低电感分流器称为低感分流器。

除了寄生电感外，分流器中流过快速变化的大电流时的发热效应、趋肤效应以及电动力效应对分流器的影响也不可忽视。因此在选择分流器的材料和设计它的结构时，要考虑减小热效应和趋肤效应的影响。另外，从电动力的角度考虑，分流器还应该有其最大允许电流幅值。

快速变化的大电流电路系统会在分流器周围产生快速变化的强大电磁场，测量回路受到稍许干扰，都可能有严重的偏差。为此，除了用同轴屏蔽电缆来连接分流器和示波器之外，在设计分流器结构时，尤其是电压引线和电缆的连接时，要防止周围的干扰。另外，为了防止引线电感和寄生电容造成高频振荡和测量的偏差，分流器低压点常常需要直接接地。

常见的低感分流器结构可分为双线型、同轴管型和盘型 3 种。其中双线型分流器又可分为带状对折和辫状对折两种。如图 5-18 所示为双线型分流器，其中图 5-18a 为带状对折分流器，图 5-18b 为辫状对折分流器。这两种分流器的电压引出线都与分流器本体垂直，并且通过同轴电缆输出测量设备，以达到减小干扰的目的，但是这两种分流器的寄生电感相对较大，在应用中受到一定的限制。

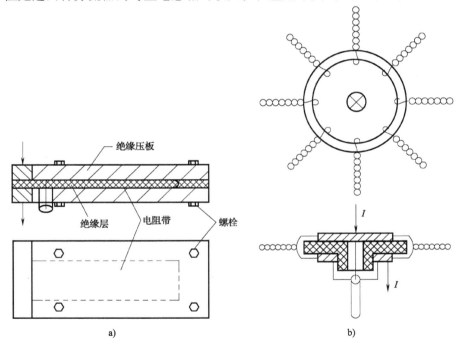

图 5-18　双线型分流器

a) 带状对折分流器　b) 辫状对折分流器

为了减少寄生电感，用于测量脉冲电流的分流器结构常常采用如图 5-19 所示的同轴管型分流器结构。电流从同轴的内圆柱形电阻薄片流入，通过高电导率圆柱形外壳流回。两个圆柱间填有绝缘介质，可以做到极薄，测量输出通过 b' 和 b 方向引出。由于外壳的屏蔽，使得电流产生的电磁场被限制在同轴型结构的两个圆筒的极薄的间隙间，而在内圆筒内部和外圆筒外部不存在任何磁场，这样使得在分流器上产生的寄生电感特别小，同时引出线上干扰又特别小。由于同轴型结构的上述优点，使得其成为脉冲大电流测量中应用最广泛的分流器结构。

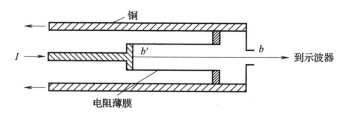

图 5-19　同轴管型分流器

如图 5-20 所示为盘型分流器，其残余电感量极小，阶跃响应时间可以做到小于等于 1ns。

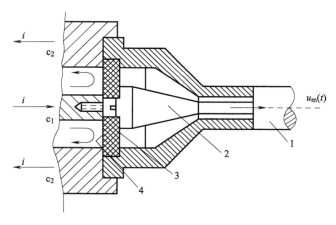

图 5-20　盘型分流器
1—电缆　2—同轴锥形套　3—绝缘压块　4—薄电阻盘

5.2.1.2　罗氏线圈法

对于上百千安的脉冲电流测量，分流器受热效应和力效应的影响将难以胜任。此种情况，通常在测量中采用罗氏线圈。罗氏线圈又称磁位计，广泛用于脉冲和脉冲大电流测量。其结构简单，本身不存在电力和热力的稳定问题，即使测量数百千安以上的脉冲大电流，性能仍然很稳定；此外它与被测电路直接隔离，便于安装，使用灵活，缺点是本身准确度不高。其适合于测量数值大、变化快的脉冲大电流。

罗氏线圈实质是通过间接测量被测电流产生的磁场在线圈中感应的电压来测量电流的。其结构如图 5-21 所示，导线均匀地绕

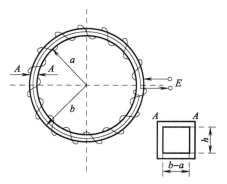

图 5-21　罗氏线圈原理图

在一个非铁磁性环形骨架上，一次母线（待测电流母线）置于线圈中央垂直于骨架圆环平面，从而使得绕组线圈与被测母线之间相互隔离。其截面通常有矩形和圆形两种。图 5-21 所示为矩形截面的罗氏线圈。

当待测母线长度 L 与绕环半径 a 满足关系 $L > 2.5a$ 时，中心母线电流产生的磁场可以采用无限长直导线近似。于是由安培环路定理可知，在导线外离导线距离 r 产生磁场强度为式（5-12）所示。

$$H(r,t) = \frac{I(t)}{2\pi r} \tag{5-12}$$

此时，对应的线圈绕环上的磁感应强度为下式所示。

$$\phi(t) = N\int_S B(r)\,\mathrm{d}S = N\int_a^b \frac{\mu i(t)}{2\pi r}h\,\mathrm{d}r = \frac{N\mu h}{2\pi r}\ln\frac{b}{a}i(t)$$

式中，N 为绕线总匝数；a、b 分别为线圈的内径和外径；h 为线圈的高度（见图 5-21）；μ 为磁导率。

上式表明线圈绕环上磁感应强度与电流呈线性关系。由法拉第电磁感应定律可得

$$e(t) = -\frac{\mathrm{d}\phi(t)}{\mathrm{d}t} = -\frac{N\mu h}{2\pi r}\ln\frac{b}{a}\frac{\mathrm{d}i(t)}{\mathrm{d}t} = M\frac{\mathrm{d}i(t)}{\mathrm{d}t}$$

其中 $M = -\frac{N\mu h}{2\pi r}\ln\frac{b}{a}$。那么电流满足关系

$$i(t) = -M\int e(t)\,\mathrm{d}t$$

由上推导可知通过对罗氏线圈的输出电压积分就可得到相应时刻的电流。

为了得到电流值，罗氏线圈测量电流常常离不开积分器的使用，其测量脉冲电流的积分电路有两种模式类型：自积分式和外积分式。

1. 自积分式

自积分式罗氏线圈等效电路如图 5-22 所示，线圈等效为一个受控电流控制的电压源与线圈内阻和线圈电感相串联。其中 L 为线圈自感，r 为线圈的内阻，C_0 为分布电容（通常很小，在较低频下可以忽略），R_L 为采样电阻。电路中电流满足以下方程

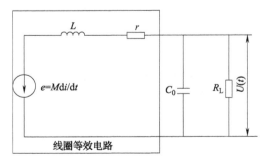

图 5-22　自积分式罗氏线圈等效电路

$$M\frac{\mathrm{d}i}{\mathrm{d}t} = L\frac{\mathrm{d}i}{\mathrm{d}t} + (R_L + r)i$$

当回路满足 $\frac{L}{R_L + r}\frac{\mathrm{d}i}{\mathrm{d}t} \gg i$ 时，回路本身构成一个 RL 积分电路。此时的电路方程

近似可以写成 $M\dfrac{\mathrm{d}i}{\mathrm{d}t}=L\dfrac{\mathrm{d}i}{\mathrm{d}t}$，这样便有

$$i=\frac{1}{L}\int\left(M\frac{\mathrm{d}i}{\mathrm{d}t}\right)\mathrm{d}t=\frac{M}{L}i$$

$$u=R_{L}i=\frac{M}{L}R_{L}i$$

于是，R_L 两端的电压与被测电流值成正比。通过测量采样电阻 R_L 上的电压波形便可以得到被测电流波形。此模式下，电路的下限频率和上限频率分别为 $f_{L}=\dfrac{r+R_{L}}{2\pi L}$ 和 $f_{H}=\dfrac{1}{2\pi R_{L}C_{0}}$。其工作频带满足

$$BW=\frac{1}{2\pi R_{L}C_{0}}-\frac{r+R_{L}}{2\pi L}$$

2. 外积分式

当测量回路中电路参数满足 $\dfrac{L}{R_{L}+r}\dfrac{\mathrm{d}i}{\mathrm{d}t}\ll i$ 时，电路近似地可以写为

$$M\frac{\mathrm{d}i}{\mathrm{d}t}=(R_{L}+r)i$$

此时测量回路里的电流 $i=\dfrac{M}{R_{L}+r}\dfrac{\mathrm{d}i}{\mathrm{d}t}$，采样电阻 R_L 上的电压降为 $u=R_{L}i=\dfrac{R_{L}M}{R_{L}+r}\dfrac{\mathrm{d}i}{\mathrm{d}t}$，与被测电流存在微分关系。因此电路测量需要另外加积分回路，才能测量电流值。此时罗氏线圈工作在外积分模式，也称为微分工作模式。

外积分通常可以采用有源积分和无源积分两种方式。如图 5-23 所示为简单的 RC 无源积分方式。此时积分由外接积分电阻 R 和电容 C 完成，此时需要满足信号周期远小于积分电路时间常数 $\tau=RC$，同时由于次积分输出电压幅值较小，对系统的信噪比不利。对应这种简单的 RC 无

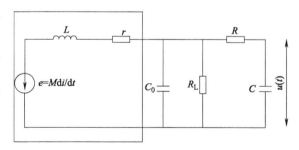

图 5-23　RC 无源积分式罗氏线圈

源积分电路下限频率和上限频率分别为 $f_{L}=\dfrac{1}{2\pi RC}$ 和 $f_{H}=\dfrac{1}{2\pi}\dfrac{1}{\sqrt{LC_{0}}}\sqrt{\dfrac{r+R_{L}}{R_{L}}}$。其工作频带满足

$$BW=\frac{1}{2\pi}\frac{1}{\sqrt{LC_{0}}}\sqrt{\frac{r+R_{L}}{R_{L}}}-\frac{1}{2\pi RC}$$

为了消除无源积分的缺点，可以采用积分放大器回路实现罗氏线圈的有源积

分。这种串上有源积分电路的罗氏线圈的等效电路可用图 5-24 来表示，图中右边大点划线框表示复合积分器，并不是常规同相积分器；左边大点划线框表示罗氏线圈的等效电路模型；积分输出电压为 $U_C(t)$，R 和 C 表示积分参数；R_F 为反馈电阻，用于防止有源积分器输出饱和；R_Z 为电缆特征阻抗的匹配电阻；R_P 表示平衡电阻；C_1 为耦合电容。

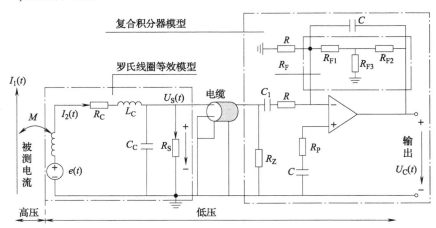

图 5-24　有源积分式罗氏线圈

这种积分回路有时又称为电子积分回路。经过电子积分还原处理，被测电流 $I_1(t)$ 可表示为

$$I_1(t) = \tau_{\mathrm{INT}}(R_C + R_S)U_C(t)/MR_S$$

有源积分器的积分时间常数比 RC 积分器增加了 k（k 为运放开环放大倍数）倍，误差相对于 RC 无源积分器减小到 $1/k$，而输入电压相对增大了 $k+1$ 倍，这就解决了准确度与输出幅值的矛盾，同时也增加了测量带宽，这体现了有源积分器的优势。为了防止有源积分器输出饱和，在积分电容上需要并联反馈电阻 R_F。

为了减少外磁场（尤其是垂直于圆环骨架平面的磁场）对线圈测量的影响，通常会采用回绕和屏蔽的方式制作罗氏线圈。如图 5-25 所示为通过回绕的方法来减少外界干扰的绕线方式。对于回绕后的线圈，外接磁场对回路产生的穿过图中 yz 平面的磁感应强度相互抵消。

另外，也常常采用如图 5-26a 所示的对线圈屏蔽的方法来减少外界快变的电磁场对测量的影响。采用高导磁材料（如铁盒）对罗氏线圈进行

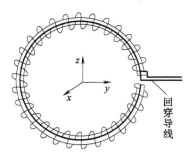

图 5-25　回绕式罗氏线圈

屏蔽时，为了防止铁盒内产生环流，需要对铁盒做如图 5-26b 所示的开槽。另外为了防止铁盒形成磁旁路，故需要开槽切断铁盒环路（见图 5-26b 中的 1 所示）。

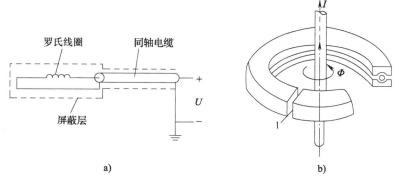

图 5-26　罗氏线圈的屏蔽

a）屏蔽等效电路　b）屏蔽层结构

　　结合回绕和屏蔽技术制作的罗氏线圈可以使得外磁场对电路影响几乎降为零。

　　利用罗氏线圈测量脉冲大电流时，首先应该尽可能地使罗氏线圈工作在自积分状态，只有当这种状态得不到满足时，才考虑另外一种方式。一般而言，前一种方式适用于测量快速变化、持续时间较短的脉冲大电流，而后一种方式适用于测量变化缓慢、持续时间较长的脉冲大电流。

5.2.1.3　磁光式电流传感器

　　磁光式传感器是利用法拉第磁光效应制作的新型电流传感器，实现非接触光测量大电流。电流传感器以其高绝缘性、抗高电磁噪声、高线性度响应等诸多优点，在电力电子领域中的电流测量及保护中受到广泛的重视和研究。目前就种类而言，已有光学块状玻璃电流传感器、混合式光纤电流传感器和全光纤传感器。

　　法拉第于 1864 年发现在强磁场作用下，原本不具有旋光性的物质产生了旋光性，即线偏振光在与其传播方向平行的外界磁场作用下通过磁光材料时，其偏振面要发生偏转。如图 5-27 所示，线偏光通过磁场中具有磁光特性的物质时，其旋转角为 θ，此效应又称法拉第效应。根据量子理论

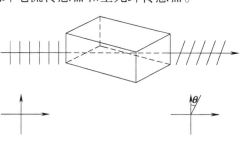

图 5-27　磁致旋光效应原理图

的解释，可以得到线偏光在通过有外磁场的磁光物质后，偏振面的偏转角 θ 为

$$\theta = \left(-\frac{e}{2mc} \right) \lambda L B \frac{\mathrm{d}n}{\mathrm{d}\lambda}$$

式中，$\dfrac{e}{m}$ 为电子的荷质比；c 为真空中的光速；λ 为光波长；n 为材料折射率；L 为磁场与样品介质的有效相互作用长度；B 为磁感应强度。

令 $V = \left(-\dfrac{e}{2mc} \right) \lambda \dfrac{\mathrm{d}n}{\mathrm{d}\lambda}$ ［称为韦尔代（Verdet）常数，它代表磁光物质的特性，与介质属性和光波的波长相关］，则

$$\theta = VLB \tag{5-13}$$

由安培环路定理可知，距通流长直导线 r 处产生磁场强度可由式（5-12）得到。同时 $B = \mu_0 H(r,t)$，于是结合式（5-13）可得到

$$\theta = V\mu_0 \frac{e}{2\pi R} i(t) = VN\mu_0 i(t) \tag{5-14}$$

其中 $N = \dfrac{L}{2\pi R}$ 是电流穿过闭合光路的有效次数，韦尔代常数 V 在磁光材料和入射光波波长给定以后就是一个定值。从式（5-14）可以看出只要确定了偏转角就可以得出电流的大小，而 θ 值可以通过测量偏振后的出射光强求得。因此，通过检测光信号的强度就可以测量电流 $I(t)$ 的大小，故利用磁光材料的法拉第效应可以制成测量电流用的高性能电流互感器。

磁光效应测量大电流时，针对不同的测试对象和测试要求，系统的设计有所不同，大体上有单光路、双光路以及四光路系统，这几种系统的设计在不同的测试要求下各有其自身的优缺点。

单光路测量脉冲电流系统如图 5-28 所示，磁光材料置于电流产生的磁场之中，光源发出的光经光纤传输到起偏器变为线偏振光，并在通过磁光材料时偏振面发生偏转，然后传输到检偏器，被检测出相应的光强变化，进而得出偏转角。设置检偏器和起偏器的夹角为 45°，则根据马吕斯定律可得

$$P_{\mathrm{o}} = P_{\mathrm{i}} \cos 2(45° - \theta) = \frac{1}{2} P_{\mathrm{i}}(1 + \sin 2\theta)$$

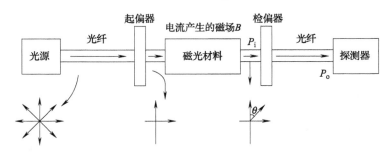

图 5-28　单光路测量脉冲电流系统

式中，P_{i} 为通过检偏器前的初始光强；P_{o} 为探测器探测到的出射光强。可以利用模拟电路把输出光强转换为具有线性对应关系的电流信号，并把直流分量 I_{dc} 和交流分量 I_{ac} 分开做除法运算，可得

$$J = \frac{I_{\mathrm{ac}}}{I_{\mathrm{dc}}} = \sin 2\theta \tag{5-15}$$

从式（5-15）可以看出，通过除法运算，消去了光强，从而很好地解决了光源不稳定性带来的测量误差。但是当被测脉冲电流较小时对应的输出信号较小，交流和直流信号分开的误差将较大，而当被测脉冲电流较大时，对应的偏转角可能会超过 $\sin 2\theta$ 对应的单调区间，无法由 J 来唯一地确定偏转角，进而无法得出其对应的被测电流。

利用双光路系统（见图 5-29），不需要将信号的交流分量与直流分量分开，从而克服了单光路系统在测量较小脉冲电流的不足，但是它仍然要受制于 $\sin 2\theta$ 单调区间的限制，不能用于测量过大的电流脉冲。

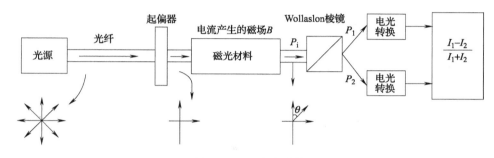

图 5-29　双光路系统

而利用四光路系统（见图 5-30）测量大电流时，输出信号中是既含偏转角的正弦项，又含偏转角的余弦项，两者可以确定任意大小的偏转角，从而克服了双光路系统不能测量过大电流的缺点，在实际应用中有着更为广阔的前景。

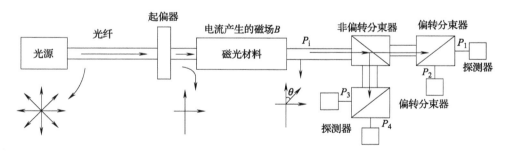

图 5-30　四光路系统

5.2.2　脉冲高压测量

脉冲高压的测量幅值大，不能对其进行直接测量，一般需要将脉冲幅值衰减到测量系统允许的范围，同时确保波形不畸变。测量脉冲高压通常采用分压器来完成脉冲幅值的衰减，也有采用微积分电路与数字示波器相结合的测量系统进行测量，除此以外，还有基于光电子技术和电光调制原理来实现电压测量的光纤电压互感器（OPT），其测量比较先进也比较复杂。本节主要介绍其中最常见的电阻分压器、电容分压器、阻容分压器（阻容并联式和阻容串联式）和微分积分测量系统。

5.2.2.1 电阻分压器

理想的电阻分压器结构原理图如图 5-31 所示。电阻分压器由高压臂 R_1 和低压臂 R_2（电阻值较小，$R_2 \ll R_1$）组成。被测脉冲高电压 U_i 加在高压臂的输入端，则在分压器中产生电流 $I = \dfrac{U_i}{R_1 + R_2}$。在分压器低压臂输出的电压为 $U_o = \dfrac{U_i R_2}{R_1 + R_2}$。因此理想情况下电阻分压器的分压比 k 为

$$k = \frac{U_i}{U_o} = \frac{R_1 + R_2}{R_2} \approx \frac{R_1}{R_2}$$

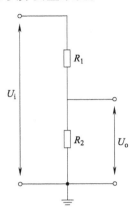

图 5-31　理想电阻分压器原理图

脉冲高压测量的电阻分压器通常采用非磁性、温度系数小的电阻丝按无感绕法绕制而成。尽管如此，实际上电阻分压器和引线中都不可避免地会引入一些残余电感，同时分压器高压引线及高压端等高压部分与分压器本体之间也存在的电场会引起并联杂散电容。另外由于分压器与周围处于地电位的物体之间存在电场，从而不可避免地将引起分压器对地的杂散电容。考虑寄生参数的电阻分压器等效电路如图 5-32 所示，其中 R' 为单位长度上的电阻值；L' 为单位长度寄生电感，C_p' 为单位长度上的纵向电容；C_e' 为单位长度对地杂散电容。

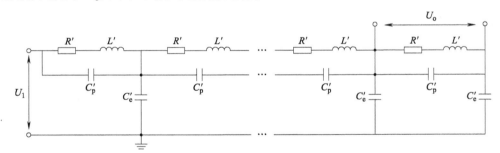

图 5-32　电阻分压器分布参数电路

电阻分压器寄生参数中电阻体纵向寄生电容和残余串联电感量相对较小，当不考虑其对电路响应影响时可以从理论上计算分压器测量输出 U_o 的阶跃响应

$$U_o \approx (U_i/K)\left[1 + 2\sum_{k=1}^{n} (-1)^k \exp(-k^2 t/\tau) \right]$$

式中，$\tau = RC/\pi^2$；K 为稳态分压比；R 为电阻分压器全长总电阻；C 为电阻分压器对地杂散电容总值。

相应的归一化响应就是

$$g(t) \approx \left[1 - 2 \sum_{k=1}^{n} (-1)^k \exp(-k^2 t/\tau) \right]$$

由阶跃响应时间定义可得

$$T = \int_0^\infty 2 \sum_{k=1}^{n} (-1)^{k+1} \exp(-k^2 t/\tau)\, dt$$

$$= (2RC/\pi^2) \sum_{k=1}^{n} (-1)^{k+1}/k^2$$

当 n 值取很大时可得

$$\sum_{k=1}^{n} (-1)^{k+1}/k^2 \approx \pi^2/12$$

于是

$$T = RC/6$$

由此可以得出分压器响应时间正比于总电阻与对地电容之积的结论，这同时也说明了电阻分压器的误差产生的两个重要因素为总电阻和总对地电容。因此要减少分压器的测量误差就必须尽可能地降低分压器对地电容，同时适当地限制分压器的电阻值。但是减少分压器的电阻值一方面将导致对被测信号的影响增大，另一方面使得引线残余电感与杂散电容之间的振荡难以得到阻尼而产生振荡。

改善电阻分压器性能的一种做法是缩小电阻体的尺寸来减少对地杂散电容。为此需使用高电阻率材料并需要把分压器放在耐电强度高的介质中，例如浸在变压器油中，同时置电阻体下端离地高约 2m 之处，这样可减小对地的杂散电容，从而减少响应时间。

由于对地杂散电容的存在，对地杂散电容充电电流使得电阻分压器电压分布不均匀，大部分电压集中在顶部。为了补偿对地电容，通常在分压器顶端加一环状电极（见图 5-33），通过环与分压器本体间的杂散电容对分压器本体的对地杂散电容充电电流引起的电压不均进行补偿。这种装有屏蔽环电极的分压器叫作屏蔽电阻分压器。此类分压器等电位面垂直于电阻体，电阻体对地电容很小，其响应特性取决于测量引线电感以及屏蔽电极的对地电容。这种分压器的响应特性好，被广泛应用。为了避免阻尼引线电感和屏蔽电极之间可能产生的振荡，常串接一个阻尼电阻（见图 5-34）。此种接法的阻尼电阻能在不增大响应时间的情况下抑制振荡。阻尼电阻 r 需要满足

$$r \geqslant 2 (L/C)^{1/2}$$

式中，L 为引线电感；C 为屏蔽电极对地电容。

另外由于电阻分压器总电阻不能设计得过大，因此采用一级分压器可测量范围有限。对于较高电压的测量通常采用多级分压器。

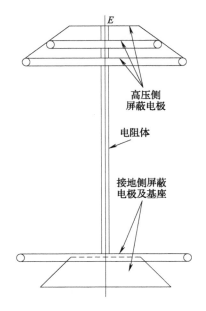

图 5-33　补偿型电阻分压器

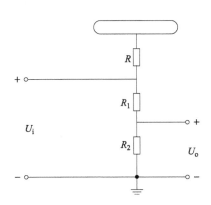

图 5-34　带阻尼电阻的补偿型电阻分压器

5.2.2.2　电容分压器

理想的电容分压器由两个纯电容串联而成，两个电容上的电压都小于被测电压，通常输出信号从较大的电容上引出。电容分压器有分立式与耦合式两种类型，前者用分立制式电容做成，多采用绝缘壳的油纸绝缘的脉冲电容来串并联组装而成，在结构上不依赖于被测系统。由于每个元件不仅有电容而且有串联的固有电感和对地的杂散电容，这种分压器应看作分布参数，故又称为分布式电容分压器。后者利用测量电极与被测系统高压电极之间的耦合电容形成高压臂，构成的分压器与被测系统组成一体，不能单独使用。这种分压器电容采用集中电容，故又名为集中式电压分压器。

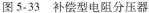

图 5-35　分立式电容分压器

1. 分立式电容分压器

分立式电容分压器的理想结构如图 5-35 所示。实际电容都具有一定的杂散电感和泄漏电阻，电容外壳与地之间也有一定的杂散电容，另外还有引线电感。由此得到分立式电容分压器等效电路如图 5-36 所示。

对于额定电压不太高，分压器高度较低的分布式电容的串联电感是很小的，在

测量时可忽略，同时泄漏电阻趋于无穷大，因此分立式电容误差主要由对地杂散电容引起。计算可得分立式电容分压器的阶跃响应为

$$U_o \approx (U_i/K)(1 - C_e/6C_1)$$

式中，K 为分压比，$K = (C_1 + C_2)/C_1$；C_e 为对地总杂散电容。

　　由此可见对于无感电容分压器的输出响应，只存在幅值误差而不存在相位误差，且误差值与对地杂散电容成正比。只要用一个标准的分压器校正后，便可以完全消除幅值误差。但是不管什么电容都不可避免地会存在电感，而且接入引线的电

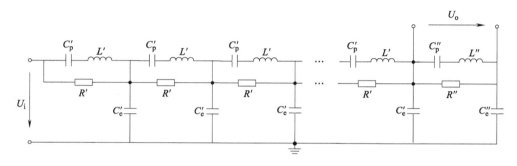

图 5-36　分立式电容分压器等效电路

感会在电容分压器上产生振荡。分压器的容抗随脉冲频率增大而减小，感抗随脉冲频率增大而增大，因此分立式电容分压器从原理上讲比较适于前沿较慢（几十纳秒以上）脉冲的测量而不太适于脉冲前沿很快（10ns 以下）的情况。

2. 耦合式电容分压器

　　在脉冲电压测量中，耦合式电容分压器经常用于传输线脉冲电压的测量。如图 5-37 所示，分别为平板型和同轴型耦合式电容分压器，其高压臂电容都是利用插入的探测电极与高压电极之间（一般充有液体绝缘介质）的耦合电容得到，因此其 L' 和 C_e' 可以忽略。同时 R' 通常很大，也可以忽略。因此，能否得到好的分压器性能就主要取决于低压臂以及测量回路的制作水平。低压臂电容通常利用探测电极与传输线接地电极之间的耦合电容得到。

　　耦合式电容分压器低压臂回路的制作要尽量避免引线电感，为此应当采用传输线型信号引出结构，并与传送输出信号用的高频同轴电缆的波阻抗相同。如果低压臂回路制作不当，即使只引入了纳亨级电感，对前沿不是很快、宽度不是很窄（例如前沿、宽度在 10ns 以上）的脉冲，分压器的输出波形会叠加一些规则的振荡，而对前沿很快、宽度很窄（例如前沿 1ns 左右，宽度 2 ~ 3ns）的脉冲，则杂散电感会激发严重的振荡，使输出脉冲波形严重畸变，对于水介质传输线，R' 并不是很大，会对分压器性能产生一定影响。

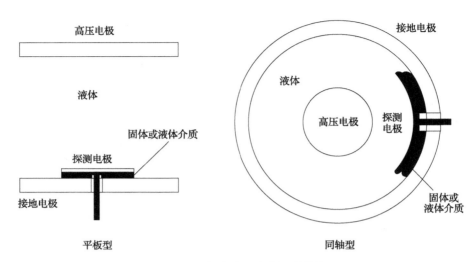

图 5-37 耦合式电容分压器结构

5.2.2.3 阻容分压器

为了满足动态要求，脉冲高压电阻分压器的阻值设置一般较小，使得其测量范围相对较窄，而电容分压器的回路杂散电感容易产生振荡，因此这两种分压器的使用受到一定的限制。为了避免阻尼电容分压器的回路振荡而发展起来的阻容串联分压器，在合理的参数组配下对杂散电感不敏感，可用于上升快、宽度窄的高压脉冲测量。

如图 5-38 所示为阻容串联分压器的等效电路图，阻容串联分压器的高低压臂由电阻和电容串联构成。

高压臂电阻等效为所有电阻串联，等效电容等效为所有电容串联，初始分压比为

$$K_1 = (R_1 + R_2)/R_2$$

稳态分压比

$$K_2 = (C_1 + C_2)/C_1$$

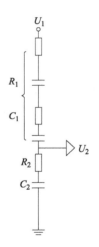

图 5-38 阻容串联分压器电路

当 $C_1 R_1 = C_2 R_2$ 时，$K_1 = K_2$。考虑杂散电感后，其集总参数模型等效电路如图 5-39 所示，为了阻尼回路振荡需要满足 $R_2 \gg 2(L_2/C_2)^{1/2}$。

还有一种阻容并联分压器，其高、低压臂均由电容和电阻并联构成（见图 5-40）。这种分压器即使没有任何杂散参数也必须满足条件 $C_1 R_1 = C_2 R_2$，才能得到无畸变输出。考虑杂散电感后的阻容并联分压器等效电路如图 5-41 所示。与电容分压器一样阻容并联分压器对杂散电感 L_1、L_2 很敏感，不适合测量上升快、脉宽窄的高压脉冲，现已很少采用。

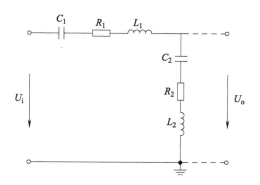

图 5-39　串联阻容分压器集总参数等效电路

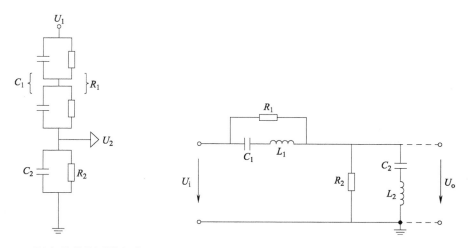

图 5-40　阻容并联分压器电路　　　　　图 5-41　阻容并联分压器集总参数等效电路

5.2.2.4　微分积分测量系统

　　微分积分测量系统是以微分环节和后继的积分环节作为电压转换装置所组成的高电压测量系统。其基本电路如图 5-42 所示，其中电容 C_d 和电阻 R_d 组成高压微分环节，同时电阻 R_d 又是射频电缆的匹配电阻，T_i 为积分器的积分时间常数。积分环节可以采用无源、有源或无源有源混合积分器。

　　图 5-42 所示电路的电压转移函数为
$$H(s) = \left[R_d/(R_d + 1/(C_d s)) \right]\left[1/(s T_i) \right] = R_d C_d/\left[(1 + R_d C_d s) T_i \right]$$
稳态分压比为
$$K = \lim_{s \to 0}\left[1/H(s) \right] = T_i/(R_d C_d) = T_i/T_d$$
阶跃响应时间为
$$T = -K \lim_{s \to 0}\left[H'(s) \right] = R_d C_d$$

　　$R_d C_d$ 越小，R_d 在微分环节里分到的电压越低。当然实际情况下，引线引入的

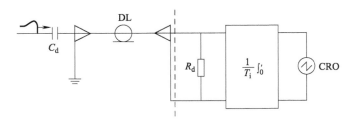

图 5-42　简化的 D/I 系统原理图

电感和电容的寄生电感是无法避免的，为了阻尼电感与电容带来的振荡也引入了阻尼电阻，这样的情况较为复杂，本书将不加以讨论。

5.3　脉冲功率技术应用

5.3.1　脱硫脱硝处理

5.3.1.1　引言

化学工艺中脱硝、脱硫技术的实现改善了废气排放情况，但该处理装置结构复杂，代价高昂，在我国和东南亚一些发展中国家，很多工厂仍不具备废气排放装置，因此希望拥有一种价格低廉的脱硝脱硫技术。

在这种背景下，对小型、便宜且高性能的排气处理系统存在很迫切的需求。代替以前的化学排气处理方法，基于电子束和放电等离子体的新型物理排气处理方法的研究开始盛行。这里所说的放电等离子体的排气处理装置所用的高电压电源是直流电源或者民用电，脱硝率只有 60%，而且会消耗大量能量，运转维护费用也是一般化学方法的数十倍，还没有达到实用化的程度。而如果利用脉冲功率的高电压等离子，可以产生高能量电子，这样就能大大提高工作效率，如果能够将能量消耗下降到 1%，这种物理处理方法也可以达到实际应用水平。按照脱硫脱硝原理不同，分别介绍两种脱硫脱硝技术：长脉冲、短脉冲。下面详细介绍一下日本运用脉冲功率电源降低能量消耗并实现废气的脱硝脱硫处理试验的实施过程。

5.3.1.2　实验装置

实验是在日本九州电力本部的火力发电港发电所进行的。实验使用的废气是从锅炉尾部采集的。气体组成为 NO（250×10^{-6}）、SO$_2$（800×10^{-6}）、O$_2$（4%），其他还包括 N$_2$、H$_2$O，温度大约为 150℃，气体流量是 0.8L/min。对放电处理后的气体进行取样，测量氮的氧化物和 SO$_2$ 的含量。脉冲功率电源是脉宽 80ns 的超短脉冲产生装置，放电反应容器是内电极外径为 1mm、外电极内径为 83mm、长度为 950mm 的同轴圆筒形。脉冲电源产生的正向脉冲施加于反应容器的内部电极。另外，脉冲电源完全置于铝制箱内，电源线连接于绝缘变压器，用以降低噪声。

有研究人员指出，在工业应用研究中，纳秒脉冲放电的能量效率比其他放电方法更高。纳秒脉冲发电机可以发出脉宽为 1ns 的脉冲，利用纳秒脉冲功率产生的脉冲流光放电处理氮氧化物，可以在高电场强度下实现大面积的均匀放电以提高效率。反应器由同轴电极组成，通过施加纳秒脉冲功率从内部金属丝电极产生脉冲流光放电。纳秒脉冲发电机原理如图 5-43 所示，发电机由电容器组、脉冲变压器、短路脉冲形成线（PFL）、带短间隙的气体隔离开关和传输线（TL）组成。

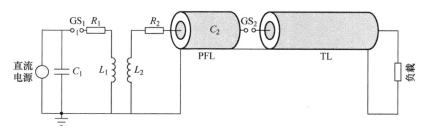

图 5-43 纳秒脉冲功率发生器等效电路[14]

当负载为 86Ω 时，输出电压波形如图 5-44 所示，峰值电压是 40kV，脉冲宽度约为 1.5ns。

图 5-45 是处理 NO_x 的实验装置，反应器作为负载连接到脉冲功率发电机上。当反应器受到强电场脉冲时，内部发生流光放电，在流光尖端附近的高电场加速下，电子与 NO_x 分子发生碰撞，以使 NO_x 分子分裂，达到去除氮氧化物目的。

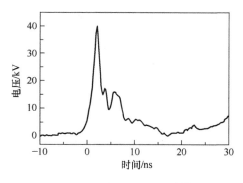

图 5-44 输出电压波形[14]

当纳秒脉冲宽度极短时，反应器的连接方式也会影响氮氧化物去除率。发电机和反应器之间的电气连接方法有 3 种，并联连接、直接连接、串联连接，如图 5-46 所示。

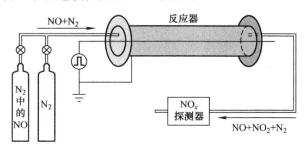

图 5-45 实验装置原理图[14]

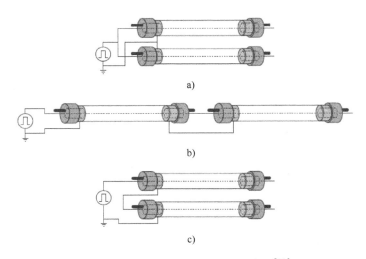

图5-46 反应器的3种电气连接类型[14]

a) 并联连接 b) 直接连接 c) 串联连接

5.3.1.3 对同时脱硝脱硫处理的评价

对该装置施加的电压以及电流脉冲最大值分别为40kV和170A，产生一个脉冲向反应容器中注入的能量大约为0.22J。图5-47是从轴向拍摄的放电时的情形。由图可知，中心部分光线最强，呈发射状向边沿放电。

图5-48所示的是NO、NO_x的去除率和脉冲重复频率的关系。伴随着脉冲重复频率增加，NO、NO_x的去除率也会增加。在5个脉冲之后NO的去除率达到90%，NO_x的去除率达到80%，此时NO和NO_x的去除效率分别为0.44mol/（kW·h）和0.39mol/（kW·h）。

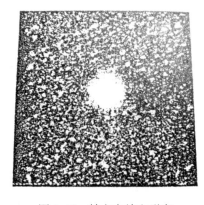

图5-47 轴方向放电形态

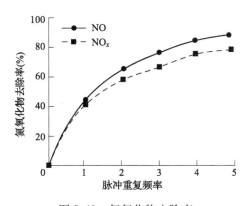

图5-48 氮氧化物去除率

图5-49所示的是在每秒7个脉冲周期时SO_2的去除结果，可知去除率大概为48%，由此可知，这种方法也能清除SO_2。

实验证明运用脉冲功率技术同时脱硝脱硫是可能的，脉冲电源的极短脉冲化可以提高装置的工作效率。利用等离子的物理废气处理法是值得考虑的下一代废气处理法，为了更快解决以上问题，希望对这个技术有更进一步的研究。

3 种连接方式下，NO 去除率对比如图 5-50，随着能量密度增加，去除率逐渐增加。在能量密度达 150J/L 时，NO 去除率超过 95%。反应器串联连接的去除率比其他两种连接方法都低。考虑电源与反应器阻抗特性匹配，反应器并联连接的能量传输效率更高，在产生流光放电方面更具优势。还有研究表明，为了获得更好的阻抗特性匹配，可以在纳秒脉冲放电上叠加直流电压。

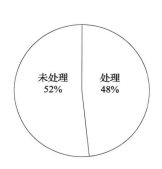

图 5-49　每秒 7 个脉冲周期时
SO₂ 的去除结果

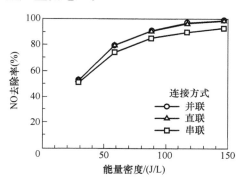

图 5-50　3 种连接方法下 NO 去除率对比[14]

5.3.2　气体激光器

5.3.2.1　TEA CO₂ 激光器

TEA（Transversely Excited Atmospheric pressure，横向激励高气压）CO₂ 激光器的振荡原理与低压气体的连续振动 CO₂ 激光相同，作为应用高压介质气体的 TEA CO₂ 激光器，分子间的碰撞频率比较高。因此若不能对分子进行迅速激励的话就难以引起激光器振荡。到目前为止重复频率开关中尽管较多使用的是闸流管，但是最近运用半导体开关和磁脉冲压缩回路（MPC）可以得到重复频率为数百到数千 pulse/s 的脉冲。图 5-51 所示的是使用可饱和变压器的 MPC，图 5-52 所示的是由这个电路产生的激光振荡波形。利用环形预备电离可以使激励电压的上升时间缩短为 200ns。激光能量达到每个脉冲 1.5J，振荡波长为 9.3μm。这种激光器可达到高的振荡效率和兆瓦级的峰值功率，可用于非金属刻蚀加工、分子法铀浓缩等。近年来在手机和计算机高密度多层印制电路板和可塑印制电路板的微细加工中的需求也越来越大。

5.3.2.2　受激准分子激光器

受激准分子激光器是在紫外线领域的高效率大功率输出的振荡型气态激光器。该激光放电管的构成与上面 TEA CO₂ 激光器极为相似。但是，它比 TEA CO₂ 激光

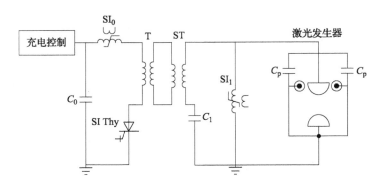

图 5-51　基于可饱和变压器的 TEA CO_2 激光产生电路

器在激励放电上更为困难。

　　为了使受激准分子激光器能在高于大气压的条件下工作，受激分子一般会有 2、3 次碰撞，使得激励很快发生，受激分子的寿命就短到纳秒级。要使高效率的受激准分子激光器快速激励，必须要求高功率密度的激励放电。虽然闸流管能够构成简单的激励电路，但由于是作为放电开关，存在使用寿命短等问题。要想使受激准分

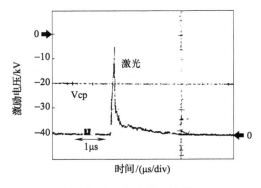

图 5-52　激光振荡波形

子激光器能够应用于产业领域，必须达到高重复频率、长寿命和高可靠性的要求，因此逐渐流行使用半导体开关的固体化电源以代替闸流管。光刻用重复频率为 2000pulse/s 的受激准分子激光器已经产品化，更高重复频率的研究正在进行，对固体化电源的负载研究也在逐渐展开。表 5-2 所示的是光刻用的 KrF 受激准分子激光器的一些参数。今后曝光光源的 ArF（193nm）受激准分子激光器、F_2（157nm）受激准分子激光器的短波长化研究，以及在微细加工的应用研究都将要进行。另外，除了光刻，这种激光器还可以用于 TFT 液晶退火、喷墨打印机的喷嘴箱加工、眼科疾病的治疗等。

表 5-2　光刻用的 KrF 受激准分子激光器的一些参数

中 心 波 长	248nm
重复频率	2000Hz
脉冲能量	10mJ
平均输出	20W
光谱幅度（FWHM）	<0.6pm
光谱幅度（95%集中度）	<2.0pm
能量稳定性	<±0.4%

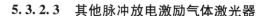

5.3.2.3　其他脉冲放电激励气体激光器

作为其他的气体激光器，有可见光范围（511～578nm）的高重复频率大功率输出的铜蒸气激光器（CVL）、紫外线领域的 N_2 激光器（337nm）、真空紫外线领域的 F_2（157nm）激光器。CVL 是作为铀浓缩用的色素激光器的激励源使用，为了实现高重复频率，激励回路使用 MOSFET 和晶闸管等半导体开关。N_2 激光器是小型、轻巧、便宜的紫外线激光器，作为终端型激光器产生极短的脉冲，因此用途比较有限，这种激光器一般作为火花隙开关的激励回路，或者作为可变波长色素激光的激励源。F_2 激光器可作为受激准分子激光器的放电管使用，在能够实现极短波长的前提下也可以期待它能作为光刻光源使用。

5.3.3　X 射线光源

5.3.3.1　X 射线的种类和应用

X 射线，特别是能量低、能够被物质吸收的软 X 射线有着广泛的应用领域，最具代表性的产生源有：

1）电子射线激励软 X 射线源；

2）同步加速器放射光光源；

3）等离子软 X 射线源。

电子射线激励软 X 射线源是和熟知的 X 射线管相同，是以加速电子为目的来产生软 X 射线的装置。因为从电子动能到 X 射线的转化率与加速电压的二次方成比例，在软 X 射线领域的变换效率很低，所以不是一种实用的方法。同步加速器放射光光源产生的软 X 射线从强度和小发散角度来说虽然可以认为是理想光源，但是难以大规模化，且使用不便。与它相比，等离子软 X 射线源装置的制作比较便宜，使用也很简单。

在 5.3.13 节将会讲述等离子软 X 射线源在当作核聚变能量源、X 射线光刻机、X 射线显微镜、分光光源、原子分子的过程研究等多个领域的应用，在这里，把用于 X 射线光刻机和 X 射线显微镜的等离子软 X 射线源分为 Z 箍缩放电型软 X 射线源和激光等离子 X 射线源。

5.3.3.2　Z 箍缩放电型软 X 射线源

对于 Z 箍缩放电型软 X 射线源有 Z 箍缩、等离子聚集、细线放电、真空火花等多种方式。多年前，作为 X 射线光刻机的光源，气阀 Z 箍缩方式的研究已经开始，尽管一部分是使用等离子聚集方式，但是主流的还是气阀 Z 箍缩方式。图 5-53 所示的是气阀 Z 箍缩放电的示意图。迅速打开快速阀门，向真空容器内配置的电极间输入环状气体，并施加高电压，便会产生环状等离子。由于流过环状等离子体的电流产生的磁场和电流之间的洛伦兹力的作用会使等离子体自动收缩，形成高温高密度状态，从而产生软 X 射线。用软 X 射线可以进行精密光刻，使用的气体是氖。图 5-54 所示的是精密光刻的分辨率和曝光波长的关系。图中间隙为

5μm，曝光时掩模板和电阻之间距离是15μm，这是因为从物理原理上来说是不能做得太小的缘故。结果显示，分辨率是由各种物理现象产生的成像的停滞决定的，为了使因作为停滞主要原因的菲涅儿折射和光电子行程两者产生的停滞减小，必须选择曝光波长达到1nm的程度。因为氖气的软X射线波长为1.2nm，可以把它作为工作气体使用。

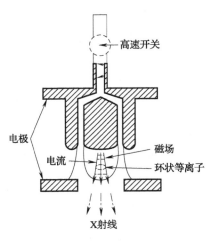

图5-53 气阀Z箍缩放电示意图

5.3.3.3 光刻用的激光等离子X射线源

在半导体曝光技术中，极紫外（EUV）光刻技术是0.1μm以下工艺的候选。在EUV光刻技术中现在的主要构成是将激光等离子X射线源作为光源使用。激光等离子X射线源将脉冲激光照射在目标物上面，使其离子化从而产生软X射线，而EUV光刻技术是用光照明技术将软X射线照射在反射型掩模板上，用成像法使硅片曝光。

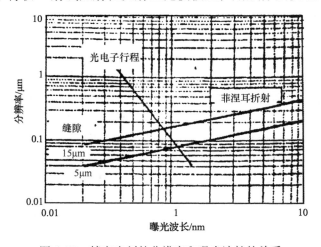

图5-54 精密光刻的分辨率和曝光波长的关系

在激光等离子X射线源中，由于等离子中制动辐射和等离子的再结合过程会使载流子有"自由—自由"和"自由—束缚"状态的变化，因此产生连续光谱的X射线。同时，由于等离子的再结合过程会产生特征X射线，可以说由激光等离子X射线源产生的X射线的波长基本是由被照射物的元素组成决定。由于相应的元素有数纳米到数十纳米的变化范围，因此可以得到连续的和辉线状的X射线。另外将激光等离子X射线源用于EUV光刻时，因为EUV光刻技术用的多层镜限制了能够反射的波的波长，所以对能够利用的波长带有限制。目前，Mo/Si的多层镜是最佳选择，当然对于激光等离子X射线源波长带的X射线强度越高越好。

等离子 X 射线源要满足以下几点：

1）实现软 X 射线的高输出；

2）减少散射的粒子；

3）脉冲能量的稳定。

以前是将能有效产生 13nm 波长的固态物质制作成带状来作为激光等离子 X 射线源的靶，但这会引起由于散射而带来的光学损伤等问题。近年来使用惰性气体作为靶，因此可以抑制散射产生的激光等离子 X 射线源备受瞩目。这个方法如下：Fiedorowicz 等人将 5 倍于大气压的混合气体（Kr，SF_6）抽入真空中，最初是测定它们作为激光等离子 X 射线源的特性。之后，Kubiak 等人进一步将激光等离子 X 射线源用于 EUV 光刻技术并研究了将氙气作为靶的情况。图 5-55 是其示意图，图 5-56 和图 5-57 所示为在波长 13nm 附近用氙气靶可以得到用固体金作为靶大约一半的 X 射线量，而且据他们报道当达到 10^7 的频率时散射的影响就会很小。另外，用这个 X 射线源进行曝光实验，如图 5-58 所示，可以得到 80nm 的线宽和空间。

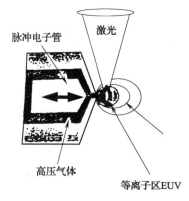

图 5-55　氙气作为靶的示意图

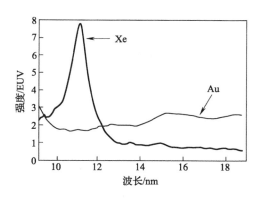

图 5-56　使用氙气靶和用金作为靶的 X 射线谱图

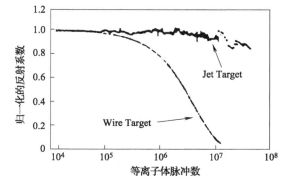

图 5-57　钼和硅的镜面反射与 X 射线脉冲数的关系

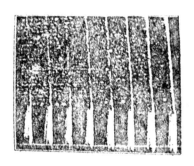

图 5-58　X 射线源进行曝光实验

5.3.3.4 激光等离子X射线源用作X射线显微镜

氧元素的吸收波长为2.33nm，碳元素的为4.36nm，在这个波长范围内，氧元素的吸收系数小，因此X射线透过率较高，而对于组成生命的碳元素来说，X射线则会被很好地吸收，应用这个特性可以很好地观察微生物和细胞。紧贴型X射线显微镜原理图如图5-59所示。在X射线挡板上将作为试剂的细胞制成溶液滴，用当作X射线窗口的氮化硅薄膜压住，使得试剂和挡板紧紧贴在一起。之后，用收集的激光照射金属物质，由此生成的等离子产生的软X射线在试剂的射线窗口区域曝光，由

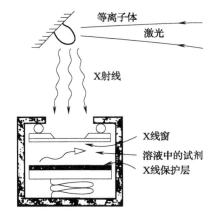

图5-59 紧贴型X射线显微镜原理图

于挡板的存在，试剂的遮挡使得X射线的衰减量存在差异，将此作为挡板的凹凸形状。

5.3.4 紫外线光源

5.3.4.1 引言

作为由脉冲功率放电产生紫外线光源的例子，放电激励型受激准分子激光器是典型代表。本节主要介绍非相干光源。

5.3.4.2 表面放电型紫外线光源

所谓表面放电就是在电介质表面产生脉冲等离子层，并利用等离子发光。对于它的研究已经有较长历史，从1970年到20世纪80年代将它作为激光的激励光源或者放电型激励光源的预备电离用光源的研究一直在进行。从紫外线领域到真空紫外线领域，它都可以产生高强度紫外射线，并有容易大面积化、可以进行高重复频率工作的优点。Beverly 使用4个大气压的稀有气体、氮气和空气，在各种聚合物和陶瓷表面上分别制作了放电面积 $20 \sim 300 cm^2$，脉宽 $1\mu s$ 的高亮度紫外光源。对于间隙长度为10cm的放电需要施加 $10 \sim 20 kV$ 的电压，输入能量为 $1 \sim 4 J/cm^2$。放电阻力和放电效率随着充电电压和向电容器输入能量的增加而减小，随着放电间隙长度和稀有气体原子数的增加而增加。这是因为等离子的膨胀速度和放电横截面积以及放电阻力会由于气体质量而发生变化，在气体质量比较大时膨胀速度减小，放电横截面积增大，阻力增加。一旦施加高速高电压脉冲，在单行程限制器中会产生放电破坏。如果存在背电极，由于位移电流的影响，等离子体会集中在表面分布。对于放电部分的分布容量是 $11.7 pF/cm^2$、氩气为1个大气压、放电能量密度为 $1.5 J/cm^2$ 的情况下，267nm 的波长内的放射强度为 $10\mu J/mm^2$。等离子体产生的射线并不是黑体辐射，可以观测到由于气体和电极的蒸发物而产生的强烈射线。特别

是在存在氧分子结合的陶瓷时，在 350～450nm 波长内，增加了 2～3 倍的发光强度。由此可知，由电介质产生的射线光谱会增大紫外线和真空紫外线波长领域的输出。使用 Cr_2O_3、Al_2O_3 作为基板的氩气的表面放电在 250～290nm 波长范围内由电能到紫外线能量的转换率到达 9.4%。

作为表面放电的另一个例子，在方形边长为 1cm 的 14cm 长的棒状铁氧体上进行脉冲放电，形成非晶膜，在低电压驱动下可以产生高亮度的紫外线光源。与一个大气压的氮气生成等离子体在间隙为 2cm 时需要 25kV 电压（使用氧化铝和聚四氯乙烯）相比，这种方法在间隙为 6cm 时只需要 2kV 电压，已经很低了。另外，在进行主放电前的预充放电时，可以将发光抖动从 $10\mu s$ 减小到 $0.1\mu s$ 左右，有研究成功用这种方法同时实现并联驱动。发光强度在 $10\mu s$ 时为 2.3×10^{23} photons/cm^2，换算为温度大概为 22000K。

5.3.4.3　箍缩型紫外线光源

Z 箍缩等离子有望成为半导体光刻用的软射线源，也可用于极紫外线波长领域的光源。使用类似于电火花的电极构造，能量为 1J 程度的小型电容器就可以得到氧的 13nm 工艺，这个已经有报告。电容器容量为 20nF，电路电感为 6nH，充电电压为数千伏，是一种自爆型放电电路。氧气气压为 10Pa 时，等离子长度为 12mm，直径是可见的发光观测，最初为 5mm，箍缩时达到 1mm。在电流峰值达到 13kA 时，氧的 13nm 线的发光辉度为 10^6 photons/$\mu m^2 sr$，重复频率可以达到 200Hz，电极寿命可以达到 10^6 开关次数。与观测氧的 11～18nm 的波长范围不同，对于氩气观测得到 10～16nm 的连续波谱。可以认为，至少达到了 10 倍以上的电离，电子温度达到 35eV。

5.3.4.4　其他脉冲紫外线光源

除了以上所述，还有利用闸流管驱动氙气短弧光灯得到纳秒光源和在气体喷射部进行脉冲放电得到受激稀有气体卤化物的例子。另外，等离子显示管（PDP）的发光源也是脉冲状微放电等离子。商业用的 PDP 一般是使用两极电压电介质放电，正在研究的有单极性脉冲放电，有报告称高速脉冲电压可以大大改善紫外线发光效率。

5.3.5　产生臭氧

5.3.5.1　引言

臭氧作为一种强酸试剂，在水和大气净化、纸浆漂白、食品消毒、半导体基板清洗等领域有着广泛的应用。与其他强酸性试剂相比，臭氧具有不残留毒性、处理过程对环境没有影响的优点，可以期待得到更广阔的应用。但是与其他的酸性试剂相比，臭氧制造成本更高，在生产上需要大量使用的情况下，面临着经济实用的问题。对于臭氧的制备方法，无声放电法是最为有效的，特别是需要得到大量臭氧时，基本上使用无声放电。以下将电晕放电和无声放电进行一个比较。

5.3.5.2 电晕放电的特征

无声放电的放电结构一般用电晕结构来说明。但是，严格地说电晕结构之后又出现了过渡辉光结构，特别是将能量加入点看作是由过渡的辉光结构来支配显得更加妥当。若是将电晕结构和过渡辉光结构比较的话，前者换算得到的电场强度更高。一般说来，臭氧生成效率随着换算的电场强度的升高而升高。因此，若是能够得到电晕结构所需的能量的话，臭氧生成率也会提高。这个可以用放电脉宽控制来实现，我们称之为电晕放电法。另外，对于脉冲流光放电法不一定需要在放电间隙配置电介质，而且在实际应用中间隙的精度可以得到大幅改善。为此，如果能够简化放电管结构的话，就能够大大降低放电管的成本。另一方面，因为电晕放电法和无声放电法相比需要具有整形的脉冲电压，这就会产生电源功率低下和电源损耗上升的问题。必须指出，改善这个缺点使放电部分的臭氧生成率上升，以及降低放电管的成本，这两点是十分重要的。

5.3.5.3 电晕放电法的研究现状

图5-60所示的是电晕放电法和无声放电法生成臭氧的特性比较图。横轴表示臭氧浓度，纵轴表示单位能量的臭氧生成量，也就是生成臭氧的损耗。由图可知，随着浓度的升高，产生臭氧的损耗也会跟着上升。在工业领域，如何控制在高浓度区域产生臭氧的成本是十分重要的。图中使用的电晕放电法在电极间未使用电介质，施加的电压脉宽为100～200ns。

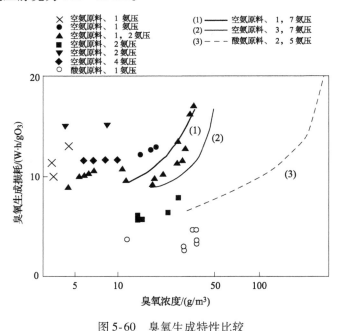

图5-60 臭氧生成特性比较

由图5-60可以得到：在空气原料下，随着高压化，臭氧生成率有上升的倾向，既然放电电流的脉宽随着高压化而减短，可以考虑放电脉宽的短脉冲化；对于氧原料，在产生的臭氧浓度比较低的情况下在无声放电中具有一定的优势，但是在高浓度领域还有待进一步研究；由流光放电生成臭氧的成本降低率也仅仅只是使用空气原料时的 30%。考虑到无声放电的电源效率达到 90%，希望流光放电使用的功率脉冲电源的效率可以超过 70%。

此外，电晕放电中会产生电功率饱和现象，就是说随着脉冲重复频率的增加，由于脉冲周围能量下降，即使频率很高，电功率也会有饱和倾向，最终会演变为弧光放电，从而达到放电电力的极限。因此不能大量生产高浓度的臭氧。臭氧、氮的氧化物、放电空间中的离子等都对电功率饱和现象有所影响，具体原因还有待进一步说明。

放电脉宽短脉冲化可以在纳秒脉冲放电中实现，纳秒脉冲放电主要由流光放电形成。此外，可以在纳秒脉冲放电上叠加负极性直流，提高纳秒放电等离子体的性能。在纳秒脉冲发电机固定发出 $-40kV$，直流电压为 $0kV$、$-5kV$、$-15kV$、$-20kV$，分别叠加在脉冲放电上。使用（N_2：79%，O_2：21%）作为原始气体，臭氧生成速率是 5L/min。图 5-61 是不同直流电压下臭氧产量与臭氧浓度关系。可以看出，直流电压为 $0kV$ 和 $-5kV$ 时，臭氧产量随生成的臭氧浓度下降很快。相反，在

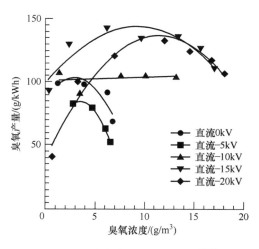

图 5-61　臭氧产量与浓度关系[15]

$-15kV$ 和 20kV 时，臭氧产量随臭氧浓度先增加后下降。因此，为了获得高臭氧浓度和臭氧产量，应该在纳秒脉冲放电上叠加 $-15kV$ 或更高的直流电压。

5.3.6　工业废弃物处理

5.3.6.1　引言

伴随着工业的发展和技术应用范围的扩大，各种各样的化学物质被带到生产设备和广大消费者家中。这其中，最受人关注的是废气中的有毒有害物质。在这里介绍一下在核发电中放射性物质的处理。

5.3.6.2　放射性污染物质的处理

很多原子核研究所都在研究对放射性物质的各种分离和处理技术。但是鉴于在核发电所周围环境的变化，必须更改这些研究计划。对于高水平的放射物质，如铯和锶等核分裂生成物，放射能量大，热量高，必须长期隔离出人们的生活环境。现在一般使用高能电子束将它们安全地转变。具体是用电子加速器产生 γ 射线，

图 5-62 是用 γ 射线处理的原理图。接下来将介绍使用这种技术的高能产生系统。

5.3.6.3 脉冲功率系统

通常使用电子束进行核分离处理的电子束加速器，有表 5-3 所示的电子束的参数。

处理方法是用稳定的电子照射位于空气中的离子束，加快原子核的半衰期。

光核反应

γ射线

(例)137Cs+γ⟶136Cs+n⟶136Ba

半衰期30年　半衰期135年　稳定期

图 5-62　γ 射线处理原理图

表 5-3　产生的电子束的参数

项　　目	参　　数
能　　量	10MeV
最大束流	100mA
平均束流	20mA
脉冲宽度	0.1～4ms
重复频率	0.1～50Hz
负载因子	0.001%～20%
法向发射率	50πmm·mrad
能量发散	0.5%

实现这个系统是很重要的，为了产生电子离子束，可以使用像回旋加速器那样的稳定的发生源，也可以使用像线性加速器那样的脉冲发生源。目前，为了在实际中操作简单，较多的使用直流源和稳定离子束。但是，对于这个领域的实用化技术，必须解决设备的效率和规模等问题。作为一个解决方法，可以将整个系统脉冲化。

对于这个系统，为了使电子枪射出的粒子能进行 180° 的反转，在产生电子束的同时，可以从侧面控制该离子束，这是它的一个特点。另外，在射出电子的 200kV 直流主电源基础上，构成了两种控制电子束的电源系统。

1. 网型栅极脉冲电源

为了射出电子，在热电子枪的阴极和网型栅极之间施加 400V 的脉冲电压。作为从金属阴极射出热电子的方法，这是很常见的电子枪。在这个情况下，因为电子电流通过金属网格，就不能实现大电子电流的重复长期运行。

2. 中间栅极脉冲电源

为了射出热电子这个方法使用了中间电极,像网格一样引出的电极很少受到物理损坏,因此具有较长寿命。

另外,为了提高电子束质量,设置了两个中间电极,这是为了使电子束上升下降更加陡峭。对于中间电极使用的电源以前是闸流管这类真空管式的开关和放电开关(只能控制导通,不能关断)。这里,为了提高射出的电子束的质量,必须使其能够迅速关断,所以使用多个功率 MOS 管的串并联连接。对于各种 MOS 管的触发回路来说,使用的是光信号控制,导通特性比较接近,也可以得到较一致的关断特性,这是它的一个特点。

5.3.7 二噁英处理

本节阐述利用脉冲功率放电对垃圾处理厂废气中的二噁英的处理的现状以及未来。二噁英类物质是两个苯环以氧键结合的 PCDD 以及 PCDF 的总称。因为这种物质对人体有很强的毒性,对于废气中该物质的含量有很严格的标准,一般不能超过 $0.1ng/m^3$。

二噁英是由含氯的有机化合物燃烧生成的,家庭里广泛应用的保鲜薄膜中都含有氯,因此要想在前期处理中除去氯是不可能的,只能在后续工艺中除去二噁英。

图 5-63 所示的是利用脉冲放电对二噁英进行分解的特性示意图。由图可知,在处理前 PCDD 和 PCDF 中二噁英的含量浓度为 $100ng/m^3$,当充分放电后,该气体分解率达到 99.9% 以上。

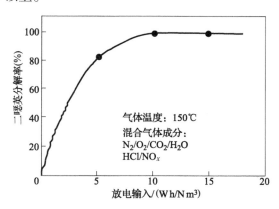

图 5-63 二噁英分解率与放电脉冲的关系

在实际的垃圾处理场中,为适应脉冲放电方式,对于之前提到的每小时数万立方米的废气排放量的情况,必须实现能够提供这么大功率的脉冲电源。对于实验室水平的脉冲发生器,一般比较容易实现高重复频率和高速脉冲电压,而且常常应用回转火花隙开关和晶闸管。但是从适应实际设备的观点来看,这些放电开关具有寿命不长和可靠性不高的缺点，因此高可靠性的半导体脉冲电源是不可或缺的。

图 5-64 是这个电源的电路结构。开关部分使用的是高速晶闸管，脉冲变压器构成升压回路和磁脉冲压缩回路，由此得到在重频为 1kpulse/s 时，电压峰值为 88kV，上升速率为 0.6kV/ns。另外对于电容型充电电路还开发了共振变压器方式的充电电源，由脉冲产生回路的一体化实现了压缩电源。

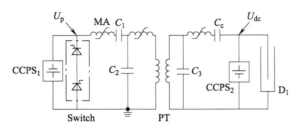

图 5-64 半导体脉冲电源电路结构

已经开始了这些以电源技术为背景的领域的实验，因此可以说，利用脉冲功率处理二噁英是始于实验室证明其有效性，然后完成大容量反应器和脉冲电源的开发及实际场地的验证等的一项技术。我们期待着脉冲技术不管是在已有设施还是在新建设施中对垃圾处理都能有广泛的应用。

5.3.8 微生物杀菌

5.3.8.1 引言

利用电能对微生物和细胞进行处理很早就得到了应用。现在流行利用施加直流电压进行细胞整合、DNA 操作、细胞膜穿孔等相关技术研究。对于这些技术而言，操作时电场强度在临界电场强度 E 以下、对微生物和细胞没有破坏是非常重要的。

另一方面，由于最近对食品医药等安全性要求的提高，生产者有义务使用 HACCP 的管理方法，对与以往不同的杀菌方法的研究正在展开。这其中，利用脉冲电场和高气压等非加热的杀菌方法已受到广泛关注。在日本最早由佐藤、水野等报道了利用脉冲功率杀菌的实验报告，今后要将这种方法引入食品和药品的处理过程之中。

但是，关于脉冲电场和杀菌机理之间的关系还没有得到一个完整的解释。本节将介绍今后在工业中得到应用的利用脉冲功率的杀菌技术。

5.3.8.2 脉冲电场对微生物的影响

关于电能对微生物影响的报告最早见于 1909 年 Stone 利用交流电场促进微生物生长。之后，随着 20 世纪 50 ~ 60 年代研究的进行，1967 年 Sale 和 Hamilton 利用脉冲电场对微生物杀菌进行了系统的研究。从此，人们看到了脉冲电场的杀菌效果。他们利用脉宽为 2~20μs、电场强度为 30kV/cm 以下的电压进行实验，研究了细胞膜和细胞内外电位分布的变化情况，结果显示在细胞膜上施加 1V 电压后就会破坏细胞膜。

1980 年，Zimmermann 等人在细胞上施加脉冲电场，产生了活细胞膜的通透性增加和细胞质的交换率增大的现象，他们把这个现象叫作"Dielectric breakdown（介质击穿）"，细胞膜的电性和运动性变得不稳定可以用细胞膜的孔洞增加来解释。

由于电场作用使得细胞膜穿孔的相关研究始于 1970 年后半时期，Kinosita 和 Tsong 进行了详细研究调查，1991 年他们把这种现象称为"Electroporation（电穿孔）"。根据他们的研究，在微生物细胞表面施加脉冲电场之后，细胞膜的内外产生 1V 以上的电压，细胞膜会发生收缩产生小的孔洞。如果施加重复频率的脉冲电压，在细胞膜上会生成不可修复的孔洞。这样一来，细胞膜的内外压失去平衡开始膨胀，细胞质就会流出，这样细胞就会死亡。

5.3.8.3　脉冲电场杀菌的研究

对于脉冲电场对微生物细胞的影响的相关研究报告，Sale 和 Hamilton 的研究不论是在生物学还是在电子学中都有系统的说明。图 5-65 所示是他们使用的处理装置示意图。用水冷法控制温度使系统温度在 10℃ 以下。另外，图 5-66 所示的是他们所使用的电源输出波形。电源的最大输出电压是 10kV 并且可调，脉宽为 2~20μs 并且以 2μs 为一个间隔。实验中使用的微生物种类很多，从大肠菌到芽孢类细菌都有。

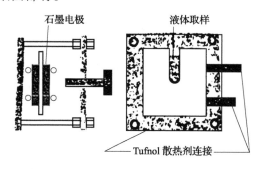

图 5-65　处理装置示意图

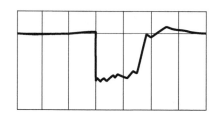

图 5-66　输出电压波形（峰值电压 10kV，脉宽 20μs）

华盛顿大学用图 5-67 所示的装置进行了连续处理实验。这个装置是利用脉冲电场对微生物进行工业化处理，如图 5-68 所示，处理用的电源使用了脉冲形成网络。

对于脉冲电场的处理，电场强度和脉宽都是很重要的，旧金山大学的 Schoenbach 等人利用脉宽 100ns 以下的脉冲电场对大肠菌以及其他小生物进行了处理（见图 5-69）。由这个实验可以看出，这种方法可以用于饮料的除菌、温水周围的藻类控制以及医学领域。

对于电源装置，由于脉冲宽度很窄，只有60ns，所以对于电路构造必须十分注意。特别是对于短脉冲产生最为重要的开关来说，由于使用的是光触发，它的脉冲电压上升时间比火花隙开关短很多。

在美国，以美国空军为中心组成的国际组织，十分推崇对非加热法杀菌技术的研究，该研究中心位于俄亥俄大学。

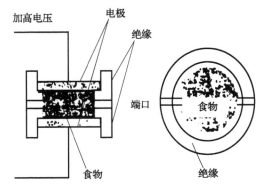

图5-67　连续处理装置缩略图

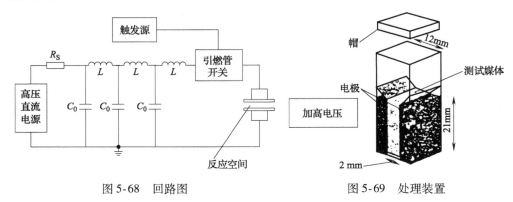

图5-68　回路图

图5-69　处理装置

这种杀菌法在投入到实际生产线上时，根据处理对象是容器或者医疗器械之类的仪器还是食品药品之类的物品而有很大差别。特别是对于食品药品之类的处理对象，在处理时不能改变物质本身。特别是对于食品，若是破坏了它的风味和口味，这种方法就不能使用在产业之中。

在这里，用脉冲电场进行杀菌处理的时候，处理前后被处理物成分变化的比例与用加热法处理的情况相比基本相同甚至更低，这一点得到了 Q. H. Zhang 的确认。

他们用图 5-70 所示的系统，对牛奶和橙汁分别用两种方法进行比较实验。实验中，不仅对物质的化学反应而且还

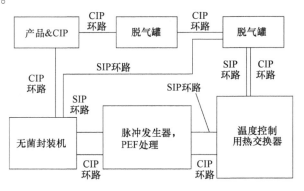

图5-70　脉冲电场进行杀菌处理框图

对它们的味道进行定量研究。另外，还对苹果汁、生鸡蛋等进行了杀菌实验。

另外，美国的 Pure pulse 公司将脉冲电场装置投入市场。根据他们的专利，该装置是复杂的同轴形状。电源是最简单的电容充放电形式，输出电压波形是 RC 振荡衰减波。

5.3.8.4　杀菌效果和机理的相关讨论

脉冲电场的杀菌效果示意图如图 5-71 所示，该图是微生物残留曲线。

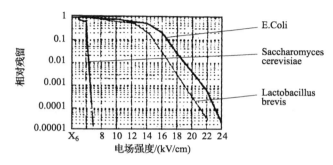

图 5-71　脉冲杀菌下微生物残留特性

考虑到脉冲电场对微生物的影响，脉宽在 $1\mu s$ 以上的情况下，微生物细胞膜上施加的电压与细胞的形状有关，由式（5-16）计算：

$$U_c = 1.5aE_c\cos\theta \tag{5-16}$$

式中，U_c 为细胞膜绝缘耐电压；a 为将细胞看作球形时的半径；E_c 为临界电场强度；θ 为电力线方向和细胞膜位置的夹角。

如前所述，在式（5-16）中

$$U_c > 1V$$

在施加了一定数量的脉冲后，细胞膜会产生不可修复的孔洞，细胞内的物质就会流出导致细胞死亡。

在微生物学领域，欧洲的 Uneliver 研究所和德国研究所的研究处于领先地位，其中，Hulsheger 等人通过实验研究被脉冲电场处理过的微生物的生存比例与电场强度以及处理时间之间的关系。

电场杀菌的生存率曲线相关的实验公式如下：

$$S = (t/t_c)^{E-E_c/k} \tag{5-17}$$

式中，S 为相对生存率（从 $0\sim1$ 表示）；t 为处理时间；t_c 为处理的临界时间；E 为施加的电场强度；E_c 为临界电场强度；k 为微生物的尺寸参数。

另外，对于脉冲电场杀菌，由于处理对象产生的焦耳热损失会使温度上升，因此实验中必须确认不存在温度升高而导致的热杀菌的问题。关于同时使用脉冲电场和加热法进行杀菌的研究也有相关报告。

对于脉宽更短的脉冲（特别是 100ns 以下）对微生物的影响会使得上述现象更

为明显，到目前为止已经有了短脉冲对不同微生物的影响的研究报告。

5.3.9　水处理

5.3.9.1　引言

以下水道的水为首，地下水、河水、湖泊、工业用水、农业用水、家庭排水等时刻围绕在我们生活的环境周围，因此产生的水质也是各种各样的。

近年来，作为脉冲功率放电的一个应用，通过水中放电进行水处理逐渐受到关注。因为在水中放电会产生紫外线、臭氧、羟基等活性物质以及放射物，所以脉冲放电也开始了在微生物杀菌、物质粉碎、分子分解等领域的应用。

本节将介绍脉冲功率在水中放电应用的基本特性以及在水处理中的应用例子。

5.3.9.2　水中放电现象

水中放电会产生从紫外线到可见光范围内的各种波长光谱的光线，发光量和放电产生的形状区域和脉冲电压以及电极构造有很大关系。图 5-72 所示的是在蒸馏水中使用平板电极放电产生的紫外线的量与电压的关系图。对于将圆盘形电极和环形电极做成同心状来构成电极的处理容器，可以确定容器内电极是全面并且均一放电的。

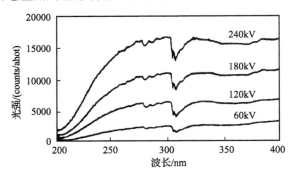

图 5-72　紫外线放射量与电压的关系

5.3.9.3　水处理的应用

1. 除锈

对于像冷却塔和锅炉那样的水循环系统，水中所含的 Ca、Si 和水中大量存在的氧元素反应，会生成锈堵塞管道，并且会使热交换功率低下。现在基本上使用的是化学药品除锈，而这种方法成本高，生成物还会污染环境，因此用脉冲放电除锈技术来代替它是很值得期待的。

为了除去管道内附着的锈，在内壁数十毫米处的地方进行脉冲放电，只需要几次就能将锈完全除去。另外，若将管道本身作为目标电极进行放电来除锈的话，只需要一次就能将锈除掉，这一点已经得到确认，不仅如此，通过水中直接放电也是可以有效除锈的。

2. 杀菌

有些细菌可以引起腹泻，这些病原体进入下水道后，即使使用盐酸也很难完全杀死，是公共卫生面临的一大问题。为了杀死这些病原体，除了用臭氧处理和 UV 处理法之外也可以用脉冲功率处理。

将这种病原体和水一起倒进反应容器，在 480kV 脉冲电压下进行放电处理，放电一次就能杀死 99.99% 的病原体。

3. 有害有机物分解

清洗电子产品的三氯乙烯、干洗溶剂中使用的四氯乙烯、高尔夫球场为保养草坪而使用的农药，这些都会污染地下水。脉冲放电法是一种较简单的分解这些水中有害物的方法。使用如图 5-73 所示的同心圆型电极构造的反应容器，对水中的苯酚类物质进行放电处理，如图 5-74 所示，酚类物质得到分解。在双氧水中这种反应更加剧烈，但是若不对溶液进行放电，即使存在过氧化物也不会使他们分解。这可能是因为在普通水中放电会增加苯基生成量的原因。

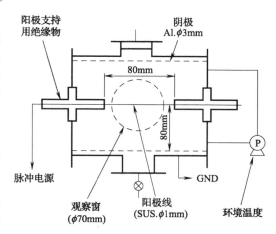

图 5-73　同心圆型电极构造的反应容器

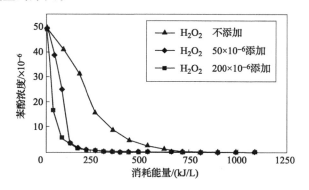

图 5-74　苯酚分解（脉冲电压 180kV）

4. 表面活性剂分解

外置臭氧发生器和纳秒脉冲功率系统都可以处理水中的表面活性剂，但是臭氧处理的效果有限，而脉冲功率可以产生更多的羟基自由基，更有利于处理表面活性剂等持久性物质。图 5-75 显示了使用纳秒脉冲功率对水中表面活性剂处理 100min 的结果，可以看出，纯净水中的泡沫高度下降速度快于自来水，即水中活性剂分子数目下降更快。在实验处理 20min 后，由于十二醇乙氧基酯分子中的亲水基团被分解，失去了起泡性，泡沫高度逐渐下降，即活性剂逐渐被处理。

5. 监测水中重金属含量

通过主动调节脉冲功率来控制等离子体和其发射行为，使用等离子体光发射谱监测不同导电率水中的重金属。检测在溶液中的重金属元素，该技术还具有多种元

素同时检测的能力，没有交叉元素干扰，具有灵活性和快速检测等优点。图 5-76
是该监测系统中的脉冲功率发生装置，负载是等离子体产生单元。在测量过程中，
利用电信号测量被测溶液的电导率，主动调节施加在负载上脉冲电压的持续时间和
频率，以实时监测溶液中的重金属。该电路可提供微秒至分钟范围的电压脉冲宽度
和间隔，为驱动等离子体和长期在线监测提供了极大的优势。

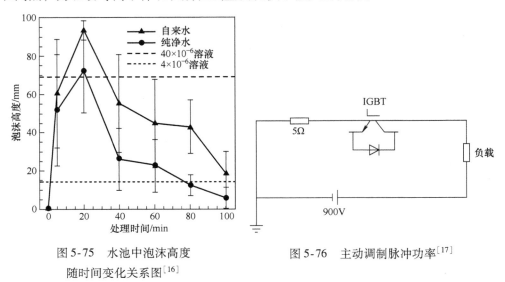

图 5-75　水池中泡沫高度　　　　　图 5-76　主动调制脉冲功率[17]

随时间变化关系图[16]

图 5-77 是主动调制脉宽和恒定脉宽的对比图，当等离子体被主动调制脉宽驱

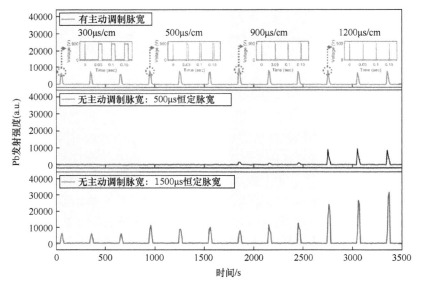

图 5-77　在含 50mg/L Pb 溶液，电导率为 300、500、900 和 1200μS/cm 时

采用主动调制脉冲宽度和恒定脉冲宽度时，Pb 在线监测结果对比[17]

动时，可以观察到稳定的 Pb 发射强度。结果表明溶液电导率不恒定时，适当调整脉冲宽度是非常重要的。

5.3.9.4 小结

本节介绍了水中放电法的基本特性以及几个应用举例。这种放电处理方法对含 O-157 的大肠菌这类病原体的杀菌以及像二噁英、双（苯）酚 – 表氯醇环氧树脂这样的对环境有害的有机物的分解都有一定效果。相信在将来，这种方法可以解决以前水处理中遇到的问题，催生新的水处理工业。

5.3.10 岩石粉碎

5.3.10.1 引言

在建筑行业中，很多爆破不能用火药来完成，现在亟待研究出一种不用对岩石爆破就能挖掘的施工方法。利用脉冲功率进行岩石粉碎就是其中一种。

脉冲功率的特点是，在狭窄的空间里、很短时间内将能量射到目标点，如果能够利用这些特点将岩石粉碎，脉冲功率则有望在这一领域得到应用。

利用脉冲功率粉碎岩石有以下几种方法：

1）对位于水中的岩石进行水中放电，利用冲击力粉碎岩石；

2）在岩石中打孔，将其中塞满电解质并且放电，利用该膨胀力粉碎岩石；

3）将岩石进行绝缘破坏，进行内部放电。

在这些方法中，内部放电的方法粉碎的破坏力是从内部产生的，这种方法是很特别的。因为这种方法基本不需要费力挖掘，与机械挖掘相比这种方法使用的机械可以小型化、轻量化。从这一点来看，可以说这种方法在利用脉冲功率的方法中是很引人关注的。图 5-78 所示的是利用这个方法对岩石进行绝缘破坏并且粉碎的装置。

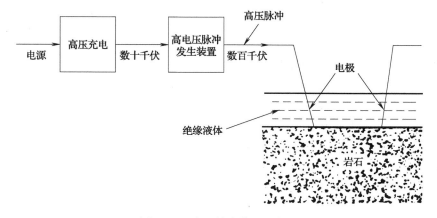

图 5-78　岩石粉碎装置示意图

5.3.10.2　岩石内部的放电现象

按照图5-78所示，在电极间加入高压脉冲后，对岩石进行绝缘破坏，可以在岩石内部进行放电。放电是在岩石中进行的而不是在电极周围的液体中，用图5-79可以说明，该图是两者的 U-t 曲线。施加的脉冲电压的尖峰是否陡峭决定了能否对岩石进行破坏。

实际上，绝缘破坏和放电是在岩石内部产生是通过X射线CT在岩石内部观

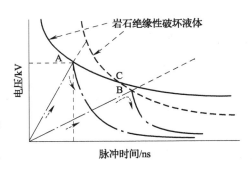

图5-79　U-t 曲线模式图

察得到确认的。为了对岩石内部产生绝缘破坏进行物理说明，需要考虑岩石中空气部分的放电物理模型。岩石的绝缘破坏是与里面的空气密不可分的，这一点已经得到实验证实。

5.3.10.3　破坏的特点

利用脉冲功率放电对岩石破坏力的评价研究也在开展，有报告称利用 $100kW \cdot h/m^3$ 的功率能够将压缩强度大概为200MPa的花岗岩进行破碎。

5.3.11　废弃混凝土的循环利用

5.3.11.1　引言

废弃混凝土产生量的增加要求我们提高对它们的回收利用率。现在的回收利用大多只是将其进行机械粉碎用作路基材料。但是，作为路基材料的需求并不会迅速增加，迫切需要开拓新的回收利用领域。基于这种状况，考虑到环保安全以及从优质建筑材料的领域进入逐渐困难，将废弃混凝土从优质建筑材料中分离出来进行再利用的新技术有望得到应用。

利用高压脉冲技术，以建立将高质量的建筑材料进行分离回收利用的系统为目标的研究正在进行，该技术的关键就是有效分离砂粒、钢筋、水泥。

5.3.11.2　利用高压脉冲进行破碎分离实验

1. 实验条件

实验必须具备以下条件：

- 高压脉冲产生回路：如图5-80所示；
- 外加电压：30kV × 12 = 360kV；
- 电容容量：2.7μF × 12；
- 充电能量：14580J/pulse；
- 频率：0.5 ～ 2Hz；
- 被处理的样块：废弃混凝土块。

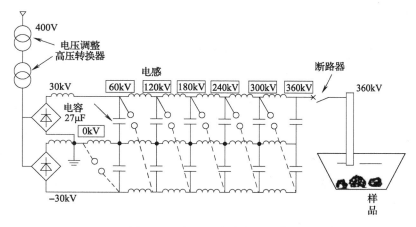

图 5-80　高电压脉冲发生回路

2. 实验方法

将混凝土块沉入装满水的模具中，模具中装有多个空洞直径为 20mm 的半圆形接地阳极棒。放电电极通过自身重力接触到混凝土块，通过外加高电压脉冲粉碎分离废弃混凝土块。

在进行脉冲粉碎的过程中，混凝土块被分解到直径小于 20mm 的粉粒并从半圆形电极的小孔洞中通过被筛选出来，从而被处理的废弃物的量慢慢减少。

为了查清脉冲次数与破碎效率的关系，分别施加 20、40、300 次的脉冲并调查电极上的物质残留量。可以将这种方式的粉碎效率与机械式粉碎机进行比较。

3. 实验结果

比较经过 300 个高压脉冲处理后的样品与机械式粉碎机处理的样品得到的再生砂材的质量，可以分别测定它们的吸水率。吸水率的测定已经使用 JIS-A1110 的方法进行了。这里将超过 JIS-A5005 所定混凝土吸水率基准的 3% 以上的视为不合格。高压脉冲处理后吸水率为 5%，而机械式方法处理后吸水率为 7.4%，显然前者效果更好，但均未达到 3% 以下的标准。但是，由于同时包含了砂材和相同尺寸的水泥小块，除去它的影响，吸水率测定为 2.8%，满足 3% 的要求。

另一方面，对于使用机械式粉碎方法处理时，水泥块附着在砂材上，因为不存在与砂材大小相同的水泥块，因此不可能通过除去水泥块再测量吸水率。即使是用眼睛也可以观察到，用机械式方法处理的样品附着了大量水泥块，而使用高压脉冲处理的样品中砂材和水泥块得到了很好的分离。

5.3.12　电磁加速

5.3.12.1　引言

近年来，随着核聚变、宇宙探索、材料科学等领域的发展，这些技术都要求物体的速度到达极限，为了达到这一目标，利用脉冲功率技术进行电磁加速的研究开发正在积极推进。

对于物体的高速推进，现在一般使用活塞驱动或者利用燃烧产生的高气压推动，但这些方法达到的速度最多只有 10km/s，为了获得更快速度必须使用脉冲功率进行电磁加速。

关于电磁加速已经有很多文献资料介绍，这里只简略描述。

5.3.12.2　电磁加速方法

利用电磁加速驱动的方法有很多，这里主要介绍 3 种，如图 5-81 所示。

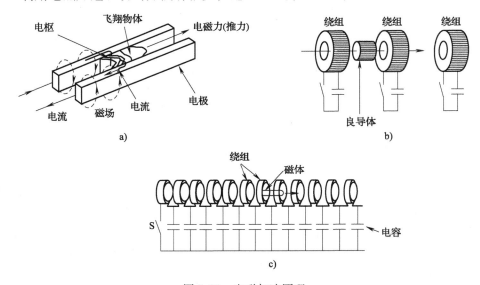

图 5-81　电磁加速原理

a）平行导轨驱动　b）电感电流驱动法　c）磁线性加速法

图 5-81a 所示的平行导轨驱动被称作导轨枪，电枢被夹杂在两根平行电极轨道之间。轨道中流过的电流以及由此产生的磁场间的洛仑兹力会使得电枢获得驱动的磁力。

图 5-81b 所示的是电感电流驱动法。被加速物体位于线圈的轴方向中心，当物体通过该线圈时通电，物体内的电感电流和外部电磁力相互作用而驱动物体前进。

图 5-81c 所示的是磁线性加速法。预充电的各电容的回路开关 S 顺次关闭，倾斜于各个线圈的电磁场会产生传动力驱动物体。

在这些方法中 5-81a 的方式无论是从结构还是控制来说都较简单，因此研究得比较多，以下将主要讲述这种方式。

5.3.12.3　电磁加速的研究和应用

1978 年，澳大利亚国立大学的科学家利用电磁脉冲将 3g 的物体加速到 5.9km/s 的速度，从此开始了脉冲功率应用于电磁加速的研究。这种方法优于利用高压气体进行高速驱动，其研究在各国都得到了大力支持。关于它的应用，除了军事领域还在以下方面得到体现：

1. 核聚变中的氢弹珠发射

核聚变过程中必须将固体氢弹珠高速射入核聚变炉中，对于数十毫克的物质需要加速到 5km/s 以上。

2. 撞击产生超高压

将物体加速到超高速并与其他物体进行撞击产生超高压高温，在工业中用这种方法合成金刚石等物质，或者改善它们的物理性质。

3. 陨石撞击问题

在人造卫星和宇宙空间站的外壁结构研究中，为了模拟被不明飞行物撞击的情况，需要 10km/s 以上的速度。

4. 超高速物质传输

利用电磁加速可以完成从地球或其他天体向宇宙运送物质和人，也可以用于宇宙飞船的推进或者科学实验。

5.3.12.4　电磁加速的研究现状

图 5-82 所示的是物体质量和已经实现的速度的示意图。阻碍高速化的最大原因在于电枢的等离子体不稳定工作。当电流值上升，电枢的等离子体逃离被加速物体，在轨道中产生了多余的不必要的等离子，这就是驱动效率降低的原因所在。为解决这个问题，想出了各种各样的方案。图 5-83 就是其中一个例子，图 5-83a 是多段分割型，图 5-83b 是分段供给能量型，这些方法就是为了防止多余等离子的产生。另外，电流是沿着轨道外部流过的，将永久磁铁设置在外

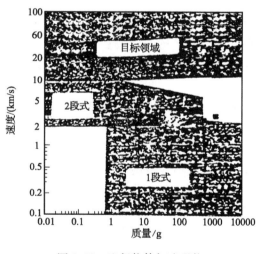

图 5-82　飞行物体加速现状

部，这就不会增加等离子的电流，还能增强轨道间磁场。尽管如此还没有达到预期的效果。

5.3.13　惯性核聚变

5.3.13.1　引言

Z 箍缩方式在 X 射线方面的应用取得了显著成果。Z 箍缩方式不仅在 X 射线的量和能量转换率方面有优势，也逐渐成为惯性方式进行核聚变的最佳选择。本节将讲述惯性核聚变的装置结构组成、Z 箍缩方式的成果以及两者结合方式。

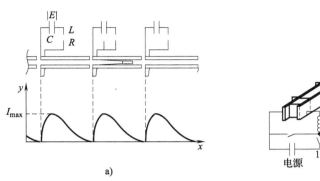
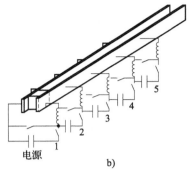

图 5-83 电磁加速的示意图

a) 多段分割型 b) 分段供给能量型

5.3.13.2 关于惯性核聚变

与惯性核聚变方式相对的有闭合磁场方式。正如闭合磁场方式是由劳森条件得来，由于粒子运输和热传导以及放射会产生能量损失，而核聚变会产生热量，控制能量得失的平衡来得到最大输出是惯性核聚变的目标。例如对于 D-T 反应，当离子温度为 10keV 的时候，它需要的条件是密度与闭合时间乘积为 $10^{20}\,\mathrm{s/m^3}$。由此可知，当能量非常高的时候，在等离子不散射时发生反应就能使能量得失达到平衡状态。

但是，惯性方式和闭合磁场方式的不同点并不是因为持续时间是脉冲还是常数，而是在传送时能否控制等离子的放射。惯性式核聚变使用原子序数较大的原子进行燃料密封来控制放射，从而实现聚合的均一收缩。

5.3.13.3 放射线控制

为了控制由等离子产生的放射线，必须用高温黑体壁遮盖住放射源。像这样的空间物体被称作空洞。在脉冲条件下，使用高温放射可以填满空洞。

空洞的概念最先是在用激光进行核聚变的研究时提出的。在目标物周围放置原子序数大的物质，通过照射目标物形成高温空洞，这样就实现了间接给目标加热。

美国洛仑兹研究所的科学家计划用 1.8MJ、500TW 的激光来实现自动点火的 NIF 装置。NIF 装置的目的就是使用 D-T 燃料通过间接照射实现自动点火。但是，供给激光的能量转换率非常差，即使能实现自动点火也会出现别的问题，如是否是在炉子里发生。

5.3.13.4 Z 箍缩实验

Z 箍缩方式是使等离子体里流过大的电流，在自身磁场作用下产生尖峰效果从而得到自我压缩，这种方法可以提高能量注入效率，较简单地实现高温高密度状态。

美国圣地亚哥研究所使用 Saturn 装置（2MV，10MA）进行了 Z 箍缩方式的实验，他们将 120 根钨细线绕成环状，检测到了有 150eV 放射温度的 54TW 的 X 放射线。另外，实验得出随着细线的数量增加，收缩就会得到更好的均一性。同一研究所的 Z 装置（3MV，20MA）得到了 1.8MJ 的 X 射线。这可以跟 NIF 装置的输出功率媲美。Z 装置的电源能量是 11.4MJ，X 射线的转换效率超过了 15%。图 5-84 所示的是用 Z 装置压缩脉冲能量的示意图。从装置的实验结果可知（见图 5-85），X 射线的能量与电流值的二次方成比例增大。

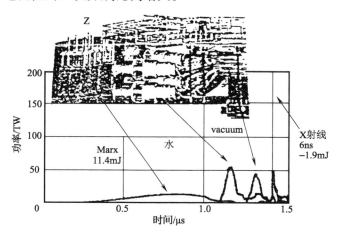

图 5-84　Z 箍缩装置能量压缩的形态

5.3.13.5　被照射目标设计

为了给密封装置点火，必须将外壁加速到 $3 \times 10^5 \text{m/s}$，将装置半径压缩为原来的 1/30，中心部分的温度达到 10keV。为此，空洞内壁的温度必须达到 225keV，从内壁发出的黑体放射线照射在密封装置上，使表面物质得到蒸发，由该反作用力压缩整个密封装置。空洞的温度和压缩的速度有一定的比例关系。

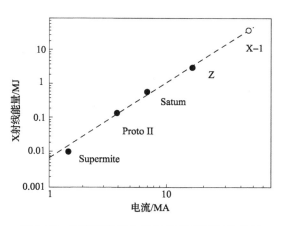

图 5-85　Z 箍缩峰值电流和 X 射线能量的关系

对于 Z 箍缩方式自身的收缩是难以达到如此高的收缩速度的。可以使用另一种方法即使用 Z 箍缩方式产生巨大的 X 放射线来替代激光。至于照射的方式，密封装置的检测还是使用原来的激光方式中使用的检测装置。下面介绍一下用 Z 箍缩方式检测的照射方法。

本来是将空洞假设为一个不能移动的内壁，选择用 Z 箍缩方式来实现空洞的话就出现了动态空洞的概念。这个方法是使用原子核较小的轻物质实现收缩的 Z

箍缩方式，可以使得运动停止，此时释放出的 X 射线照射到位于内部的密封装置中。这个方法可以对收缩前的密封装置进行加热，有可能不用将其半径压缩到原来的 1/30。另一个方法是固定内壁空洞。这个方法将 Z 箍缩方式和密封装置进行了分离，可以避免之前出现的问题。但是这个方法会产生使大面积内壁产生瞬时高温的新的技术问题。另外，对于 Z 箍缩方式产生的放射线侧面多于轴向，这样一来，如何照射封闭装置这一几何问题显得尤其重要。

5.3.14　产生微波

5.3.14.1　引言

随着脉冲功率放电技术的进步，使用高强度电子束作为大功率微波源的研究有了巨大的进展。本节将讲述使用由脉冲放电得到的电子束来产生微波的相关技术。电子束和电磁波相互作用在满足关系 $\omega = k_z v_z - S\Omega$ 时产生，这里 ω 和 k_z 是电磁波的角频率和轴方向的波数；v_z 是电子束轴方向的速度；Ω 是电子束相对回旋角频率；S 是任意整数，当它为正时是速波回旋共振，为负时是迟波回旋共振，为零时是切伦科夫共振。

迟波回旋共振和切伦科夫共振的特点是可以将电子束轴方向的能量转换为电磁波能量。因而，这些方法产生的迟波微源与必须具有电子束垂直方向能量的速波回旋微波激射器具有本质的不同。因此，迟波微波源不需要给予垂直方向能量的复杂结构，在使用大电流电子束的情况下是十分有利的。

5.3.14.2　迟波电子回旋加速微波激射器和零磁场后进波振荡器的实验

对于迟波微波源，为了将速度降低到微波的相位速度与电子束的相互作用的速度必须使用迟波结构。这种结构具有电感结构和 3 种周期结构，考虑到流过大电流电子束，使用没有带电问题且具有正弦波周期状的导波管。周期迟波导波管的结构由 3 种参数决定，即平均半径 R_0、波纹周期 Z_0 和波的振幅 h。在大功率化实验中将该管口径增大，实验中用于高重复频率的短周期小振幅的大口径迟波导波管（$R_0 = 30\text{mm}$，$Z_0 = 3.41\text{mm}$，$h = 1.7\text{mm}$）已经有了相关报告。对于基本模式的 TM_{01}，这些参数可以得到 20GHz 的共振频率。另外，迟波导波管的长度是 $70Z_0$。向这个大口径管中注入脉冲放电得到电子束来进行微波产生实验。该电子束源使用的是贴着绒毛的冷阴极。

在迟波电子回旋加速微波激射器实验中，为了引导电子束在轴方向上而附加了磁场。磁场强度是从阴极到迟波导管的 5% 以内且分布均匀。阴极施加的电压为 30kV，电子束电流约为 150A，脉宽约为 100ns。从阳极接收的电子束环半径为 26mm，厚度为 1mm。图 5-86 所示的是检测到的微波输出的共振增量相对于磁场强度的关系。共振频率是 20GHz，模式为 TM_{01}。只存在切伦科夫共振情况下的微波输出功率是 0.1W，非常小。同时使用切伦科夫共振和迟波回旋共振，磁场为 0.75~1T 的情况下，通过迟波电子回旋加速微波激射器可以得到大功率微波。

对于磁场为零的后进波共振器实验，由于是将大电流电子束射入到中性气体中，可以产生移动电子束所必需的等离子体。另外，在阳极使用的是铜栅极。磁场为零的后进波共振器具有在实用中无需磁场环的优点，为了整合切伦科夫共振和迟波速波回旋共振所进行的物理研究也是很有意义的。图5-87所示的是微波输出与中性气体的气压关系。施加的电压约为50kV，电子束电流约为150A。在气压为0.12 ~ 0.13Torr时，微波输出功率达到最大，约为1kW。共振频率为20GHz时，有两种模式，即轴对称的TM模式和非轴对称的TE模式。

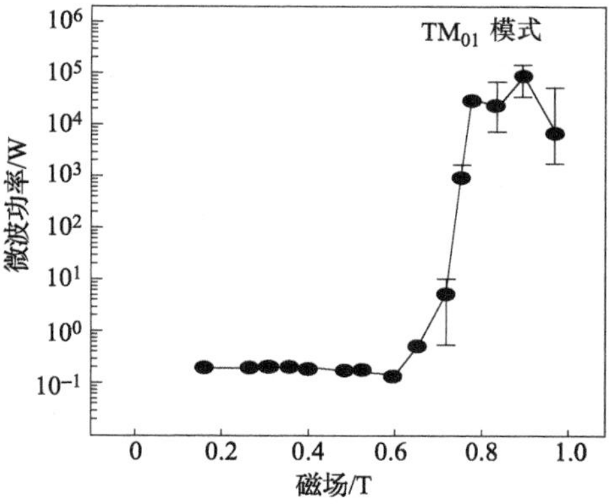

同样的振动模式也得到了在X射线以下频率的报告。轴向射入电子束的TM模式的共振可以认为是切伦科夫共振和迟波速波回旋电子加速共振整合的结果。

5.3.14.3 小结

据报道，迟波电子回旋加速微波激射器和磁场为零的后进波共振器在30 ~ 50keV以

图5-86　迟波实验

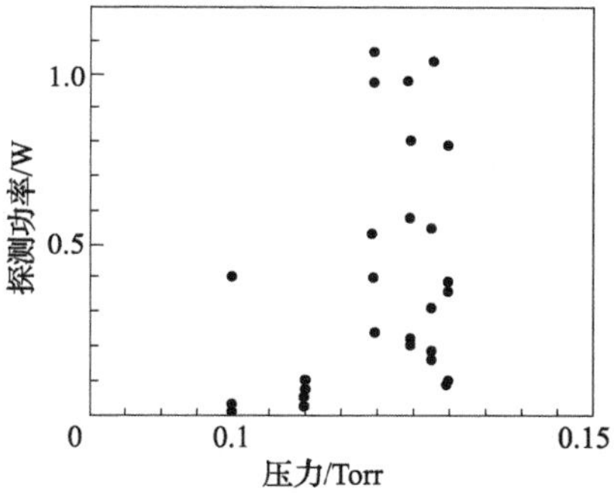

图5-87　磁场为零时后进波发生器实验

及较低的能量下产生100 ~ 200A的大电流电子束是可能的，无需超大型的电源。尽管电子束的空间分布控制问题还有待解决，但切伦科夫共振与迟波电子回旋加速共振的整合无论是从物理原理上还是从实用上来说都具有很大意义。

5.3.15 新材料的开发

利用脉冲功率在材料开发这一领域的研究是相当广泛的，如利用快速加热或制冷对材料进行表面改造、薄膜生成；利用脉冲功率产生的高压高温进行钻石合成以及纳米粉末制作等，总之可以应用的领域是极其广泛的。

作为新的金属表面改造技术，使用高强度脉冲激光、电子束、离子束以及等离子束等方法很早就在研究。使用脉冲照射金属或者合金，随着给目标物传送的能量的增加，目标物的高速熔融、急速冷却或者接收到冲击波都会产生非平衡态，如纳米结晶化以及冲击波产生的新结构等可能性。利用低能量大电流的电子束进行脉冲溶解是了解微构造过程的最好方法。将电子束注入到钢铁之中可以得到表面硬度高达$1600kg/mm^2$、厚度为$200\mu m$的硬度层。产生这些变化的原因是由于脉冲电子束的照射，产生了高温高压。另外，由于短火花隙放电，低气压中可以产生磁场尖峰

功率密度为 $1 \times 10^8 \, W/mm^2$ 的高能量密度电子束。由于这种装置的小型化和便宜，可以实现高重复频率，所以在薄膜制作、X 射线源、激光激励等领域有广泛应用。

由脉冲大电流离子束的照射产生的纯钛的结晶化可以实现材料的表面改造。将高强度的脉冲离子束（1MeV，50ns， $-30J/cm^2$）照射到基板 $SrTiO_3$ 上，可以产生高密度的磨损等离子，制造出与靶材物质组成比大致相同的薄膜。据说已经成功制造得到 SiC 的薄膜，这是由于靶中离子束的行程较短，引起薄层中能量注入的原因。由此也可以得到急速冷却的特征，纳米粉末的制作也获得了成功。利用脉冲功率激光照射进行薄膜制作的进展也获得了成功。

5.3.16 离子注入

5.3.16.1 引言

随着产品的高性能化和高附加值化，将所需机能加载到固体表面的表面处理技术的需求越来越大。鉴于此，各种处理方法逐渐得到研究并进入实用化，该方法主要分为两大类。第一类方法是在物体表面形成与物体不同性质材料的薄膜，代表方法有物理气相沉积（PVD）和化学气相沉积（CVD）。第二类方法是离子注入法，该方法是通过添加不同粒子或通过施加能量改变物体表面的材料属性。这两种表面处理方法有各自的特点，用途目的也有区别。

这里将重点讲述作为离子注入法之一的金属离子注入法。

5.3.16.2 金属离子注入原理

对于金属离子注入法，是将要注入的元素离子化并通过一定能量的加速照射在固体基板表面。如图 5-88 所示，照射的离子由于具备运动能量在弹射固体基板表面原子的同时，强行进入基板内，到达某一深度后由于能量耗尽而停止。

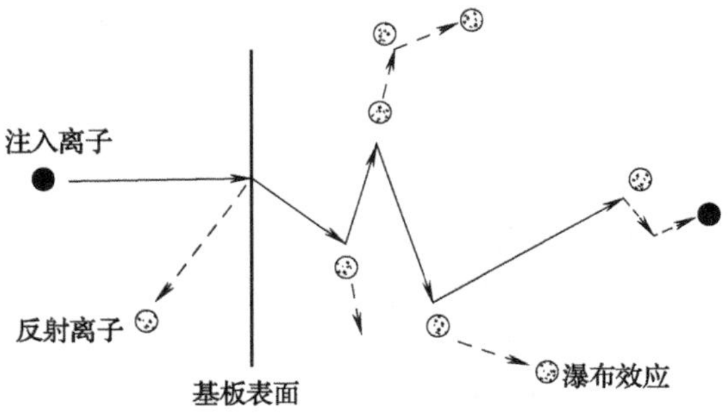

图 5-88　注入离子的运动轨迹

5.3.16.3 金属离子注入的特征

图 5-89 所示的是金属离子注入法和 PVD 方法的成膜比较。由图可知，金属离子注入有以下特点：

1）不存在剥离的问题；

2）不存在薄膜厚度控制失常的问题；

3）控制性和再现性良好。

5.3.16.4 装置组成

图 5-90 是金属离子注入装置示意图，它是由弧光放电系统、加速电极系统、弧光电源系统、高电压电源系统以及真空室组成。由金属蒸发源作为阴极进行真空

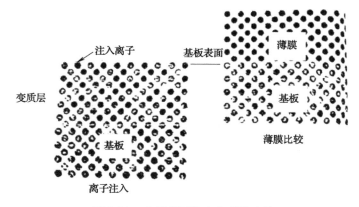

图 5-89 金属离子注入和成膜比较

弧光放电可以使得蒸发源材料迅速蒸发并离子化，在加入高压的电极间加速离子并引入真空室。

在实际离子注入时并非是不间断注入，基于以下理由必须进行脉冲注入：要想从加速电极高效地引出金属离子束，必须具有一定密度的金属离子；金属离子密度最佳值的确定由加速电极的结构和加速电压等决定，若是高于或者低于该密度，金属离子就会与加速电极产生冲突、效率降低或者产生加速电极的异常过热等现象；最佳值一般都是高密度，若连续注入高密度金属离子，作为被处理物的固体基板温度会上升过高，这样一来就需要大容量高电压电源；若用脉冲注入代替连续注入，就能避免上述问题。

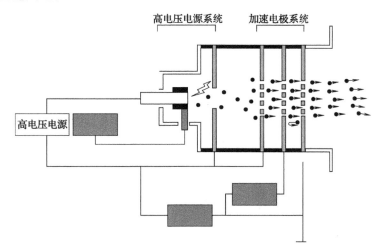

图 5-90 金属离子注入装置示意图

5.3.16.5 电源

为了实现脉冲注入，并不是使在加速电极上施加的加速电压脉冲化，而是将用于蒸发阴极材料使之离子化的真空弧光放电脉冲化。

加速电极上施加直流高压，在没有真空弧光放电时，由于加速电极间不存在加速离子，高电压电源的输出电流几乎为零。这里，若是真空弧光放电脉冲化，只有在脉冲产生期间被照射材料才会蒸发并离子化，这时产生的金属离子在加速电极间被加速。此时，从高电压电源一端便产生了与加速金属离子的量相对应的电流。从高电压电源来看，也就是作为负载的加速电极的阻抗在脉冲产生时是很小的，脉冲时才会输出电流。

对应于这种负载阻抗的急剧变化，为了使高电压电源的负载更加平均，高电压电源是由图5-91所示的直流高电压电源和电容电抗所构成。直流高电压电源对电容进行不间断充电。由于脉冲弧光放电输出的电流必须高于电源的最大输出电流，所以该电流由电容的放电提供，也就是说电容是直流充电并进行脉冲放电。但是，电容容量的选定必须使得脉冲放电的电容电压足够小。

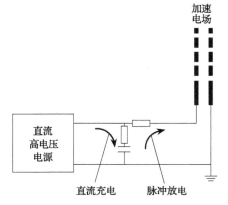

图5-91 金属离子注入装置使用的高电压电源示意图

5.3.17 NO 的生成

5.3.17.1 引言

利用脉冲功率放电生成NO可在医疗领域应用。NO吸入法被认为是治疗肺动脉高压和急性呼吸窘迫综合征（ARDS）的有效方法，这种疗法利用了NO的血管舒张作用。然而，在临床环境中，目前使用混合有高浓度NO的N_2气瓶作为吸入NO的来源，这具有很高的风险。当NO从气缸泄漏到空气中时会被氧化成二氧化氮（NO_2），NO_2因其毒性从而容易导致医疗事故。现有NO气体设备容量大、质量大，不适合在紧急情况下使用，并且为了去除脉冲电弧放电产生的NO_2和金属颗粒还需在装置中配备活性炭。然而活性炭使用寿命短的缺点也不适用于医疗器械。为了开发能够代替现有NO气体装置的安全的NO吸入装置，人们正在进行各种设备改进研究。

5.3.17.2 医疗中NO的吸入疗法

NO吸入疗法（NOI）是向患者输入NO气体达到一定治疗效果的方法。NO在肺里面产生作用，由于气体的扩散速度很快，只要在适当部位使用就会很快产生效果。NOI疗法用于严重的肺高压症以及呼吸不全等危及生命的情况，是一种紧急救援并维持生命的疗法。图 5-92 是实际的治疗例子。

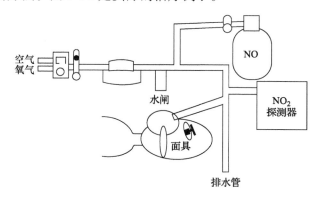

图 5-92　实际治疗例子

5.3.17.3　实验装置和实验方法

图 5-93 是 NO 生成实验的整体图。NO 生成电极是一对针状电极，间隔是 3mm。因为电极的支撑物必须耐热耐腐蚀，所以使用聚四氟乙烯材料制成。气体原料是便宜无害的空气。

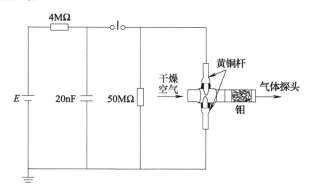

图 5-93　实验装置图

实验过程是用高压直流电源（25kV）对容量为 20nF 的电容充电，使用火花隙开关控制使电极间产生脉冲弧光放电。同时将放电处理后的气体送入分析器进行采样，测量 NO 和 NO_2 的浓度。设置钼坡莫合金（Mo）管除去生成的 NO_2。

5.3.17.4　实验结果

图 5-94 和图 5-95 所示的是 NO、NO_2 浓度以及 NO_2 所占 NO_x 的比例对于脉冲频率以及 Mo 管温度的关系。因为 NO_2 是有害物质，希望 NO_2 所占比例为 0。由图 5-94 可知，随着脉冲频率的提高，产生的 NO、NO_2 气体浓度不断增加。而且 NO_2/NO_x 的比值为固定值。由此可知，NO、NO_2 气体浓度可以由脉冲频率的变化来调节。由图 5-95 可知，当 Mo 管的温度达到 700K 以上时 NO_2 逐渐减少，同时

NO 逐渐增加。此时 Mo 管内发生了以下反应

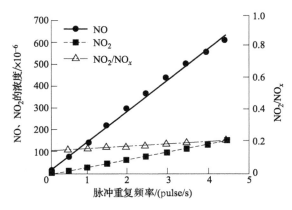

图 5-94 脉冲重复频率关系图

$$Mo + 3NO_2 \rightarrow MoO_3 + 3NO$$

从而可以得到，NO_2/NO_x 的比值从 0.22 下降到 0.07。若使用的 Mo 管更长的话，可以将该比值降到 0。

利用脉冲弧光放电等离子对于氮和氧在医疗领域的应用中可以生成足够浓度的 NO，而且放电中伴随 NO 生成的有害 NO_2 可以用 Mo 管除去。

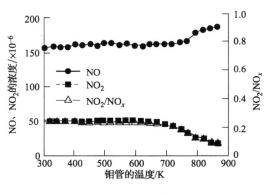

图 5-95 钼管的效果图

5.3.18 金属涂层塑料处理

5.3.18.1 引言

电子废物的回收再利用是非常重要的，因为电子元件和印制电路板都包含有价值的材料。最近，脉冲功率技术可以分离电子垃圾成分而广受关注。可以用脉冲电源放电和冲击波对电子垃圾进行粉碎。这里详细介绍了 CD-R 作为金属涂层材料的去除过程。

5.3.18.2 实验装置

图 5-96 是可释放 40J/pulse

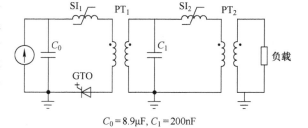

$C_0 = 8.9\mu F$，$C_1 = 200nF$

图 5-96 磁脉冲压缩脉冲电源主电路[19]

的磁脉冲压缩脉冲功率发电机。电路由 C-L-C 能量转换电路和升压变压器组成，能

量从 C_0 经 C_1 传到负载。饱和电感 SI_1 用来保护晶闸管，减少能量损伤。SI_2 是磁开关，给 C_1 充电，使负载上的电压可高达 $90 \sim 120kV$，磁脉冲压缩脉冲功率发电机体积小、易于调节重复频率。

图 5-97 是观察脉冲功率放电的实验装置原理图。由 MPC 发出的脉冲功率施加到 CD-R 的同心圆环电极上。内部环电极接高电压，外部环电极接地。CD-R 垂直放置，相机水平放置，放电过程由超高速分幅相机记录。

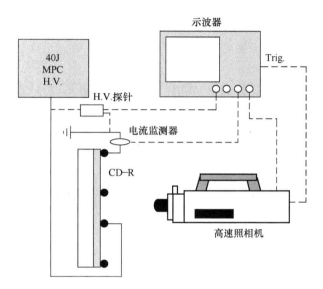

图 5-97　在去除金属期间观察放电的实验装置原理图[19]

5.3.18.3　结果分析

脉冲发电机每次放电能量是 35.3J，在 20 次冲击后，CD-R 上 90% 的金属层被移除。图 5-98a 是第一次冲击时放电图像，图 5-98b 是第一次冲击后 CD-R 状态。可见，第一次冲击后，放电以扇形传播，扇形区域的金属和绝缘层与塑料基板分离，金属被去除。随着冲击次数的增加，金属逐渐被剥离。

但是当冲击次数达到第 10 次时，在电极和未去除部分的金属层之间的塑料基板发生表面闪络，比扇形放电传播速度更快，放电方式持续到金属层完全脱落，如图 5-99 所示。

5.3.19　生物与医学

5.3.19.1　引言

脉冲功率技术的应用领域正在向生物技术和绿色技术领域拓展。近年来，使用脉冲电场或放电和电穿孔来灭菌的生物医学领域研究很活跃。

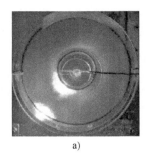 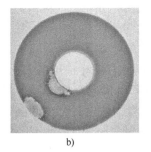

a) b)

图 5-98 放电后 CD-R 的状态[19]

 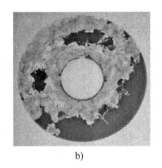

a) b)

图 5-99 在 10 次和 11 次冲击后 CD-R 的状态[19]

5.3.19.2 基因表达

通过在细菌密度为 10^9 个/mL、体积为 2mL 的溶液中施加 100 或 1000 个脉冲电场，来研究其对病原菌基因表达的影响。实验装置如图 5-100，通过腔室电极对细菌施加脉冲电场。腔室电极被设计成用两个电极夹持丙烯酸板和溶液柱，并密封以防止细菌溶液泄漏。

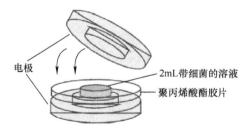

图 5-100 腔室电极装置[20]

对细菌施加脉冲电场，研究了脉冲电场冲击次数对 RNA 致病因子的表现水平。如图 5-101 所示，脉冲电场对不同 RNA 致病因子的影响效果不同。在 1000 次冲击后，VP1680 和 VP1699 表现水平升高。但是，TDH 的表现水平减小。

5.3.19.3 细胞特性

（1）细胞凋亡

纳秒脉冲电场（nsPEF）会产生细胞内部效应，溶液电导率、脉冲电场强度和脉冲电场冲击次数都会对细胞内部效应造成影响。对虫卵实验时，电脉冲宽度为

110ns，虫卵大量受损。50ns 宽度脉冲和较低的电场作用下，观察到与细胞内电场作用相一致的延迟孵化，而在较强的电场作用下，虫卵受到脉冲冲击，数天后便不能存活。通过施加脉冲电场，还会引起细胞凋亡。这使得在没有副作用的情况下治疗癌症成为可能。在将来，我们或许可以通过纳秒脉冲电场控制细胞分化，因此纳秒脉冲电场在再生医学中可能有新的应用前景[21]。

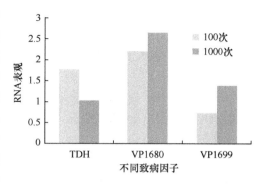

图 5-101　脉冲电场冲击次数的影响[20]

（2）癌症治疗

目前，应用纳秒脉冲电场可诱导细胞凋亡来治疗恶性肿瘤已被证实。研究人员在试管中对小鼠黑色素瘤细胞 B16-F10 进行处理，将纳秒脉冲电场与抗癌药物（阿霉素）相结合，采用结晶紫法检测肿瘤存活率。图 5-102 结果显示将纳秒脉冲电场和抗癌药物联合处理后，癌细胞存活比例是最低的。这是因为施加纳秒脉冲电场一定时间后，将在细胞膜上形成纳米尺度的孔洞，从而使得抗癌药物发挥更大的作用。

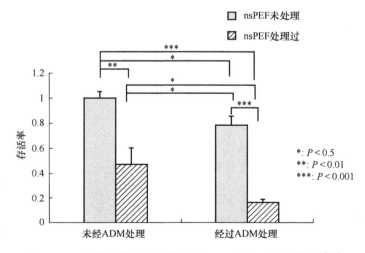

图 5-102　在纳秒脉冲电场处理后 48h 时癌细胞存活情况[22]

（3）细胞介电特性

生物细胞暴露在一定幅度和持续时间的脉冲电场时，细胞成分的介电特性会发生变化。细胞的不同电气特性使脉冲电场优先靶向特定细胞（如癌细胞）成为可能。在纳秒脉冲电场作用下，质膜电导率、核质电导率和细胞质电导率都会发生显著变化，即纳秒脉冲对细胞内结构产生了影响。在不同的暴露条件下，测量了质

膜、细胞质和核质电导率的变化。暴露
在纳秒脉冲场（nsPEF）下的细胞组分
电导率的变化明显高于暴露在更长的微
秒脉冲场（μsPEF）下的细胞组分。
图 5-103 和图 5-104 分别是核质电导率
和细胞质电导率在不同脉宽的脉冲暴露
下的变化情况。

图 5-103 表明从 10~30min，核质
电导率以恒定下降速率持续下降。如
图 5-104 所示，在纳秒脉冲电场暴露 5min
后，细胞质电导率下降到 0.25S/m，较暴
露前下降了 40%。从 5~30min，细胞质电导率以 0.22S/m 恒定速率下降。与微秒
脉冲电场相比，纳秒脉冲电场对细胞质电导率和核质电导率的影响更大。

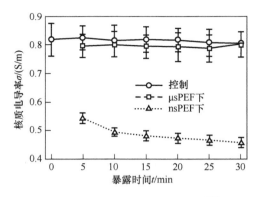

图 5-103 核质电导率变化情况[23]

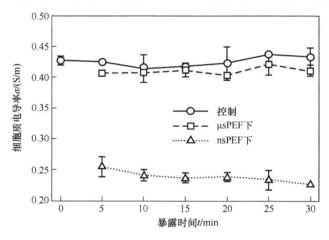

图 5-104 细胞质电导率[23]

图 5-105 是膜质电导率变化情况，
暴露在微秒脉冲电场 30min 后，膜质
电导率增加到暴露前的 4 倍。而暴露
在纳秒脉冲电场 5min 后，膜质电导率
增加到暴露前的 9 倍，最后增加到暴
露前的 11 倍。

5.3.19.4 折叠蛋白反应

脉冲电场会对细胞产生各种各样
的影响，内质网应激是由于未折叠蛋
白的积累而引起的，被认为是糖尿病

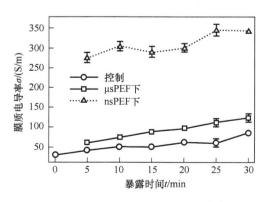

图 5-105 膜质电导率变化情况[23]

和阿尔茨海默病等疾病的一种病因机制。折叠蛋白反应（Unfolded Protein Response，UPR）是一种内在的内质网应激逃避功能，能够起到促进和暂停折叠的作用。研究人员利用纳秒脉冲电场分析了未折叠蛋白反应的激活，采用 Blumlein 脉冲形成网络（B-PFN）对悬浮液中细胞施加脉冲电场。图 5-106 所示为 5 级 B-PFN 的电路结构，当 $L = 40\text{nH}$、$C = 60\text{pF}$ 时，产生 14ns 脉冲电场，$L = 300\text{nH}$、$C = 295\text{pF}$ 时，产生 70ns 脉冲电场。旋转火花间隙开关 S_1 用来控制 B-PFN 充电，火花间隙开关 S_2 用于给负载上施加电压脉冲。

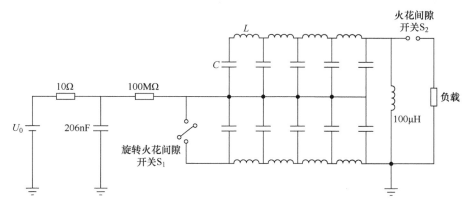

图 5-106　Blumlein 脉冲形成网络[24]

纳秒脉冲电场施加 1h 后，使用 Western Blotting（WB）检测细胞悬液，使用图像分析软件量化 P-elF2α 和 T-elF2α 的谱带强度，将两者比值绘制成直方图，结果如图 5-107 所示。可见，施加纳秒脉冲电场后，MEF 细胞和 HeLa 细胞的 P-eIF2α 谱带强度均小于未处理（UT）细胞。结果也表明在不同电场强度、脉冲数目下，P-eIF2α 的表达是不同的，不是简单依赖于电场强度。细胞内的现象是由非常复杂的机制导致发生的，研究电场状态（电场强度、脉冲宽度、脉冲数量）对于各种细胞类型的影响是非常重要的。

5.3.20　电磁脉冲成形

5.3.20.1　引言

电磁成形技术是在微秒级的时间将电容组中的能量释放，利用线圈产生的脉冲电磁力使金属工件发生高速变形的先进制造技术，属于高能量成形技术。它起源于20 世纪 60 年代，尤其适合铝、镁等轻质合金的成形加工。与传统准静态成形相比，电磁成形过程中，工件变形速度极快，变形持续时间极短，使得其具有显著的惯性力效应。因与传统准静态成形技术在原理和变形过程的巨大差异，使得电磁成形具有很多重要的优势：增强成形柔性、降低成本、提高材料成形性能、减小回弹、抑制起皱。目前板材电磁成形工艺按照加载方式不同可以分为两种。第一种是

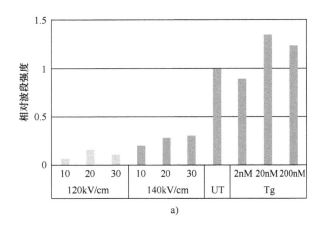

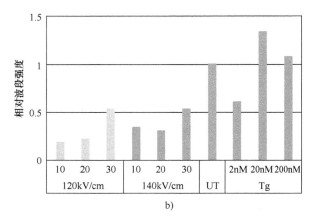

图 5-107　MEF 细胞和 HeLa 细胞的 P-eIF2α 谱带强度对比[24]

a）MEF 细胞（14ns）中的相对 P/T　b）HeLa 细胞中的相对 P/T

以脉冲电磁力作为唯一成形载荷的成形工艺，这是电磁成形最原始的形式，即"纯"电磁成形；第二种是将电磁成形和传统冲压成形相结合的电磁辅助成形技术。在电磁成形发展进程中，起初电磁脉冲成形只局限于小型零件的加工，成形件的尺寸也不超过 200mm。而目前电磁脉冲成形的加工工件尺寸已上升到 1.38m 以上。

5.3.20.2　基本原理

电磁成形原理如图 5-108 所示。当高压开关 S 闭合后，储能电容器对加工线圈放电，使加工线圈中产生一个强脉冲电流 i，加工线圈周围形成一个脉冲磁场。当加工线圈内未放入金属导体时，磁力线分布如图 5-108a 所示；当加工线圈内放入金属导体时，加工线圈所发生的脉冲磁场使金属导体内部产生感应电流 i'，感应电流产生阻止磁力线穿过导体的磁场，使得磁力线集中于加工线圈和导体之间的间隙中，磁力线分布如图 5-108b 所示。

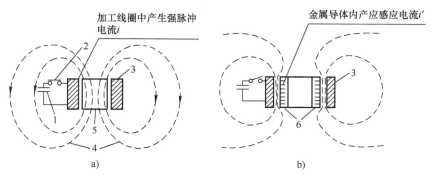

图 5-108　电磁成形原理图[26]

a）未加入金属导体　b）加入金属导体

1—储能电容器　2—高压开关 S　3—加工线圈　4—磁力线　5—绝缘体　6—金属体

金属导体受到脉冲磁场力 P 作用：

$$P = \frac{1}{2}\mu H^2$$

式中，μ 为材料磁导率；H 为加工线圈和毛坯间隙中的磁场强度。当脉冲力 P 足够大时，金属导体达到屈服极限，产生塑性变形，以实现工件的成形。从成形原理上可以看出，为增大脉冲力 P，必须减少金属工件的电阻率，增大材料的磁导率 μ。

5.3.20.3　效果分析

（1）电气行业

电力电缆线路故障原因主要是电缆接头故障，为从根本上减少或避免电缆接头故障，必须从压接质量提升入手。目前，接头与电缆多采用液压方式进行压接，而该技术会导致接头压接质量欠佳，进而造成电缆接头接触电阻大、绝缘损伤、局部电场分布不均等，最终在运行中易引发电缆接头事故。为此，将电磁脉冲成形技术引入电缆接头的压接，对分别采用电磁成形技术和液压技术对 70mm^2 电缆与标准铝制接头 DL-70mm^2 开展压接实验，通过对压接接头的拉伸强度和接触电阻进行测量与对比。基于电磁脉冲成形的电缆接头压接装置示意图如图 5-109 所示，装置主要由充电储能、放电和成形 3 个模块构成。充电与储能模块是整套装置的基础部件，由充电电源与储能电容构成，是脉冲成形的能量来源。放电模块由放电开关以及配套的触发源构成，是整套装置中的关键部分，直接影响着装置的性能。成形模块由成形线圈与集磁器构成，其中成形线圈是将脉冲电流转换为瞬变脉冲磁场的重要组件。装置最终通过成形模块以磁场作用的方式将放电能量转换为金属接头压接所需的机械能。

电磁脉冲成形技术和液压技术压接的电缆接头横截面如图 5-110 所示，可见 70mm^2 模具液压接头截面存在 4 个缺陷。相较于液压技术，充电电压 12kV 下电磁

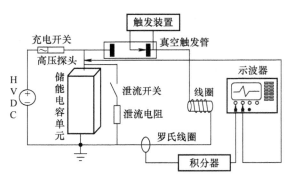

图 5-109　电磁脉冲成形装置示意图[27]

脉冲成形技术压接的电缆接头的拉伸强度至少提高 35%，甚至高于铝制接头自身的拉伸强度。对多组接头进行接触电阻测量，测量结果表明，电磁脉冲成形技术压接的电缆接头的接触电阻为 13.6μΩ，相对于液压电缆接头的 21.3μΩ，降低了 36.15%。

（2）机械行业

在传统拉深工艺中，拉裂缺陷常常发生于壁厚变化最大处，其原因是该处承受过大拉应力而被破坏。为了减小拉应力，可以降低法兰区板料与磨具的摩擦力或在法兰区域施加径向推力，来提高法兰区域材料的流动性。利用高速率的电磁脉冲成形的优势与压力机成形工艺结合的冲压技术可以获得高于传统冲压加工的成形性能。

电磁助推渐进拉深成形的模具结构如图 5-111 所示，电磁径向助推线圈被布置于法兰的上、下面，嵌入压边圈和凹模中，在凹模的圆角处嵌入径向助拉线圈。第一步，凸模下压一定深度（见图 5-111a）；第二步，圆角助拉线圈与助推线圈同时放电（见图 5-111b）；第三步，凸模下压，对反胀变形的圆角进行整形（见图 5-111c）。重复上述步骤，直至拉深到极限深度。线圈放电产生的电磁力促使法兰区域板料发生流动，在凹模圆角处形成反胀变形，并在凸模下压整形过程中流入凹模内。这提高了法兰区域板料的

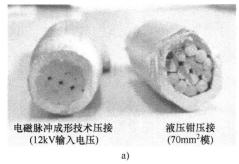

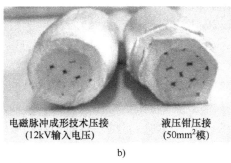

图 5-110　压接处横截面对比图[27]

a）电磁脉冲压接与采用 70mm² 压模液压的接头横截面形貌对比

b）电磁脉冲压接与采用 50mm² 压模液压的接头横截面形貌对比

流动性和拉深高度，降低了板料与模具的摩擦力。

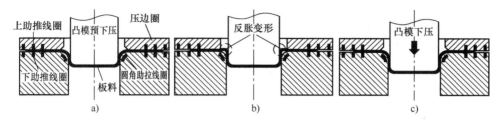

图 5-111　多向电磁助推筒形件渐进拉深过程[28]

a）凸模预下压　b）圆角助拉线圈与助推线圈放电　c）凸模下压对圆角处整形

电磁助推渐进拉深工艺在线圈单次放电和多次放电的实验结果分别如图 5-112 和图 5-113 所示。在一次放电条件下，板料最终拉深高度提高了 18.1%；多次放电拉深条件下，最终拉深高度提高了 45.1%，同时使板料的直径显著缩小。说明该成形工艺能够提高板料法兰区域材料向凹模洞口的流动量，多次放电后能够使板料的成形高度显著提高。

图 5-112　一次放电后凸模下压拉深结果

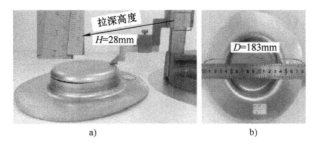

图 5-113　线圈放电 4 次后板料的成形结果[28]

a）拉深高度　b）板料缩小量

5.3.20.4　今后的研究方向

虽然电磁脉冲成形的相关研究成果陆续发表，但其从实验室走向工业化的发展过程中，现有电磁脉冲成形技术仍无法满足工业化大规模生产对装备可靠性、工艺成熟度和性能稳定度的需求。电磁脉冲成形仍有一些工作亟待完成：对电磁脉冲成形过程中电磁参数、几何参数和工艺参数的最优化选择；如何提高电磁脉冲成形技术的性能稳定度来满足工艺化生产过程中对品质稳定的要求；对各种绕制工艺的线圈、电磁装配及连接工艺和电磁成形的间接加工方式等对电磁成形影响的研究；对方形、椭圆形以及高度方向上呈阶梯状等系列复杂、深腔板件的电磁成形理论与工艺的深入研究；更大尺寸、更高成形质量板件整体电磁成形理论与工艺研究。

5.3.21　电磁脉冲焊接

5.3.21.1　引言

电磁脉冲焊接技术是脉冲功率技术民用化的一个应用分支，是对电磁成形技术的推广应用。其起源于20世纪70年代初期，机理与爆炸焊相似，均属于固态冷焊，特别适合于异种材料的连接。其原理是将电能储存在高压电容中，通过开关实现对电磁线圈的瞬间放电，形成脉冲电流，因电磁感应在导电工件中产生涡流，并产生瞬时强磁场和强磁脉冲力，将电能转化为材料的动能，使得两种工件相对高速运动和碰撞，最终实现金属间冶金结合。与传统焊接工艺相比，其优势是：①固相焊接技术，可用于异种金属、金属与非金属的焊接，如铜合金/钢、铝合金/碳钢、铝合金/不锈钢等；②焊接时间很短（微秒级），成本低、生产效率高；③焊接无污染，绿色环保；④可精确控制焊接时的放电能量，容易实现自动化。近十年来，汽车、轨道交通、核电、航空航天、家用电器等行业的迅速发展，使电磁脉冲焊接技术再次受到广泛关注。

5.3.21.2　实验装置

电磁脉冲焊接成形基本电路如图5-114a所示，工作原理主要包括充电过程和放电过程，等效电路如图5-114b所示。充电系统包含直流电源、开关与脉冲电容，主要作用是给脉冲电容充电；放电系统由脉冲电容、真空触发开关与工作线圈组成，主要作用是实现磁脉冲焊接。由于放电时，充电电源与脉冲电容已实现电气隔离，故影响焊接效果的主要因素是放电系统的各个电气参数。分析放电系统，因焊接线圈自身和线路中存在电感和电阻，回路中存在RLC振荡，即使很小的电感及电阻也会影响振荡周期和脉冲电流的上升沿，影响磁场

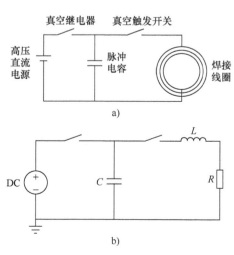

图5-114　电磁脉冲焊接成形的
基本电路和等效电路[30]
a）基本电路　b）等效电路

大小，从而影响焊接效果。在电路结构设计时要充分考虑回路中电阻和电感的影响。

通过基尔霍夫电压定律可求得 RLC 振荡达到的第一个电流峰值 I_{max} 公式如下：

$$I_{max} = U\sqrt{\frac{C}{L}}\mathrm{e}^{-R\sqrt{\frac{R}{L}}\arctan\frac{2}{R\sqrt{LC}}}\sin\left(\arctan\frac{2}{R\sqrt{LC}}\right)$$

由电磁感应定律可知，磁感应强度正比于电流。因为电磁脉冲焊接技术是通过电流做功，电流的波形和峰值决定了工件移动的速度，其对放电电流波形要求较高。设计电路时，应尽可能减小回路中的电感以提高电流峰值，增大磁感应强度。

5.3.21.3 效果分析

（1）电气行业

电磁脉冲可以用来进行连接高压电缆、锻压同轴电缆线端子以及焊接超导接头。图 5-115 是电磁脉冲焊接电缆接头效果，其电线接头的接触电阻比传统绞合连接的电线接头更小，电学性能更优。这是因为电磁脉冲焊接过程中，金属套管受到的电磁力均匀，焊接较为紧密，而传统方式只能增加一定接触面积，紧密度较小。

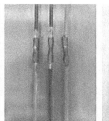

图 5-115 电磁脉冲焊接电缆接头效果[30]

现代电子设备要求薄、轻、功能复杂，不同形状的柔性薄印制电路板（FPCB）的连接越来越受到人们的重视。传统的黏合方法不能为柔性印刷电路板互连提供经济可靠的解决方案，电磁脉冲焊接为 FPCB 黏合提供了一种优良的快速实现方法。电磁脉冲焊接装置示意图如图 5-116 所示，图 5-117 是工业应用中常见的 1mm、5mm 和

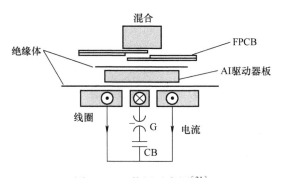

图 5-116 装置示意图[31]

10mm 铜排宽度的柔性印刷电路板电磁脉冲焊接结果。经测量，W5 样品搭接接头电阻小于 $10\mu\Omega$，已经足以满足微电子应用。经过剪切强度测试后，焊接试样的最大抗拉剪切强度略小于未焊 FPCB 的抗拉剪切强度，焊接接头性能达到母材的强度，效果良好。

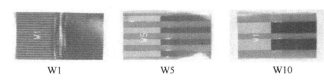

W1   W5   W10

图 5-117　连接结果[31]

（2）汽车行业

交通工具尤其是飞机、汽车和高铁等在设计过程中需要尽可能减少其质量，提高能量利用率，实现交通工具轻量化是必不可少的。同时在节能减排要求下，电动汽车将成为未来汽车行业的主流，其技术瓶颈之一便是汽车轻量化。在目前汽车车身材料组成中，铝合金因其低密度的特点在车身上得到广泛应用。以奥迪 A8 为例，其采用了"全铝车身"，仅部分对强度要求很高的结构件采用高强钢制造，而铝合金和钢难以均匀结合。目前能用于铝-钢异质金属焊接的方法主要包括熔焊、压焊、钎焊、爆炸焊等冶金连接，以及螺栓、铆接等机械连接，其连接效果均不够理想。而电磁脉冲焊接能够有效避免铝-钢焊接出现的焊接接头强度低、塑性和韧性差等问题，有效地解决汽车车身铝-钢的连接问题，实现汽车轻量化。

在实际应用中和服役环境中，铝-钢的电磁脉冲焊接接头会面临复杂工况的考验，比如温度变化、冲击载荷、腐蚀环境乃至多种工况、不同环境复合下的挑战。研究人员对铝合金和高强钢板件的电磁脉冲焊接接头在高速冲击载荷、高低温循环和中性盐雾测试下的性能进行分析，发现焊接接头在盐雾腐蚀环境下退化最严重。因此对于铝-钢焊接件在实际服役环境中使用时，必须要考虑防腐设计。

5.3.21.4　今后研究方向

随着核工业、汽车工业、航空航天等行业对焊接技术要求的提高，可对轻量化异质金属进行焊接的电磁脉冲焊接技术研究也越来越受到重视。虽然已有很多科技项目不断投入，但现有板件电磁脉冲焊接的方法单一，且操作具有一定局限性，技术的工业化应用相对较慢。目前研究主要围绕管-管、板-板接头搭接开展研究，关于长直金属管材复合连接工艺方法的研究十分欠缺。此外，国内研究电磁脉冲的设备多采用进口，使得研究开发局限性较大。同时应进一步开展电磁脉冲焊接技术数值建模与仿真技术研究，为焊接时的工艺参数确定和焊接设备选择提供科学依据。

5.3.22　电磁轨道炮

5.3.22.1　引言

电磁发射技术是目前各军事强国都在发展的一类新概念武器技术，按照发射速度和末速度的不同，电磁发射技术可分为电磁弹射技术（发射长度百米级，末速度可达 100m/s），电磁轨道炮技术（发射长度十米级，末速度可达 3km/s）、电磁推射技术（发射长度千米级，末速度可达 8km/s），3 种技术的基本原理相同，涉及的关键技术有一定差别。电磁轨道炮是利用电磁发射技术制成的一种动能武器，具有初速度高、运行动能大的优点。在 20 世纪 70 年代，由于高功率脉冲电源技术的进步和科学实验、军事应用的需要，电磁发射技术有了重大突破。其代表性工作是澳大利亚国立大学 R. A. 马歇尔小组的杰出工作，他们一举把聚碳酸酯物体加速到 5.9km/s，这一划时代的成就极大振奋了学术界和军方。现在，世界各国尤其是一些发达国家对电磁发射技术非常重视，其主要原因是：对利用常规火药的火炮分析表明，炮口初速已接近物理极限，射程不可能更远。而电磁发射系统的推力要比火药发射的推力大 10 倍，其作用时间比火药燃气压力对弹丸的作用时间更长，仅弹丸发射速度便可以达到 7200 ~ 8690km/h，且其射程大大超过火炮，使弹丸具有巨大的动能和极强的穿透力，从而大大提高武器的射程和威力。电磁轨道炮被美国陆军看成是 2020 年后陆军战车主要武器的候选方案，美国甚至将电磁轨道炮视为改变战争游戏规则的颠覆性武器。未来应用包括美国未来作战系统、英/美战术侦察装甲战车/未来侦察骑兵车等车辆，也可作为舰载武器。

5.3.22.2　装置原理

电磁轨道炮与传统火炮的结构和原理不同，电磁轨道炮实质上是一种电气武器，图 5-118 为轨道型电磁发射器原理示意图，由两条互相平行且被固定的长直、刚性金属轨道和高功率脉冲电源、电枢以及发射体（如弹丸）等构成。其中，导轨的作用是传导电流，且组成该金属轨道的材料必须具备耐烧蚀、耐磨损、良好的机械强度。电枢是由导电金属或等离子材料制成，作用是带着弹丸一起在导轨间运动。当电磁炮发射时，合上开关，电流通过馈电母线、轨道、电枢，沿一条轨道构成回路，当电流流经两平行导轨时，在两轨道之间产生强大的磁场，这个磁场与流经电枢的电流相互作用，电枢受强大的电磁力被加速，推动弹丸加速运动，获得高动能。

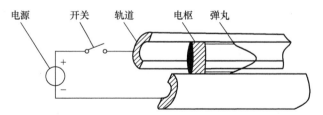

图 5-118　轨道型电磁发射器原理示意图[40]

把轨道型电磁发射器看作负载，轨道发射器可以看成是一个随发射体位置 x 变化的电感 $L_g(x)$ 和电阻 $R_g(x)$ 与电枢电阻 R_s 的串联，如图 5-119 所示。电磁轨道炮样机如图 5-120 所示。

5.3.22.3　发展趋势

从弓箭到火炮，我们实现了从机械能到化学能的转变。未来由化学能转换为更

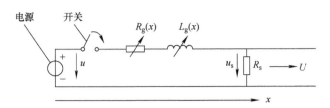

图 5-119　轨道型电磁发射器电路模型图[40]

图 5-120　电磁轨道炮样机[39]

高发射速度的电磁能将是必然趋势。目前，电磁轨道炮系统主要是舰载使用。在军事应用需求的不断演进下，可以对电磁轨道炮进行一些进展预判：高速运行的电磁轨道炮除了可以用来轰炸几百千米以外的目标，也可以用来反空袭或其他直瞄目标。将电磁轨道炮与现有武器装备结合起来，将其装载在舰艇上，进行反装甲与防空，如用它来打击临空的飞机和坦克装甲；采用微机电系统和轻质高强度复合材料，将电磁发射制导弹药小型化、一体化，为轻质一体化电磁发射制导弹药的工程化实现奠定基础。此外，在电磁轨道炮控制系统上，随着不控弹药向有控弹药过渡，弹上控制设备的抗高过载、强电磁防护等问题，高压飞行条件下的稳定控制技术和高精度制导控制问题都需要得到重视。同时，电磁轨道炮的驱动电源体积和质量过大，发射装置笨重、炮管寿命等一系列技术问题都有待突破。此外，电磁轨道炮技术所用的高比能锂电池储能技术可推广应用于其他民用场合，如纯电力或混合动力汽车、储能电站等所用长寿命脉冲电容储能技术可用于民用 X 光机等需要瞬时超大功率等场合。

5.3.23　电磁推射

5.3.23.1　引言

电磁推射是一种全新概念的航天器火箭发射方式，利用了洛伦兹力的加速原理，采用直接动能飞行模式，具有极其广阔的发展空间。电磁推射和化学火箭相比具有完全不同的发射原理，具有造价低、可控性强、适应多种发射、能量可控、可高频率发射等优势，可经济地往太空投送小型卫星和资源。美国宇航局在 20 世纪 80 年代初就开始了用电磁发射器从地面向太空定向发射有效载荷的庞大计划，如拟用多级分段的导轨发射器把重 1 吨的放射性核废料以第三宇宙速度抛离太阳系，所需的成本仅是用化学火箭的 1% ~ 10%。且电磁发射器可重复使用，发射成本低，每千克有效载荷仅 1 ~ 1.5 美元。电磁推射技术是利用电磁发射技术实现空间物资快速投送或小型卫星等航天器的快速发射，可实现航天器重复发射，大大降低发射成本。其基本原理与电磁炮类似，属于电磁发射技术的一种。

5.3.23.2　主要类别

电磁推射技术主要分为纯电磁推射、火箭组合推射和空间二次转移推射。纯电磁推射是指通过电磁推射直接将航天器发射到太空进入预定轨道。其适合质量较小的航天器，如微型卫星（10 ~ 100kg）、纳米卫星（< 10kg）。火箭组合推射是利用电磁炮将单级火箭和航天器的组合体发射至一定高度，之后火箭空中点火携带航天器进入预定轨道，适用于大型卫星或小型宇宙飞船。空间二次转移推射利用电磁炮将航天器发射到太空，然后利用空基转移设施对航天器进行二次转移，进而飞向更远的地方，主要用于远地或星际卫星和大型宇宙飞船。

5.3.23.3　发展趋势

电磁推射技术是一种新技术，还有一些问题有待解决，如高原设施建设问题、设备结构强度问题、材料寿命问题、激波声障碍问题。同时开展电磁推射总体技术论证与研究，进行纯电磁发射、火箭与电磁复合发射等方案研究及关键技术梳理；在此基础上，研究超高速同轴悬浮线圈推进技术，分段供电电源技术、同步控制技术，发展感应供电和其他非接触供电技术。研制缩比样机进行关键技术的验证和载荷试验研究，逐步具备工程应用技术能力。一旦电磁推射技术成熟，电磁推射系统的应用能够快速、低成本、安全地向空间发射卫星和运送物资，可为未来空间站等空间平台提供燃料或保障物质。

5.3.24　电磁弹射

5.3.24.1　引言

在舰载机、无人机、固定翼预警机和重型战斗机等飞机上舰的需求越来越迫切，蒸汽弹射器已无法满足新应用需求。随着储能、电力电子、直线电机以及控制技术的发展，美国正式启动了真正实用化的飞机电磁弹射系统（EMALS）的开发。电磁弹射系统利用直线电机可以灵活地控制电磁推力，在预定的距离和所允许的最大加速度条件下推动各型飞机加速至起飞速度。电磁弹射技术可提升多种战斗机和无人机的作战性能，还可用于导弹发射、鱼雷发射和航天发射等领域，使得武器装备的性能和技术指标大幅提高。航空母舰电磁弹射装置是目前最先进的飞机起飞装置，不但适应了现代航母电气化、信息化的发展需要，而且具有系统效率高、弹射范围广、准备时间短、适装性好、控制精确、维护成本低等突出优势，是现代航母的核心技术和标志性技术之一。电磁弹射技术应用于航母，将显著提升航母的综合作战能力，滑跃和传统弹射类型的航母将难以对电磁弹射航母构成实质性威胁。

5. 3. 24. 2　构成与原理

电磁弹射器基本原理都是先将航空母舰上供给的电能通过某种储能装置储存起来，然后在弹射过程中利用直线电机快速转化为飞机的动能进行释放。图 5-121 是美国通用原子公司研制的电磁弹射器。

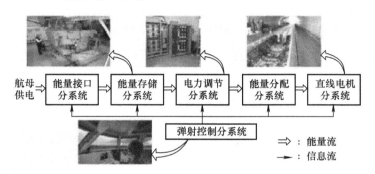

图 5-121　EMALS 的架构示意图[42]

图 5-121 中的架构由 6 个分系统组成，能量接口分系统的作用是从航母吸取电能，并将能量提供给能量存储分系统，拖动电机达到指定的转速。能量存储分系统的作用是在 2 次弹射的间隔时间内，储存下一次弹射所需的能量，并在 2 ~ 3s 的弹射过程中释放能量。电力调节分系统是将能量存储分系统传来的电能进行变频变压，使其可被直线电机所利用。能量分配分系统的作用是通过电缆、断路器等元件连接电力调节分系统和直线电机分系统。直线电机分系统是通过定、转子的耦合产生电磁力，由转子上的拖梭带动飞机加速到起飞速度。通过输入弹射参数，弹射控制分系统可以实时、精确地控制直线电机的电流，并进行全系统健康诊断。

5. 3. 24. 3　优势

传统的蒸汽弹射器通过机械方法控制注入气缸的蒸汽，推力无法精确控制，并且输出的能量调节范围也很有限，对于质量过大或过小的飞机都无法弹射，早期也导致航空母舰上无法装备重型舰载机和轻型无人机，而电磁弹射器的弹射能力比蒸汽弹射器更高，且输出能量调节范围更大，即弹射能力更强。而且，电磁弹射器通过优化弹射曲线，控制手段采用闭环反馈实时控制，使得推力可控，加速平稳，因此可以大幅减小对舰载机和各部件的冲击，使得机体的使用寿命得到延长，也能缓解飞行员的身心压力。在启动时间方面，电磁弹射器的预热时间远小于蒸汽弹射器，大大提高了战场应急反应能力和作战效率。在装置可靠性方面，蒸汽弹射器是一个高温高压的复杂机械系统，组成部件较多，导致全系统的可靠性较低，而电磁弹射器采用了四能量链冗余结构，运行期间即使一个能量链出现故障，仍能保证任务完成。同时，定子、转子之间靠电磁场的非物理接触传力，取消了许多高磨损的机械设备，使用寿命方面也有巨大优势。在装载性方面，电磁弹射器的质量和体积更小，模块化设计使得其可以灵活布置，与蒸汽弹射器相比，可提高航行稳定性。可以说，电磁弹射器相比于蒸汽弹射器具有非常大的优势。

5.3.24.4 发展趋势

随着电力电子器件的发展日新月异，可以采用基于碳化硅等高功率等级的器件对电磁弹射系统进行高功率密度、高能量密度的惯性储能技术研究，优化设计电能变换系统，发展高效率、高可靠性、强抗冲击性、高灵敏度直线电机；在此基础上，实现电磁弹射技术闭环控制。开展电磁弹射系统研究，通过研制工程样机来攻克满足工程应用的关键技术、接口技术、电磁兼容性、实机弹射试验等，实现航母大型飞机弹射装备的应用。

5.3.24.5 推广应用

在其他应用领域也需要电磁弹射技术，除军事应用外，还可将电磁弹射技术应用于民用领域。电磁弹射技术还可用做高压物理实验、惯性约束核聚变研究和电磁金属成形等领域。还可以做成"绿色"的飞轮电池，运用到大型牵引机车、家用轿车、不间断电源等装置上。将电机惯性储能的关键技术应用于风电场，可以起到削峰填谷的作用；将闭环控制技术应用于轨道交通系统，可以大大提升地铁、高铁的控制可靠性和自动化水平。电磁弹射使用的电力调节技术和弹射控制技术借用了民用领域有关的技术，但反过来，又进一步促进了大功率电力调节技术和高可靠网络化控制技术在民用领域的发展。

参 考 文 献

[1] 王又青，郭振华，李再光. 准分子激光器脉冲磁压缩开关的设计分析 [J]，激光技术，1996，20（2）：9-13.

[2] GREENWOOD M, GOWAR J, GRANT D A. Integrated High Repetition Rate Pulse Compressor Design [C]. IEEE 8th International Pulsed Power Conference, San Diego, California, 1991：750-753.

[3] BIRX D L, LAUER E J, REGINATE L L. Basic principles governing the design of magnetic switches [J]. Lawrence Livermore National Laboratories, 1980：UCID-1831.

[4] BARRETT D M. Parameters which influence the performance of practical magnetic switches [C]. IEEE 10th International Pulsed Power Conference, New Mexico, 1995：1154-1159.

[5] 陈科文，丘军林. 磁脉冲压缩器的优化设计 [J]. 激光技术，1996，20（2）：116-121.

[6] 伊宪华，陶永祥，陈林，等. 用于高功率铜蒸气激光器的磁脉冲压缩器 [J]，中国激光，1998，25（5）：401-405.

[7] HENRY T W, TROMP PIET H, SWART JACOBUS. An investigation and simulation of the influence of core losses in series pulse compresors [C]. IEEE 20th Pulse Modulator Symposium, Mytle

Beach, 1992: 205-208.

［8］曾正中. 实用脉冲功率技术引论［M］. 西安：陕西科学技术出版社，2003.

［9］李正瀛. 脉冲功率技术［M］. 武汉：水利电力出版社，1992.

［10］杨津基，王克超，罗承沐，等. 冲击大电流技术［M］. 北京：科学出版社，1978.

［11］张仁豫. 高电压试验技术［M］. 北京：清华大学出版社，1982.

［12］张滨洞，王庆华，等. 脉冲电流测量线圈的理论分析与实验研究［J］. 高压电器，1992，5：24-29.

［13］大電力パルス発生技術調査専門委員会编. パワ－テバイス应用大電力パルス電源の适用技術［R］. 電気学会技術報告，2004，第 960 号：3-10.

［14］SHIMOMURA N, NAKANO K, NAKAJIMA H, et al. Nanosecond pulsed power application to nitrogen oxides treatment with coaxial reactors［J］. IEEE Transactions on Dielectrics and Electrical Insulation, 2011, 18（4）: 1274-1280.

［15］YAMASHITA H, TORIGOE Y, WANG D, et al. Characteristics of negative-polarity DC superimposed nanosecond pulsed discharge and its applications［C］. IEEE International Pulsed Power Conference, Florida, 2019.

［16］MORIMOTO M, SHIMIZU K, TERANISHI K, et al. Surfactant Treatment Using Nanosecond Pulsed Powers and Action of Electric Discharges on Solution Liquid［J］. IEEE Transactions on Plasma Science, 2016, 44（10）: 2167-2172.

［17］WANG C Y, HSU C C. Online, Continuous, and Interference-Free Monitoring of Trace Heavy Metals in Water Using Plasma Spectroscopy Driven by Actively Modulated Pulsed Power［J］. Environmental Science and Technology, 2019, 53（18）: 10888-10896.

［18］BUNIN I Z, CHANTURIYA V A, RYAZANTSEVA M V, et al. Application of high-voltage nanosecond pulses to surface modification of geomaterials［C］. IEEE 21st International Conference on Pulsed Power（PPC）, Brighton, 2017.

［19］YAMASHITA T, HOSANO H, AKIYAMA H, et al. Mechanism of metal removal from metal-coated plastics using pulsed power［J］. IEEE Transactions on Dielectrics and Electrical Insulation, 2019, 26（2）: 523-529.

［20］MANABE Y, NAKAGAWA R, ZHEHONG S, et al. Influences of pulsed electric fields on the gene expression of pathogenic bacteria［C］. IEEE International Pulsed Power Conference, Chicago, 2011.

［21］YAMANAKA M, HOSSEINI S H R, KANG D K, et al. Effects of pulsed electric field number on embryonic development of Oryzias latipes［C］. IEEE International Pulsed Power Conference, Chicago, 2011.

［22］ENOMOTO S, YAMAMOTO Y, KONISHI D, et al. Effects of Nanosecond Pulsed Electric Fields Application and Combination of Anticancer Drug on Cancer Cell［C］. IEEE International Pulsed Power Conference, Florida, 2019.

［23］ZHUANG J, SCHOENBACH K H, KOLB J F. Modification of dielectric characteristics of cells by intense pulsed electric fields［C］. IEEE International Pulsed Power Conference, Chicago, 2011.

［24］IZUTANI A，FURUMOTO Y，HAMADA Y，et al. The Influence of Applying High Electrical Field Pulses on Unfolded Protein Responce of Cells Preparation of ［C］. IEEE International Pulsed Power Conference，Florida，2019.

［25］赖智鹏. 多时空脉冲强磁场金属板材电磁成形研究［D］. 武汉：华中科技大学，2017.

［26］吴海波. 电磁成型技术研究及工装研制［D］. 北京：北京工业大学，2001.

［27］李成祥，杜建，陈丹，等. 基于电磁脉冲成形技术的电缆接头压接装置的研制及实验研究［J］. 高电压技术，2020，46（08）：2941-2950.

［28］周波，莫健华，崔晓辉. 多向电磁力作用下筒形件渐进复合拉深［J］. 塑性工程学报，2017，24（01）：120-124.

［29］熊奇，唐红涛，王沐雪，等. 2011年以来电磁成形研究进展［J］. 高电压技术，2019，45（04）：1171-1181.

［30］周纹霆，董守龙，王晓雨，谭坚文，姚陈果. 电磁脉冲焊接电缆接头的装置的研制及测试［J］. 电工技术学报，2019，34（11）：2424-2434.

［31］AIZAWA T，OKAGAWA K，KASHANI M. Application of magnetic pulse welding technique for flexible printed circuit boards（FPCB）lap joints［J］. Journal of Materials Processing Technology，2013，213（7）：1095-1102.

［32］杨鹏，孟正华，黄尚宇，雷雨. 异种金属磁脉冲焊接研究进展［J］. 热加工工艺，2015，44（03）：5-9.

［33］袁伟. 汽车车身铝钢金属板件磁脉冲焊接工艺研究［D］. 长沙：湖南大学，2017.

［34］柳泉潇潇. 铝合金—高强钢板件磁脉冲焊接数值模拟与多环境下的性能评估［D］. 长沙：湖南大学，2017.

［35］邓方雄. 基于电磁脉冲技术的金属板件高速碰撞焊接方法与实验研究［D］. 武汉：华中科技大学，2019.

［36］任亮陆. 磁脉冲焊接线圈与放电开关的优化及实验研究［D］. 重庆：重庆大学，2019.

［37］武晓龙，冯寒亮. 美国电磁轨道炮技术探析［J］. 飞航导弹，2019（02）：10-15.

［38］苏子舟，张涛，张博. 欧洲电磁发射技术发展概述［J］. 飞航导弹，2016（09）：80-85.

［39］杨鑫，林志凯，龙志强. 电磁轨道炮及其脉冲电源技术的研究进展［J］. 国防科技，2016，37（03）：28-32.

［40］杨世荣，王莹，徐海荣，等. 电磁发射器的原理与应用［J］. 物理，2003（04）：253-256.

［41］李子奇，杨旭. 航天器电磁推射技术的构成与发展思路的研究［J］. 科技创新导报，2019，16（10）：10-12.

［42］张明元，马伟明，汪光森，等. 飞机电磁弹射系统发展综述［J］. 舰船科学技术，2013，35（10）：1-5.

［43］马伟明，鲁军勇. 电磁发射技术［J］. 国防科技大学学报，2016，038（006）：1-5.

［44］李小民，李会来，向红军，等. 飞机电磁弹射系统发展及其关键技术［J］. 装甲兵工程学院学报，2014，28（04）：1-7.